智能科学与技术丛书

基于深度学习的
自然语言处理和语音识别

Deep Learning for NLP and Speech Recognition

乌黛·卡马特（Uday Kamath）
[美] 约翰·刘（John Liu） 著
詹姆斯·惠特克（James Whitaker）
刘峤 蓝天 任亚洲 徐增林 译

机械工业出版社
CHINA MACHINE PRESS

First published in English under the title
Deep Learning for NLP and Speech Recognition
by Uday Kamath, John Liu and James Whitaker
Copyright © Springer Nature Switzerland AG, 2019
This edition has been translated and published under licence from Springer Nature Switzerland AG.
本书中文简体字版由 Springer 授权机械工业出版社独家出版。未经出版者书面许可，不得以任何方式复制或抄袭本书内容。
北京市版权局著作权合同登记　图字：01-2020-4015 号。

图书在版编目（CIP）数据

基于深度学习的自然语言处理和语音识别 /（美）乌黛·卡马特（Uday Kamath），（美）约翰·刘（John Liu），（美）詹姆斯·惠特克（James Whitaker）著；刘峤等译 .—北京：机械工业出版社，2023.10
（智能科学与技术丛书）
书名原文：Deep Learning for NLP and Speech Recognition
ISBN 978-7-111-74093-3

I. ①基…　II. ①乌…②约…③詹…④刘…　III. ①机器学习 – 应用 – 自然语言处理 ②机器学习 – 应用 – 语音识别　IV. ① TP391 ② H012

中国国家版本馆 CIP 数据核字（2023）第 221433 号

机械工业出版社（北京市百万庄大街 22 号　邮政编码 100037）
策划编辑：刘　锋　　　　责任编辑：刘　锋　冯润峰
责任校对：张晓蓉　陈　越　　责任印制：常天培
北京铭成印刷有限公司印刷
2024 年 1 月第 1 版第 1 次印刷
185 mm × 260 mm · 28 印张 · 696 千字
标准书号：ISBN 978-7-111-74093-3
定价：159.00 元

电话服务　　　　　　　　　　网络服务
客服电话：010-88361066　　机　工　官　网：www.cmpbook.com
　　　　　010-88379833　　机　工　官　博：weibo.com/cmp1952
　　　　　010-68326294　　金　　书　　网：www.golden-book.com
封底无防伪标均为盗版　　机工教育服务网：www.cmpedu.com

推荐序一

这本书的出版恰逢其时。现有的有关深度学习的书籍要么只专注于理论方面，要么主要作为工具手册来使用。但是这本书将理论与实际联系在一起，对面向自然语言和语音处理的深度学习技术进行了从未有过的分析和比较。书的各章讨论了支持该主题的理论，并给出了来自不同应用领域的 13 个真实案例研究，涵盖基于分布式表示的分类、摘要、机器翻译、情感分析、迁移学习、多任务自然语言处理、端到端语音和问答系统等内容。每个案例研究都包括最新技术的实现与比较，随附的网站均提供了源代码和数据。这对从业人员来说非常有价值，他们可以直接尝试这些方法，并可以将这些方法应用于实际场景来加深对算法的理解。

这本书全面介绍了深度学习，从基础知识到前沿技术，包括词向量、卷积神经网络、循环神经网络、注意力机制、记忆增强网络、多任务学习、领域自适应和强化学习。这本书是工业界和学术界的从业者和研究人员的宝贵资源，讨论的案例研究和相关材料可以为课堂中的各种项目和动手作业提供灵感。

Carlotta Domeniconi 博士，乔治梅森大学副教授

推荐序二

自然语言和语音处理应用（例如虚拟助手和智能音箱）在我们的生活中扮演越来越重要的角色。同时，在越来越多的出版物中，确定最有价值的方法变得越来越困难。Uday 作为 Digital Reasoning 的首席分析官，拥有大数据机器学习博士学位，对这个快速发展的领域的实践和研究有非常深刻的了解。Uday 是 *Mastering Java Machine Learning*[㊀] 的作者，非常擅长分析实用和前沿方法。这本书将机器学习的理论和实践融为一体，所介绍的内容让该领域的初学者很容易理解，还概述了入门研究人员感兴趣的最新方法，挑选了一些基于实际应用的案例，并向行业从业者展示了算法的有用性。

Sebastian Ruder 博士，DeepMind 科学家

㊀ 本书已由机械工业出版社翻译出版，书名为《Java 机器学习》（书号为 978-7-111-60919-3）。——编辑注

推荐序三

几年前，我拿起几本教材来学习与人工智能有关的主题，例如自然语言处理和计算机视觉。我对阅读这些书籍的主要记忆是无助地凝视着窗外。每当尝试实现书中所描述的概念和数学运算时，我都不知道从哪里开始。这是在阅读以学术研究为目的而写的书时相当普遍的现象。它们一贯将实际的实现“留给读者练习”。有一些杰出的著作试图弥补这一短板，这些著作的作者知道在系统运转中除了数学还有许多重要的东西。这本书就是这样的一本书，其中包括讨论、案例研究、代码片段以及全面的参考资料，它能帮助我们跨越理论与实践之间的鸿沟。

我特别喜欢这本书对 Python 和开源工具的使用。在实现机器学习系统时，读者可能会问以下问题：“为什么不使用 X？”其中 X 可以是 Java、C++ 或 Matlab。因为 Python 是最受欢迎的编程语言之一，它可以使读者在实施自己的想法时获得巨大的支持。在现代的互联网连接的世界中，加入一个受欢迎的生态系统等同于与成千上万的人连接在一起并互相帮助，例如从解决错误消息的 Stack Overflow 帖子，到实现高质量系统的 GitHub 库。作为对比，我发现支持使用编程语言 Lua 的机器学习爱好者社区这几年很难做一些新的事情，甚至是一些基本的事情（例如制作条形图），正是因为他们的社区比 Python 社区小几个数量级。

总之，我希望读者能够享受现代化的、实用的深度学习系统知识，充分利用开源机器学习系统，并学到非常有才华的作者传授的很多“技巧”——我就认识这样一位作者，他已经建立了一个强大的语音识别系统。

Soumith Chintala 博士，Facebook AI Research（FAIR）研究工程师

译者序

本书是一本介绍自然语言处理和语音识别技术并辅以深度学习实现的书籍。深度学习是以 ChatGPT 为代表的大模型时代一种重要的机器学习技术，自然语言处理和语音识别都是机器学习的重要应用，也都是关于人类语言理解的基本任务。语音识别的目标是实现语音信号与文本的互相转换，而自然语言处理的目标是理解文本的内涵，二者相辅相成。目前分别介绍两者的书籍很多，但将两者结合在一起的书籍很少。学习这两种技术不仅要理解原理，还应该理解算法的实现，而理论联系实际有助于更好地理解相关知识。本书提供的 13 个来自不同领域的真实案例将会为学习者提供解决问题的思路。

本书作者将全书分为“机器学习、自然语言处理与语音介绍”“深度学习介绍”和“用于文本与语音的高阶深度学习技术”三部分。本书内容丰富全面，可作为相关专业本科生和其他专业研究生学习自然语言处理和语音识别技术的教材，也可供从事相关领域科技开发和应用工作的技术人员自学参考。

译者团队长期从事机器学习与数据挖掘相关研究工作，在自然语言处理和语音识别方面都承担过国家自然科学基金重点项目、国家重点研发计划等科研项目，发表 SCI/EI 论文百余篇，取得国家发明专利授权和软件著作权各十余项，研究成果取得显著应用成效，获得 2021 年四川省科技进步一等奖。

由于时间仓促和水平有限，本书的翻译难免有错漏、不妥之处，敬请使用本书的师生与读者予以批评、指正。感谢机械工业出版社编辑的精心组稿、认真审阅和细心修改！

为什么写作本书

随着深度学习、自然语言处理（Natural Language Processing，NLP）与语音应用程序在金融、医疗和政府等各个领域以及我们日常生活中的广泛应用，越来越需要一种可以将深度学习技术应用到自然语言处理和语音应用程序上，并剖析如何使用这些工具和库的综合资源。许多书籍聚焦深度学习理论或针对自然语言处理特定任务的深度学习，而有些书籍则是工具和库的应用指南。但是，随着新算法、工具、框架和库的不断发展变化，针对自然语言处理和语音应用的最新与最先进深度学习方法，并能为读者提供实践经验和案例研究的图书，几乎没有。例如，你会发现很难找到一个资源来解释神经注意力机制对现实世界中自然语言处理任务（如基于传统与先进方法的机器翻译任务）所产生的影响。同样，你也很难找到包含基于知名库的代码以及对这些技术进行比较和分析的资源。

本书集多种资源于一体：

- 提供从基础深度学习、文本和语音原理到高级先进神经网络架构的全面资料。
- 提供适用于常见自然语言处理和语音识别应用程序的深度学习技术的现成资料。
- 提供成功架构和算法的有用资源，以及基本的数学解释与详细说明。
- 提供最新端到端神经语音处理方法的深入分析与比较。
- 提供适用于文本和语音的前沿迁移学习、领域自适应和深度强化学习架构的全面资料。
- 结合实际应用，提供已有技术的使用提示和技巧。
- 通过真实世界案例研究介绍如何使用 Python 库（例如 Keras、TensorFlow 和 PyTorch）来应用这些技术。

简而言之，本书的主要目的是通过带有代码、实验和分析的真实案例研究，跨越理论与实践之间的鸿沟。

本书读者对象

本书介绍深度学习、自然语言处理和语音识别的基础知识，并重点介绍应用和实践经验。它面向对最新深度学习方法感兴趣的自然语言处理从业人员、工程与计算机科学专业研究生和高年级本科生，以及任何具有一定数学背景且对用于自然语言处理与语音处理的深度学习技术感兴趣的人员。我们希望读者有多元微积分、概率论、线性代数等数学基础，并了解 Python 编程。

Python 正在成为进行深度学习实验的数据科学家和研究人员的通用语言。在过去几年中，出现了许多用于深度学习、自然语言处理和语音识别的 Python 库。因此，本书中所有案例研究都使用 Python 语言及其附带的库。在一本书中完全涵盖所有主题是不可行的，因此我们主要介绍与自然语言处理和语音处理相关的关键概念，并将这些概念与应用结合起来。特别地，我们将专注于这些领域的交叉部分，以便我们能够利用不同的框架和库来探索最新研究和相关应用。

本书包含哪些内容

本书分为三个部分，适合具备不同专业知识背景的读者。

第一部分分为3章，向读者介绍自然语言处理、语音识别、深度学习和机器学习领域，并使用基于Python的工具和库进行基本的案例研究。

第二部分为5章，介绍深度学习和对语音和文本处理至关重要的各种主题，包括词向量、卷积神经网络、循环神经网络和语音识别基础。

第三部分讨论与自然语言处理和语音处理相关的最新深度学习研究。案例研究涵盖了注意力机制、记忆增强网络、迁移学习、多任务学习、领域自适应、强化学习以及用于语音识别的端到端深度学习等主题。

接下来，我们总结每一章中讨论的主题。

在第1章中，我们将向读者简短介绍深度学习、自然语言处理和语音领域的基本知识和历史背景。我们将概述机器学习的不同领域，并详细介绍书籍和数据集等各种资源，以帮助读者进行实际学习。

第2章将提供基础理论和重要的实践概念。涵盖的主题包括监督学习、学习过程、数据采样、验证技术、模型的过拟合与欠拟合、线性和非线性机器学习算法以及序列数据建模。在第2章的最后，我们将在案例研究中通过Python工具和库使用结构化数据构建预测模型并分析结果。

在第3章中，我们将向读者介绍计算语言学和自然语言处理的基础知识，包括词汇、句法、语义和语篇表示。我们将介绍语言建模，并讨论诸如文本分类、聚类、机器翻译、问答、自动摘要和自动语音识别等应用，最后以一个关于文本聚类和主题建模的案例研究作为结尾。

第4章将在机器学习基础上介绍深度学习知识。首先对多层感知机（Multilayer Perceptron，MLP）的各组成部分进行基础分析，然后介绍基础MLP架构的不同变种以及用于训练深度神经网络的技术。随着内容的推进，本章还会介绍用于监督学习和无监督学习的各种架构，例如多层MLP、自编码器和生成对抗网络（Generative Adversarial Network，GAN）。最后，我们将知识结合到案例研究中，在一个语音数字数据集上分析有监督和无监督的神经网络架构。

在第5章中，我们将研究基于向量空间模型（如word2vec和GloVe）的分布式语义和单词表示。我们将详细介绍词向量的局限性（包括反义词和多义词）以及克服它们的方法。我们还将研究向量模型的扩展内容，包括子词、句子、概念、高斯嵌入和双曲嵌入。在本章的最后，我们将通过一个案例研究深入探讨如何训练向量模型以及这些模型在文档聚类和词义消歧方面的适用性。

第6章将介绍卷积神经网络的基础知识及其在自然语言处理中的应用。首先介绍构成基本模块的基础数学运算，接着对架构进行更详细的探讨，最终揭示卷积神经网络如何应用于各种形式的文本数据处理。本章还将讨论多个主题，例如经典框架及其最新改进版本，并应用到不同自然语言处理任务，也将讨论一些快速学习算法。最后，我们将从实践的角度出发，在情感分类的案例研究中应用提到的大多数算法。

第7章将介绍循环神经网络（Recurrent Neural Network，RNN），将基于序列的信息引入深度学习。本章首先深入分析深度学习中的循环连接及其局限性。接下来，我们将描述在循环模型中改善质量、提高性能的基本方法和先进技术。然后，我们将研究这些架构的应用以及它们在自然语言处理和语音中的实际应用。最后，我们将以一个案例研究进行总结，在神经机器翻译任务上应用和比较基于循环神经网络的架构，分析网络类型（RNN、GRU、LSTM 和 transformer）和配置（双向、层数和学习率）的影响。

第 8 章将介绍自动语音识别（Automatic Speech Recognition，ASR）的基本方法。本章一开始将介绍用于训练和验证 ASR 系统的指标和特征。然后，我们将介绍语音识别的统计方法，包括声学、词典和语言模型的基本组成部分。案例研究则是在一个中等大小的英语转录数据集上训练和比较两个常见的 ASR 框架 CMU Sphinx 和 Kaldi。

第 9 章将介绍过去几年在神经网络技术中发挥了重要作用的注意力机制。接着，我们将介绍有关记忆增强网络（Memory Augmented Network）的相关内容。我们讨论了大多数基于神经的记忆网络，从记忆网络到循环实体网络，详细到足以让读者理解每种技术的工作原理。本章区别于其他章的地方在于有两个案例研究，第一个研究注意力机制，第二个研究记忆网络。第一个案例将扩展第 7 章中的机器翻译案例，以对比不同注意力机制的影响。第二个案例将探讨并分析不同记忆网络在自然语言处理问答任务的应用。

第 10 章将介绍迁移学习（Transfer Learning）的概念，以及多任务学习技术。本章的案例研究将探索用于自然语言处理的多任务学习技术，例如词性标注、分块以及命名实体识别和分析。通过本章内容，读者可以对多任务学习技术的实际应用有更深入的了解。

第 11 章将在有一定约束的场景下探讨迁移学习，例如用于训练的数据较少，或者预测的数据与训练的数据不同。本章将介绍领域自适应（Domain Adaptation）、零样本学习（Zero-shot Learning）、单样本学习（One-shot Learning）和小样本学习（Few-shot Learning）的技术。最后的案例研究将使用亚马逊公司不同领域的产品评论，并应用许多讨论过的技术。

第 12 章将结合第 8 章中提到的 ASR 概念，并使用深度学习技术进行端到端语音识别。本章将介绍利用 CTC 和注意力机制来训练基于序列的端到端的架构，并探讨解码技术以进一步提高模型质量。本章的案例研究将扩展第 8 章中介绍的内容，在相同的数据集上比较两种端到端技术，即 Deep Speech 2 和 ESPnet（CTC- 注意力混合训练）。

在第 13 章中，我们将回顾强化学习的基础知识，并讨论其在序列到序列模型上的应用，包括深度策略梯度、深度 Q 学习，DDQN 和演员评论家算法。我们将研究针对自然语言处理任务的深度强化学习方法，这些任务包括信息提取、文本摘要、机器翻译和自动语音识别。在最后的案例研究中，我们会将深度策略梯度和深度 Q 学习算法应用于文本摘要任务。

在第 14 章中，我们将为读者提供一些可考虑的因素，并建议读者在未来几年需要关注和了解的领域，包括端到端架构、人工智能、专用硬件、NLP 发展和语音处理。

致 谢

如果没有许多人的不懈努力，那么这本书是不可能完成的。首先，我们要感谢 Springer，特别是我们的编辑 Paul Drougas,，他与我们密切合作直至本书出版。我们要感谢 Digital Reasoning 让我们有机会解决许多真实世界的 NLP 和语音问题，这些问题对本书的内容产生了重大影响。我们要特别感谢 Maciek Makowski 和 Gabrielle Liu 审阅和编辑本书的内容，还要感谢在工程专业知识、实验执行、内容反馈和建议等方面提供支持的人员（按姓氏字母顺序）：Mona Barteau、Tim Blass、Brandon Carl、Krishna Choppella、Wael Emara、Last Feremenga、Christi French、Josh Gieringer、Bruce Glassford、Kenneth Graham、Ramsey Kant、Sean Narenthiran、Curtis Ogle、Joseph Porter、Drew Robertson、Sebastian Ruder、Amarda Shehu、Sarah Sorensen、Samantha Terker、Michael Urda。

Uday Kamath
John Liu
James Whitaker

微积分

$\approx$	约等于
$\lvert \boldsymbol{A} \rvert$	矩阵 $\boldsymbol{A}$ 的 L_1 范数
$\lVert \boldsymbol{A} \rVert$	矩阵 $\boldsymbol{A}$ 的 L_2 范数
$\frac{\mathrm{d}a}{\mathrm{d}b}$	a 相对于 b 的导数
$\frac{\partial a}{\partial b}$	a 相对于 b 的偏导数
$\nabla_x Y$	Y 相对于 x 的梯度
$\nabla_{\boldsymbol{X}} Y$	Y 关于 $\boldsymbol{X}$ 的导数矩阵

数据集

$\mathcal{D}$	数据集，一组样本和相应的标签 $\{(\boldsymbol{x}_1, y_1), (\boldsymbol{x}_2, y_2), \cdots, (\boldsymbol{x}_n, y_n)\}$
$\mathcal{X}$	输入空间
$\mathcal{Y}$	输出空间
y_i	示例 i 的标签
$\hat{y}_i$	示例 i 的预测标签
$\mathcal{L}$	对数似然损失函数
Ω	学习到的参数集

函数

$f: A \to B$	把值从集合 A 映射到集合 B 的函数 f
$f(x;\theta)$	以 x 为变量并由参数 θ 决定的函数，为了简洁，通常我们用 $f(x)$ 来表示这个函数
$\log x$	x 的自然对数
$\sigma(a)$	sigmoid 函数，$\frac{1}{1+\mathrm{e}^{-a}}$
$[a \neq b]$	如果包含的条件为真则返回值为 1——否则返回值为 0 的函数
$\arg\min_x f(x)$	最小化 $f(x)$ 的参数集，$\arg\min_x f(x) = \{x \mid f(x) = \min_{x'} f(x')\}$
$\arg\max_x f(x)$	最大化 $f(x)$ 的参数集，$\arg\max_x f(x) = \{x \mid f(x) = \max_{x'} f(x')\}$

线性代数

a	标量值（整数或实数）
$\begin{bmatrix} a_1 \\ \vdots \\ a_n \end{bmatrix}$	包含从 a_1 到 a_n 元素的向量

$\begin{bmatrix} a_{1,1} & a_{1,2} & \cdots & a_{1,n} \\ \vdots & \vdots & & \vdots \\ a_{m,1} & a_{m,2} & \cdots & a_{m,n} \end{bmatrix}$	m 行 n 列的矩阵
$A_{i,j}$	矩阵 $\boldsymbol{A}$ 在第 i 行第 j 列的值
$\boldsymbol{a}$	向量（维度由上下文确定）
$\boldsymbol{A}$	矩阵（维度由上下文确定）
$\boldsymbol{A}^{\mathsf{T}}$	$\boldsymbol{A}$ 的转置矩阵
$\boldsymbol{A}^{-1}$	$\boldsymbol{A}$ 的逆矩阵
$\boldsymbol{I}$	单位矩阵（维度由上下文确定）
$\boldsymbol{A} \cdot \boldsymbol{B}$	矩阵 $\boldsymbol{A}$ 和矩阵 $\boldsymbol{B}$ 的内积
$\boldsymbol{A} \times \boldsymbol{B}$	矩阵 $\boldsymbol{A}$ 和矩阵 $\boldsymbol{B}$ 的外积
$\boldsymbol{A} \circ \boldsymbol{B}$	矩阵 $\boldsymbol{A}$ 和矩阵 $\boldsymbol{B}$ 的元素对应乘积（阿达马积）
$\boldsymbol{A} \otimes \boldsymbol{B}$	矩阵 $\boldsymbol{A}$ 和矩阵 $\boldsymbol{B}$ 的克罗内克积
$\boldsymbol{a};\boldsymbol{b}$	向量 $\boldsymbol{a}$ 和 $\boldsymbol{b}$ 的拼接

概率

$\mathbb{E}$	期望值
$P(A)$	事件 A 发生的概率
$P(A\|B)$	给定事件 B 发生的前提下事件 A 发生的概率
$X \sim N(\mu,\sigma^2)$	从正态（高斯）分布中采样的随机变量 X，其均值为 μ，方差为 σ^2

集合

A	集合 A
$\mathbb{R}$	实数集
$\mathbb{C}$	复数集
$\varnothing$	空集
$\{a,b\}$	包含元素 a 和 b 的集合
$\{1,2,\cdots,n\}$	包含从 1 到 n 的所有整数的集合
$\{a_1,a_2,\cdots,a_n\}$	包含 n 个元素的集合
$a \in A$	变量 a 属于集合 A
$[a,b]$	范围从 a 到 b 且包含 a 和 b 的区间
$[a,b)$	范围从 a 到 b 且包含 a 不包含 b 的区间
$a_{1;m}$	元素集 $\{a_1,a_2,\cdots,a_m\}$（为了表示方便）

除非另有说明，否则大多数章节都采用上面给出的符号。

第二部分　深度学习介绍

第一部分

Deep Learning for NLP and Speech Recognition

机器学习、自然语言处理与语音介绍

第 1 章

Deep Learning for NLP and Speech Recognition

引言

近年来，机器学习的进步已使我们与世界交互的方式得到了广泛且重大的改进。这些进步中最令人惊讶的一项技术就是深度学习。深度学习基于类似于人脑的人工神经网络，是一系列能够使计算机从数据中学习且无须人工监督和干预的方法的集合。此外，这些方法可以适应不断变化的环境，并不断提高学习能力。如今，深度学习在我们日常生活中的应用非常普遍，比如 Google 的搜索引擎、Apple 的 Siri，以及 Amazon 和 Netflix 的推荐引擎等。当我们与电子邮件系统、在线聊天机器人以及部署在从医疗保健到金融服务等各种业务中的语音或图像识别系统交互时，我们会看到深度学习的强大应用。

人类交流是其中许多领域的发展核心，而语言的复杂性使计算方法变得越来越困难。然而，随着深度学习的到来，计算方法从基于规则的方法转变为直接从数据学习。这些深度学习技术为我们建模人类交流和交互以及改善人机交互能力开辟了新的途径。

深度学习继 21 世纪初在计算机视觉领域取得成功之后，实现了爆炸性的发展，收获了巨大的关注度，也出现了大量可用的工具。自然语言处理领域很快就跟计算机视觉一样获得了许多好处。语音识别是一个传统上由特征工程和模型调参技术主导的领域，它将深度学习融入其特征提取方法中，从而在成效上获得了显著提高。图 1.1 展示了近年来这些领域的关注趋势。

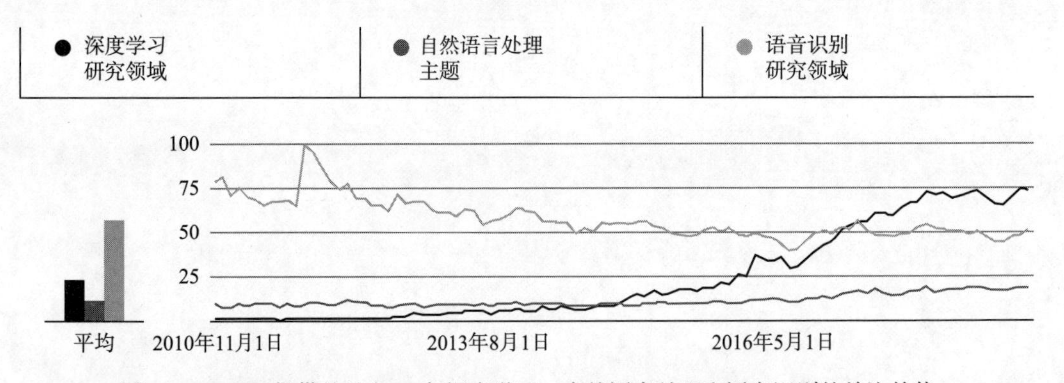

图 1.1　Google 提供的过去 10 年深度学习、自然语言处理和语音识别的关注趋势

大数据时代是影响深度学习性能的另一个因素。与许多传统的学习算法不同，深度学习模型能够随着提供的数据量的增加而不断改善，如图 1.2 所示。

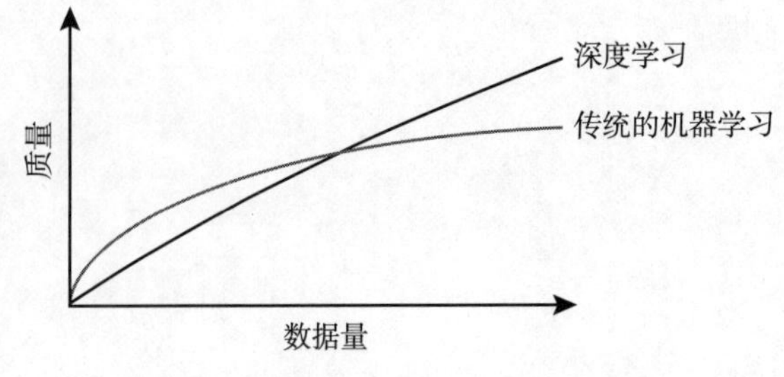

图 1.2　深度学习受益于大型数据集

深度学习成功的最大贡献者之一可能是围绕它发展的活跃社区。学术机构和工业界在开源中的共享与协作导致了许多线上深度学习工具和库的产生。学术界和消费者市场的这种共享和影响也导致了编程语言流行度的转变，特别是 Python 语言，如图 1.3 所示。

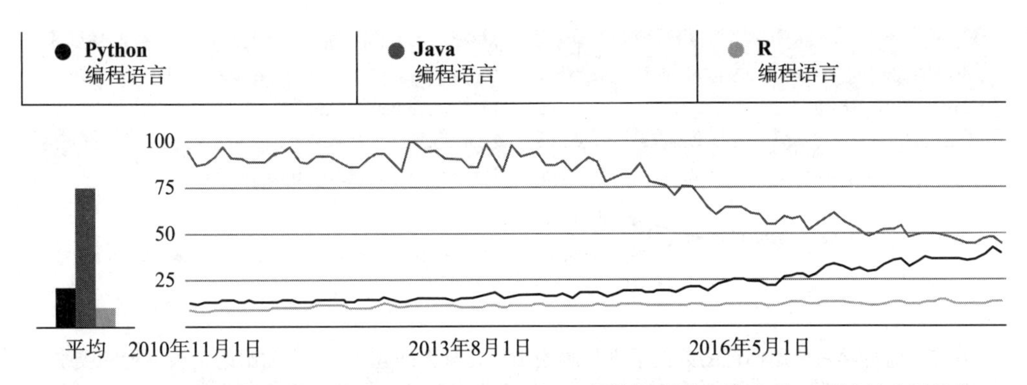

图 1.3 Google 提供的过去 10 年 Python、Java 和 R 在数据科学和深度学习领域的应用趋势

由于 Python 语言简单、语法清晰、具有多个数据科学库以及可扩展性（特别是针对 C++ 的扩展性）较好，因此它已成为许多分析应用程序的首选语言。这种简单性和可扩展性导致大多数顶级深度学习框架都构建在 Python 之上，或者采用包装高性能的 C++ 和 GPU 优化扩展的 Python 接口。

本书旨在为读者提供有关文本和语音处理领域的深度学习技术的深入综述。我们希望读者能够彻底理解自然语言处理和前沿的深度学习技术，这将为未来所有文本和语音处理技术的进步奠定基础。因为“熟能生巧”，所以本书的每章末尾都附有案例研究，让读者了解各章介绍的方法的实际应用。

1.1 机器学习

在我们日常使用的许多应用程序中，机器学习正在迅速变得司空见惯。它可以提高我们的生产力，帮助我们做出决策，提供个性化的体验，并通过利用数据获得对世界的见解。人工智能（AI）的领域非常广泛，涵盖了搜索算法、规划与调度、计算机视觉等。机器学习是 AI 的一个子类，它由三个领域组成：监督学习、无监督学习和强化学习。深度学习是一个已应用于这三个领域的学习算法的集合，如图 1.4 所示。在进一步介绍之前，我们将说明深度学习到底是如何应用的。

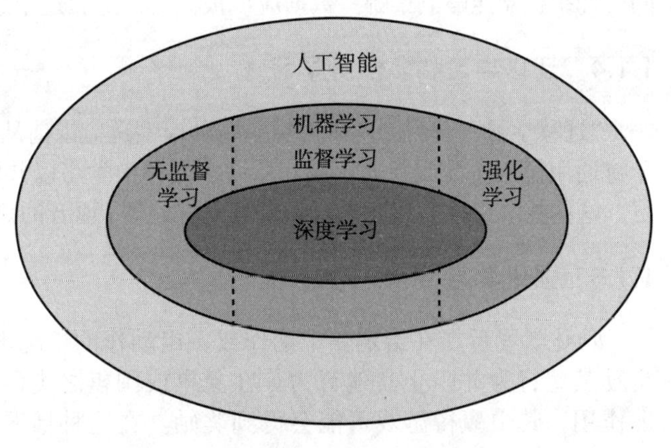

图 1.4 深度学习覆盖了机器学习的多个领域，而机器学习是更广泛的 AI 类别的一个子类

在本书的各章节中，我们将对这些领域进行深入探讨。

1.1.1 监督学习

监督学习依赖于从每个样本都带有标签的数据集中学习。例如，如果我们要学习电影情感，则数据集可能是一组电影评论，它们的标签则是 0~5 星级。

监督学习有两种类型：分类和回归（如图 1.5 所示）。

Movie Review	Label
I really enjoyed it! I though it was clever…	Positive
I have seen better films.	Negative
I can't believe I wasted my time on that…	Negative
Honestly, I was pleasantly surprised…	Positive

New example: It was spectacular! → ? Positive / Negative

a)

Movie Review	Score
I really enjoyed it! I though it was clever…	5
I have seen better films.	2
I can't believe I wasted my time on that…	1
Honestly, I was pleasantly surprised…	4

New example: It was spectacular! → 1≤ score ≤ 5

b)

图 1.5　监督学习使用标记的数据集来预测输出。在分类问题 a）中，输出的是被标记的类别（例如，肯定或否定），而在回归问题 b）中，输出的将是一个值

分类将输入映射为一组固定的类别，例如，判别一张图片的内容是猫还是狗。

回归问题会将输入映射到实数值。例如，尝试预测水电费用或股票市场价格。

1.1.2　无监督学习

无监督学习根据没有标签的数据确定类别。这些任务可以采用聚类的形式，即将相似的物品分组在一起，或者采用相似性的形式，即定义一对物品的关联程度。例如，假设想根据一个人的观看习惯推荐一部电影，我们可以根据用户的观看和喜欢情况对其进行聚类，并评估谁的观看习惯与我们想向其推荐电影的用户最匹配。

1.1.3　半监督学习和主动学习

在许多情况下，当由于成本原因、缺乏专业知识或其他限制而无法标记或注释整个数据集时，可利用半监督学习从已标记和未标记的数据中共同学习。与由专家对数据进行标记不同，如果机器能够洞察哪些数据应该被标记，那么这个过程被称为主动学习。

1.1.4　迁移学习和多任务学习

“迁移学习”背后的基本思想是帮助模型适应以前从未遇到过的情况。这种学习形式依赖于将通用模型适配到新的领域。从许多任务中学习以共同提高所有任务的性能称为多任务学习。这些技术正成为深度学习和自然语言处理 / 语音的焦点。

1.1.5　强化学习

强化学习旨在在给定一个动作或一组动作的情况下使奖励最大化。对算法进行训练以奖励某些行为并阻止其他行为。在象棋或围棋之类的游戏中，强化学习往往会很好地发挥作用，其中赢得游戏可能会得到奖励。在这种情况下，必须在获得奖励之前执行许多动作。

1.2　历史背景

除非你知道你去过哪里，否则你不知道你要去哪里。

—James Baldwin

将自然语言处理和语音识别的现有方法与它们的历史背景分开是不可能的。与其他资料

相比，本书讨论的许多技术都是相对较新的，因此了解这些技术随着时间如何发展以便将当前的创新应用于合适的环境非常重要。在这里，我们将简要介绍深度学习、自然语言处理和语音识别的历史。

1.2.1 深度学习简史

学术界和工业界进行的大量研究塑造了深度学习的现状及其普及。本节的目的是给出一个影响深度学习的简短研究时间表，尽管我们可能没有获取所有细节（如图 1.6 所示）。Schmidhuber [Sch15] 已全面介绍了神经网络的整个历史以及各种塑造了当今深度学习的研究。在 20 世纪 40 年代初期，S.McCulloch 和 W.Pitts 使用称为阈值逻辑单元的简单电路模拟大脑的工作方式，该电路可以模拟智能行为 [MP88]。他们用输入和输出对第一个神经元建模，当“加权总和”低于阈值时生成 0，否则生成 1。权重不是学会的而是调整的。他们创造了“联结主义”来描述他们的模型。Donald Hebb 在他的 *The Organization of Behaviour* (1949) 一书中进一步提出，神经通路如何使多个神经元随着使用时间的推移而激发和增强，从而为复杂处理奠定了基础 [Heb49]。

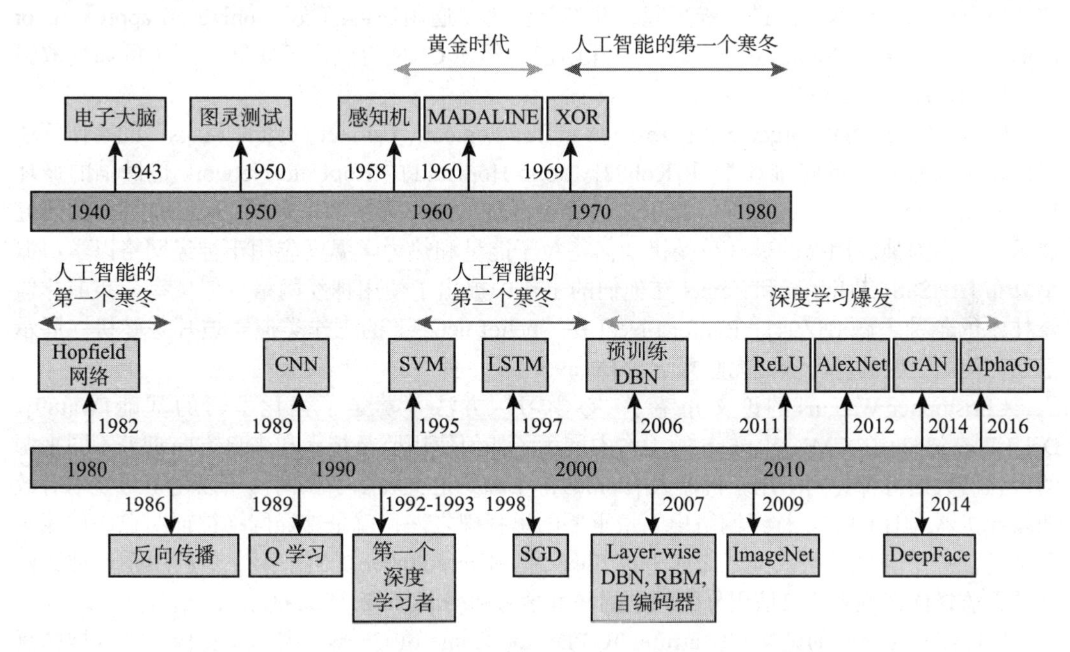

图 1.6 深度学习研究的重点

许多人认为，Alan Turing 在他的开创性论文《计算机器与智能》（“Computing Machinery and Intelligence”）中奠定了人工智能的基础，并采用了多个标准来验证机器的“智能”，被称为“图灵测试”[Tur 95]。1959 年，诺贝尔奖获得者 Hubel 和 Wiesel 发现了构成基本视觉皮层的简单细胞和复杂细胞，在包括神经网络设计的许多领域中产生了广泛的影响。Frank Rosenblatt 使用 Mark I 感知机来扩展 McCulloch-Pitts 神经元，Mark I 接收输入、产生输出并具有线性阈值逻辑 [Ros58]。通过依次传递输入并减小所生成的输出与期望输出之间的差异来“学习”感知机中的权重。Bernard Widrow 和 Marcian Hoff 进一步采用了感知机的概念，开发了多元自适应线性神经元（Multiple ADAptive LINear Element，MADALINE），用于消除电话线中的噪声 [WH60]。

Marvin Minsky 和 Seymour Papert 出版了 *Perceptrons* 一书，该书展示了感知机在学习简

单异或函数（XOR）[MP69] 方面的局限性。由于生成输出需要进行大量迭代以及计算时间所带来的限制，它们最终证明了多层网络无法使用感知机。多年的资金枯竭限制了神经网络的研究，因此被称为“人工智能的第一个寒冬”。

1986年，David Rumelhart、Geoff Hinton 和 Ronald Williams 发表了开创性的著作“Learning representations by back-propagating errors”，该著作展示了多层神经网络不仅可以用相对简单的方法有效地训练，而且还可以利用“隐藏”层来克服感知机在学习复杂模式时的弱点 [RHW88]。尽管过去已有大量研究以各种论文和研究项目的形式进行，S. Linnainmaa、P. Werbos、Fukushima、David Parker、Yann Le Cun 和 Rumelhart 等人的著作已大大扩展了神经网络的普及范围 [Lin70，Wer74，Fuk79，Par85，LeC85]。

由于 LeCun 等人的研究和实践，神经网络能够识别数字签名所使用的手写数字，并首次广泛应用于美国邮政服务 [LeC+89]。这项工作是深度学习历史上的重要里程碑，因为它表明了在现代卷积神经网络（Convolutional Neural Network，CNN）中卷积运算和权重共享可以如何有效地学习特征。George Cybenko 展示了具有有限神经元、单隐藏层和非线性 sigmoid 激活函数的前馈网络如何在一定假设下逼近最复杂的函数 [Cyb89]。Cybenko 与 Kurt Hornik 的研究导致了神经网络的进一步兴起，并将其作为“通用逼近函数”（universal approximator functions）[Hor91]。Yann Le Cun 等人的开创性工作使 CNN 得到广泛实际应用（例如读取银行支票）[LB94，LBB97]。

Kohen 题为“Self-Organized Formation of Topologically Correct Feature Maps”的著作阐述了使用无监督技术的降维和学习 [Koh82]。John Hopfield 的 Hopfield Network 是最早的循环神经网络（RNN）之一，该网络被用作内容可寻址的记忆系统 [Hop82]。Ackley 等人的研究展示了建模为神经网络的玻耳兹曼机如何将粒子能量和热力学温度应用于神经网络以学习概率分布 [AHS88]。Hinton 和 Zemel 在他们的工作中提出了使用神经网络近似概率分布的非监督技术的各种主题 [HZ94]。Redford Neal 在“belief net”上的工作类似于玻耳兹曼机，展示了如何使用更快的算法执行无监督学习 [Nea95]。

Christopher Watkins 的论文介绍了“Q 学习”方法并奠定了强化学习的基础 [Wat89]。Dean Pomerleau 在 CMU NavLab 的工作中展示了如何使用监督技术和来自方向盘等不同来源的传感器数据将神经网络用于机器人 [Pom89]。Lin 的论文展示了如何使用强化学习技术有效地教导机器人 [Lin92]。神经网络史上最重要的里程碑之一，就是神经网络被证明在一项相对复杂的任务中表现优于人类，比如下棋 [Tes95]。Schmidhuber 提出了第一个利用循环神经网络的无监督预训练来解决信用分配问题的深度学习网络 [Sch92，Sch93]。

Sebastian Thrun 的论文“Learning To Play the Game of Chess”展示了在像象棋这样的复杂游戏中强化学习和神经网络的缺点 [Thr94]。Schraudolph 等人的研究进一步强调了神经网络在玩围棋游戏中的问题 [SDS93]。反向传播算法导致神经网络的复兴，但仍存在诸如梯度消失、梯度爆炸以及无法学习长期信息等问题 [Hoc98，BSF94]。与 CNN 架构通过卷积和权重共享改善神经网络的方法类似，Hochreiter 和 Schmidhuber 提出的长短期记忆神经网络（Long Short-Term Memory，LSTM）克服了反向传播中具有长期记忆依赖性的问题 [HS97]。与此同时，统计学习理论——尤其是支持向量机（Support Vector Machine，SVM）迅速成为解决各类问题的一种非常流行的算法 [CV95]。这些变化促成了“人工智能的第二个寒冬”。

深度学习社区中的许多人通常认为加拿大高等研究院（Canadian Institute for Advanced Research，CIFAR）在推动深度学习的过程中发挥了关键作用。Hinton 等人在 2006 年发表了突破性论文“A Fast Learning Algorithm for Deep Belief Nets”，引发了深度学习的复兴 [HOT06a]。该论文不仅首次提出了“深度学习”一词，还使用无监督方法对网络逐层进行训练，然后进行有监督的“微调”，该方法在 MNIST 手写数字识别数据集上取得了最优结果。在此之后，Bengio 等人又发表了另一项开创性的著作，它揭示了为什么与浅层神经网络或支持向量机相比，多层的深度学习网络可以分层次地学习特征 [Ben+06]。该论文对为何使用无监督方法为 DBN、RBM 和自编码器进行预训练提出了深刻的见解，这样做不仅可初始化权重以实现最优解，还为用于学习的数据提供了良好表示。Bengio 和 LeCun 的论文“Scaling Algorithms Towards AI”重申了 CNN、RBM、DBN 等深度学习架构以及无监督预训练 / 微调等技术的好处，激发了下一轮深度学习的热潮 [BL07]。使用非线性激活函数，如整流线性单元（Rectified Linear Unit，ReLU），能克服反向传播算法的许多问题 [NH10，GBB11]。斯坦福大学人工智能实验室负责人李飞飞和其他研究人员共同推出了 ImageNet 数据库，收集了大量图像并显示了数据在对象识别、分类和聚类等任务中的有用性 [Den+09]。

同时，遵循摩尔定律，计算机变得越来越快，图形处理单元（GPU）克服了以前 CPU 的许多局限性。Mohamed 等人通过 GPU，使深度学习技术在诸如语音识别等复杂任务上的性能得到了巨大改进，并在大型数据集上实现了巨大的速度提升 [Moh+11]。Krizhevsky 等人使用以前的网络（例如 CNN）并采用 ReLU 激活函数与正则化技术（例如 dropout），加上 GPU 的运行速度，在 ImageNet 分类任务上获得了最小的错误率 [KSH12]。他们以基于 CNN 的深度学习错误率 15.3%赢得了 ILSVRC-2012 竞赛，且与次佳水平（26.2%）之间存在巨大差异，这引起了学术界和工业界对深度学习的关注。Goodfellow 等人提出了一种使用对抗性方法的生成网络，该网络以一种无监督的方式解决了许多学习问题，被认为是一项具有广泛应用前景的突破性研究 [Goo+14]。

为提高运行速度，许多公司（例如 Google、Facebook 和 Microsoft）都开始使用基于 GPU 的架构进行深度学习来取代传统算法。Facebook 的 DeepFace 使用具有超过 1.2 亿个参数的深度网络，并在 Labeled Faces in the Wild（LFW）数据集上实现了 97.35%的精度，这个精度比之前的最优精度要高出 27%，达到了人类水平 [Tai+14]。由 Andrew Ng 和 Jeff Dean 合作的 Google Brain 搭建的大规模的深度无监督学习模型为从 YouTube 视频中完成对象识别等任务，使用了 16 000 个 CPU 内核和接近 10 亿个参数。DeepMind 的 AlphaGo 击败了国际排名最高的围棋选手（韩国的李世石），是人工智能和深度学习的一个里程碑事件。

1.2.2 自然语言处理简史

自然语言处理（Natural Language Processing，NLP）是计算机科学中一个涉及人类交流的专门领域。它包含帮助机器理解、解释和生成人类语言的方法。这些方法有时被归类为自然语言理解（Natural Language Understanding，NLU）和自然语言生成（Natural Language Generation，NLG）。人类语言的丰富性和复杂性不能低估。同时，对可理解语言的算法的需求也在不断增长，而自然语言处理正好可以填补这一空白。传统 NLP 采取基于语言学的方法，是基于语言的基本语义和句法元素（例如词性）建立的。现代的深度学习方法可以避开对这些中间元素的需求，并且可以学习其自身用于广义任务的层次表示。

与深度学习一样，在本节中，我们将尝试总结一些重要事件，这些事件塑造了我们今天所知的自然语言处理。我们将简要介绍 2000 年之前影响该领域的重要事件（如图 1.7 所示）。至于非常全面的介绍，我们请读者参考 Karen Jones 的综述论文 [Jon94]。由于神经架构和深度学习在这方面通常具有很大的影响，并且是本书的重点，因此我们将更详细地介绍这些主题。

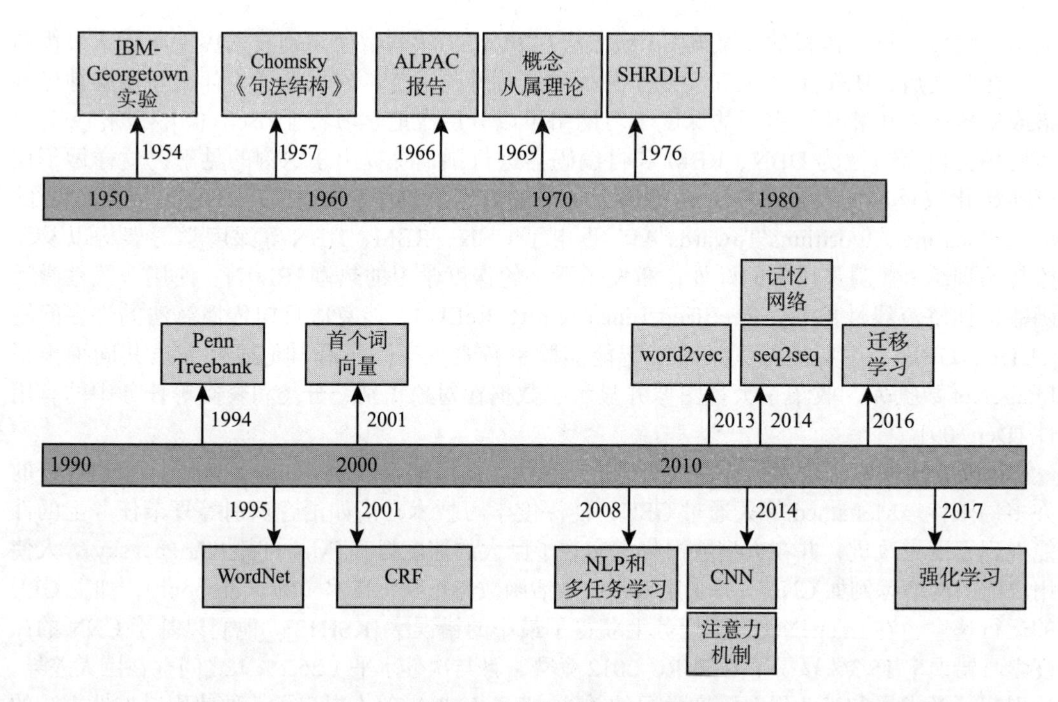

图 1.7　自然语言处理研究的重要事件

尽管在 20 世纪 40 年代有许多有趣的实验，但 1954 年 IBM-Georgetown 实验通过机器把大约 60 个句子从俄语翻译到英语，被认为是自然语言处理的重要里程碑 [HDG55]。尽管当时的软件和硬件计算资源存在限制，但人们还是发现了句法、语义和语言多样性方面的一些挑战，并试图解决这些挑战。与 AI 经历黄金时代的方式类似，在 1954~1966 年之间有许多发展，例如会议的组织，包括 1956 年的达特茅斯会议、1958 年的华盛顿国际科学情报会议以及 1961 年的特丁顿语言机器翻译与应用语言分析国际会议。在 1956 年的达特茅斯会议上，John McCarthy 创造了“人工智能”一词。1957 年，Noam Chomsky 出版了《句法结构》（*Syntactic Structures*），强调了句子语法在语言理解中的重要性 [Cho57]。短语结构语法的发明在那个时代也起了重要作用。最值得注意的是，LISP（John McCarthy 在 1958 年完成的）和 ELIZA(最早的聊天机器人）等软件对图灵测试的尝试，在整个 AI 领域都产生了巨大影响，而不仅在 NLP 中。

1964 年，美国国家科学研究委员会（United States National Research Council，NRC）成立了一个名为自动语言处理咨询委员会（ALPAC）的小组，以评估 NLP 研究的进展。1966 年的 ALPAC 报告强调了机器翻译从过程本身到实施成本方面的困难，严重影响了该领域的资金投入，几乎使 NLP 研究停滞 [PC66]。20 世纪 60 年代至 70 年代这个世界知识研究的时期强调语义而不是句法结构。探索名词和动词之间关系的语法，例如格文法，在这个时期起到了重要的作用。增强过渡网络是用于解决诸如短语的最佳语法等问题的另一种搜索算法。Schank 的概念从属理论也是一种重要的发展 [ST69]，它根据语义元素来表达语言而无须进行句法处理。SHRDLU 是一个简单的系统，可以使用语法、语义和推理来理解基本问题并以自然语言回答。Woods 等人的 LUNAR 是该系统的第一个产品：一个将自然语言理解与基于逻辑的系统相结合的问答系统。语义网络以图表的形式刻画知识，在 Silvio Ceccato、Margaret Masterman、Quillian、Bobrow 和 Collins 以及 Findler 等人的工作中逐渐成为重要的方法 [Cec61，Mas61，Qui63，BC75，Fin79]。在 20 世纪 80 年代初期，语法学阶段开始了，语言学家发展了不同的语法结构，并开始将与用户意图有关的短语含义联系起来。许多工具和软件，例如 Alvey 自然语言工具、SYSTRAN、METEO 等，在句法分析、翻译和信息检索中都很流行 [Bri+87，HS92]。

20 世纪 90 年代是统计语言处理的时代，许多基于 NLP 的系统都采用了许多新的收集数据的想法，例如使用语料库进行语言处理，或利用概率的方法基于单词的出现和共现来理解单词 [MMS99]。互联网上来自各种语言的大量数据对信息检索、机器翻译、摘要、主题建模和分类等领域的研究提出了很高的要求 [Man99]。计算机内存和处理速度的提高使许多实际应用程序可以开始使用文本和语音处理系统。语言资源，包括诸如 Penn Treebank、British National Corpus、Prague Dependency Treebank 和 WordNet 等带注释的集合，对于学术研究和商业应用都非常有益 [Mar+94，HKKS99，Mil95]。对于许多 NLP 任务而言，经典方法（例如基于 *n*-gram 和词袋表示法的机器学习算法，如多元逻辑回归、支持向量机、贝叶斯网络或 EM 算法）是常见的有监督和无监督的技术 [Bro+92，MMS99]。Baker 等人引入了 FrameNet 项目，该项目着眼于"框架（frame）"以捕获诸如实体和关系之类的语义，这促生了语义角色标记，是当今一个活跃的研究主题 [BFL98]。

在 21 世纪初期，自然语言学习会议（Conference on Natural Language Learning，CoNLL）的共享任务催生了很多有趣的 NLP 研究，例如组块分析、命名实体识别和依存分析等 [TKSB00，TKSDM03a，BM06]。Lafferty 等人提出的条件随机场（Conditional Random Field，CRF），已成为序列标记中最先进框架的核心部分，其中标记之间存在相互依赖性 [LMPO1]。

Bengio 等人在 21 世纪初提出了第一个神经语言模型，该模型使用 *n* 个前面单词的映射，使用查找表将其作为隐藏层输入到前馈网络，并通过 softmax 层平滑输出结果以预测单词 [BDV00]。Bengio 的研究是 NLP 历史上首次使用"稠密向量表示"而不是"独热向量"或词袋模型。后来提出的许多基于循环神经网络和长短期记忆的语言模型已经成为最先进技术 [Mik+10b，Gra13]。Papineni 等人提出了双语评估替换（Bilingual Evaluation Understudy，BLEU）度量标准，该度量标准直到今天仍被用作机器翻译的标准度量 [Pap+02]。Pang 等人引入了情感分类，它现在是最流行和研究最广泛的 NLP 任务之一 [PLV02]。Hovy 等人引入了 OntoNotes，这是一个典型的多语言语料库，具有多种批注，可用于各种任务，例如依存分析和共指解析 [Hov+06a]。Mintz 等人提出了一种远程监督技术，通过该技术可以使用现有知识来生成可用于从大型语料库中提取实例的模式，并且用于各种任务，例如关系提取、信息提取和情感分析 [Min+09]。

Collobert 和 Weston 的研究论文不仅对文本的预训练词向量和卷积神经网络有帮助，而且在共享查找表或用于多任务学习的嵌入矩阵方面也很有帮助 [CW08]。多任务学习可以同时学习多个任务，近年来已成为自然语言处理领域较新的核心研究领域之一。Mikolov 等人提高了 Bengio 等人提出的训练词向量的效率，通过删除隐藏层以及找到一个近似的目标函数，产生了"word2vec"——一种有效的大规模词向量模型 [Mik+13a，Mik+13b]。word2vec 具有两种实现方式:（1）连续词袋（Continuous Bag-Of-Words，CBOW），它在给定附近单词的情况下预测中间的单词；（2）Skip-Gram，它执行相反的操作，预测附近的单词。在大型数据语料库上学习所获得的效率使这些稠密表示能够捕获各种语义和关系。对于任何基于神经网络的架构，在大型语料库上使用词向量作为表示和这些向量的预训练已成为现在的标准做法。近来，词向量有许多有趣的扩展，例如将来自不同语言的词向量投射到同一空间中，从而能够以无监督的方式针对各种任务（例如机器翻译）进行迁移学习 [Con+17]。

Sutskever 的博士论文引入了 Hessian-free 优化器来在长期依赖关系上有效地训练循环神经网络，这是 RNN 复兴的一个里程碑，特别是在 NLP 领域 [Sutl3]。在 Kalchbrenner 等人和 Kim 等人的研究之后，卷积神经网络在文本上的使用激增 [KGB14，Kim14]。由于卷积神经网络能够通过卷积计算局部上下文的依赖性，从而具有高度可并行性，因此 CNN 现在在许多 NLP 任务中得到了广泛使用。递归神经网络为句子提供了递归的层次结构，并受到语言学方法的启发，成为基于神经网络的 NLP 世界中另一个重要的神经网络架构 [LSM13]。

Sutskever 等人提出了将序列到序列学习作为一种通用的神经框架，该框架由将输入作为序列处理的编码器神经网络和基于输入序列状态和当前输出状态预测输出的解码器神经网络组成 [SVL14]。该框架已发展出了广泛的应用，例如句法成分分析、命名实体识别、机器翻译、问答系统和摘要。Google 开始用序列到序列的神经机器翻译模型来取代其基于短语的整体机器翻译模型 [Wu+16]。基于字符而不是基于单词的表示克服了许多问题，例如词汇不足，并且已成为基于深度学习的系统中针对各种 NLP 任务进行搜索的一部分 [Lam+16，PSG16]。Bahdanau 等人的注意力机制是另一项创新，已广泛应用于 NLP 和语音的不同神经架构中 [BCB14b]。在过去的几年中，带有各种变体的记忆增强网络，例如记忆网络、神经图灵机、端到端记忆网络、动态记忆网络、可微神经计算机，以及循环实体网络，在复杂的自然语言理解和语言建模任务中已变得非常流行 [WCB14，Suk+15，GWD14，Gra+16，Kum+16，Gre+15，Hen+16]。对抗学习和使用对抗样本最近已变得非常常见，它们通常用于理解分布、测试模型的健壮性和迁移学习 [JL17，Gan+16]。强化学习是深度学习中另一个新兴的方法，并已在 NLP 中得到应用，尤其是在基于梯度的方法无法使用的存在时序依赖以及不可微优化区域的领域。对话系统建模、机器翻译、文本摘要和视觉叙事等领域都已经看到了强化学习的好处 [Liu+18，Ran+15，Wan+18，PXS17]。

1.2.3　自动语音识别简史

自动语音识别（Automatic Speech Recognition，ASR）迅速成为人机交互中的主流。当今使用的大多数工具都有语音识别选项，以执行各种类型的听写任务，比如通过语音编写文本消息，通过家庭连接的设备播放音乐，或者使用虚拟助手进行文本到语音的转化。尽管最近有许多技术得到了普及，但 ASR 的研究与开发其实始于 20 世纪中叶（如图 1.8 所示）。

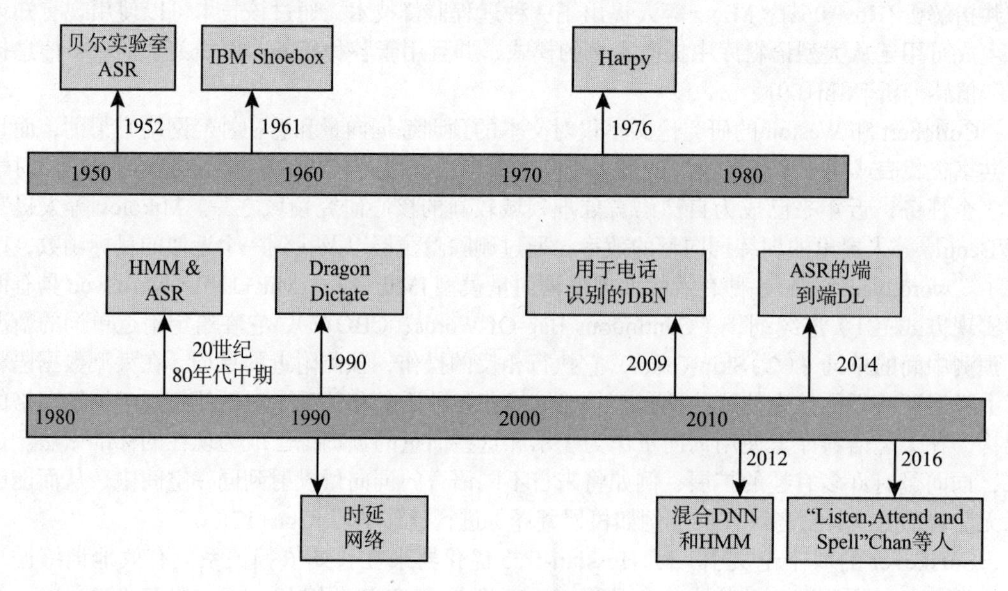

图 1.8　ASR 的重要事件

ASR 最早可追溯到 20 世纪 50 年代。1952 年，贝尔实验室创建了一个系统，该系统使用语音功率谱中的共振峰频率（某些声音中与人类语音相关的频率）来识别单个讲话者的孤立数字的发音。许多研究机构建立了系统来识别单个讲话者的特定音节和元音 [JR05b]。

在 20 世纪 60 年代，小规模词汇和基于声学语音的任务成为主要的研究领域，促生了许多围绕动态规划和频率分析的技术。IBM 的 Shoebox 不仅能够识别数字，还能识别诸如“sum”和“total”之类的单词，并在算术计算中使用它们来得出结果。英格兰高校的研究人员可以分析音素以识别元音和辅音 [JR05a]。

在 20 世纪 70 年代，研究转向中等规模的词汇任务和连续语音，主导技术是各种类型的模式识别和聚类算法。动态时间规整技术（Dynamic Time Warping，DTW）被引入来处理时间可变性，它将特征的输入序列与类的输出序列对齐。卡内基梅隆大学的语音识别器“Harpy”能够识别 1011 个单词的语音。这项工作的主要成就之一是引入了图搜索功能，以“解码”具有一组规则和有限状态网络的单词的词法表示 [LR90]。但是，直到 20 世纪 90 年代才出现了可以优化此功能的方法。IBM 创建了一个称为 Tangora[JBM75] 的识别系统，以提供一个“声控的打字机”。这项工作将重点放在大规模的词汇任务和用于语法的单词序列上，从而引入了针对语音的语言模型。在这个时代，AT & T 在 ASR 中也发挥了重要作用，主要致力于研究独立于讲话者的系统。因此，他们的工作更多地集中在所谓的声学模型上，以处理不同讲话者语音模式的分析。到 20 世纪 70 年代末期，隐马尔可夫模型（Hidden Markov Model，HMM）被用于为离散语音的频谱变化建模。

在 20 世纪 80 年代，ASR 的基本方法转向了统计学，特别是用于建模状态之间关系的 HMM 方法。到 20 世纪 80 年代中期，HMM 已成为 ASR 的主要技术（并且仍然是当今最突出的技术之一）。这种向 HMM 的转变带来了许多其他进步，例如带有 FST 的语音解码框架。在 20 世纪 80 年代，出现了用于语音识别的神经网络。它们具有近似任何函数的能力，同时仍然依靠 HMM 来处理连续语音的时间特性，使它们成为预测状态转换的重要候选方法。在此期间，业内创建了各种工具包来支持 ASR，例如 SRI 的 Sphinx[Lee88] 和 DECIPHER[Mur+89]。

在 20 世纪 90 年代，ASR 融合了机器学习的许多先进技术，从而提高了准确性。许多商业软件也应运而生，例如 Dragon 拥有 80 000 个单词的词典，并且能够将软件训练成用户的声音。在 20 世纪 80 年代和 20 世纪 90 年代末，业内创建了许多工具包来支持 ASR，例如来自剑桥大学的 HTK[GWO1] 就是一个隐马尔可夫模型工具包。

时延神经网络（Time Delay Neural Network，TDNN）[Wai+90] 是最早用于语音识别的深度学习方法之一。它利用堆叠的 2D 卷积层对声音进行分类。这种方法的好处是它是平移不变的（不需要分割）。但是，网络的宽度限制了上下文窗口。TDNN 方法可与早期基于 HMM 的方法相提并论。但是，它没有与 HMM 集成，并且难以在大规模词汇量环境中使用 [YD14]。

在 21 世纪初，业内继续致力于机器学习的研究。在文献 [MDH09] 中，将深度置信网络应用于电话识别，从而在 TIMIT 语料库 ㊀ 上达到了最先进的性能。这些网络通过学习无监督特征以实现更好的声音鲁棒性。在文献 [Dah+12] 中，引入了混合 DNN 和上下文相关的（Context-Dependent，CD）隐马尔可夫模型，该模型扩展了 DNN 的功能并为大词汇量语音识别带来了实质性的改进。深度神经网络在 21 世纪初持续推动着最先进的技术发展，其中 DNN / HMM 混合模型成为主流方法。

自 2012 年以来，深度学习已应用于 ASR 任务的序列部分，取代了许多使用 HMM 的

㊀ https: //catalog.ldc.upenn.edu/LDC93S1。

技术，而朝着语音识别的端到端模型发展。许多现代方法已进入 ASR，例如注意力机制 [Cho+15] [KHW17] 和 RNN 传感器（RNN Transducer）[MPR08]。将序列到序列的架构用于大规模数据集，可以使模型直接从数据中获取声音和语言上的依存关系，从而提高质量。

近年来，端到端研究一直在持续发展，其焦点在于解决由端到端模型引起的一些难题。但是，由于词典模型在解码中的有用性，混合架构在实际生产中往往仍然比较流行。要对 ASR 历史进行更详细的了解，请参见文献 [TG01]。

1.3 为实践者提供的工具、库、数据集和资源

有大量开源资源可供有兴趣构建 NLP、深度学习或语音分析模型的读者使用。接下来我们将提供比较流行的库和数据集的列表。这绝不是一个详尽的清单，因为我们的目标是使读者熟悉各种可用的框架和资源。

1.3.1 深度学习

与 NLP 中的技术一样，近年来，深度学习框架也取得了巨大进步。业内存在许多框架，且每个框架都有其专业性。最受欢迎的深度学习框架包括：TensorFlow、PyTorch、Keras、Theano、MXNet、CNTK、Chainer、Caffe2、PaddlePaddle 和 Matlab[㊀]。现代深度学习框架的主要要素是线性代数计算的效率，因为这适用于深度学习并具有 CPU 和 GPU 计算的支持（诸如 TPU [Jou16] 之类的专用硬件也越来越受欢迎）。所有相关的 Python 框架都同时支持 CPU 和 GPU。实现的差异往往体现在目标终端用户（研究人员、工程师与数据科学家）之间的权衡。

我们将关注前面提到的领先的深度学习框架，并对其进行简要说明。为了做到这一点，我们比较了每个框架的 Google 趋势，并重点关注前 3 名[㊁]。如图 1.9 所示，在这个时间段内，全球排名最靠前的框架是 Keras，其次是 TensorFlow，然后是 PyTorch。本书也将提供有关案例研究中使用的框架的其他信息。

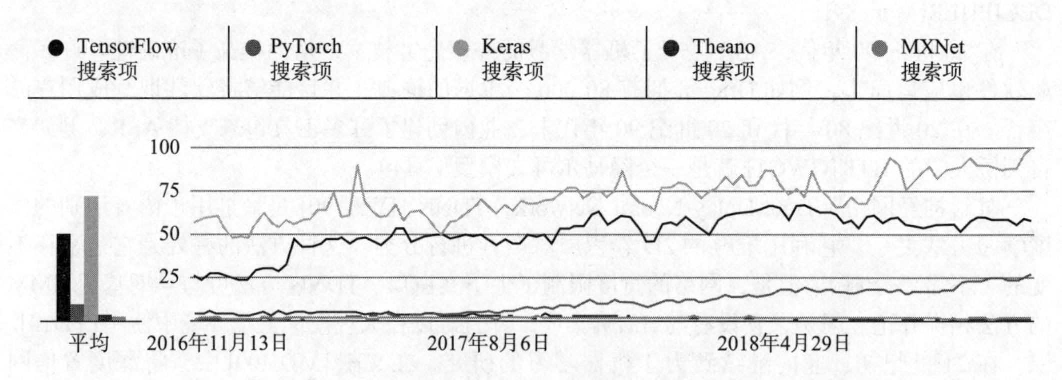

图 1.9 关于全球深度学习框架的 Google 趋势

以下是构建神经网络的流行开源框架。

- **TensorFlow**：TensorFlow 是一个基于数据流图的计算库。这些图有表示数学运算的节

㊀ Theano 是另一个流行的框架。然而，由于其他框架更为流行，该框架主要的开发已经停止。因此，它不包括在本书中。

㊁ 虽然这只是一个在统计上微不足道的单一数据点，但 Google 趋势仍然很有用，并且与其他评估结果大致一致，比如贡献者数量、GitHub 受欢迎程度、撰写的文章数量以及为各种框架编写的书籍。

点和表示在它们之间流动的张量的边。TensorFlow 使用 Python 语言编写，由 Google Brain 团队开发。

- **Keras**：Keras 是一个简单的、高阶的 Python 库，它支持快速原型制作和实验。它可以在 TensorFlow 和 CNTK 上运行，现在是 TensorFlow 核心库的一部分。Keras 包含常见神经网络组件的实现和许多架构示例。
- **PyTorch**：PyTorch 是一个用于神经网络快速成型的 Python 包，它基于一个非常快速的计算框架 Torch，并在运行时提供动态图形计算。PyTorch 是由 Facebook 人工智能研究团队开发的。
- **Caffe**：Caffe 是一个能够构建深度学习架构的高性能 C++ 框架，它支持分布式和多 GPU 运行。当前版本 Caff2 是 Facebook 在生产中使用的后端。
- **CNTK**：CNTK 又称 Microsoft 认知工具包（Microsoft Cognitive Toolkit），是一个基于有向图的计算框架。它支持 Python、C# 和 C++ 语言，由微软研究院开发。
- **MXNet**：MXNet 是一个用 C++ 编写的高性能计算框架，由 Apache 项目提供本地 GPU 支持。
- **Chainer**：Chainer 是一个纯基于 Python 的框架，具有在运行时定义动态计算图的能力。

1.3.2 自然语言处理

以下资源是一些流行的用于自然语言处理的开源工具包。

- **Stanford CoreNLP**：一个基于 Java 的语言分析工具包，用于处理自然语言文本，由斯坦福大学开发。
- **NLTK**：自然语言工具包（The Natural Language Toolkit，NLTK）是一个针对英语的开源符号和统计自然语言处理库的套件，由宾夕法尼亚大学开发。
- **Gensim**：一个基于 Python 的开源工具包，专注于文本文档的向量空间和主题建模。
- **spaCy**：一个用于高级自然语言处理的基于 Python 的高性能工具包。spaCy 是开源的，由 Explosion AI 支持。
- **OpenNLP**：一个用于处理自然语言文本的开源机器学习工具包，由 Apache 项目赞助。
- **AllenNLP**：一个内置于 PyTorch 的 NLP 研究库。

1.3.3 语音识别

以下资源是一些流行的用于语音识别的开源工具包[⊖]。

1.3.3.1 框架

- **Sphinx**：卡内基梅隆大学开发的 ASR 工具包，重点关注于生产和应用开发。
- **Kaldi**：一个开源的 C++ ASR 框架，专为研究型语音处理和专业用途而设计。
- **ESPnet**：一个基于端到端深度学习的 ASR 框架，灵感来自 Kaldi，使用 PyTorch 和 Chainer 后端编写。

1.3.3.2 音频处理

- **SoX**：音频操作工具包和库。它实现了许多文件格式，对于播放、转换和操作音频文件非常有用 [NB18]。
- **LibROSA**：一个用于音频分析的 Python 包，通常用于特征提取和数字信号处理（Digital Signal Processing，DSP）[McF+15]。

⊖ 可以使用包含未提供完整框架的特定实现的代码存储库，但不包括在此列表中。

1.3.3.3　附加工具和库

- **KenLM**：一个高性能的 *n*-gram 语言建模工具包，通常与 ASR 框架集成。
- **LIME**：局部可理解的与模型无关的解释（Local Interpretable Model-agnostic Explanation，LIME），一个用于机器学习和深度学习模型的局部和模型无关的解释器。

1.3.4　书籍

NLP 和机器学习领域的内容非常广泛，不能全部包含在一个资源中。在这里，我们分享各种不同的书籍，它们为补充信息提供了更深入的说明。Hastie 等人的 *Elements of Statistical Learning* 为机器学习和统计技术提供了良好的基础 [HTFO1]。Abu-Mostafa 等人的 *Learning From Data* 以一种更简单、更容易理解的方式提供了机器学习理论方面的见解 [AMMI L12]。*Deep Learning* [GBC16]是一本以理论为中心的书籍。这本书被公认为深度学习的基础性书籍，从深度学习基础（线性代数、概率论和数值计算）出发，对许多架构实现和方法进行了探索。*Foundations of Sta tistical Natural Language Processing*[MS99] 是有关自然语言处理统计模型的综合资源，为实现 NLP 工具提供了深入的数学基础。*Speech and Language Processing* [Jur00] 提供了 NLP 和语音的简介，在统计 NLP 的许多领域上兼顾了广度和深度。其最新版本也探讨了神经网络的应用。

Neural Network Methods in Natural Language Processing [Gol17] 介绍了语言数据上的神经网络应用，涵盖从机器学习和神经网络的介绍到 NLP 应用的专用神经网络架构等内容。Yu 等人 *Automatic Speech Recognition: A Deep Learning Approach* 全面介绍了 ASR 和深度学习技术 [YD15]。

1.3.5　在线课程与资源

下面我们列出了一些在线课程，主要为领域专家教授的深度学习、NLP 和语音相关主题的内容，这些课程非常有益。

- 基于深度学习的自然语言处理（Natural Language Processing with Deep Learning）
  http://web.st anford.edu/class/cs224n/
- 面向自然语言处理的深度学习（Deep Learning for Natural Language Processing）
  http://www.cs.ox.ac.uk/teac hin g/courses/2016 -2017/dl
- 面向 NLP 的神经网络（Neural Networks for NLP）
  http://phontron.com/class/nn4nlp2017/schedule.html
- 深度学习专题（Deep Learning Specialization）
  https://www.deeplearning.ai/deep-learning-specialization/
- 深度学习暑期学校（Deep Learning Summer School）
  https://vectorinstitute.ai/2018/11/07/vector-institute-deep-learning-and-reinforcement-le
  arning-2018-summer-school/
- 用于视觉识别的卷积神经网络（Convolutional Neural Networks for Visual Recognition）
  http://cs231n.stanford.edu/
- 机器学习中的神经网络（Neural Networks for Machine Learning）
  http://www.cs.toronto.edu/~hinton/coursera-lectures.html
- 面向程序员的实用深度学习（Practical Deep Learning For Coders）
  https://course.fast.ai/
- Pytorch 深度学习导论（Intro to Deep Learning with PyTorch）

https://www.udacity.com/course/deep-learning-pytorch--ud188

1.3.6 数据集

任何端到端深度学习应用程序都依赖于数据。大多数组织都将数据收集作为其战略的基本组成部分。对于研究人员、业余爱好者和从业人员而言，也有许多公开可用的数据集㊀。

Kaggle㊁是机器学习和数据科学的数据集和竞赛的最受欢迎的来源之一。Kaggle 拥有成千上万的数据集和竞赛，其活跃社区有超过一百万的注册用户，并通过其平台提供了丰富的竞赛活动。Kaggle 不仅是数据集的来源，许多任务的相应技术也来源于此。

语言数据联盟（Linguistic Data Consortium）㊂合并出售来自各个大学、公司和研究实验室的数据集。它主要关注语言数据和语言资源，拥有近 1000 个数据集。

斯坦福大学自然语言处理小组还发布了许多自然语言处理数据集，这些数据集专门用于训练其 CoreNLP 模型。

- **文本相似性：**

数据集	描述
SentEval [CK18]	句子嵌入方法的评价库，比较它们在 17 个下游任务上的效果
Quora Question Pairs [ZCZ]	从 Quora 网站收集的 400 000 个潜在重复问题对，目的是识别重复问题

- **文本聚类和分类：**

数据集	描述
Reuters-21 578 [Zdr+18]	1987 年出现在路透社新闻专线上的 21 578 篇文章的集合
Open ANC [MIG02]	来自不同来源的大约 1500 万个美式英语口语和书面语单词，对句法结构进行了注释
MASC [Ide+10]	从公开的美国国家语料库（American National Corpus）中摘录的大约 500 000 个当代美式英语单词的子集，对句法、语义和话语结构进行了注释

- **依存关系句法分析：**

数据集	描述
Penn Treebank [MMS93]	美式英语词性注释语料库，由 450 万个单词组成

- **实体抽取：**

数据集	描述
CoNLL 2003 [TKSDM03b]	Newswire 文本，标记了各种类型的实体，如位置、组织、人员等
WNUT2017 [Der+17]	由带注释的推文、YouTube 评论和其他网络资源组成的数据集，使用不同的实体进行标记
OntoNotes [Hov+06b]	该多语言语料库具有多个标签，如词性、语法分析树和实体（版本 5 中有 200 万个标记）

㊀ 文本任务和数据集，以及相关的论文可从 https://nlpprogress.com/ 下载。

㊁ https://www.kaggle.com。

㊂ https://www.ldc.upenn.edu/。

- **关系抽取：**

数据集	描述
NYT Corpus [RYM10]	《纽约时报》语料库，包含相关实体的关系标签
SemEval-2010 (Task 8) [Hen+09]	语义关系数据集，包含实体 - 来源和因 - 果等关系类型

- **语义角色标注：**

数据集	描述
OntoNotes [Pra+13]	包含 170 万个单词的数据集，重点是对文本中实体的角色进行建模

- **机器翻译：**

数据集	描述
Tatoeba	来自 Tatoeba 网站 https://tatoeba.org 的多语言句子对集合
WMT 2014 [Sch18]	英语 - 法语（以及英语 - 德语）数据集，由不同来源的句子组成，来源包括 common crawl、UN corpus 和 new commentary
Multi30k [Ell+16]	采用多种语言对图像的众包描述

- **文本摘要：**

数据集	描述
CNN/Daily Mail [Nal+16]	来自 CNN 和每日邮报网站的大约 30 万条新闻故事和相应的摘要
Cornell Newsroom [GNA18]	1998~2017 年间 38 种主要出版物的 130 多万篇新闻文章和摘要
Google Dataset [FA13]	包含 20 万个示例的句子压缩任务，重点是删除单词以生成原始较长句子的压缩结构
DUC	使用新闻专线和文档数据的较小句子摘要任务，包含 500 个文档
Webis-TLDR-17 Corpus [Sye+18]	Reddit 帖子的数据集，其中包含 300 多万条带有“too long; didn’t read (TL; DR)”摘要的帖子

- **问答系统：**

数据集	描述
bAbI [Wes+15]	用于评估 NLP 模型的任务和相关数据的集合，特别针对问答系统
NewsQA [Tri+16]	从 CNN 新闻文章中收集的拥有 10 万个具有挑战性问答对的数据集
SearchQA [Dun+17]	一个面向搜索问答的通用问答数据集

- **语音识别：**

数据集	描述
AN4 [Ace90]	一个小的字母数字数据集，包含随机生成的单词、数字和字母
WSJ [PB92]	一个通用的大词汇量的语音识别数据集，由 400 小时的音频和文字记录组成
LibriSpeech [Pan+15]	1000 小时的语音数据集，包含来自 LibriVox 有声读物项目的朗读语音

（续）

数据集	描述
Switchboard [GHM92]	对话数据集，包含超过 240 小时的音频。与 CallHome 英语集的联合测试称为 Hub5'00
TED-LIUM [RDE12]	452 小时的 TED 讲座语音，带有相应的文字记录信息。最新版本 (3)[HER+18] 的数据量是前一版本的两倍
CHiME [Vin+16]	一项语音分离挑战，由多年来的各种任务和数据集组成。其中一些任务包括语音分离、识别、噪声环境中的语音处理和多通道识别
TIMIT [Gar+93]	用于语音研究的 ASR 数据集，包括 630 名讲话者阅读语音丰富的句子的录音

1.4　案例研究和实现细节

本书的目标不仅是提供信息，还要使读者能够练习所学的内容。在接下来的每一章中，都会有案例研究详细介绍各章的概念，并提供动手实践的机会。案例研究和配套代码均以 Python 编写，并使用各种深度学习框架。在大多数情况下，深度学习依赖于高性能的 C++ 或 CUDA 库来执行计算。根据我们的经验，安装过程可能会非常烦琐，尤其是在刚开始进行深度学习时。我们尝试通过为每个案例研究提供 Docker[Merl4] 镜像和 GitHub 存储库来克服此困难。Docker 是一个简单而强大的工具，它为高层（Python）和低层（C ++ 和 CUDA）库提供了一个类似于虚拟机的环境，使其可以独立于操作系统运行。

GitHub 存储库中提供了访问和运行代码的说明 (https://github.com/SpringerNLP)。

每章的案例研究如下：

第 2 章：希格斯玻色子挑战赛的机器学习分类介绍。引入机器学习的基本概念以及数据科学的要素。

第 3 章：基于路透社的 21 578 数据集的文本聚类、主题建模和文本分类，用于展示一些基本的 NLP 方法。

第 4 章：使用 FSDD 数据集，在语音数字识别任务中介绍有监督和无监督深度学习的基础知识。

第 5 章：介绍嵌入方法，重点是在公开的美国国家语料库上基于文本的表示。

第 6 章：在 Twitter 美国航空公司数据集上使用多种基于卷积神经网络的方法探索文本分类。

第 7 章：比较用于神经机器翻译的多种循环神经网络架构，以执行英语到法语的翻译。

第 8 章：使用 Kaldi 和 CMU Sphinx 在 Common Voice 数据集上探索基于传统 HMM 的语音识别。

第 9 章：本章有两个不同的案例研究：第一个，扩展第 7 章的神经机器翻译，探讨多种基于注意力机制的架构；第二个，基于 bAbI 数据集，比较用于问答任务的记忆增强网络。

第 10 章：理解不同架构的多任务学习如何应用于 NLP 任务，例如词性标注、分块和命名实体识别，是本章案例研究的重点。

第 11 章：在 Amazon Review 数据集上运行迁移学习和领域自适应的不同技术。

第 12 章：继续进行第 8 章的 ASR 案例研究，在 Common Voice 数据集上，将带有 CTC 和注意力机制的端到端技术应用于语音识别。

第 13 章：在 Cornell Newsroom 数据集上，将两种流行的强化学习算法应用于文本摘要任务。

参考文献

[AMMIL12] Yaser S. Abu-Mostafa, Malik Magdon-Ismail, and Hsuan-Tien Lin. *Learning From Data*. AMLBook, 2012. ISBN: 1600490069, 9781600490064.

[Ace90] Alejandro Acero. "Acoustical and environmental robustness in automatic speech recognition". In: *Proc. of ICASSP*. 1990.

[AHS88] David H. Ackley, Geoffrey E. Hinton, and Terrence J. Sejnowski. "Neurocomputing: Foundations of Research". In: ed. by James A. Anderson and Edward Rosenfeld. MIT Press, 1988. Chap. A Learning Algorithm for Boltzmann Machines, pp. 635–649.

[BCB14b] Dzmitry Bahdanau, Kyunghyun Cho, and Yoshua Bengio. "Neural Machine Translation by Jointly Learning to Align and Translate". In: *CoRR* abs/1409.0473 (2014).

[BFL98] Collin F. Baker, Charles J. Fillmore, and John B. Lowe. "The Berkeley FrameNet Project". In: *Proceedings of the 17th International Conference on Computational Linguistics - Volume 1*. COLING '98. Association for Computational Linguistics, 1998, pp. 86–90.

[BSF94] Y. Bengio, P. Simard, and P. Frasconi. "Learning Long-term Dependencies with Gradient Descent is Difficult". In: *Trans. Neur. Netw*. 5.2 (Mar. 1994), pp. 157–166.

[BDV00] Yoshua Bengio, Réjean Ducharme, and Pascal Vincent. "A Neural Probabilistic Language Model". In: *Proceedings of the 13th International Conference on Neural Information Processing Systems*. Denver, CO: MIT Press, 2000, pp. 893–899.

[BL07] Yoshua Bengio and Yann Lecun. "Scaling learning algorithms towards AI". In: *Large-scale kernel machines*. Ed. by L. Bottou et al. MIT Press, 2007.

[Ben+06] Yoshua Bengio et al. "Greedy Layer-wise Training of Deep Networks". In: *Proceedings of the 19th International Conference on Neural Information Processing Systems*. NIPS'06. Canada: MIT Press, 2006, pp. 153–160.

[BC75] Daniel G. Bobrow and Allan Collins, eds. *Representation and Understanding: Studies in Cognitive Science*. Academic Press, Inc., 1975.

[Bri+87] Ted Briscoe et al. "A Formalism and Environment for the Development of a Large Grammar of English". In: *Proceedings of the 10th International Joint Conference on Artificial Intelligence - Volume 2*. Morgan Kaufmann Publishers Inc., 1987, pp. 703–708.

[Bro+92] Peter F. Brown et al. "Class-based N-gram Models of Natural Language". In: *Comput. Linguist*. 18.4 (Dec. 1992), pp. 467–479.

[BM06] Sabine Buchholz and Erwin Marsi. "CoNLL-X Shared Task on Multilingual Dependency Parsing". In: *Proceedings of the Tenth Conference on Computational Natural Language Learning*. Association for Computational Linguistics, 2006, pp. 149–164.

[Cec61] S. Ceccato. "Linguistic Analysis and Programming for Mechanical Translation". In: Gordon and Breach Science, 1961.

[Cho57] Noam Chomsky. *Syntactic Structures*. Mouton and Co., 1957.

[Cho+15] Jan K Chorowski et al. "Attention-based models for speech recognition". In: *Advances in neural information processing systems*. 2015, pp. 577–585.

[CW08] Ronan Collobert and Jason Weston. "A Unified Architecture for Natural Language Processing: Deep Neural Networks with Multitask Learning". In: *Proceedings of the 25th International Conference on Machine Learning*. ACM, 2008, pp. 160–167.

[CK18] Alexis Conneau and Douwe Kiela. "SentEval: An Evaluation Toolkit for Universal Sentence Representations". In: *arXiv preprint arXiv:1803.05449* (2018).

[Con+17] Alexis Conneau et al. "Supervised Learning of Universal Sentence Representations from Natural Language Inference Data". In: *EMNLP*. Association for Computational Linguistics, 2017, pp. 670–680.

[CV95] Corinna Cortes and Vladimir Vapnik. "Support-Vector Networks". In: *Mach. Learn.* 20.3 (Sept. 1995), pp. 273–297.

[Cyb89] G. Cybenko. "Approximation by superpositions of a sigmoidal function". In: *Mathematics of Control, Signals, and Systems* (*MCSS*) 2 (1989). URL: http://dx.doi.org/10.1007/BF02551274.

[Dah+12] George E Dahl et al. "Context-dependent pre-trained deep neural networks for large-vocabulary speech recognition". In: *IEEE Transactions on audio, speech, and language processing* 20.1 (2012), pp. 30–42.

[Den+09] J. Deng et al. "ImageNet: A Large-Scale Hierarchical Image Database". In: *CVPR09*. 2009.

[Der+17] Leon Derczynski et al. "Results of the WNUT2017 shared task on novel and emerging entity recognition". In: *Proceedings of the 3rd Workshop on Noisy User-generated Text*. 2017, pp. 140–147.

[Koh82] Bhuwan Dhingra, Kathryn Mazaitis, and William W Cohen. "Quasar: Datasets for Question Answering by Search and Reading". In: *arXiv preprint arXiv:1707.03904* (2017).

[Dun+17] Matthew Dunn et al. "SearchQA: A new Q&A dataset augmented with context from a search engine". In: *arXiv preprint arXiv:1704.05179* (2017).

[Ell+16] Desmond Elliott et al. "Multi30k: Multilingual English-German image descriptions". In: *arXiv preprint arXiv:1605.00459* (2016).

[FA13] Katja Filippova and Yasemin Altun. "Overcoming the lack of parallel data in sentence compression". In: *Proceedings of the 2013 Conference on Empirical Methods in Natural Language Processing*. 2013, pp. 1481–1491.

[Fin79] Nicholas V. Findler, ed. *Associative Networks: The Representation and Use of Knowledge by Computers*. Academic Press, Inc., 1979.ISBN: 0122563808.

[Fuk79] K. Fukushima. "Neural network model for a mechanism of pattern recognition unaffected by shift in position - Neocognitron". In: *Trans. IECE* J62-A(10) (1979), pp. 658–665.

[Gan+16] Yaroslav Ganin et al. "Domain-adversarial Training of Neural Networks". In: *J. Mach. Learn. Res.* 17.1 (Jan. 2016), pp. 2096–2030.

[Gar+93] John S Garofolo et al. "DARPA TIMIT acoustic-phonetic continuous speech corpus CD-ROM. NIST speech disc 1-1.1". In: *NASA STI/Recon technical report n* 93 (1993).

[GW01] James Glass and Eugene Weinstein. "SPEECHBUILDER: Facilitating spoken dialogue system development". In: *Seventh European Conference on Speech Communication and Technology.* 2001.

[GBB11] Xavier Glorot, Antoine Bordes, and Yoshua Bengio. "Deep Sparse Rectifier Neural Networks." In: *AISTATS.* Vol. 15. JMLR.org, 2011, pp. 315–323.

[GHM92] John J Godfrey, Edward C Holliman, and Jane McDaniel. "SWITCHBOARD: Telephone speech corpus for research and development". In: *Acoustics, Speech, and Signal Processing, 1992. ICASSP-92., 1992 IEEE International Conference on*. Vol. 1. 1992, pp. 517–520.

[Gol17] Yoav Goldberg. "Neural network methods for natural language processing". In: *Synthesis Lectures on Human Language Technologies* 10.1 (2017), pp. 1–309.

[GBC16] Ian Goodfellow, Yoshua Bengio, and Aaron Courville. "Deep learning (adaptive computation and machine learning series)". In: *Adaptive Computation and Machine Learning series* (2016), p. 800.

[Goo+14] Ian J. Goodfellow et al. "Generative Adversarial Nets". In: *Proceedings of the 27th International Conference on Neural Information Processing Systems - Volume 2.* NIPS'14. MIT Press, 2014, pp. 2672–2680.

[Gra13] Alex Graves. "Generating Sequences With Recurrent Neural Networks." In: *CoRR* abs/1308.0850 (2013).

[GWD14] Alex Graves, Greg Wayne, and Ivo Danihelka. "Neural Turing Machines". In: *CoRR* abs/1410.5401 (2014).

[Gra+16] Alex Graves et al. "Hybrid computing using a neural network with dynamic external memory". In: *Nature* 538.7626 (Oct. 2016), pp. 471–476. ISSN: 00280836.

[Gre+15] Edward Grefenstette et al. "Learning to Transduce with Unbounded Memory". In: *Advances in Neural Information Processing Systems 28: Annual Conference on Neural Information Processing Systems 2015, December 7–12, 2015, Montreal, Quebec, Canada*. 2015, pp. 1828–1836.

[GNA18] Max Grusky, Mor Naaman, and Yoav Artzi. "NEWSROOM: A Dataset of 1.3 Million Summaries with Diverse Extractive Strategies". In: *Proceedings of the 2018 Conference of the North American Chapter of the Association for Computational Linguistics: Human Language Technologies*. Association for Computational Linguistics, 2018, pp. 708–719.

[HKKS99] Eva Hajicová, Ivana Kruijff-Korbayová, and Petr Sgall. "Prague Dependency Treebank: Restoration of Deletions". In: *Proceedings of the Second International Workshop on Text, Speech and Dialogue*. Springer-Verlag, 1999, pp. 44–49.

[HTF01] Trevor Hastie, Robert Tibshirani, and Jerome Friedman. *The Elements of Statistical Learning.* Springer Series in Statistics. Springer New York Inc., 2001.

[Heb49] Donald O. Hebb. *The organization of behavior: A neuropsychological theory.*

Wiley, 1949.

[Hen+16] Mikael Henaff et al. "Tracking theWorld State with Recurrent Entity Networks". In: *CoRR* abs/1612.03969 (2016).

[Hen+09] Iris Hendrickx et al. "Semeval-2010 task 8: Multi-way classification of semantic relations between pairs of nominals". In: *Proceedings of the Workshop on Semantic Evaluations: Recent Achievements and Future Directions*. Association for Computational Linguistics. 2009, pp. 94–99.

[Her+18] François Hernandez et al. "TED-LIUM 3: twice as much data and corpus repartition for experiments on speaker adaptation". In: *arXiv preprint arXiv:1805.04699* (2018).

[HZ94] G. E. Hinton and R. S. Zemel. "Autoencoders, Minimum Description Length and Helmholtz Free Energy". In: *Advances in Neural Information Processing Systems (NIPS) 6*. Ed. by J. D. Cowan, G. Tesauro, and J. Alspector. Morgan Kaufmann, 1994, pp. 3–10.

[HOT06a] Geoffrey E. Hinton, Simon Osindero, and Yee-Whye Teh. "A Fast Learning Algorithm for Deep Belief Nets". In: *Neural Comput.* 18.7 (July 2006), pp. 1527–1554.

[Hoc98] Sepp Hochreiter. "The Vanishing Gradient Problem During Learning Recurrent Neural Nets and Problem Solutions". In: *Int. J. Uncertain. Fuzziness Knowl.-Based Syst.* 6.2 (Apr. 1998), pp. 107–116.

[HS97] Sepp Hochreiter and Jürgen Schmidhuber. "Long Short-Term Memory". In: *Neural Comput.* 9.8 (Nov. 1997), pp. 1735–1780.

[Hop82] J. J. Hopfield. "Neural networks and physical systems with emergent collective computational abilities". In: *Proceedings of the National Academy of Sciences of the United States of America* 79.8 (Apr. 1982), pp. 2554–2558.

[Hor91] Kurt Hornik. "Approximation Capabilities of Multilayer Feedforward Networks". In: *Neural Netw.* 4.2 (Mar. 1991), pp. 251–257.

[Hov+06a] Eduard Hovy et al. "OntoNotes: The 90% Solution". In: *Proceedings of the Human Language Technology Conference of the NAACL, Companion Volume: Short Papers*. NAACL-Short '06. New York, New York: Association for Computational Linguistics, 2006, pp. 57–60.

[Hov+06b] Eduard Hovy et al. "OntoNotes: the 90% solution". In: *Proceedings of the human language technology conference of the NAACL, Companion Volume: Short Papers*. Association for Computational Linguistics. 2006, pp. 57–60.

[HDG55] W. John Hutchins, Leon Dostert, and Paul Garvin. "The Georgetown- I.B.M. experiment". In: *In*. John Wiley And Sons, 1955, pp. 124–135.

[HS92] William J. Hutchins and Harold L. Somers. *An introduction to machine translation*. Academic Press, 1992.

[Ide+10] Nancy Ide et al. "MASC: the Manually Annotated Sub-Corpus of American English." In: *LREC*. European Language Resources Association, June 4, 2010.

[JBM75] Frederick Jelinek, Lalit Bahl, and Robert Mercer. "Design of a linguistic statistical decoder for the recognition of continuous speech". In: *IEEE Transactions on*

Information Theory 21.3 (1975), pp. 250–256.

[JL17] Robin Jia and Percy Liang. "Adversarial Examples for Evaluating Reading Comprehension Systems". In: *Proceedings of the 2017 Conference on Empirical Methods in Natural Language Processing*. Association for Computational Linguistics, 2017, pp. 2021–2031.

[Jon94] Karen Sparck Jones. "Natural Language Processing: A Historical Review". In: *Current Issues in Computational Linguistics: In Honour of Don Walker*. Springer Netherlands, 1994, pp. 3–16.

[Jou16] Norm Jouppi. "Google supercharges machine learning tasks with TPU custom chip". In: *Google Blog*, May 18 (2016).

[JR05a] B. H. Juang and L. R. Rabiner. "Automatic speech recognition - A brief history of the technology development". In: *Elsevier Encyclopedia of Language and Linguistics* (2005).

[JR05b] Biing-Hwang Juang and Lawrence R Rabiner. "Automatic speech recognition-a brief history of the technology development". In: *Georgia Institute of Technology. Atlanta Rutgers University and the University of California. Santa Barbara* 1 (2005), p. 67.

[Jur00] Daniel Jurafsky. "Speech and language processing: An introduction to natural language processing". In: *Computational linguistics, and speech recognition* (2000).

[KGB14] Nal Kalchbrenner, Edward Grefenstette, and Phil Blunsom. "A Convolutional Neural Network for Modelling Sentences". In: Association for Computational Linguistics, 2014, pp. 655–665.

[KHW17] Suyoun Kim, Takaaki Hori, and Shinji Watanabe. "Joint CTC attention based end-to-end speech recognition using multi-task learning". In: *Acoustics, Speech and Signal Processing (ICASSP), 2017 IEEE International Conference on*. IEEE. 2017, pp. 4835–4839.

[Kim14] Yoon Kim. "Convolutional Neural Networks for Sentence Classification". In: 2014, pp. 1746–1751.

[Koh82] T. Kohonen. "Self-Organized Formation of Topologically Correct Feature Maps". In: *Biological Cybernetics* 43.1 (1982), pp. 59–69.

[KSH12] Alex Krizhevsky, Ilya Sutskever, and Geoffrey E. Hinton. "ImageNet Classification with Deep Convolutional Neural Networks". In: *Proceedings of the 25th International Conference on Neural Information Processing Systems - Volume 1*. Curran Associates Inc., 2012, pp. 1097–1105.

[Kum+16] Ankit Kumar et al. "Ask Me Anything: Dynamic Memory Networks for Natural Language Processing". In: *Proceedings of the 33nd International Conference on Machine Learning, ICML 2016, New York City, NY, USA, June 19–24, 2016*. 2016, pp. 1378–1387.

[LMP01] John D. Lafferty, Andrew McCallum, and Fernando C. N. Pereira. "Conditional Random Fields: Probabilistic Models for Segmenting and Labeling Sequence Data". In: *Proceedings of the Eighteenth International Conference on Machine*

Learning. Morgan Kaufmann Publishers Inc., 2001, pp. 282–289.

[Lam+16] Guillaume Lample et al. “Neural Architectures for Named Entity Recognition.” In: *HLT-NAACL*. The Association for Computational Linguistics, 2016, pp. 260–270.

[LeC85] Y. LeCun. “Une procédure d’apprentissage pour réseau a seuil asymmetrique (a Learning Scheme for Asymmetric Threshold Networks)”. In: *Proceedings of Cognitiva 85*. 1985, pp. 599–604.

[LeC+89] Y. LeCun et al. “Backpropagation Applied to Handwritten Zip Code Recognition”. In: *Neural Computation* 1.4 (1989), pp. 541–551.

[LB94] Yann LeCun and Yoshua Bengio. “Word-level training of a handwritten word recognizer based on convolutional neural networks”. In: *12th IAPR International Conference on Pattern Recognition, Conference B: Pattern Recognition and Neural Networks, ICPR 1994, Jerusalem, Israel, 9–13 October, 1994, Volume 2*. 1994, pp. 88–92.

[LBB97] Yann LeCun, Léon Bottou, and Yoshua Bengio. “Reading checks with multilayer graph transformer networks”. In: *1997 IEEE International Conference on Acoustics, Speech, and Signal Processing, ICASSP ’97, Munich, Germany, April 21–24, 1997*. 1997, pp. 151–154.

[Lee88] Kai-Fu Lee. “On large-vocabulary speaker-independent continuous speech recognition”. In: *Speech communication* 7.4 (1988), pp. 375–379.

[Lin92] Long-Ji Lin. “Reinforcement Learning for Robots Using Neural Networks”. UMI Order No. GAX93-22750. PhD thesis. Pittsburgh, PA, USA, 1992.

[Lin70] S. Linnainmaa. “The representation of the cumulative rounding error of an algorithm as a Taylor expansion of the local rounding errors”. MA thesis. Univ. Helsinki, 1970.

[Liu+18] Bing Liu et al. “Dialogue Learning with Human Teaching and Feedback in End-to-End Trainable Task-Oriented Dialogue Systems”. In: *Proceedings of the 2018 Conference of the North American Chapter of the Association for Computational Linguistics: Human Language Technologies, Volume 1 (Long Papers)*. Association for Computational Linguistics, 2018, pp. 2060–2069.

[LR90] Bruce Lowerre and Raj Reddy. “The HARPY speech understanding system”. In: *Readings in speech recognition*. Elsevier, 1990, pp. 576–586.

[LSM13] Minh-Thang Luong, Richard Socher, and Christopher D Manning. “Better Word Representations with Recursive Neural Networks for Morphology”. In: *CoNLL-2013* (2013), p. 104.

[MIG02] C. Macleod, N. Ide, and R. Grishman. “The American National Corpus: Standardized Resources for American English”. In: *Proceedings of 2nd Language Resources and Evaluation Conference (LREC)*. 2002, pp. 831–836.

[Man99] Inderjeet Mani. *Advances in Automatic Text Summarization*. Ed. by Mark T. Maybury. MIT Press, 1999.

[MMS99] Christopher D Manning, Christopher D Manning, and Hinrich Schütze. *Foundations of statistical natural language processing*. MIT press, 1999.

[MS99] Christopher D. Manning and Hinrich Schütze. *Foundations of Statistical Natural*

Language Processing. MIT Press, 1999.

[Mar+94] Mitchell Marcus et al. “The Penn Treebank: Annotating Predicate Argument Structure”. In: *Proceedings of the Workshop on Human Language Technology*. Association for Computational Linguistics, 1994, pp. 114–119.

[MMS93] Mitchell P Marcus, Mary Ann Marcinkiewicz, and Beatrice Santorini. “Building a large annotated corpus of English: The Penn Treebank”. In: *Computational linguistics* 19.2 (1993), pp. 313–330.

[Mas61] Margaret Masterman. “Semantic message detection for machine translation using an interlingua”. In: *Proceedings of the International Conference on Machine Translation*. Her Majesty’s Stationery Office, 1961, pp. 438–475.

[MP88] Warren S. McCulloch andWalter Pitts. “Neurocomputing: Foundations of Research”. In:MIT Press, 1988. Chap. A Logical Calculus of the Ideas Immanent in Nervous Activity, pp. 15–27.

[McF+15] Brian McFee et al. “librosa: Audio and music signal analysis in python”. In: *Proceedings of the 14th python in science conference*. 2015, pp. 18–25.

[Mer14] Dirk Merkel. “Docker: lightweight Linux containers for consistent development and deployment”. In: *Linux Journal* 2014.239 (2014), p. 2.

[Mik+10b] Tomas Mikolov et al. “Recurrent neural network based language model.” In: *INTERSPEECH*. Ed. by Takao Kobayashi, Keikichi Hirose, and Satoshi Nakamura. ISCA, 2010, pp. 1045–1048.

[Mik+13a] Tomas Mikolov et al. “Distributed Representations of Words and Phrases and their Compositionality”. In: *Advances in Neural Information Processing Systems 26*. Ed. by C. J. C. Burges et al. Curran Associates, Inc., 2013, pp. 3111–3119.

[Mik+13b] Tomas Mikolov et al. “Efficient Estimation of Word Representations in Vector Space”. In: *CoRR* abs/1301.3781 (2013).

[Mil95] George A. Miller. “WordNet: A Lexical Database for English”. In: *Commun. ACM* 38.11 (Nov. 1995), pp. 39–41.

[MP69] Marvin Minsky and Seymour Papert. Perceptrons: *An Introduction to Computational Geometry*. Cambridge, MA, USA: MIT Press, 1969.

[Min+09] Mike Mintz et al. “Distant Supervision for Relation Extraction Without Labeled Data”. In: *Proceedings of the Joint Conference of the 47th Annual Meeting of the ACL and the 4th International Joint Conference on Natural Language Processing of the AFNLP: Volume 2 - Volume 2*. ACL ’09. Association for Computational Linguistics, 2009, pp. 1003–1011.

[MDH09] Abdel-rahman Mohamed, George Dahl, and Geoffrey Hinton. “Deep belief networks for phone recognition”. In: *Nips workshop on deep learning for speech recognition and related applications*. Vol. 1. 9. Vancouver, Canada. 2009, p. 39.

[Moh+11] Abdel-rahman Mohamed et al. “Deep Belief Networks using discriminative features for phone recognition”. In: *ICASSP*. IEEE, 2011, pp. 5060–5063.

[MPR08] Mehryar Mohri, Fernando Pereira, and Michael Riley. “Speech recognition with weighted finite-state transducers”. In: *Springer Handbook of Speech Processing*. Springer, 2008, pp. 559–584.

[Mur+89] Hy Murveit et al. "SRI's DECIPHER system". In: *Proceedings of the workshop on Speech and Natural Language*. Association for Computational Linguistics. 1989, pp. 238–242.

[NH10] Vinod Nair and Geoffrey E. Hinton. "Rectified Linear Units Improve Restricted Boltzmann Machines". In: *Proceedings of the 27th International Conference on International Conference on Machine Learning*. ICML'10. Omnipress, 2010, pp. 807–814.

[Nal+16] Ramesh Nallapati et al. "Abstractive text summarization using sequence-to-sequence RNNs and beyond". In: *arXiv preprint arXiv:1602.06023* (2016).

[Nea95] Radford M Neal. "Bayesian learning for neural networks". PhD thesis. University of Toronto, 1995.

[NB18] Lance Norskog and Chris Bagwell. "Sox-Sound eXchange". In: (2018).

[Pan+15] Vassil Panayotov et al. "LibriSpeech: an ASR corpus based on public domain audio books". In: *Acoustics, Speech and Signal Processing (ICASSP), 2015 IEEE International Conference on*. 2015, pp. 5206–5210.

[PLV02] Bo Pang, Lillian Lee, and Shivakumar Vaithyanathan. "Thumbs Up?: Sentiment Classification Using Machine Learning Techniques". In: *Proceedings of the ACL-02 Conference on Empirical Methods in Natural Language Processing - Volume 10*. Association for Computational Linguistics, 2002, pp. 79–86.

[Pap+02] Kishore Papineni et al. "BLEU: A Method for Automatic Evaluation of Machine Translation". In: *Proceedings of the 40th Annual Meeting on Association for Computational Linguistics*. Association for Computational Linguistics, 2002, pp. 311–318.

[Par85] D. B. Parker. *Learning-Logic*. Tech. rep. TR-47. Center for Comp. Research in Economics and Management Sci., MIT, 1985.

[PB92] Douglas B Paul and JanetM Baker. "The design for theWall Street Journal-based CSR corpus". In: *Proceedings of the workshop on Speech and Natural Language*. 1992, pp. 357–362.

[PXS17] Romain Paulus, Caiming Xiong, and Richard Socher. "A Deep Reinforced Model for Abstractive Summarization". In: *CoRR* abs/1705.04304 (2017).

[PC66] John R. Pierce and John B. Carroll. *Language and Machines: Computers in Translation and Linguistics*. Washington, DC, USA: National Academy of Sciences/National Research Council, 1966.

[PSG16] Barbara Plank, Anders Søgaard, and Yoav Goldberg. "Multilingual Part-of-Speech Tagging with Bidirectional Long Short-Term Memory Models and Auxiliary Loss". In: *Proceedings of the 54th Annual Meeting of the Association for Computational Linguistics (Volume 2: Short Papers)*. Association for Computational Linguistics, 2016, pp. 412–418.

[Pom89] Dean A. Pomerleau. "Advances in Neural Information Processing Systems 1". In: Morgan Kaufmann Publishers Inc., 1989. Chap. ALVINN: An Autonomous Land Vehicle in a Neural Network, pp. 305–313.

[Pra+13] Sameer Pradhan et al. "Towards robust linguistic analysis using OntoNotes". In:

Proceedings of the Seventeenth Conference on Computational Natural Language Learning. 2013, pp. 143–152.

[Qui63] R Quillian. *A notation for representing conceptual information*: *an application to semantics and mechanical English paraphrasing*. 1963.

[Ran+15] Marc'Aurelio Ranzato et al. "Sequence Level Training with Recurrent Neural Networks". In: *CoRR* abs/1511.06732 (2015).

[RYM10] Sebastian Riedel, Limin Yao, and Andrew McCallum. "Modeling relations and their mentions without labeled text". In: *Joint European Conference on Machine Learning and Knowledge Discovery in Databases*. Springer. 2010, pp. 148–163.

[Ros58] F. Rosenblatt. "The Perceptron: A Probabilistic Model for Information Storage and Organization in The Brain". In: *Psychological Review* (1958), pp. 65–386.

[RDE12] Anthony Rousseau, Paul Deléglise, and Yannick Esteve. "TEDLIUM: an Automatic Speech Recognition dedicated corpus." In: *LREC*. 2012, pp. 125–129.

[RHW88] David E. Rumelhart, Geoffrey E. Hinton, and Ronald J. Williams. "Neurocomputing: Foundations of Research". In: ed. by James A. Anderson and Edward Rosenfeld. MIT Press, 1988. Chap. Learning Representations by Back-propagating Errors, pp. 696–699.

[ST69] Roger C. Schank and Larry Tesler. "A Conceptual Dependency Parser for Natural Language". In: *Proceedings of the 1969 Conference on Computational Linguistics*. COLING '69. Association for Computational Linguistics, 1969, pp. 1–3.

[Sch92] J. Schmidhuber. "Learning Complex, Extended Sequences Using the Principle of History Compression". In: *Neural Computation* 4.2 (1992), pp. 234–242.

[Sch93] J. Schmidhuber. *Habilitation thesis*. 1993.

[Sch15] J. Schmidhuber. "Deep Learning in Neural Networks: An Overview". In: *Neural Networks* 61 (2015), pp. 85–117.

[SDS93] Nicol N. Schraudolph, Peter Dayan, and Terrence J. Sejnowski. "Temporal Difference Learning of Position Evaluation in the Game of Go". In: *Advances in Neural Information Processing Systems 6*, *[7th NIPS Conference, Denver, Colorado, USA, 1993]*. 1993, pp. 817–824.

[Sch18] H. Schwenk. "WMT 2014 EN-FR". In: (2018).

[Suk+15] Sainbayar Sukhbaatar et al. "End-To-End Memory Networks". In: *Advances in Neural Information Processing Systems 28*: *Annual Conference on Neural Information Processing Systems 2015*, *December 7–12, 2015*, *Montreal, Quebec, Canada*. 2015, pp. 2440–2448.

[Sut13] Ilya Sutskever. "Training recurrent neural networks". In: *Ph.D. Thesis from University of Toronto*, *Toronto*, *Ont*., *Canada* (2013).

[SVL14] Ilya Sutskever, Oriol Vinyals, and Quoc V. Le. "Sequence to Sequence Learning with Neural Networks". In: *Proceedings of the 27th International Conference on Neural Information Processing Systems - Volume 2*. MIT Press, 2014, pp. 3104–3112.

[Sye+18] Shahbaz Syed et al. *Dataset for generating TL;DR*. Feb. 2018.

[Tai+14] Yaniv Taigman et al. "DeepFace: Closing the Gap to Human-Level Performance in

Face Verification". In: *CVPR*. IEEE Computer Society, 2014, pp. 1701–1708.

[Tes95] Gerald Tesauro. "Temporal Difference Learning and TDGammon". In: *Commun. ACM* 38.3 (Mar. 1995), pp. 58–68.

[Thr94] Sebastian Thrun. "Learning to Play the Game of Chess". In: *Advances in Neural Information Processing Systems 7, [NIPS Conference, Denver, Colorado, USA, 1994]*. 1994, pp. 1069–1076.

[TKSB00] Erik F. Tjong Kim Sang and Sabine Buchholz. "Introduction to the CoNLL-2000 Shared Task: Chunking". In: *Proceedings of the 2Nd Workshop on Learning Language in Logic and the 4th Conference on Computational Natural Language Learning - Volume 7*. ConLL'00. Association for Computational Linguistics, 2000, pp.127–132.

[TKSDM03a] Erik F. Tjong Kim Sang and Fien De Meulder. "Introduction to the CoNLL-2003 Shared Task: Language-independent Named Entity Recognition". In: *Proceedings of the Seventh Conference on Natural Language Learning at HLT-NAACL 2003 - Volume 4*. Association for Computational Linguistics, 2003, pp. 142–147.

[TKSDM03b] Erik F Tjong Kim Sang and Fien De Meulder. "Introduction to the CoNLL-2003 shared task: Language-independent named entity recognition". In: *Proceedings of the seventh conference on Natural language learning at HLT-NAACL 2003-Volume 4*. Association for Computational Linguistics. 2003, pp. 142–147.

[TG01] Edmondo Trentin and Marco Gori. "A survey of hybrid ANN/ HMM models for automatic speech recognition". In: *Neurocomputing* 37.1–4 (2001), pp. 91–126.

[Tri+16] Adam Trischler et al. "NewsQA: A machine comprehension dataset". In: *arXiv preprint arXiv:1611.09830* (2016).

[Tur95] A. M. Turing. "Computers &Amp; Thought". In:MIT Press, 1995. Chap. Computing Machinery and Intelligence, pp. 11–35.

[Vin+16] Emmanuel Vincent et al. "The 4th CHiME speech separation and recognition challenge". In: (2016).

[Wai+90] Alexander Waibel et al. "Phoneme recognition using time-delay neural networks". In: *Readings in speech recognition*. Elsevier, 1990, pp. 393–404.

[Wan+18] Xin Wang et al. "No Metrics Are Perfect: Adversarial Reward Learning for Visual Storytelling". In: *Proceedings of the 56th Annual Meeting of the Association for Computational Linguistics (Volume 1: Long Papers)*. Association for Computational Linguistics, 2018, pp. 899–909.

[Wat89] Christopher John Cornish Hellaby Watkins. "Learning from Delayed Rewards". PhD thesis. Cambridge, UK: King's College, 1989.

[Wer74] P. J. Werbos. "Beyond Regression: New Tools for Prediction and Analysis in the Behavioral Sciences". PhD thesis. Harvard University, 1974.

[WCB14] Jason Weston, Sumit Chopra, and Antoine Bordes. "Memory Networks". In: *CoRR* abs/1410.3916 (2014).

[Wes+15] Jason Weston et al. "Towards AI-Complete Question Answering: A Set of Prerequisite Toy Tasks". In: *CoRR* abs/1502.05698 (2015).

[WH60] Bernard Widrow and Marcian E. Hoff. "Adaptive Switching Circuits". In: *1960*

IRE WESCON Convention Record, Part 4. IRE, 1960, pp. 96–104.

[Wu+16] Yonghui Wu et al. "Google's neural machine translation system: Bridging the gap between human and machine translation". In: *arXiv preprint arXiv:1609.08144* (2016).

[YD14] Dong Yu and Li Deng. *Automatic Speech Recognition - A Deep Learning Approach*. Springer, 2014.

[YD15] Dong Yu and Li Deng. *Automatic Speech Recognition: A Deep Learning Approach*. Springer, 2015.

[ZCZ] X. Zhang Z. Chen H. Zhang and L. Zhao. *Quora question pairs*.

[Zdr+18] Anna Zdrojewska et al. "Comparison of the Novel Classification Methods on the Reuters-21578 Corpus." In: *MISSI*. Vol. 833. Springer, 2018, pp. 290–299.

第2章 机器学习基础

Deep Learning for NLP and Speech Recognition

2.1 章节简介

本章的目的是回顾机器学习中与深度学习相关的基本概念。由于无法在本章中涵盖机器学习的各个方面，因此想对此领域有深入了解的读者，我们推荐参考一些经典的书籍，如 *Learning from Data* [AMMIL12] 和 *Elements of Statistical Learning Theory* [HTF09]。

首先我们将介绍监督学习和一般学习过程的基本**学习框架**，然后讨论机器学习理论的一些核心概念，例如 **VC 分析**和**偏差 – 方差权衡**，以及它们与**过拟合**之间的关系。我们通过各种模型评估、性能和验证指标来指导读者，并且讨论一些以判别性分类器为基础的基本线性分类器，例如线性回归、感知机和逻辑回归。然后，我们将阐述非线性变换的一般原理，并将重点介绍支持向量机和其他非线性分类器。在面对这些问题时，我们将介绍例如**正则化**和**梯度下降**这样的核心概念，并讨论它们对机器学习有效训练的影响。接下来会介绍生成式分类器，例如朴素贝叶斯分类器和线性判别分析，然后演示如何通过变换利用线性算法来实现基本的非线性。我们将着重介绍常见的特征变换，例如特征选择和降维技术。最后，我们将通过**马尔可夫链**向读者介绍序列建模的世界。我们通过**隐马尔可夫模型**（Hidden Markov Models,HMM）和**条件随机场**这两种非常有效的序列建模方法来展示必要的细节。

在本章结束时，我们将使用实际问题和数据集对监督学习进行详细的案例研究，以进行系统的、基于证据的机器学习过程，从而将本章中的相关概念付诸实践。

2.2 监督学习：框架和正式定义

如第 1 章中讨论的那样，监督学习是一项任务，它以通用的方式从数据库提供的答案（标签或基本事实）中学习。一个简单的例子就是学习区分苹果和橙子。监督学习的过程如图 2.1 所示，我们将在本书的大多数章节中参考它。现在我们开始描述监督学习过程的每个组成部分。

2.2.1 输入空间和样本

特定学习问题（例如，将苹果与橙子区别开来）的所有可能数据的总体由任意集合 $\mathcal{X}$ 表示。样本可以独立于总体 $\mathcal{X}$ 并以概率分布 $P(\mathcal{X})$ 绘制，这是未知的。它们可以被表述为：

$$\boldsymbol{X} = \boldsymbol{x}_1, \boldsymbol{x}_2, \cdots, \boldsymbol{x}_n \quad (2.1)$$

注意 $\boldsymbol{X} \subseteq \mathcal{X}$。从输入空间 $\mathcal{X}$ 提取的集合 $\boldsymbol{X}$ 中的单个数据点（也称为实例或示例）通常以向量形式表示为 d 维向量的元素 $\boldsymbol{x}_1$，也可以称为特征或属性。例如，苹果和橙子可以用｛形状，大小，颜色｝来定义，即使用 d=3 个特征 / 属性。这些特征可以是自然的或定义的，例如颜色 =｛红色，绿色，橙色，黄色｝，或者它们可以是序数。在后一种情况下，特征可以是离散的（采用有限数量的值）或连续的。例如，每个特征 $i \in [d]$ 可以是 $\mathbb{R}$ 中的标量，从而产生 $\mathbb{R}^d$ 的特征空间：

$$\boldsymbol{x}_i = x_{i1}, x_{i2}, \cdots, x_{id} \tag{2.2}$$

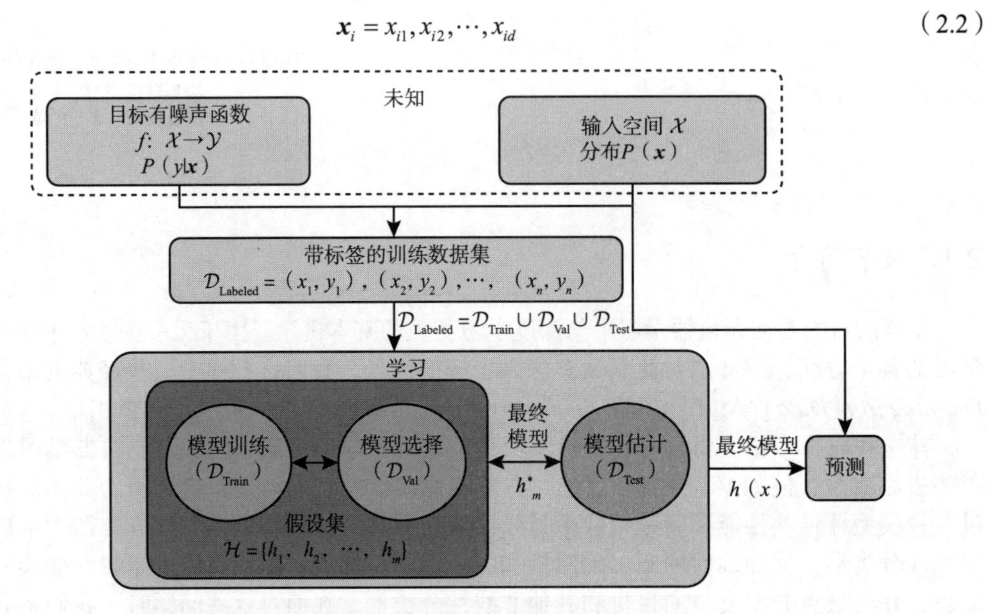

图 2.1　监督学习过程总结

这组特征也可以看作是 d 维向量 $\boldsymbol{f} = f_1, f_2, \cdots, f_d$，可适用于各种特征转换和选择过程。

整个输入数据和相应的标签可以用矩阵的形式查看：

$$\boldsymbol{X} = \begin{bmatrix} x_{11} & x_{12} & \cdots & x_{1d} \\ x_{21} & x_{22} & \cdots & x_{2d} \\ \vdots & \vdots & & \vdots \\ x_{n1} & x_{n2} & \cdots & x_{nd} \end{bmatrix}, \quad \boldsymbol{Y} = \begin{bmatrix} y_1 \\ y_2 \\ \vdots \\ y_n \end{bmatrix} \tag{2.3}$$

在上述的表示中，矩阵 $\boldsymbol{X}$ 的第 i 行存储了样本 x_i，并且其标签 y_i 可以在矩阵 $\boldsymbol{Y}$ 的第 i 行中找到。

或者，我们可以将输入数据和相应的标签线性表示为一个标签数据集 $\mathcal{D}_{\text{Labeled}}$：

$$\mathcal{D}_{\text{Labeled}} = (\boldsymbol{x}_1, y_1), (\boldsymbol{x}_2, y_2), \cdots, (\boldsymbol{x}_n, y_n) \tag{2.4}$$

2.2.2　目标函数和标签

除了概率分布 $P(X)$ 之外，另一个未知实体是目标函数或理想函数，该函数将输入空间 $\mathcal{X}$ 映射到输出空间 $\mathcal{Y}$。此函数的形式表示为 $[f{:}\mathcal{X} \to \mathcal{Y}]$。机器学习的目标是找到接近未知目标函数 f 的近似函数。

输出空间 $\mathcal{Y}$ 表示目标函数 f 可以将输入映射到的所有可能的值。通常，当值是分类变量的时候，找到 f 的近似值称为分类问题；而当值连续时，则将其称为回归问题。当输出只能取两个值时，该问题则被称为二分类（例如，苹果和橙子）。在回归中，$y_i \in \mathbb{R}$。

有时，不考虑实例 $(\boldsymbol{x}, y)$ 的精确映射或确定性输出，而考虑目标联合概率分布 $P(\boldsymbol{x}, y) = P(\boldsymbol{x})P(y|\boldsymbol{x})$ 是有利的。后者可以更好地适应包含噪声或随机性的现实世界数据，我们稍后将对此进行更多说明。

2.2.3　训练和预测

现在，可以从一个大的假设空间 $\mathcal{H}$ 中找到近似函数 $h(\boldsymbol{x})$ 的角度来定义整个学习过程，从

而使 $h(\boldsymbol{x})$ 可以有效地拟合给定的数据点 $\mathcal{D}_{\text{Labeled}}$，以此使得 $h(\boldsymbol{x})\approx f(\boldsymbol{x})$。成功的度量通常通过误差（或称为经验风险，损失或成本函数）来量化，该误差度量了 $h(\boldsymbol{x})$ 与未知目标函数 $f(\boldsymbol{x})$ 之间的差异，如下：

$$\text{Error} = E\big(h(\boldsymbol{x}), f(\boldsymbol{x})\big) \approx e\big(h(\boldsymbol{x}), y\big) \tag{2.5}$$

其中，$E\big(h(\boldsymbol{x}), f(\boldsymbol{x})\big)$是来自目标函数$f(\boldsymbol{x})$的实际误差，它是未知的，并且可以通过$e\big(h(\boldsymbol{x}), y\big)$给定的数据和标签获得的误差来近似计算。

在分类域中，基准点（$\boldsymbol{x}, y$）上的单点误差可以是二进制值（记录的不匹配项）并将其形式写为：

$$E(\boldsymbol{x}, y) = [\![h(\boldsymbol{x}) \neq y]\!] \tag{2.6}$$

$[\![\,]\!]$表示一个函数，当函数中的值不相等时函数值为 1，否则为 0。在回归域中，基准点（$\boldsymbol{x}, y$）上的单点误差可以是平方误差：

$$E(\boldsymbol{x}, y) = \big(h(\boldsymbol{x}) - y\big)^2 \tag{2.7}$$

使用单个（单点）误差的平均值进行分类和回归来测量整个标记数据集的训练误差，如下所示：

$$E_{\text{labeled}}(h) = \frac{1}{N}\sum_{n=1}^{N} [\![h(\boldsymbol{x}_n) \neq y_n]\!] \tag{2.8}$$

$$E_{\text{labeled}}(h) = \frac{1}{N}\sum_{n=1}^{N} \big(h(\boldsymbol{x}) - y_n\big)^2 \tag{2.9}$$

使用未见基准点（$\boldsymbol{x}, y$）上的期望值来计算预测误差或样本外误差：

$$E_{\text{out}}(h) = \mathbb{E}_{\boldsymbol{x}}\big[e\big(h(\boldsymbol{x}), y\big)\big] \tag{2.10}$$

2.3 学习过程

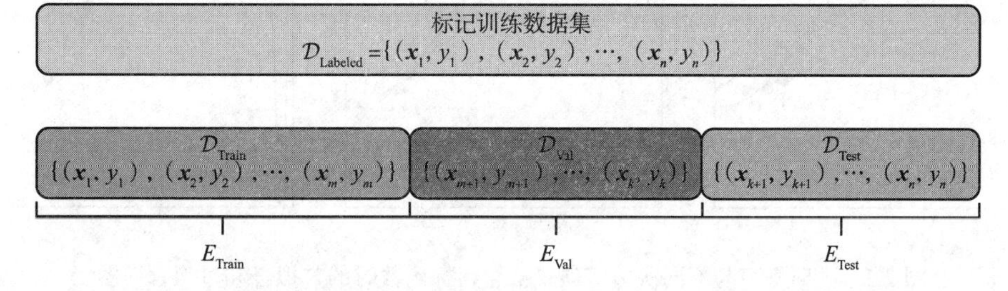

图 2.2 标记的数据集 $\mathcal{D}_{\text{Labeled}}$ 分为训练 $\mathcal{D}_{\text{Train}}$、验证 $\mathcal{D}_{\text{Val}}$ 和测试 $\mathcal{D}_{\text{Test}}$ 数据集

机器学习是一个过程，它试图回答以下三个问题：

1. 如何从标记数据中训练模型参数？
2. 如何为给定标记数据的模型选择超参数？
3. 如何从标记数据中估计样本外误差？

通常将整个标记数据集 $\mathcal{D}_{\text{Labeled}}$ 从逻辑上划分为三个部分来完成此过程：（1）训练集 $\mathcal{D}_{\text{Train}}$；（2）验证集 $\mathcal{D}_{\text{Val}}$；（3）测试集 $\mathcal{D}_{\text{Test}}$，如图 2.2 所示。训练集 $\mathcal{D}_{\text{Train}}$ 用于训练给定的模型或假设并且学习使训练误差 E_{Train} 最小的模型参数。验证集 $\mathcal{D}_{\text{Val}}$ 用于选择最小化验

证误差 E_{Val} 的最佳参数或模型，以替代样本外误差。最后，使用测试集 $\mathcal{D}_{\text{Test}}$ 来估计在 $\mathcal{D}_{\text{Val}}$ 上具有最佳参数并且在 $\mathcal{D}_{\text{Train}}$ 上具有学习参数的训练模型的无偏误差，该无偏误差可以很好地估计未见未知数据的误差。

2.4 机器学习理论

在本节中，我们将回顾与机器学习相关的基本理论，以解决所有学习场景中的核心问题。

2.4.1 通过 Vapnik–Chervonenkis 分析进行“泛化 – 近似”的权衡

将假设函数或模型拟合到标记数据集的过程可能会导致机器学习中的一个核心问题，即**过拟合**。这里的问题是，我们已经使用了所有带标签的数据点来减少误差，但这会导致**泛化性**不佳。我们现在思考一个简单的一维数据集，该数据集使用 sin(*x*) 作为目标函数，并添加了高斯噪声。我们可以用多项式函数假设集说明过拟合的问题，将次数视为一个参数，通过不同参数可以获得不同的假设函数以拟合标记的数据。图 2.3 展示了如何通过更改次数参数来有效地增加模型的**复杂度**，从而显著减少训练误差。图 2.3 同时展示了假设函数的选择会导致**欠拟合或过拟合**。次数为 1 的多项式假设函数由于缺乏复杂度而无法很好地近似目标函数。相反，非常复杂的假设函数（在图 2.3 中的 15 次方）甚至已经对训练数据中的噪声进行了建模，从而导致过拟合。找到合适的假设函数与给定的资源（训练数据）相匹配，从而在近似和泛化之间取得平衡，这是机器学习的理想目标。

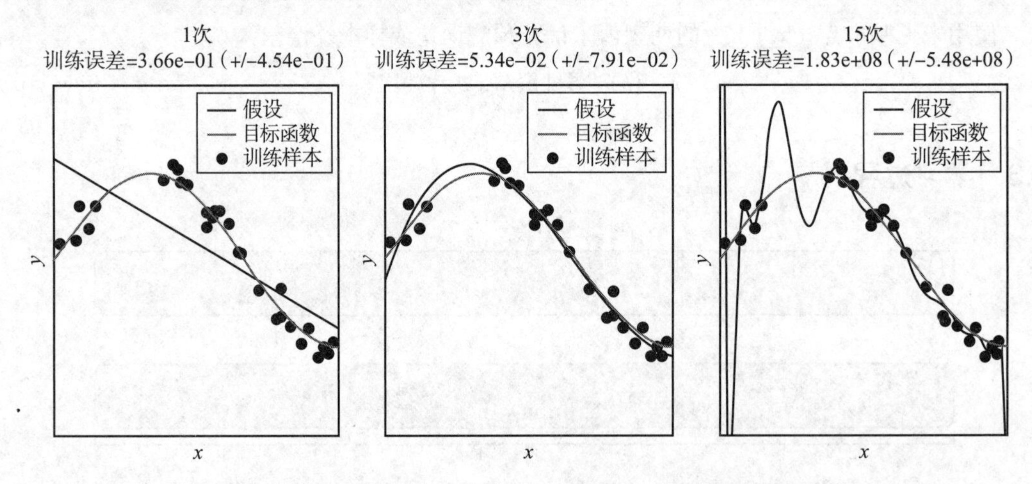

图 2.3 高斯噪声与不同次数多项式拟合目标函数时的欠拟合和过拟合插图

因此，有两个不同的误差需要考虑：（1）由 $E_{\text{train}}(h)$ 给出的**样本内训练误差**，它测量权衡中的“近似”方面；（2）由 $E_{\text{out}}(h)$ 给出的**样本外误差**，必须要估计并度量权衡中的“泛化”方面。

就模型近似正确的可能性而言，概率近似正确（Probably Approximately Correct，PAC）的可学习性定理提供了以下两个误差之间的理论界限：

$$P\left[\left|E_{\text{train}}(h)-E_{\text{out}}(h)\right|>\varepsilon\right]\leqslant 4m_{\mathcal{H}}(2N)\mathrm{e}^{\left(\frac{-\varepsilon^2 N}{8}\right)} \tag{2.11}$$

该方程将两个误差 $E_{\text{train}}(h)$ 和 $E_{\text{out}}(h)$ 之间绝对差小于 ε 的概率限定为增长函数 $m_{\mathcal{H}}$ 和训练

数据样本数 N。已经证明，即使在学习算法的假设空间无限的情况下（如我们稍后将讨论的感知机），增长函数也是有限的。特别是增长函数的上限很严格，根据 Vapnik-Chervonenkis（VC）维数 d_{VC} 测量，它是可以打散的最大 N，即 $m_{\mathcal{H}}(N)=2^N$。这使得 $m_{\mathcal{H}}(N)$ 是数据点的数目的多项式 [Vap95]。因此，

$$m_{\mathcal{H}}(N) \leqslant N^{d_{VC}}+1 \tag{2.12}$$

$$m_{\mathcal{H}}(N) \sim N^{d_{VC}} \tag{2.13}$$

如此，式（2.11）可以改写为：

$$E_{out}(h) \leqslant E_{train}(h)+O\left(\sqrt{\frac{d_{VC}\log(N)}{N}}\right) \tag{2.14}$$

由 d_{VC} 给出的 VC 维数，与模型的复杂度相关，上面的等式可以被进一步改写为：

$$E_{out}(h) \leqslant E_{train}(h)+\underbrace{\Omega(d_{VC})}_{\text{惩罚}} \tag{2.15}$$

图 2.4 描述了上述方程中 $E_{out}(h)$ 和 $E_{train}(h)$ 之间的关系。当模型复杂度低于最佳阈值 d^*_{VC} 时，训练误差和样本外误差都会减小，无论选择什么模型来表示低于这个最佳阈值的数据都会导致欠拟合。当模型复杂度高于阈值时，训练误差 $E_{train}(h)$ 仍然会减小，但是样本外误差 $E_{out}(h)$ 会增加，选择具有这种复杂度的任何模型都将导致过拟合。

给定训练集，根据 VC 维数的 PAC 分析给出的样本外误差的上限，并且与目标函数 $f: \mathcal{X} \to \mathcal{Y}$ 和从总体中抽取样本的概率分布无关。回想一下，目标函数和概率分布都是未知的。

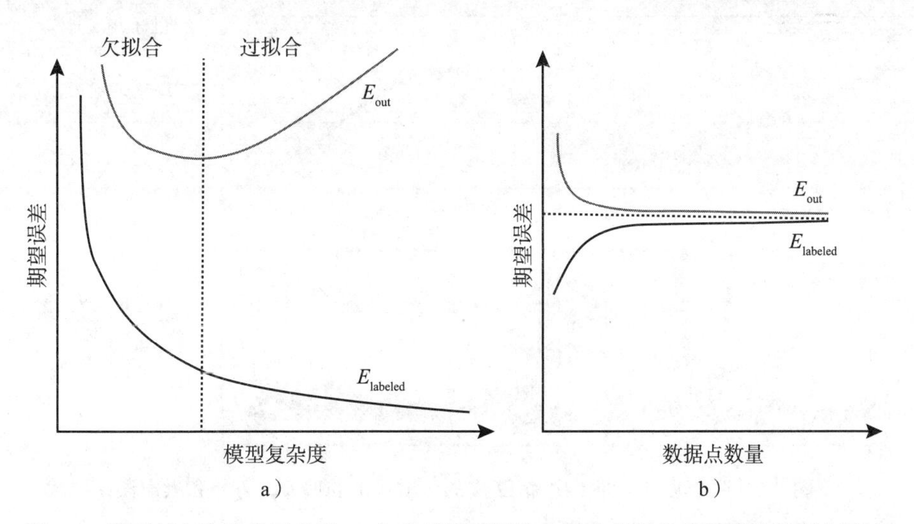

图 2.4　模型复杂度和学习曲线。a）表示训练误差、样本外误差和模型复杂度之间的关系。b）表示训练误差、样本外误差和数据点数量之间关系的学习曲线

2.4.2　通过偏差 – 方差分析进行“泛化 – 近似”的权衡

偏差 – 方差分析是测量或量化“泛化 – 近似”权衡的另一种方式。通常使用回归分析，以均方误差作为成功的度量标准，但是可以对其进行修改以进行分类 [HTF09]。偏差 – 方差权衡公式如下：

$$\mathbb{E}_{x}\left[\left(y-h(\boldsymbol{x})\right)^{2}\right]=\underbrace{\mathbb{E}_{x}\left[\left(h(\boldsymbol{x})-\bar{h}(\boldsymbol{x})\right)^{2}\right]}_{\text{方差}}+\underbrace{\left(f(\boldsymbol{x})-\bar{h}(\boldsymbol{x})\right)^{2}}_{\text{偏差的平方}}+\underbrace{\mathbb{E}\left[\left(y-f(\boldsymbol{x})\right)^{2}\right]}_{\text{噪声}} \tag{2.16}$$

偏差 – 方差权衡的思想是将样本外回归误差 $\left(y-h(\boldsymbol{x})\right)^{2}$ 分解成三个量：

方差：$\left(h(\boldsymbol{x})-\bar{h}(\boldsymbol{x})\right)^{2}$ 对应 $h(\boldsymbol{x})$ 的方差，这是由 H 集中有太多的假设引起的。$\bar{h}(\boldsymbol{x})$ 对应整个集合 H 的平均假设。

偏差：$\left(f(\boldsymbol{x})-\bar{h}(\boldsymbol{x})\right)^{2}$ 对应由不具有良好或足够复杂的假设来近似目标函数 $f(\boldsymbol{x})$ 而引起的系统误差。

噪声：$\left(y-f(\boldsymbol{x})\right)^{2}$ 对应数据中存在的固有噪声。

一般情况下，简单模型的偏差较大，而复杂模型的方差较大。为了说明偏差 – 方差权衡，我们再次使用 sin (*x*) 作为目标，并且加入高斯噪声来生成数据点。我们用不同次数来拟合多项式回归，如图 2.5 所示。

偏差 – 方差权衡在图 2.5 和表 2.1 中很明显，其中列出了每种情况下的偏差、方差和噪声。一个简单的 1 次多项式模型具有较大的偏差误差，从而导致欠拟合；而一个复杂的 12 次多项式模型具有较大的方差误差，从而导致过拟合。

表 2.1　1 次和 12 次的多项式的偏差、方差和噪声误差

假设	偏差误差	方差误差	噪声误差	总误差
1 次	0.1870	0.0089	0.0098	0.2062
12 次	0.0453	2.4698	0.0098	2.5249

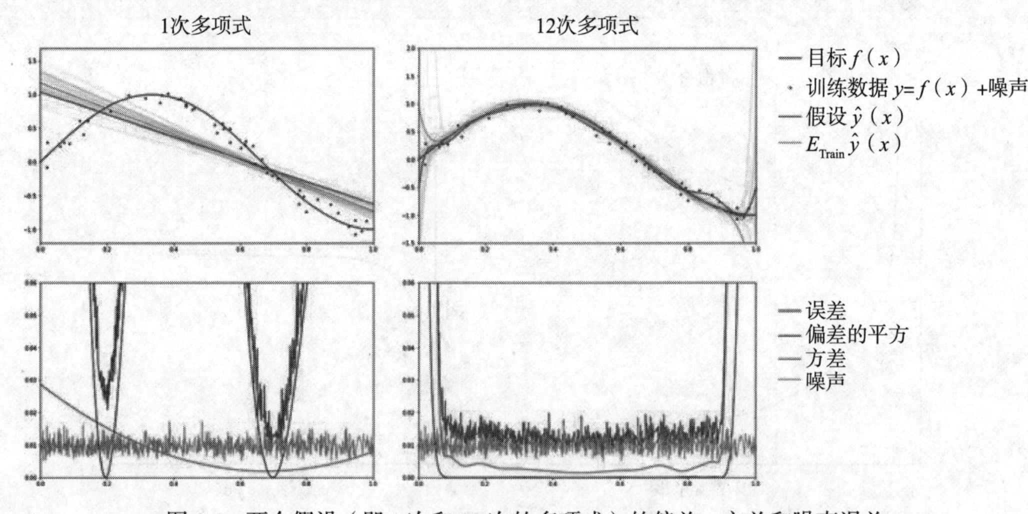

图 2.5　两个假设（即 1 次和 12 次的多项式）的偏差，方差和噪声误差

2.4.3　模型性能和评估指标

在此之前，我们使用分类或回归误差作为成功的指标来评估算法或模型的性能。实际上，有许多为监督学习定义的指标（在分类和回归域中），这些指标取决于数据的大小、标签的分布和问题映射等。接下来，我们将描述其中的一些。

2.4.3.1　分类评估指标

我们将考虑简单的二进制分类情况。在分类域中，模型成功的最简单可视化通常使用**混**

淆矩阵来描述，如图 2.6 所示。当数据在类别方面保持平衡时，也就是说，这些类具有相似的大小，准确性和分类误差是成功的信息量度。当数据不平衡时，即在数据集中一个类别的代表比例高于另一类别时，这些指标结果会偏向多数类，并给出错误的成功估计。在这种情况下，诸如真阳性率（True Positive Rate，TPR）、假阳性率（False Positive Rate，FPR）、真阴性率（True Positive Rate，FPR）、真阴性率（True Negative Rate，TNR）、假阴性率（False Negative Rate，FNR）等基本指标将会很有用。举个例子，F1 评分和马修斯相关系数（Matthews Correlation Coefficient，MCC）等指标结合基本指标给出了成功的综合指标。定义如下所示。

	预测类别	
实际类别	阳性类别	阴性类别
阳性类别	真阳性（TP）	假阴性（FN）
阴性类别	假阳性（FP）	真阴性（TN）

图 2.6　二分类的混淆矩阵

1. 真阳性率（TPR）或召回率或命中率或敏感度：

$$\mathrm{TPR}=\frac{\mathrm{TP}}{(\mathrm{TP}+\mathrm{FN})} \tag{2.17}$$

2. 精度或阳性预测值：

$$\text{精度}=\frac{\mathrm{TP}}{(\mathrm{TP}+\mathrm{FP})} \tag{2.18}$$

3. 特异度：

$$\text{特异度}=\frac{\mathrm{TN}}{(\mathrm{TN}+\mathrm{FP})} \tag{2.19}$$

4. 阴性预测值：

$$\mathrm{NPV}=\frac{\mathrm{TN}}{(\mathrm{TN}+\mathrm{FN})} \tag{2.20}$$

5. 漏检率或者假阴性率：

$$\mathrm{FNR}=\frac{\mathrm{FN}}{(\mathrm{TP}+\mathrm{FN})} \tag{2.21}$$

6. 准确度：

$$\text{准确度}=\frac{\mathrm{TN}+\mathrm{TP}}{(\mathrm{TP}+\mathrm{FN}+\mathrm{FP}+\mathrm{TN})} \tag{2.22}$$

7. F1 得分：

$$\mathrm{F1}=2\frac{\text{精度}\times\text{召回率}}{(\text{精度}+\text{召回率})} \tag{2.23}$$

8. 马修斯相关系数（MCC）：

$$\mathrm{MCC}=2\frac{\mathrm{TP}\times\mathrm{TN}-\mathrm{FP}\times\mathrm{FN}}{\sqrt{(\mathrm{TP}+\mathrm{FP})\times(\mathrm{TP}+\mathrm{FN})\times(\mathrm{TN}+\mathrm{FP})\times(\mathrm{TN}+\mathrm{FN})}} \tag{2.24}$$

许多分类模型不仅提供了类别的预测，而且还为每个数据点提供 0 到 1 之间的置信度值。置信度值可以从 TPR 和 FPR 两方面来控制分类器的性能。在不同阈值下为分类器绘制 TPR 和 FPR 的曲线被称为受试者操作特征（Receiver-Operating Characteristic，ROC）曲线。同样，精度和召回率可以在不同的阈值下绘制，从而得到精度 - 召回曲线（Precision-Recall Curve，PRC）。每个曲线下的面积分别称为 auROC 和 auPRC，它们是性能的常用指标。特别地，当存在不平衡类时，auPRC 通常被认为是一个有用指标。

2.4.3.2　回归评估指标

在回归域中，预测输出是与实际值（另一个实数）相比较的实数，平方误差的许多变体都被用作评估指标。如下所列。

1. **平均预测误差**如下：

$$\overline{y}=\frac{\sum_{i=1}^{n}(y_i-\hat{y}_i)}{n} \tag{2.25}$$

其中，y_i 对应实际值标签，$\hat{y}_i$是模型的预测值。

2. **平均绝对误差**（Mean Absolute Error，MAE）均等地对待正误差和负误差，并由下式给出：

$$\text{MAE}=\frac{\sum_{i=1}^{n}\left|y_i-\hat{y}_i\right|}{n} \tag{2.26}$$

3. **根均方误差**（Root Mean Squared Error，RMSE）重视大误差，并由下式给出：

$$\text{RMSE}=\sqrt{\frac{\sum_{i=1}^{n}(y_i-\hat{y}_i)^2}{n}} \tag{2.27}$$

4. 当以不同的单位测量两个误差时，使用**相对平方误差**（Relative Squared Error，RSE）：

$$\text{RSE}=\frac{\sum_{i=1}^{n}(y_i-\hat{y}_i)^2}{\sum_{i=1}^{n}(\overline{y}_i-y_i)^2} \tag{2.28}$$

5. **决定系数**（R^2）总结了回归模型的解释能力，并根据平方误差给出：

$$\text{SSE}_{\text{residual}}=\sum_{i=1}^{n}(y_i-\hat{y}_i)^2 \tag{2.29}$$

$$\text{SSE}_{\text{total}}=\sum_{i=1}^{n}(y_i-\overline{y}_i)^2 \tag{2.30}$$

$$\text{R}^2=1-\frac{\text{SSE}_{\text{residual}}}{\text{SSE}_{\text{total}}} \tag{2.31}$$

2.4.4　模型验证

验证技术旨在回答如何选择具有正确超参数值模型的问题。当假设集中有许多假设时，则在训练集 $\mathcal{D}_{\text{Train}}$ 上训练每个唯一的假设，然后在验证集 $\mathcal{D}_{\text{Val}}$ 上进行评估；之后选择具有最佳性能指标的模型。从逻辑上说，模型 h^-（上标表示使用较少数据训练的模型）是在训练数据集上训练的，与整个数据集相比，训练数据集中的点 M 较少，因为一些数据（包括 K）都在验证集中。验证集的性能如下：

$$E_{\text{Val}}(h^-)=\frac{1}{K}\sum_{n=1}^{K}e\left(h^-(\boldsymbol{x}_n),y_n\right) \tag{2.32}$$

使用之前提到的 VC 边界，我们可以得到：

$$E_{\text{out}}(h^-)\leqslant E_{\text{Val}}(h^-)+O\left(\frac{1}{\sqrt{K}}\right) \tag{2.33}$$

式（2.33）表明，验证数据点K的值越大，样本外误差的估计越好。然而，从学习曲线来看，我们现在知道训练数据越多，训练误差就越小。因此，从训练预算中删除K点，我们理论上增加了出现较大训练误差的机会。

这就产生了一个有趣的学习悖论：我们需要大量的验证点才能很好地估计样本外误差，但同时，为了更好地训练模型，在验证集中我们需要更少的数据点。

在实践中解决这一矛盾的一种方法是只使用训练数据$\mathcal{D}_{\text{Train}}$对模型进行训练，使用验证数据$\mathcal{D}_{\text{Val}}$上的模型$h^-$估计误差$E_{\text{out}}(h^-)$，然后将数据添加到训练集，以便在$\mathcal{D}_{\text{Train}}+\mathcal{D}_{\text{Val}}$上学习一个新的模型$h$，这就是验证过程，如图2.7所示。综上所述，我们可以得到$E_{\text{out}}(hs)$的上限，如下所示：

$$E_{\text{out}}(h) \leqslant E_{\text{out}}(h^-) \leqslant E_{\text{Val}}(h^-) + O\left(\frac{1}{\sqrt{K}}\right) \tag{2.34}$$

重要的一点是，当验证集被用于模型性能评估时，从验证误差得到的样本外误差的估计是乐观的。也就是说，验证集现在是一个有偏集，因为我们间接地使用它来学习模型的超参数。验证过程是一种可用于模型选择的简单方法，并且与模型或学习算法无关。

验证过程的唯一缺点是需要有大量标签的数据点来创建训练集和验证集。由于标签的成本不低且不易得到，通常难以收集较大的标签集。在这种情况下，我们使用一种称为k**折交叉验证**的技术来代替实际的训练集和验证集分离。k折交叉验证算法如图2.8所示。首先，将数据随机分为k组；其次，在每次实验中，选出一组作为验证集，并使用另外k–1组数据进行训练，以计算得到一折的E_{Val}^k；最后，将k个验证误差的平均值作为验证误差E_{Val}的单一估计。

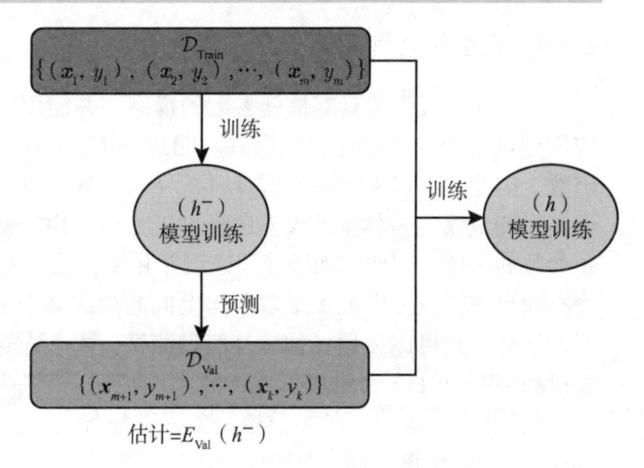

图2.7 模型训练和验证过程

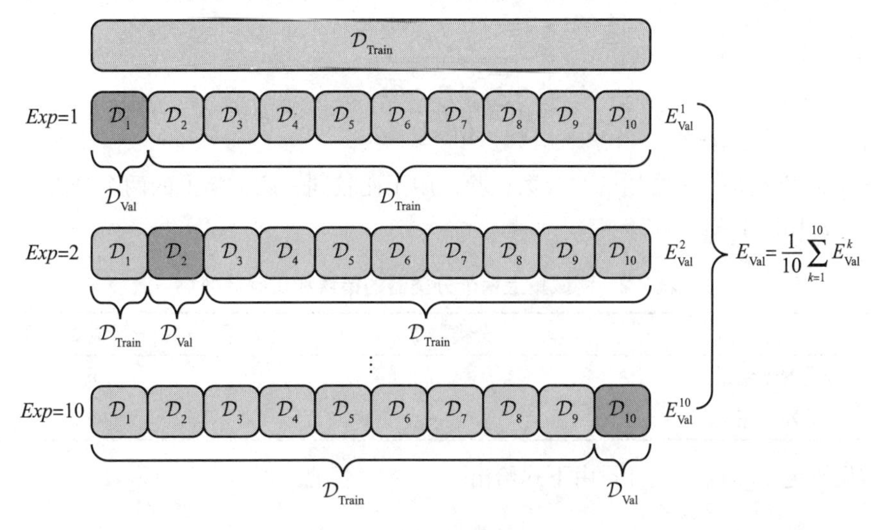

图2.8 十折交叉验证示意

我们重点介绍具有单个参数 $\lambda=(\lambda_1,\lambda_2,\cdots,\lambda_M)$ 且具有 M 个有限值的假设在寻找最佳参数的验证过程，如算法 1 所示。

算法 1：寻找最佳参数

Data: $\mathcal{D}_{\text{Train}}[k]$, $\mathcal{D}_{\text{Val}}[k]$
Result: 最佳参数，最小误差
begin
　拆分数据折叠：创建已标记数据集折叠 $\mathcal{D}, k$
　最佳参数 $\leftarrow \lambda_0$
　for $m \in 1,2,\cdots,$ **M do**
　　$\lambda \leftarrow \lambda_m$
　for $i \in 1,2,\cdots,$ **k do**
　　训练模型 $(h(\lambda),\mathcal{D}_{\text{Train}}[i])E_{\text{Val}}[i] \leftarrow$ 测试模型 $(h(\lambda),\mathcal{D}_{\text{Val}}[i])$
　$E_{\text{Val}} \leftarrow \frac{1}{k}\sum_{k=1}^{K} E_{\text{Val}}[k]$
　if 当前值是看起来最佳的 **then**
　　最小误差 $\leftarrow E_{\text{Val}}$
　　最佳参数 $\leftarrow \lambda_m$

2.4.5　模型估计和对比

当选择了假设或具有最佳参数的模型，并使用整个 $D_{\text{train}} \cup D_{\text{val}}$ 集进行训练的时候，我们使用测试集 D_{test} 来估计测试误差。回想一下，PAC 方程是假设集大小 M 和数据集大小 N 的函数。因此，当仅考虑一个假设时，M=1，在存在一个足够大的测试集的情况下，PAC 方程证实了测试误差是样本外误差的良好近似值。由于测试集既未用于模型训练，也未用于模型超参数的选择，因此与训练或验证误差相比，该误差仍然是一个无偏估计。

如果需要在一个或多个数据集上的两个或多个分类器之间进行比较，以获取指标差异的统计估计，则可以使用各种统计假设测试技术。在选择一种技术之前，必须了解每种技术的假设和限制 [JS11，Dem06，Die98]。下面我们来说明一些统计假设检验技术。

重采样 t 检验是一种参数检验（假设分布），它通过对单个数据集的训练和测试子集进行 n 种不同的随机重采样，在精度或误差等指标上比较两个分类器。如果 $\hat{p}_i$ 是两个分类器性能之间的差异，并且假设是一个高斯分布，而 $\bar{p}$ 是平均性能差异，则 t 的统计量由以下方法给出：

$$t=\frac{\bar{p}\sqrt{n}}{\sqrt{\frac{\sum_{i=1}^{n}(\hat{p}_i-\bar{p})^2}{(n-1)}}} \tag{2.35}$$

McNemar 检验是一种常用的非参数检验，用于比较同一测试集上的两个分类器。测试使用表 2.2 中给出的计数。

表 2.2　测试集上两个分类器的错误和正确计数

	分类器 2 错误	分类器 2 正确
分类器 1 错误	n_{00}	n_{01}
分类器 1 正确	n_{10}	n_{11}

零假设假定 $n_{10}\approx n_{01}$，统计量由下式给出：

$$m = \frac{\left(|n_{01} - n_{10}| - 1\right)^2}{(n_{01} + n_{10})} \tag{2.36}$$

Wilcoxon 符号秩检验是一种非参数检验，在多个数据集上比较两个分类器时，该检验方法很普遍。该测试在比较 N 个数据集的第 i 个数据集时，将两个分类器的指标之间的差异进行了排序，结果为 $d_i = p_1^i - p_2^i$，且忽略符号。统计量由下式给出：

$$T = \min(R^+, R^-) \tag{2.37}$$

其中

$$R^+ = \sum_{d_i > 0} \text{rank}(d_i) + \frac{1}{2} \sum_{d_i = 0} \text{rank}(d_i)$$

且

$$R^- = \sum_{d_i < 0} \text{rank}(d_i) + \frac{1}{2} \sum_{d_i = 0} \text{rank}(d_i)$$

当在多个数据集上要比较多个分类器的时候，将使用具有 Iman-Davenport 扩展的 Friedman 非参数检验。这种情况在呈现新分类器或为给定数据集上的多个分类器中选择单个最佳分类器时很常见。如果 R_i 是 N 个数据集第 i 个数据集中的 K 个分类器中第 j 个分类器，则统计量由下式给出：

$$F = \frac{(N-1)\chi_F^2}{K(K-1) - \chi_F^2} \tag{2.38}$$

其中

$$\chi_F^2 = \frac{12N}{K(K+1)} \left[\sum_{j=1}^{k} R_j^2 - \frac{K(K+1)^2}{4} \right]$$

2.4.6 机器学习中的实践经验

尽管并非在每种情况下都适用，但对机器学习从业人员来说有许多实用技巧。我们在这里列出一些。

- 在一个不平衡的数据集中，当有足够多的数据的时候，最好创建训练集和测试集的分层样本。一般的经验法则是，如果可能的话，样本数量至少应为维数的 10 倍。通常来说，会将 20% 的数据留给测试。
- 如果标记的数据集非常稀疏（即样本数量远小于维数），则可以将交叉验证过程用于模型选择和估计，而不是将数据集分为训练集和测试集。必须意识到，误差指标是乐观的，可能无法反映实际的样本外误差。
- 为了在不平衡的数据集中获得良好的误差估计，测试集应具有与总体样本估计相似的正负比例。
- 测试集需要具有与总体样本估计值相似的数据特征。这包括特征统计量和分布。
- 在一个不平衡的数据集中，用不同的多数类创建同一少数类的多份样本，通常对训练和测试都是有用的。各个集合之间的误差估计的方差提供了样本偏差的重要指标。
- 使用训练集进行训练，并对训练集进行交叉验证以选择超参数。
- 不平衡数据集中的训练样本量可能会过采样或欠采样。这两类的比率（在二分类中）是另一个需要学习的超参数。
- 始终在验证集上绘制学习曲线（交叉验证平均数，并且在训练集的折叠上有方差）以评估给定算法所需的实例数量。

2.5　线性算法

现在让我们在回归分析中考虑类似的问题。在本章中，我们将仅讨论线性回归，围绕每种算法给出基本介绍和方程式，然后讨论其优点和局限性。

2.5.1　线性回归

线性回归是最简单的线性模型之一，已通过理论分析并且实际应用于许多领域 [KK62]。数据集假定标签为数字值或实数。例如，人们可能会对预测某个地点的房价感兴趣，在该地点，以前房屋销售的历史数据已被收集，并具有重要特征，如结构、房间、邻里和其他特征。由于线性回归的普遍性，让我们回顾一些重要的元素，如概念、优化方面等。

假设 h 是输入 $\boldsymbol{x}$ 和权重参数 $\boldsymbol{w}$（我们打算通过训练来学习）的线性组合。在 d 维输入（$\boldsymbol{x}=[x_1, x_2, \cdots, x_d]$）里，我们引入了另一个维，称为偏置项 x_0，值为 1。因此，可以将输入视为 $\boldsymbol{x}\in\{1\}\times\mathbb{R}^d$，要学习的权重是 $\boldsymbol{w}\in\mathbb{R}^{d+1}$。

$$h(\boldsymbol{x})=\sum_{i=0}^{d} w_i x_i \tag{2.39}$$

在矩阵表示法中，输入可以表示为数据矩阵 $\boldsymbol{X}\in\mathbb{R}^{N\times(d+1)}$，矩阵的行是来自数据中的实例（例如 $\boldsymbol{x}_n$），而输出则表示为列向量 $\boldsymbol{y}\in\mathbb{R}^N$。我们假设遵循一个正确的实验，它将数据集划分为训练、验证和测试，并且用 E_{train} 代表训练误差。

通过线性回归学习的过程可以表示为最小化假设函数 $h(\boldsymbol{x}_n)$ 与目标实际值 y_n 之间的平方误差，例如：

$$E_{\text{train}}\left(h(\boldsymbol{x},\boldsymbol{w})\right)=\frac{1}{N}\sum_{i=0}^{d}(\boldsymbol{w}^{\mathrm{T}}\boldsymbol{x}_n-y_n)^2 \tag{2.40}$$

由于给定了数据 $\boldsymbol{x}$，我们写的方程与权重 $\boldsymbol{w}$ 相关：

$$E_{\text{train}}(\boldsymbol{w})=\frac{1}{N}\|(\boldsymbol{X}\boldsymbol{w}-\boldsymbol{y})^2\|, \tag{2.41}$$

其中，$\|(\boldsymbol{X}\boldsymbol{w}-\boldsymbol{y})^2\|$ 是向量的欧几里得范数。

因此，我们可以写出：

$$E_{\text{train}}(\boldsymbol{w})=\frac{1}{N}(\boldsymbol{w}^{\mathrm{T}}\boldsymbol{X}^{\mathrm{T}}\boldsymbol{X}\boldsymbol{w}-2\boldsymbol{w}^{\mathrm{T}}\boldsymbol{X}^{\mathrm{T}}\boldsymbol{y}+\boldsymbol{y}^{\mathrm{T}}\boldsymbol{y}) \tag{2.42}$$

我们需要最小化 E_{train}。这是一个优化问题，因为我们需要找到最小化训练误差的权重 $\boldsymbol{w}_{\text{opt}}$。也就是说，我们需要找到：

$$\boldsymbol{w}_{\text{opt}}=\underset{\boldsymbol{w}\in\mathbb{R}^{d+1}}{\operatorname{argmin}}\ E_{\text{train}}(\boldsymbol{w}) \tag{2.43}$$

我们可以假设损失函数 $E_{\text{train}}(\boldsymbol{w})$ 是可微的。因此，为了求解，我们计算损失函数关于 $\boldsymbol{w}$ 的梯度，并将其设置为零向量 $\boldsymbol{0}$：

$$\nabla E_{\text{train}}(\boldsymbol{w})=\frac{2}{N}(\boldsymbol{X}^{\mathrm{T}}\boldsymbol{X}\boldsymbol{w}-\boldsymbol{X}^{\mathrm{T}}\boldsymbol{y})=\boldsymbol{0} \tag{2.44}$$

$$\boldsymbol{X}^{\mathrm{T}}\boldsymbol{X}\boldsymbol{w}=\boldsymbol{X}^{\mathrm{T}}\boldsymbol{y} \tag{2.45}$$

我们还假设 $\boldsymbol{X}^{\mathrm{T}}\boldsymbol{X}$ 是可逆的，因此我们可以得到：

$$\boldsymbol{w}_{\text{opt}}=(\boldsymbol{X}^{\mathrm{T}}\boldsymbol{X})^{-1}\boldsymbol{X}^{\mathrm{T}}\boldsymbol{y} \tag{2.46}$$

我们可以将伪逆表示为$\boldsymbol{X}^{\dagger}$，使其满足$\boldsymbol{X}^{\dagger}=(\boldsymbol{X}^{\mathrm{T}}\boldsymbol{X})^{-1}\boldsymbol{X}^{\mathrm{T}}$。该推导表明，线性回归具有直接的解析公式来计算最佳权重，并且它的学习过程与计算伪逆矩阵和标签向量$\boldsymbol{y}$的矩阵相乘一样简单。算法 2 和算法 3 实现了所描述的优化过程。

算法 2：线性回归训练

Data: 训练数据集$(\boldsymbol{x}_1,y_1),(\boldsymbol{x}_2,y_2),\cdots,(\boldsymbol{x}_n,y_n)$使$\boldsymbol{x}_i\in\mathbb{R}^d$和$y_i\in\mathbb{R}^d$

Result: 权重向量$\boldsymbol{w}\in\mathbb{R}^{d+1}$

begin

　从输入创建矩阵$\boldsymbol{X}$，以及为每个向量$(x_0=1)$创建一个偏差

　从标签创建向量$\boldsymbol{y}$

　计算伪逆$\boldsymbol{X}^{\dagger}=(\boldsymbol{X}^{\mathrm{T}}\boldsymbol{X})^{-1}\boldsymbol{X}^{\mathrm{T}}$

　$\boldsymbol{w}=\boldsymbol{X}^{\dagger}\boldsymbol{y}$

算法 3：线性回归预测

Data: 测试数据$\boldsymbol{x}$使$\boldsymbol{x}\in\mathbb{R}^d$，以及权重向量$\boldsymbol{w}$

Result: 预测$\hat{y}$

begin

　从输入创建向量$\boldsymbol{x}$，并为偏差项$x_0=1$的输入向量加前缀

　$\hat{y}=\boldsymbol{x}^{\mathrm{T}}\boldsymbol{w}$

讨论

- 线性回归具有有效的训练算法，时间复杂度是训练数据大小的多项式级别。
- 线性回归假设$\boldsymbol{X}^{\dagger}$是可逆的。即使不是这种情况，也可以采用伪逆，尽管这样做不能保证唯一的最优解。我们注意到，有些方法可以在不反转矩阵的情况下计算出伪逆。
- 如果训练集中的特征之间存在相关性，则线性回归的表现会受到影响。

2.5.2　感知机

感知机是基于线性回归假设的模型，该线性回归假设由符号函数组成，符号函数提供分类输出而不是回归，如式（2.47）所示，如图 2.9 所示。

$$h(\boldsymbol{x})=\operatorname{sign}\left(\sum_{i=0}^{d}w_i x_i\right)\tag{2.47}$$

线性可分数据集中感知机的训练算法是初始化权重并迭代训练集，仅当数据点分类错误时才改变权重 [Ros58]。这是一个迭代过程，仅在数据集线性可分时才收敛。对于线性但不可分的数据集（在平面的两边都有少量标签），须进行少量改动，仅做最大次数的迭代，并存储最小损失函数相对应的权重，这称为口袋算法。感知机训练算法尝试在d维数据集中找到$d-1$维的超平面，如算法 4 和算法 5 所示。

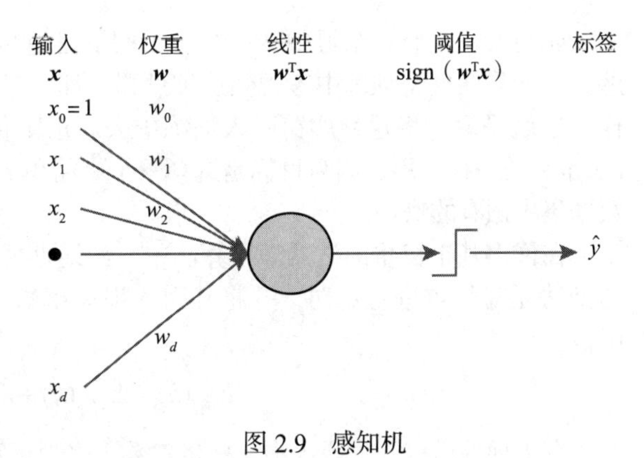

图 2.9　感知机

算法 4：感知机 1

Data: 测试数据集 $(\boldsymbol{x}_1, y_1), (\boldsymbol{x}_2, y_2), \cdots, (\boldsymbol{x}_n, y_n)$ 使 $\boldsymbol{x}_i \in \mathbb{R}^d$，以及 $y_i \in (+1, -1)$ 最大迭代 $= T$

Result: 权重向量 $\boldsymbol{w} \in \mathbb{R}^{d+1}$

begin

从输入创建向量 $\boldsymbol{x}$，并为偏差项 $x_0 = 1$ 的输入向量加前缀

从标签创建向量 $\boldsymbol{y}$

初始化权重向量 $\boldsymbol{w}_0$ 为 $\mathbf{0}$

最佳权重 $\leftarrow \boldsymbol{w}_0$

初始化损失 $(\boldsymbol{w})$ 为 $\mathbf{1}$

for $t \in 0, 1, \cdots, T-1$ **do**

　for $i \in 0, 1, \cdots, N-1$ **do**

　　if $\text{sign}(\boldsymbol{x}_i y_i) \neq y_i$ **then**

　　　更新权重向量 $\boldsymbol{w}_{(t+1)} = \boldsymbol{w}_{(t)} + \boldsymbol{x}_i y_i$

　　　当前损失 $(\boldsymbol{w}) \leftarrow$ 当前损失 $(\boldsymbol{w}_{(t+1)})$

　　　if 当前损失 $(\boldsymbol{w})$ < 损失 $(\boldsymbol{w})$ **then**

　　　　损失 $(\boldsymbol{w}) \leftarrow$ 当前损失 $(\boldsymbol{w})$

　　　　最佳权重 $= \boldsymbol{w}_{(t+1)}$

返回最佳权重

讨论

- 感知机不需要找到将两个类别分开的最佳超平面（点之间的最大间隔），并且不会受到数据集中噪声的影响。
- 异常值会影响算法找到最佳超平面的能力，因此对异常值进行处理很重要。

算法 5：感知机 2

Data: 测试数据 $\boldsymbol{x}$ 使 $\boldsymbol{x} \in \mathbb{R}^d$，以及权重向量 $\boldsymbol{w}$

Result: 预测 $\hat{y} \in (+1, -1)$

begin

从输入创建向量 $\boldsymbol{x}$，并为 $x_0 = 1$ 的向量加偏差

$\hat{y} = \text{sign}(\boldsymbol{x}^{\text{T}} \boldsymbol{w})$

返回 $\hat{y}$

2.5.3　正则化

如前所述，监督学习中的一个常见问题是过拟合。式（2.15）可以看作对模型复杂性的惩罚。如果在模型训练中考虑到这种惩罚，那么学习效果将得到改善。正则化的思想就是这样，也就是说，将这种惩罚引入训练中去。正则化通常被认为是奥卡姆剃刀原则（Occam's Razor）的一种应用，因为目标是选择一个更简单的假设。通常来说，我们使用正则化来对抗数据集中固有的噪声。

在许多基于权重的机器学习算法中，如线性回归、感知机、逻辑回归和神经网络，通常的做法是对权重进行惩罚，并将其引入损失函数中。下面给出了最终用于优化的增广损失函数：

$$E_{\text{aug}}(h) = E_{\text{train}}(h) + \lambda \Omega(\boldsymbol{w}) \tag{2.48}$$

在上面的增广损失函数中，标量参数 λ 称为**正则化常数**，$\Omega(\boldsymbol{w})$ 称为**正则化函数**。

2.5.3.1　Ridge 正则化：L_2 范数

常用的一个正则化函数是 L_2 范数 [HK00]，也称为权重衰减或岭正则化。该函数可以用式（2.49）代替：

$$E_{\text{aug}}(h)=E_{\text{train}}(h)+\lambda \boldsymbol{w}^{\mathrm{T}}\boldsymbol{w} \tag{2.49}$$

因此，可以找到最优的 $\boldsymbol{w}_{\text{opt}}$，其定义为：

$$\boldsymbol{w}_{\text{opt}}=\underset{\boldsymbol{w}\in\mathbb{R}^{d+1}}{\arg\min}\, E_{\text{aug}}(\boldsymbol{w}) \tag{2.50}$$

$$\boldsymbol{w}_{\text{opt}}=\underset{\boldsymbol{w}\in\mathbb{R}^{d+1}}{\arg\min}\left(E_{\text{train}}(h)+\lambda \boldsymbol{w}^{\mathrm{T}}\boldsymbol{w}\right) \tag{2.51}$$

通过正则化修正的线性回归解为：

$$\boldsymbol{w}_{\text{opt}}=(\boldsymbol{X}^{\mathrm{T}}\boldsymbol{X}+\lambda \boldsymbol{I})^{-1}\boldsymbol{X}^{\mathrm{T}}\boldsymbol{y} \tag{2.52}$$

> 通常使用上述对任何超参数的验证技术来选择正则化参数 λ，且一般为 0.001 附近的较小值。L_2 正则化的影响是，一些不那么相关的权重值将接近零。这样，可以将 L_2 正则化看作通过特征加权进行的隐式特征选择。L_2 正则化在计算上很有效。

2.5.3.2　Lasso 正则化：L_1 范数

L_1 范数是另一种常用的基于权重的正则化算法 [HTF09]：

$$\boldsymbol{w}_{\text{opt}}=\underset{\boldsymbol{w}\in\mathbb{R}^{d+1}}{\arg\min}\left(E_{\text{train}}(h)+\lambda|\boldsymbol{w}|\right) \tag{2.53}$$

由于具有绝对函数，因此上式没有闭式解，通常表示为一个约束优化问题，如下所示：

$$\arg\min_{\boldsymbol{w}\in\mathbb{R}^{d+1}}(\boldsymbol{X}^{\mathrm{T}}\boldsymbol{X}\boldsymbol{w}-\boldsymbol{X}^{\mathrm{T}}\boldsymbol{y})\text{满足}\boldsymbol{w}<\eta \tag{2.54}$$

参数 η 与正则化参数 λ 成反比。上面的方程可以证明是一个凸函数，通常使用二次规划的方法来获得最优权重。

> 与 L_2 正则化一样，使用验证技术选择 L_1 正则化中的正则化参数 λ。与 L_2 相比，L_1 正则化通常导致更多的特征权重被设置为零。因此，L_1 正则化通过隐式特征选择会产生一个稀疏表示。

2.5.4　逻辑回归

逻辑回归可以看作线性组合 $\boldsymbol{x}^{\mathrm{T}}\boldsymbol{w}$ 上的变换 θ，该变换允许分类器返回概率得分 [WD67]：

$$h(\boldsymbol{x})=\theta(\boldsymbol{w}^{\mathrm{T}}\boldsymbol{x}) \tag{2.55}$$

如下所示，通常使用逻辑斯蒂函数（也称为 sigmoid 函数或 softmax 函数）θ（$\boldsymbol{w}^{\mathrm{T}}\boldsymbol{x}$）：

$$h(\boldsymbol{x})=\frac{\exp(\boldsymbol{w}^{\mathrm{T}}\boldsymbol{x})}{1+\exp(\boldsymbol{w}^{\mathrm{T}}\boldsymbol{x})} \tag{2.56}$$

对于二元分类，其中 $y\in\{-1,+1\}$，该假设可以视为预测 $y=+1$ 的可能性，即 $P(y=+1\mid\boldsymbol{x})$。因此，可以将等式改写为对数比，并在给定输入的情况下学习权重以使条件似然最大化：

$$\frac{P(y=+1\mid\boldsymbol{x})}{P(y=-1\mid\boldsymbol{x})}=\boldsymbol{w}^{\mathrm{T}}\boldsymbol{x} \tag{2.57}$$

假设的对数似然可写为：

$$\log h(\boldsymbol{x})=\sum_{i=0}^{n}\log P(y_i|\ \boldsymbol{x}_i) \tag{2.58}$$

$$\log\mathcal{L}\left(h(\boldsymbol{x})\right)=\sum_{i=0}^{n}\begin{cases}\log h(\boldsymbol{x}_i)，\ 如果 y_i=+1\\ \left(1-\log h(\boldsymbol{x}_i)\right)，\ 如果 y_i=-1\end{cases} \tag{2.59}$$

$$\log\mathcal{L}\left(h(\boldsymbol{x})\right)=\sum_{i=0}^{n}\left(y_i\log h(\boldsymbol{x}_i)+(1-y_i)\left(1-\log h(\boldsymbol{x}_i)\right)\right) \tag{2.60}$$

在信息论中，如果将 y_i 和 $h(\boldsymbol{x}_i)$ 视为概率分布，则上述方程式称为**交叉熵**误差。可以将这个交叉熵误差视为我们的新误差函数 E_{train}，但不能求闭式解。可以采用称为梯度下降的迭代算法来代替求解。梯度下降是一种通用的优化算法，广泛用于包括深度学习的机器学习，我们将在下面详细讨论。

2.5.4.1　梯度下降

回想一下，我们的目标是找到最小化 E_{train} 的权重 $\boldsymbol{w}$，并且最小化 E_{train} 的梯度为 0。在梯度下降中，梯度在迭代过程中不断减小，直到梯度为零为止。梯度是一个包含每个维度上偏导数的向量 [Bry61]，如下所示：

$$\boldsymbol{g}=\nabla E_{\text{train}}(\boldsymbol{w})=\left[\frac{\partial E_{\text{train}}}{\partial w_0},\frac{\partial E_{\text{train}}}{\partial w_1},\cdots,\frac{\partial E_{\text{train}}}{\partial w_n}\right] \tag{2.61}$$

归一化梯度 $\hat{\boldsymbol{g}}$ 可以写为：

$$\hat{\boldsymbol{g}}=\frac{\nabla E_{\text{train}}(\boldsymbol{w})}{\|\nabla E_{\text{train}}(\boldsymbol{w})\|} \tag{2.62}$$

在 $-\hat{\boldsymbol{g}}$ 方向上设置一个小的步长 η，并相应地更新权重，从而达到最佳点。选择较小的步长很重要，否则算法会振荡并且无法达到最佳点，如算法 6 所示。

算法 6：梯度下降

Data: 训练数据集 $\mathcal{D}_{\text{Train}}=(\boldsymbol{x}_1,y_1),(\boldsymbol{x}_2,y_2),\cdots,(\boldsymbol{x}_n,y_n)$ 使 $\boldsymbol{x}_i\in\mathbb{R}^d$，以及 $y_i\in[+1,-1]$，损失函数 $E_{\text{train}}(\boldsymbol{w})$，步长大小 η 和最大迭代 T

Result: 权重向量 $\boldsymbol{w}\in\mathbb{R}^{d+1}$

begin

　$\boldsymbol{w}_0\leftarrow$ 初始化 $(\boldsymbol{w})$

　for $i\in 0,1,\cdots,T-1$ **do**

　　$\boldsymbol{g}_t\leftarrow\nabla E_{\text{train}}(\boldsymbol{w}_t)$

　　$\boldsymbol{w}_{t+1}\leftarrow\boldsymbol{w}_t-\eta\hat{\boldsymbol{g}}_t$

　返回 $\boldsymbol{w}$

> 权重 w 可以初始化为 0 向量，也可以设置为随机值（每个值均从具有 0 均值和方差小的正态分布获得）或预设值。梯度下降中的另一个重要决定因素是终止准则，当迭代次数达到特定值或梯度值达到接近零的预定义阈值时，算法可被终止。

2.5.4.2　随机梯度下降

梯度下降的缺点之一是在计算梯度时会使用整个训练数据集。这对存储和计算速度有影响，随着训练样本的数量和维数的增加，存储和计算速度也会增加。随机梯度下降是梯度下降的一种形式，它不是利用整个训练数据集，而是从训练数据集中随机均匀地选择一个数据点（因此称为随机）。已经表明，通过大量的迭代和较小的步长，随机梯度下降通常可以达到与批量梯度下降算法 [BB08] 相同的最优值，如算法 7 所示。

算法 7：随机梯度下降

Data: 训练数据集 $\mathcal{D}_{\text{train}} = (\boldsymbol{x}_1, y_1), (\boldsymbol{x}_2, y_2), \cdots, (\boldsymbol{x}_n, y_n)$ 使 $\boldsymbol{x}_i \in \mathbb{R}^d$，以及 $y_i \in [+1, -1]$，损失函数 $E_{\text{train}}(\boldsymbol{w})$，步长大小 η 和最大迭代 T

Result: 权重向量 $\boldsymbol{w} \in \mathbb{R}^{d+1}$

begin

  $\boldsymbol{w}_0 \leftarrow$ 初始化 $(\boldsymbol{w})$

  for $i \in 0, 1, \cdots, T-1$ **do**

    $d \leftarrow (\boldsymbol{x}_i, y_i)$

    $\boldsymbol{g}_t \leftarrow \nabla E_d(\boldsymbol{w}_t)$

    $\boldsymbol{w}_{t+1} \leftarrow \boldsymbol{w}_t - \eta \boldsymbol{g}_t$

  返回 $\boldsymbol{w}$

图 2.10 展示了一维线性回归问题的（批量）梯度下降和随机梯度下降训练误差的迭代变化。

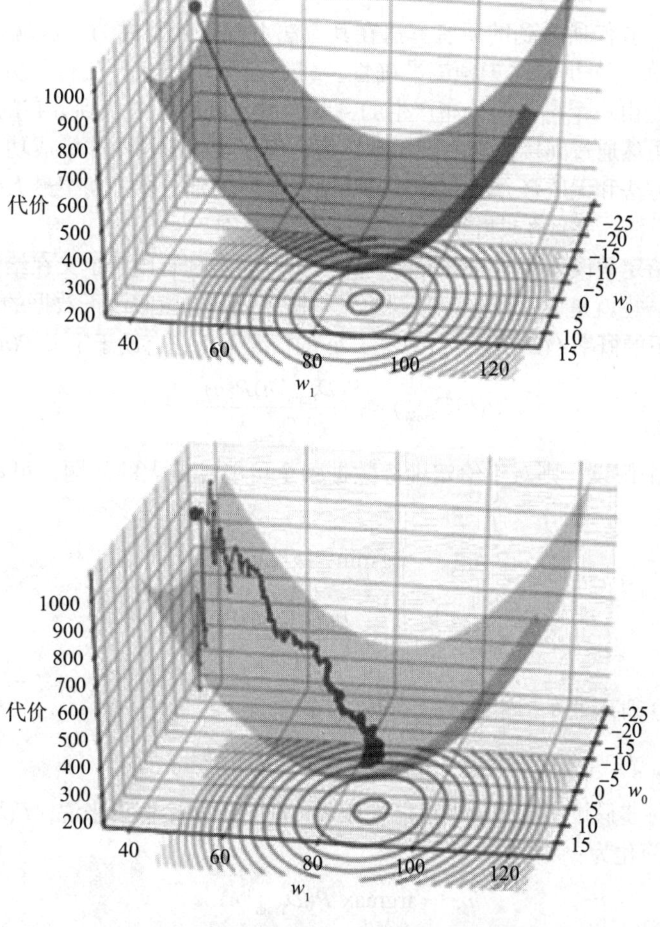

图 2.10　具有梯度下降和随机梯度下降的一维线性回归

可以证明，在逻辑回归中，梯度为：

$$\nabla E_{\text{train}}(\boldsymbol{w}) = -\frac{1}{N}\sum_{i=0}^{n}\frac{y_i \boldsymbol{x}_i}{(1+\exp^{y_i \boldsymbol{w}^{\mathrm{T}} \boldsymbol{x}_i})} \tag{2.63}$$

通过算法 8 描述使用梯度下降的逻辑回归训练。

算法 8：使用梯度下降的逻辑回归

Data: 训练数据集 $\mathcal{D}_{\text{train}} = (\boldsymbol{x}_1, y_1), (\boldsymbol{x}_2, y_2), \cdots, (\boldsymbol{x}_n, y_n)$ 使 $\boldsymbol{x}_i \in \mathbb{R}^d$，以及 $y_i \in [+1, -1]$，损失函数 $E_{\text{train}}(\boldsymbol{w})$，步长大小 η 和最大迭代 T

Result: 权重向量 $\boldsymbol{w} \in \mathbb{R}^{d+1}$

begin

　从输入创建向量 $\boldsymbol{x}$，并为 $x_0 = 1$ 的向量加偏差

　for $t \in 0, 1, \cdots, T-1$ **do**

　　$\boldsymbol{g}_t \leftarrow -\frac{1}{N}\sum_{i=0}^{n}\frac{y_i \boldsymbol{x}_i}{(1+\exp^{y_i \boldsymbol{w}^{\mathrm{T}} \boldsymbol{x}_i})}$

　　$\boldsymbol{w}_{t+1} \leftarrow \boldsymbol{w}_t - \eta \boldsymbol{g}_t$

　返回 $\boldsymbol{w}$

2.5.5　生成式分类器

到目前为止，我们所看到的所有算法在其方法上都是**判别式**的。也就是说，它们没有假设数据的潜在分布，而是专注于预测准确性。机器学习中另一种流行的方法是**生成式**方法，该方法假设数据是由一个潜在的分布产生的，并尝试在其训练中找到分布的参数。

生成式方法虽然通过间接机制实现预测精度，但在实际应用中非常成功。许多机器学习算法，包括有监督方法和无监督方法、朴素贝叶斯、线性判别分析、期望最大化以及贝叶斯网络等都基于生成式方法，并且在贝叶斯定理中具有概率基础。

形式化的，给定假设 h 和训练数据集 $\mathcal{D}_{\text{Train}}$，贝叶斯定理有助于定义在给定数据的情况下选择假设的可能性。也就是说，在给定假设的先验概率 $P(h)$、该假设下数据的可能性 $P(\mathcal{D}_{\text{Train}}|h)$、数据在所有假设下的概率 $P(\mathcal{D}_{\text{Train}}) = \int_{\text{h}} P(\mathcal{D}_{\text{Train}}|h)$ 的情况下，它有助于定义 $P(h|\mathcal{D}_{\text{Train}})$，如下：

$$P(h|\mathcal{D}_{\text{Train}}) = \frac{P(\mathcal{D}_{\text{Train}}|h)P(h)}{P(\mathcal{D}_{\text{Train}})} \tag{2.64}$$

如果存在多个假设，则对于给定训练数据哪个可能性最大的问题，可以通过最大后验概率假设来回答：

$$h_{\text{MAP}} = \underset{h \in \mathcal{H}}{\arg\min}\, P(h|\mathcal{D}_{\text{Train}}) \tag{2.65}$$

$$h_{\text{MAP}} = \underset{h \in \mathcal{H}}{\arg\max}\, \frac{P(\mathcal{D}_{\text{Train}}|h)P(h)}{P(\mathcal{D}_{\text{Train}})} \tag{2.66}$$

由于 $P(\mathcal{D}_{\text{Train}})$ 独立于 h，因此有：

$$h_{\text{MAP}} = \underset{h \in \mathcal{H}}{\arg\max}\, P(\mathcal{D}_{\text{Train}}|h)P(h) \tag{2.67}$$

如果我们进一步假设所有假设的可能性相等（即对于 m 个假设来说，$P(h_1) \approx P(h_2) \approx P(h_m)$），那么该等式可以简化为：

$$h_{\text{ML}} = \underset{h \in \mathcal{H}}{\operatorname{argmax}}\, P(\mathcal{D}_{\text{Train}}|h) \tag{2.68}$$

如假设中所述，如果训练样本是独立同分布的（independent and identically distributed，i.i.d），则可以根据训练样本将 $P(\mathcal{D}_{\text{Train}} \mid h)$ 写为：

$$P(\mathcal{D}_{\text{Train}} \mid h)=\prod_{i=1}^{N} P\left(\left\langle\boldsymbol{x}_i, y_i\right\rangle \mid h\right)=\prod_{i=1}^{N} P\left(y_i \mid \boldsymbol{x}_i ; h\right) P\left(\boldsymbol{x}_i\right) \tag{2.69}$$

2.5.5.1 朴素贝叶斯

二分类 $y_i \in (0,1)$ 的贝叶斯形式假设是：

$$h_{\text{Bayes}}(\boldsymbol{x})=\underset{y \in(0,1)}{\operatorname{argmax}} P(X=\boldsymbol{x} \mid Y=y) P(Y=y) \tag{2.70}$$

在朴素贝叶斯中，假设特征或属性之间具有独立性。因此，对于 d 个维度，该方程式简化为：

$$h_{\text{Bayes}}(\boldsymbol{x})=\underset{y \in(0,1)}{\arg \max } P(Y=y) \prod_{j=1}^{d} P\left(X_j=x_i \mid Y=y\right) \tag{2.71}$$

所以，朴素贝叶斯的训练和估计参数仅测量两个量，即类的先验概率 $P(Y=y)$ 和给定类的每个特征的条件概率 $P(X_j=x_j \mid Y=y)$。容易证明，离散数据集中这两个量的最大似然估计不过是计数，如下所示：

$$P(Y=y)=\frac{1}{N} \sum_{i=0}^{N} \llbracket y_i=y \rrbracket=\frac{\text{count Label}(y)}{N} \tag{2.72}$$

$$P\left(X_i=x_j \mid Y=y\right)=\frac{\llbracket y_i=y \text{与} x_{i, j}=x \rrbracket}{N} \tag{2.73}$$

可以使用估计和式（2.70）对新样本进行预测。

2.5.5.2 线性判别分析

线性判别分析（Linear Discriminant Analysis，LDA）是另一种生成模型，其中 $P(X \mid Y)$ 为高斯分布，并对二元类做了相同的先验假设，即 $P(Y=1)=P(Y=0)=1/2$。形式上，$\mu \in R^d$ 是多元均值，$\boldsymbol{\Sigma}$ 是协方差矩阵。然后有：

$$P(X=\boldsymbol{x} \mid Y=y) P(Y=y)=\frac{1}{(2 \pi)^{d / 2}|\boldsymbol{\Sigma}|^{1 / 2}} \exp \left(\frac{-1}{2}(\boldsymbol{x}-\mu)^{\mathrm{T}}|\boldsymbol{\Sigma}|^{-1}(\boldsymbol{x}-\mu)\right) \tag{2.74}$$

与朴素贝叶斯相似，LDA 的训练涉及从训练数据估计这些参数（此处为 μ 和 $\boldsymbol{\Sigma}$）。

2.5.6 线性算法中的实践经验

> 1. 对于梯度下降算法，将输入实值特征缩放到 [0，1] 范围总是一个好主意。
>
> 2. 可以直接使用表示为独热向量的二值特征或分类特征而无须任何变换。在独热向量表示中，每个分类属性都转换为 k 个布尔值属性，这样，对于给定的实例，这 k 个属性中只有一个具有 1 的值，其余则为零。
>
> 3. 对于跨越多个数量级的数值范围，应该使用网格搜索来确定学习率和正则化参数。

2.6 非线性算法

到目前为止，我们看到的由 $\operatorname{sign}(\boldsymbol{w}^{\mathrm{T}} \boldsymbol{x})$ 给出的算法权重 $\boldsymbol{w}$ 是线性的，因为输入 x 是训练算法的给定值或常数。一个简单的扩展是对所有特征应用非线性变换 $\phi(\boldsymbol{x})$，该变换将点转换到一个新的空间（例如 $\mathcal{Z}$），然后可以学习由 $\operatorname{sign}(\boldsymbol{w}^{\mathrm{T}} \phi(\boldsymbol{x}))$ 给出的线性模型。当需要对新的未知

数据 $\boldsymbol{x}$ 进行预测时，首先使用变换 $\phi(\boldsymbol{x})$ 将数据变换到 $\mathcal{Z}$ 空间，然后在 $\mathcal{Z}$ 空间中应用线性算法权重进行预测。

例如，可以将简单的非线性二维训练数据集转换为三维 $\mathcal{Z}$ 空间，其中各维度为 $\boldsymbol{z}=(x_1, x_2, x_{12}+x_{22})$。$\mathcal{Z}$ 空间是线性可分离的，如图 2.11 所示。

2.6.1　支持向量机

支持向量机（Support Vector Machine，SVM）是最受欢迎的非线性机器学习算法之一，可以使用称为核 [Vap95] 的内置变换来分离线性和非线性数据。SVM 不仅可以分离数据，还可以通过**最大间隔**分离原理找到以最佳方式分离数据的超平面，如图 2.12 所示。分隔了超平面并位于边缘的数据点称为支持向量。

在 SVM 中，超平面是通过核变换 $k(x, x')$ 获得的，该核变换取任意两个数据点 x 和 x' 并获得内积空间中变换后的实值：

$$y=b+\sum_i \alpha_i k(\boldsymbol{x},\boldsymbol{x}') \tag{2.75}$$

核函数的思想是通过称为**核技巧**的概念隐式地在 $\mathcal{Z}$ 空间执行非线性变换，而无须任何显式变换 $\phi(\boldsymbol{x})$。**径向基函数**（也称为**高斯核**）就是这样一种核变换：

$$k(\boldsymbol{x},\boldsymbol{x}')=\exp^{\frac{-|\boldsymbol{x}-\boldsymbol{x}'|^2}{\sigma^2}} \tag{2.76}$$

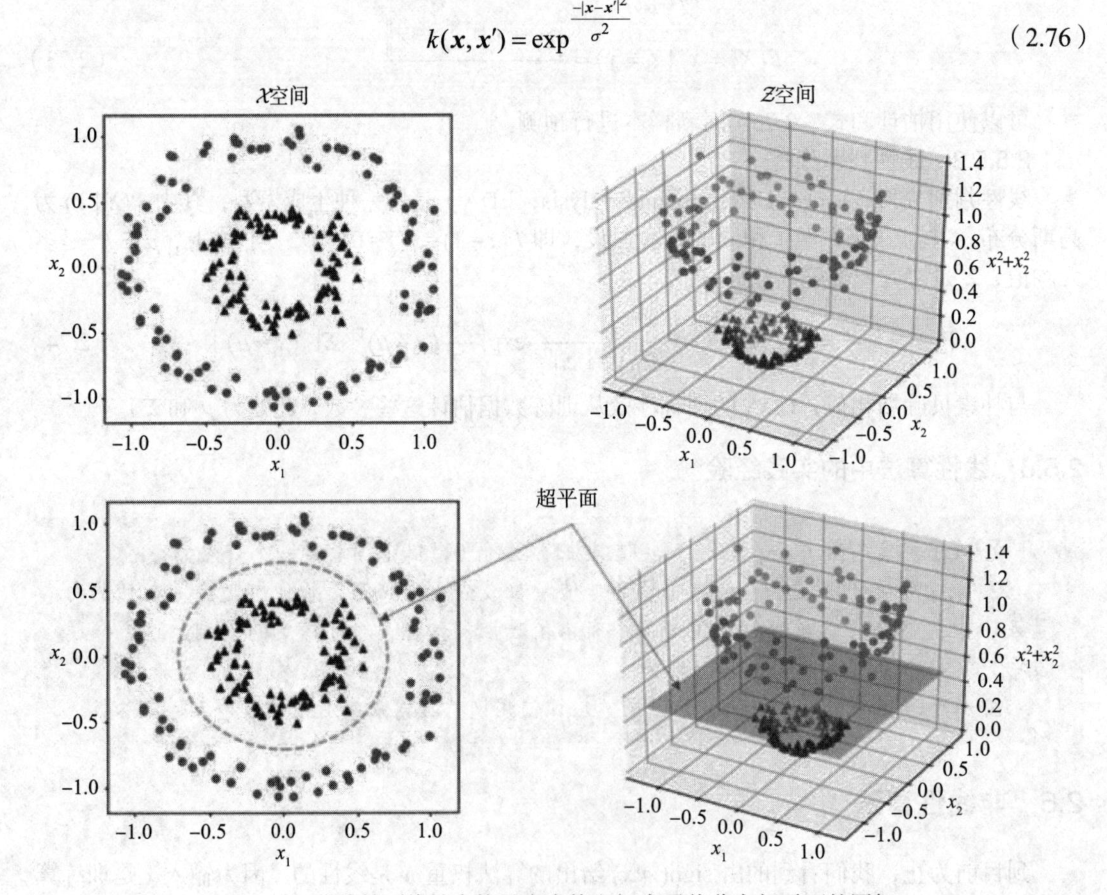

图 2.11　非线性到线性变换及在变换空间中寻找分离超平面的图解

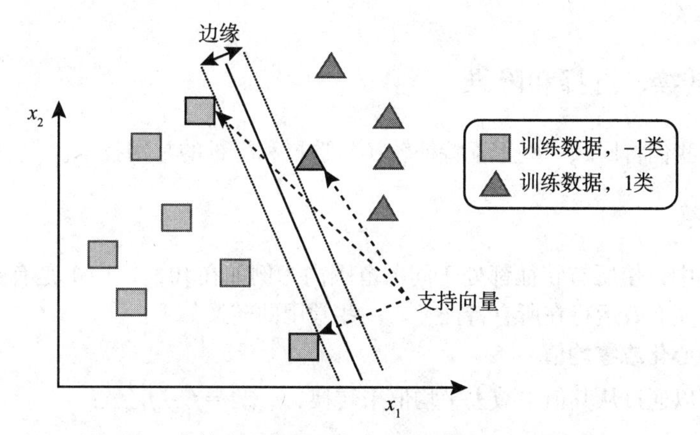

图 2.12 支持向量机寻找标注数据间最大间隔的例子

高斯核可以用来将输入空间映射到无限维的特征空间。可以将图 2.11 中所示的变换推广为 σ 次**多项式核**，由下式给出：

$$k(\boldsymbol{x},\boldsymbol{x}')=(1+\boldsymbol{x}\boldsymbol{x}')^{\sigma} \tag{2.77}$$

2.6.2 其他非线性算法

k 最近邻算法是另一种简单的非线性算法。它也被称为“懒惰学习器”，因为其核心思想是将所有训练数据保存在内存中，并使用用户指定的 k（邻居数）的距离指标对未知的新数据点进行分类。通常使用诸如**欧几里得距离**或**曼哈顿距离**等距离指标（广义上为 Minkowski 距离）来计算到点的距离：

$$\mathbf{dist}(\boldsymbol{x},\boldsymbol{x}')=\left(\sum_{d=1}^{d}|\,\boldsymbol{x}-\boldsymbol{x}'\,|^{q}\right)^{\frac{1}{q}} \tag{2.78}$$

神经网络是感知机的另一种扩展，用于创建非线性边界。我们将在第 4 章中详细介绍。决策树及其许多扩展，例如梯度提升算法和随机森林等，都基于为特征找到更简单的决策边界并将它们组合成分层树的原则，如图 2.13 所示。

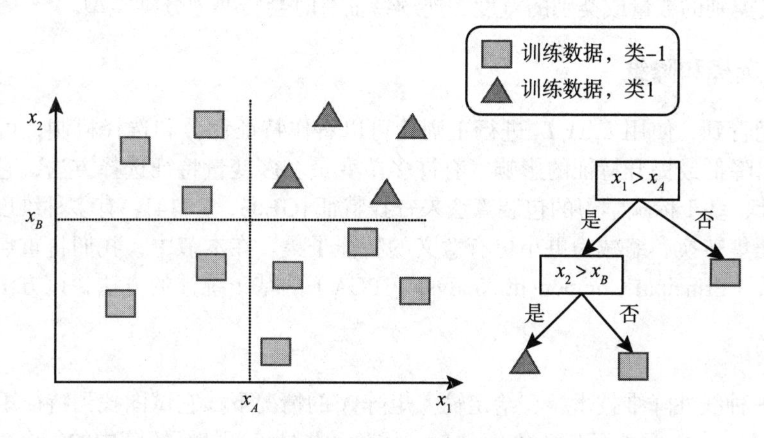

图 2.13 二维样本和分类器边界，可使用决策树将两个类分开

2.7 特征的转换、选择和降维

在本节中，我们将回顾一些用于特征转换、选择和降维的常用技术。

2.7.1 特征转换

在许多算法中，使所有特征都处于同一范围内（例如在 [0，1] 中）是有益的，这样算法就不是有偏的，能有效运行在所有特征上。一些常用的转换如下。

2.7.1.1 中心化或零均值

每个特征可以通过从其值中减去平均值来转换，$f_{\text{feature},i}=f_i-\overline{f}_{\text{feature}}$：

$$\overline{f}_{\text{feature}}=\frac{1}{N}\sum_{i=0}^{N}f_i \tag{2.79}$$

2.7.1.2 单位范围

每个特征都可以转换在 [0，1] 范围内。对于特征 f_{feature}，令 $f_{\text{feature}}\text{Max}$ 对应数据集中的最大值，而 $f_{\text{feature}}\text{Min}$ 对应最小值。那么，实例 i 的转换为：

$$f_i=\frac{(f_i-f_{\text{feature}}\text{Max})}{(f_{\text{feature}}\text{Max}-f_{\text{feature}}\text{Min})} \tag{2.80}$$

2.7.1.3 标准化

在此变换中，特征更改为具有零均值和单位方差。特征的经验方差 v_{feature} 在数据集上的计算如下：

$$v_{\text{feature}}=\frac{1}{N}\sum_{i=0}^{N}(f_i-\overline{f}_{\text{feature}})^2 \tag{2.81}$$

每个特征的转换是 $f_i=\dfrac{(f_i-\overline{f}_{\text{feature}})}{\sqrt{v}}$。

2.7.1.4 离散化

通过定义类别的数量或类别的宽度，连续特征有时会转换为分类类型。

2.7.2 特征选择和降维

我们已经看到，使用 L_1 或 L_2 进行正则化可以看作特征评分和选择机制，可以直接在算法中使用，以降低或提升特征的影响。有许多单变量和多变量特征选择方法，它们使用信息论、基于统计、基于稀疏学习的包装算法来查找特征 [GE03，CS14]。有多种维度或特征约简技术可将特征集转换和缩减为更小更有意义的特征子集。在本节中，我们将重点介绍一种称为主成分分析（Principal Component Analysis，PCA）的基于统计的方法，该方法也适用于深度学习技术。

主成分分析

PCA 是一种线性降维技术，在给定输入矩阵 $\boldsymbol{X}$ 的情况下，它试图找到特征矩阵 $\boldsymbol{W}$，以使特征矩阵 $\boldsymbol{W}$ 的大小 m 远小于输入维度 d（$m \ll d$），并且该新特征矩阵中的每个简化特征都从输入中获得最大方差 [Jol86]。这可以被认为是找到矩阵 $\boldsymbol{W}$ 的过程，以使权重去相关或最小化特征之间的关系（如图 2.14 所示）。

可以表示如下：

$$(WX)^{\mathrm{T}}(WX)=(Z)^{\mathrm{T}}(Z)=NI \tag{2.82}$$

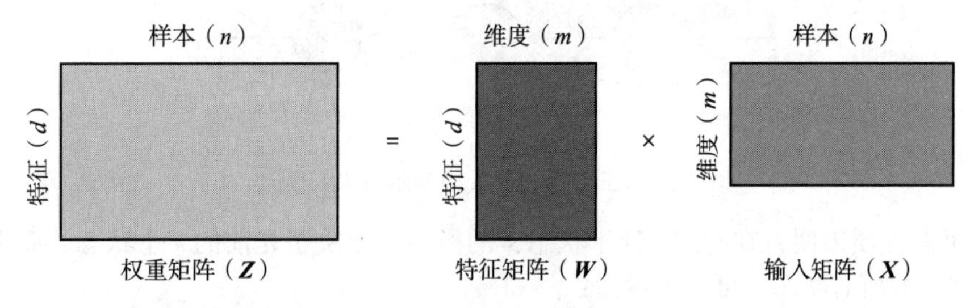

图 2.14 从原始特征中寻找降维的 PCA 过程

$$WX^{\mathrm{T}}XW^{\mathrm{T}}=NI \tag{2.83}$$

求解对角化，上式变为：

$$W\mathrm{Cov}(X)W^{\mathrm{T}}=I \tag{2.84}$$

协方差矩阵是半正定的且对称的，具有正交特征向量和实值特征值。矩阵 A 可以分解为 $UAU^{\mathrm{T}}=\Lambda$，其中 U 在其列中具有 A 的特征向量，并且 $\Lambda=\mathrm{diag}(\lambda_i)$，其中 λ_i 是 A 的特征值。

因此，$W\mathrm{Cov}(X)W^{\mathrm{T}}$ 的解是协方差矩阵 $\mathrm{Cov}(X)$ 的特征向量 U 和特征值 Λ 的函数，如算法 9 所示。

算法 9：PCA

Data: 数据集 $X=[x_1,x_2,\cdots,x_N]\in\mathbb{R}^d$，组件 $=m$
Result: 转换数据 $Y\in\mathbb{R}^m$
begin
- $X\leftarrow[x_1-\mu,x_2-\mu,\cdots,x_N-\mu]$
- $S_t\leftarrow\frac{1}{N}XX^{\mathrm{T}}$
- $X^{\mathrm{T}}X=V\lambda V^{\mathrm{T}}$
- $U\leftarrow XV\lambda^{-\frac{1}{2}}$
- $U_m\leftarrow[u_1,u_2,\cdots,u_m]$
- $Y\leftarrow U_m^{\mathrm{T}}X$
- 返回 Y

2.8 序列数据和建模

在许多序列数据分析问题中，例如语言建模、时间序列分析和信号处理，将基本过程建模作为**马尔可夫**过程这一方式是非常成功的。许多传统的 NLP 任务，例如词性标注、信息提取和短语分块，已经使用**隐马尔可夫模型**，一种特殊的马尔可夫过程，取得了非常成功的建模。在接下来的几节中，我们将讨论与马尔可夫链 [KS + 60] 相关的一些重要理论、特性和算法。

2.8.1 离散时间马尔可夫链

马尔可夫链是很多序列过程建模的基本构件。考虑建模为 $S=\{s_1,s_2,\cdots,s_n\}$ 的有限状态集，并且用 q_t 表示变量 q 在任意时间 t 的转换，图 2.15 说明了这个过程。

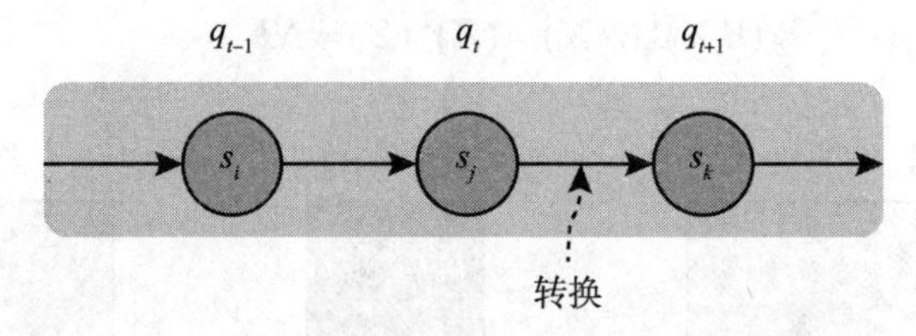

图 2.15　三个时间步长的马尔可夫链跃迁

马尔可夫性质表明，在时间 t 处于状态 s_i 的概率仅取决于先前的 k 个状态，而不取决于时间 1 到 t–1 的所有状态，可以表示为：

$$P(q_t = s_i \mid q_{t-1}, q_{t-2}, \cdots, q_1) = P(q_t = s_i \mid q_{t-1}, q_{t-2}, \cdots, q_{t-k}) \tag{2.85}$$

最简单的马尔可夫链仅取决于最近状态（k=1），并表示为：

$$P(q_t = s_i \mid q_{t-1}, q_{t-2}, \cdots, q_1) = P(q_t = s_i \mid q_{t-1}) \tag{2.86}$$

对于由 S =（$s_1, s_2, \cdots, s_n$）表示一组固定状态的马尔可夫链，可以用 $n \times n$ 转换矩阵 $\boldsymbol{A}$（一个 $n \times n$ 矩阵）表示，其中每个元素存储转换概率如下：

$$\boldsymbol{A}_{i,j} = P(q_t = s_i \mid q_{t-1} = s_j) \tag{2.87}$$

一个 n 维向量 $\boldsymbol{\pi}$，它包含的初始状态概率：

$$\boldsymbol{\pi}_i = P(q_1 = s_i)\text{满足}\sum_1^n \boldsymbol{\pi}_i = 1 \tag{2.88}$$

2.8.2　判别式方法：隐马尔可夫模型

有时，马尔可夫链的状态是隐藏的而无法被观测到，但它们产生的影响是可以观测到的。这种马尔可夫链用隐马尔可夫模型表示，如图 2.16 所示，新的观测状态被添加到前一个马尔可夫链中，由具有固定 m 个元素的集合 V 表示，如 V=($v_1, v_2, \cdots, v_m$) [Rab89]。

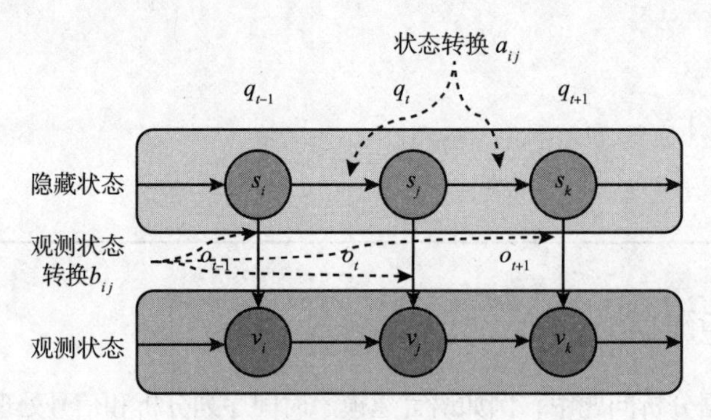

图 2.16　隐马尔可夫模型

HMM 所需要的概念有：

- 有限隐态 S =($s_1, s_2, \cdots, s_n$) 和有限可观测状态 V =($v_1, v_2, \cdots, v_m$)。
- 对于长度为 T 的固定状态序列转换 Q=$q_1, q_2, \cdots, q_T$，其观测值为 O=$o_1, o_2, \cdots, o_T$。
- HMM 的参数为 λ =($\boldsymbol{A}, \boldsymbol{b}, \boldsymbol{\pi}$)，其中
  - 转换矩阵 $\boldsymbol{A}$ 表示从状态 s_i 到状态 s_j 的转换概率，由下式给出：

$$A_{i,j} = P(q_t = s_j \mid q_{t-1} = s_i) \tag{2.89}$$

■ 向量 $\boldsymbol{b}$ 表示在给定隐藏状态 s_i 的情况下观测状态 v_k 的概率，并且与时间无关，由下式给出：

$$\boldsymbol{b}(k)=P(x_t=v_k|q_t=s_i) \tag{2.90}$$

■ 向量 $\boldsymbol{\pi}$ 表示状态的初始概率，并由下式给出：

$$\pi_i=P(q_1=s_i)\text{满足}\sum_{1}^{n}\pi_i=1 \tag{2.91}$$

- 一阶 HMM 具有两个独立假设

$$P(q_t=s_i|q_{t-1},q_{t-2},\cdots,q_1)=P(q_t=s_i|q_{t-1}) \tag{2.92}$$

$$P(o_t=v_j|o_{t-1},o_{t-2},\cdots,o_1q_t,q_{t-1},\cdots,q_1)=P(o_t=v_j|o_t,q_t) \tag{2.93}$$

HMM 可以通过不同的基于**动态规划**的算法来回答各种基本问题，我们在下面列出了其中的一些问题。

1. 似然

给定 HMM（λ）和观测序列 O，HMM 生成该序列的可能性是多少？即 $P(O|\lambda)$ 是多少？通常采用一种基于动态规划的技术，称为**前向算法**，该技术存储状态的中间值及其概率，从而以有效的方式最终建立整个序列的概率。

2. 解码

给定 HMM（λ）和观测值序列 O，最有可能产生观测值的隐藏状态序列 S 是什么？一种称为**维特比算法**的基于动态规划的技术可以用来回答这个问题，它类似于前向算法，但做了细微修改。

3. 学习：有监督和无监督

给定观测序列 O 和状态序列 S，可以生成它的 HMM 参数是什么？这是一个有监督的学习问题，可以使用 Count() 函数对似然估计值计算不同的概率，从而在训练样本中轻松获得。可以通过计算状态 s_j 后跟状态 s_i 的次数来估算转换概率矩阵 $\boldsymbol{A}$ 的各个元素 $A_{i,j}$：

$$A_{i,j}=P(s_j\,|\,s_i)=\frac{\text{Count}(s_j,\,s_i)}{\text{Count}(s_i)} \tag{2.94}$$

可以通过统计观测状态 v_k 与隐藏状态 s_j 同时出现的次数，来估算出数组 $b(k)$ 的元素，如下：

$$b_j(k)=P(v_k|s_j)=\frac{\text{Count}(v_k,s_j)}{\text{Count}(s_j)} \tag{2.95}$$

初始概率计算为：

$$\pi_i=P(q_1=s_i)=\frac{\text{Count}(q_1=s_i)}{\text{Count}(q_1)} \tag{2.96}$$

如果仅提供观测序列 O，并且我们需要学习最大化序列概率的模型，则可以使用期望最大化（Expectation Maximization，EM）算法的变体，称为 **Baum-Welch 算法**，来解决无监督学习问题。

2.8.3　生成式方法：条件随机场

类似于朴素贝叶斯和逻辑回归之间的关系，条件随机场（Conditional Random Field，CRF）在序列建模领域中与 HMM 具有相似的关系。在有效建模输入或观测状态之间的依赖关系，甚至它们之间的重叠关系方面上，HMM 存在着缺陷。线性链 CRF 可以看作等价于线性 HMM 的无向图模型，如图 2.17 所示 [LMP01]。CRF 主要用于监督学习问题，尽管有一些扩展可以解决无监督学习问题，而 HMM 可以很容易地应用于无监督学习。

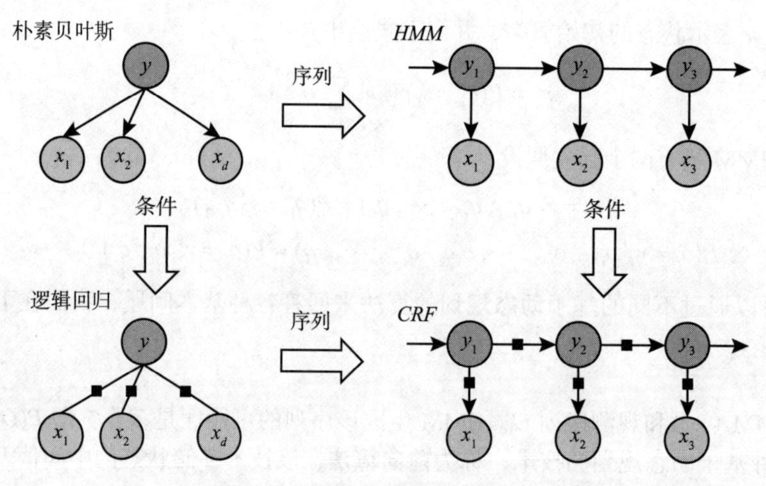

图 2.17　非序列和基于序列的数据中生成和判别模型的关系

为了说明 CRF，让我们用简单的句子作为输入：Obama gave a speech at the Google campus in Mountain View。如图 2.18 所示，每个输入单词被分配一个标签，如人员、组织、位置或其他标签。这些标签与单词的关联在文本处理中被称为命名实体识别问题。

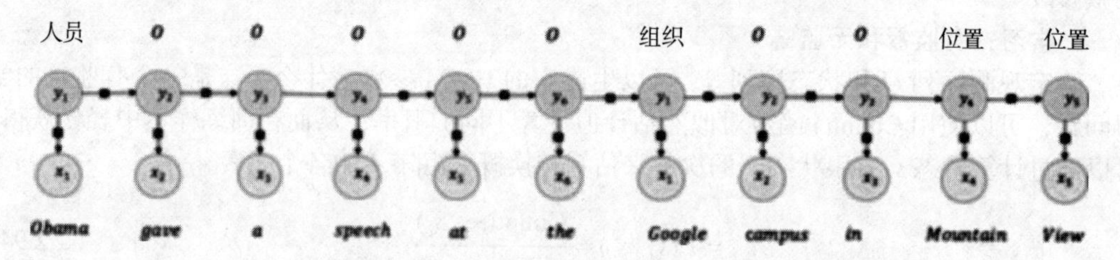

图 2.18　一个以单词作为输入，以命名实体标记作为 CRF 输出的信息抽取示例

2.8.3.1　特征函数

特征函数是 CRF 的基本单位，它得到两个连续输出 y_{i-1}, y_i 与整个输入序列 $x_1, x_2, \cdots, x_n$ 之间的关系，作为 $f_j(y_{i-1}, y_i, x_{1:n}, i)$ 给出的实值输出。对于我们的示例，可以将一个简单的二值特征函数写为：

$$f_j(y_{i-1}, y_i, \boldsymbol{x}, i) = \begin{cases} 1, \text{如果} y_i = \text{Location}, y_{i-1} = \text{Location} \text{和} x_i = \text{View} \\ 0, \text{其他情况} \end{cases} \tag{2.97}$$

2.8.3.2　CRF 分布

长度为 n 的标记序列可以根据特征函数 $f_j(y_{i-1}, y_i, x_{1:n}, i)$ 及其权重 λ_j 建模为对数线性模型，类似于逻辑回归，如下所示：

$$P(\boldsymbol{y}|\boldsymbol{x}, \lambda) = \frac{1}{Z(\boldsymbol{x}, \lambda)} \exp\left(\sum_{i=0}^{n}\sum_{j} f_j(y_{i-1}, y_i, \boldsymbol{x}, i)\right) \tag{2.98}$$

其中，$Z(\boldsymbol{x}, \lambda)$ 被称为归一化常数或配分函数，并由下式给出：

$$Z(\boldsymbol{x},\ \lambda)=\sum_{y\in Y}\exp\left(\sum_{i=0}^{n}\sum_{j}f_j(y_{i-1},\ y_i,\ \boldsymbol{x},\ i)\right) \tag{2.99}$$

2.8.3.3 CRF 训练

与逻辑回归相似，最大似然度（负对数似然）可用于学习 CRF 的参数（λ）。考虑 m 个训练序列 $\mathcal{D}=(\boldsymbol{x}^1,y^1)$，$(\boldsymbol{x}^2,y^2)$，…，$(\boldsymbol{x}^m,y^m)$，总对数似然损失可写为：

$$\mathcal{L}(\lambda,\mathcal{D})=-\log\left(\prod_{k=1} mP(\boldsymbol{y}|\boldsymbol{x},\lambda)\right) \tag{2.100}$$

$$\mathcal{L}(\lambda,\mathcal{D})=-\sum_{k=1}^{m}\log\left(\frac{1}{Z(\boldsymbol{x},\lambda)}\exp\left(\sum_{i=0}^{n}\sum_{j}f_j(y_{i-1},y_i,\boldsymbol{x},i)\right)\right) \tag{2.101}$$

最佳参数 λ_{opt} 可以使用以下公式估算，其中 C 用作先验常数或正则化常数。

$$\lambda_{\text{opt}}=\arg\min_{\lambda}\mathcal{L}(\lambda,\mathcal{D})+C\frac{1}{2}|\ \lambda|^2 \tag{2.102}$$

上式是凸函数，对最优解的求解将确保获得全局最优。简化起见，如下重写特征函数，并对上式关于 λ_j 求导：

$$F_j(\boldsymbol{y},\boldsymbol{x})=\sum_{j}f_j(y_{i-1},y_i,\boldsymbol{x},i) \tag{2.103}$$

$$\frac{\partial\mathcal{L}(\lambda,\mathcal{D})}{\partial\lambda_j}=\underbrace{\frac{-1}{m}\sum_{k=1}^{m}F_j(\boldsymbol{y}^k,\boldsymbol{x}^k)}_{\text{观测平均特征值}}+\underbrace{\sum_{k=1}^{m}E_{P(y|\boldsymbol{x}^k,\lambda)}[F_j(\boldsymbol{y}^k,\boldsymbol{x}^k)]}_{\text{给定模型的预期特征值}} \tag{2.104}$$

可以看出，该方程不是闭式的，因此不可能求解析解。通常采用各种迭代算法，例如 L-BFGS 甚至梯度下降（如上所述）来求解。

2.9 案例研究

现在，我们通过案例研究来引导读者实际使用本章介绍的概念。这个案例研究还为读者提供了必要的实用动手工具、库、方法、代码和分析，这些工具对标准机器学习以及深度学习非常有用。

我们使用由 Kaggle 主办的希格斯玻色子挑战赛作为案例，现在可以在 2014 年 ATLAS 希格斯挑战赛上获得挑战数据。案例研究将事件分为信号和背景（信号以外的任何其他事件），这是一个二分类问题。大多数 Kaggle 挑战或黑客马拉松会提供带有标签的训练数据。然后，以众所周知的指标在盲测数据上评估提交的模型。我们使用了一个样本数据集而不是整个数据集，该数据集的训练数据量为 10 000，独立的测试数据量为 5000，并带有用于评估模型的标签。我们还基于测试数据上获得的**准确率**来选择最佳模型，因为准确率指标可使数据在两个分类之间保持平衡。

案例研究的目的是使用本章中介绍的各种技术和方法，并比较未见测试集上的性能。在案例研究中介绍了很多 Python 库，例如 Numpy，Scipy，Pandas 和 scikit-learn，这些库广泛用于机器学习中。

2.9.1 软件工具和资源库

首先，我们需要描述用于案例研究的主要开源工具和资源库。

- Pandas（https://pandas.pydata.org/）是一个流行的开源库，用于数据结构和数据分析。我们将使用它进行数据探索和一些基本处理。
- scikit-learn（http://scikit-learn.org/）是一个流行的开源库，用于各种机器学习算法和评估。在本案例研究中，我们仅将其用于采样和创建数据集，以及线性和非线性算法的机器学习实现。
- Matplotlib（https://matplotlib.org/）是一个流行的可视化开源工具。我们将使用它来可视化性能指标。

2.9.2　探索性数据分析

我们使用基本的探索性数据分析（Exploratory Data Analysis，EDA），通过单变量统计、相关分析和可视化来理解数据的特征。

> 我们在本书开头强调的最重要原则之一是避免数据窥探，即让测试集标签影响模型或过程决策。执行分布分析、特征统计分析、以及确认划分的训练集和测试集具有相似性，都被认为是有效的探索性分析步骤。探索性数据分析的一个示例如下。

1. 从特征和每组类的数量方面探索训练和测试数据的数量。
2. 探索每个特征的数据类型，以确定其是否是分类的、连续的还是顺序的等，并根据需要对它们进行域转换。
3. 查找特征是否缺失或有未知值，并如果需要，则根据域进行转换。
4. 使用散点图、直方图、箱形图等了解每个特征的分布，以查看特征的范围、方差和分布这些基本统计信息，如图 2.19 所示。
5. 理解训练和测试数据特征每个统计量和图之间的异同。
6. 计算特征之间的两两相关性以及特征与训练集标签之间的相关性。绘制这些图并对其进行可视化（如图 2.19 所示），会为主题专家和数据科学家提供极大的帮助。

2.9.3　模型训练和超参数搜索

在本节中，我们将介绍一些基于数据的标准机器学习技术，以学习有效的模型。

2.9.3.1　特征转换和降维影响

理解特征转换和选择的影响是训练机器学习模型的首要条件之一。如本章之前所讨论的，存在多种降维技术，例如 PCA、SVD 等，以及各种选择技术，例如互信息、卡方等，每种技术都有需要调整的参数。这些也会影响模型和训练算法。特征选择和降维技术应视为模型选择过程将优化的超参数。简洁起见，在本节中，我们将仅分析两种不同的特征选择算法。我们将在本节中对它们进行展示和分析。

我们首先用两个分量执行 PCA，并用标签绘制这些分量，以查看新降维的具有两个分量的训练数据集是否显示出更好的分离效果。然后，我们增加维数，并通过添加每个转换特征得到的方差来绘制累积的解释方差。图 2.20 展示了这两个图，并揭示了 PCA 转换和归约对于该数据集可能是没有用的。转换后的特征需要与原始特征一样多的维度来获取方差。

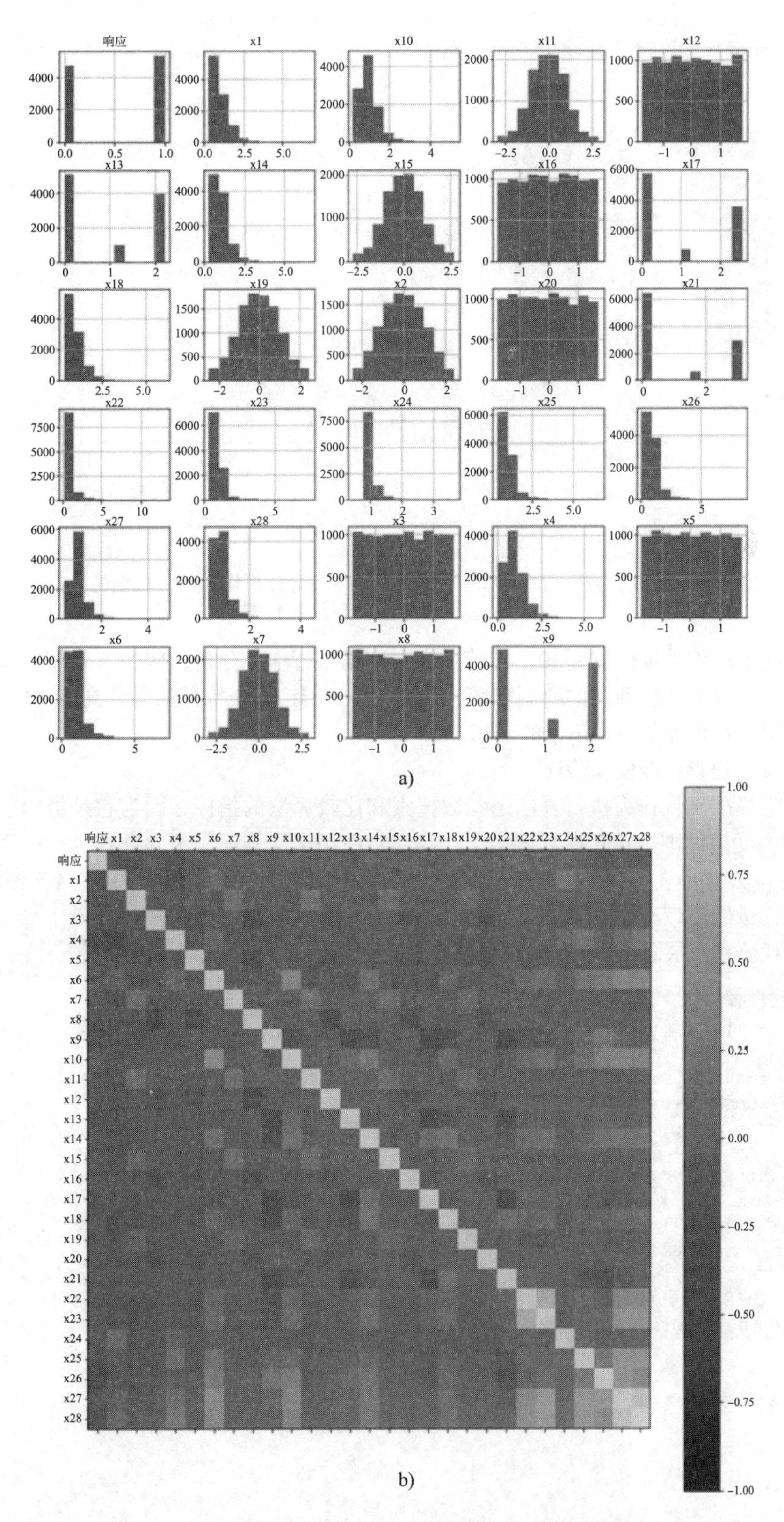

图 2.19 探索性数据分析图。图 a 为每个特征的直方图和训练数据上的标签。图 b 为训练数据中特征和标签间的皮尔逊相关

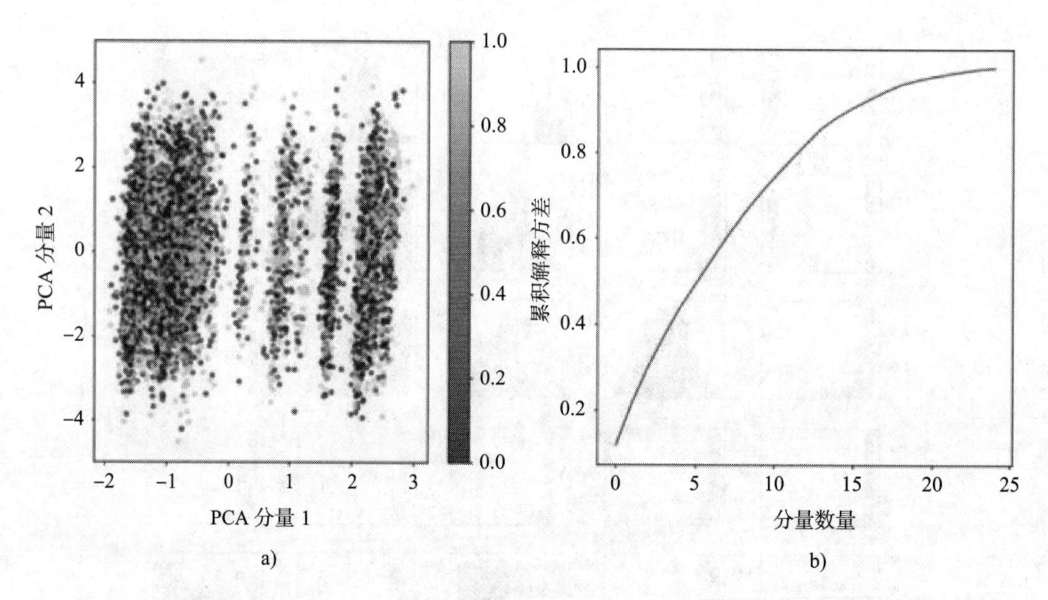

图 2.20　主成分分析。图 a 为两个变换后的主成分分析作为训练数据的散点图。图 b 为前 25 个维度的累计解释方差

我们还通过将特征缩放到 [0, 1] 范围来对数据进行卡方分析，因为卡方需要所有特征都在正范围内。分数和特征名的绘制如图 2.21 所示。只有 16 个特征的得分高于阈值 0.1，如果要进行约简，这可能是一个不错的子集。

2.9.3.2　超参数搜索和验证

我们选择准确性作为执行算法超参数搜索和比较算法的指标，因为它是将用于评估测试数据预测的度量标准。在超参数搜索中，我们将使用交叉验证作为验证技术。使用五个线性和非线性算法进行训练：(1) 感知机；(2) 逻辑回归；(3) 线性判别分析；(4) 朴素贝叶斯；(5) 支持向量机（带有 RBF 内核）。

以下代码重点展示了 SVM 的超参数搜索。

```
from sklearn.svm import SVC
import numpy
# gamma parameter in SVM
gammas = numpy.array([1, 0.1, 0.01, 0.001])
# C parameter for SVM
c_values = numpy.array([100, 1, 0.1, 0.01])
# grid search for gamma and C
svm_param_grid = {'gamma': gammas, 'C': c_values}
# svm with rbf kernel
svm = SVC(kernel='rbf')
scoring = 'accuracy'
# grid search
grid = GridSearchCV(estimator=svm, param_grid=svm_param_grid,
    scoring=scoring)
```

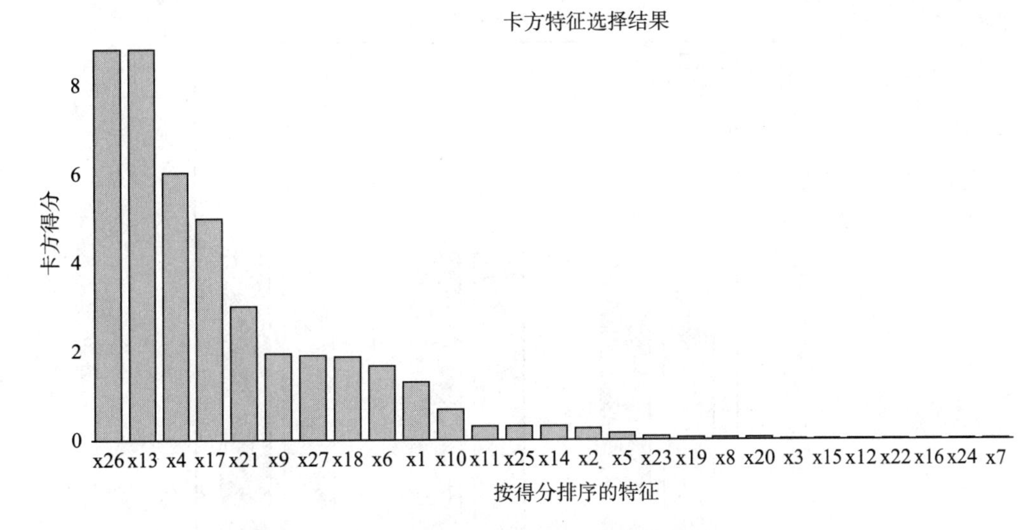

图 2.21　按降序绘制特征的卡方得分

表 2.3 列出了找到的超参数和验证结果。有趣的是，最简单的线性感知机得分最低，并且随着模型的复杂性增加到完全非线性的 RBF 内核 SVM，性能逐渐提高。

表 2.3　分类器的超参数和验证得分

分类器	参数和值	十折交叉验证 AUC
感知机	α=0.001，*maxIter*=100	0.54
逻辑回归	惩罚 =L_1，C=0.1,*maxIter*=100	0.61
LDA	容忍度 =0.001	0.60
朴素贝叶斯		0.60
SVM（RBF）	γ=0.01，C=100	0.63

接下来，我们通过对特征选择 / 归约和分类的所有参数进行网格搜索，以查看特征选择技术对分类器是否产生影响。我们使用 PCA 和卡方检验作为两种特征选择技术，并使用逻辑回归作为分类器。通过在各种组合上绘制分类准确度，如图 2.22 所示，我们看到特征选择和归约对验证性能没有影响。

2.9.3.3　学习曲线

我们可以绘制学习曲线，用来查看训练样本的影响以及不同验证执行之间的差异。它们提供了作为训练集规模函数的训练和验证指标的有用比较。我们绘制了调整的逻辑回归和 SVM 的学习曲线，因为它们是高分算法（如图 2.23 所示）。可以观察到，SVM 验证分数随训练集的大小单调递增，这表明有更多的样本确实提高了性能。还可以观察到，与逻辑回归相比，SVM 具有较低的跨运行方差，这表明 SVM 分类器的健壮性。

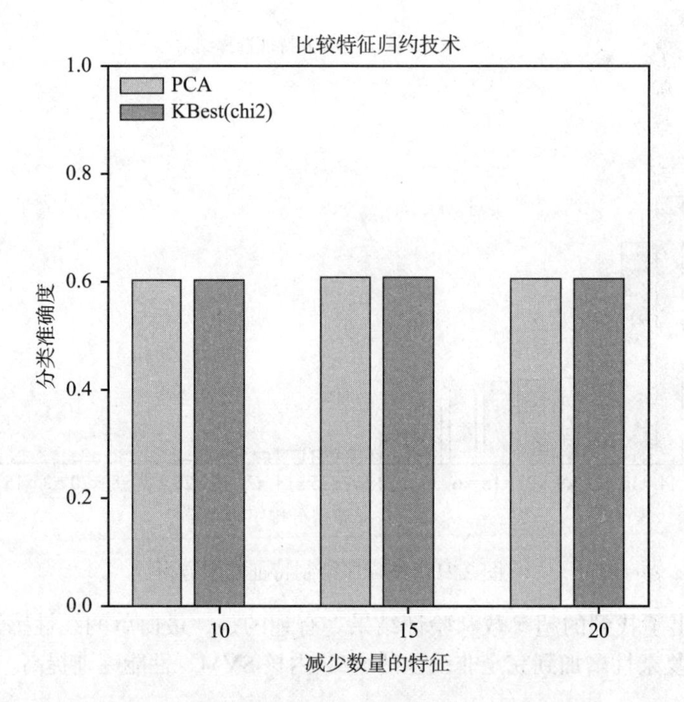

图 2.22 不同特征选择技术下逻辑回归的验证精度

2.9.4 最终训练和测试模型

最后，我们在整个训练数据上训练最佳模型（具有最佳参数），并在测试数据上运行它们，以估计样本外误差（如表 2.4 所示）。

表 2.4 分类器的超参数和验证得分

分类器	准确度	精度	召回率	F1 分数
感知机	0.55	0.55	0.56	0.56
逻辑回归	0.61	0.61	0.62	0.61
LDA	0.61	0.61	0.61	0.61
朴素贝叶斯	0.60	0.61	0.60	0.60
SVM(RBF)	0.64	0.64	0.65	0.65

2.9.5 留给读者的练习

读者和从业者可以自己尝试的其他一些有趣的问题包括：

1. 其他特征转换（例如归一化）有什么影响？

2. 其他单变量特征选择方法［例如互信息（选择高增益特征）］有什么影响？

3. 多变量特征选择［例如相关特征选择（Correlation Feature Selection，CFS）或最小冗余最大相关性（Minimum Redundancy Maximum Relevance，mRmR），它们考虑特征组而不是单个特征］有什么影响？

4. 基于封装器的特征选择方法，例如递归特征消除（Recursive Feature Elimination，RFE）有什么影响？

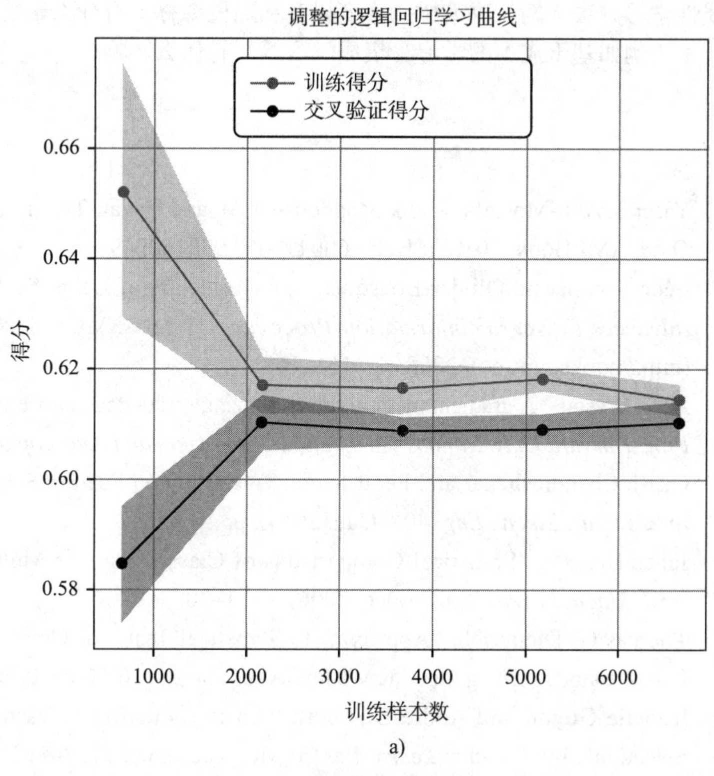

a)

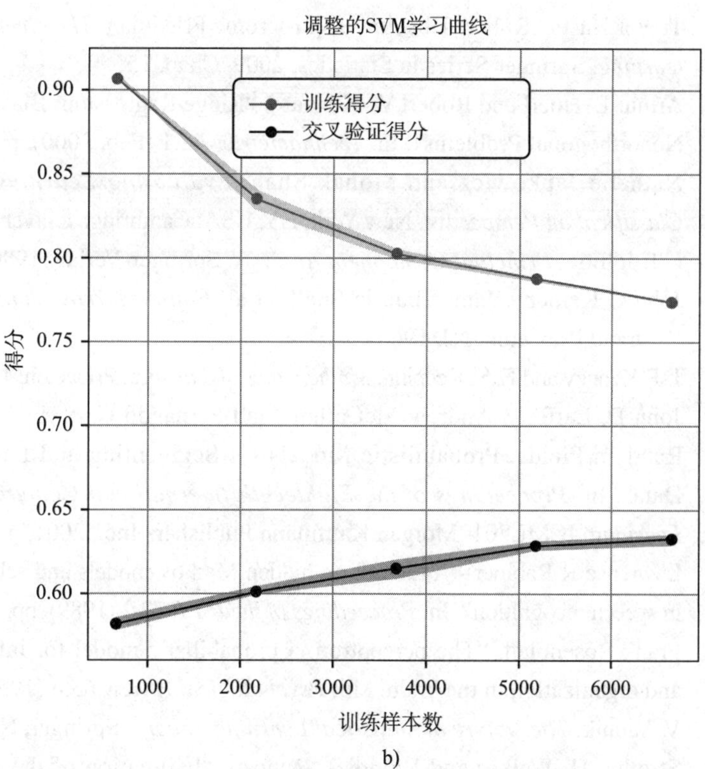

b)

图 2.23　图 a）为调整的逻辑回归的学习曲线。
图 b）为调整的支持向量机的学习曲线

5. 其他非线性学习方法（例如决策树、梯度提升和随机森林）有什么影响？
6. 元学习技术（例如基于成本的学习、集成学习等）有什么影响？

参考文献

[AMMIL12] Yaser S. Abu-Mostafa, Malik Magdon-Ismail, and Hsuan-Tien Lin. *Learning From Data*. AMLBook, 2012. ISBN: 1600490069,9781600490064.

[BB08] Léon Bottou and Olivier Bousquet. "The Tradeoffs of Large Scale Learning". In: *Advances in Neural Information Processing Systems*. Vol. 20. NIPS Foundation (http://books.nips.cc), 2008, pp. 161–168.

[Bry61] A. E. Bryson. "A gradient method for optimizing multi-stage allocation processes". In: *Proc. Harvard Univ. Symposium on digital computers and their applications*. 1961.

[CS14] Girish Chandrashekar and Ferat Sahin. "A Survey on Feature Selection Methods". In: *Comput. Electr. Eng*. 40.1 (Jan. 2014), pp. 16–28.

[Dem06] Janez Demšar. "Statistical Comparisons of Classifiers over Multiple Data Sets". In: *J. Mach. Learn. Res*. 7 (Dec. 2006), pp. 1–30.

[Die98] Thomas G. Dietterich. "Approximate Statistical Tests for Comparing Supervised Classification Learning Algorithms". In: *Neural Comput*. 10.7 (Oct. 1998), pp. 1895–1923.

[GE03] Isabelle Guyon and André Elisseeff. "An Introduction to Variable and Feature Selection". In: *J. Mach. Learn. Res*. 3 (Mar. 2003), pp. 1157–1182.

[HTF09] Trevor Hastie, Robert Tibshirani, and Jerome Friedman. *The elements of statistical learning*. Springer Series in Statistics, 2009. Chap. 15.

[HK00] Arthur E. Hoerl and Robert W. Kennard. "Ridge Regression: Biased Estimation for Nonorthogonal Problems". In: *Technometrics* 42.1 (Feb. 2000), pp. 80–86.

[JS11] Nathalie Japkowicz and Mohak Shah. *Evaluating Learning Algorithms: A Classification Perspective*. New York, NY, USA: Cambridge University Press, 2011.

[Jol86] I. T. Jolliffe. *Principal Component Analysis*. Springer-Verlag, 1986.

[KS+60] John G Kemeny, James Laurie Snell, et al. *Finite Markov chains*. Vol. 356. van Nostrand Princeton, NJ, 1960.

[KK62] J. F. Kenney and E. S. Keeping. *Mathematics of Statistics*. Princeton, 1962, pp. 252–285.

[LMP01] John D. Lafferty, Andrew McCallum, and Fernando C. N. Pereira. "Conditional Random Fields: Probabilistic Models for Segmenting and Labeling Sequence Data". In: *Proceedings of the Eighteenth International Conference on Machine Learning*. ICML '01. Morgan Kaufmann Publishers Inc., 2001, pp. 282–289.

[Rab89] Lawrence R Rabiner. "A tutorial on hidden Markov models and selected applications in speech recognition". In: *Proceedings of the IEEE* 77.2 (1989), pp. 257–286.

[Ros58] Frank Rosenblatt. "The perceptron: a probabilistic model for information storage and organization in the brain." In: *Psychological review* 65.6 (1958), p. 386.

[Vap95] V. Vapnik. *The Nature of Statistical Learning Theory*. Springer, New York, 1995.

[WD67] Strother H. Walker and David B. Duncan. "Estimation of the probability of an event as a function of several independent variables". In: *Biometrika* 54 (1967), pp. 167–179.

第3章

Deep Learning for NLP and Speech Recognition

文本和语音处理基础

3.1 章节简介

本章将介绍文本和语音分析以及机器学习方法的主要主题。神经网络方法将推迟到后面的章节。

我们从**自然语言**和**计算语言学**的概述开始，介绍将形成高级分析基础的文本表示，并讨论计算语言学的核心组成部分。本章将引导读者了解利用这些概念的广泛的应用程序。我们将研究文本分类和文本聚类的主题，并转移到机器翻译、问题回答和自动摘要中的应用。在本章的后半部分，我们将介绍声学模型和音频表示，包括 MFCC 和语谱图。

3.1.1 计算语言学

计算语言学侧重于应用定量和统计方法来理解人类如何建模语言，以及使用计算方法来回答语言问题。它开始于 20 世纪 50 年代，恰逢计算机的出现。**自然语言处理**是计算方法在人类语言建模和提取信息中的应用。虽然这两个概念之间的区别与潜在动机有关，但它们经常互换使用。

计算语言学可以指书面或口头的自然语言。书面语言是一种口头语言或手势语言的符号表示。有许多口头的自然语言没有文字系统，而没有一种书面自然语言能在没有对应的口头语言下独立发展。对书面语言的自然语言处理通常称为**文本分析**，对口头语言的自然语言处理则称为**语音分析**。

计算语言学在过去被认为是计算机科学的一个领域。随着计算语言学与语言学、心理学、神经科学、哲学、计算机科学、数学等学科结合为一门理论和应用科学的交叉学科，计算语言学的发展已经相当迅速。随着社交媒体、会话代理和个人助理的兴起，计算语言学在为建模和理解人类语言而创建实用解决方案方面变得越来越重要。

3.1.2 自然语言

自然语言是一种通过人类长期的日常使用而自然进化而来的语言，没有正式的构造。它们包含了一个广泛的集合，其中包括口语和手语。据估计，目前存在的人类语言约有 7000 种，其中前 10 种（Top 10）语言占世界人口的 46%[And12]（如图 3.1 所示）。

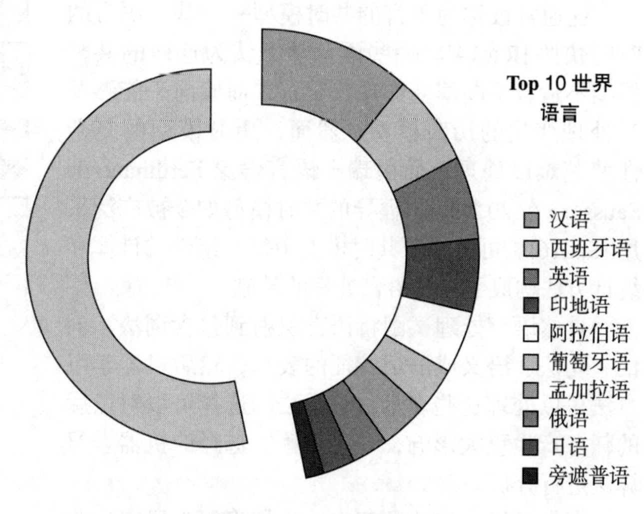

图 3.1 Top 10 世界语言

自然语言本质上是存在歧义的，尤其是在书面形式中。要理解为什么会这样，考虑到英语有大约 17 万个单词，但只有大约 1

万个是日常使用的 [And12]。人类的交流已经演变得非常高效，允许重用较短的词，这些词的意思是通过上下文来解决的。这就减轻了负担，也解放了部分大脑来完成其他重要的任务。与此同时，这种歧义也使计算机固有地难以操作和理解自然语言。这一困难延伸到语言的各个方面，如讽刺、反讽、隐喻和幽默。在任何语言中，歧义都存在于词义、语法结构和句子结构上。我们将在下面讨论处理这些歧义的方法。

3.1.3 语言模型

当我们分析一种自然语言时，我们经常把语言特征分成一组类别。对文本分析来说，这些范畴包括词法、词汇、句法、语义、语篇和语用。**词法**是指一个词的形状和内部结构。**词汇**是指将文本分割成有意义的单位，如单词。**句法**是指适用于单词、短语和句子的规则和原则。**语义**是指在句子中提供意义的上下文。正是**语义**提高了人类语言的效率。**语篇**是指对话和句子之间存在的关系。**语用**指的是说话者传达语境的意图等外部特征。对于语音分析，我们通常将语言特征分为声学、语音、音位和韵律学。**声学**是指我们用来表示声音的方法。**语音**是指声音如何映射到作为语音基本单位的音位。**音位**，指的是最小语音单位在语言中的使用。**韵律**是指伴随言语的非语言特征，如语气、重音、语调和音高。在下面的部分中，我们将从计算语言学的角度更详细地讨论每一个问题。我们将在后面的章节中看到，这些语言特征可以用来提供一组丰富的表示，对机器学习算法很有用（如表 3.1 所示）。

表 3.1 语言分析目录

词法	单词的形状和结构	语用	通过说话者的意图表达意思
词汇	将文本分割为单词	声学	声音的表现
句法	句子中单词的规则	语音	将声音映射到语音
语义	句子中单词的含义	音位	将语音映射到语言
语篇	句子之间的意义	韵律	语气、重音、语调和音高

由于这些类别中固有的依赖关系，我们通常将自然语言建模为语言特征的层次集合，如图 3.2 所示。

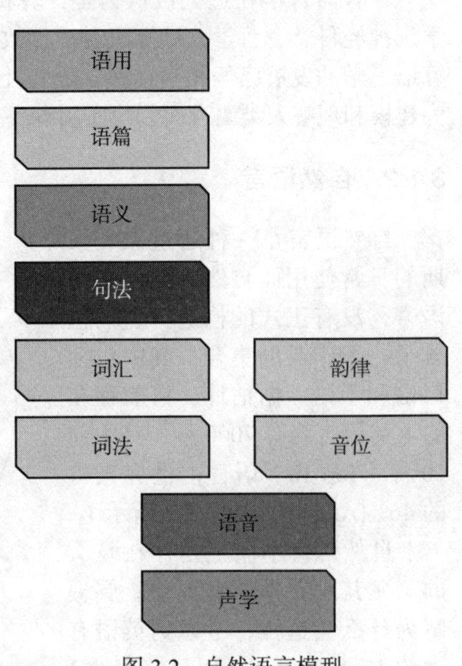

图 3.2 自然语言模型

这通常被称为语言的共时模型——基于语言的时间快照 [Rac14]。一些语言学家认为这样的共时模型不适合不断演变的现代语言，而倾向于能够及时处理变化的历时模型。然而，历时模型的复杂性使其难以处理，而由瑞士语言学家 Ferdinand de Saussure 在 20 世纪初倡导的共时模型如今被广泛采用 [Sau16]。可应用于共时模型中每个组件的计算和统计方法构成了自然语言处理的基础。

自然语言处理试图将语言映射到包含词法、词汇、句法、语义或语篇特征的表示，然后机器学习方法可以处理这些表示。表示法的选择可以对以后的任务产生重大影响，并将依赖所选择的机器学习算法进行分析。

在本章接下来的几节中，我们将深入研究这些表示法，以便更好地理解它们在语言学中的作用以及在自然语言处理中的目的。我们将向读者介绍最常见的基于文本的表示，并将音频表示留给后面的部分。

3.2　词法分析

所有的自然语言都有系统的结构，甚至是手语。在语言学中，词法研究的是词的内部结构。词法从希腊词根直译过来，意思是“形状的研究”。它指的是根据上下文形成单词的一套规则和惯例，如复数、性别、缩写和动词变化形式。

单词由称为语素的子成分组成，语素是语言的最小单位，具有独立的意义。语素可以是一个词的组成部分，与它的意义、语法作用或派生有关。有些语素本身就是单词，比如“run”“jump”或“hide”。其他单词则由语素组合而成，如“runner”“jumps”或“unhide”。有些语言，如英语，对于语素的组合有相对简单的词法规则。其他的，如阿拉伯语，有一套丰富复杂的词法规则 [HEH12]。

对于人类来说，理解“walk、walking、walked”这几个词之间的词法关系是比较简单的。然而，如果不进行词法分析，可能的语素组合的多样性使得计算机很难做到这一点。最常见的两种方法是词干化和词元化，我们将在下面描述。

3.2.1　词干化

通常，词尾没有词根本身重要。对于动词来说尤其如此，动词的词根可能比动词的时态更有意义。如果是这样的话，那么计算语言学应用词根分析的过程来将单词转换成它们的根形式（例如，意义上的基本语素）。下面是一些词根分析的例子：

$$\text{works} \rightarrow \text{work}$$
$$\text{worked} \rightarrow \text{work}$$
$$\text{workers} \rightarrow \text{work}$$

虽然我们都可以很容易地识别出其中的每一个单词都与 work 的含义有关，但如果不进行词根分析，计算机就很难做到这一点。需要注意的是，词根分析可能会引入歧义，这一点在上面的第三个例子中很明显，其中“workers”与“works”具有相同的词根，但两个词的意思不同（人与事物）。另一方面，词根分析的优点是它通常对拼写错误是健壮的，因为正确的词根仍然可以推断出来。

> NLP 中最流行的词干分析算法之一是由 Martin Porter 在 1980 年设计的 Porter stemmer 算法。这个简单而有效的方法使用了 5 个步骤来去除单词后缀和找到单词的词根。Porter stemmer 的开源实现广泛可用。

3.2.2　词元化

词元化是计算语言学中另一种常用的将词转换为基本形式的方法。它与词干分析密切相关，因为它是一种算法过程，它去除词形变化和后缀，将单词转换为它们的词元（即词典形式）。词元化的一些例子是：

$$\text{works} \rightarrow \text{works}$$
$$\text{worked} \rightarrow \text{work}$$
$$\text{workers} \rightarrow \text{worker}$$

请注意，词元化的结果与词干分析的结果非常相似，只是结果是实际的单词。词干化是一个可能丢失含义和上下文的过程，而词元化的效果要好得多，这在上面的第三个例子中很明显。由于词元化需要一个词典和大量的查找，因此词干分析速度更快，而且通常是更可取的方法。词元化对拼写错误也非常敏感，可能需要将拼写纠正作为预处理步骤。

3.3 词汇表示

词法分析是将文本分割成词汇表达式的任务。在自然语言处理中，这意味着将文本转换为可用于进一步处理的基本单词表示。在接下来的几个小节中，我们将概述单词级、句子级和文档级表示。正如你将看到的，这些表示本质上是稀疏的，因为很少有元素是非零的。我们将稠密的表示和词向量留到后面的章节。

单词是自然语言的基本符号。它们不是最基本的，因为单词可以由一个或多个语素组成。在自然语言处理中，通常第一个任务是将文本分割成单独的单词。注意我们说“通常”而不是“总是”。正如我们稍后将看到的，作为第一步的句子切分可能会带来一些好处，特别是在“嘈杂”或不规范讲话的情况下。

3.3.1 标记

将文本分割成相关的单词或意义单位的计算任务称为**分词**。标记可以是文字、数字、标点符号。最简单的形式，分词可以通过使用空格分割文本来实现：

The rain in Spain falls mainly on the plain.

|The|，|rain|，|in|，|Spain|，|falls|，|mainly|，|on|，|the|，|plain|，|.|

这种方法在大多数情况下有效，但在某些情况下会失效：

Don't assume we're going to New York.

|Don|，|'t|，|assume|，|we|，|'|，|re|，|going|，|to|，|New|，|York|，|.|

注意，“New York”通常被认为是单个标记，因为它引用了一个特定的位置。为了使问题复杂化，标记有时可以由多个单词组成（例如，“he who cannot be named”）。还有许多语言不使用任何空格，比如中文：

西班牙的降雨主要集中在平原。

分词还可以通过描述一种意思的结束和另一种意思的开始来分割句子。标点在这一任务中扮演着重要的角色，但不幸的是，标点常常会引发歧义。撇号、连字符和句号等标点符号会造成问题。考虑一下这句话中句号（.）的多次使用：

Dr. Graham poured 0.5ml into the beaker.

|Dr.|，|Graham poured 0.|，|5ml into the beaker.|

一个简单的基于标点的句子分割算法会错误地把这个句子分成三个句子。有许多方法可以克服这种歧义，包括使用手工设计的规则来增加基于标点的方法、使用正则表达式、机器学习分类、条件随机场和槽填充方法。

3.3.2 停用词

标记在英文文本中并不均匀地出现。相反，它们遵循一个称为Zipf定律的指数出现模式，该法则指出，标记的一小部分经常出现（例如，the，of，as），而大多数的标记很少见。有多少见？在莎士比亚全集的88.4万个标记中，100个标记占了一半以上[Gui+06]。

在英语书面语中，常见的功能词（如“the”“a”“is”）几乎在任何上下文中都没有意义，但却常常是文本中出现最频繁的词，如图 3.3 所示。通过在自然语言处理中排除这些单词，可以显著提高性能。这些通常被排除的词的列表被称为停用词列表。

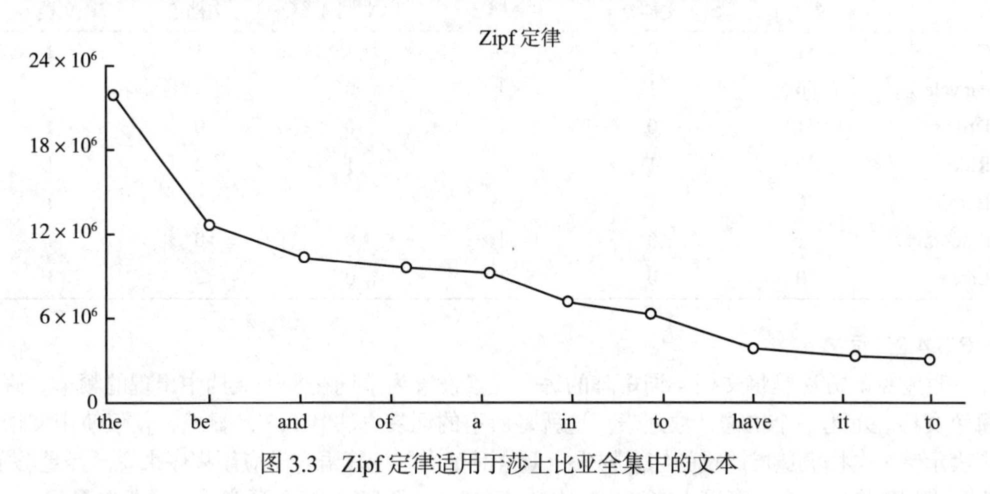

图 3.3 Zipf 定律适用于莎士比亚全集中的文本

3.3.3 *n*-gram

虽然单词级表示很有用，但它们不能捕获与相邻单词之间的关系，而这些相邻单词可以帮助提供语法或上下文。例如，在处理单个标记时，没有词序的概念。

一种简单方法是只考虑标记在一段文本中的存在和出现。这就是所谓的词袋模型，见式（3.1），它基于马尔可夫假设。包含 L 个标记的短语将被以如下概率预测：

$$P\left(w_1 w_2 \cdots w_L\right)=\prod_{i=1}^{L} P\left(w_i\right) \tag{3.1}$$

另一种方法不是考虑单个的标记（称为一元语法，unigram），而是考虑连续的标记。这种方法称为二元语法（bigram），其中一个带有 L 标记的句子会产生 L–1 个二元语法，其形式如下：

$$P\left(w_1 w_2 \cdots w_L\right)=\prod_{i=2}^{L} P\left(w_i \mid w_{i-1}\right) \tag{3.2}$$

注意，二元语法有效地捕获了两个连续标记的局部词序（例如，“lion king”与“king lion”不同）。我们可以将这个概念扩展到捕捉 n 个标记的长度，称为 n 元语法（*n*-gram）：

$$P\left(w_1 w_2 \cdots w_L\right)=\prod_{i=n}^{L} P\left(w_i \mid w_{i-1} w_{i-2} \cdots w_{i-n}\right) \tag{3.3}$$

重要的是要注意，对于较高的 n 值，n 元语法会变得非常复杂。这将对基于计数的自然语言处理方法产生负面影响，我们稍后将看到。

3.3.4 文档

在处理一个文档语料库时，有许多在计算语言学中使用的文档表示方法。有些是基于标记的、基于多标记的或基于字符的。许多是稀疏表示，而其他是稠密表示。在本节中，我们将讨论两个最常见的问题。

3.3.4.1 文档 – 词矩阵

文档 – 词矩阵是一组文档的数学表示。在如表 3.2 所示的文档 – 词矩阵中，行对应于集合中的文档，列对应于唯一标记。列等于所有文档中的唯一标记词汇表。有许多方法可以确定这个矩阵的元素的值，下面我们讨论两种方法。

表 3.2　文档 – 词矩阵

	文档 1	文档 2	文档 3	文档 4	文档 5	文档 6
Car	1	0	0	1	1	1
Bicycle	0	1	1	0	0	1
Drives	1	0	1	0	0	1
Rides	0	1	0	1	2	1
Bumpy	0	1	0	1	1	1
Smoothly	1	0	1	0	0	1
Like	0	0	1	0	2	1

3.3.4.2　词袋

一种常见的方法是将文档 – 词矩阵的每个元素设置为单词在每个文档中出现的频率。假设将每个文档表示为一个单词计数列表。这就是所谓的**词袋**方法 [PT13]。显然，仅仅使用文档向量来表示整个文档会造成严重的信息损失，但这对于许多计算语言学应用程序来说已经足够了。将一组文档转换为每个元素等于单词出现次数的文档 – 词矩阵的过程通常称为**计数向量化**。

你可能还记得，在英语词汇中最常见的单词通常比更少见的单词在区分意义上的重要性更小。不幸的是，词袋模型根据出现的次数对单词进行权衡。在实践中，停用词过滤器用于在计数向量化之前删除最常见的词。然而，即使这样做，我们仍然会发现在一组文档中出现的罕见词通常是最有意义的。

3.3.4.3　TFIDF

TFIDF 方法通过将每个文档 – 词矩阵元素设置为每个标记的**词频**（Term Frequency，TF）乘以**逆文档频率**（Inverse Document Frequency，IDF）的积 w[Ram99]，为罕见词赋予了更大的权重：

$$w = \mathrm{tf} * \mathrm{idf} \tag{3.4}$$

$$= \left(1+\log(\mathrm{TF}_t)\right)\times\log\left(\frac{N}{n_t}\right) \tag{3.5}$$

词频可以用文档 d 中出现词 t 的计数与文档 d 中词总数的比的对数来表示，逆文档频率可以用文档总数与包含词 t 的文档数量的比的对数来表示。

由于 tf 因子的存在，标记的 TFIDF 值随它在文档中出现的次数成比例地增加。idf 因子则根据在所有文档中出现的频率降低标记的 TFIDF 值。目前，TFIDF 是最流行的加权方法，超过 80% 的数字词库在生产环境中使用它（如表 3.3 所示）。

表 3.3　TFIDF 矩阵

	文档 1	文档 2	文档 3	文档 4	文档 5	文档 6
Car	3.50	0	0	5.91	3.21	2.82
Bicycle	0	2.79	2.51	0	0	1.73
Drives	1.21	0	0.88	0	0	0.88
Rides	0	1.26	0	3.13	2.22	0.41
Bumpy	0	1.11	0	0.45	0.61	1.23
Smoothly	0.13	0	0.12	0	0	0.92
Like	0	0	0.22	0	0.34	0.24

3.4 句法表示

自然语言的句法表示处理句子中单词和短语的语法结构和关系。语法在大多数语言中扮演着帮助提供上下文的内在角色。计算语言学利用不同的方法来提取这些上下文线索，如词性标注、组块分析和依存分析。它们可以很好地作为下游自然语言处理任务的特性。

3.4.1 词性

词性（Part-Of-Speech，POS）是一类具有语法性质的词，它们扮演着相似的句子句法角色。人们普遍认为有 9 个基础词性标签（你可能从小学就记得它们），如表 3.4 所示。

表 3.4　基础词性标签

N	名词	Dog,cat	P	介词	By, for
V	动词	Run, hide	CON	连词	And, but
A	冠词	The, an	PRO	代词	You, me
ADJ	形容词	Green, short	INT	感叹词	Wow, lol
ADV	副词	Quickly, likely			

英语中有许多词性分类，如单数名词（NN）、复数名词（NNS）、专有名词（NP）和状语名词（NR)。有些语言可能有超过 1000 个词性 [PDM11]。由于英语语言的歧义，许多英语单词都属于一个以上的词性分类（例如，“bank” 可以是动词或名词），它们的作用取决于它们在句子中的用法。很难确定一个词属于哪一类。词性标注是根据文本中每个词在句子中的语法作用和上下文来预测其词性类别的过程（如图 3.4 所示）[DeR88]。词性标注算法分为两类：基于规则和基于统计。

PRO V N N P A N N
She sells sea shells by the sea shore.

PRO V N CON P N
We like eels except as meals.

图 3.4　POS 标注

布朗语料库是计算语言学研究中使用的第一个主要的英语文本集。它由布朗大学的 Henry Kucera 和 W. Nelson Francis 于 20 世纪 60 年代中期开发，由从 500 份随机选择的 2000 字或更多字的出版物中提取的 100 多万字的英语散文组成。语料库中的每个单词都使用 87 个不同的 POS 标签进行了仔细的 POS 标记。布朗语料库仍然被普遍用作衡量 POS 标记算法性能的黄金集合。

3.4.1.1 基于规则

最早的词性标注方法基于规则并依赖于字典、词典或正则表达式来预测每个单词可能的词性。在出现歧义的地方，经常采用特别规则来制定 POS 标记决策。这使得基于规则的系统变得脆弱。例如，规则可以声明，跟在副词后面、连词前面的单词应该是名词，但如果它不是单数的普通名词，则应为动词。迄今为止，最好的基于规则的 POS 标记器在布朗语料库上的准确率仅为 77% [BM04]。

3.4.1.2 隐马尔可夫模型

20 世纪 80 年代以来，第 2 章引入的隐马尔可夫模型作为一种更好的词性标注方法而流行起来。与基于规则的方法相比，HMM 能够更好地学习和捕获语法的顺序特性。为了理解这一点，我们考虑词性标注问题，对于给定的 n 个单词的序列 w^n，我们寻找最有可能的标签序列 $\hat{t}^n$：

$$\hat{t}^n = \underset{t^n}{\operatorname{argmax}} P(t^n \mid w^n) \tag{3.6}$$

$$\approx \underset{t^n}{\operatorname{argmax}} \prod_{i=1}^{n} P\left(w_i \mid t_i\right) P\left(t_i \mid t_{i-1}\right) \tag{3.7}$$

上式表示一个 HMM 模型，其中马尔可夫状态为单词 w^n，隐藏状态 t^n 为 POS 标签。转换矩阵可以直接从文本数据中计算出来。结果表明，为每个已知单词分配最常见的标签可以达到相当高的准确率。为了处理更模糊的单词序列，还可以利用维特比算法对更大的序列使用高阶 HMM。这些高阶 HMM 可以达到非常高的准确率，但是它们需要大量的计算，因为它们必须探索更大的路径集。

除了 HMM，机器学习方法在 POS 标注任务中获得了巨大的普及，包括 CRF、SVM、感知机和最大熵分类方法。目前，大多数公司的准确率都在 97% 以上。接下来，我们将研究在词性标注预测方面更有前景的深度学习方法。

3.4.2 依存分析

在自然语言中，语法是一组组成单词和短语的结构规则。英语的每个句子都有一定的模式。这些模式被称为语法，表达了一个（中心）词及其依存词之间的关系。大多数自然语言都有丰富的语法规则，这些规则的知识可以帮助我们消除句子中上下文的歧义。考虑这个事实，如果没有语法，那么实际上把单词组合在一起将有无限的可能性。

语法分析是一种自然语言处理任务，在给定一种语言的语法规则的情况下，识别句子中单词的句法关系 [Cov01]。在自然语言中描述句子结构有两种常见的方法。第一种方法是用它的组成短语来表示句子，递归地向下到单个单词层次。这就是所谓的成分语法分析，它将一个句子映射到一个成分语法树（如图 3.5 所示）。另一种方法是根据单词的依存关系将单个单词连接在一起。这就是所谓的依存语法分析，它将句子映射到依存分析树（如图 3.6 所示）。依存是一一对应的，这意味着句子中的每个单词都有一个节点。请注意，这些链接在依存分析树中的两个单词之间是定向的，它们从中心词指向依存词以传达关系。成分分析和依存分析树可以是强等价的。依存树的魅力在于链接与语义关系非常相似。

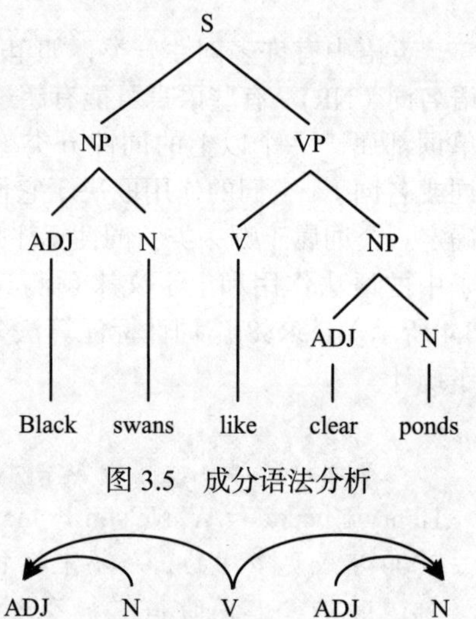

图 3.5 成分语法分析

图 3.6 依存语法分析

因为依存树包含每个单词一个节点，所以语法分析具有较高的计算效率。给定一个句子，解析算法试图从其语法规则中找出最有可能的推导。如果句子出现结构歧义，就可能有不止一个推导。解析器分为两种一般方法。自顶向下解析器使用一种带有回溯机制的递归算法遍历从根到句子中的所有单词。自底向上的解析器从单词开始，并基于移进 / 归约或其他算法构建解析树。自顶向下的解析器将生成始终在语法上一致的树，但可能不会与句子中的所有单词对齐。自底向上的方法会对齐所有的单词，但可能并不总是有语法意义。

3.4.2.1 上下文无关文法

如上所述，语法是一组规则，它定义句子中单词的句法结构和模式。因为这些规则通常是固定的和绝对的，所以可以使用上下文无关文法（Context-Free Grammar，CFG）来表示一

种语言的语法规则 [JM09]。上下文无关文法通常有一种称为 Backus-Naur 形式的表示，并且能够捕获句子中单词的组成和顺序。

不幸的是，由于语言固有的歧义，CFG 可能会为一个给定的句子生成多个可能的解析派生。给定一组从文本分布中获得的权重，概率上下文无关文法（Probabilistic Context-Free Grammar，PCFG）通过对可能的解析派生进行排序，并选择最可能的解析派生来解决这个问题。PCFG 通常比 CFG 好，特别是对于像英语这样的语言。

3.4.2.2　组块分析

对于某些应用程序，可能不需要完整的语法分析及其计算开销。组块分析，也称为浅层语法分析，是一种自然语言处理任务，它将单词连接成基本语法单位，而不是生成一个完整的解析树。这些基本的句法单位通常被称为“块”。举例来说，给定一个句子，我们只需要识别基本的名词短语（即与名词具有相同语法功能而不包含其他名词短语的短语）：

$$\left[{}_{NP}\,\text{The winter season}\right]\text{ is depressing for }\left[{}_{NP}\,\text{many people}\right].$$

组块分析通常通过基于规则的方法来执行，其中正则表达式和词性标注用于匹配固定模式，或者使用 SVM [KM01] 等机器学习算法。

3.4.2.3　树库

树库（Treebank）是对句法结构进行解析和标注的文本语料库。也就是说，语料库中的每个句子都被解析为其依存分析树。树库通常使用解析器算法和人工审查迭代生成 [Mar+94] [Niv+16]。通常，树库是建立在已经标注了词性标签的语料库之上的。树库的创建彻底改变了计算语言学，因为它体现了一种在多个应用程序和领域中广泛重用的数据驱动的生成语法的方法。经过树库训练的统计解析器能够更好地处理结构歧义 [Bel+17]。

Penn Treebank 是用于语法分析和评估的事实上的标准树库。它最初发布于 1992 年，由道·琼斯新闻社（Dow Jones News Service）用英文撰写的文章汇编而成，其中有 100 万个单词是词性标注的，160 万个单词被标签集解析。改进版的 Penn Treebank 在 1995 年发行。

Universal Dependencies 是 60 种语言的 100 多个树库的集合，创建的目标是促进跨语言分析 [McD+13]。顾名思义，它是用一套通用的、跨语言一致的语法注解创建的。第一个版本于 2014 年 10 月发布。

3.5　语义表示

尽管词汇和句法分析捕捉语言的形式和顺序，但它们并不将意义与单词或短语联系起来。例如，将“狗”标记为名词并不能告诉我们“狗”是什么。语义表示赋予单词和短语一种意义。它们将角色与词块联系在一起，如人、地点或数量。语义分析主要根据词与句的关系来理解语义。词与词之间有几种不同的语义关系（如表 3.5 所示）。

表 3.5　词之间的语义关系

同义词	拼写不同但含义相同的词	部分词	组成部分或某事物的成员
反义词	含义相反的词	同源词	整体及其部分之间的语义关系相同的词
下位词	通用术语和其具体实例	同音异义词	形式相同但含义不同的词
上位词	包含其他单词的广泛类别	多义词	具有两种或两种以上不同含义的词

同音异义词和多义词是非常相似的，关键的区别在于多义词是一个具有不同含义的词，而同音异义词是具有相同外形（通常是拼写和发音）的不同词。例如，大多数人会认为名词 tire（你汽车上的轮子）和动词 tire（你锻炼时发生了什么）是完全不同的两个词，尽管它们看起来和听起来都一样。他们是同形同音异义词。另一方面，大多数人同意只有一个 offense 单词，只不过它有各种相关的含义：攻击团伙、犯罪行为、被冒犯的感觉等。

3.5.1 命名实体识别

命名实体识别（Named Entity Recognition，NER）是自然语言处理中的一项任务，旨在识别和标注文本中涉及人、位置、组织、日期、时间或数量的单词或短语。它是信息抽取的一个子任务，有时也称为实体抽取。由于自然语言存在词的重用和歧义，实体识别变得困难。以“Washington”这个词为例，它可能指一座城市、一个州或一位总统。如果没有对现实世界的了解，就很难消除这个词的歧义。歧义可以以两种方式存在：同一类型的不同实体（George Washington 和 Washington Carver 都是人）或不同类型的实体（George Washington 或 Washington State），如表 3.6 所示。

表 3.6 命名实体

人	George Washington	日期	Fourth of July
地点	Washington State	时间	Half past noon
组织	General Motors	数量	Four score

虽然正则表达式可以在某种程度上用于命名实体识别 [HN14]，但标准的方法是将其视为序列标记任务或 HMM，其方式类似于词性标注或组块分析 [AL13]。条件随机场（Conditional Random Field，CRF）在命名实体识别方面取得了一定的成功。然而，训练 CRF 模型通常需要大量标注的训练数据 [TKSDM03c]。即使有大量的数据，命名实体识别在很大程度上仍未解决。

3.5.2 关系抽取

关系抽取是检测文本中命名实体提及的语义关系的任务。例如，从下面的句子，

President George Bush and his wife Laura attended the Congressional Dinner.

我们可以提取出实体之间的一组关系：George Bush、Laura、Congressional Dinner（如表 3.7 所示）。请注意，第二个关系（George Bush married to Laura）逻辑上跟从第一个（Laura married to George Bush），即使它可能没有明确在文本中说明。抽取关系的常用方法是将其划分为子任务：

1. 识别实体之间的任何关系。
2. 按类型对已识别的关系进行分类。
3. 获得逻辑 / 互反关系。

表 3.7 实体关系

Laura married to George Bush	人 →人	George Bush at Congressional Dinner	人 →地点
George Bush married to Laura	人 →人	President George Bush	职位 →人

第一个子任务通常作为分类问题处理，即对文本中任何两个实体之间是否存在关系进行二元决策。第二个子任务是一个多类预测问题。朴素贝叶斯和 SVM 模型已成功应用于这两个子任

务 [BB07, Hon05]。最后一个子任务是逻辑推理任务。关系抽取在问答任务中起着重要的作用。

3.5.3 事件抽取

在文本中提到的事件具有特定的位置、实例，或相关的时间间隔。事件检测的任务是检测文本中提及的事件，并识别它们所属的类型。一些事件的例子是：超级碗、樱花节和我们的 25 周年结婚庆典。基于规则和机器学习的事件检测方法与关系抽取的方法相似 [Rit+12, MSM11]。由于外部环境需求和时间关系的重要性，这些方法好坏参半。

3.5.4 语义角色标注

语义角色标注（Semantic Role Labeling，SRL）又称主题角色标注或浅层语义解析，是指为句子中的词语和短语分配标签的过程，表明它们在句子中的语义角色。语义角色是一种抽象的语言结构，指的是主语或宾语相对于动词所扮演的角色。这些角色包括：代理人、体验者、主题、病人、工具、接受者、来源、受益人、方式、目标或结果。

语义角色标注可以提供有价值的上下文 [GJ02]，而句法分析只能提供语法结构。SRL 最常见的方法是解析一组目标句子以识别谓词 [PWM08]。对于这些谓词中的每一个，在诸如 PropBank 或 FrameNet 这样的数据集上训练的机器学习分类器被用来预测语义角色标签。对于进一步的任务，如文本摘要或问答，这些标签是非常有用的特性 [JN08, BFL98b]。

> PropBank（the Proposition Bank）是一个完整标注了语义角色的 Penn Treebank 句子语料库，其中每个角色都特定于单个动词意义。每个动词都映射到 PropBank 中的单个实例。该语料库于 2005 年发布。
>
> FrameNet 是另一个标注语义角色的句子语料库。PropBank 角色是特定于单个动词的，而 FrameNet 角色是特定于语义框架的。框架是语义角色发生的背景或设定——它为框架内的角色提供了丰富的上下文集。FrameNet 角色的粒度要比 PropBank 精细得多，FrameNet 包含超过 1200 个语义框架、13 000 个词汇单元和 202 000 个例句。

3.6 语篇表示

语篇分析研究长于一个句子的文本单位的结构、关系和意义。更具体地说，它通过作为一个整体的句子集合来研究信息的流动和意义。语篇假定有发送者、接收者和消息。它包含文档 / 对话结构、讨论主题、文本的衔接性和连贯性等特征。语篇分析中最常用的两项任务是共指消解和语篇分割。

3.6.1 衔接性

衔接性是衡量语篇中句子结构和依存关系的尺度。它被定义为文本中其他地方支持文本预设的存在。也就是说，衔接性提供了词和句子结构的连续性。它有时被称为“表层”文本统一，因为它提供了将结构上无关的短语和句子连接在一起的手段 [BN00]。语篇内的衔接有六种类型：共指、替代、省略、连接、重复和搭配。其中，共指是最流行的，从下两句“Jack”和“He”的关系可以看出：

Jack ran up the hill.

He walked back down.

3.6.2 连贯性

连贯性是指在语篇中短语和句子之间存在语义联系。它可以定义为意义和上下文的连续性，通常需要推理和现实世界的知识。连贯性通常基于发送者和接收者隐性共享的概念关系，这些概念关系被用来构建语篇的心理表征 [WG05]。下面这个例子就是连贯性的一个例子，它假定人们知道水桶能盛水：

Jack carried the bucket.
He spilled the water.

3.6.3 回指 / 预指

回指（Anaphora）是指两个词或短语之间的关系，其中一个词（被称为回指词）的解释，是由出现在前面的另一个词（这个词被称为先行词）的解释决定的。预指（Cataphora）是指一个词的解释是由出现在后面的另一个词决定的。两者都是语篇衔接的重要特征：

Anaphora: The court cleared its docket before adjoining.
Cataphora: Despite his carefulness, Jack spilled the water.

3.6.4 局部和全局共指

将回指词与先行词联系在一起的语言学过程称为共指消解。这是语篇研究的一个重要问题。当这种情况发生在文档中时，通常称为局部共指。如果这发生在跨文档情况下，则称为全局共指。不仅在消除代词歧义并将其与正确的个体提及联系起来方面，在实体解析中共指也起着重要的作用 [Lee+13, Sin+13]。

共指消解可以被认为是一个分类任务，算法准确率从命名实体的 70% 到代词的 90% 不等 [PP09]。

3.7 语言模型

统计语言模型是一个单词序列的概率分布。给定一个长度为 L 的序列，它给整个序列分配一个概率。换句话说，它试图为每一个可能的单词或标记的序列分配一个概率。给定一组 L 标记 w_1，w_2，…，w_L，语言模型将预测概率 $P(W)$：

$$P(W)=P(w_1 w_2 \cdots w_L) \tag{3.8}$$

这有什么用呢？语言模型试图预测一个短语在语言的自然使用中出现的频率。在许多自然语言处理应用程序中，有一种估计不同短语的相对可能性的方法是很有用的，特别是那些生成文本作为输出的应用程序。例如，语言模型可以用于拼写纠正，通过给定一个单词之前的所有单词预测该单词 w_L：

$$P\left(w_L \mid w_{L-1} w_{L-2} \cdots w_1\right) \tag{3.9}$$

语言建模用于语音识别、机器翻译、词性标注、语法分析、手写识别、信息检索等。

3.7.1 *n*–gram 模型

我们可以把它推广到 *n*-gram 的一般情况。我们假设在前一个单词的上下文历史中观测到

第 i 个单词 w_i 的概率可以近似为在前一个单词的缩短上下文历史中观测到的概率（n 阶马尔可夫性质）。

一个用于信息检索的一元模型可以看作多个单状态有限自动机的组合。它将上下文中不同词项的概率分开，例如：

$$P(w_1 w_2 \cdots w_L) = \prod_{i=1}^{L} P(w_i) \tag{3.10}$$

词项 bigram 和 trigram 分别表示 n=2 和 n=3 时的 n-gram 语言模型。由 n-gram 模型频率计数可计算出条件概率：

$$P(w_1 w_2 \cdots w_L) = \prod_{i=n}^{L} P(w_i \mid w_{i-1} w_{i-2} \cdots w_{i-n}) \tag{3.11}$$

3.7.2　拉普拉斯平滑

n-gram 的稀疏性可能会成为一个问题，特别是在用于创建 n-gram 语言模型的文档集很小的情况下。在这些情况下，某些 n-gram 在数据中没有计数是很常见的。语言模型会将这些 n-gram 的概率赋值为零。当这些 n-gram 出现在测试数据中时，就产生了一个问题。由于马尔可夫假设，一个序列的概率等于 n-gram 的单个概率的乘积。单一的零概率 n-gram 会使序列的概率为零。

为了克服这个问题，通常使用一种称为平滑的技术。最简单的平滑算法将每一个可能的 n-gram 的计数初始化为 1。这被称为拉普拉斯平滑或加一平滑，它保证总是有小概率出现任何 n-gram。不幸的是，随着 n-gram 稀疏度的增加，这种方法变得不那么有用，因为它极大地改变了出现的概率。

如果一个词从未在训练数据中出现过，那么这个句子的概率为零。显然，这是我们不希望看到的，所以我们应用拉普拉斯平滑来帮助解决这个问题。每次计数都加 1，所以它永远不等于零。为了平衡这一点，我们把可能的词数量增加到除数上，这样除法结果就永远不会大于 1。

拉普拉斯平滑是一种简单、不优雅的方法，它对类似文本分类的结果提供了适度的改进。一般情况下，我们可以使用伪计数参数 $\alpha > 0$：

$$\vartheta_i = \frac{x_i + \alpha}{N + \alpha d} \tag{3.12}$$

一个更有效和明智的方法是 Kneser-Ney 平滑，因为它使用了绝对减值法，从概率的低阶项中减去固定值，以省略频率较低的 n-gram：

$$P_{\text{abs}}(w_i \mid w_{i-1}) = \frac{\max\left(c(w_{i-1} w_i) - \delta, 0\right)}{\sum_{w} c(w_{i-1} w)} + \alpha p_{\text{abs}}(w_i) \tag{3.13}$$

3.7.3　集外词

语言模型的另一个严重问题出现在模型本身的词汇表中。集外词（Out-of-vocabulary，OOV）会给语言模型带来严重的问题。在这样的场景中，包含集外词的 n-gram 将被忽略。n-gram 概率对词汇表中的所有单词进行平滑处理，即使它们没有被观测到。

为了显式地建模集外词的概率，我们可以在词汇表中引入一个特殊的标记（比如，<unk>）。在累积 n-gram 之前，语料库中的集外词被这个特殊的 <unk> 标记有效地替换。有了这个选项，就可以估计涉及集外词的 n-gram 的转移概率。然而，这样做之后，我们将所有集外词视为一个单独的实体，忽略了语言信息。

另一种方法是使用近似的 *n*-gram 匹配。OOV *n*-gram 被映射到词汇表中最接近的 *n*-gram，其中接近度是基于某种语义上的接近性度量（我们将在后面的章节中更详细地描述词向量）。

处理 OOV *n*-gram 的一种更简单的方法是 backoff，它基于对 OOV 项计算较小的 *n*-gram 的概念。如果没有发现 trigram，则计数 bigram。如果没有发现 bigram，则使用 unigram。

3.7.4 困惑度

在信息论中，困惑度（perplexity）是指概率分布对样本的预测程度。困惑度是评价语言模型性能的常用指标。它衡量了 *n*-gram 模型的内在质量，它是模型预测一个测试序列 $W = w_1 w_2 \cdots w_N$ 可能发生的概率 $P(W)$ 的函数，给定：

$$P(W) = P\left(w_1 w_2 \cdots w_N\right)^{-\frac{1}{N}} \tag{3.14}$$

$$= \sqrt[N]{\frac{1}{P\left(w_1 w_2 \cdots w_N\right)}} \tag{3.15}$$

如果模型基于 bigram，困惑度可以简化为：

$$P(W) = \sqrt[N]{\prod_N \frac{1}{P\left(w_i \mid w_{i-1}\right)}} \tag{3.16}$$

困惑度值越低，说明模型对试验数据的预测效果越好；而困惑度值越高，说明预测效果越差。请注意，测试序列由用于训练语言模型的相同的 *n*-gram 组成是很重要的，否则困惑度值将非常高。

3.8 文本分类

文本分类是信息检索、垃圾邮件检测或情感分析等许多应用程序中的核心任务。文本分类的目标是将文档分配给一个或多个类别。构建分类器最常见的方法是通过监督机器学习，通过实例学习分类规则 [SM99，CT94，Seb02]。我们将简要介绍创建这些分类器的过程。读者可以参考第 2 章的机器学习算法的细节。

3.8.1 机器学习方法

计算语言学中的大部分问题最终都归结为文本分类问题，这些问题可以用监督机器学习方法来解决。文本分类主要包括文档表示、特征选择、机器学习分类器的应用以及最后分类器性能的评价。特征选择可以利用前面介绍的任何词法、词汇、句法、语义或语篇表示。

给定一个包含 n 个文档的集合 $\mathcal{D}_{\text{labeled}}$，第一步是在一个特征空间中构造这些文档的表示。常用的方法是使用频率为 *n*-gram 或 TFIDF 的词袋方法来创建文档向量 $\boldsymbol{x}_i$，以及它们标注的类别 y_i：

$$\mathcal{D}_{\text{labeled}} = \left(\boldsymbol{x}_1, y_1\right), \left(\boldsymbol{x}_2, y_2\right), \cdots, \left(\boldsymbol{x}_n, y_n\right) \tag{3.17}$$

有了这些数据，我们可以训练一个分类模型来预测没有标注的文本样本的标签。流行的文本分类机器学习算法包括 k 近邻、决策树、朴素贝叶斯、SVM 和逻辑回归。一般的文本分类流程可以总结为算法 1。

算法 1：文本分类流程

Data: 文件集 $\mathcal{D}_{\text{labeled}}$
Result: 训练模型 $h(x)$
begin
  预处理文件（例如标记）
  创建文件表示 $\boldsymbol{x}_i$
  拆分到训练集、验证集和测试集
  for $\boldsymbol{x}_i \in \boldsymbol{X}$ **do**
    在训练集训练机器学习分类器模型
    在验证集微调模型
  在测试集评估微调的模型

3.8.2 情感分析

情感分析是一项评估书面或口头语言的任务，以确定语言表达是有利的、不利的，或中立的，以及到什么程度。它在商业领域有着广泛的应用，包括辨别客户的反馈，衡量整体的情绪和观点，或者跟踪人们的行为。情感包括文本的情感方面（一个人的情绪如何影响我们的交流）和文本的主观方面（我们的情绪、观点和信念的表达）。文本情感分析是检测一个人在句子、短语或文件中态度的类型和强度的任务。

3.8.2.1 情绪状态模型

情绪模型的研究已经持续了几十年。情绪状态模型是一种捕捉人类情绪状态的模型。例如，Mehrabian 和 Russell 的模型将人类的情绪状态分解为三个维度（如表 3.8 所示）。情感分析中还使用了其他情绪状态模型，包括 Plutchik 的情绪轮（如图 3.7 所示）和 Russell 的二维情绪环型模型。

表 3.8 Mehrabian 和 Russell 的情绪模型

效价	衡量情绪的愉悦程度，也称为极性。歧义是正负效价之间的冲突
唤醒度	衡量情绪的强度
控制度	衡量一种情绪对他人的控制

情感分析最简单的计算方法是使用一组描述情感状态的词，并使用情绪状态模型的维度值向量化它们 [Tab+11]。这些词的出现是在文档中计算的，文档的情绪等于这些词的聚合分数。这种词汇法非常快，但是不能有效地为微妙、讽刺或隐喻建模 [RR15]。否定（如 “not nice” 和 “nice”）对于纯词汇法也是有问题的。

英语词汇情感规范（ANEW）数据集是 Bradley 和 Lang 创建的一个词典，包含 1000 个词汇，用于对词汇的价值、支配地位和唤醒进行情感评分（如图 3.8 所示）。ANEW 对长篇文本和新闻专线文档非常有用。另一个模型是 Thelwall 等人开发的非正式短文本的 SentiStrength 模型，该模型已成功应用于文本和推特消息的分析。

3.8.2.2 主客观检测

情感分析中一个密切相关的任务是对某一特定文本的主观性或客观性进行评分。区分主观和客观部分的能力，然后对每个部分进行情感分析，对分析非常有用。客观性检测可以帮助识别个人偏见，跟踪隐藏的观点，缓解当今存在的“假新闻”问题 [WR05]。

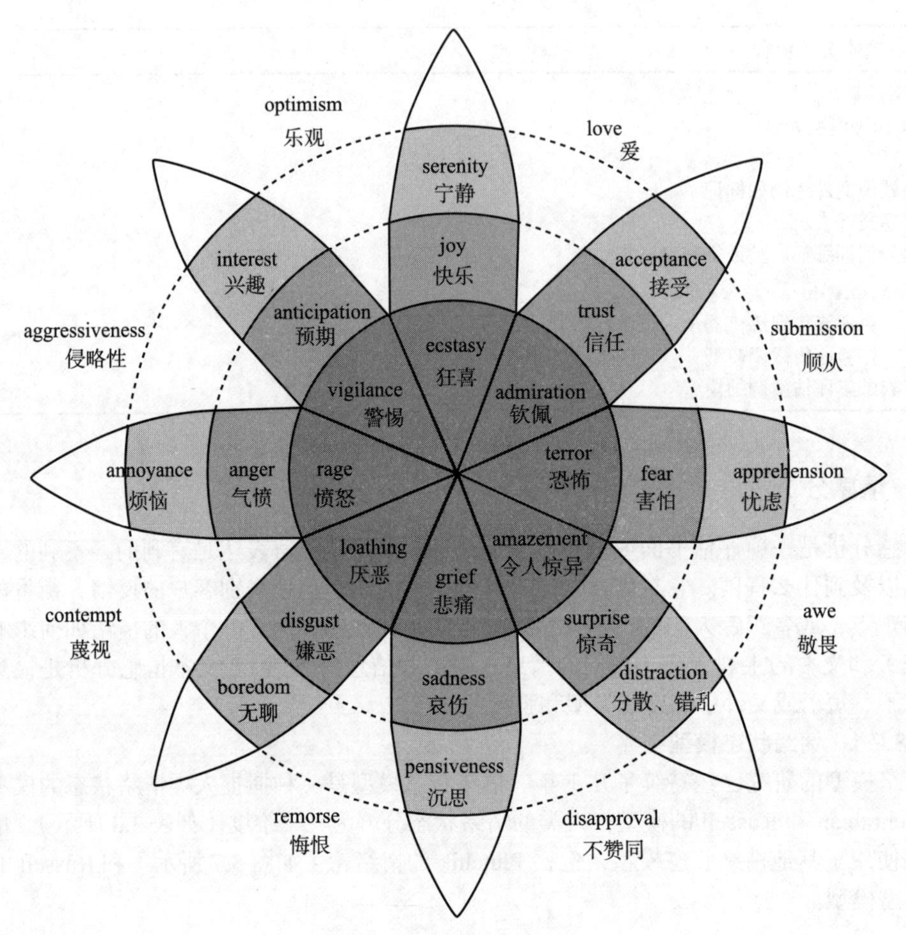

图 3.7　Plutchik 的情绪轮

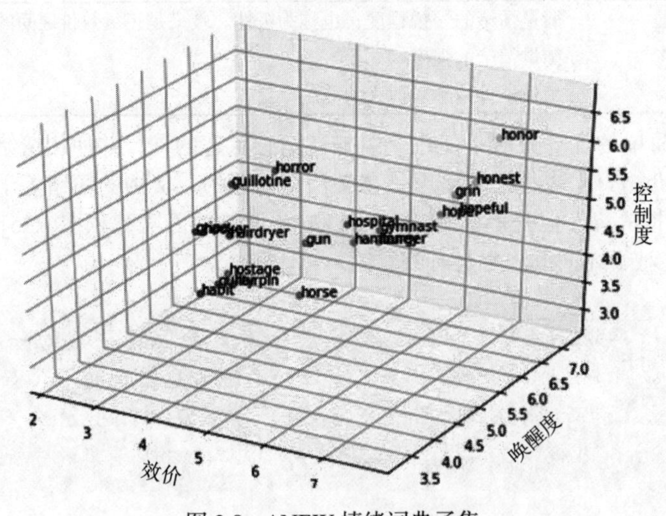

图 3.8　ANEW 情绪词典子集

客观性检测的一种方法是使用 *n*-gram 或浅层语法分析，并结合一组习得的词汇 – 句法模式进行模式匹配。另一种方法是结合词汇 – 句法特征和会话语篇特征来训练主观性分类器。

3.8.3 蕴含

文本蕴含是一个逻辑概念，即一个文本片段中的真理导致另一个文本片段中的真理。它是一种方向关系，类似于“if-then”子句。数学上，给定文本片段 X 和 Y，蕴含式为：

$$P(Y \mid X) > P(X) \tag{3.18}$$

其中，$P(Y \mid X)$ 被视为蕴含置信度。注意，X 蕴含 Y 的关系不给予任何 Y 蕴含 X 的确定性（逻辑谬误）。

蕴含被认为是一个文本分类问题。它在许多自然语言处理应用中有着广泛的应用（如 QA 问题）。最初的蕴含方法是基于逻辑形式的方法，需要许多公理、推理规则和大型知识库。与其他统计 NLP 方法相比，这些定理证明的方法表现不佳 [HMM16]。

目前，最流行的蕴含方法是基于语法的 [AM10]。解析树用于生成和比较与 SVM 或 LR 分类器相结合的相似性分数，以检测蕴含。这类方法非常适合捕捉浅层的蕴含，但对于更复杂的文本（如在主动语态和被动语态之间切换的文本）效果不佳。

最近的语义方法通过在词汇和句法特征之外加入语义角色标记显示出更好的泛化能力 [Bur+07]。即便如此，人类水平的蕴含和计算学方法之间的差距仍然很大。蕴含仍然是一个开放的研究课题。

3.9 文本聚类

虽然文本分类是文本分析的常用方法，但我们经常遇到大量无标签数据，我们在其中寻找具有共同语言和意义的文本。这就是文本聚类的任务 [Ber03]。

最常用的文本聚类方法是 k 均值算法 [AZ12]，如算法 2 所示。文本文档被分词，有时被词干化或词元化，停用词被删除，并且文本使用词袋或 TFIDF 被向量化。k 均值应用于生成不同 k 值的文档 - 词矩阵。

算法 2：文本聚类流程

Data: 文件集 $\mathcal{D}_{\text{unlabeled}}$
Result: k 文本集群
begin
　　预处理文件（例如标记）
　　创建文件表示 $\boldsymbol{x}_i$
　　for k 值 **do**
　　　　应用 k 均值算法
　　选择最佳 k 值

在使用 k 均值时，有两个主要考虑事项。第一个是 k 均值的两个文本片段之间的距离的概念，这是欧氏距离，但其他的度量，如余弦距离，理论上也可以使用。第二个是确定 k 的值——一个语料库中有多少不同的文本集群。与标准 k 均值一样，肘部法则（elbow method）是确定 k 值最广泛使用的方法。

3.9.1 词汇链

依赖于词袋的传统方法忽略了文档中单词之间的语义关系，并且不能捕获意思。可以包含这些语义信息的方法是词汇链。这些链源自语篇衔接的语言学概念，例如，一系列相关的词被认为包含一种语义关系。下面的单词构成了一个词汇链：

Car → automobile → sedan → roadster

通常，词汇数据库（如 WordNet）用于预测词汇链和对产生的概念进行聚类。词汇链对于文本摘要、语篇分割等高阶任务非常有用 [MN02, Wei+15]。

3.9.2 主题建模

通常，我们有一个文档集合，并且想要大致了解集合中讨论了什么。主题建模为我们提供了组织、理解和总结大量文本集合的能力。主题模型是一种统计模型，用于发现文档集合中的抽象主题。它是文本挖掘的一种形式，寻求识别语篇中单词的重复模式。

3.9.2.1 LSA

潜在语义分析（Latent Semantic Analysis，LSA）是一种试图识别一组文档和单词之间的关系的技术，它基于一种隐含的假设，即意义相近的单词会出现在相似的文本中。它是最古老的主题建模方法之一 [Bir+08]。它使用一种名为奇异值分解（Singular Value Decomposition，SVD）的数学技术将文本语料库的文档 – 词矩阵转换为两个低秩矩阵：将主题映射到文档的文档 – 主题矩阵，以及将单词映射到主题的主题 – 单词矩阵。在此过程中，LSA 在识别语料库中的高阶模式的同时降低了语料库向量空间的维数。为了度量相关性，LSA 利用两个词向量之间的余弦距离度量。

LSA 非常容易训练和调优，从 LSA 派生的两个矩阵可以重用于其他任务，因为它们包含语义信息。不幸的是，对于大量文档集合，LSA 可能非常慢。

3.9.2.2 LDA

潜在狄利克雷分布（Latent Dirichlet Allocation，LDA）是一种模型，它也可以将文档 – 词矩阵分解为较低阶的文档 – 主题矩阵和主题 – 单词矩阵。它与 LSA 的不同之处在于，它采用了一种随机的生成模型方法，并假设主题具有稀疏的狄利克雷先验。这相当于认为只有一小部分主题属于某个特定文档，而主题大多包含一小部分频繁单词。与 LSA 相比，LDA 在单词的消歧方面做得更好，并且能够更精细地识别主题。

3.10 机器翻译

机器翻译（Machine Translation，MT）是指将文本从一种源语言翻译成另一种目标语言的过程。即使对人类来说，语言翻译也很难完全捕捉意思、语气和风格。语言可以有明显不同的词法、句法或语义结构。例如，英语单词中有 4 个以上的语素是很少见的，但在土耳其语或阿拉伯语中这是相当常见的。德语句子一般遵循主 – 动 – 宾的句法结构，而日语多遵循主 – 宾 – 动的顺序，阿拉伯语则倾向于动 – 主 – 宾的顺序。对于机器翻译，我们通常关注两个指标：

- 忠实性 = 保存译文的意义
- 流畅性 = 与母语人士交谈时听起来自然

3.10.1 基于字典的翻译

机器翻译最简单的形式就是使用双语词典直接翻译每个单词。一个轻微的改进可能是直接翻译单词短语，而不是单个单词 [KOM03]。由于缺乏语法或语义上下文，直接翻译在除了最简单的机器翻译任务之外的所有任务中都表现不佳 [Dod02]。

另一种经典的机器翻译方法基于从源语言到目标语言的词汇和句法转换规则的学习。这些规则提供了在语言之间映射解析树的方法，可能会改变转换中的结构。由于需要解析，转换方法通常很复杂，很难管理，特别是对于大型词汇表。因此，经典的机器翻译系统通常采用一种组合的方法，对简单的文本结构使用直接翻译，对复杂的情况使用词汇 / 句法转移。

3.10.2 基于统计的翻译

统计机器翻译采用概率方法从一种语言映射到另一种语言。具体来说，概率方法将该问题视为类似于通信中的贝叶斯噪声信道问题，建立了两类模型：

- 语言模型（流畅性）= $P(X)$
- 翻译模型（忠实性）= $P(Y \mid X)$。

语言模型预测任何单词序列 X 是一个实际句子的概率——也就是说，在一种语言中存在一致性。翻译模型预测目标语言中的一个单词序列 Y 是源语言中的一个单词序列 X 的真实翻译的条件概率。统计机器翻译模型可以通过以下方式找到目标语言 Y 的最佳翻译：

$$\hat{Y} = \underset{Y}{\operatorname{argmax}}\, P(X \mid Y)P(Y) \tag{3.19}$$

统计模型基于**词对齐**的概念，即从源语言到目标语言的单词序列的映射。由于语言之间的差异，这种映射几乎永远不会是一对一的。此外，单词的顺序可能会有很大的不同。

> 双语替换评测（Bilingual Evaluation Understudy，BLEU）是衡量机器翻译质量的常用方法 [Pap+02]。它测量整个语料库中基于短语的模型翻译和人工创建的翻译之间的平均相似性。与精度类似，它通常表示为 0 到 1 之间的值，但有时也表示为 10 的倍数。

3.11 问答系统

问答（Question Answering，QA）是用自然语言回答问题的 NLP 任务。它可以利用专家系统、知识表示和信息检索方法。传统上，问题回答是一个多步骤的过程，包括：检索相关文档；从这些文档中提取有用的信息；提出可能的答案并根据证据打分；然后生成一个用自然语言编写的简短文本答案作为回答。

问：谁赢得了 2011 年《危险边缘》冠军赛？

答：2011 年，IMB Watson 推出了一个名为 DeepQA 的系统，并在《危险边缘》节目中与传奇冠军队争夺第一名。

早期的问答系统只关注回答特定领域内预定义的一组主题 [KM11]。与尝试回答任何主题查询的开放域 QA 系统相反，这些系统被称为封闭域 QA 系统。封闭域系统通常避免了对话处理的复杂性，并直接从专家系统中生成结构化的、基于模式的答案。现代开放域 QA 系统提供了更丰富的功能，并且在理论上可以利用一套无限的知识来源（例如互联网）来通过统计处理回答问题。

问题分解是任何 QA 系统的第一步，在这个系统中，一个问题被处理成一个查询。在简单版本中，问题将被解析以找到作为专家系统查询的关键字，从而生成答案。这被称为查询形成，从问题中提取关键字来形成相关的查询。有时，查询扩展用于标识与问题中类似的其

他查询术语 [CR12]。在更高级的版本中，可以使用句法处理（如名词 - 短语）和语义处理（如提取实体）来丰富提取过程。另一种方法是查询重组，即提取问题中的实体及其语义关系。例如以下句子与语义的关系：

谁发明了电报？→发明（人、电报）

答案模块可以根据语义数据库和知识库对该关系进行模式匹配，从而获得一组候选答案。根据证据对候选人进行评分，其中置信度最高的一个作为自然语言回答返回。有些问题比较容易回答。例如，确定事件的日期或年份（例如，第 XX 届超级碗是什么时候举行的）比在特定的背景下关联实体（例如，哪个城市最像多伦多）更容易。前者只需要一个小而有针对性地搜索，而后者的搜索空间要大得多。

3.11.1　基于信息检索的问答

基于网络的问答系统（如谷歌搜索）是基于利用网络的信息检索（Information Retrieval, IR）的方法。这些基于文本的系统通过从互联网或其他大型文档集合中查找短文本来回答问题。通常，它们将查询映射到词袋中，并使用 LSA 等方法检索一组相关文档并提取其中的段落。根据问题类型，可以使用模式提取方法或 *n*-gram 拼贴方法生成答案字符串。基于 IR 的 QA 系统在本质上是完全统计的，并且无法真正捕捉分布相似性之外的意义。

3.11.2　基于知识的问答

另一方面，基于知识的问答系统采用语义方法。它们应用语义解析将问题映射到综合数据库上的关系查询。这个数据库可以是关系数据库或关系三元组（例如，主 - 谓 - 宾）的知识库，可以捕获现实世界的关系，如 DBpedia 或 Freebase。由于其捕获意义的能力，基于知识的方法更适用于高级的、开放域的问答应用程序，因为它们可以以知识库的形式引入外部信息 [Fu+12]。同时，它们还受到这些知识库集合关系的约束（如图 3.9 所示）。

DBpedia 是一个免费的语义关系数据库，它从维基百科页面中提取了 460 万个实体，使用多种语言。它包含了超过 30 亿个以资源描述框架（Resource Description Framework，RDF）格式表示的关系三元组。DBpedia 通常被认为是语义网（也称为链接开放数据云）的基础。DBpedia 于 2007 年首次发布，它以类似于 Wikipedia 的方式，通过众包更新继续发展。

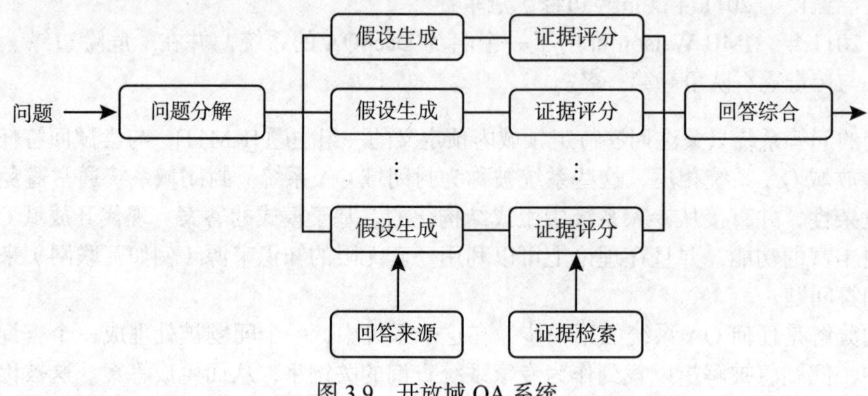

图 3.9　开放域 QA 系统

3.11.3 自动推理

最近的QA系统已经开始结合自动推理（Automated Reasoning，AR）来扩展基于知识的系统的语义关系。自动推理是人工智能的一个领域，探索计算机系统在溯因、概率、空间和时间方面的推理方法。通过创建一组一阶逻辑子句，QA系统可以增强为支持回答假设而检索到的一组语义关系和证据 [FGP10]。Prolog（逻辑编程）是一种常用的声明性语言方法，用于维护这组子句。

IBM Watson的DeepQA就是一个例子，它结合了多种基于IR的、基于知识的和自动化的推理方法。据报道，DeepQA利用了100种不同的方法和知识库，生成了经过证据评分和合并的候选答案 [Wan+12]，从而在2011年的Jeopardy竞赛中超越了人类水平。IBM已经将DeepQA部署到其他各种领域，取得了不同程度的成功。

平均倒数排名（Mean Reciprocal Rank，MRR）是衡量问答系统性能的一个常用指标。它基于使用由人类手动标记正确答案的黄金问题集。为了评价一个QA系统，我们将系统的排序答案集合与N个问题的语料库的黄金集标签进行比较，MRR为：

$$\mathrm{MRR}=\frac{1}{N}\sum_{i=1}^{N}\frac{1}{\mathrm{rank}_i} \tag{3.20}$$

当前最优的QA系统在经常使用的TREC-QA基准上MRR超过0.83。

3.12 自动摘要

自动摘要是一项有用的NLP任务，它识别文档或文档组中最相关的信息，创建内容摘要。它可以是抽取最相关的原始形式的短语或句子并使用它们生成摘要的提取任务，也可以是从语义内容生成自然语言摘要的抽象任务 [AHG99，BN00]。这两种方法都反映了人类倾向于总结文本的方式，尽管前者提炼文本，而后者改写文本。

3.12.1 基于提取的自动摘要

基于提取的摘要是一种提取文档的内容选择方法。在大多数实现中，它只提取被认为是最重要的句子子集。衡量重要性的一种方法是基于词汇测量（例如TFIDF）来统计信息量大的词语。另一种方法是使用语篇测量（如连贯性）来识别关键句子。基于质心的方法评估相对于背景语料库的单词概率来确定重要性。一种名为TextRank的创造性方法采用一种基于图的方法，根据单词的词汇相似性来给句子评分。只要不涉及抄袭，基于提取的自动摘要是更流行的方法。

3.12.2 基于抽象的自动摘要

与基于提取的复制不同，基于抽象的方法采用语义方法。一种方法是利用实体识别和语义角色标注来识别关系。这些可以输入标准模板（例如mad-lib方法）或自然语言生成引擎中来创建概要。词汇链的使用可以帮助确定中心主题，其中最强的链表示主要主题 [SM00]。

自动摘要仍然是一项困难的任务。最先进的方法精度在35%左右，底层文档类型对性能有很大的影响 [GG17]。深度学习方法有着重要的前景，我们将在后面的章节中看到。

3.13　自动语音识别

自动语音识别（Automatic Speech Recognition，ASR）是对口语进行实时计算转录的 NLP 任务。自 20 世纪 50 年代以来，ASR 一直处于人机接口研究的前沿。随着 Siri、Alexa 或 Cortana 等个人智能助手的出现，ASR 的重要性在近年来一路飙升。ASR 的最终目标是人类水平（接近 100%）的语音转录。目前的 ASR 在理想情况下只能接近 95% [Bak+09]。进化赋予了我们在各种条件下（如噪声、口音、措辞和音调）识别语音的能力，而这些计算机还不能处理，ASR 还有很大的改进空间。接下来的部分将会介绍一些 ASR 相关的计算表示语音的背景和经典方法。

声学模型

声学模型是用于自动语音识别的音频信号中声音的表示。它的主要目的是将声波映射到音位的统计特性上，音位是在一种语言中区分一个单词和另一个单词的基本语言单位。将音频信号看作一个短的、连续的时间序列 $S = s_1, s_2, \cdots, s_T$。设 M 个音位序列为 $F = f_1, f_2, \cdots, f_M$。将 N 个单词的序列表示为 $W = w_1, w_2, \cdots, w_N$。在语音识别中，目标是从音频输入 S 中预测单词集合 W：

$$\hat{W} = \underset{W}{\operatorname{argmax}} P(W \mid S) \tag{3.21}$$

$$\hat{W} \approx \underset{W}{\operatorname{argmax}} P(S \mid F) P(F \mid W) P(W) \tag{3.22}$$

这里，$P(W)$ 表示一串单词是一个英语句子的概率——也就是说，$P(W)$ 是语言模型。$P(S \mid F)$ 称为发音模型，$P(F \mid W)$ 称为声学模型。

语谱图

语谱图是声音信号在一段时间内的频率的可视化表示，横轴是时间，纵轴是频率，而音频信号的强度则由每个点的颜色表示。语谱图的产生使用滑动时间窗口，其中进行了短时傅里叶变换。作为语音信号的时频可视化，语谱图对于语音表示和文本到语音系统的评估都是有用的（如图 3.10 所示）。

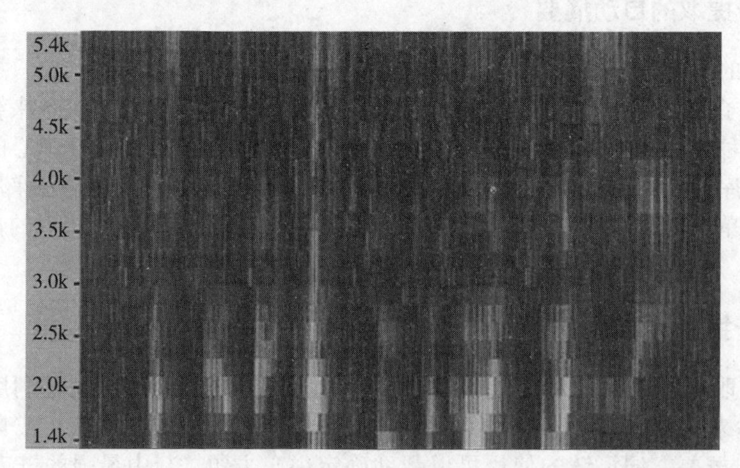

图 3.10　语谱图

MFCC

梅尔频率倒谱系数（Mel-Frequency Cepstral Coefficient，MFCC）是语音信号的另一种有

用表示。MFCC 将连续的音频信号转换为特征向量，每个特征向量在时间上代表一个小窗口。倒谱就是音频信号的快速傅里叶变换对数的快速傅里叶反变换（如图 3.11 所示）：

$$C=\left|F^{-1}\left(\log F(f(t))\right)\right|^2 \tag{3.23}$$

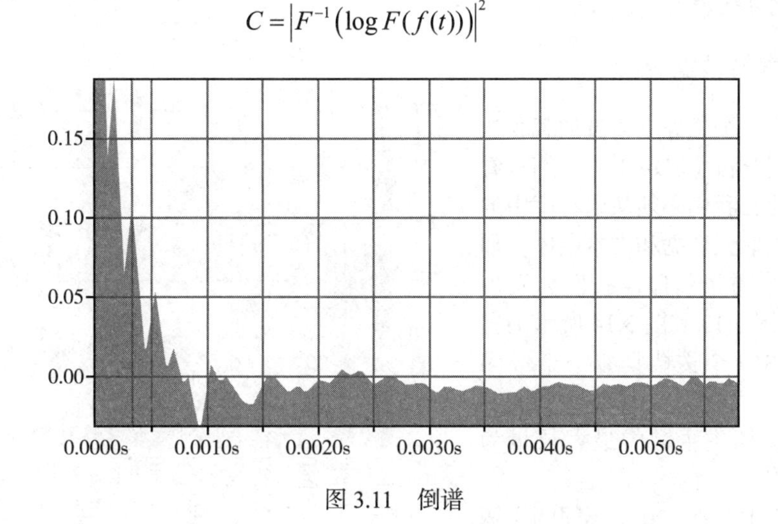

图 3.11 倒谱

MFCC 类似于倒谱，它是通过对一个音频信号的快速傅里叶变换对数进行离散余弦变换而得到的，其中采用了 Mel 频率组的三角滤波器。Mel 滤波器对于小于 1000Hz 的频率线性放置，对于大于 1000Hz 的频率在对数尺度上放置，与人耳的响应紧密对应：

$$C=\mathrm{DCT}\left(\log\left(\mathrm{Mel}(F(f(t)))\right)\right) \tag{3.24}$$

MFCC 包含关于音频信号的时间和频率信息。由于倒谱特征有效地相互正交，且对噪声具有鲁棒性，因此 MFCC 对 ASR 特别有用。

3.14 案例研究

为了进一步了解自然语言处理的应用，我们提供了以下案例研究通过文本聚类、主题建模和文本分类原则的应用来指导读者。该案例研究基于路透社的 21578 个数据集，该数据集包含 1987 年以来的 21578 篇新闻专线报道。我们首先清洗数据集，并将其转换为一种便于分析的格式。通过探索性数据分析，我们将检查语料库的结构，确定是否存在文本簇以及在何种程度上存在。我们将在语料库中建模主题，并将我们的发现与数据集中提供的注释进行比较。最后，我们将探索按主题对文档进行分类的各种方法。希望这个案例研究将加强文本分析的基本原则，以及找出经典 NLP 中的关键差距。

3.14.1 软件工具和库

针对案例研究，我们将使用 Python 和以下库：

- Pandas（https://pandas.pydata.org/）是一个流行的针对数据结构与数据分析的开源库。我们将使用它来进行数据探索以及一些基本处理。
- scikit-learn（https://scikit-learn.org/）是一个用于各种机器学习算法和评估的流行的开源库。在我们的案例研究中，我们将只使用它来采样，创建数据库，以及线性和非线性算法的机器学习实现。
- NLTK（https://www.nltk.org/）是一套文本和自然语言处理工具。我们将使用它将文本转化为处理向量。

- Matplotlib（https://matplotlib.org/）是一个流行的用于可视化的开源库。我们将使用来可视化算法表现。

3.14.2　探索性数据分析

我们的第一个任务是通过加载和执行探索性数据分析（EDA）来仔细查看数据集。为此，我们必须从语料库中的每个文档中提取元数据和文本主体。如果我们仔细察看语料库，我们会发现（如图 3.12、图 3.13 和图 3.14 所示）：

1. 有 11 367 个文档具有一个或多个主题注释。

2. 单个文档中主题的最大数量为 16 个。

3. 语料库中共有 120 个不同的主题标签。

4. 有 147 个不同的地点标签和 32 个不同的组织标签。

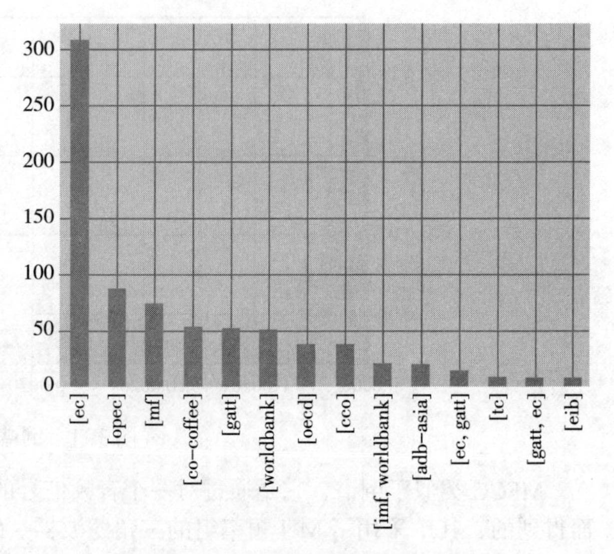

图 3.12　组织文本计数

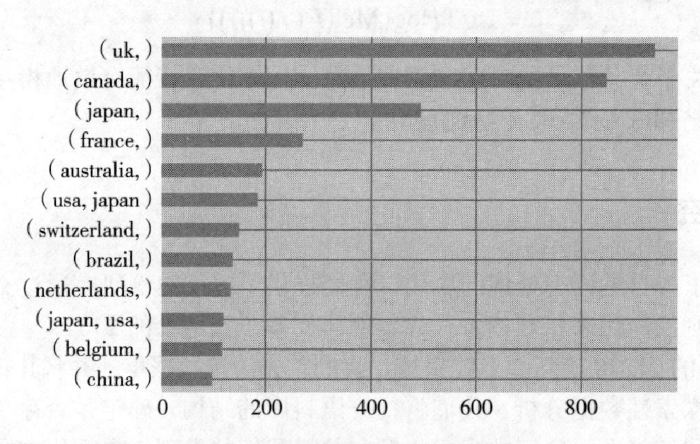

图 3.13　非美国本土的文本计数

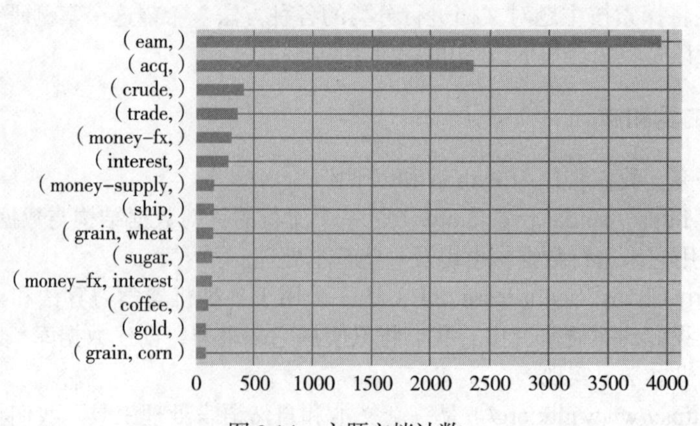

图 3.14　主题文档计数

到目前为止一切顺利。但在我们执行任何 NLP 分析之前，我们会想要执行一些粗略的文本归一化：

1. 转变为小写。
2. 去掉标点和数字。
3. 动词词干化。
4. 去掉停用词。

为此，我们定义了一个 SimpleTokenizer 方法，该方法在创建文档表示时非常有用。

```
import re
import nltk
from nltk import word_tokenize
from nltk.corpus import stopwords
from nltk.stem.porter import PorterStemmer
from sklearn.preprocessing.label import MultiLabelBinarizer
from sklearn.feature_extraction.text import TfidfVectorizer

nltk.download("punkt")
nltk.download("stopwords","data")
nltk.data.path.append('data')

labelBinarizer = MultiLabelBinarizer()
data_target = labelBinarizer.fit_transform(data_set[u'topics'
    ])

stopWords = stopwords.words('english')
charfilter = re.compile('[a-zA-Z]+');

def SimpleTokenizer(text):
 words = map(lambda word: word.lower(), word_tokenize(text))
 words = [word for word in words if word not in stopWords]
 tokens = (list(map(lambda token: PorterStemmer().stem(token),
    words)))
 ntokens = list(filter(lambda token:charfilter.match(token),
    tokens))
 return ntokens

vec = TfidfVectorizer(tokenizer=SimpleTokenizer,
                      max_features=1000,
                      norm='l2')


mytopics = [u'cocoa',u'trade',u'money-supply',u'coffee',u'gold
    ']
data_set = data_set[data_set[u'topics'].map(set(mytopics).
    intersection)
 .apply( lambda x: len(x)>0 )]
docs = list(data_set[u'body'].values)

dtm = vec.fit_transform(docs)
```

3.14.3　文本聚类

我们想看看文档中是否存在簇，所以通过 TFIDF 创建一些文档表示。这给了我们一个文档 – 词矩阵，但通常这个矩阵的维数过大，而且表示得稀疏。让我们首先应用主成分分析（Principal Component Analysis，PCA）来降低维数。原始 TFIDF 向量的维数为 1000。将数据解释方差占主成分数的比例作图，来看看降维效果（如图 3.15 所示）。

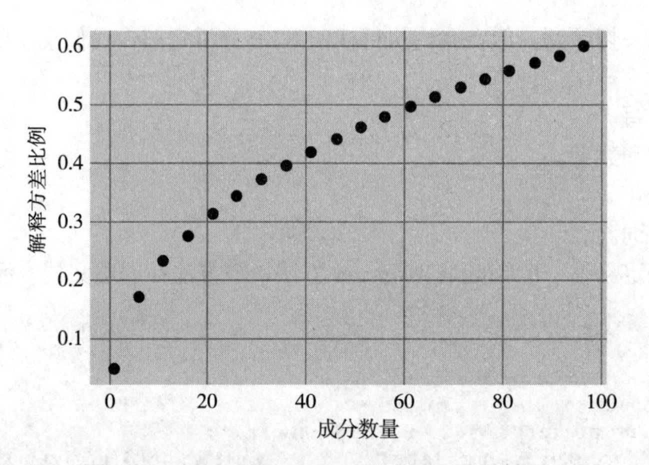

图 3.15 用 PCA 成分的数量解释方差

```
from sklearn.decomposition import PCA

explained_var = []
for components in range(1,100,5):
 pca = PCA(n_components=components)
 pca.fit(dtm.toarray())
 explained_var.append(pca.explained_variance_ratio_.sum())

plt.plot(range(1,100,5),explained_var,"ro")
plt.xlabel("Number of Components")
plt.ylabel("Proportion of Explained Variance")
```

如图 3.15 所示，一半的方差可以用 60 个分量来解释。让我们将其应用到数据集，并通过绘制每个文档的前两个 PCA 分量来可视化结果（如图 3.16 所示）。

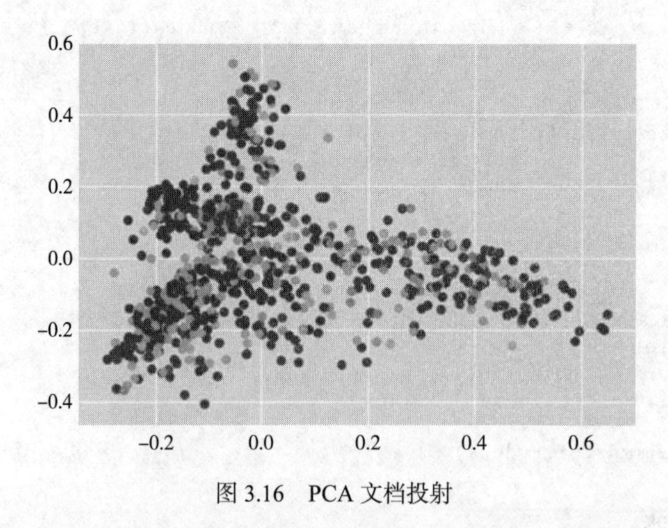

图 3.16 PCA 文档投射

```
from sklearn.decomposition import PCA
import seaborn as sns

components = 60

```

```
6 palette = np.array(sns.color_palette("hls", 120))
7
8 pca = PCA(n_components=components)
9 pca.fit(dtm.toarray())
10 pca_dtm = pca.transform(dtm.toarray())
11
12 plt.scatter(pca_dtm[:,0],pca_dtm[:,1],
13             c=palette[data_target.argmax(axis=1).astype(int)])
14
15 explained_variance = pca.explained_variance_ratio_.sum()
16 print("Explained variance of the PCA step: {}%".format(
17  int(explained_variance * 100)))
```

我们知道有5个不同的主题（尽管有些文档可能有重叠），所以让我们运行 k 均值算法，取 k=5 检查文档分组（如图3.17所示）。

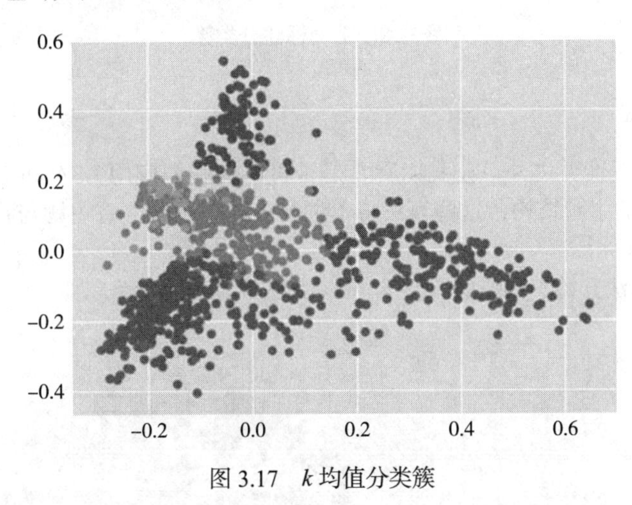

图3.17 k 均值分类簇

```
1 from sklearn.cluster import KMeans
2 palette = np.array(sns.color_palette("hls", 5))
3
4 model = KMeans(n_clusters=5,max_iter=100)
5 clustered = model.fit(pca_dtm)
6 centroids = model.cluster_centers_
7 y = model.predict(pca_dtm)
8
9 ax = plt.subplot()
10 sc = ax.scatter(pca_dtm[:,0],pca_dtm[:,1],
11              c=palette[y.astype(np.int)])
```

这与手动标注的标签相比如何？（如图3.18所示）

```
1 palette = np.array(sns.color_palette("hls", 5))
2
3 gold_labels = data_set['topics'].map(set(mytopics).
     intersection)
4  .(lambda x: x.pop()).apply(lambda x: mytopics.index(x))
5
6 ax = plt.subplot()
7 sc = ax.scatter(pca_dtm[:,0],pca_dtm[:,1],c=palette[
     gold_labels])
```

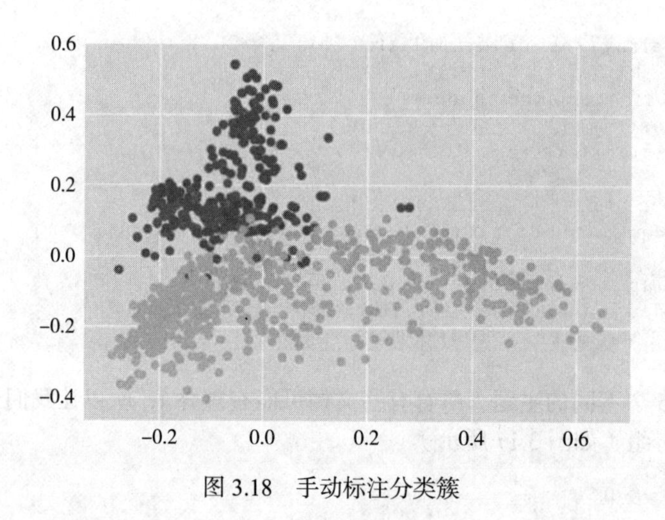

图 3.18　手动标注分类簇

3.14.4　主题建模

除了文档的词汇聚类之外，让我们看看是否可以在我们应用 LSA 和 LDA 算法的语料库中识别出任何自然的主题结构，这些算法将单词与主题集关联，将主题与我们的文档集关联。

3.14.4.1　LSA

我们从 LSA 算法开始，将维数设置为 60（如图 3.19 所示）。

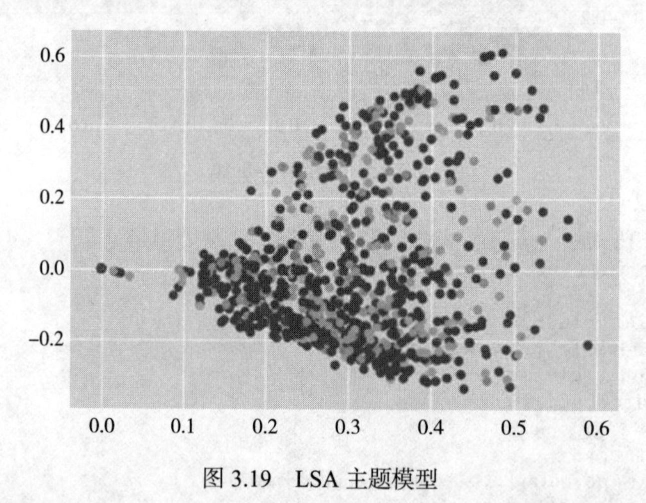

图 3.19　LSA 主题模型

```
from sklearn.decomposition import TruncatedSVD
import seaborn as sns

components = 60

palette = np.array(sns.color_palette("hls", 120))

lsa = TruncatedSVD(n_components=components)
lsa.fit(dtm)
lsa_dtm = lsa.transform(dtm)

plt.scatter(lsa_dtm[:,0],lsa_dtm[:,1],
            c=palette[data_target.argmax(axis=1).astype(int)
    ])
```

```
14
15 explained_variance = lsa.explained_variance_ratio_.sum()
16 print("Explained variance of the SVD step: {}%".format(
17   int(explained_variance * 100)))
```

与主成分分析一样，我们使用 k 均值并且 k=5（如图 3.20 所示）。

```
1  from sklearn.cluster import KMeans
2  palette = np.array(sns.color_palette("hls", 8))
3
4  model = KMeans(n_clusters=5,max_iter=100)
5  clustered = model.fit(lsa_dtm)
6  centroids = model.cluster_centers_
7  y = model.predict(lsa_dtm)
8
9  ax = plt.subplot()
10 sc = ax.scatter(lsa_dtm[:,0],lsa_dtm[:,1],c=palette[y.astype(
       np.int)])
```

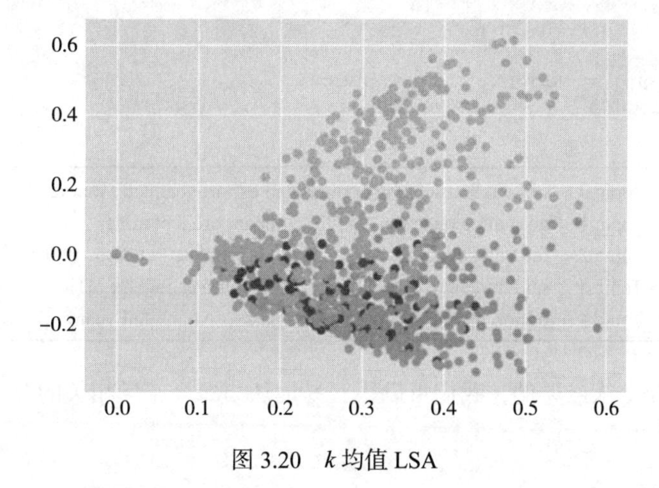

图 3.20 k 均值 LSA

让我们看看其中一个集群的文档。

232	Talks on the possibility of reintroducing. . .
235	Indonesia's agriculture sector will grow. . .
249	The International Coffee Organization. . .
290	Talks on coffee export quotas at the. . .
402	Coffee quota talks at the International. . .
42	International Coffee Organization, ICO,. . .
562	Talks at the extended special meeting of. . .
75	International Coffee Organization (ICO). . .
754	Efforts to break an impasse between. . .
842	A special meeting of the International Coffee. . .

3.14.4.2 LDA

让我们看看 LDA 算法作为贝叶斯方法在文档聚类和主题建模方面是否能做得更好。我们将主题数量设置为 5。

```python
import numpy as np
import seaborn as sns
from sklearn.cluster import KMeans
from sklearn.decomposition import LatentDirichletAllocation

components = 5
n_top_words = 10

palette = np.array(sns.color_palette("hls", 120))

def print_top_words(model, feature_names, n_top_words):
    for topic_idx, topic in enumerate(model.components_):
        message = "Topic #%d: " % topic_idx
        message += " ".join([feature_names[i]
            for i in topic.argsort()[:-n_top_words - 1:-1]])
        print(message)
    print()

lda = LatentDirichletAllocation(n_components=components,
 max_iter=5,learning_method='online')
lda.fit(dtm)
lda_dtm = lda.transform(dtm)

vec_feature_names = vec.get_feature_names()
print_top_words(lda, vec_feature_names, n_top_words)
```

Topic 0	said trade u.s. deleg quota brazil export year coffe market
Topic 1	gold mine ounc ton said ltd compani ore feet miner
Topic 2	fed volcker reserv treasuri bank borrow pct rate growth dlr
Topic 3	said trade u.s. export japan coffe would ec market offici
Topic 4	billion dlr mln pct januari februari rose bank fell year

LDA 的结果是令人鼓舞的，我们可以很容易地从与每个主题相关的单词列表中分辨出 5 个原始主题中的 4 个。

3.14.5 文本分类

现在让我们看看是否可以构建分类器来识别上面的主题。我们首先将数据集随机化并分割为训练集和测试集。

```python
from sklearn.model_selection import train_test_split

data_set['label'] = gold_labels

X_train, X_test, y_train, y_test = train_test_split(data_set,
    gold_labels,test_size=0.2, random_state=10)
print("Train Set = ",len(X_train))
print("Test Set = ",len(X_test))

X_train = X_train[u'body']
X_test = X_test[u'body']
```

然后我们创建了一个管道来构建基于 5 个模型的分类器：朴素贝叶斯、逻辑回归、SVM、k 近邻和随机森林。

```
from sklearn.naive_bayes import MultinomialNB
from sklearn.linear_model import LogisticRegression
from sklearn.svm import LinearSVC
from sklearn.neighbors import KNeighborsClassifier
from sklearn.ensemble import RandomForestClassifier

models = [('multinomial_nb', MultinomialNB()),
          ('log_reg', LogisticRegression()),
          ('linear_svc', LinearSVC()),
          ('knn', KNeighborsClassifier(n_neighbors=6)),
          ('rf', RandomForestClassifier(n_estimators=6))]
```

然后我们在训练集上训练每个模型，并在测试集上进行评估。对于每个模型，我们希望看到每个主题类的精度、召回率、F1 得分和样本数量。

```
from sklearn.pipeline import Pipeline
from sklearn.metrics import classification_report

for m_name, model in models:
    pipeline = Pipeline([('vec', TfidfVectorizer(tokenizer=
SimpleTokenizer)),(m_name,model)])
    pipeline.fit(X_train, y_train)
    test_y = pipeline.predict(X_test)
    print(classification_report(y_test, test_y, digits=6))
```

结果表明，线性 SVM 的方法性能最好，随机森林方法次之。这有点误导人，因为我们没有调整这些模型来获得我们的结果。超参数调整可以显著影响分类器的性能。让我们尝试调整线性 SVC 模型。我们希望通过使用网格搜索和交叉验证来调优参数。请注意，交叉验证很重要，因为我们不想以测试集来调优，我们将只在最后使用它来评估性能。注意，这可能需要一段时间！

```
from sklearn.model_selection import GridSearchCV

pipeline = Pipeline([('vec', vectorizer),
 ('model', model)])

parameters = {'vec__ngram_range': ((1, 1), (1, 2)),
              'vec__max_features': (500, 1000),
              'model__loss': ('hinge', 'squared_hinge'),
              'model__C': (1, 0.9)}

grid_search = GridSearchCV(pipeline, parameters, verbose=1)
grid_search.fit(X_train, y_train)

test_y = grid_search.best_estimator_.predict(X_test)
print(classification_report(y_test, test_y, digits=6))
```

如你所见，SVM 模型通常优于其他机器学习算法，并经常提供最先进的质量（如图 3.21 所示）。不幸的是，SVM 有几个主要的缺点，包括不能缩放到大数据集。我们将在后面的章节中了解到，神经网络可以绕过 SVM 的限制。

	测试集 精度	测试集 召回率	测试集 F1得分
朴素贝叶斯	0.8262	0.7361	0.7048
逻辑回归	0.8929	0.8704	0.8606
线性SVM	**0.9567**	**0.9537**	**0.9541**
*k*近邻	0.5802	0.3981	0.3959
随机森林	0.8854	0.8843	0.8803

图 3.21 分类结果

3.14.6 留给读者的练习

以下是读者需要考虑的进一步练习：

1. 除了 TFIDF，我们还可以尝试哪些其他文档表示？
2. 如何结合语法信息来增强文本聚类任务？
3. 哪种语义表示可能对文本分类有用？
4. 还有哪些其他方法可以聚类文档？
5. 能否结合分类模型提高预测精度？

参考文献

[AZ12] Charu C. Aggarwal and ChengXiang Zhai. "A Survey of Text Clustering Algorithms." In: *Mining Text Data*. Springer, 2012, pp. 77–128.

[And12] S.R. Anderson. *Languages: A Very Short Introduction*. OUP Oxford, 2012.

[AM10] Ion Androutsopoulos and Prodromos Malakasiotis. "A Survey of Paraphrasing and Textual Entailment Methods". In: *J. Artif. Int. Res.* 38.1 (May 2010), pp. 135–187.

[AL13] Samet Atdag and Vincent Labatut. "A Comparison of Named Entity Recognition Tools Applied to Biographical Texts". In: *CoRR* abs/1308.0661 (2013).

[AHG99] Saliha Azzam, Kevin Humphreys, and Robert Gaizauskas. "Using Coreference Chains for Text Summarization". In: *in ACL Workshop on Coreference and its Applications*. 1999.

[BB07] Nguyen Bach and Sameer Badaskar. "A Review of Relation Extraction". 2007.

[BFL98b] Collin F. Baker, Charles J. Fillmore, and John B. Lowe. "The Berkeley FrameNet Project". In: *Proceedings of the 36th Annual Meeting of the Association for Computational Linguistics and 17th International Conference on Computational Linguistics - Volume 1*. ACL '98. As- sociation for Computational Linguistics, 1998, pp. 86–90.

[Bak+09] Janet Baker et al. "Research Developments and Directions in Speech Recognition and Understanding, Part 1". In: *IEEE Signal Processing Magazine* 26 (2009), pp. 75–80.

[BM04] Michele Banko and Bob Moore. "Part of Speech Tagging in Context". In: International Conference on Computational Linguistics, 2004.

[Bel+17] Anya Belz et al. "Shared Task Proposal: Multilingual Surface Realization Using Universal Dependency Trees". In: *Proceedings of the 10th International Conference on Natural Language Generation*. 2017, pp. 120–123.

[Ber03] Michael Berry. *Survey of Text Mining : Clustering Classification, and Retrieval.* Springer, 2003.

[Bir+08] Istvan Biro et al. "A Comparative Analysis of Latent Variable Models for Web Page Classification". In: *Proceedings of the 2008 Latin American Web Conference.* LA-WEB '08. IEEE Computer Society, 2008, pp. 23–28.

[BN00] Branimir K. Boguraev and Mary S. Neff. "Lexical Cohesion, Discourse Segmentation and Document Summarization". In: *Content- Based Multimedia Information Access - Volume 2.* RIAO '00. 2000, pp. 962–979.

[Bur+07] Aljoscha Burchardt et al. "A Semantic Approach to Textual Entailment: System Evaluation and Task Analysis". In: *Proceedings of the ACL-PASCAL Workshop on Textual Entailment and Paraphrasing.* Association for Computational Linguistics, 2007, pp. 10–15.

[CR12] Claudio Carpineto and Giovanni Romano. "A Survey of Automatic Query Expansion in Information Retrieval". In: *ACM Comput. Surv.* 44.1 (Jan. 2012), 1:1–1:50.

[CT94] William B. Cavnar and John M. Trenkle. "N-Gram-Based Text Categorization". In: *Proceedings of SDAIR-94, 3rd Annual Symposium on Document Analysis and Information Retrieval.* 1994, pp. 161–175.

[Cov01] Michael A. Covington. "A fundamental algorithm for dependency parsing". In: *Proceedings of the 39th Annual ACM Southeast Conference.* 2001, pp. 95–102.

[DeR88] Steven J. DeRose. "Grammatical Category Disambiguation by Statistical Optimization". In: *Comput. Linguist.* 14.1 (Jan. 1988), pp. 31– 39.

[Dod02] George Doddington. "Automatic Evaluation of Machine Translation Quality Using N-gram Co-occurrence Statistics". In: *Proceedings of the Second International Conference on Human Language Technology Research.* HLT '02. Morgan Kaufmann Publishers Inc., 2002, pp. 138–145.

[Fu+12] Linyun Fu et al. "Towards Better Understanding and Utilizing Relations in DBpedia". In: *Web Intelli. and Agent Sys.* 10.3 (July 2012), pp. 291–303.

[FGP10] Ulrich Furbach, Ingo Glöckner, and Björn Pelzer. "An Application of Automated Reasoning in Natural Language Question Answering". In: *AI Commun.* 23.2–3 (Apr. 2010), pp. 241–265.

[GG17] Mahak Gambhir and Vishal Gupta. "Recent Automatic Text Summarization Techniques: A Survey". In: *Artif. Intell. Rev.* 47.1 (Jan. 2017), pp. 1–66.

[GJ02] Daniel Gildea and Daniel Jurafsky. "Automatic Labeling of Semantic Roles". In: *Comput. Linguist.* 28.3 (Sept. 2002), pp. 245–288.

[Gui+06] Yves Guiard et al. "Shakespeare's Complete Works As a Benchmark for Evaluating Multiscale Document Navigation Techniques". In: *Proceedings of the 2006 AVI Workshop on BEyond Time and Errors: Novel Evaluation Methods for Information Visualization.* ACM, 2006, pp. 1–6.

[HMM16] Mohamed H, Marwa M.A., and Ahmed Mohammed. "Different Models and Approaches of Textual Entailment Recognition". In: 142 (May 2016), pp. 32–39.

[HEH12] Nizar Habash, Ramy Eskander and Abdelati Hawwari. "A Morphological Analyzer for Egyptian Arabic". In: *Proceedings of the Twelfth Meeting of the Special Interest Group on Computational Morphology and Phonology*. Association for Computational Linguistics, 2012, pp. 1–9.

[HN14] Kazi Saidul Hasan and Vincent Ng. "Automatic keyphrase extraction: A survey of the state of the art". In: *In Proc. of the 52nd Annual Meet- ing of the Association for Computational Linguistics (ACL)*. 2014.

[Hon05] Gumwon Hong. "Relation Extraction Using Support Vector Machine". In: *Proceedings of the Second International Joint Conference on Natural Language Processing*. Springer-Verlag, 2005, pp. 366– 377.

[JN08] Richard Johansson and Pierre Nugues. "Dependency-based Semantic Role Labeling of PropBank". In: *Proceedings of the Conference on Empirical Methods in Natural Language Processing*. EMNLP '08. Association for Computational Linguistics, 2008, pp. 69–78.

[JM09] Daniel Jurafsky and James H. Martin. *Speech and Language Processing (2Nd Edition)*. Prentice-Hall, Inc., 2009.

[KOM03] Philipp Koehn, Franz Josef Och, and Daniel Marcu. "Statistical Phrase-based Translation". In: *Proceedings of the 2003 Conference of the North American Chapter of the Association for Computational Linguistics on Human Language Technology - Volume 1*. Association for Computational Linguistics, 2003, pp. 48–54.

[KM11] Oleksandr Kolomiyets and Marie-Francine Moens. "A Survey on Question Answering Technology from an Information Retrieval Perspective". In: *Inf. Sci.* 181.24 (Dec. 2011), pp. 5412–5434.

[KM01] Taku Kudo and Yuji Matsumoto. "Chunking with Support Vector Machines". In: *Proceedings of the Second Meeting of the North Amer- ican Chapter of the Association for Computational Linguistics on Language Technologies*. Association for Computational Linguistics, 2001, pp. 1–8.

[Lee+13] Heeyoung Lee et al. "Deterministic Coreference Resolution Based on Entity-centric, Precision-ranked Rules". In: *Comput. Linguist.* 39.4 (Dec. 2013), pp. 885–916.

[Mar+94] Mitchell Marcus et al. "The Penn Treebank: Annotating Predicate Argument Structure". In: *Proceedings of the Workshop on Human Language Technology*. Association for Computational Linguistics, 1994, pp. 114–119.

[MSM11] David McClosky, Mihai Surdeanu, and Christopher D. Manning. "Event Extraction As Dependency Parsing". In: *Proceedings of the 49th Annual Meeting of the Association for Computational Linguistics: Human Language Technologies-Volume 1*. Association for Computational Linguistics, 2011, pp. 1626–1635.

[McD+13] Ryan T. McDonald et al. "Universal Dependency Annotation for Multilingual Parsing." In: The Association for Computer Linguistics, 2013, pp. 92–97.

[MN02] Dan Moldovan and Adrian Novischi. "Lexical Chains for Question Answering". In: *Proceedings of the 19th International Conference on Computational Linguistics-Volume 1*. Association for Computational Linguistics, 2002, pp. 1–7.

[Niv+16] Joakim Nivre et al. “Universal Dependencies v1: A Multilingual Treebank Collection”. In: *LREC*. 2016.

[PT13] Georgios Paltoglou and Mike Thelwall. “More than Bag-of-Words: Sentence-based Document Representation for Sentiment Analysis.” In: *RANLP*. RANLP 2013 Organising Committee / ACL, 2013, pp. 546–552.

[Pap+02] Kishore Papineni et al. “BLEU: A Method for Automatic Evaluation of Machine Translation”. In: *Proceedings of the 40th Annual Meeting on Association for Computational Linguistics*. ACL ‘02. Association for Computational Linguistics, 2002, pp. 311–318.

[PDM11] Slav Petrov, Dipanjan Das, and Ryan McDonald. “A universal part- of-speech tagset”. In: *IN ARXIV:1104.2086*. 2011.

[PP09] Simone Paolo Ponzetto and Massimo Poesio. “State-of-the-art NLP Approaches to Coreference Resolution: Theory and Practical Recipes”. In: *Tutorial Abstracts of ACL-IJCNLP 2009*. Association for Computational Linguistics, 2009, pp. 6–6.

[PWM08] Sameer Pradhan, Wayne Ward, and James H. Martin. “Towards robust semantic role labeling”. In: *Computational Linguistics* (2008).

[Rac14] Jiří Raclavský “A Model of Language in a Synchronic and Diachronic Sense”. In: *Lodź Studies in English and General Linguistic 2: Issues in Philosophy of Language and Linguistic*. Łodź University Press, 2014, pp. 109–123.

[Ram99] Juan Ramos. *Using TF-IDF to Determine Word Relevance in Document Queries*. 1999.

[RR15] Kumar Ravi and Vadlamani Ravi. “A Survey on Opinion Mining and Sentiment Analysis”. In: *Know.-Based Syst.* 89.C (Nov. 2015), pp. 14–46.

[Rit+12] Alan Ritter et al. “Open Domain Event Extraction from Twitter”. In: *Proceedings of the 18th ACM SIGKDD International Conference on Knowledge Discovery and Data Mining*. ACM, 2012, pp. 1104–1112.

[Sau16] Ferdinand de Saussure. *Cours de Linguistique Générale* Payot, 1916.

[SM99] Sam Scott and Stan Matwin. “Feature engineering for text classification”. In: *Proceedings of ICML-99, 16th International Conference on Machine Learning*. Morgan Kaufmann Publishers, San Francisco, US, 1999, pp. 379–388.

[Seb02] Fabrizio Sebastiani. “Machine Learning in Automated Text Categorization”. In: *ACM Comput. Surv.* 34.1 (Mar. 2002), pp. 1–47.

[SM00] H. Gregory Silber and Kathleen F. McCoy. “Efficient Text Summarization Using Lexical Chains”. In: *Proceedings of the 5th International Conference on Intelligent User Interfaces*. IUI ‘00. ACM, 2000, pp. 252–255.

[Sin+13] Sameer Singh et al. “Joint Inference of Entities, Relations, and Coreference”. In: *Proceedings of the 2013 Workshop on Automated Knowledge Base Construction*. ACM, 2013, pp. 1–6.

[Tab+11] Maite Taboada et al. “Lexicon-based Methods for Sentiment Analysis”. In: *Comput. Linguist.* 37.2 (June 2011), pp. 267–307.

[TKSDM03c] Erik F. Tjong Kim Sang and Fien De Meulder. “Introduction to the CoNLL-2003 Shared Task: Language-independent Named Entity Recognition”. In: *Proceedings of the Seventh Conference on Natural Language Learning at HLT-NAACL 2003 - Volume 4*. Association for Computational Linguistics, 2003, pp. 142–147.

[Wan+12] Chang Wang et al. "Relation Extraction and Scoring in DeepQA". In: *IBM Journal of Research and Development* 56.3/4 (2012), 9:1–9:12.

[Wei+15] Tingting Wei et al. "A semantic approach for text clustering using WordNet and lexical chains". In: *Expert Systems with Applications* 42.4 (2015), pp. 2264–2275.

[WR05] Janyce Wiebe and Ellen Riloff. "Creating Subjective and Objective Sentence Classifiers from Unannotated Texts". In: *Proceedings of the 6th International Conference on Computational Linguistics and Intelligent Text Processing*. Springer-Verlag, 2005, pp. 486–497.

[WG05] Florian Wolf and Edward Gibson. "Representing Discourse Coherence: A Corpus-Based Study". In: *Comput. Linguist.* 31.2 (June 2005), pp. 249–288.

第二部分

Deep Learning for NLP and Speech Recognition

深度学习介绍

第 4 章
Deep Learning for NLP and Speech Recognition

深度学习基础

4.1 章节简介

在学术界和媒体报道中最常被提起的机器学习中的概念是深度学习及其相关发展领域。神经网络以及随后的深度学习思想，都是从人脑（或任何有脑组织的生物）的生物表征中获得灵感。

感知机大致受到生物神经元启发（如图 4.1 所示），它连接多个输入（信号到树突），组合和积累这些输入（就像在细胞体中发生的那样），并产生类似轴突的输出信号。

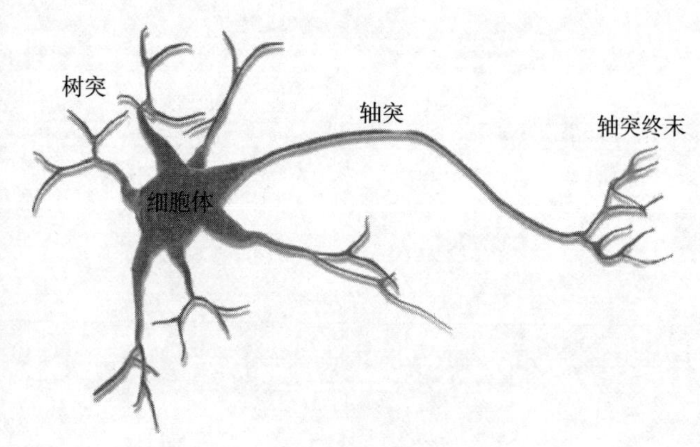

图 4.1 生物神经元示意图

神经网络扩展了这个类比，将人工神经元网络结合起来，创造了一个神经元之间传递信息的神经网络（突触），如图 4.2 所示。每一个神经元学习其输入的不同功能，赋予神经元网络一种极为不同的表达能力。

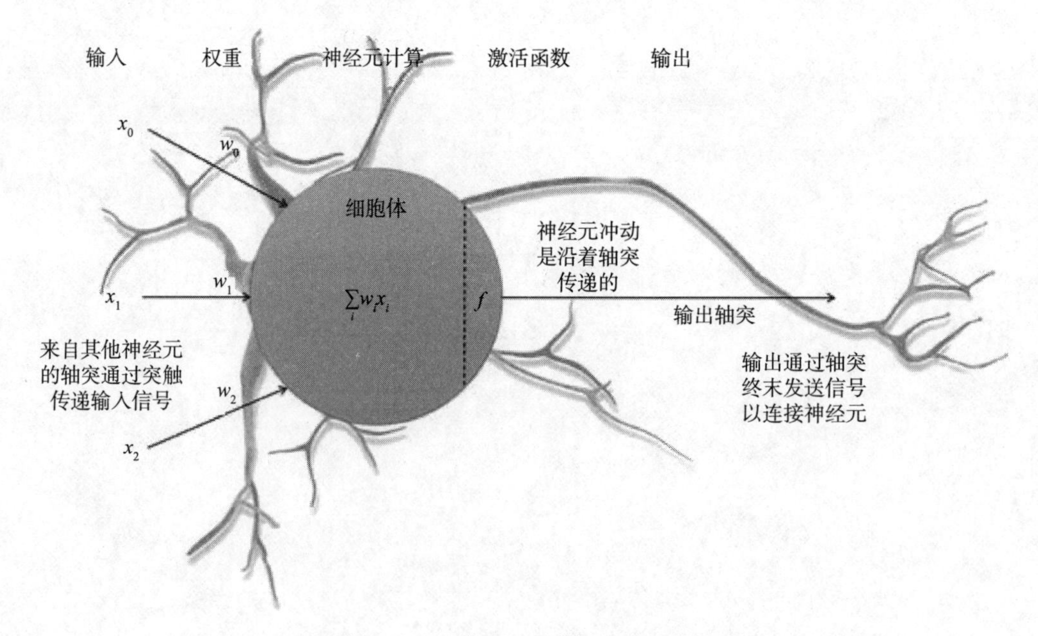

图 4.2 人工神经元（感知机）示意图

在过去的 6~7 年中，深度学习的普及和应用呈指数级增长。虽然神经网络的基础可以追溯到 20 世纪 60 年代后期 [Iva68]，但直到 AlexNet 架构 [KSH12c] 凭借 5 层卷积神经网络轻松赢得 2012 年 Imagenet 图像分类竞赛 [Den+09b]，才引发了人们对深度学习的浓厚兴趣。从那时起，深度学习被应用到许多领域，并在这些领域中取得了最先进的表现。

本章的目的是向读者介绍深度学习。在本章结束之前，读者应该能够理解神经网络的基础知识以及如何训练它们。本章将首先回顾第 2 章介绍的感知机算法，神经网络就在那里初次被提及。然后我们将介绍多层感知机（MLP）分类器，这是前馈神经网络最简单的形式。接下来是对训练 MLP 模型的基本组成部分的讨论。本节将介绍前向和反向传播，并解释神经网络的整体训练过程。我们会接着探索基本的架构组成部分：激活函数、误差度量和优化方法。在本节之后，我们会将 MLP 的概念扩展到深度学习领域，在这里我们在训练深度神经网络时会引入额外的考虑因素，例如计算的时间和正则化。最后，我们将对常见的深度学习框架方法进行实践性的讨论。

4.2　感知机算法详解

感知机算法的进化是深度学习最简单的形式，其使用基于梯度的优化器进行训练。第 2 章介绍了感知机算法。本节将提出感知机算法作为深度学习的基石之一的重要性。

感知机算法是最早的监督学习算法之一，其历史可以追溯到 20 世纪 50 年代。和一个生物神经元很相似，感知机算法就像一个人工神经元，有多个输入，每个输入都有相应的权重，每个权重都会产生一个输出。如图 4.6b 所示。

二分类感知机算法的基本形式为：

$$y(x_1,\cdots,x_n)=f(w_1x_1+\cdots+w_nx_n) \tag{4.1}$$

我们通过学习的权重 w_i 分别对每个 x_i 加权，以映射输入 $x\in\mathbb{R}^n$ 到输出值 y，其中 $f(x)$ 定义为图 4.3 以及式（4.2）所示的阶跃函数。

$$f(v)=\begin{cases}0 & 如果\quad v<0.5\\ 1 & 如果\quad v\geqslant 0.5\end{cases} \tag{4.2}$$

阶跃函数 $f(x)$ 接受一个实数输入，并产生一个 0 或 1 的二进制值，如果它超过了 0.5 的阈值，则表示一个正或负的分类。

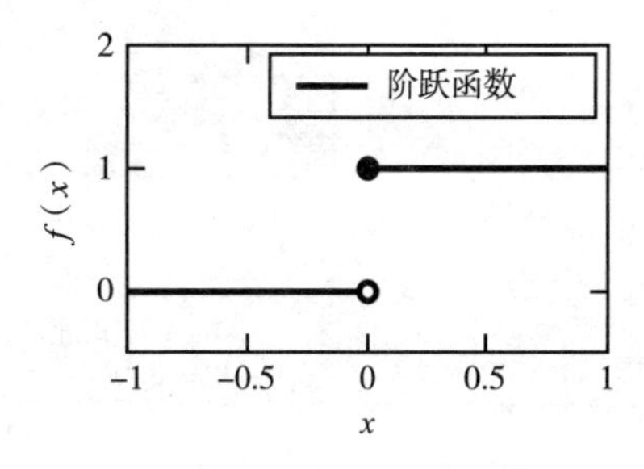

图 4.3　对于感知机，阶跃函数执行得非常充分；然而其缺乏非零梯度使得它对神经网络毫无用处

4.2.1　偏置

感知机算法学习一个分离超平面，该超平面将两个类分开。然而，此时，分离超平面不能偏离原点，如图 4.4a 所示。这一限制会造成如图 4.4b 中的问题。

一种解决方案是，如果我们将数据标准化为以原点为中心，以此作为缓解该问题的潜在解决方案。或者在式（4.1）中添加偏置项 b，以允许分类超平面偏离原点，那么就能确保我们的数据是可学习的，如图 4.5 所示。

我们可以把带有偏置项的感知机写成：

$$y(x_1,\cdots,x_n)=f(w_1x_1+\cdots+w_nx_n+b) \tag{4.3}$$

或者，我们可以将 b 视为一个附加的权重 w_0，与图 4.6b）所示的常数输入 1 相关联，并将其表示为：

$$y(x_1,\cdots,x_n)=f(w_1x_1+\cdots+w_nx_n+w_0) \tag{4.4}$$

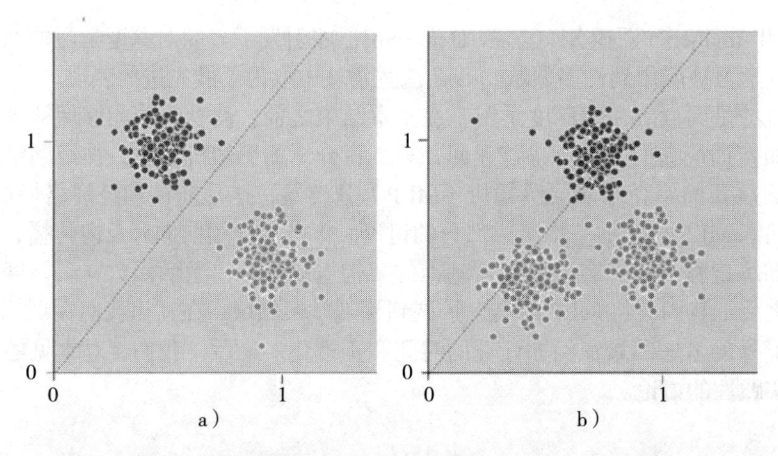

图 4.4　图 a）中感知机算法能够通过原点的直线将这两个类分开。图 b）中虽然数据是线性可分的，但是感知机算法不能将数据分离。这是由于分离平面需要通过原点的限制

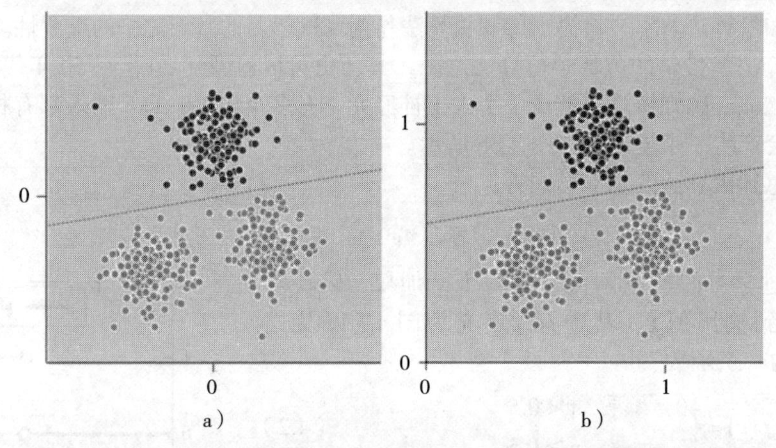

图 4.5　图 a）中感知机算法能够将数据在中心化后将这两个类分开。注意图中原点的位置。图 b）中偏置允许感知机算法重新定位分离平面，允许它正确地对数据点进行分类

一些作者将偏置项描述为添加一个输入常数 x_0=1，允许 b=w_0 的学习值将决策边界从原点移开。现在，我们仍沿用偏置项，以提醒它的重要性。然而，即使没有标注出来，偏置项也是隐含的，这在学术文献中很常见。切换到向量表示法，我们可以将式（4.3）重写为：

$$y(\boldsymbol{x})=f(\boldsymbol{wx}+b) \tag{4.5}$$

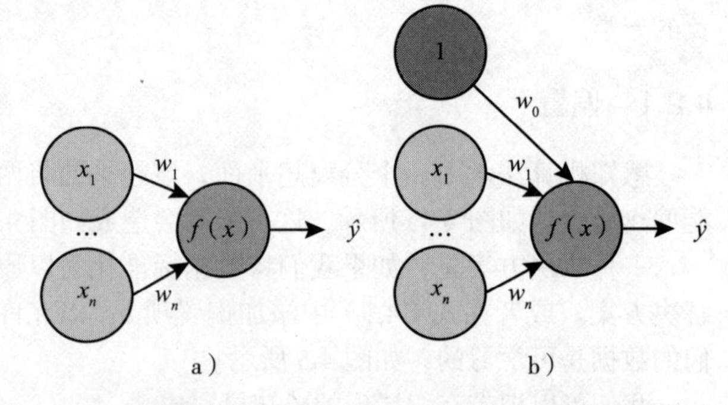

图 4.6　感知机分类器图。图 a）为无偏置项的感知机分类器图。图 b）为感知机图，包含偏置项

> 偏置项是一个可学习的权重，它消除了分离超平面必须通过原点的限制。

感知机算法的学习过程是修正权重 $\boldsymbol{w}$ 直至训练集的误差达到 0。例如。假设我们需要分

离点集 A 和 B，我们首先会生成随机权重 $\boldsymbol{w}$，在每一轮迭代中逐渐优化两者的边界，最终达到 $E(\boldsymbol{w}, b)=0$。因此，我们可以最小化以下函数在整个训练集上的误差。

$$E(\boldsymbol{w})=\sum_{x \in A}\big(1-f(\boldsymbol{wx}+b)\big)+\sum_{x \in B} f(\boldsymbol{wx}+b) \tag{4.6}$$

4.2.2　线性和非线性可分

如果一个单一的决策边界可以分离两个数据集，那么这两个数据集是线性可分的。例如，两个集合 A 和 B 是线性可分的，则对于决策阈值 t，每个 $x_i \in A$ 满足不等式 $\sum_i w_i x_i \geqslant t$，每个 $y_j \in B$ 满足 $\sum_i w_i y_i < t$。反之，如果分离两个集合需要一个非线性的决策边界，那么两个集合就不是线性可分的。

如果我们将感知机应用到一个非线性可分的数据集上，就像图 4.7a 所示的数据集，那么我们就无法分离 4.7b 所示的数据，因为我们只能学习三个参数：w_1、w_2 和 b。

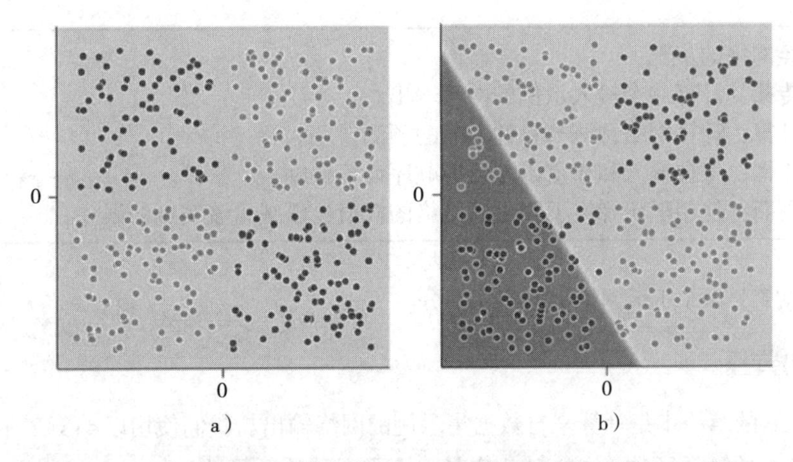

图 4.7　图 a）为非线性可分数据集（XOR 函数的泛化）。图 b）为在图 a 中非线性可分数据集上训练感知机算法的结果，线性边界无法正确分类数据

不巧的是，我们在自然语言和语音处理中遇到的大多数数据都是高度非线性的。解决这一问题的一种方法（正如我们在第 2 章中看到的）是创建输入数据的非线性组合，并将它们用作模型中的特征。另一个方法是学习原始数据的非线性函数，这是神经网络的主要目标。

4.3　多层感知机（神经网络）

多层感知机（MLP）将多个感知机（通常称为神经元）连接到一个网络中。接受相同输入的神经元被分组成一层感知机。如前所述，我们用一个可微的非线性函数代替了阶跃函数。使用这个非线性函数，通常被称为**激活函数**或非线性函数，允许输出值是其输入的非线性加权组合，从而创建下一层使用的非线性特征。相反，使用一个线性函数作为激活函数将网络限制为只能学习输入数据的线性变换。此外，研究表明，任意数量的具有线性激活函数的层都可以简化为 2 层的 MLP [HSW89]。

MLP 由相互连接的神经元组成，因此是一个神经网络。具体来说，它是一个前馈神经网络，因为通过网络的数据流只有一个方向（没有循环重复的连接）。图 4.8 展示了最简单的多层感知机。MLP 必须包含一个输入和输出层以及至少一个隐藏层。此外，这些层也是“完全连接的”，这意味着每一层的输出都连接到下一层的每个神经元。换句话说，每个层之间的输入神经元和输出神经元的组合都要学习一个权重参数。

隐藏层提供了两个输出，h_1 和 h_2，它们可能是其输入值 x_1 和 x_2 的非线性组合。输出层加权来自隐藏层（现在是一个潜在的非线性映射）的输入，并进行预测。

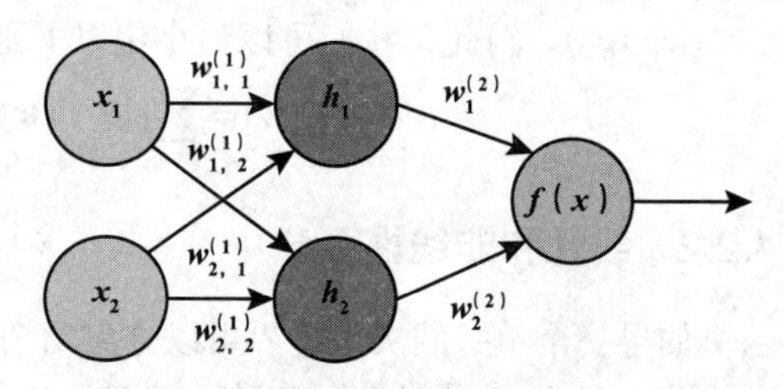

图 4.8 多层感知机网络的示意图，其中有一个输入层、一个包含两个神经元的隐藏层和一个输出层。隐含层 h 是 $h=g(W^{(1)}x)$ 的结果，其中 $g(x)$ 是激活函数。$\hat{y}=f(W^{(2)}h)$ 是网络的输出，其中 $f(x)$ 是输出函数，如阶跃函数或 sigmoid 函数

4.3.1 训练 MLP

训练 MLP（以及扩展的神经网络）的权重依赖于四个主要部分。

训练神经网络的步骤：

1. **前向传播**：计算一个输入示例的网络输出。
2. **误差计算**：计算网络预测与目标之间的预测误差。
3. **反向传播**：根据输入和权重以相反的顺序计算梯度。
4. **参数更新**：使用随机梯度下降更新网络的权值，以减少该实例的误差。

我们将解释图 4.8 所示网络中的每一部分。

4.3.2 前向传播

训练 MLP 的第一步是计算来自数据集示例的网络输出。我们使用以 $\sigma(x)$ 表示的 sigmoid 函数作为 MLP 的激活函数。可以认为它是一个平滑的阶跃函数，如图 4.14 所示。此外，它是连续可微的，这是反向传播的一个理想性质，如下面所示。sigmoid 函数的定义为：

$$\sigma(x)=\frac{1}{1+\mathrm{e}^{-x}} \tag{4.7}$$

前向传播步骤非常类似于感知机算法的步骤 3 和步骤 4。此过程的目标是计算特定示例 x 的当前网络输出，将每个输出连接为下一层神经元的输入。

为了便于标记和计算，该层的权重被组合成单个权重矩阵 $\boldsymbol{W}_l$，表示该层中权值的集合，其中 l 是层数。层计算对各权重的线性变换是 $\boldsymbol{x}$ 与 $\boldsymbol{W}_l$ 之间的内积计算。这种类型通常被称为“全连通”“内积”或“线性”层，因为权重将每个输入连接到每个输出。对其中 h_1 和 h_2 代表各自层输出的示例 x，预测 $\hat{y}$ 就变成：

$$\begin{gathered}f(v)=\sigma(v)\\ \boldsymbol{h}_1=f\left(\boldsymbol{W}_1\boldsymbol{x}+\boldsymbol{b}_1\right)\\ h_2=f\left(\boldsymbol{W}_2\boldsymbol{h}_1+b_2\right)\\ \hat{y}=h_2\end{gathered} \tag{4.8}$$

注意，偏置项 $\boldsymbol{b}_1$ 是一个向量，因为每一层神经元都有一个偏置值。在输出层只有一个神经元，所以偏置项 b_2 是一个标量。

在前向传播步骤结束时，我们对网络的输出进行了预测。一旦网络被训练，一个新的例

子通过前向传播被评估。

4.3.3　误差计算

误差计算步骤验证了我们的网络在给出的示例上的执行情况。我们使用均方误差（MSE）作为本例中使用的损失函数（将训练视为回归问题）。MSE 定义为：

$$E\left(\hat{y},y\right)=\frac{1}{2n}\sum_{i=1}^{n}\left(\hat{y}_i-y_i\right)^2 \tag{4.9}$$

1/2 项简化了反向传播，对于一个单一的输出，误差减小到：

$$E(\hat{y},y)=\frac{1}{2}(\hat{y}-y) \tag{4.10}$$

误差函数将在 4.4.2 节中进一步讨论。

这个误差函数通常用于回归问题，测量目标的平方误差的平均值。平方函数迫使误差为非负的，函数为二次损失，其值更接近于零，多项式误差比远离零的值更小。

误差计算步骤为训练示例生成一个标量错误值。我们将在 4.4.2 节中更多地讨论误差函数。

图 4.9 展示了图 4.8 输出神经元的前向传播步长和误差传播。

4.3.4　反向传播

前向传播过程中，通过输入 x 和网络参数 θ 计算输出预测 $\hat{y}$。为了提高预测精度，我们可以使用 SGD 来降低整个网络的误差。通过微积分的链式法则可以确定每个参数的误差。我们可以使用微积分的链式法则，以前向传播的相反顺序来计算每一层（和运算）的导数，如图 4.10 所示。

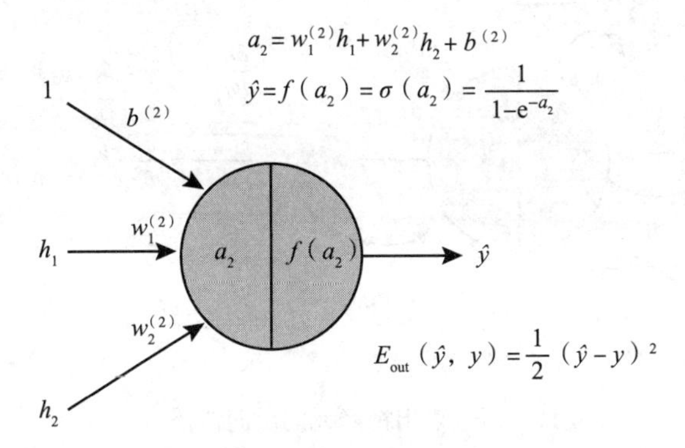

图 4.9　图 4.8 的输出神经元，显示激活前和激活后输出的完整计算

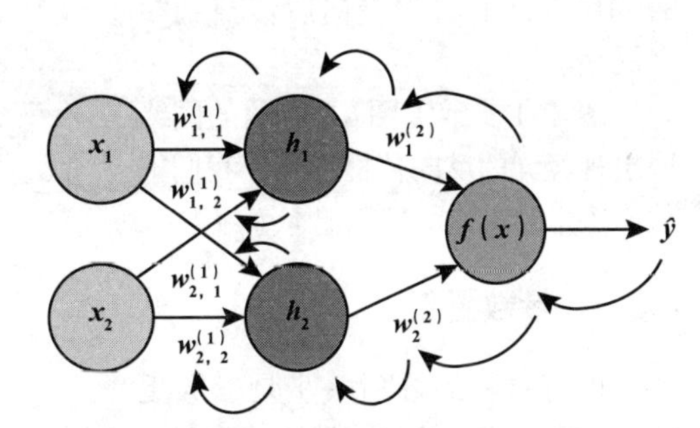

图 4.10　反向传播可视化

在我们的前一个例子中，预测 $\hat{y}$ 依赖于 $\boldsymbol{W}_2$。我们可以利用链式法则计算出关于 $\boldsymbol{W}_2$ 的预测误差：

$$\frac{\partial E}{\partial \boldsymbol{W}_2}=\frac{\partial E}{\partial \hat{y}}\cdot\frac{\partial \hat{y}}{\partial \boldsymbol{W}_2} \tag{4.11}$$

链式法则允许我们计算误差函数对每个可学参数 θ 的梯度，从而使用随机梯度下降法更新网络。

我们首先计算与预测相关的输出层的梯度。

$$\nabla_{\hat{y}}E(\hat{y},y)=\frac{\partial E}{\partial \hat{y}}=(\hat{y}-y) \tag{4.12}$$

然后我们可以计算关于第二层参数的误差。

我们目前有“激活后”梯度，所以我们需要计算激活前梯度：

$$\nabla_{\boldsymbol{a}_2} E = \frac{\partial E}{\partial \boldsymbol{a}_2} = \frac{\partial E}{\partial \hat{y}} \cdot \frac{\partial \hat{y}}{\partial \boldsymbol{a}_2} = \frac{\partial E}{\partial \hat{y}} \odot f'\left(\boldsymbol{W}_2 \boldsymbol{h}_1 + \boldsymbol{b}_2\right) \tag{4.13}$$

现在我们可以计算关于 $\boldsymbol{W}_2$ 和 $\boldsymbol{b}_2$ 的误差。

$$\nabla_{\boldsymbol{W}_2} E = \frac{\partial E}{\partial \boldsymbol{W}_2} = \frac{\partial E}{\partial \hat{y}} \cdot \frac{\partial \hat{y}}{\partial \boldsymbol{a}_2} \cdot \frac{\partial \boldsymbol{a}_2}{\partial \boldsymbol{W}_2} = \frac{\partial E}{\partial \boldsymbol{a}_2} \boldsymbol{h}_1^{\top} \tag{4.14}$$

$$\nabla_{\boldsymbol{b}_2} E = \frac{\partial E}{\partial \boldsymbol{b}_2} = \frac{\partial E}{\partial \hat{y}} \cdot \frac{\partial \hat{y}}{\partial \boldsymbol{a}_2} \cdot \frac{\partial \boldsymbol{a}_2}{\partial \boldsymbol{b}_2} = \frac{\partial E}{\partial \boldsymbol{a}_2} \tag{4.15}$$

我们还可以计算关于第 2 层的输入（第 1 层的激活后输出）的误差。

$$\nabla_{\boldsymbol{h}_1} E = \frac{\partial E}{\partial \boldsymbol{h}_1} = \frac{\partial E}{\partial \hat{y}} \cdot \frac{\partial \hat{y}}{\partial \boldsymbol{a}_2} \cdot \frac{\partial \boldsymbol{a}_2}{\partial \boldsymbol{h}_1} = \boldsymbol{W}_2^{\top} \frac{\partial E}{\partial \boldsymbol{a}_2} \tag{4.16}$$

然后，我们重复这个过程来计算误差关于第 1 层的参数 $\boldsymbol{W}_1$ 和 $\boldsymbol{b}_1$ 的梯度，从而将误差向后传播到整个网络。

图 4.11 展示了图 4.8 所示的网络输出神经元的反向传播步骤。我们把数值探索和实验留到笔记本练习中。

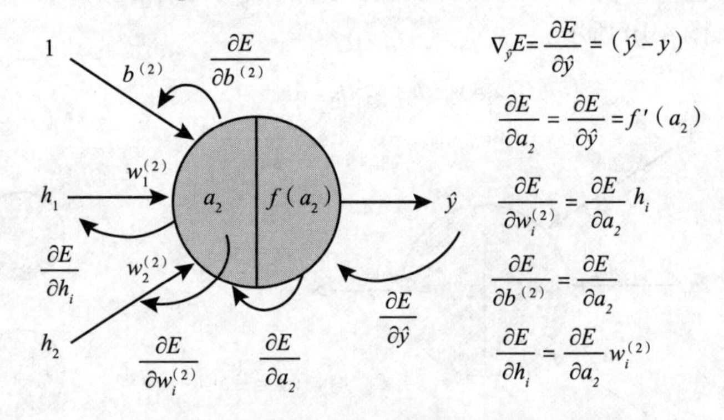

图 4.11　通过输出神经元的反向传播

4.3.5　参数更新

训练过程的最后一步是参数更新。获得关于网络中所有可学习参数的梯度后，我们可以完成单个 SGD 步骤，根据学习率 α 更新每层的参数。

$$\theta = \theta - \alpha \nabla_{\theta} E \tag{4.17}$$

这里介绍的 SGD 更新规则的简单性是有代价的。α 的值在 SGD 尤为重要，影响收敛速度、收敛的质量，甚至网络收敛的能力。如果学习率过小，网络收敛速度就会非常慢，而且可能会在随机权重初始化附近陷入局部极小值。如果学习率过大，权重可能增长过快，变得不稳定，根本无法收敛。此外，学习率的选择取决于网络深度和归一化方法等因素的组合。这里介绍的网络的简单性减轻了选择学习率的烦琐性，但是对于更深层次的网络，这个过程可能会困难得多。选择一个好的学习率的重要性已经导致了梯度下降优化算法的整个研究领域。我们将在 4.4.3 节中更多地讨论这些技术。

算法 1 描述了整个过程。

算法 1：神经网络训练

Data: 训练数据集$\mathcal{D}=\{(\boldsymbol{x}_1,\boldsymbol{y}_1),(\boldsymbol{x}_2,\boldsymbol{y}_2),\cdots,(\boldsymbol{x}_n,\boldsymbol{y}_n)\}$
神经网络有 l 层可学习参数
$\theta=(\{\boldsymbol{W}_1,\cdots,\boldsymbol{W}_l\},\{\boldsymbol{b}_1,\cdots,\boldsymbol{b}_l\})$
激活函数 $f(\boldsymbol{v})$
学习率 α
误差函数 $E(\hat{\boldsymbol{v}},\boldsymbol{v})$
初始化神经网络参数 $\theta=(\{\boldsymbol{W}_1,\cdots,\boldsymbol{W}_l\},\{\boldsymbol{b}_1,\cdots,\boldsymbol{b}_l\})$
for $e\leftarrow 1$到 e 个周期 **do**
  for $(\boldsymbol{x},\boldsymbol{y})$ 在 $\mathcal{D}$ 中 **do**
    for $i\leftarrow 1$到 l **do**
      if i=l **then**
        $\boldsymbol{h}_{i-1}=\boldsymbol{x}$
      $\boldsymbol{a}_i=\boldsymbol{W}_i\boldsymbol{h}_{i-1}+\boldsymbol{b}_i$
      $\boldsymbol{h}_i=f(\boldsymbol{a}_i)$
    $\hat{\boldsymbol{y}}=\boldsymbol{h}_l$
    误差= $E(\hat{\boldsymbol{y}},\boldsymbol{y})$
    $\boldsymbol{g}_{\boldsymbol{h}_{i+1}}=\nabla_{\hat{\boldsymbol{y}}}E(\hat{\boldsymbol{y}},\boldsymbol{y})$
    for $i\leftarrow l$到 1 **do**
      $\boldsymbol{g}_{\boldsymbol{a}_i}=\nabla_{\boldsymbol{a}_i}E=\boldsymbol{g}_{\boldsymbol{h}_{i+1}}\circ f'(\boldsymbol{a}_i)$
      $\nabla_{\boldsymbol{W}_i}E=\boldsymbol{g}_{\boldsymbol{a}_i}\boldsymbol{h}_{i-1}^{\mathrm{T}}$
      $\nabla_{\boldsymbol{b}_i}E=\boldsymbol{g}_{\boldsymbol{a}_i}$
      $\boldsymbol{g}_{\boldsymbol{h}_i}=\nabla_{\boldsymbol{h}_{i-1}}E=\boldsymbol{W}_i^{\mathrm{T}}\boldsymbol{g}_{\boldsymbol{a}_i}$
    $\theta=\theta-\alpha\nabla_\theta E$

4.3.6 全局逼近定理

神经网络架构因其强大的表达能力而被广泛应用于各种问题中。全局逼近定理 [HSW89] 已经表明，一个单层前馈神经网络可以近似任何连续函数，而只对该层神经元的数目进行有限的限制㊀。这个定理经常被总结为“神经网络是全局逼近器”。虽然这在技术上是正确的，但该定理并不能保证学习特定函数的可能性。

随着机器学习问题变得越来越复杂，参数空间的形状也变得越来越复杂。它通常是非凸的，有许多局部极小值。一个简单的梯度下降方法可能很难学习具体的功能。相反，多层神经元被连续堆叠，并通过反向传播进行联合训练。然后，层次网络学习多个非线性函数以适应训练数据集。深度学习是指按顺序连接的多个神经网络层。

4.4 深度学习

“深度学习”这个术语有点模糊。在许多圈子里，深度学习是对神经网络的一个重新命名的术语，或者用来指具有多个连续（深度）层的神经网络。然而，区分深层网络和浅层网络的层数是相对的。例如，图 4.12 所示的神经网络是深的还是浅的？

通常来说，深度网络仍然是神经网络（使用反向传播进行训练，学习输入的层次抽象，使用基于梯度学习的优化），但通常有更多的层。深度学习的显著特点是它可以应用到以前

㊀ 全局逼近定理最初被用 sigmoid 激活函数证明适用于神经网络架构，但随后被证明适用于所有全连接网络 [Cyb89b, HSW89]。

传统方法和较小的神经网络（如图 4.8 所示的 MLP）无法解决的问题上。更深层次的网络允许为输入数据学习更多层次的抽象层，从而能够在更复杂的领域学习更高阶的函数。然而，在本书中，我们使用了上面描述的术语“深度学习”——一个具有多个隐藏层的神经网络。

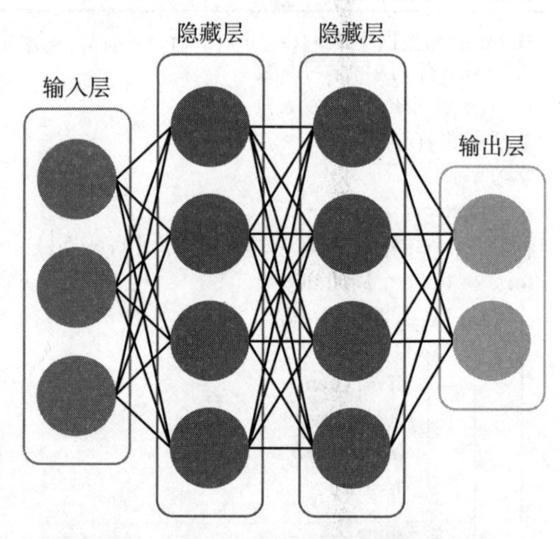

图 4.12 具有两个隐藏层的前馈神经网络

神经网络的灵活性是它们如此引人注目的原因。由于反向传播和基于梯度的优化方法简单有效，因此神经网络被应用于许多类型的问题。在本节中，我们将介绍影响深度神经网络（DNN）架构设计和模型训练的其他方法和注意事项。我们将特别关注激活函数、误差函数、优化方法和正则化方法。

4.4.1 激活函数

当计算输出层的梯度时，很明显，阶跃函数并不是很有用。如图 4.13 所示，导数处处为 0，说明任何梯度下降法都是无效的。因此，我们希望使用一个非线性的激活函数，在反向传播过程中提供一个有意义的导数。

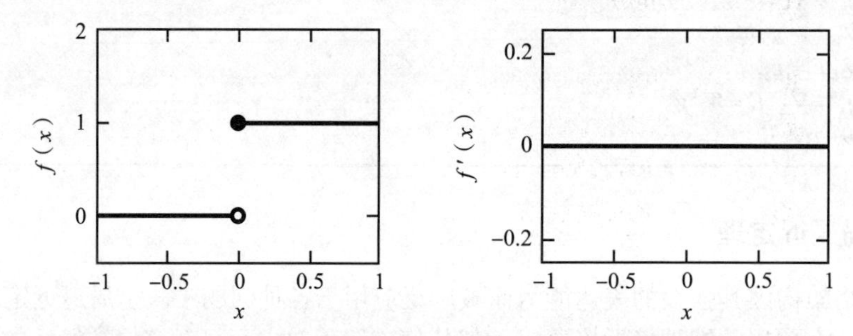

图 4.13 阶跃函数对于感知机来说是完全合适的，但是阶跃函数的导数对于梯度下降法来说是不利的

4.4.1.1 sigmoid

一个更好的激活函数是 logistic sigmoid:

$$\sigma(x)=\frac{1}{1+\mathrm{e}^{-x}} \tag{4.18}$$

sigmoid 函数是一个有用的激活，原因多种多样。从图 4.14 中我们可以看到，这个函数作为一个连续的挤压函数，将其输出限制在（0,1）范围内。

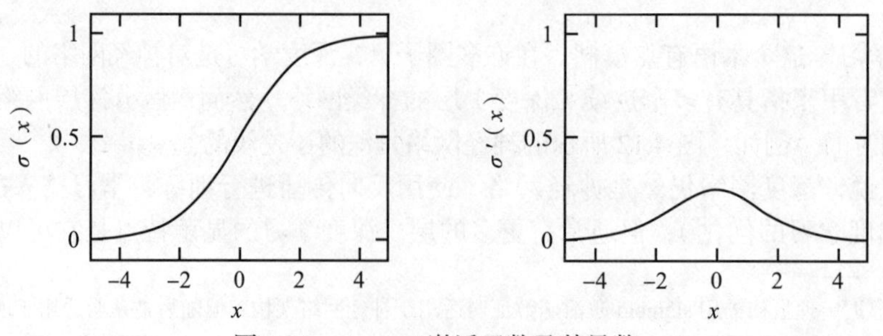

图 4.14 sigmoid 激活函数及其导数

它类似于阶跃函数，但有一个光滑、连续的导数是梯度下降法的理想选择。它也是以零为中心的，为二元分类任务创建了一个简单的决策边界，sigmoid 函数的导数在数学上很方便：

$$\sigma'(x)=\sigma(x)(1-\sigma(x)) \tag{4.19}$$

然而，sigmoid 函数有一些不受欢迎的性质。

- 在曲线末端 sigmoid 函数梯度的饱和（非常接近 $\sigma(x)\leftarrow 0$ 或 $\sigma(x)\leftarrow 1$）将会导致梯度非常接近 0。随着后续层的反向传播的继续，小梯度乘以前一层激活后的输出，迫使它更小。为了防止这种情况发生，可能需要仔细初始化网络权重或其他正则化策略。
- sigmoid 的输出不是以 0 为中心的，而是以 0.5 为中心的。这在层之间引入了一个差异，因为输出不在一个一致的范围内。这通常被称为“内部协变量移位”，我们稍后会详细讨论。

4.4.1.2　tanh

tanh 函数是另一个常见的激活函数。它还充当一个挤压函数，将其输出限定在（-1,1）范围内，如图 4.15 所示。

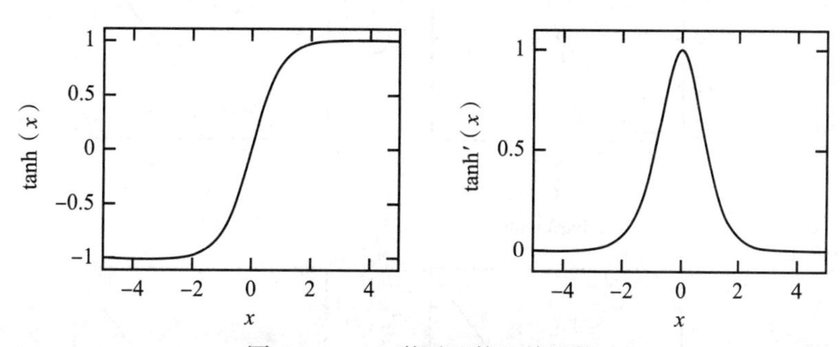

图 4.15　tanh 激活函数及其导数

$$f(x)=\tanh(x) \tag{4.20}$$

它也可以看作一个缩放和平移的 sigmoid。

$$\tanh(x)=2*\sigma(2x)-1 \tag{4.21}$$

tanh 函数解决了 sigmoid 非线性的一个问题，因为它是以 0 为中心的。然而，在函数的极端位置仍然存在梯度饱和问题。

4.4.1.3　ReLU

线性整流（ReLU）函数是一种简单、快速的激活函数，通常出现在计算机视觉中，如图 4.16 所示。函数为线性阈值，定义为：

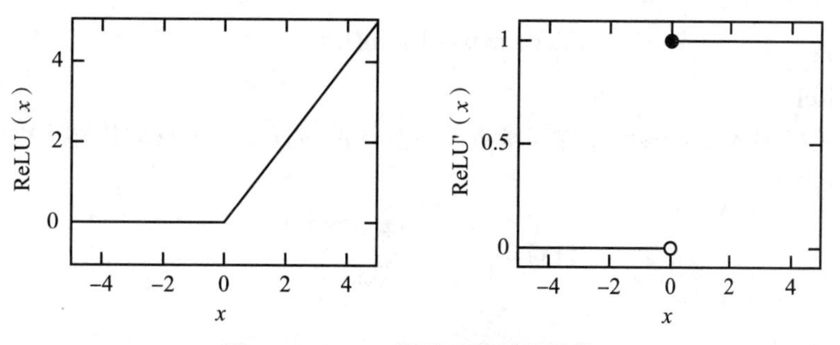

图 4.16　ReLU 激活函数及其导数

$$f(x)=\max(0,x) \tag{4.22}$$

这个简单的函数之所以流行，是因为它比 sigmoid 和 tanh 具有更快的收敛速度，这可能是由于它在正方向上的非饱和梯度。

除了更快地收敛，ReLU 函数在计算上也快得多。sigmoid 和 tanh 函数需要指数函数，这比简单的最大值运算要长得多。

梯度更新为 0 或 1 的简单性的一个缺点是，它会导致神经元在训练过程中“死亡”。如果一个大的梯度通过一个神经元反向传播，神经元的输出会受到很大的影响，以至于更新会阻止神经元再次更新。一些研究表明，如果学习率过高，那么网络中多达 40% 的神经元会随着 ReLU 激活函数而“死亡”。

4.4.1.4 其他激活函数

图 4.17 中还加入了其他一些激活函数，以限制前面所述的那些激活函数的影响。

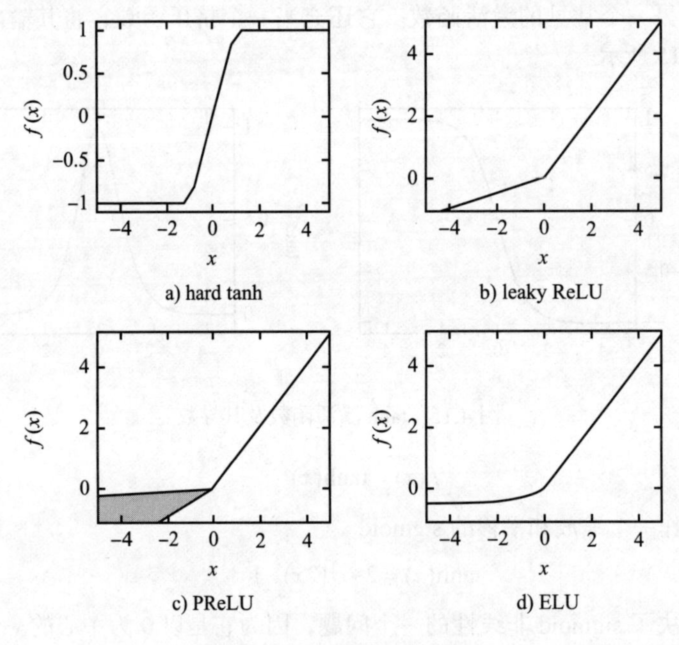

图 4.17 额外的激活函数

- hard tanh

hard tanh 函数计算复杂度比 tanh 低。然而，它确实重新引入了在极端情况下可能出现梯度饱和度的缺点。

$$f(x)=\max(-1,\min(1,x)) \tag{4.23}$$

- leaky ReLU

leaky ReLU 引入了 α 参数允许当函数没有激活的时候小梯度反向传播，因此消除了训练期间的神经元的死亡。

$$f(x)=\begin{cases} x & 如果x \geqslant 0 \\ \alpha x & 如果x<0 \end{cases} \tag{4.24}$$

- PReLU

参数修正的线性整流函数，类似于 leaky ReLU，使用 α 参数去缩放输入负部分的斜率；

但是，每个神经元都要学习一个 alpha 参数（将学习权重增加一倍）。注意，当 $\alpha=0$ 时，这是 ReLU 函数；当 α 固定时，它相当于 leaky ReLU。

$$f(x)=\begin{cases} x & \text{如果}x\geqslant 0 \\ \alpha x & \text{如果}x<0 \end{cases} \tag{4.25}$$

- ELU

ELU 是 ReLU 的一个改良函数，允许激活的平均值接近于 0，从而潜在地加速收敛。

$$f(x)=\begin{cases} x & \text{如果}x>0 \\ \alpha(\mathrm{e}^x-1) & \text{如果}x\leqslant 0 \end{cases} \tag{4.26}$$

- maxout

maxout 函数采用与激活函数不同的方法。它不同于一个函数对每个神经元输出的逐元素应用。相反，它学习两个权重矩阵，并为每个元素获取最高的输出。

$$f(x)=\max(w_1x+b_1,w_2x+b_2) \tag{4.27}$$

4.4.1.5　softmax

通过使用 softmax 函数，可以将 sigmoid 函数的压缩概念扩展到多个类。softmax 函数允许我们输出 K 个类的分类概率分布。

$$f(x_i)=\frac{\mathrm{e}^{x_i}}{\sum_j \mathrm{e}^{x_j}} \tag{4.28}$$

我们可以使用 softmax 根据神经元的输出生成一个概率向量。在 $K=3$ 类的分类问题中，我们的网络的最后一层将是一个完全连接的层，输出三个神经元。如果我们将 softmax 函数应用于最后一层的输出，我们通过为每个神经元分配一个类来获得每个类的概率。计算结果如图 4.18 所示。

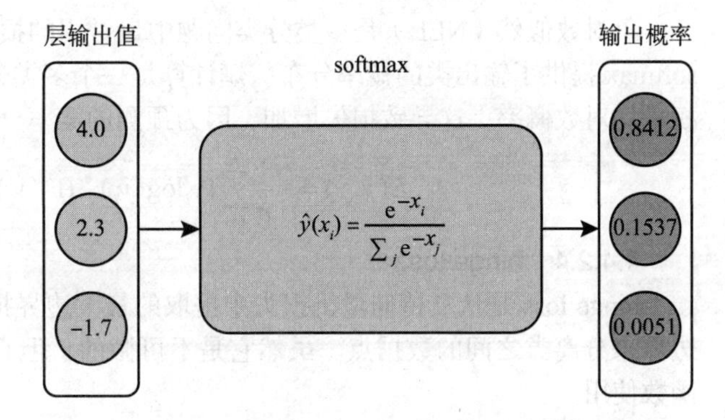

图 4.18　神经网络的输出可以映射到一个多类分类任务（这里显示的三个类）。softmax 函数将实值网络输出映射到类数的概率分布，其中类数等于最终层中的神经元数

softmax 概率可以变得非常小，特别是当有很多类且预测变得更有信心时。大多数情况下，使用基于日志的 softmax 函数来避免下溢错误。softmax 函数是激活函数的一种特殊情况，因为它很少被视为层之间的激活。因此，softmax 通常被当作网络的最后一层来进行多类分类，而不是一个激活函数。

4.4.1.6　分层 softmax

随着类的数量开始增长（在语言任务中通常如此），softmax 函数的计算可能会变得非常昂贵。例如，在一个语言建模任务中，我们的输出层可能试图预测下一个单词在序列中的位置。因此，网络的输出将是我们词汇表中词汇数量的概率分布，可能是数千或数十万。分层 softmax [MB05] 通过将函数表示为二叉树来近似 softmax 函数，其深度产生的类激活可能性更小。当网络在训练时，树必须是平衡的，但它将有一个深度 $\log_2(K)$，其中 K 是类的数量，这意味着只需要评估 $\log_2(K)$ 状态就可以计算类的输出概率。

4.4.2　损失函数

训练神经网络的另一个重要方面是误差函数的选择，通常称为准则。误差函数的选择取决于要处理的问题的类型。对于分类问题，我们要预测一组类的概率分布。然而，在回归问题中，我们想要预测一个特定的值，而不是一个分布。我们在这里将介绍最基本、最常用的损失函数。

4.4.2.1　均方误差（L_2）

均方误差（MSE）计算分类预测与目标之间的平方误差。用它来训练可以使大小的差异最小化。MSE 的一个缺点是它容易受到异常值的影响，因为差异是平方的。

$$E(\hat{y},y)=\frac{1}{n}\sum_{i=1}^{n}(y_i-\hat{y}_i)^2 \tag{4.29}$$

到目前为止，我们一直在使用 MSE 或 L_2 简单作为一个二进制的损失分类问题，分类为 0（如果 $\hat{y}\geqslant 0.5$）或 1（如果 $\hat{y}<0.5$）。然而，它通常用于回归问题，并且对于我们正在处理的简单问题可以很容易地进行扩展。

4.4.2.2　平均绝对误差（L_1）

平均绝对误差给出了目标值和预测值之间的绝对差的度量。使用它可以在不考虑方向的情况下最小化误差的大小，使其对异常值不那么敏感。

$$E(\hat{y},y)=\frac{1}{n}\sum_{i=1}^{n}|y_i-\hat{y}_i| \tag{4.30}$$

4.4.2.3　负对数似然

负对数似然（NLL）是多类分类问题中最常用的损失函数。它也被称为多类交叉熵损失。softmax 提供了输出类的概率分布。熵计算是一个多类分类问题中可能发生的事件或分类的加权平均对数概率。这导致损失增加，因为预测的概率分布偏离了目标标签。

$$E(\hat{y},y)=-\frac{1}{n}\sum_{i=1}^{n}(y_i\log(\hat{y}_i)-(1-y_i)\log(1-\hat{y}_i)) \tag{4.31}$$

4.4.2.4　hinge loss

hinge loss 是从支持向量机损失中提取的最大边界损失分类。它试图通过最大化类之间的边界来分离类之间的数据点。虽然它是不可微的，但它是凸的，这使得它可以作为一个损失函数使用。

$$E(\hat{y},y)=\sum^{n}i=1\max(0,1-y_i\hat{y}_i) \tag{4.32}$$

4.4.2.5　Kullback-Leibler loss

此外，我们可以优化函数，例如 KL 散度，它测量连续空间中的距离度量。这对于具有连续输出分布的生成网络等问题是有用的。KL 散度误差可以描述为：

$$\begin{aligned}E(\hat{y},y)&=\frac{1}{n}\sum_{i=1}^{n}\mathcal{D}_{KL}(y_i||\hat{y}_i)\\&=\frac{1}{n}\sum_{i=1}^{n}\left(y_i\cdot\log(y_i)\right)-\frac{1}{n}\sum_{i=1}^{n}\left(y_i\cdot\log(\hat{y}_i)\right)\end{aligned} \tag{4.33}$$

4.4.3　优化方法

神经网络的训练过程基于梯度下降法，即随机梯度下降（SGD）法。然而，正如我们在 4.4.2 节中所看到的，SGD 会在训练过程中造成许多我们不希望见到的困难。除了 SGD 和相关的好处，我们将探索额外的优化方法。我们将所有可学参数（包括权重和偏置）记作 θ。

4.4.3.1 随机梯度下降

如第 2 章所述，随机梯度下降是在梯度方向上对一组权重进行更新以减少误差的过程。在算法 7 中，SGD 的更新规则是简单的形式：

$$\theta_{t+1} = \theta_t - \alpha \nabla_\theta E \tag{4.34}$$

其中，θ 代表可学的参数，α 是学习率，$\nabla_\theta E$ 是对于参数的梯度误差。

4.4.3.2 动量梯度下降

在 SGD 中经常出现的一个问题是，一些区域的特征空间有很长的浅沟壑，一直延伸到最小值。SGD 将在沟壑中来回振荡，因为梯度将指向一侧最陡峭的梯度，而不是在最小值的方向。因此，SGD 可以产生缓慢的收敛。

动量梯度下降是 SGD 的一种改良算法，目的是更快地将目标移动到最小值。动量的参数更新方程为

$$\begin{aligned} v_t &= \gamma v_{t-1} + \eta \nabla_\theta E \\ \theta_{t+1} &= \theta_t - v_t \end{aligned} \tag{4.35}$$

其中 θ_t 是参数第 t 次迭代的结果。

动量，从物理中获得灵感，计算出一个速度向量，捕捉以前梯度产生的累积方向。该速度向量由一个额外的超参数 η 缩放，这表明累积梯度对参数更新的贡献程度。

4.4.3.3 Adagrad

Adagrad [DHS11] 是一种基于自适应梯度的优化方法。它根据网络中的每个参数调整学习率，对不频繁的参数进行更大的更新，对频繁的参数进行更小的更新。这使得它对于学习稀疏数据问题特别有用 [PSM14]。Adagrad 最大的好处可能是它不需要手动调整学习率。然而，这样做的代价是为网络中的每个参数增加一个额外的参数。

Adagrad 方程为：

$$\begin{aligned} g_{t,i} &= \nabla_\theta E(\theta_{t,i}) \\ \theta_{t+1,i} &= \theta_{t,i} - \frac{\eta}{\sqrt{G_{t,ii} + \varepsilon}} \circ g_{t,i} \end{aligned} \tag{4.36}$$

其中，g_t 是沿着参数 θ 第 t 次的梯度，G_t 是第 t 步对角矩阵过去梯度的和，关于对角线上的所有参数 θ，η 是一般的学习率，ε 是平滑项（通常为 1e-8），使方程不除以零。

4.4.3.4 RMS-prop

本书还介绍了 Hinton 开发的 RMS-prop [TH12]，以解决 Adagrad 的不足。它还将学习率除以平均的平方梯度，但它也以指数形式衰减这个量。

$$\begin{aligned} \mathbb{E}[g^2]_t &= \rho \mathbb{E}[g^2]_{t-1} + (1-\rho) g_t^2 \\ \theta_{t+1} &= \theta_t - \frac{\eta}{\sqrt{\mathbb{E}[g^2]_t + \epsilon}} g_t \end{aligned} \tag{4.37}$$

其中，ρ=0.9 和学习率 η=0.001 在之前的讲座中被推荐。

4.4.3.5 Adam

自适应矩估计，又称 Adam [KB14]，是另一种自适应优化方法。它也计算每个参数的学习率，但是除了保持以前的平方梯度的指数衰减平均值（类似于动量）之外，它还合并了过去梯度的平均值 m_t。

$$
\begin{aligned}
m_t &= \beta_1 m_{t-1} + (1-\beta_1) g_t \\
v_t &= \beta_2 v_{t-1} + (1-\beta_2) g_t^2 \\
\hat{m}_t &= \frac{m_t}{1-\beta_1^t} \\
\hat{v}_t &= \frac{v_t}{1-\beta_2^t} \\
\theta_{t+1} &= \theta_t - \frac{\eta}{\sqrt{\hat{v}_t}+\epsilon} \hat{m}_t
\end{aligned}
\tag{4.38}
$$

实验结果表明，与其他梯度优化技术相比，Adam 在实际应用中效果良好。

虽然 Adam 已经成为一种流行的技术，但是对原始证明的一些批评已经浮出水面，表明在某些情况下收敛到次优最小值 [BGW18，RKK18]。每一项工作都提出了解决问题的方法，但是后续的方法仍然没有最初的 Adam 技术流行。

4.5　模型训练

实现最佳泛化误差（测试集上的最佳性能）是机器学习的主要目标，这需要在过拟合和欠拟合之间找到谱上的最佳位置。深度学习更容易过拟合。有了许多自由参数，就可以相对容易地找到实现 E=0 的路径。研究表明，许多标准的深度学习架构都可以对训练数据进行随机标注训练，并实现 E=0 [Zha+16]。

与过拟合不同的是，对于许多复杂的函数，存在不同的局部最小值，而这些局部最小值可能不是最优解，这些函数通常满足于局部最小值。深度学习依赖于找到一个非凸优化问题的解，该解对于一般的非凸函数是 NP 完备的 [MK87]。在实践中，我们看到计算一个规则化良好的深层网络的全局最小值通常是不相关的，因为随着模型的复杂性的增加，局部最小值通常是大致相似的，并且更接近全局最小值 [Cho+15a]。然而，在正则化程度不高的网络中，局部极小值可能会产生很高的损失，这是不可取的。

最好的模型是在训练损失和验证损失之间取得最小差距的模型。然而，选择正确的架构配置和训练技术可能非常困难。在这里，我们将讨论改进模型泛化的典型训练和正则化技术。

4.5.1　提前停止

防止模型过拟合的一个更实际的方法是"提前停止"。提前停止取决于这样的假设："随着验证误差的减小，测试误差也应该减小。"当训练时，我们在不同的点（通常在每个周期的末尾）计算验证误差，并使模型的验证误差最小，如图 4.19 所示。

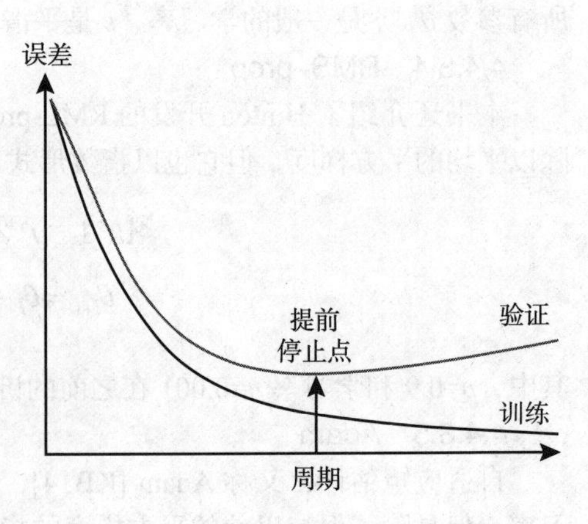

图 4.19　当验证错误开始偏离训练错误时，显示提前停止点

从学习曲线可以看出，训练误差会不断减小，趋近于 0。然而，随着模型与训练数据过拟合，模型在验证集上的表现开始变差。因此，为了维护模型在测试集上的泛化，我们将选择在验证集上表现得最好的模型（模型的学习参数）。还需要指出的是，这需要一个数据集，它被划分为训练集、验证集和测试集，并且没有重叠。测

试集应该与训练集和验证集分开，否则会损害模型的完整性。

提前停止的简单性使其成为深度学习中最常用的正则化形式。

4.5.2 梯度消失 / 爆炸

当用反向传播训练多层神经网络时，会出现梯度消失 / 爆炸的问题。在反向传播过程中，我们用梯度乘以每个连续层的输出。这意味着如果 $\nabla E > 1$，梯度能够越来越大，或者如果 $\nabla E > 1$，梯度会越来越小。实际上，这意味着，在梯度消失的情况下，很少有错误会传播回网络的早期层，导致学习非常缓慢或根本不存在。而梯度爆炸会导致权重最终溢出，阻碍学习。神经网络越深，这个问题就越严重。

在梯度爆炸的情况下，一个简单、实用的解决方案是剪切梯度，在每个反向传播步骤设置梯度值的最大值，以控制权重的增长。在处理循环神经网络时，我们将再次讨论这个主题。

4.5.3 全批量和小批量梯度下降

批量梯度下降是梯度下降的一种变体，它在更新模型之前评估整个数据集的误差，方法是在每个示例之后累积误差。这减轻了 SGD 的一些问题，例如从每个示例引入的噪声，但是更新的频率可能会导致训练周期之间的较大差异，这可能会在模型中产生显著差异。这种方法在深度学习的实践中很少使用。

这两种策略之间的一个适当的折中是小批量梯度下降。小批量梯度下降将数据集拆分为多个批量，模型在更新之前将错误累积到一个小批量上。这种方法有很多优点，包括：

- 由于从多个训练示例中积累梯度，减少了每次模型更新中的噪声
- 拥有比随机梯度下降更好的性能
- 利用矩阵运算加快训练速度，减少输入输出时间

小批量梯度下降法的一个缺点是增加了小批量大小作为超参数。小批量大小方法（为了方便起见，通常称为批量大小）通常根据模型的硬件限制设置，不超过 CPU 或 GPU 的内存。此外，批量大小通常是 2 的幂（8、16、32 等），这是由常见的硬件实现决定的。一般来说，我们希望在小批量大小和大批量大小之间取得平衡，小批量大小可以更快地收敛，而大批量大小收敛更慢，但具有更准确的估计值。建议对几种不同的批量大小的学习曲线进行检查，以确定最佳的批量大小。

4.5.4 正则化

实际上，控制泛化误差是通过创建一个适当正则化的大模型来实现的 [GBC16a, Bis95]。正则化有很多种形式。一些方法侧重于通过增加正则化项来惩罚目标函数中的异常参数，以降低模型的容量。

$$E(\boldsymbol{W};\hat{\boldsymbol{y}},\boldsymbol{y})=E(\hat{\boldsymbol{y}},\boldsymbol{y})+\Omega(\boldsymbol{W}) \tag{4.39}$$

其中，$\boldsymbol{W}$ 是网络的权重。一些方法限制网络的权重（如 dropout），或者归一化输出层（如批量归一化），然而其他的方法可能会直接改变数据，这里我们探索了不同的正则化方法，通常将多个方法合并到每个问题中。

4.5.4.1 L_2 正则化：权重衰减

最常见的正则化方法之一是 L_2 正则化方法，通常称为权重衰减。权值衰减为误差函数增加了一个正则项，它将权重推向原点，从而惩罚高权重的变化。权重衰减引入一个标量 α，惩罚权重远离原点。这就像训练目标上的一个零均值高斯先验，限制了网络学习可能与过拟

合相关的大权重的自由。这个参数的设置变得非常重要，因为如果模型过于受限，那么它可能无法学习。

L_2 正则化被定义为：

$$\Omega(\boldsymbol{w})=\frac{\alpha}{2}\boldsymbol{W}^{\top}\boldsymbol{W} \tag{4.40}$$

损失函数被定义为：

$$E(\boldsymbol{W};\hat{\boldsymbol{y}},\boldsymbol{y})=\frac{\alpha}{2}\boldsymbol{W}^{\top}\boldsymbol{W}+E(\hat{\boldsymbol{y}},\boldsymbol{y}) \tag{4.41}$$

使用的梯度为：

$$\nabla_{\boldsymbol{W}}E(\boldsymbol{W};\hat{\boldsymbol{y}},\boldsymbol{y})=\alpha\boldsymbol{W}+\nabla_{\boldsymbol{W}}E(\hat{\boldsymbol{y}},\boldsymbol{y}) \tag{4.42}$$

并且参数更新变为：

$$\boldsymbol{W}=\boldsymbol{W}-\varepsilon\left(\alpha\boldsymbol{W}+\nabla_{\mathbf{W}}E(\hat{\boldsymbol{y}},\boldsymbol{y})\right) \tag{4.43}$$

其中，ε 为学习率。

4.5.4.2 L_1 正则化

一种不太常见的正则化方法是 L_1 正则化。这个技巧也可以作为权重惩罚。正则化项是权重绝对值的和：

$$\Omega(\boldsymbol{w})=\alpha\sum|w_i| \tag{4.44}$$

随着训练的进行，许多权重将变为零，从而在模型权重中引入稀疏性。稀疏性通常用于特征选择，但在神经网络中并不总是可取的。

4.5.4.3 dropout

也许在深度学习中第二常见的正则化方法是 dropout[Sri+14]。dropout 是一种简单有效地减少神经网络过拟合的方法。它源于这样一种想法，即神经网络从输入到输出的连接可能非常脆弱。这些习得的联系可能适用于训练数据，但不适用于测试数据。dropout 旨在通过在神经网络训练过程中随机“退出”连接来纠正这种趋势，这样预测就不能依赖于训练过程中的任何单个神经元，如图 4.20 所示。

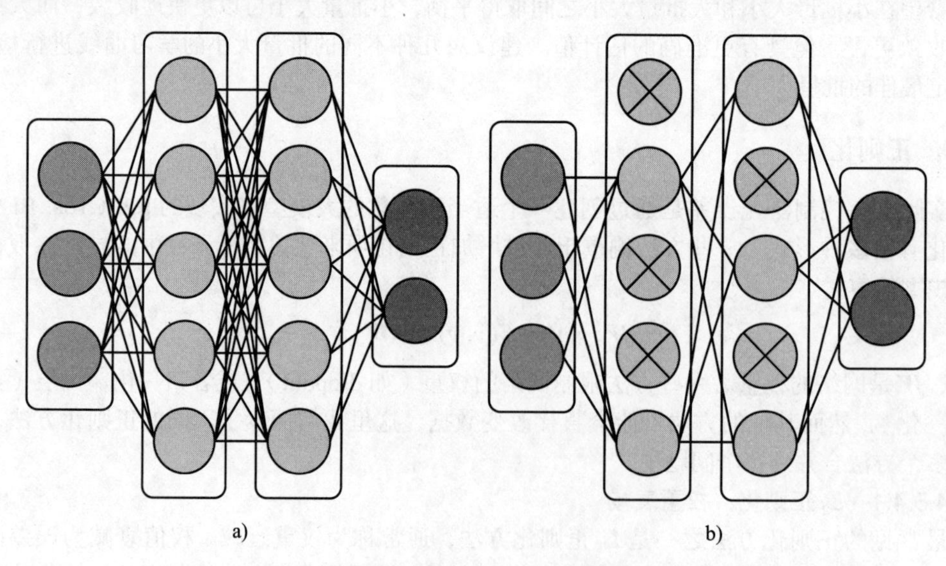

图 4.20 dropout 被应用于全连接神经网络。图 a）为标准的两层（隐藏层）神经网络。图 b）为标准的带有 dropout 的两层（隐藏层）神经网络

对网络应用 dropout 涉及应用一个随机掩码，该掩码采样自概率为 p 的伯努利分布。该掩码矩阵在前馈操作期间应用元素积（乘 0）。在反向传播步骤中，将每个参数的梯度和屏蔽梯度的参数设置为 0，并将其他梯度按 $1/(1-p)$ 的比例放大。

4.5.4.4 多任务学习

在所有的机器学习任务中，我们都在优化特定的误差度量或函数。因此，为了同时出色地完成各种任务，我们通常为每个度量训练一个模型，然后进行集成、线性组合，或者以某种其他有意义的方式将它们连接起来，从而出色地完成我们的任务集合。因为深度学习是通过基于梯度的计算和下降来实现的，所以我们可以同时对各种优化函数进行优化。这允许我们的底层表示学习一个可以完成多个任务的通用表示。近年来，多任务学习已成为一种广泛使用的学习方法。添加辅助任务可以帮助将梯度信号提高到所学习的参数，从而提高整体任务的质量 [Rud17a]。

4.5.4.5 参数共享

另一种正则化形式是参数共享。到目前为止，我们只考虑了完全连接的神经网络，它为每个输入学习一个单独的权重。在某些任务中，输入非常相似，因此我们不希望为每个任务学习一组不同的参数，而是希望在多个位置共享学习内容。这可以通过在不同输入之间共享一组权重来实现。参数共享不仅作为正则化器非常有用，而且还提供了多种训练好处，比如减少内存（一组权重的一个副本）和减少唯一模型参数的数量。

利用参数共享的一种方法是卷积神经网络，我们将在第 6 章中对此进行探讨。

4.5.4.6 批量归一化

在训练的过程中，训练的示例可能会有很多的变化，导致在训练过程中引入噪声。我们在介绍中推荐的方法之一是在训练前对数据进行归一化。归一化减少了为适应特定的示例而需要转移的权重，从而保持了相同的分布属性。在深度学习中，我们有多个计算层，这些计算层具有传递给后续层的隐藏值。每一层的输出都可能是非归一化的输入，并且在训练过程中分布可能会频繁变化。这个过程通常被称为内部协变量移位。批量归一化 [IS15] 的目的是通过在训练过程中对中间层的输出进行归一化，从而减少网络中的内部协变量移位。这加快了训练过程，并允许更高的学习速度，而不会有出现分歧的风险。

批量归一化是通过使用批量（小批量）的平均值和方差对前一个隐藏层的输出进行归一化来实现的。然而这个归一化会影响推理阶段，因此，批量归一化捕获均值和方差的移动平均值，并在推理时固定它们。

对于一个输入小批量 $\beta=\{x_{1:m}\}$，我们通过下列公式学习参数 γ 和 β：

$$
\begin{aligned}
\mu_\beta &= \frac{1}{m}\sum_{i=1}^{m} x_i \\
\sigma_\beta^2 &= \frac{1}{m}\sum_{i=1}^{m}\left(x_i-\mu_\beta\right)^2 \\
\hat{x}_i &= \frac{x_i-\mu_\beta}{\sqrt{\sigma_\beta^2+\varepsilon}} \\
y_i &= \gamma\hat{x}_i+\beta
\end{aligned}
\tag{4.45}
$$

4.5.5 超参数选择

大多数学习技术和正则化方法都有与之相关的某种形式的训练配置参数。例如学习率、动量、退出概率、权重衰减等，都需要为每个模型进行选择。选择这些**超参数**的最佳组合可能是一项具有挑战性的任务。

4.5.5.1　手动调优

在将现有模型应用于新数据集，或将新模型应用于现有数据集时，建议进行手动超参数调优。手动选择有助于提供关于网络的直觉。这对于理解一组特定参数是否会导致网络过拟合或欠拟合非常有用。建议监测梯度的范数，以及模型损失收敛或发散的速度。一般来说，学习率是最重要的超参数，对网络的有效容量影响最大 [GBC16b]。为模型选择合适的学习率将允许良好的收敛，而提前停止将防止模型与训练集过拟合。如果学习率过高，大梯度可以导致网络发散在某些情况下阻止未来的学习（即使学习率变得较低）。如果学习率过低，那么小的更新会减慢学习过程，也会导致模型陷入局部最小值，训练和泛化误差都很高。

4.5.5.2　自动调优

自动超参数选择是一种更快、更鲁棒的优化训练配置的方法。在第 2 章介绍的网格搜索是最常见和直接的方式。在网格搜索中，每个待优化参数都提供统一或对数样本，每个参数组合都训练一个模型。这种方法是有效的，但是它确实需要大量的计算时间来训练模型集。通常，我们可以通过首先调查大范围，然后缩小参数或范围集，使用新范围执行另一个网格搜索来降低此成本。

随机超参数搜索有时对训练的细微差别更有鲁棒性，因为一些超参数的组合可以产生累积效应。与网格搜索类似，随机搜索对网格搜索的范围内的值进行随机采样，而不是均匀间隔的采样。随机搜索已经被证明始终优于网格搜索，因为超参数网格中有未探索的空间（给定相同数量的参数组合）。

通常情况下，大多数使用网格搜索和随机搜索的模型的组合都很糟糕。通过为手工探索收集的搜索设置适当的界限，可以在一定程度上缓解这种情况，但是理想情况下可以使用模型的性能来确定下一组参数。为此，我们引入了各种条件和贝叶斯超参数选择过程 [SLA12]。

4.5.6　数据可用性和质量

正则化是最常见的防止过拟合的技术，但它也可以通过增加数据量来实现。数据是任何机器学习模型中最重要的组件。尽管这看起来很明显，但在现实场景中，这常常是最容易被忽视的组件之一。抽象地说，神经网络从它们遇到的经验中学习。例如，在二元分类中，正的示例 - 标签对是被鼓励的，而负的对是不被鼓励的。优化神经网络超参数是改善泛化误差的最佳方法。如果训练和泛化误差之间仍然存在性能差距，那么可能需要增加数据量（或者在某些情况下提高质量）。

神经网络可以对数据集中的一些噪声具有鲁棒性，并且在训练过程中，异常值的影响通常会减小。然而，错误的数据会导致很多问题。在实际应用程序中，糟糕的模型性能可能是由标签始终不正确或数据不足造成的。

> 在实际应用中，如果在整个训练过程中出现奇怪的行为，那么这可能是数据不一致的迹象。

这通常表现为以下两种情况之一：过拟合或收敛性差。在过拟合的情况下，模型可能会发现数据的异常（例如在许多消极情绪评论中出现用户名）。

与其他机器学习算法相比，深度学习从更大的数据集中获益更多。通过深度学习获得的大部分质量改进可直接归因于所使用数据集大小的增加。大型数据集可以作为一种正则化技术，以防止模型对特定的示例过拟合。

4.5.6.1　数据增强

提高模型性能最简单的方法之一是引入更多的训练数据。实际上，这可能很昂贵，但是如果数据能够以一种有意义的方式增强，那么这种方法就会非常有用。这种技术对于减少数据集中特定异常的过拟合特别有益。

对于图像，我们可以将旋转和水平翻转想象为创建一个不同的（$\boldsymbol{X}, y$）对，而不需要重新标记任何数据。然而，对于手写的数字，情况就不一样了，水平翻转可能会破坏对标签的解释（想想 5 和 2）。在进行数据增强时，一定要记住示例和目标关系的约束条件。

4.5.6.2　Bagging

Bagging 是另一种在机器学习中常用的技术。该技术基于这样一个想法，即我们可以通过在训练集的不同部分训练多个模型来降低模型过拟合的能力。Bagging 技术从原始数据集（带有替换）中取样，创建子训练集，在子训练集上对模型进行训练。模型应该学习不同的特征，因为它们学习数据的不同部分，从而在组合每个模型的结果后降低泛化误差。由于深度学习模型的计算时间、深度模型的大数据需求以及其他正则化方法（如 dropout）的引入，该策略在实践中的使用频率往往较低。

4.5.6.3　对抗性训练

对抗性示例是为了使分类器对示例进行错误分类而设计的示例。神经网络的自由参数空间意味着我们可以找到特定的输入示例，该示例可以利用模型中特定的一组训练参数 [GSS14]。

由于对抗性示例的特性，我们可以使用创建对抗性示例的技术来为网络生成训练数据，从而降低特定攻击成功的可能性，并通过提供集中于参数空间中的不确定性领域的训练示例提升网络的鲁棒性。

4.5.7　讨论

> 一般来说，在配置和训练神经网络时，通常有四个支柱：
> - 数据可用性（和质量）
> - 计算速度
> - 内存要求
> - 质量

在实践中，建立最终目标并向后计算出每个约束的边界通常是一个好主意。

一般来说，模型选择的初始阶段保证了模型具有可靠的学习能力。这不可避免地导致对训练数据集的过拟合，此时引入正则化以减少训练损失和验证损失之间的差距。在实践中，通常没有必要（也不可行）为每个新模型类型或任务从头开始。然而，我们相信在高度动态的系统中逐步引入复杂性是最好的。通常从经验验证的架构大小开始，并从一开始就直接应用正则化，但是最好在出现意外情况时消除复杂性。

计算和内存约束

虽然大量的进步使深度学习成为可能，但最近的应用增长最重要的因素之一无疑是硬件的改进，特别是专门的计算机架构（GPU）。GPU 的处理速度是影响深度学习的普及和实用性的最重要因素之一。通过矩阵优化和批量计算的速度优势使得深度学习问题成为 GPU 架构的理想选择。这一发展使超越浅层架构进入我们今天看到的深层复杂架构成为可能。

大型数据集和深度学习架构带来了显著的质量改进。然而，深度学习模型的计算成本通常比其他机器学习方法要高，这需要在有限的资源环境（如移动设备）中加以考虑。模型需求还影响可以进行的超参数优化的数量。不太可能对需要几天或几周才能训练的模型进行完整的网格搜索。

同样的道理也适用于内存问题，较大的模型需要更多的空间。然而，许多量化技术被引入以缩小模型大小，例如量化参数或使用哈希参数值 [Jou+16b]。

4.6 无监督深度学习

到目前为止，我们已经研究了用于监督学习的前馈神经网络的例子。现在我们来看一些其他的架构，这些架构通过观察三种常见的无监督架构：受限玻耳兹曼机（RBM）、深度置信网络和自编码器，将神经网络和深度学习扩展到无监督任务。我们将以我们现有的知识为基础，分析一些完成任务而不是分类的简单架构。

正如第 2 章所讨论的，非监督模型学习表示，并且这些特性形成没有标签的数据。这通常是一个非常理想的属性，因为大量无标签的数据随时可以获得。

4.6.1 基于能量的模型

基于能量的模型（EBM）从物理学中获得灵感。系统中的自由能可以与观测到的概率相关联。高能量与低概率观测相关联而低能量与高概率观测相关联。因此，在 EBM 中，目标是学习一个能量函数，使数据集中观察到的示例的能量较低，而未观察到的示例的能量较高 [LeC+06]。

对于一个基于能量的模型，概率分布通过一个能量函数定义，类似于：

$$p(x)=\frac{\mathrm{e}^{-E(x)}}{Z} \tag{4.46}$$

其中，Z 为归一化常数，通常称为配分函数。

$$Z=\sum_{x}\mathrm{e}^{-E(x)} \tag{4.47}$$

配分函数对于许多算法来说都是难以处理的，因为它需要对所有由分布 P 定义的输入 x 的可能组合进行指数求和。然而，它可以近似为我们将在 RBM 中看到的情况。

学习有用的特征需要学习我们输入的 x 的权重和一个隐藏的部分 h，因此，观察到 x 的概率可以写成：

$$P(x)=\sum_{h}P(x,h)=\sum_{h}\frac{\mathrm{e}^{-E(x)}}{Z} \tag{4.48}$$

自由能定义为：

$$F(x)=-\log\sum_{h}\mathrm{e}^{-E(x,h)} \tag{4.49}$$

并且负对数似然梯度为：

$$-\frac{\log p(x)}{\partial\theta}=\frac{\partial F(x)}{\partial\theta}=-\sum_{\hat{x}}p(\hat{x})\frac{\partial F(x)}{\partial\theta} \tag{4.50}$$

该函数产生一个负对数似然梯度，包括两部分，通常称为正相位和负相位。正相位增加了训练数据的概率。

4.6.2 受限玻耳兹曼机

受限玻耳兹曼机 [HS06] 是一种利用对数线性马尔可夫随机场（Markov Random Field,

MRF）对无监督学习的能量函数进行建模的技术。正如其名，RBM 是玻耳兹曼机 [HS83] 的一种受限形式，它为架构提供了一些有用的约束，以提高算法的可跟踪性和收敛性。RBM 限制了网络的连接性，如图 4.21 所示，只允许可见隐藏连接。这种修改允许更有效的训练算法，例如基于梯度的对比发散。

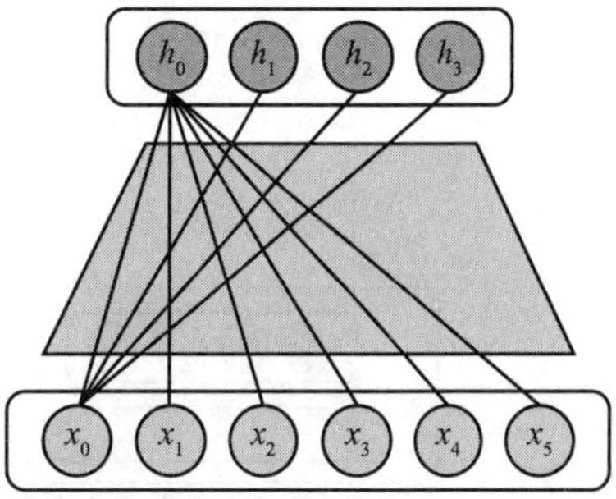

图 4.21　RBM 的示意图。请注意，这可以看作一个全连接，如前面所示，在网络中只有可见的隐藏连接。为了清晰起见，连接只显示一个可见的神经元和一个隐藏的神经元

RBM 的能量函数定义为：

$$E(\boldsymbol{x},\boldsymbol{h}) = -\boldsymbol{h}^{\top}\boldsymbol{W}\boldsymbol{x} - \boldsymbol{c}^{\top}\boldsymbol{x} - \boldsymbol{b}^{\top}\boldsymbol{h} \tag{4.51}$$

其中，W 为连接可见单元和隐藏单元的权重矩阵，$\boldsymbol{b}$ 为隐藏单元的偏差，$\boldsymbol{c}$ 为每个 x_i 的概率偏差。

我们能得到能量方程的概率：

$$p(\boldsymbol{x},\boldsymbol{h}) = \frac{\mathrm{e}^{-E(\boldsymbol{x},\boldsymbol{h})}}{Z} \tag{4.52}$$

此外，如果 $x, h \in \{0,1\}$，我们能够进一步简化为：

$$\begin{aligned} p\left(h_i = 1 \mid \boldsymbol{x}\right) &= \sigma\left(b_i + \boldsymbol{W}_i \boldsymbol{x}\right) \\ p\left(x_j = 1 \mid \boldsymbol{h}\right) &= \sigma\left(c_j + \boldsymbol{W}_j^{\top} \boldsymbol{h}\right) \end{aligned} \tag{4.53}$$

其中，σ 是 sigmoid 函数。

因此，自由能公式为：

$$F(\boldsymbol{x}) = -\boldsymbol{c}^{\top}\boldsymbol{x} - \sum_i \log\left(1 + \mathrm{e}^{b_i + \boldsymbol{W}_i \boldsymbol{x}}\right) \tag{4.54}$$

然后我们可以计算 RBM 的梯度：

$$\begin{aligned} -\frac{\partial \log p(\boldsymbol{x})}{\partial W_{ij}} &= E_x\left[p\left(h_i \middle| \boldsymbol{x}\right) x_j\right] - \sigma\left(c_i + \boldsymbol{W}_i \boldsymbol{x}\right) \\ -\frac{\partial \log p(\boldsymbol{x})}{\partial b_i} &= E_x\left[p\left(h_i \middle| \boldsymbol{x}\right)\right] - \sigma\left(\boldsymbol{W}_i \boldsymbol{x}\right) \\ -\frac{\partial \log p(\boldsymbol{x})}{\partial c_j} &= E_x\left[p\left(x_i \middle| \boldsymbol{h}\right)\right] - x_j \end{aligned} \tag{4.55}$$

一旦我们有了函数 $p(x)$ 的样本，我们就可以用吉布斯采样。

4.6.3　深度置信网络

RBM 的有效性表明，这些架构可以堆叠在一起并一起训练，从而创建一个深度置信网络（Deep Belief Network, DBN）[HOT06b]。每个子网都是单独训练的，一个隐藏的层作为下一个网络的可见层。这种逐层训练的概念导致了深度学习的第一个有效方法。深度置信网络如图 4.22 所示。

4.6.4　自编码器

自编码器是一种无监督的深度学习方法，用于对每组数据进行降维。其目的是通过训练一个编码器来降低数据的维数，训练另一个解码器来再现输入数据，从而学习输入数据的更低的维数表示。自编码器是一个神经网络，它被训练来重现输入而不是预测一个类。学习的表示包含与较小压缩向量中的输入相同的信息，从而学习对重建最重要的是什么，以最小化重建误差。

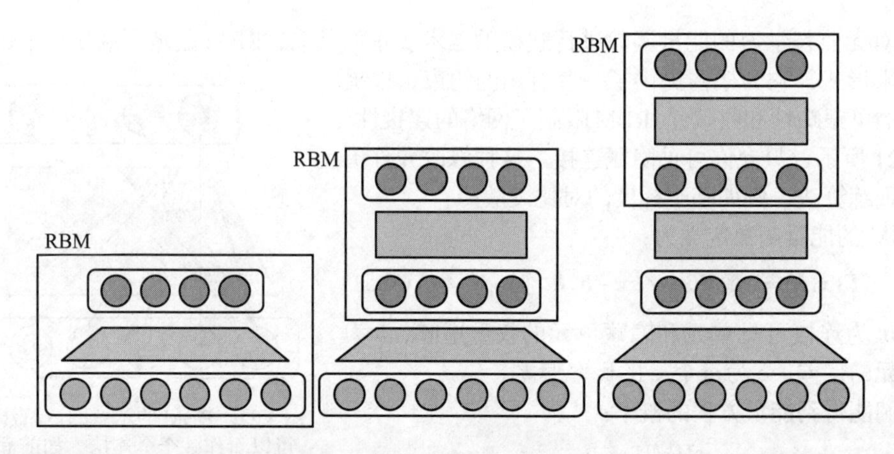

图 4.22　三层深度置信网络的示意图。每个 RBM 层都是单独训练的，从最低层开始

自编码器被分为两部分：编码器和解码器。编码器转换输入 $\boldsymbol{x}$ 为嵌入向量 $\boldsymbol{z}$[㊀]，解码器映射编码 z 到原始输入 $\boldsymbol{x}$。因此，对于神经网络编码器 Enc($\boldsymbol{x}$) 和解码器 Dec($\boldsymbol{z}$)，损失函数 $\mathcal{L}$（均方误差）被最小化：

$$\begin{aligned} z &= \mathrm{Enc}(\boldsymbol{x}) \\ \hat{\boldsymbol{x}} &= \mathrm{Dec}(z) \\ \mathcal{L}(\boldsymbol{x}, \hat{\boldsymbol{x}}) &= \| \boldsymbol{x} - \hat{\boldsymbol{x}} \|^2 \end{aligned} \tag{4.56}$$

自编码器架构图例如图 4.23 所示。

训练一个自编码器非常类似于其他神经网络架构的分类，除了损失函数。尽管 softmax 以前用于预测一组类的分布，但现在我们希望生成可以与输入进行比较的实值输出。这正是我们之前使用的 MSE 目标函数所实现的，主要用于自编码器[㊁]。

这个网络的训练和算法 1 中定义的一样，只是偶尔会有不同。在自编码器中将编码器和解码器的权值捆绑到一起通常是有效的，解码器的权重为 $\boldsymbol{W}^{*}=\boldsymbol{W}^{\mathrm{T}}$。在这个场景中，权重 $\boldsymbol{W}$ 的梯度将是两个梯度的和，一个来自编码器，一个来自解码器。

通常有四种类型的自编码器：

- 欠完备自编码器
- 稀疏
- 降噪自编码器
- 变分自编码器（VAE）

根据应用程序的不同，每个都有不同的变体。

4.6.4.1　欠完备自编码器

欠完备自编码器是最常见的类型。如图 4.23 所示，编码器使网络变窄以产生小于输入的编码。这是一种学习过的降维技术。理想情况下，编码器学会将最重要的信息压缩到编码中，这样解码器就可以重构输入。

4.6.4.2　降噪自编码器

一个降噪自编码器接收一个有噪声的输入，并试图解码到一个无噪声的输出。学习表示对输入中的噪声扰动不那么敏感。

㊀ 这种编码器的输出有时被称为代码、编码或嵌入。

㊁ 如果任务的实值输入在 0 和 1 之间，那么伯努利交叉熵对目标函数来说是一个更好的选择。

对于噪声函数[⊖] $N(\boldsymbol{x})$，自编码器可以被描述为：

$$\begin{aligned}\boldsymbol{x}' &= N(\boldsymbol{x}) \\ \boldsymbol{z} &= \mathrm{Enc}(\boldsymbol{x}') \\ \hat{\boldsymbol{x}}' &= \mathrm{Dec}(\boldsymbol{z}) \\ \mathcal{L}(\boldsymbol{x}, \hat{\boldsymbol{x}}') &= \|\boldsymbol{x} - \hat{\boldsymbol{x}}'\|^2\end{aligned} \tag{4.57}$$

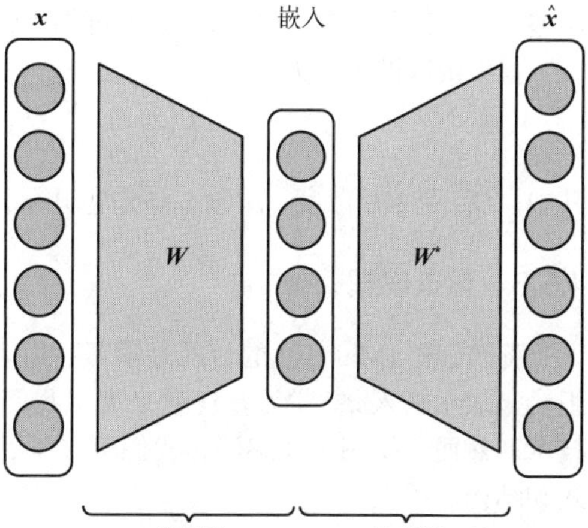

图 4.23　带有六个输入值和大小为 4 的嵌入的自编码器的架构图

4.6.4.3　稀疏自编码器

稀疏自编码依赖激活的最小阈值来增强编码的稀疏性，而不是依赖编码的瓶颈。在这种情况下，编码器可以有比输入更大的隐藏层，而稀疏性可以通过设置一个神经元的最小阈值来实现，将神经元的输出调零到阈值以下。

训练稀疏自编码器的一种方法是在损失（例如 L_1）中添加一个术语来惩罚编码器中的输出激活。对于单层编码器，损失函数能够被描述为 $\mathcal{L}(\boldsymbol{x}, \hat{\boldsymbol{x}}) = \|\boldsymbol{x} - \hat{\boldsymbol{x}}\|^2 + \lambda \sum_i |z_i|$，其中 λ 为稀疏权重。

4.6.4.4　变分自编码器

变分自编码器用概率分布来描述潜在空间。到目前为止，由自编码器学会的编码表示描述了一个由编码器确定的潜在空间中抽取的样本。与其他自编码器用单个值表示编码的每个值不同，变分自编码器学会了将编码表示为潜在的分布。参数通常学会了对高斯分布的两个参数必须学习：均值 μ 和标准差 σ。解码器在样本上训练，称为采样的潜在向量，来自一个所学习的 μ、σ 值参数化的随机分布。图 4.24 展示了 VAE 的示意图。

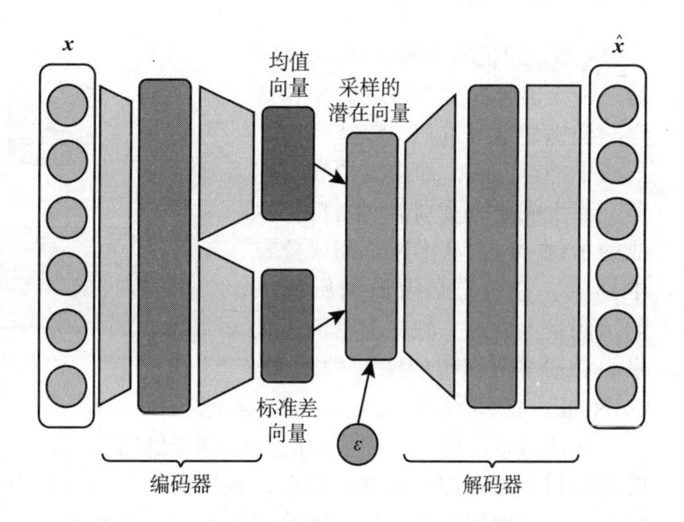

图 4.24　变分自编码器学习一个向量的均值 μ 和一个向量的标准差 σ。采样的潜在向量由 $\boldsymbol{z}=\mu+\sigma\varepsilon$ 计算，其中 ε 采样自正态分布 $N(0,1)$

当试图通过从高斯分布中抽样的随机操作进行反向传播时，出现了一个问题。计算在正向传播的路径上，为了得到编码器的梯度，必须计算采样的梯度；然而，随机操作并没有一个定义良好的梯度。重参数化技巧 [JGP16] 提供了一种重写采样过程的方法，使随机元素独立于学习的参数 μ、σ。潜在变量 z 的采样来自：

$$z = \mathcal{N}\left(\mu, \sigma^2\right) \tag{4.58}$$

重参数化为：

$$z = \mu + \sigma\varepsilon \tag{4.59}$$

⊖ 注意：这里给出的噪声函数中没有学习过的参数。

其中，ε 采样自正态分布 $N(0,1)$。现在，尽管 ε 是随机的，但是 μ 和 σ 不依赖于反向传播。

训练 VAE 需要优化损失函数的两个部分。第一部分是我们为普通的自编码器优化的重构误差，第二部分是 KL 散度。KL 散度损失保证了学习的均值和方差参数接近于 $N(0,1)$。

损失函数被定义为：

$$L(x,\hat{x})+\sum_j D_{\mathrm{KL}}\left(q_j(z\mid x)\parallel p(z)\right) \tag{4.60}$$

其中，D_{KL} 是 KL 散度，$p(z)$ 是先验分布，$q_j(z\mid x)$ 是学习的分布。

4.6.5　稀疏编码

稀疏编码 [Mai+10] 的目的是学习一组表示数据的基向量。这些基向量可以用来形成线性组合来表示输入 x。学习基向量来表示我们的数据的技术类似于我们在第 2 章中探索的 PCA 技术。然而，使用稀疏编码，我们可以学习一个过完备的集合，它允许学习数据中的各种模式和结构。

稀疏编码本身并不是一个神经网络算法，但是我们可以在我们的网络中增加一个惩罚来强制一个自编码器的稀疏性，从而创建一个稀疏的自编码器。这仅仅是对迫使大多数权重为 0 的损失函数增加一个 L_1 惩罚。

4.6.6　生成对抗网络

生成性对抗络（GAN）[Goo+14a] 是一种无监督的技术，它像零和博弈一样构建学习过程。该技术使用了两个神经网络，即生成器和鉴别器。该生成器为鉴别器网络提供生成的示例，通常从潜在空间或分布中抽取。鉴别器必须识别所提供的示例是生成的（假的）示例还是来自数据集/分布的实际的示例。GAN 如图 4.25 所示。

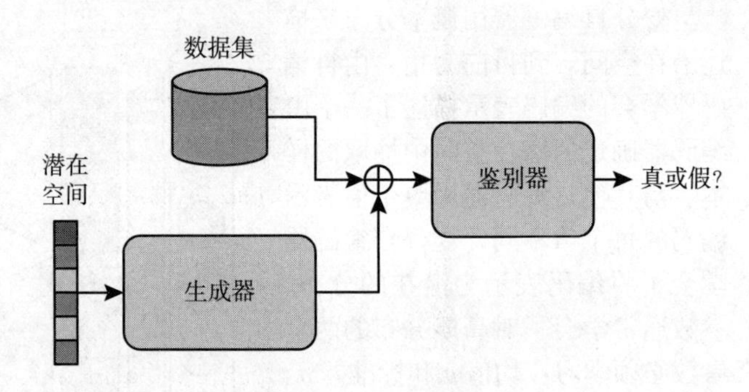

图 4.25　生成对抗网络

在训练时，真实的和生成的示例都提供给鉴别器。鉴别器和生成器是联合训练的，生成器的目标是增加鉴别器的误差，鉴别器的目标是减小它的误差。这与统计学和零和博弈决策理论中使用的极小极大决策规则有关。该技术已被用作一种正则化技术和生成合成数据的方法。

对于生成器 G 和鉴别器 D，目标函数为：

$$\min_G \max_D \mathbb{E}_{\boldsymbol{x}\sim\mathbb{P}_r}\left[\log\left(D(\boldsymbol{x})\right)\right]+\mathbb{E}_{\tilde{\boldsymbol{x}}\sim\mathbb{P}_g}\left[\log\left(1-D(\tilde{\boldsymbol{x}})\right)\right] \tag{4.61}$$

其中，$\mathbb{P}_r$ 和 $\mathbb{P}_g$ 分别代表真实数据分布和生成数据分布，并且 $\tilde{\boldsymbol{x}}=G(\boldsymbol{z})$，其中 $\boldsymbol{z}$ 来自噪声分布，例如高斯分布。

GAN 更常用于计算机视觉而不是 NLP。例如，一些高斯噪声可以添加到图像中，同时仍然保持图像内容的整体结构和意义。句子通常被映射到一个离散的空间，而不是一个连续的空间，因为一个单词是离散的（存在或不存在）。在这个空间中，如果不改变含义，就不能很容易地应用噪声。然而，文献 [Gul+17] 中完成了一种字符级语言建模，使用一个潜在向量通过卷积神经网络生成 32 个独热字符向量。

4.7 关于框架的思考

在 CPU 和 GPU 的支持下，所讨论的大部分架构和算法考虑已经在深度学习框架中实现。许多差异集中在实现语言、目标用户和抽象上。最常见的实现语言是带有 Python 接口的 C++。目标用户可能会有很大的不同，因此对抽象的决策也会有很大的不同。一个关键的抽象是网络的组成深度。早期的抽象侧重于将层作为可以链接在一起的计算块，而最近的框架则依赖于计算图方法。

4.7.1 层抽象

前面我们简要介绍了层抽象的概念，将线性转换操作称为线性层。在概念上，我们可以继续进行层抽象，以包括神经网络的所有部分，将图 4.8 中的 MLP 表示为三个层，其中有一个隐藏层，如图 4.26 所示。

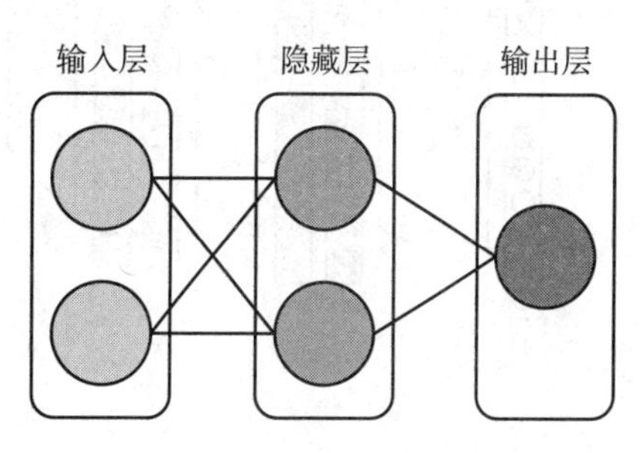

图 4.26 MLP 层的表示

请注意，尽管我们将输入、非线性和输出表示为层，但这仍然是一个单一的隐藏层网络。

这使得将神经网络分割成可以组合在一起的逻辑块变得更加容易。早期的深度学习框架采用这种方法来组成神经网络。通过实现最小的函数集，即前向传播步骤和反向传播步骤，可以创建任何层。这些层被连接起来形成一个神经网络。

这种抽象在构建具有定义行为的标准神经网络时非常有用，并且已经成为框架的常用方法。推断层之间的交互并保证计算需求是相当简单的。我们将看到，这种方法的一个缺点是在处理复杂的网络结构时层抽象变得困难。例如，如果我们想在网络中实现递归连接，那么我们通常必须在单层块中实现所有的循环计算（我们将在第 7 章中进一步探讨这一点）。

4.7.2 计算图

许多框架已经从层抽象转移到计算图。计算图方法在概念上类似于编译器中的抽象符号树（AST）。输入和输出的依赖图可以用树中的符号表示。这允许编译器为可执行模型生成链接库和函数的汇编指令。数据根据图中显示的依赖关系通过 AST 流动。

在深度学习中，计算图是定义计算顺序的有向图。图的节点对应于操作或变量。特定节点在图中的输入是在计算图中呈现的依赖关系。随后，反向传播过程可以通过按照前向传播步骤中计算的操作的相反顺序来确定。一个神经网络计算图的例子如图 4.27 所示。

4.7.3 反向模式自动微分

计算图方法不仅对复杂函数很方便，而且可以扩展到允许在复杂神经网络中进行更简单的梯度逼近。梯度计算是神经网络的核心。深度神经网络编程中最困难的部分之一是特定层或操作的梯度计算。然而，基于图形的深度学习方法允许在计算图上以反向模式高效且自动地计算梯度。

计算图使利用反向模式自动微分方法变得更加容易。自动微分（AD）[GW08] 是一种数值计算函数导数的方法。AD 利用了这样一个概念：在计算机中，所有的数学计算都是作为一系列基本数学运算（加、减、乘、exp、log、sin、cos 等）来执行的。AD 方法利用微分的链式法则将一个函数分解为函数中每个基本操作的微分。这允许自动和准确地应用导数（在理论导数的一个小精度范围内）。这种方法很容易实现，为复杂的架构提供更简单的实现。

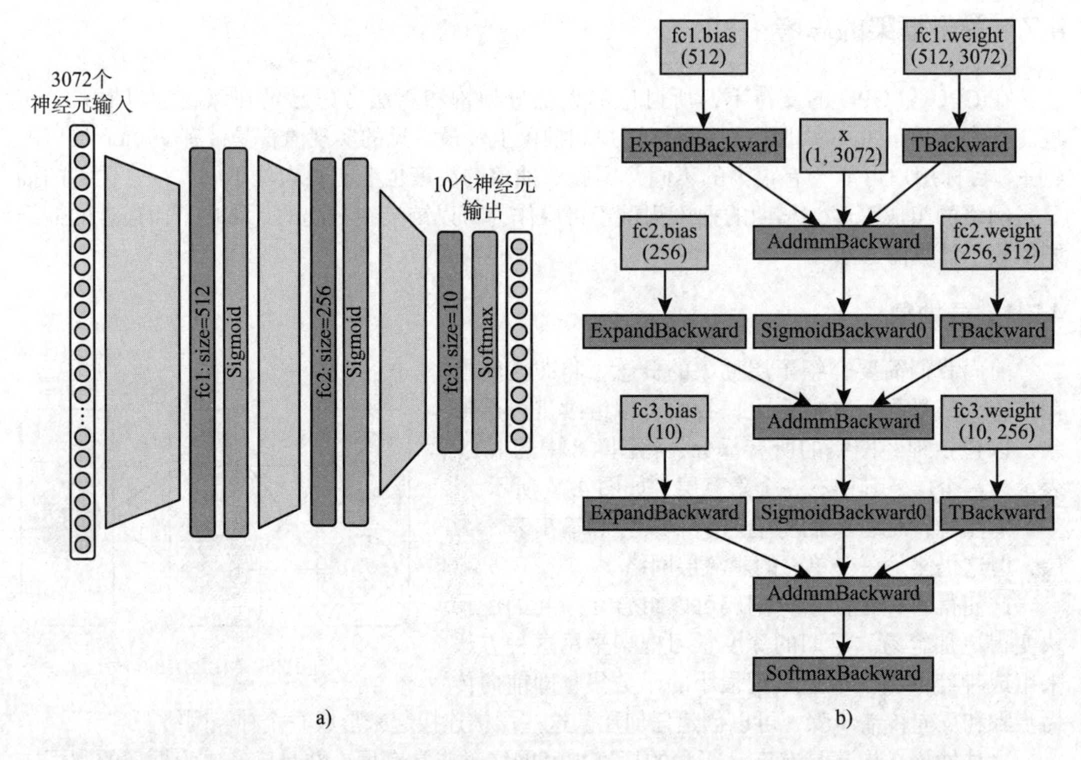

图 4.27　3 层神经网络示意图及其反向计算图。请注意，某些操作仍然可以通过编程方式组合以实现优化（例如，Addmm 将加法和乘法组合为单个操作）。图 a）为具有 sigmoid 激活函数和 10 个类的 softmax 输出的 3 层神经网络的示意图。图 b）为根据图 a）所示网络构建的计算图

反向模式 AD[Spe80] 算法是用于深度学习的 AD 的选择方法，因为它区分单个标量损失。通过计算图可以看到前向传播操作。这个图可以被很好地分解为原始操作，并且在后向传播的过程中，可以计算出关于标量误差的输出梯度。

4.7.4　静态计算图

静态计算图是使用内存的静态视图创建的图。静态结构允许在计算之前对图进行优化，允许并行计算和操作的最优排序。例如，融合某些操作可以减少内存 IO 所需的时间，或者跨 GPU 集合有效优化计算，从而提高总体性能。当存在资源约束时，比如在嵌入式应用程序中，或者当网络架构相对刚性时，这种前期优化成本是有益的，因为它会重复执行相同的图，而输入几乎没有变化。

静态计算图的缺点之一是，一旦创建了它们，就不能修改它们。任何修改都将消除所应用的优化策略中的潜在优势。

4.7.5　动态计算图

动态计算图采用不同的方法，其中操作是在运行时动态计算的。当你事先不知道计算是什么，或者我们想对给定的数据点执行不同的计算时，这是很有用的。这方面的一个明显例子是循环神经网络中的递归计算，它基于通常是可变长度的时间序列输入。在句子长度不同的 NLP 应用中，动态计算通常是可取的，同时也适用于音频文件长度不同的 ASR。

每种方法都有优缺点，就像比较动态类型编程语言和静态类型语言一样。目前每种方

法的两个例子是 TensorFlow [Aba+15] 和 PyTorch [Pas+17]。Tensorflow 依靠静态计算图，而 PyTorch 利用动态计算图。

4.8 案例研究

在本节中，我们将把本章的概念应用到 Free Spoken Digit Dataset (FSDD)[㊀]。FSDD 是一个收集了来自 3 个扬声器的 1500 个语音数字 0~9 的录音。我们通过执行数据增强来增加文件的数量。我们将在下一节中讨论这个问题。

语音相对较短（大多数小于 1.5 秒）。在其原始形式中，音频是时域中的单一系列样本，然而使用 FFT 将其转换到频域通常更有用。我们将每个音频文件转换为一个对数梅尔谱图。

语谱图以二维表示的形式显示了某一时刻某一频率的强度。这些陈述将在第 8 章进一步讨论。一组来自 FSDD 数据集的对数梅尔谱图样本如图 4.28 所示。

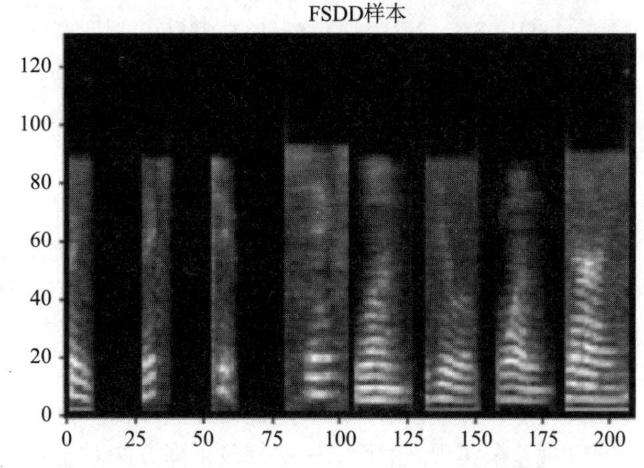

图 4.28 FSDD 样本，显示语音数字的对数梅尔谱图

4.8.1 软件工具和库

在这些小节中，我们将对示例代码使用 PyTorch。我们发现用于 PyTorch 的代码毫不费力地与 Python 混合，使其更容易关注深度学习的概念，而不是与其他框架关联的语法。除了 PyTorch 之外，我们还使用 librosa 来执行音频操作和增强。

4.8.2 探索性数据分析

原始的 FSDD 数据集包含 1500 个示例，没有专门的验证或测试集。这是一个相对较少的示例，在考虑深度学习时，我们使用数据增强来扩大数据集。我们关注两种类型的增强，时间拉伸和音高偏移。时间拉伸会增加或减少文件的长度，而音高偏移会使频率更高或更低。对于时间拉伸，我们可以将文件的速度加快 25% 或减慢 25%，而对于音高偏移，我们可以上下移动半步。这些组合应用于每个文件，产生 13 500 个示例，数据量增加 9 倍。

```
1 samples, sample_rate = librosa.load(file_path)
2 for ts in [0.75,1,1.25]:
3     for ps in [-1,0,+1]:
4         samples_new = librosa.effects.time_stretch(samples,
    rate=ts)
5         y_new = librosa.effects.pitch_shift(samples_new,
    sample_rate, n_steps=ps)
```

到目前为止所描述的神经网络只能接受固定长度的输入。语音的时间特性使得这一点很难做到，因为有些文件比其他文件要长。为了减轻这种限制，我们选择将所有文件的最长持

㊀ https://github.com/Jakobovski/free-spoken-digit-dataset。

续时间设置为 1.5 s。这允许我们对所有文件使用固定的表示。这在批处理时也有帮助，为了提高计算效率，批处理中的所有文件通常应该是相同的长度。

在增加数据总量并限制长度后，我们将数据集随机分为训练集、验证集和测试集。80% 的数据用于训练，10% 用于验证，10% 用于测试。

我们使用 librosa 获得对数梅尔谱图，128 mel 过滤器应用（通常小于 40 也可以）。

```
1 max_length = 1.5  # Max length in seconds
2 samples, sample_rate = librosa.load(file_path)
3 short_samples = librosa.util.fix_length(samples, sample_rate*
     max_length)
4 melSpectrum = librosa.feature.melspectrogram(short_samples.
     astype(np.float16), sr=sample_rate, n_mels=128)
5 logMelSpectrogram = librosa.power_to_db(melSpectrum, ref=np.
     max)
```

除了以原始的 wav 格式保存音频文件外，我们还将它们保存为 numpy 数组。在训练期间加载 numpy 数组要快得多，特别是在我们应用任何增强时。输入数据将是来自频谱图的缩放像素输入。输入的维数为 $d \times t$，其中 d 为提取的梅尔特征数，t 为时间步长数。在加载时，我们将对数梅尔谱图归一化为 0 到 1 之间。将数据范围从功率分贝范围 [−80,0] 转换为连续范围 [0,1]，可以减轻网络在训练的早期阶段学习更高权重的需要。这通常使训练更稳定，因为有较少的内部协变量移位。

理论上，神经网络并不一定需要缩放和归一化。任何归一化都可以通过改变与输入相关的权重和偏差来实现。然而，一些梯度下降方法对缩放非常敏感，标准化输入数据减少了网络学习异常值的极值的需要。这通常会提高训练时间，因为它减少了对初始权重的缩放的依赖。

我们想要在数据中寻找的下一件事是是否有类或数据集不平衡。如果存在严重的类不平衡，那么我们将希望确保数据集有一个代表性的样本。图 4.29 展示了数据集分割的直方图。从直方图中我们可以看到，每个类在我们的每个集合中都得到了很好的体现，并且每个类在每个类的示例数量上都是相对平衡的。这通常对学术数据集是正确的，但在实践中很少出现这种情况。

既然我们已经很好地展示了我们的数据，我们将展示一个使用神经网络的监督分类问题的例子和一个使用自编码器的无监督学习方法。

4.8.3　监督学习

一个监督分类器首先要求我们定义一个我们优化的误差函数。对我们具有 softmax 输出的模型，我们使用交叉熵损失。在实际应用中，当某一类的概率非常低时，使用 softmax 的对数来防止下溢。

其次是定义我们的网络架构。考虑到计算资源和表示能力，这种架构通常是通过实验获得的。在我们的例子中，我们首先选择一个小的，具有两个隐藏层的网络，每层有 128 个神经元，每一个隐藏层之后都有一个 ReLU 激活函数。该网络如图 4.30 所示。

PyTorch 网络定义如下所示。

```
1 import torch.nn as nn
2 
3 # PyTorch 网络定义
4 class Model(nn.Module):
5     def __init__(self):
6         super(Model, self).__init__()
7         self.fc1 = nn.Linear(3072, 128)
```

```
        self.fc2 = nn.Linear(128, 128)
        self.fc3 = nn.Linear(128, 10)

    def forward(self, x):
        x = x.view((-1, 3072))  # 将2D数据转换为1D
        h = self.fc1(x)
        h = torch.relu(h)

        h = self.fc2(h)
        h = torch.relu(h)

        h = self.fc3(h)
        out = torch.log_softmax(h,dim=1)
        return out
```

在网络定义中，我们只需要实例化学习过的层，然后 forward 函数定义将要执行的计算顺序。

线性层期望输入以一维形式表示。因此，我们包含了对 view 函数的调用，该函数将二维输入转换为一维输入[⊖]。

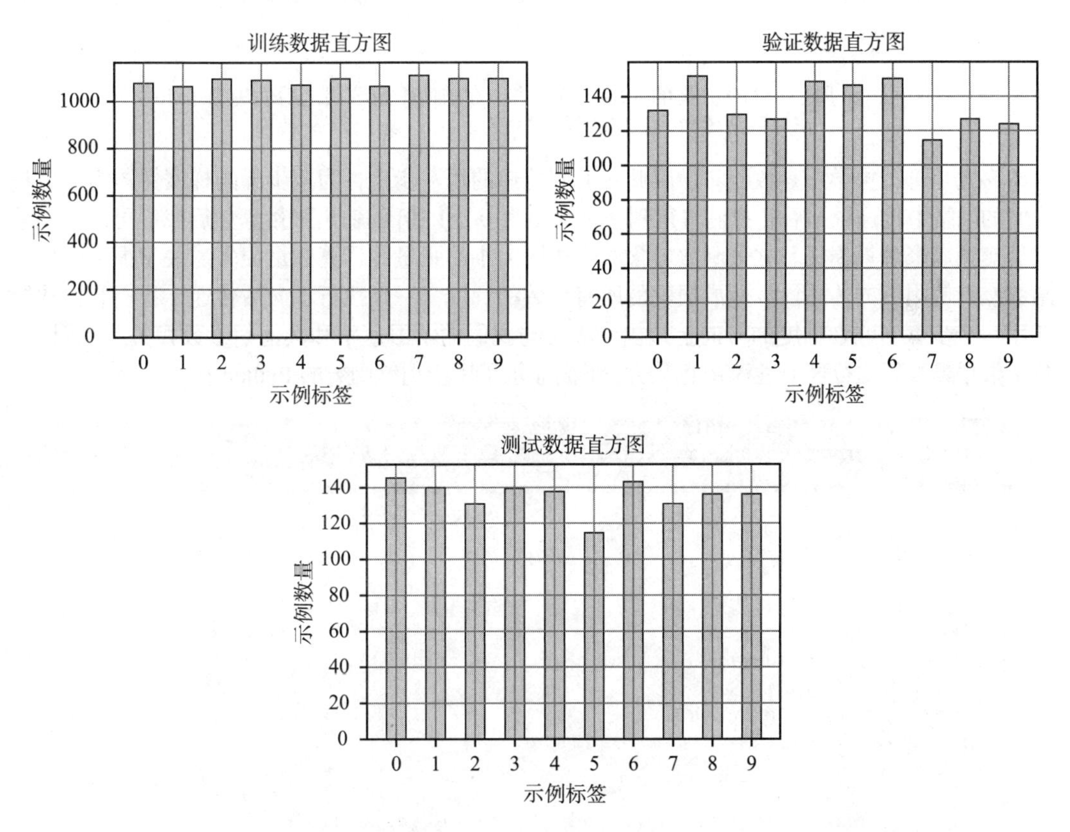

图 4.29　FSDD 训练、验证和测试集的直方图。每个示例都有一个 0~9 的语音标签。类之间的分布在数据集中大致是一致的

⊖ 注意，PyTorch 仍然可以在小批量模式下训练。视图函数将输入张量转换为维度 [n,1,1,3072]，其中 n 是小批量的大小。

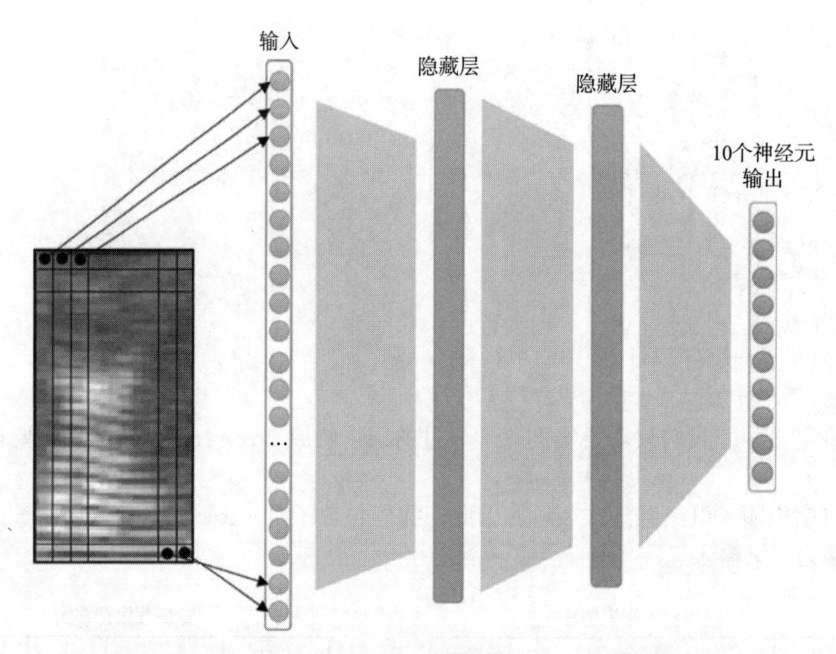

图 4.30　用于 FSDD 分类的 3 层神经网络。在前两个隐藏层之后使用 ReLU 层作为激活函数，在输出层之后使用 log_softmax 转换

梯度与每个可学习参数配对，因此在前向传递的每一步中，为该步骤的梯度保留内存。在我们的网络中传递数据后，我们将得到一个大小为 [n,1,1,10] 的输出张量。然后我们可以用误差度量交叉熵来计算损失。这个函数包含两个相同大小的张量并计算标量损失。关于损失的反向函数然后使用反向传播计算造成损失的所有参数的梯度。一旦执行了向后传递，我们为优化器调用一个步骤，它在梯度的方向上迈出一步（与我们的学习速率和其他超参数相关）。我们对整个数据集重复执行这个过程 e 个周期。下面显示了用于训练函数的 Python 代码。

```
1  import torch.optim as optim
2  use_cuda = torch.cuda.is_available()  # 如果可以的话在GPU上
       运行
3
4  #  PyTorch 中的神经网络训练
5  model = Model()
6  model.train()
7  if use_cuda:
8      model.cuda()
9  optimizer = optim.Adam(model.parameters(), lr=0.01)
10 n_epoch = 40
11 for epoch in range(n_epoch):
12     for data, target in train_loader:
13         # 获得样本
14         if use_cuda:
15             data, target = data.cuda(), target.cuda()
16
17         # 清理梯度
18         optimizer.zero_grad()
19
20         # 前向传播
21         y_pred = model(data)
22
23         # 误差计算
24         loss = torch.cross_entropy(y_pred, target)
25
26         # 反向传播
```

```
27            loss.backward()
28
29            # 参数更新
30            optimizer.step()
```

此代码片段不完整，因为它没有在培训过程中包含验证评估。随附的笔记本中给出了一个更健壮的示例，读者可以在练习中实验不同的超参数配置。在训练过程中，我们保存了一个具有最佳验证损失的模型副本。利用该模型计算测试集上的误差，训练曲线和测试集结果如图 4.31 所示。

此外，我们还可以修改我们的网络，使其包含我们前面讨论过的一些正则化技术和激活函数，例如批量归一化、dropout 和 ReLU。合并这些特性是对前面描述的模型架构的简单修改。该模型的训练图如图 4.31 所示。

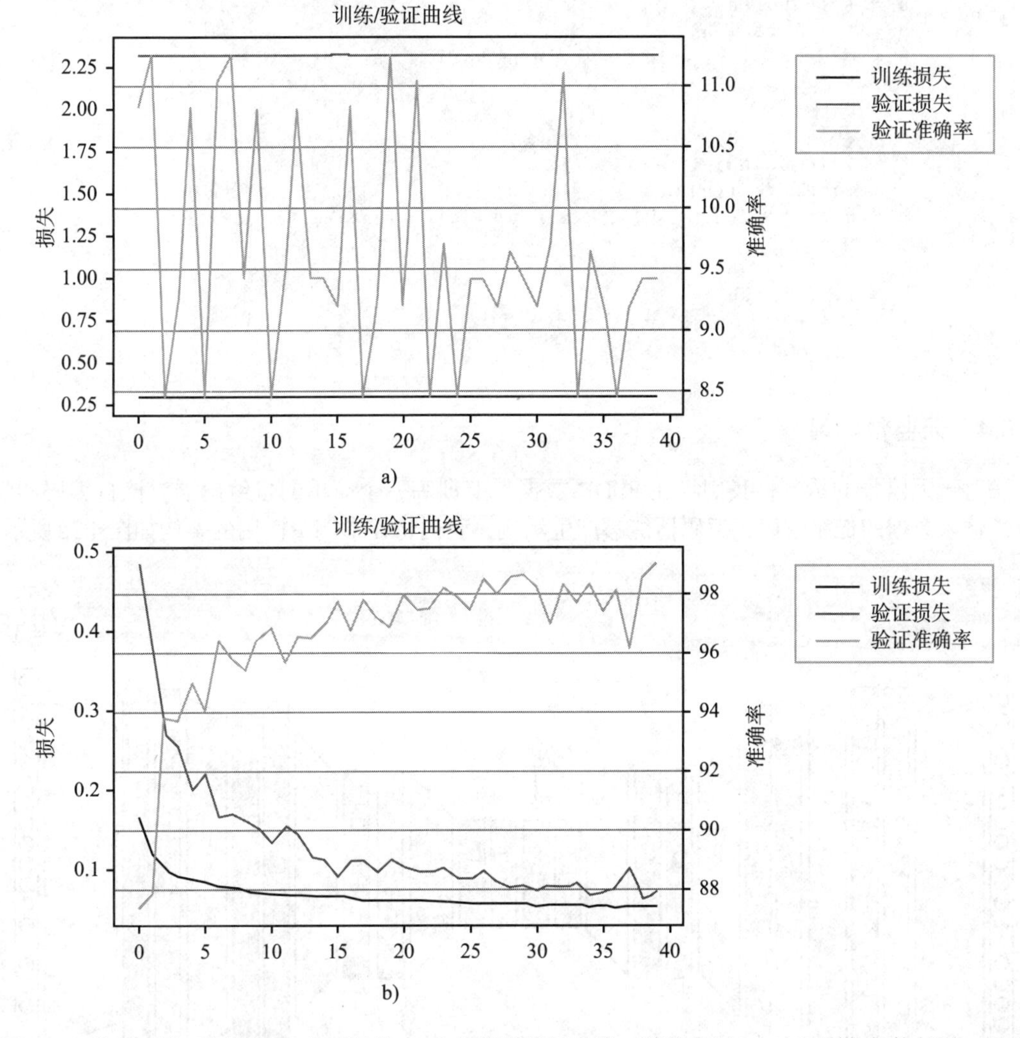

图 4.31　使用两种不同架构定义运行的 40 个周期的学习曲线。请注意图 b）中正则化架构与图 a 相比的稳定性。图 a）为图 4.30 所示 2 个隐藏层网络的 40 个周期的学习曲线。在测试集上，性能最好的验证模型损失为 2.3050，准确率为 10%，统计上与随机猜测相同。图 b）为图 4.30 所示的包含批量归一化和 dropout 的 2 个隐藏层网络的 40 个周期的学习曲线。在测试集上，性能最好的验证模型损失为 0.0825，准确率为 98%

```
# PyTorch 网络定义
class Model(nn.Module):
    def __init__(self):
        super(Model, self).__init__()
        self.fc1 = nn.Linear(3072, 128)
        self.bc1 = nn.BatchNorm1d(128)

        self.fc2 = nn.Linear(128, 128)
        self.bc2 = nn.BatchNorm1d(128)

        self.fc3 = nn.Linear(128, 10)

    def forward(self, x):
        x = x.view((-1, 3072))
        h = self.fc1(x)
        h = self.bc1(h)
        h = torch.relu(h)
        h = F.dropout(h, p=0.5, training=self.training) #
    评估时被禁用

        h = self.fc2(h)
        h = self.bc2(h)
        h = torch.relu(h)
        h = F.dropout(h, p=0.2, training=self.training) #
    评估时被禁用

        h = self.fc3(h)
        out = torch.log_softmax(h,dim=1)
        return out
```

4.8.4　无监督学习

对于无监督的示例，我们将在 FSDD 数据集上训练一个简单的自编码器。该自编码器学习了输入数据的低维编码，解码器能够产生示例，我们将在本例中使用的架构如图 4.32 所示。

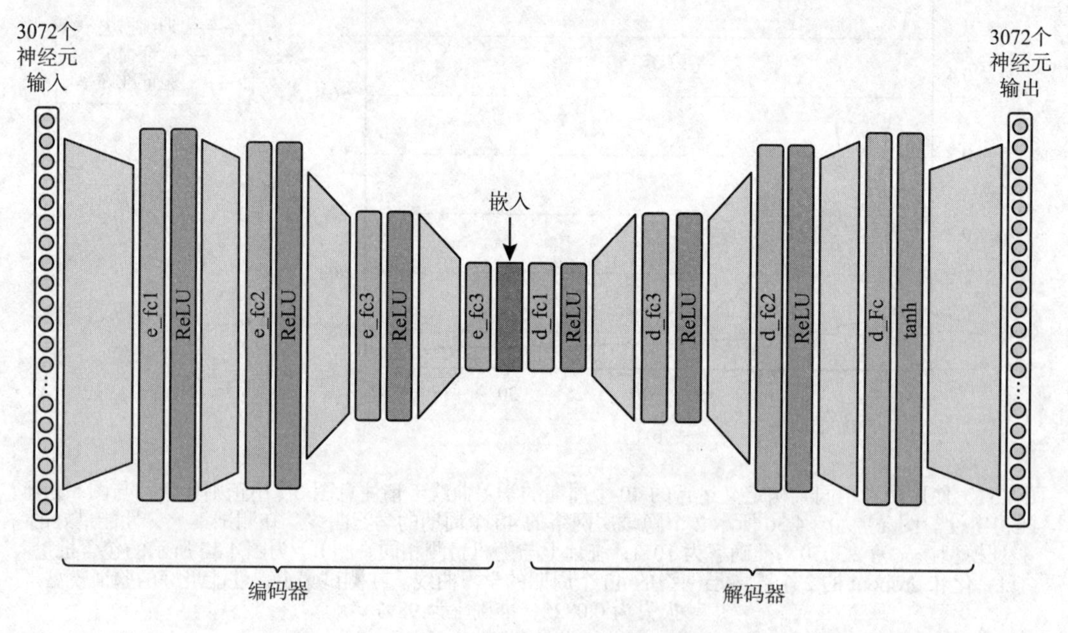

图 4.32　FSDD 数据集的自编码器。
注意：图层大小定义了该图层的输出大小

因为这是一个无监督的任务，我们将使用 MSE 误差函数来比较我们的输入和解码器的输出。我们网络的输出必须和我们的输入大小相同，$d = 3072$，因此我们网络的最后一层必须保证维数与输入匹配。

网络架构是一个非常简单的定义，每个编码器和解码器都学习了四个线性层。PyTorch 自编码器的定义如下所示。

```
import torch.nn as nn
import torch.nn.functional as F  # 非线性的本地操作

# PyTorch 网络定义
class autoencoder(nn.Module):
    def __init__(self):
        super(autoencoder, self).__init__()

        self.e_fc1 = nn.Linear(3072, 512)
        self.e_fc2 = nn.Linear(512, 128)
        self.e_fc3 = nn.Linear(128, 64)
        self.e_fc4 = nn.Linear(64,64)

        self.d_fc1 = nn.Linear(64, 64)
        self.d_fc2 = nn.Linear(64, 128)
        self.d_fc3 = nn.Linear(128, 512)
        self.d_fc4 = nn.Linear(512, 3072)

    def forward(self, x):
        # 编码
        h = F.relu(self.e_fc1(x))
        h = F.relu(self.e_fc2(h))
        h = F.relu(self.e_fc3(h))
        h = self.e_fc4(h)

        # 解码
        h = F.relu(self.d_fc1(h))
        h = F.relu(self.d_fc2(h))
        h = F.relu(self.d_fc3(h))
        h = self.d_fc4(h)
        out = F.tanh(h)

        return out
```

该训练算法与分类示例中引入的训练算法非常相似。我们使用 Adam 优化器并为正则化添加一个权重衰减项。此外，由于我们将使用相同大小的输入和输出，我们将把 2D 到 1D 的转换移到模型之外。算法的其余部分与前面所示相同。训练算法如下所示。

图 4.33 展示了输入示例的解码输出样本。

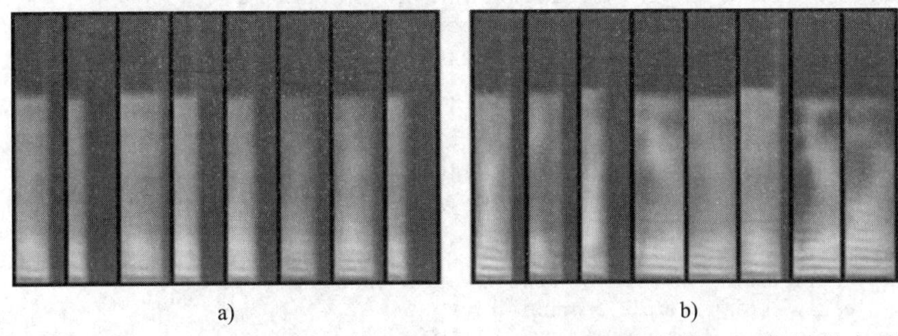

图 4.33　训练数据经过 n 个周期后的自编码器输出。注意，对于不同的输入，谱图中的水平线开始形成不同的形式。图 a）为输入经过 1 个周期后的自编码器重构。图 b）为输入经过 100 个周期后的自编码器重构

当检查重构的输入信号时，我们注意到它们的清晰度比图 4.28 所示的例子要低。这主要是由于 MSE 损失函数。因为它是在计算平方误差，所以它倾向于把所有的值拉向平均值，把平均值优先化到输入的特定区域。

```
import torch.optim as optim
import torch.nn.functional as F

# PyTorch 中的神经网络训练
model = autoencoder()
optimizer = optim.Adam(
    model.parameters(), lr=learning_rate, weight_decay=1e-5)

for epoch in range(n_epoch):
        for data, _ in train_loader:
            # 获取样本
            input = data.view(-1,3072)  # 我们将重用格式化的输入作
    为目标

            # 前向传播
            output = model(input)

            # 误差计算
            loss = F.mse_loss(output, input)

            # 清理梯度
            optimizer.zero_grad()

            # 反向传播
            loss.backward()

            # 参数更新
            optimizer.step()
```

4.8.5　使用无监督特征进行分类

RBM 在训练过程中学习无监督的特征。一旦这些无监督的特征被学习，我们可以使用这些特征创建一个低维的标记数据集用于监督分类器。在我们的例子中，我们训练一个 RBM，然后使用学习到的特征作为逻辑回归分类器的输入。

我们可以用以下代码定义 RBM。

```
class RBM(nn.Module):
    def __init__(self, n_vis=3072, n_hin=128, k=5):
        super(RBM, self).__init__()
        self.W = nn.Parameter(torch.randn(n_hin,n_vis)*1e-2)
        self.v_bias = nn.Parameter(torch.zeros(n_vis))
        self.h_bias = nn.Parameter(torch.zeros(n_hin))
        self.k = k

    def sample_from_p(self,p):
        return F.relu(torch.sign(p - Variable(torch.rand(p.
    size()))))

    def v_to_h(self,v):
        p_h = F.sigmoid(F.linear(v,self.W,self.h_bias))
        sample_h = self.sample_from_p(p_h)
        return p_h,sample_h

```

```
    def h_to_v(self,h):
        p_v = F.sigmoid(F.linear(h, self.W.t(), self.v_bias))
        sample_v = self.sample_from_p(p_v)
        return p_v, sample_v

    def forward(self,v):
        pre_h1,h1 = self.v_to_h(v)

        h_ = h1
        for _ in range(self.k):
            pre_v_,v_ = self.h_to_v(h_)
            pre_h_,h_ = self.v_to_h(v_)

        return v,v_

    def free_energy(self,v):
        vbias_term = v.mv(self.v_bias)
        wx_b = F.linear(v, self.W, self.h_bias)
        hidden_term = wx_b.exp().add(1).log().sum(1)
        return (-hidden_term - vbias_term).mean()
```

我们使用 Adam 训练模型，示例代码如下。

```
rbm = RBM(n_vis=3072, n_hin=128, k=1)

train_op = optim.Adam(rbm.parameters(), 0.01)
for epoch in range(epochs):
    loss_ = []
    for _, (data,target) in enumerate(train_loader):
        data = Variable(data.view(-1, 3072))
        sample_data = data.bernoulli()

        v,v1 = rbm(sample_data)
        loss = rbm.free_energy(v) - rbm.free_energy(v1)
        loss_.append(loss.data[0])
        train_op.zero_grad()
        loss.backward()
        train_op.step()
```

在训练 RBM 特征之后，我们可以创建一个逻辑回归分类器基于无监督特征来对示例进行分类。

```
from sklearn.linear_model import LogisticRegression

clf = LogisticRegression()
clf.fit(train_features, train_labels)
predictions = clf.predict(test_features)
```

该分类器对来自 RBM 的 128 维特征数据集的准确率达到 71.04%。分类器的混淆矩阵如图 4.34 所示。

4.8.6 结果

结合前面内容的结论，我们在表 4.1 中比较了分类方法。

表 4.1 FSDD 测试集上的端到端语音识别性能。突出显示的结果表明性能最好

方法	准确率	方法	准确率
2 层 MLP	10.38	RBM + 逻辑回归	71.04
2 层 MLP（归一化）	**98.44**		

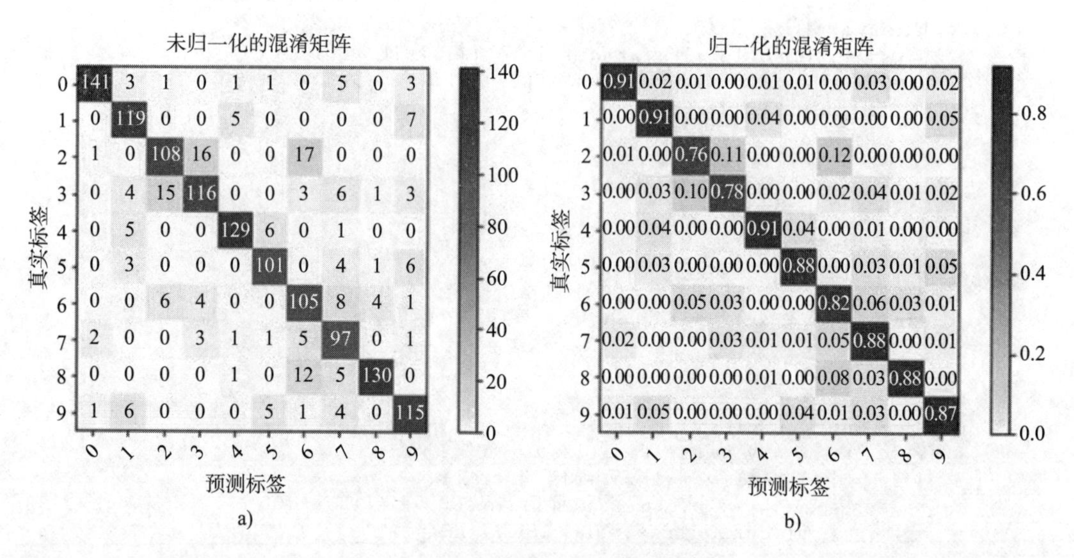

图 4.34　FSDD 数据集上带有 RBM 特征的逻辑回归分类器的混淆矩阵。图 a）为 FSDD 的混淆矩阵。图 b）为 FSDD 的归一化混淆矩阵

4.8.7　留给读者的练习

其他一些读者可以自己尝试的有趣的问题包括：

1. 用 [0.001,0.1,1.0,10] 中的每一个学习率训练 FSDD 分类器的效果如何？切换优化方法的效果如何？

2. 学习速率为 0.1 的 FSDD 自编码器的结果是什么？

3. 如果我们想学习一组稀疏的特征，而不是手写数字的低维编码，那么架构会发生怎样的变化？

4. 批量大小对学习过程有什么影响？它会影响学习率吗？

5. 为了使系统更加健壮，可以对音频应用哪些额外的数据增强技术？

6. 以经过训练的自编码器的编码作为特征，训练一个分类器。准确率与监督模型相比如何？

7. 将自编码器更改为变分自编码器。它是否提高了生成输出的可见质量？改变对解码器的输入，以了解已学习的特征。

8. 扩展 RBM，建立深度置信网络来对 FSDD 数据集进行分类。

参考文献

[Aba+15]　Martín Abadi et al. *TensorFlow: Large-Scale Machine Learning on Heterogeneous Systems*. 2015.

[Bis95]　Christopher M Bishop. “Regularization and complexity control in feed-forward networks”. In: (1995).

[BGW18]　Sebastian Bock, Josef Goppold, and Martin Weiß. “An improvement of the convergence proof of the ADAM-Optimizer”. In: *arXiv preprint arXiv:1804.10587* (2018).

[Cho+15a] Anna Choromanska et al. “The loss surfaces of multilayer networks”. In: *Artificial Intelligence and Statistics*. 2015, pp. 192–204.

[Cyb89b] George Cybenko. “Approximation by superpositions of a sigmoidal function”. In: *Mathematics of control, signals and systems* 2.4 (1989), pp. 303–314.

[Den+09b] Jia Deng et al. “Imagenet: A large-scale hierarchical image database”. In: *Computer Vision and Pattern Recognition, 2009. CVPR 2009. IEEE Conference on*. IEEE. 2009, pp. 248–255.

[DHS11] John Duchi, Elad Hazan, and Yoram Singer. “Adaptive subgradient methods for online learning and stochastic optimization”. In: *Journal of Machine Learning Research* 12.Jul (2011), pp. 2121–2159.

[GBC16a] Ian Goodfellow, Yoshua Bengio, and Aaron Courville. *Deep Learning*. MIT Press, 2016.

[GBC16b] Ian Goodfellow, Yoshua Bengio, and Aaron Courville. “Deep learning (adaptive computation and machine learning series)”. In: *Adaptive Computation and Machine Learning series* (2016), p. 800.

[Goo+14a] Ian Goodfellow et al. “Generative adversarial nets”. In: *Advances in neural information processing systems*. 2014, pp. 2672–2680.

[GSS14] Ian J Goodfellow, Jonathon Shlens, and Christian Szegedy. “Explaining and harnessing adversarial examples”. In: *arXiv preprint arXiv:1412.6572* (2014).

[GW08] Andreas Griewank and Andrea Walther. *Evaluating derivatives: principles and techniques of algorithmic differentiation*. SIAM, 2008.

[Gul+17] Ishaan Gulrajani et al. “Improved training of Wasserstein GANs”. In: *Advances in Neural Information Processing Systems*. 2017, pp. 5767– 5777.

[HOT06b] Geoffrey E Hinton, Simon Osindero, and Yee-Whye Teh. “A fast learning algorithm for deep belief nets”. In: *Neural computation* 18.7 (2006), pp. 1527–1554.

[HS06] Geoffrey E Hinton and Ruslan R Salakhutdinov. “Reducing the dimensionality of data with neural networks”. In: *science* 313.5786 (2006), pp. 504–507.

[HS83] Geoffrey E Hinton and Terrence J Sejnowski. “Optimal perceptual inference”. In: *Proceedings of the IEEE conference on Computer Vision and Pattern Recognition*. Citeseer. 1983, pp. 448–453.

[HSW89] Kurt Hornik, Maxwell Stinchcombe, and Halbert White. “Multilayer feedforward networks are universal approximators”. In: *Neural networks* 2.5 (1989), pp. 359–366.

[IS15] Sergey Ioffe and Christian Szegedy. “Batch Normalization: Accelerating Deep Network Training by Reducing Internal Covariate Shift”. In: *CoRR* abs/1502.03167 (2015).

[Iva68] Aleksey Grigorievitch Ivakhnenko. “The group method of data handling-a rival of the method of stochastic approximation”. In: *Soviet Automatic Control* 13.3 (1968), pp. 43–55.

[JGP16] Eric Jang, Shixiang Gu, and Ben Poole. “Categorical reparameterization with gumbel-softmax”. In: *arXiv preprint arXiv:1611.01144* (2016).

[Jou+16b] Armand Joulin et al. "Fasttext. zip: Compressing text classification models". In: *arXiv preprint arXiv:1612.03651* (2016).

[KB14] Diederik Kingma and Jimmy Ba. "Adam: A method for stochastic optimization". In: *arXiv preprint arXiv:1412.6980* (2014).

[KSH12c] Alex Krizhevsky, Ilya Sutskever, and Geoffrey E Hinton. "Imagenet classification with deep convolutional neural networks". In: *Advances in neural information processing systems*. 2012, pp. 1097–1105.

[LeC+06] Yann LeCun et al. "A tutorial on energy-based learning". In: *Predicting structured data* 1.0 (2006).

[Mai+10] Julien Mairal et al. "Online learning for matrix factorization and sparse coding". In: *Journal of Machine Learning Research* 11.Jan (2010), pp. 19–60.

[MB05] Frederic Morin and Yoshua Bengio. "Hierarchical Probabilistic Neural Network Language Model." In: *Aistats*. Vol. 5. Citeseer. 2005, pp. 246–252.

[MK87] Katta G Murty and Santosh N Kabadi. "Some NP-complete problems in quadratic and nonlinear programming". In: *Mathematical programming* 39.2 (1987), pp. 117–129.

[Pas+17] Adam Paszke et al. "Automatic differentiation in PyTorch". In: (2017).

[PSM14] Jeffrey Pennington, Richard Socher, and Christopher Manning. "Glove: Global vectors for word representation". In: *Proceedings of the 2014 conference on empirical methods in natural language processing (EMNLP)*. 2014, pp. 1532–1543.

[RKK18] Sashank J Reddi, Satyen Kale, and Sanjiv Kumar. "On the convergence of Adam and beyond". In: (2018).

[Rud17a] Sebastian Ruder. "An Overview of Multi-Task Learning in Deep Neural Networks". In: *CoRR* abs/1706.05098 (2017).

[SLA12] Jasper Snoek, Hugo Larochelle, and Ryan P Adams. "Practical Bayesian optimization of machine learning algorithms". In: *Advances in neural information processing systems*. 2012, pp. 2951–2959.

[Spe80] Bert Speelpenning. *Compiling fast partial derivatives of functions given by algorithms*. Tech. rep. Illinois Univ., Urbana (USA). Dept. of Computer Science, 1980.

[Sri+14] Nitish Srivastava et al. "Dropout: a simple way to prevent neural networks from overfitting." In: *Journal of machine learning research* 15.1 (2014), pp. 1929–1958.

[TH12] Tijmen Tieleman and Geoffrey Hinton. "Lecture 6.5-rmsprop: Divide the gradient by a running average of its recent magnitude". In: *COURSERA: Neural networks for machine learning* 4.2 (2012), pp. 26–31.

[Zei12] Matthew D. Zeiler. "ADADELTA: An Adaptive Learning Rate Method". In: *CoRR* abs/1212.5701 (2012).

[Zha+16] Chiyuan Zhang et al. "Understanding deep learning requires rethinking generalization". In: *CoRR* abs/1611.03530 (2016).

分布式表示

5.1 章节简介

本章介绍**词向量**（word embedding，也称为词嵌入）的概念，在深度学习方法中，词向量是文本表示的核心概念。我们首先从语义的**分布式假设**入手，解释如何利用该假设得到单词的语义表示。然后讨论常见的分布式语义模型，包括 word2vec 和 GloVe，以及它们的变体。接下来介绍如何克服向量模型的缺点，并将其扩展到对文档和概念的表示。最后，我们将讨论自然语言处理任务的几种应用，并提供一个关于语言建模的案例研究。

5.2 分布式语义

分布式语义是自然语言处理的一个子领域，其依据是词义是从其用法中衍生出来的。分布式假设指出，在相似上下文中使用的词具有相似的含义。也就是说，如果两个单词经常与相同的一组单词出现，那么它们在语义上是相似的。统计语义假设是一个更广泛的概念，该假设指出含义可以从词语用法的统计模式中得出。分布式语义是许多近期计算语言学进步的基础。

5.2.1 向量空间模型

向量空间模型（VSM）将文档的集合表示为超空间中的点，也就是向量空间中的向量（如图 5.1 所示）。它们基于关键属性，即超空间中点的接近度是文档语义相似度的度量。换句话说，具有相似向量表示的文档意味着它们在语义上相似。VSM 已在信息检索应用程序中得到广泛采用，其中通过返回一组按距离排序的附近文档来实现搜索查询。我们已经在第 3 章中以词袋词频或 TFIDF 示例的形式学习了 VSM。

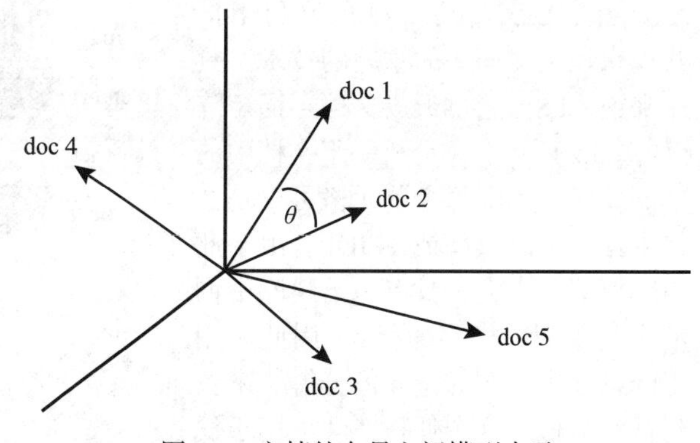

图 5.1 文档的向量空间模型表示

维数灾难

如果 VSM 基于高维稀疏表示，则可能会产生一个主要缺点。在这里，稀疏意味着向量具有多个零值的维，这被称为**维数灾难**。在这种情况下，这些 VSM 需要大量的内存资源，并且在实现和使用时计算成本很高。例如，基于词频的 VSM 理论上将需要与整个文档集的词典中的单词数量一样多的维数。在实践中，通常会设置单词数量的上限，从而设置 VSM 的维数。不在 VSM 中的单词被称为**集外词**（OOV）。对于大多数 VSM 而言，这是一个有意义的空白，因为它们无法将语义赋予之前未见过的属于 OOV 的新单词。

> 分布式假设认为，一个单词的含义来源于它所使用的上下文，具有相似含义的单词在相似的上下文中使用。

5.2.2　词表示

词表示的最早使用可以追溯到 1986 年。词向量显式地编码语言规律和模式。分布式语义模型可以分为两类：基于共现的模型和预测模型。基于共现的模型必须在整个语料库上进行训练，并捕获全局依赖性和上下文，而预测模型则可以捕获（较小）上下文窗口内的局部依赖关系。这些模型中最著名的 word2vec 和 GloVe 被称为词模型，因为它们对整个语料库中的词依赖关系进行建模。两者都从大量的非结构化文本数据中学习高质量和密集的词表示。这些词向量能够编码语言规律和语义模式，从而产生一些有趣的代数性质。

5.2.2.1　共现

分布假设告诉我们，单词的共现可以揭示其语义上的接近度和含义。计算语言学充分利用了这一事实，并利用语料库中两个并排出现的单词的频率来识别单词关系。**点间互信息**（Pointwise Mutual Information，PMI）是两个单词 w_1 和 w_2 之间共现的常用信息理论量度：

$$\mathrm{PMI}(w_1, w_2) = \log \frac{p(w_1, w_2)}{p(w_1)p(w_2)} \tag{5.1}$$

其中，$p(w)$ 是一个单词出现的概率，而 $p(w_1,w_2)$ 是两个单词同时出现的联合概率。PMI 的值对应单词之间的搭配和共现性（值越高关联性越强）。通常基于语料库中的词频与共现来估计单个和联合概率。PMI 是用于单词聚类和其他许多任务的有用量度。

5.2.2.2　LSA

潜在语义分析（Latent Semantic Analysis，LSA）是一种有效利用词共现来识别文档集的主题的技术。具体来说，LSA 通过形成文档 - 词矩阵（如图 5.2 所示）来分析一组文档中的单词关联，其中每个单元格可以是文档中词出现的频率或 TFIDF。由于此矩阵可能非常大（具有与语料库中词汇表的单词一样多的行），因此采用了降维技术（例如奇异值分解）来找到低秩近似。这个低秩空间可用于识别关键词和聚类文档，或进行信息检索（如第 3 章中所述）。

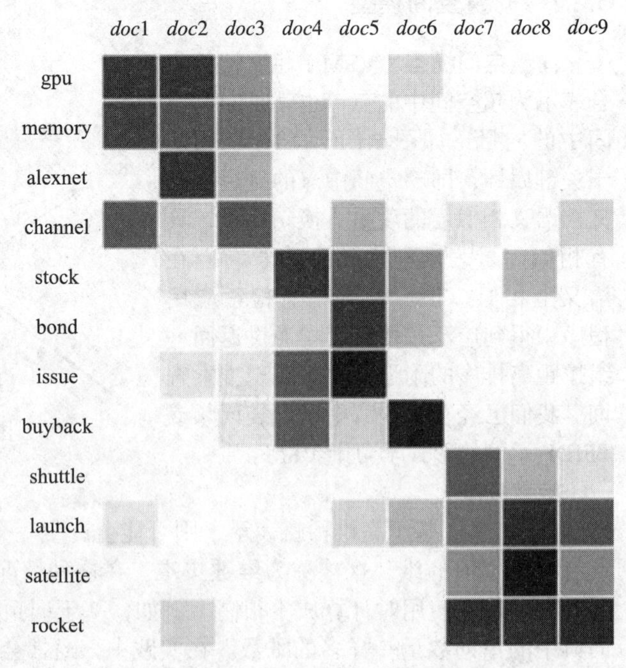

图 5.2　LSA 文档 - 词矩阵

5.2.3　神经语言模型

回想一下，语言模型试图学习单词序列的联合概率函数。如上所述，由于维数灾难，这很困难——英语中使用的词汇量巨大，这意味着我们可能要学习大量的序列。语言模型在给定所有先前单词 w_t 的情况下估计下一个单词 w_T 的条件概率：

$$p(w_T)=\prod_{t=1}^{T}p(w_t \mid w_1,\cdots,w_{t-1}) \tag{5.2}$$

存在许多估计单词的连续表示的方法，包括潜在语义分析（LSA）和潜在狄利克雷分布（LDA）。前者无法保留线性语言规律，而后者则需要庞大的计算开销，只适用于小型数据集。近年来，业内已经提出了不同的神经网络方法来克服这些问题（如图5.3所示），我们将在下面介绍。这些神经网络模型学习到的表示称为**神经嵌入**，或简单地说就是**嵌入**，我们将在本书的其余部分中这么描述。

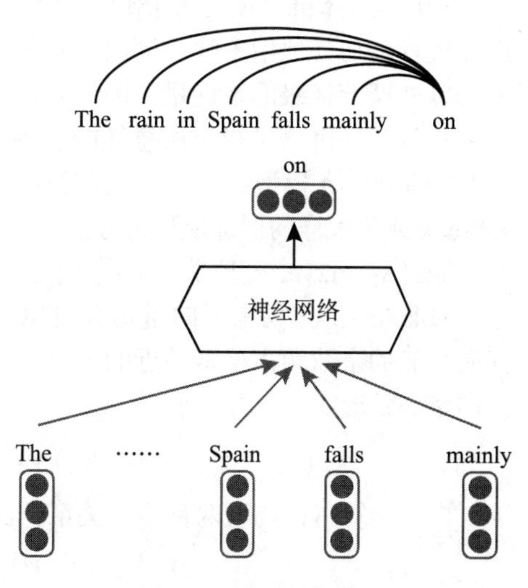

图5.3 神经语言模型

5.2.3.1 Bengio

在2003年，Bengio等人[Ben+03]提出了一种神经概率模型，用于学习单词的分布式表示。Bengio模型不是使用稀疏的高维表示，而是建议使用多层神经网络在给定前一个单词的情况下预测下一个单词，从而在低维连续向量空间中表示单词和文档。使用反向传播对该网络进行迭代训练，以在训练语料库上最大化条件对数似然函数J：

$$J=\frac{1}{T}\sum_{t=1}^{T}\log f\left(\boldsymbol{v}(w_t),\boldsymbol{v}(w_{t-1}),\cdots,\boldsymbol{v}(w_{t-n+1});\theta\right)+R(\theta) \tag{5.3}$$

其中，$\boldsymbol{v}(w_t)$是单词w_t的特征向量，f是代表神经网络的映射函数，$R(\theta)$是应用于网络权重θ的正则化惩罚。这样，模型同时将每个单词与分布式单词特征向量相关联，并根据序列中单词的特征向量来学习单词序列的联合概率函数。例如，对于一个词汇量为100 000的语料库，一个独热编码的100 000维向量表示，Bengio模型可以学习小得多的300维连续向量空间表示（如图5.4所示）。

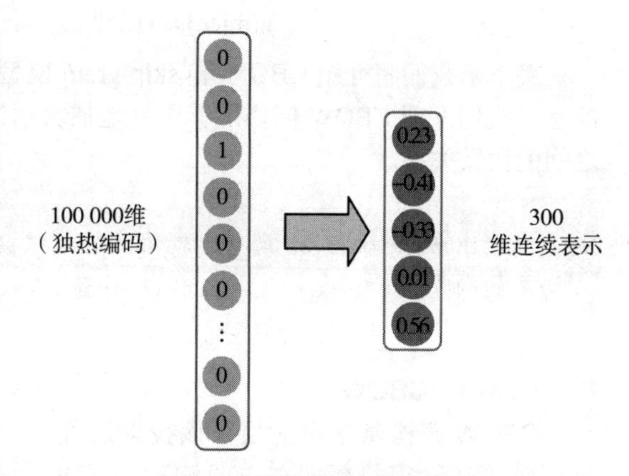

图5.4 稀疏表示与密集表示

5.2.3.2 Collobert和Weston

2008年，Collobert和Weston [CW08]将词向量应用于多个NLP任务，表明可以在语料库上以无监督的方式训练词向量，并显著改善NLP任务。他们使用了经过端到端训练的多层神经网络。在此过程中，网络的第一层学习了跨任务共享的分布式单词表示形式。该单词表示层的输出传递到下游架构，该架构能够输出词性标签、块、命名实体、语义角色和句子相似性。Collobert和Weston的模型是通过采用密集层表示实现多任务学习的示例。

> 可以通过随机梯度下降训练神经语言模型，从而避免将共现矩阵存储在内存中带来的沉重计算和内存负担。

5.2.4　word2vec

2013 年，Mikolov 等人 [Mik + 13b] 提出了一组神经架构，可以计算大型数据集上单词的连续表示。与其他用于学习词向量的神经网络架构不同，这些架构具有很高的计算效率，甚至可以处理十亿级的单词量，因为它们不涉及密集的矩阵乘法。此外，这些模型学到的高质量表示具有提供语义和句法意义的有用的翻译属性。所提出的架构由**连续词袋**（CBOW）模型和 **skip-gram 模型**组成。他们将这个模型组称为 **word2vec**。他们还提出了两种基于分层 softmax 或负采样的训练模型的方法。

通过 word2vec 模型学习的向量的翻译特性可以提供非常有用的语言和关系相似性。特别地，Mikolov 等人揭示了向量运算可以产生高质量的单词相似度和类比。他们表明，可以根据向量和的余弦距离搜索最近的向量，从而从 king、man 和 woman 的表示中恢复 queen 一词的向量表示形式：

$$\boldsymbol{v}(\text{queen}) \approx \boldsymbol{v}(\text{king}) - \boldsymbol{v}(\text{man}) + \boldsymbol{v}(\text{woman})$$

向量运算可以揭示两种语义关系，例如：

$$\boldsymbol{v}(\text{Rome}) \approx \boldsymbol{v}(\text{Paris}) - \boldsymbol{v}(\text{France}) + \boldsymbol{v}(\text{Italy})$$
$$\boldsymbol{v}(\text{niece}) \approx \boldsymbol{v}(\text{nephew}) - \boldsymbol{v}(\text{brother}) + \boldsymbol{v}(\text{sister})$$
$$\boldsymbol{v}(\text{Cu}) \approx \boldsymbol{v}(\text{Zn}) - \boldsymbol{v}(\text{zinc}) + \boldsymbol{v}(\text{copper})$$

以及句法关系，例如：

$$\boldsymbol{v}(\text{biggest}) \approx \boldsymbol{v}(\text{smallest}) - \boldsymbol{v}(\text{small}) + \boldsymbol{v}(\text{big})$$
$$\boldsymbol{v}(\text{thinking}) \approx \boldsymbol{v}(\text{read}) - \boldsymbol{v}(\text{reading}) + \boldsymbol{v}(\text{think})$$
$$\boldsymbol{v}(\text{mice}) \approx \boldsymbol{v}(\text{dollars}) - \boldsymbol{v}(\text{dollar}) + \boldsymbol{v}(\text{mouse})$$

接下来我们将介绍 CBOW 和 skip-gram 模型背后的原理以及它们的训练方法。值得注意的是，人们发现 CBOW 模型能够更好地捕获语法关系，而 skip-gram 模型则更擅长编码单词之间的语义关系。

> *请注意，word2vec 模型比较快——与以前的方法相比，它们可以快速学习更大的语料库的向量表示。*

5.2.4.1　CBOW

CBOW 架构基于投射层，该投射层经过训练可在给定目标词左右两侧 c 个词的上下文窗口的情况下预测目标词（如图 5.5 所示）。

输入层通过嵌入矩阵 $\boldsymbol{W}$ 将每个上下文词映射到维度为 k 的密集向量表示，然后将上下文词的结果向量在每个维度上取平均，以生成一个维度为 k 的向量。所有上下文词共享嵌入矩阵 $\boldsymbol{W}$。由于上下文词的顺序与求和无关，因此该模型类似于词袋模型，不同之处在于该模型使用了连续表示。CBOW 模型旨在最大化平均对数概率：

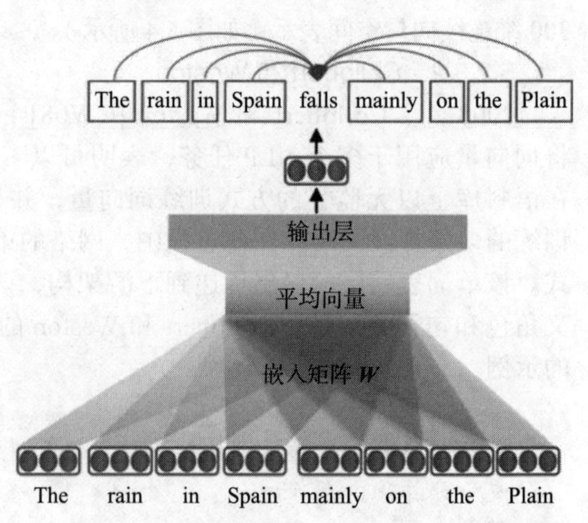

图 5.5　连续词袋模型（上下文窗口 =4）

$$\frac{1}{T}\sum_{t=1}^{T}\sum_{-c<j<c,j\neq0}\log\left(p\left(w_t \mid w_{t+j}\right)\right) \tag{5.4}$$

其中，c 是目标词每一侧的上下文词的数量（如图 5.6 所示）。

对于简单的 CBOW 模型，将投射层输出的平均向量表示输入 softmax 函数，同时使用反向传播最大化对数概率目标，从而在语料库的整个词汇表上进行预测：

$$p\left(w_t \mid w_{t+j}\right)=\frac{\exp\left(\boldsymbol{v}_{w_t}'^{\top}\boldsymbol{v}_{w_{t+j}}\right)}{\sum_{w=1}^{V}\exp\left(\boldsymbol{v}_w'^{\top}\boldsymbol{v}_{w_{t+j}}\right)} \tag{5.5}$$

其中，V 是词汇表中的单词数。请注意，在训练后，矩阵 $\boldsymbol{W}$ 是模型学到的词嵌入。

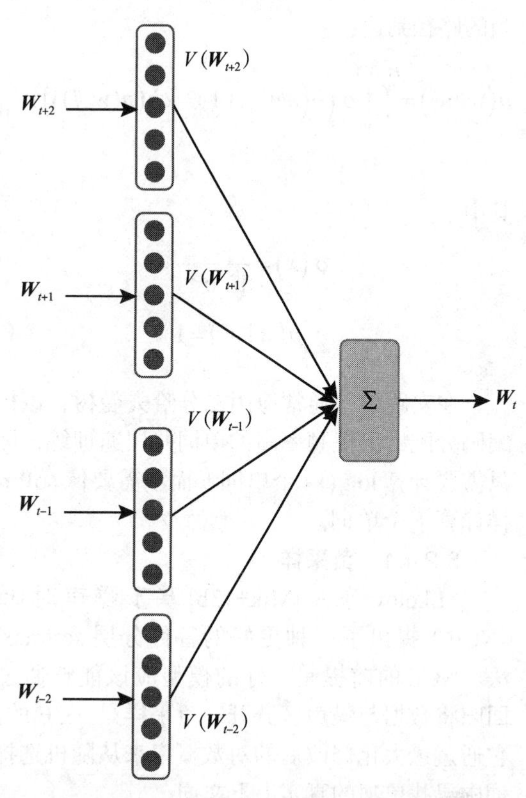

图 5.6　CBOW 向量构建（上下文窗口 =2）

5.2.4.2　skip-gram

CBOW 模型是基于附近的上下文词来预测目标词，而 skip-gram 模型是基于目标词来预测附近的上下文词（如图 5.7 所示）。

再一次说明，模型不考虑词顺序。对于上下文大小为 c 的 skip-gram 模型，可以预测目标词周围的 c 个单词。skip-gram 模型的目标是使平均对数概率最大化：

$$\frac{1}{T}\sum_{t=1}^{\mathrm{T}}\sum_{-c<j<c,j\neq0}\log\left(p\left(w_{t+j} \mid w_t\right)\right) \tag{5.6}$$

其中，c 是训练上下文的大小（如图 5.8 所示）。c 的值越高，产生的训练示例就越多，因此相应的准确率也就越高，但会浪费训练时间。最简单的 skip-gram 公式应用 softmax 函数：

$$p\left(w_{t+j} \mid w_t\right)=\frac{\exp\left(\boldsymbol{v}_{w_{t+j}}'^{\top}\boldsymbol{v}_{w_t}\right)}{\sum_{w=1}^{V}\exp\left(\boldsymbol{v}_w'^{\top}\boldsymbol{v}_{w_t}\right)} \tag{5.7}$$

其中，V 是词汇表中的词数量。

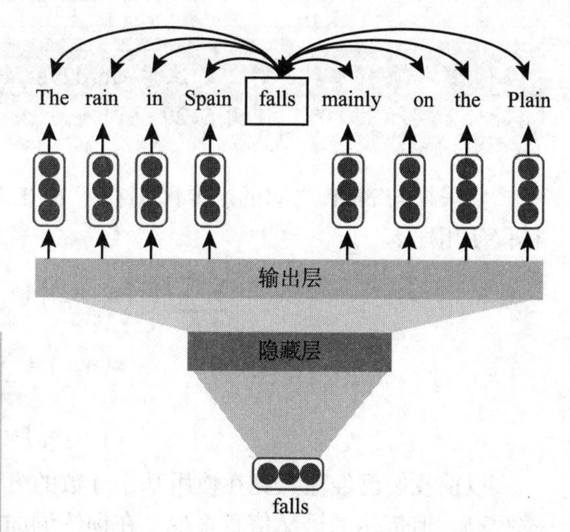

图 5.7　skip-gram 模型（上下文窗口 =4）

> 有趣的是，较短的训练上下文会让向量很好地捕获语法关系，而较大的上下文窗口会更好地捕获语义关系。这背后的直觉是，语法信息通常取决于直接上下文和单词顺序，而语义信息可能是非局部的，并且需要更大的窗口。

5.2.4.3　层次化 softmax

CBOW 和 skip-gram 的简单版本使用完整的 softmax 输出层，当词汇量很大时，在计算上可能会很昂贵。比完整 softmax 计算效率更高的近似函数是分层 softmax，它使用输出层的二叉树表示形式。每个词 w 都可以从树的根部通过适当的路径到达：

$$p(w \mid w_t)=\prod_{j=1}^{L(w)-1}\sigma\Big(b\big(n(w,j+1)=ch(n(w,j))\big)\Big)v'^{\top}_{n(w,j)}v_{w_t} \tag{5.8}$$

其中

$$\sigma(x)=\frac{1}{1+\mathrm{e}^{-x}} \tag{5.9}$$

$$\sum_{w=1}^{V}p(w \mid w_t)=1 \tag{5.10}$$

在实践中，通常使用二分哈夫曼树，该树将短编码分配给出现频率高的单词并快速训练，因为它只需要计算 $\log_2(V)$ 个单词，而不需要像 softmax 那样计算 V 个单词。

5.2.4.4　负采样

Mikolov 等人 [Mik+13b] 基于**噪声对比估计**（NCE）提出了一种更好的替代分层 softmax 的方法。NCE 的前提是，好的模型应该能够通过逻辑回归将数据与噪声区分开。负采样是 NCE 的简化，它通过最大化修改后的对数概率来从随机选择的单词中寻找单独的真实上下文词：

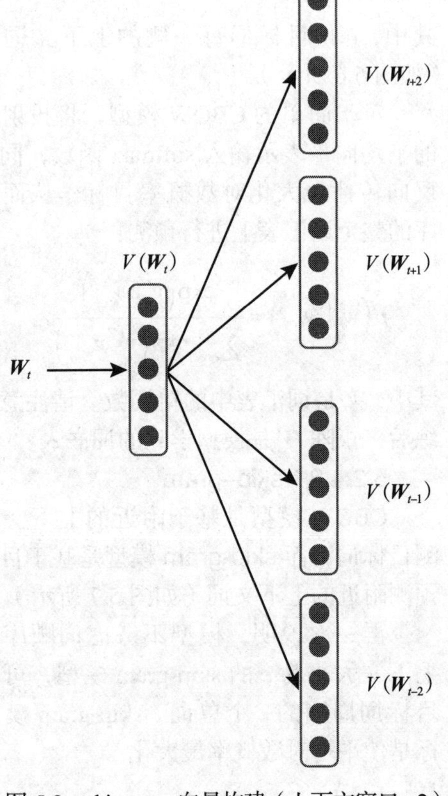

图 5.8　skip-gram 向量构建（上下文窗口 =2）

$$\log\Big(\sigma\big(\boldsymbol{v}'^{\top}_{W_O}\boldsymbol{v}_{W_I}\big)\Big)+\sum_{i=1}^{k}\mathbb{E}_{w_i\sim p_n(w)}\Big[\log\Big(\sigma\big(-\boldsymbol{v}'^{\top}_{w_i}\boldsymbol{v}_{W_I}\big)\Big)\Big] \tag{5.11}$$

> 选择负样本数 k 时，请注意 word2vec 的性能在大多数情况下会随着此数的增加而降低。实际上，可以使用 5~20 范围内的 k。

负采样与 NCE 之间的主要区别在于 NCE 同时需要样本和噪声分布的数值概率，而负采样仅使用样本。

$$\sum_{t=1}^{\top}\sum_{c\in c_t}\ell\big(s(w_t,w_c)\big)+\sum_{n\in\mathcal{N}_{t,c}}\ell\big(-s(w_t,n)\big) \tag{5.12}$$

$$s(w,c)=\sum_{g\in G_w}\boldsymbol{z}_g^{\top}\boldsymbol{v}_c \tag{5.13}$$

$$s(w_t,w_c)=\boldsymbol{u}_{w_t}^{\top}\boldsymbol{v}_{w_c} \tag{5.14}$$

以前我们已经注意到在使用基于计数的方法时需要删除停用词，因为这些常用词的出现率很高，但传达的语义信息很少。在训练词向量时，它们可能会产生不相称的效果。解决此问题的常用方法是对频繁出现的单词进行下采样。在训练过程中，每个单词 w_i 都有可能被按以下概率丢弃：

$$p(w_i)=1-\sqrt{\frac{t}{f(w_i)}} \tag{5.15}$$

下采样可以大大加快训练时间，并提高学习到的稀有单词向量的准确性。

5.2.4.5　短语表示

之前的单词表示由于无法满足组合性而受到限制，也就是说，无法通过单个单词推断出短语的含义。许多短语的含义不是单个单词的含义的简单组合。例如，New England Patriots 的含义就不是每个单词的含义之和。

为了解决这个问题，一种方法是通过用单个标记（例如，New_England_Patriots）替换单词来表示短语。可以使用评分机制自动执行此过程：

$$\text{score}\left(w_i, w_j\right)=\log \frac{\text{count}\left(w_i, w_j\right)}{\text{count}\left(w_i\right)\text{count}\left(w_j\right)} \tag{5.16}$$

这样，只要分数超过阈值，就可以合并单词并用单个标记替换。该式是点间互信息的一个近似。

有趣的是，word2vec 模型，尤其是 skip-gram 模型，已经显示出向量组合性能力——使用简单的向量加法通常可以产生有意义的短语。将 Philadelphia 和 Eagles 的向量相加可以得出与其他运动队最接近的向量。

5.2.4.6　word2vec CBOW：前向和反向传播

我们将导出 CBOW 的前向和反向传播方程，以使读者了解训练机制以及权重如何更新。假设单个输入单词可以表示为通过 $\boldsymbol{x} \in \mathbb{R}^V$ 给定的一个独热向量，其中 V 是词汇数量，并且大小为 C 的 $\{\boldsymbol{x}_1, \boldsymbol{x}_2, \cdots, \boldsymbol{x}_C\}$ 给定的许多这样的词向量构成上下文。让向量流入单个隐藏层 $\boldsymbol{h} \in \mathbb{R}^D$，其中 D 是要通过训练学习的嵌入的维数，并且标识激活函数以及将上下文词中的平均值作为输入值。令 $\boldsymbol{W} \in \mathbb{R}^{D\times V}$ 是捕获输入和隐藏层之间权重的权重矩阵。图 5.9 展示了如上所述的不同层和连接。

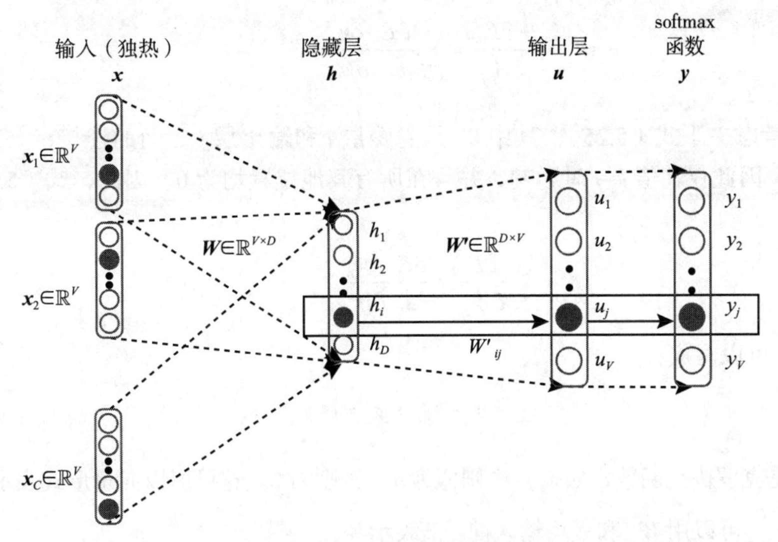

图 5.9　word2vec CBOW，具有独热编码输入、单个隐藏层、输出层和 softmax 层

隐藏层可以指定为：

$$\boldsymbol{h}=\boldsymbol{W}^{\top}\left(\frac{1}{C}\sum_{c=1}^{C}\boldsymbol{x}_c\right) \tag{5.17}$$

我们将 $\frac{1}{C}\sum_{c=1}^{C}\boldsymbol{x}_c$ 表示为 $\bar{\boldsymbol{x}}$ 给出的平均输入向量。从而有：

$$h = W^{\top}\bar{x} \tag{5.18}$$

隐藏层$h \in \mathbb{R}^D$被映射到权重为$W' \in \mathbb{R}^{D\times V}$的单个输出层$u \in \mathbb{R}^V$。如下给出：

$$u = W'^{\top}h \tag{5.19}$$

$$u = W'^{\top}W^{\top}\bar{x} \tag{5.20}$$

然后将输出层映射到 softmax 输出层$y \in \mathbb{R}^V$，由下式给出：

$$y = \text{softmax}(u) = \text{softmax}\left(W'^{\top}W^{\top}\bar{x}\right) \tag{5.21}$$

当我们使用目标w_t的上下文词（$w_{c,1}, w_{c,2}, \cdots, w_{c,C}$）训练模型时，输出值应与独热编码表示中的目标匹配，例如在位置$j*$的输出具有值 1 且其他地方为 0。在给定上下文词的情况下，根据目标词的条件概率的损失由下式给出：

$$\mathcal{L} = -\log P\left(w_t \mid w_{c,1}, w_{c,2}, \cdots, w_{c,C}\right) = -\log\left(y_j*\right) = -\log\left(\text{softmax}\left(u_j*\right)\right) \tag{5.22}$$

$$\mathcal{L} = -\log\left(y_j*\right) = -\log\left(\frac{\exp\left(u_j*\right)}{\sum_i \exp\left(u_i\right)}\right) \tag{5.23}$$

$$\mathcal{L} = -u_j* + \log\sum_i \exp\left(u_i\right) \tag{5.24}$$

如第 4 章所述，通过梯度下降进行训练的思想是找到W和W'的值，这些值使式（5.24）给出的损失函数最小。损失函数通过输出变量u取决于W和W'。因此，为了找到这些值，我们对损失函数L关于W和W'进行微分。由于$\mathcal{L} = \mathcal{L}(u(W, W'))$，因此两个导数可写为：

$$\frac{\partial \mathcal{L}}{\partial W'_{ij}} = \sum_{k=1}^{V} \frac{\partial \mathcal{L}}{\partial u_k}\frac{\partial u_k}{\partial W'_{ij}} \tag{5.25}$$

$$\frac{\partial \mathcal{L}}{\partial W_{ij}} = \sum_{k=1}^{V} \frac{\partial \mathcal{L}}{\partial u_k}\frac{\partial u_k}{\partial W_{ij}} \tag{5.26}$$

让我们考虑一下式（5.25），其中W'_{ij}是隐藏层i和输出层j之间的连接，并且由于输出是独热编码，因此仅在值$k=j$时影响，并且在所有其他位置均为 0。因此，式（5.25）可以简化为：

$$\frac{\partial \mathcal{L}}{\partial W'_{ij}} = \frac{\partial \mathcal{L}}{\partial u_j}\frac{\partial u_j}{\partial W'_{ij}} \tag{5.27}$$

现在$\frac{\partial \mathcal{L}}{\partial u_j}$可以写成：

$$\frac{\partial \mathcal{L}}{\partial u_j} = -\delta_{jj*} + y_j = e_j \tag{5.28}$$

其中，$-\delta_{jj*}$是克罗内克函数，如果$j=j*$则值为 1，否则为 0。这可以以向量形式表示为$e \in \mathbb{R}^V$。

另一项$\frac{\partial u_j}{\partial W'_{ij}}$可以用$W_{ki}$和平均输入向量$\bar{x}_k$表示为：

$$\frac{\partial u_j}{\partial W'_{ij}} = \sum_{k=1}^{V} W_{ki}\bar{x}_k \tag{5.29}$$

因此结合为：

$$\frac{\partial \mathcal{L}}{\partial W'_{ij}} = (-\delta_{jj*} + y_j)\left(\sum_{k=1}^{V} W_{ki}\bar{x}_k\right) \tag{5.30}$$

可以写为：

$$\frac{\partial \mathcal{L}}{\partial \boldsymbol{W}'} = \left(\boldsymbol{W}^{\top}\overline{\boldsymbol{x}}\right) \otimes \boldsymbol{e} \tag{5.31}$$

接下来，$\boldsymbol{u}$ 以展开形式写为：

$$u_k = \sum_{d=1}^{D}\sum_{l=1}^{V} W'_{mk}\left(\frac{1}{C}\sum_{c=1}^{C} W_{lm} x_l^c\right) \tag{5.32}$$

对式（5.26）固定输入后，节点 j 的输出 y_j 取决于该输入的所有连接，因此

$$\frac{\partial \mathcal{L}}{\partial W_{ij}} = \sum_{k=1}^{V}\frac{\partial \mathcal{L}}{\partial u_k}\frac{\partial}{\partial W_{ij}}\left(\frac{1}{C}\sum_{d=1}^{D}\sum_{l=1}^{V} W'_{mk}\sum_{c=1}^{C} W_{lm} x_l^c\right) \tag{5.33}$$

$$\frac{\partial \mathcal{L}}{\partial W_{ij}} = \frac{1}{C}\sum_{k=1}^{V}\sum_{c=1}^{C}\left(-\delta_{kk*} + y_k\right) W'_{jk} x_i^c \tag{5.34}$$

可以写为：

$$\frac{\partial \mathcal{L}}{\partial \boldsymbol{W}} = \overline{\boldsymbol{x}} \otimes \left(\boldsymbol{W}'\boldsymbol{e}\right) \tag{5.35}$$

因此，使用学习率 η 的新值 $\boldsymbol{W}_{\text{new}}$ 和 $\boldsymbol{W}'_{\text{new}}$ 由下式给出：

$$\boldsymbol{W}_{\text{new}} = \boldsymbol{W}_{\text{old}} - \eta\frac{\partial \mathcal{L}}{\partial \boldsymbol{W}} \tag{5.36}$$

$$\boldsymbol{W}'_{\text{new}} = \boldsymbol{W}'_{\text{old}} - \eta\frac{\partial \mathcal{L}}{\partial \boldsymbol{W}'} \tag{5.37}$$

5.2.4.7 word2vec skip-gram：前向和反向传播

正如我们已经定义的那样，skip-gram 模型是 CBOW 的逆模型，即在输入中给出中心词，在输出上预测上下文词，如图 5.10 所示。我们将使用类似于上述 CBOW 的简单网络，以类似的方式得出 skip-gram 的方程。

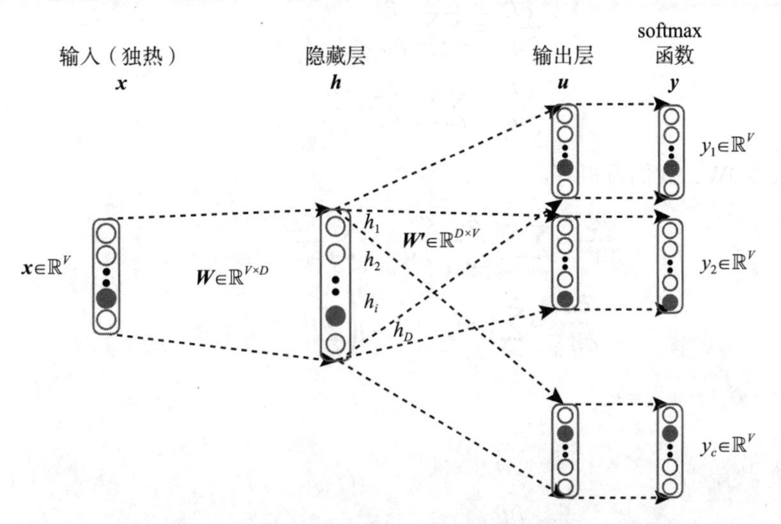

图 5.10 word2vec skip-gram，具有输入单词、单个隐藏层，生成 C 个上下文词作为输出映射到 softmax 函数，为每个函数生成一个独热表示

输入$\boldsymbol{x} \in \mathbb{R}^V$通过权重$\boldsymbol{W} \in \mathbb{R}^{V \times D}$和单位激活函数进入隐藏层$\boldsymbol{h} \in \mathbb{R}^D$。然后，隐藏层生成$C$个上下文词向量$\boldsymbol{u}_c \in \mathbb{R}^{D \times V}$作为输出，并且可以将其映射到 softmax 函数，以生成独热表示$\boldsymbol{y} \in \mathbb{R}^V$，该表示将每个嵌入输出的词映射到词汇表中。

$$\boldsymbol{h} = \boldsymbol{W}^\top \boldsymbol{x} \tag{5.38}$$

$$\boldsymbol{u}_c = \boldsymbol{W}'^\top \boldsymbol{h} \tag{5.39}$$

$$\boldsymbol{u}_c = \boldsymbol{W}'^\top \boldsymbol{W}^\top \boldsymbol{x} \quad c = 1, \cdots, C \tag{5.40}$$

$$\boldsymbol{y}_c = \operatorname{softmax}\left(\boldsymbol{u}_c\right) = \operatorname{softmax}\left(\boldsymbol{W}'^\top \boldsymbol{W}^\top \boldsymbol{x}\right) \quad c = 1, \cdots, C \tag{5.41}$$

skip-gram 的损失函数可以写成：

$$\mathcal{L} = -\log P\left(w_{c,1}, w_{c,2}, \cdots, w_{c,C} \mid w_i\right) \tag{5.42}$$

其中单词w_i是输入单词，而$w_{c,1}, w_{c,2}, \cdots, w_{c,C}$是输出上下文词。

$$\mathcal{L} = -\log \prod_{c=1}^{C} P\left(w_{c,i} \mid w_i\right) \tag{5.43}$$

类似于 CBOW，这可以进一步写成：

$$\mathcal{L} = -\log \prod_{c=1}^{C} \left(\frac{\exp\left(u_{c,j^*}\right)}{\sum_{j=1}^{V} \exp\left(u_{c,j}\right)} \right) \tag{5.44}$$

$$\mathcal{L} = \sum_{c=1}^{C} \exp\left(u_{c,j^*}\right) + \sum_{c=1}^{C} \log \sum_{j=1}^{V} \exp\left(u_{c,j}\right) \tag{5.45}$$

损失函数取决于$\boldsymbol{u}_C$，每个$\boldsymbol{u}$取决于$\left(\boldsymbol{W}, \boldsymbol{W}'\right)$。这可以表示为：

$$\mathcal{L} = \mathcal{L}\left(\boldsymbol{u}_1\left(\boldsymbol{W}, \boldsymbol{W}'\right) \cdots \boldsymbol{u}_C\left(\boldsymbol{W}, \boldsymbol{W}'\right)\right) \tag{5.46}$$

$$\mathcal{L} = \mathcal{L}\left(u_{1,1}\left(\boldsymbol{W}, \boldsymbol{W}'\right) \cdots u_{C,V}\left(\boldsymbol{W}, \boldsymbol{W}'\right)\right) \tag{5.47}$$

对 skip-gram 应用链式法则，得到：

$$\frac{\partial \mathcal{L}}{\partial W'_{ij}} = \sum_{k=1}^{V} \sum_{c=1}^{C} \frac{\partial \mathcal{L}}{\partial u_{c,k}} \frac{\partial u_{c,k}}{\partial W'_{ij}} \tag{5.48}$$

$$\frac{\partial \mathcal{L}}{\partial W_{ij}} = \sum_{k=1}^{V} \sum_{c=1}^{C} \frac{\partial \mathcal{L}}{\partial u_{c,k}} \frac{\partial u_{c,k}}{\partial W_{ij}} \tag{5.49}$$

类似于 CBOW，我们可以写出：

$$\frac{\partial \mathcal{L}}{\partial W'_{ij}} = \sum_{k=1}^{V} \sum_{c=1}^{C} \frac{\partial \mathcal{L}}{\partial u_{c,k}} \frac{\partial u_{c,k}}{\partial W'_{ij}} = \sum_{c=1}^{C} \frac{\partial \mathcal{L}}{\partial u_{c,j}} \frac{\partial u_{c,j}}{\partial W'_{ij}} \tag{5.50}$$

$$\frac{\partial \mathcal{L}}{\partial W'_{ij}} = \sum_{c=1}^{C} \left(-\delta_{jj_c^*} + y_{c,j}\right) \left(\sum_{k=1}^{V} W_{k,i} x_k\right) \tag{5.51}$$

其中，$\frac{\partial \mathcal{L}}{\partial u_{c,j}} = -\delta_{jj_c^*} + y_{c,j} = e_{c,j}$

这能够被简化为：

$$\frac{\partial \mathcal{L}}{\partial \boldsymbol{W}'} = \left(\boldsymbol{W}^\top \boldsymbol{x}\right) \otimes \sum_{c=1}^{C} \boldsymbol{e}_c \tag{5.52}$$

同样，我们可以将式（5.49）写为：

$$\frac{\partial \mathcal{L}}{\partial W_{ij}}=\sum_{k=1}^{V}\sum_{c=1}^{C}\frac{\partial \mathcal{L}}{\partial u_{c,k}}\frac{\partial}{\partial W_{ij}}\left(\sum_{m=1}^{D}\sum_{l=1}^{V}W'_{mk}W_{ld}x_l\right) \tag{5.53}$$

$$\frac{\partial \mathcal{L}}{\partial W_{ij}}=\sum_{k=1}^{V}\sum_{c=1}^{C}\left(-\delta_{kk*c}+y_{c,k}\right)W'_{jk}x_i \tag{5.54}$$

现在，我们可以将$-\delta_{kk*c}+y_{c,k}=e_{ck}$简化为

$$\frac{\partial \mathcal{L}}{\partial \boldsymbol{W}}=\boldsymbol{x}\otimes\left(\boldsymbol{W}'\sum_{c=1}^{C}\boldsymbol{e}_c\right) \tag{5.55}$$

5.2.5 GloVe

基于全局共现的模型可以替代诸如 word2vec 之类的预测性局部上下文窗口方法。共现方法通常维度很高，需要大量存储空间。当像在 LSA 中一样使用降维方法时，结果表示通常在捕获语义词规律方面表现不佳。此外，频繁的共现项往往占主导地位。诸如 word2vec 之类的预测方法是基于局部上下文的，并且在捕获语料库的统计信息方面通常效果较差。2014 年，Pennington 等人 [PSM14] 提出了一种对数双线性模型，该模型结合了全局共现和浅窗方法。他们称其为 GloVe 模型，取自单词 Global 和 Vector。GloVe 模型是使用代价函数通过最小二乘训练的：

$$J=\sum_{i=1,j=1}^{V}f(X_{ij})\left(\boldsymbol{u}_i^{\top}\boldsymbol{v}_j-\log(X_{ij})\right)^2 \tag{5.56}$$

其中，V是词汇量，X_{ij}是单词i和j在语料库中共现的次数（如图 5.11 所示），f是一个加权函数，用于减少频繁计数的影响，而$\boldsymbol{u}_i$和$\boldsymbol{v}_j$是词向量。

	where	*in*	*the*	*sacred*	*river*	*ran*	*man*	*to*	*sunlit*	*sea*
where	0	2	1	0	0	0	1	2	0	0
in	2	0	0	1	0	0	1	0	1	0
the	1	0	0	4	3	1	5	0	2	1
sacred	0	1	4	0	2	0	1	0	0	1
river	0	0	3	2	0	3	0	1	0	0
ran	0	0	1	0	3	0	3	3	0	0
man	1	1	5	1	0	3	0	1	0	2
to	2	0	0	0	1	3	1	0	1	0
sunlit	0	1	2	0	0	0	0	1	0	2
sea	0	0	1	1	0	0	2	0	2	0

图 5.11 GloVe 共现矩阵（上下文窗口 =3）

通常，权重函数f假定为削波幂律形式：

$$f\left(X_{ij}\right)=\begin{cases}\left(\dfrac{X_{ij}}{X_{\max}}\right)^{a}, & \text{如果} X_{ij}<X_{\max}\\ 1, & \text{其他}\end{cases} \tag{5.57}$$

X_{max} 是在训练时根据语料库设置的。请注意，该模型分别训练上下文向量 $\boldsymbol{U}$ 和词向量 $\boldsymbol{V}$，并且 GloVe 嵌入由这两个向量表示形式 $\boldsymbol{U}+\boldsymbol{V}$ 的总和给出。类似于 word2vec，GloVe 嵌入可以通过向量加减法来表达语义和句法关系 [SL14]。此外，在许多 NLP 任务上，GloVe 生成的词向量在性能上优于 word2vec，尤其是在全局上下文很重要的情况下，例如命名实体识别。

当语料库较小或可能没有足够的数据来捕获局部上下文依赖项时，GloVe 优于 word2vec。

5.2.6 谱词向量

基于特征分解的谱方法是生成密集词向量的另一类方法。这些方法其中之一的**典型相关分析**（CCA）显示出了巨大的潜力。该方法克服了先前方法的许多缺点，包括缩放不变性以及提供更好的稀有词样本复杂度。

典型相关分析类似于矩阵对的**主成分分析**（PCA）。PCA 计算单个矩阵内最大协方差的方向，而 CCA 计算两个矩阵之间最大相关的方向。CCA 展现了用于学习词向量的理想属性，因为它对线性变换的缩放不变，并提供更好的样本复杂性。

CCA 模型首先通过计算目标词与附近 c 个词的上下文之间的主要规范相关性来学习嵌入 [DFU11]。目标是找到向量 $\boldsymbol{\phi}_w$ 和 $\boldsymbol{\phi}_c$，以使线性组合最大相关：

$$\max_{\phi_w,\phi_c} \frac{\boldsymbol{\phi}_w^\top \boldsymbol{C}_{wc}\boldsymbol{\phi}_c}{\sqrt{\boldsymbol{\phi}_w^\top \boldsymbol{C}_{ww}\boldsymbol{\phi}_w}\sqrt{\boldsymbol{\phi}_c^\top \boldsymbol{C}_{cc}\boldsymbol{\phi}_c}} \tag{5.58}$$

与 LSA 相似，这是通过将 SVD 应用于单词数量及其上下文的缩放共现矩阵来实现的。因此，优化目标可以转换为：

$$\max_{g_{\phi_w},g_{\phi_c}} \boldsymbol{g}_{\phi_w}^\top \boldsymbol{D}_{wc}\boldsymbol{g}_{\phi_c} \tag{5.59}$$

其中

$$\boldsymbol{g}_{\phi_w}^\top \boldsymbol{g}_{\phi_w} = \boldsymbol{I} \tag{5.60}$$

$$\boldsymbol{g}_{\phi_c}^\top \boldsymbol{g}_{\phi_c} = \boldsymbol{I} \tag{5.61}$$

$$\boldsymbol{D}_{wc} = \boldsymbol{\Lambda}_w^{-\frac{1}{2}}\boldsymbol{V}_w^\top \boldsymbol{C}_{wc}\boldsymbol{V}_c\boldsymbol{\Lambda}_c^{-\frac{1}{2}} \tag{5.62}$$

从提取的词向量构建一个**特征词**字典。通过使用显式的左右上下文，CCA 拥有“多视图”功能，与 word2vec 或 GloVe 相比，它可以隐式地解释单词顺序。可以利用这种“多视图”功能来引出特定于上下文的嵌入，从而显著改善某些 NLP 任务。如果应用了短上下文和长上下文的混合，可以捕获 NLP 任务中必要的短期和长期依赖，例如单词歧义消除或蕴含，则尤其如此。

5.2.7 多语言词向量

众所周知，分布假设适用于大多数人类语言。这意味着我们可以训练多种语言的词向量模型 [Cou+16，RVS17]，而 Facebook 和 Google 等公司已经发布了针对多达 157 种语言的预训练 word2vec 和 GloVe 向量 [Gra+18]。这些向量模型是单语言的——它们是用一种语言学习的。存在一些具有多种书面形式的语言。例如，日语拥有三种不同的书写系统（平假名、片假名、日本汉字）。单语言向量模型无法将单词的含义跨不同的书面形式关联起来。词对齐用于描述 NLP 过程，通过该过程，单词可以在两种书面形式或多种语言之间相互关联（翻译关系）[Amm+16]，如图 5.12 所示。向量模型已经为深度学习提供了一条途径，使得能在词对齐任务方面取得重大突破，就像我们将在第 6 章及以后学到的那样。

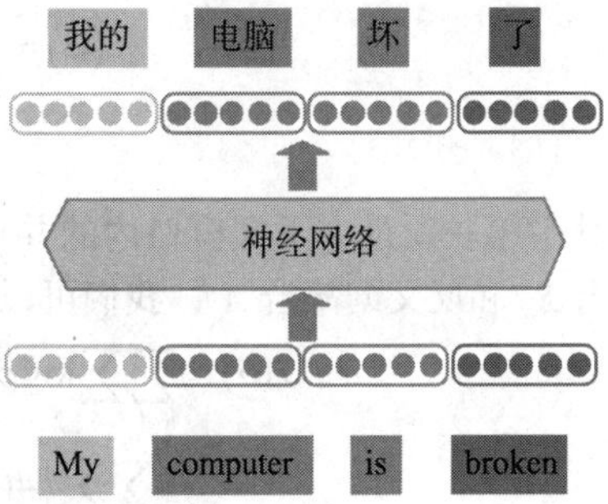

图 5.12 词对齐

5.3 词向量的局限性

向量模型受到许多众所周知的限制，包括集外词、反义词、多义词和偏见。我们将在以下小节中详细探讨这些内容。

5.3.1 集外词

英语的齐普夫分布性质使得存在大量不常见的单词。学习这些稀有词的表示形式将需要大量（可能无法获取的）数据，以及潜在的过度训练时间或内存资源。出于实际考虑，词向量模型将仅包含英语语言中有限的一组单词。即使是非常大的词汇表，仍然会有许多**集外（OOV）词**。不幸的是，许多重要的领域特定术语往往不经常出现，并且可能会增加 OOV 词的数量。对于域转移尤其如此。因此，OOV 词在 NLP 任务的性能上可以发挥关键作用。

对于诸如 word2vec 的模型，常用的方法是对被认为不常见而无法包含在词汇表中的单词使用“ UNK”表示。这会将许多稀有单词映射到相同的向量（零或随机向量），因为人们认为这些单词的稀有性暗示了它们对语义意义的贡献不大。因此，OOV 词在训练过程中都提供相同的上下文。类似地，在测试时 OOV 词也映射到该表示。这种假设可能出于许多原因而不成立，并且许多方法被提出来解决这一不足。

理想情况下，我们希望能够以某种方式预测向量表示，该向量表示在语义上类似于训练语料库之外的单词或在我们的语料库中很少出现的单词。基于字符或子词（char-n-gram）的向量模型是尝试从词的一部分（例如词根、后缀）派生“集合”的组合方法 [Lin+15，LM16，Kim+16]。子词方法尤其适用于诸如阿拉伯语或冰岛语等格式丰富的外语 [CJF16]。字节对编码是一种基于字符的自底向上方法，可对频繁出现的字符对进行迭代分组，然后在最后一组学习对字符的嵌入 [KB 16]。研究者们还探索了利用外部知识库（例如 WordNet）的其他方法，包括考虑单词位置和对齐方式的复制机制，但对于域转移的适应力较弱 [Gu + 16，BCB14]。

5.3.2 反义词

另一个重要的局限性是派生单词模型所依据的分布相似性基本原理的一个分支——在相似上下文中使用的单词含义相似。不幸的是，彼此互为反义词的两个词经常与同一组词上下文同时出现：

I really hate spaghetti on Wednesdays.
I really love spaghetti on Wednesdays.

尽管词向量模型可以捕获同义词和语义关系，但它们明显不能区分词的反义和整体极性。换句话说，在没有干预的情况下，词向量模型无法区分同义词和反义词，在向量空间模型中发现紧密共置的反义词是很常见的。

通过合并同义词库信息，可以调整 word2vec 以学习消除极性歧义的词向量 [OMS15]。考虑针对目标函数进行优化的 skip-gram 模型：

$$J(\theta)=\sum_{w\in V}\sum_{c\in V}\{\#(w,c)\log\sigma(\mathrm{sim}(w,c))$$
$$+k\,\#(w)P_o(c)\log\sigma(-\mathrm{sim}(w,c))\} \tag{5.63}$$

其中第一项是上下文窗口内的共现对，第二项代表负采样。给定一组一个单词 w 的同义词集合 S_w 和反义词集合 A_w，我们可以将 skip-gram 模型目标函数修改为以下形式：

$$J(\theta)=\sum_{w\in V}\sum_{s\in S_w}\log\sigma(\mathrm{sim}(w,s))+\alpha\sum_{w\in V}\sum_{a\in A_w}\log\sigma(-\mathrm{sim}(w,s))$$
$$+\sum_{w\in V}\sum_{c\in V}\{\#(w,c)\log\sigma(\mathrm{sim}(w,c))k\log\sigma(-\mathrm{sim}(w,c))\} \tag{5.64}$$

可以优化此目标函数以学习可区分同义词和反义词的嵌入。研究表明，以这种方式学习的嵌入结合了分布式和同义词库信息，在诸如问答等任务中的表现要好得多。

5.3.3 多义词

在英语中，单词有时可能具有多种含义，这称为**多义词**。有时，这些含义可能彼此完全不同或完全相反。查找 bad 一词，你最多可以找到 46 种不同的含义。由于诸如 word2vec 或 GloVe 之类的模型将每个单词与单个向量表示形式相关联，因此它们无法处理同形异义词和多义词。词义消歧是可能的，但需要更复杂的模型。

在英语和许多其他语言中，词可以具有多种含义。**多义词**是一个单词可以具有多种含义的概念。**同形异义词**是一个相关的概念，其中两个单词的拼写相同但含义不同。例如，比较以下句子中单词 play 的用法：

She enjoyed the play very much.

She likes to play cards.

She made a play for the promotion.

为了使 NLP 应用程序区分多义词的含义，需要为同一个词学习多种单独的表示，每种表示都有特定的含义 [Nee + 14]。对于 word2vec 或 GloVe 向量模型，这是不可能的，因为它们学习单词的单个向量。必须扩展向量模型才能正确处理词义。

人类在根据上下文区分单词的含义方面做得非常好。在上面的句子中，对我们来说，根据词性或周围词的上下文来区分单词 play 的不同含义相对容易。这产生了可以利用周围上下文（聚类加权上下文嵌入）或词性（sense2vec）的多表示向量模型。我们将在以下各节中简要讨论它们，包括其他模型变体。

5.3.3.1 聚类加权上下文嵌入

词义消歧的一种方法是从为语料库中的词构建一个词义清单开始。单词 w_i 的每个实例都基于围绕它的上下文词与一个表示相关联。然后将这些称为上下文嵌入的表示进行聚类，每个聚类的中心是 S_{w_i}，代表单词的不同含义：

$$\mathrm{sense}(w_i)=\underset{j:s_j\in S_{w_i}}{\mathrm{argmin}}\,d(\boldsymbol{c}_i,\boldsymbol{s}_j) \tag{5.65}$$

其中，d 是距离度量（通常为余弦距离）。这可以实现为多义 skip-gram 模型（如图 5.13 所示），其中每个单词与带有上下文向量 $\boldsymbol{c}$ 的向量 $\boldsymbol{v}$ 相关联，单词的每个意义与表示 μ 相关联。给定目标词，根据 $\boldsymbol{V}_{\text{context}}$ 预测词义：

$$s_t=\underset{k=1,2,\cdots,K}{\mathrm{argmax}}\,\mathrm{sim}(\mu(w_t,k),V_{\text{context}}(\boldsymbol{c}_t)) \tag{5.66}$$

其中，sim(**a**,**b**)是相似函数。多义词向量通过最大化目标函数从训练集中学习到：

$$J(\theta)=\sum_{(w_t,c_t)\in D^+}\sum_{c\in c_t}\log P\left(D=1\mid \boldsymbol{v}_s\left(w_t,s_t\right),\boldsymbol{v}_g(c)\right)$$
$$+\sum_{(w_t,c_t')\in D^-}\sum_{c'\in c_t'}\log P\left(D=0\mid \boldsymbol{v}_s\left(w_t,s_t\right),\boldsymbol{v}_g(c')\right) \quad (5.67)$$

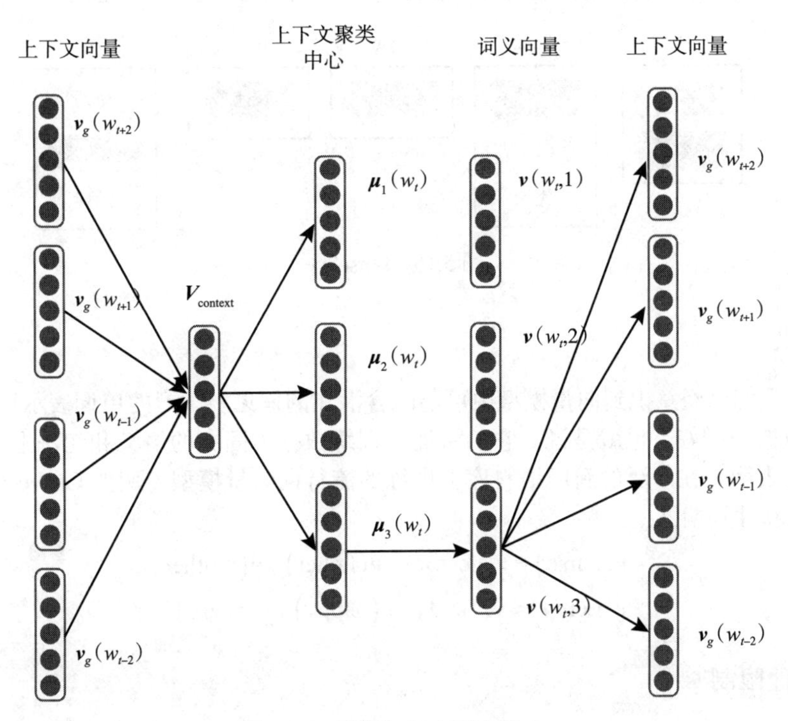

图 5.13　聚类加权上下文嵌入

5.3.3.2　sense2vec

与单义模型相比，多义词向量模型的训练和应用在计算上更加昂贵。sense2vec 是一种实现世界意义上的消歧的更简单方法，它利用诸如词性之类的监督性标签 [TML15]。这是一种有效的方法，消除了在训练期间因上下文嵌入而出现的聚类需求。例如，plant 一词的含义因其用作动词或名词而有所不同：

动词：He planted the tree.

名词：He watered the plant.

通过将单义向量模型与POS标签相结合，sense2vec 模型可以学习该单词的不同含义（如图 5.14 所示）。给定一个语料库，sense2vec 会通过将一个单词与其 POS 标签连接起来，为每个词每个语义创建一个新的语料库。然后，使用 word2vec 的 CBOW 或 skip-gram 模型对新的语料库进行训练，以创建结合了词义的词向量（因为它与 POS 用法有关）。sense2vec 已被证明在词义消歧上对许多 NLP 任务有效（如图 5.15 所示）。

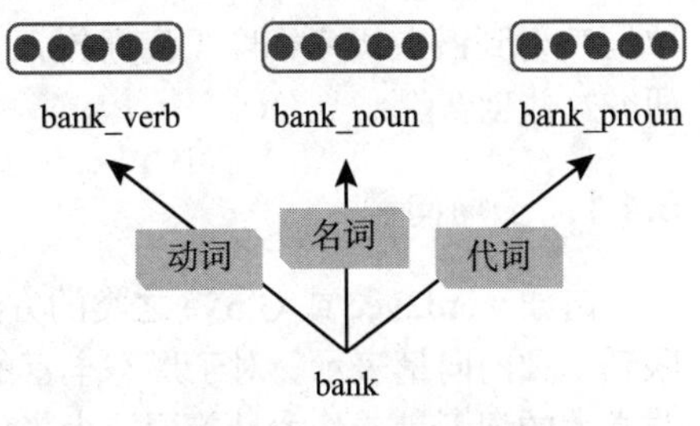

图 5.14　带有 POS 监督标签的 sense2vec

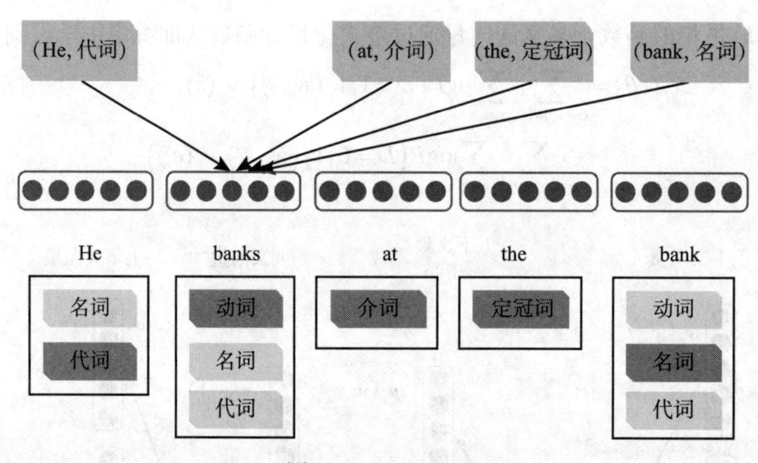

图 5.15　sense2vec

5.3.4　偏见

最近，我们已经意识到向量模型中可能隐含潜在的**偏见**。学习的单词表示形式仅与它们所训练的数据一样好，也就是说，它们将捕获训练数据中固有的语义和句法上下文。例如，最近的研究表明，在广泛的新闻语料库上训练的流行词向量模型（例如 GloVe 和 word2vec）中存在种族和性别偏见：

$$\boldsymbol{v}(\text{nurse}) \approx \boldsymbol{v}(\text{doctor}) - \boldsymbol{v}(\text{father}) + \boldsymbol{v}(\text{mother})$$

$$\boldsymbol{v}(\text{Leroy}) \approx \boldsymbol{v}(\text{Brad}) - \boldsymbol{v}(\text{happy}) + \boldsymbol{v}(\text{angry})$$

5.3.5　其他限制

词向量模型的另一个限制与训练的批量性质以及用新数据或扩展词汇表**增强现有模型**的实用性有关。这样做需要我们使用原始数据和新数据来重新训练向量模型——整个数据都必须可用，并且向量必须重新计算。一个在线学习词向量的方法将使它们更加实用。

5.4　进阶内容

最近学术界对词向量模型的兴趣促生了可以利用单词组合性（**子词向量**）和处理存储约束（word2bits）的实用性改良。也有其他人将 word2vec 扩展为学习句子、文档（DM 和 DBOW）和概念（RDF2Vec）的分布式表示。贝叶斯方法的关注度也出现了提升，该方法将单词映射到潜在概率密度（**高斯嵌入**）以及双曲空间（**庞加莱嵌入**）。我们将在以下小节中研究这些创新。

5.4.1　子词向量

诸如 word2vec 或 GloVe 之类的方法会忽略单词的内部结构，并将每个单词（或词义）关联到单独的向量表示。对于形态丰富的语言，可能存在大量的稀有单词形式，因此必须保持非常大的词汇量或将大量单词视为集外词。如前所述，集外词会由于稀有单词的上下文丢失而严重影响性能 [Bakl8]。解决这种局限性的一种方法是使用子词向量 [Boj + 16]，其中向量表示 z_g 与字符 n-gram g 关联，而词 w_i 由 n-gram 向量的总和表示（如图 5.16 所示）。

$$\boldsymbol{w}_i = \sum_{g \in \mathbb{G}_w} \boldsymbol{z}_g \tag{5.68}$$

例如，单词 indict 的向量由 *n*-gram 向量 {*ind, ndi, dic, ict, indi, ndic, dict indic, ndict, indict* } 的总和组成，$n \in (3,6)$。因此，这组 *n*-gram 是语料库词汇表的超集（如图 5.17 所示）。由于 *n*-gram 在单词之间共享，因此即使是未见过的单词也可以表示出来，因为 OOV 词仍将由具有表示的 *n*-gram 组成。子词向量可以显著改善一些 NLP 任务，例如语言建模和文本分类。

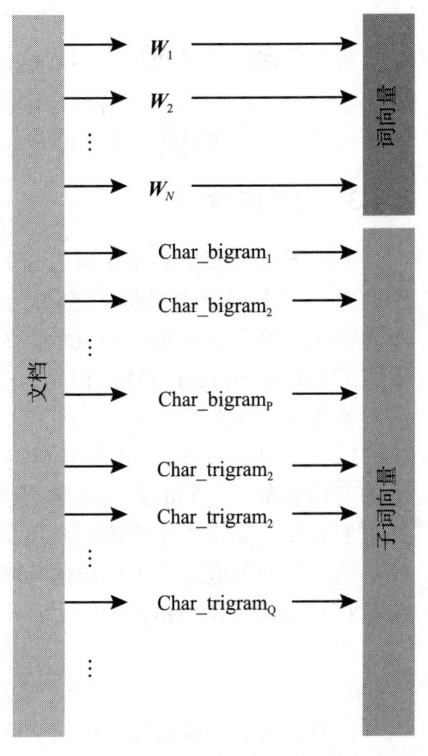

图 5.16　词向量和子词向量

5.4.2　词向量量化

即使对于少量词汇，词模型也可能需要大量的内存和存储空间。考虑一个具有 150 000 个单词的词汇表。这些词的 300 维连续 64 位的表示可以轻松占用 360 兆字节。通过将量化应用于词向量，可以学习紧凑表示。在某些情况下，相对于全精度词向量，压缩率可能为 1/16~1/8，同时保持相当的性能 [Lam18]。此外，量化函数可以视为一种可提高泛化的正则化方法 [Lam18]。

word2bits 是一种通过将量化元素引入其损失函数来改进 word2vec CBOW 的方法：

$$J_{\text{quantized}}\left(\boldsymbol{u}_o^{(q)}, \hat{\boldsymbol{v}}_c^{(q)}\right) = -\log\left(\sigma\left(\left(\boldsymbol{u}_o^{(q)}\right)^\top \hat{\boldsymbol{v}}_c^{(q)}\right)\right) - \sum_{i=1}^{k}\log\left(\sigma\left(\left(-\boldsymbol{u}_i^{(q)}\right)^\top \hat{\boldsymbol{v}}_c^{(q)}\right)\right) \tag{5.69}$$

其中

$$\boldsymbol{u}_o^{(q)} = Q_{\text{bitlevel}}\left(\boldsymbol{u}_o\right) \tag{5.70}$$

$$\hat{\boldsymbol{v}}_c^{(q)} = \sum_{-w+i \leqslant i \leqslant w+o, i \neq o} Q_{\text{bitlevel}}\left(\boldsymbol{v}_i\right) \tag{5.71}$$

这里，w 是上下文窗口宽度，Q_{bitlevel} 是量化函数，$\boldsymbol{u}_o$ 和 $\hat{\boldsymbol{v}}_c$ 分别是目标词向量和上下文词向量，$\boldsymbol{u}_o^{(q)}$ 和 $\hat{\boldsymbol{v}}_c^{(q)}$ 分别是它们的量化等价物。通常选择 Heaviside 阶跃函数作为量化函数 Q_{bitlevel}。类似于标准 CBOW 算法，损失函数针对目标词 $\boldsymbol{u}_i$ 和上下文词 $\boldsymbol{v}_j$ 在语料库上进行优化。对目标词 $\boldsymbol{u}_o$、负采样词 $\boldsymbol{u}_i$ 和上下文词 $\boldsymbol{v}_j$ 进行梯度更新，由下式给出：

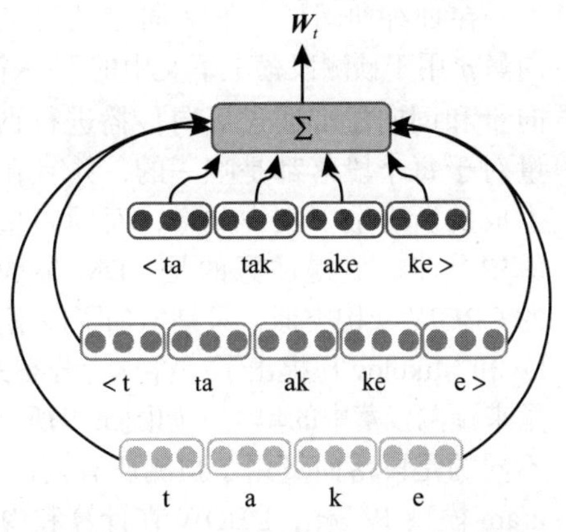

图 5.17　子词向量（字符 *n*-gram，其中 *n*=1,2,3）

$$\boldsymbol{u}_o : \frac{\partial J_{\text{quantized}}\left(\boldsymbol{u}_o^{(q)}, \hat{\boldsymbol{v}}_c^{(q)}\right)}{\partial \boldsymbol{u}_o} = \frac{\partial J_{\text{quantized}}\left(\boldsymbol{u}_o^{(q)}, \hat{\boldsymbol{v}}_c^{(q)}\right)}{\partial \boldsymbol{u}_o^{(q)}} \tag{5.72}$$

$$\boldsymbol{u}_i : \frac{\partial J_{\text{quantized}}\left(\boldsymbol{u}_o^{(q)}, \hat{\boldsymbol{v}}_c^{(q)}\right)}{\partial \boldsymbol{u}_i} = \frac{\partial J_{\text{quantized}}\left(\boldsymbol{u}_o^{(q)}, \hat{\boldsymbol{v}}_c^{(q)}\right)}{\partial \boldsymbol{u}_i^{(q)}} \tag{5.73}$$

$$\boldsymbol{v}_i : \frac{\partial J_{\text{quantized}}\left(\boldsymbol{u}_o^{(q)}, \hat{\boldsymbol{v}}_c^{(q)}\right)}{\partial \boldsymbol{v}_i} = \frac{\partial J_{\text{quantized}}\left(\boldsymbol{u}_o^{(q)}, \hat{\boldsymbol{v}}_c^{(q)}\right)}{\partial \boldsymbol{v}_i^{(q)}} \tag{5.74}$$

每个单词的最终向量表示为$\boldsymbol{Q}_{\text{bitlevel}}\left(\boldsymbol{u}_i + \boldsymbol{v}_j\right)$，其元素可以采用$2^{\text{bitlevel}}$值之一，并且与全精度 32/64 位相比，仅需要 bitlevel 位即可表示。研究表明，即使在 1/16 压缩的情况下，量化向量也可以在单词相似性任务和问答任务上具有相当的性能。

5.4.3 句子向量

虽然词向量模型能捕获词之间的语义关系，但它们在句子级别失去了这种能力。句子表示通常表达为句子的词向量之和。这种词袋方法的主要缺陷在于，只要使用了相同的单词，不同的句子就会具有相同的表示。为了合并单词顺序信息，人们尝试使用可以捕获短顺序上下文的 bag-of-*n*-gram 方法。但是，在句子级别，它们受到数据稀疏性的限制，并且由于维数高而导致泛化性差。

Le 和 Mikolov 在 2014 年 [LM14] 提出了一种无监督算法，以学习捕获单词顺序信息的句子的有用表示。他们的方法在学习词向量方面受 word2vec 的启发，通常被称为 doc2vec。它从可变长度的文本中生成固定长度的特征表示，从而使其适用于句子、段落、部分或整个文档。该方法的关键是将每个段落与唯一的段落向量$\boldsymbol{u}^i$关联，该向量与该段落中J个单词的词向量$\boldsymbol{w}_j^i$平均后得出段落$\boldsymbol{p}^i$的表示：

$$\boldsymbol{p}^i = \boldsymbol{u}^i + \sum_{j=1,J} \boldsymbol{w}_j^i \tag{5.75}$$

注意，术语段落也可以指句子或文档。这种方法称为**分布式内存**（DM）模型（如图 5.18 所示）。可以将段落向量$\boldsymbol{u}^i$视为记忆单词顺序上下文的内存。

在训练期间，上下文词 ℂ 的滑动窗口和段落向量$\boldsymbol{p}^i$用于预测段落上下文中的下一个单词。段落向量和词向量都通过反向传播进行训练。段落向量对于每个段落都是唯一的，并且在同一段落所生成的所有上下文中共享，而词向量在整个语料库中共享。值得注意的是，DM 架构与 word2vec 的 CBOW 架构类似，只是增加了段落上下文向量。

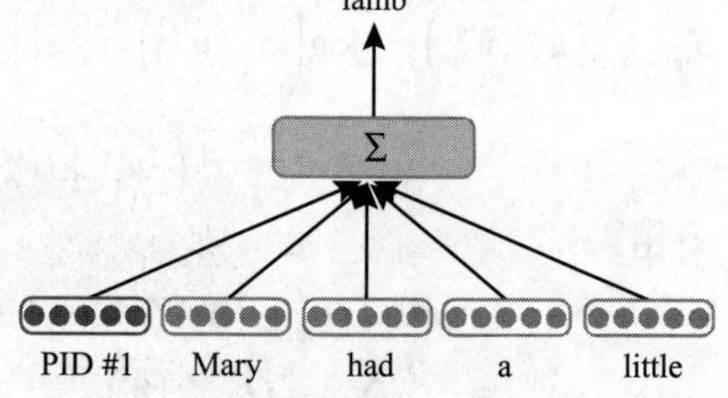

图 5.18 段落向量的分布式内存架构

Le 和 Mikolov 还提出了一种称为**分布式词袋**（DBOW）的架构，该架构仅使用段落上下文向量来预测段落中的单词（如图 5.19 所示）。这个简单的模型类似于 word2vec 的 skip-gram 版本，不同的是段落向量用于预测所有词段落，而不是使用目标词来预测上下文词。就像在 skip-gram 模型中一样，DBOW 在计算和内存方面都非常高效。实验结果表明，DM 和 DBOW 在文本表示方面均优于词袋模型和 bag-of-*n*-gram 模型。此外，对 DM 和 DBOW 向量表示求平均值通常会产生总体最佳性能。

5.4.4 概念向量

向量模型的关键特性是它们使用简单的向量算法捕获语义关系的能力。利用这种思想，最近开发了向量模型以将本体论概念映射到向量空间中 [Als+18]。这些向量可以反映知识图谱的实体类型、语义和关系。RDF2Vec 是一种用于学习知识图谱中的实体嵌入的方法（如图 5.20 所示）。

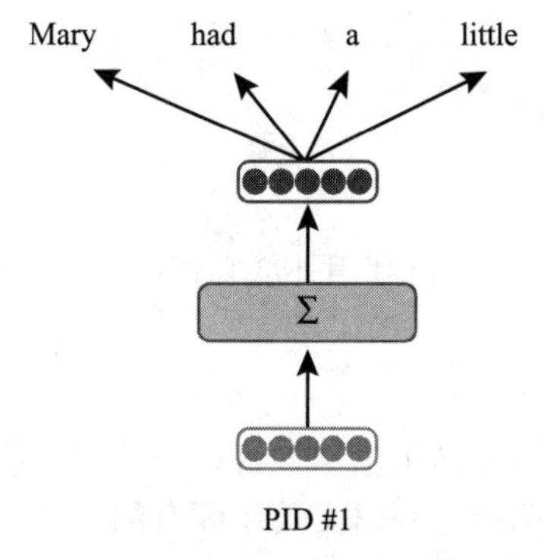

图 5.19　段落向量的分布式词袋架构

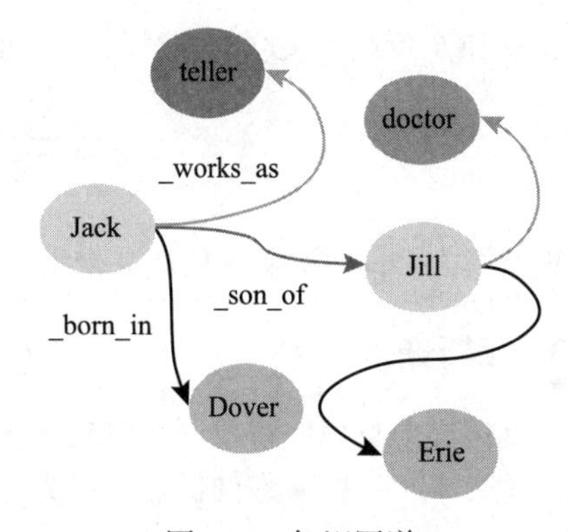

图 5.20　知识图谱

RDF 是一个包含三个组成部分的陈述：主语、谓语和宾语。它们的集合可用于构建知识图谱。RDF2Vec 使用图游走 / 子树图内核将 RDF 图转换为一组序列，然后应用 word2vec 算法将实体映射为潜在表示。在最终的向量空间中，共享背景概念的实体彼此聚类在一起，从而使诸如"New York"的实体靠近诸如"city"的实体。

TransE 作为一种通用方法被提出，旨在将实体之间的关系具体表示为向量空间中的转换。其关键概念是，给定（头部，标签，尾部）形式的一组关系，尾部实体的向量应接近头部实体的向量加上标签的向量：

$$\boldsymbol{v}_{\text{tail}} \approx \boldsymbol{v}_{\text{head}} + \boldsymbol{v}_{\text{label}} \tag{5.76}$$

通过使用随机梯度下降最小化三元组 S 的损失函数，以与负采样相似的方式训练 TransE：

$$J(\theta) = \sum_{(h,l,t)\in S(h,'l,t')\in S'} \max\left(d(h+l,t) - d(h'+l,t'),0\right) + R(\theta) \tag{5.77}$$

其中，d 是差异度量，而 R 是正则化器（通常为 L_2 范数）。图 5.21 展示了向量转换，这些转换来自图 5.18 中的知识图谱，并由 TransE 方法嵌入。例如，以下转换适用：

$$\boldsymbol{v}(\text{teller}) \approx \boldsymbol{v}(\text{doctor}) - \boldsymbol{v}(\text{Jill}) + \boldsymbol{v}(\text{Jack})$$

$$\boldsymbol{v}(\text{Jill}) \approx \boldsymbol{v}(\text{Jack}) - \boldsymbol{v}(\text{Dover}) + \boldsymbol{v}(\text{Erie})$$

因为具有扩展到大型数据集的能力，TransE 和相关方法 [Bor + 13] 对于关系提取和链接预测以及 NLP 任务都是有用的。

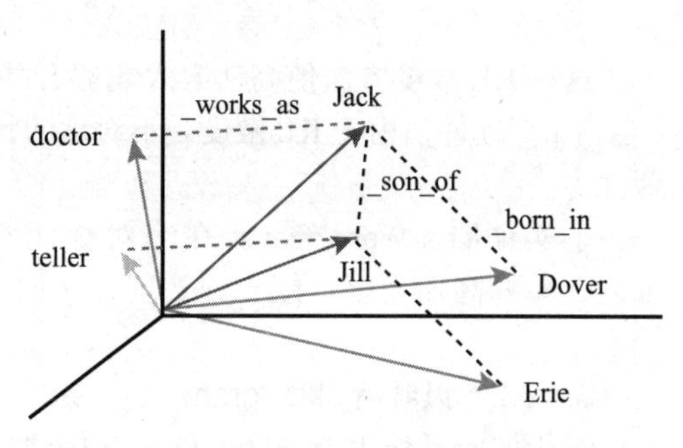

图 5.21　通过 TransE 方法映射到向量转换的关系

5.4.5　语义词典的更新

为了利用词汇数据库（如 WordNet 或 FrameNet）中包含的关系信息，Farnqui 等人 [Far+14] 提出了一种精炼词向量的方法，以使词汇链接的单词具有相似的向量表示。这种改进方法通常称为语义词典的更新，它不对如何学习这些向量表示作任何假设，并且适用于频谱和神经网络方法。给定词汇表 $(w_1, w_2, \cdots, w_n)$，则语义关系的集合可以表示为一个带有边 (w_i, w_j) 的无向图。每个 w_i 都有一个学习到的词向量集合 $\hat{\boldsymbol{q}}_i$，目的是推断出一组新的词向量 $\boldsymbol{q}_i$，以使它们与 $\hat{\boldsymbol{q}}_i$ 和相邻顶点 w_j 距离接近。使用欧几里得距离度量，这等效于最小化目标函数：

$$J = \sum_{i=1}^{n}\left[\alpha_i \|\boldsymbol{q}_i - \hat{\boldsymbol{q}}_i\|^2 + \sum_{(i,j)\in E}\beta_{ij}\|\boldsymbol{q}_i - \hat{\boldsymbol{q}}_j\|^2\right] \tag{5.78}$$

其中，α_i和β_{ij}反映了关联的相对强度。可以通过以下公式迭代完成更新：

$$\boldsymbol{q}_i = \frac{\sum_{j:(i,j)\in E}\beta_{ij}\boldsymbol{q}_i + \alpha_i\hat{\boldsymbol{q}}_i}{\sum_{j:(i,j)\in E}\beta_{ij} + \alpha_i} \tag{5.79}$$

更新对许多词法语义评估任务带来了实质性提高，在可以利用外部知识的地方很有用。

5.4.6　高斯嵌入

与其假设向量模型将单词映射到潜在表示空间中的点向量，不如将单词映射为连续概率密度。这带来了一些有趣的优点，因为它们可以捕获单词之间语义关系固有的不确定性和不对称性。

5.4.6.1　Word2Gauss

Word2Gauss 就是这种方法之一，它将词汇表 D 中的每个单词 w 和词典 C 中的上下文词 c 映射到潜在向量空间上的高斯分布。该空间的向量称为单词类型，观察到的单词为单词实例。Word2Gauss 提出了两种生成嵌入的方法。第一种方法是用两个高斯密度之间的内积 E 代替潜在密度空间中点向量的余弦距离的概念：

$$E\left(P_i, P_j\right) = \int_{x\in\mathbb{R}^n}\mathcal{N}\left(x;\mu_i,\Sigma_i\right)\mathcal{N}\left(x;\mu_j,\Sigma_j\right)\mathrm{d}x = \mathcal{N}\left(0;\mu_i-\mu_j,\Sigma_i+\Sigma_j\right) \tag{5.80}$$

其中，$\mathcal{N}\left(x;\mu_i,\Sigma_i\right)$和$\mathcal{N}\left(x;\mu_j,\Sigma_j\right)$分别是目标词和上下文词的密度。这是一种对称度量，在计算上很高效，但无法对单词之间的不对称关系建模。第二种更具表现力的方法是，通过 KL 散度的概念对相似性进行建模，并训练以优化损失函数：

$$D_{\mathrm{KL}}\left(\mathcal{N}_j \parallel \mathcal{N}_i\right) = \int_{x\in\mathbb{R}^n}\mathcal{N}\left(x;\mu_i,\Sigma_i\right)\log\frac{\mathcal{N}\left(x;\mu_j,\Sigma_j\right)}{\mathcal{N}\left(x;\mu_i,\Sigma_i\right)}\mathrm{d}x \tag{5.81}$$

这种 KL 散度方法使高斯嵌入能够合并蕴含的概念，因为从 w 到 c 的低 KL 散度意味着 c 蕴含 w。此外，由于 KL 散度是不对称的，因此这些嵌入可以在单词类型中编码不对称的相似性。

事实证明，Word2Gauss 在非对称任务（如蕴含 [VM14]）上的性能明显更好。尽管如此，单峰高斯密度不能充分处理多义词，并且训练期间的计算复杂度是一个重要的考虑因素。

5.4.6.2　贝叶斯 skip-gram

基于词向量作为概率密度的概念构建的最新方法采用了生成贝叶斯方法。**贝叶斯 skip-gram**（BSG）模型以贝叶斯模型的形式对每个单词表示进行建模，该贝叶斯模型是根据与语料库中给定单词的每次出现相关的先验密度生成的。通过合并上下文，BSG 模型可以克服 Word2Gauss 在多义词上的限制。实际上，它可以潜在地对无限组连续的词义进行建模。

对于目标词 w 和一组上下文词 $\boldsymbol{c}$，BSG 模型采用高斯分布的形式假设先验分布$p_\theta(z|w)$和后验分布$q_\theta(z|\boldsymbol{c},w)$：

$$p_\theta(z|w) = \mathcal{N}\left(z|\mu_w,\boldsymbol{\Sigma}_w\right) \tag{5.82}$$

$$q_\theta(z|\boldsymbol{c},w) = \mathcal{N}\left(z|\mu_q,\boldsymbol{\Sigma}_q\right) \tag{5.83}$$

其中，$\boldsymbol{\Sigma}_w$和$\boldsymbol{\Sigma}_q$为对角协方差矩阵，z 为从先验中得出的潜在向量（如图 5.22 所示）。协方差矩阵$\boldsymbol{\Sigma}_q$值越大，上下文词 $\boldsymbol{c}$ 中目标词 w 的含义就越不确定。

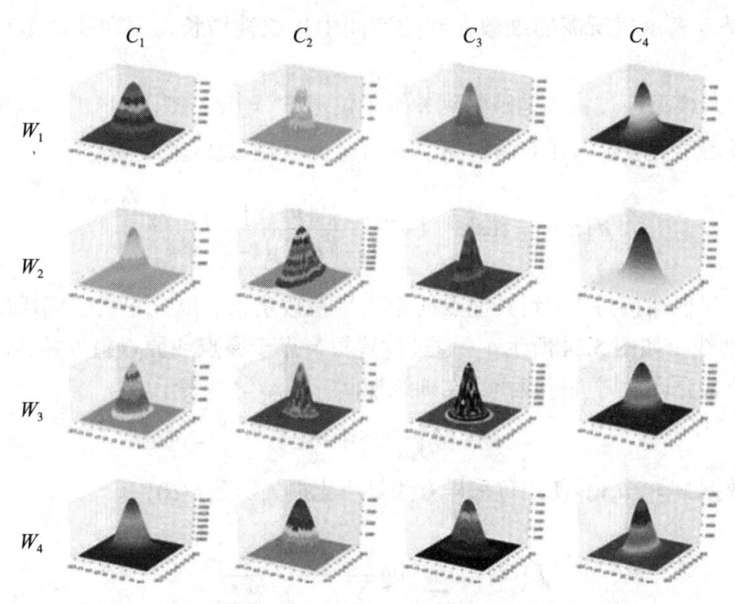

图 5.22　贝叶斯 skip-gram 模型中特定于上下文的密度

BSG 模型的目标是在给定目标词 w 的情况下，最大化上下文窗口中词的概率 $p_\theta\left(\boldsymbol{c} \mid w\right)$，这类似于 skip-gram 模型。它是通过以下方式训练的：采用目标词 w，从先验中提取其潜在含义 z，并从 $p_\theta\left(\boldsymbol{c}_j \mid z\right)$ 中提取上下文词 $\boldsymbol{c}$。目标是最大化对数似然函数：

$$\log p_\theta\left(\boldsymbol{c} \mid w\right)=\log\int\prod_{j=1}^{C} p_\theta\left(\boldsymbol{c}_j \mid z\right) p_\theta\left(z \mid w\right) dz \tag{5.84}$$

其中，C 是上下文窗口大小，$\boldsymbol{c}_j$ 是目标词 w 的上下文词。为了简化计算，通过优化对数似然的下界来训练 BSG 模型，如下所示：

$$\begin{aligned} J\left(\theta\right)=\sum_{(j,k)}&\left(D_{\mathrm{KL}}\left[q_\phi \parallel \mathcal{N}\left(z;\mu_{\tilde{c}_k},\boldsymbol{\Sigma}_{\tilde{c}_k}\right)\right]-D_{\mathrm{KL}}\left[q_\phi \parallel \mathcal{N}\left(z;\mu_{c_j},\boldsymbol{\Sigma}_{c_j}\right)\right]\right) \\ &-D_{\mathrm{KL}}\left[q_\phi \parallel p_\theta\left(z \mid w\right)\right] \end{aligned} \tag{5.85}$$

其中累加是在正 c_j 和负 $\tilde{c}_k$ 上下文词对上进行的。训练的结果是与表示单词类型的先验 p_θ 关联的嵌入，以及与对动态上下文进行编码的后验 q_θ 关联的嵌入。与 Word2Gauss 相比，BSG 可以提供更好的上下文敏感性，例如多义词的情况。

5.4.7　双曲嵌入

向量模型建模复杂模式的能力受到向量空间的维数的限制。此外，向量模型在捕获潜在的层次关系方面效果不佳。为了克服这些限制，Nickel 和 Keila [NK17] 提出了庞加莱嵌入作为一种在学习潜在层次关系的同时有效提高表示能力的方法。他们的方法基于学习双曲空间而不是欧几里得空间的表示。双曲几何可以有效地建模诸如树之类的层次结构（如图 5.23 所示）。

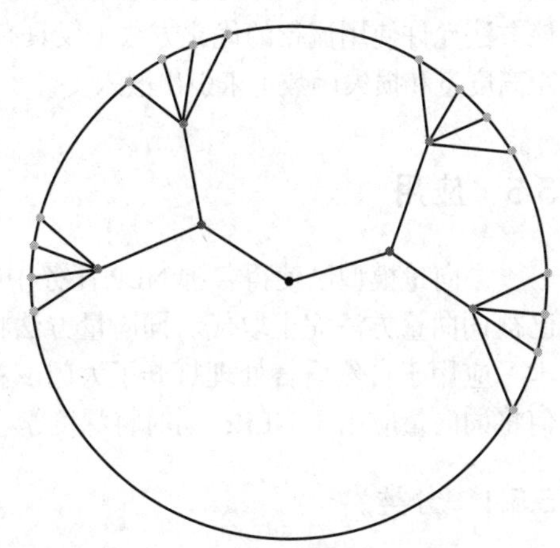

图 5.23　在双曲空间中嵌入一棵树

实际上，可以将树视为离散双曲空间的实例。

值得注意的是，表示树所需的维数在双曲空间中呈线性增长，而在欧几里得空间中呈二次增长。

庞加莱嵌入模型通过将单词映射到 n 维单位球 $\mathbb{B}^d=\left\{\boldsymbol{x}\in\mathbb{R}^d \mid \|\boldsymbol{x}\|<1\right\}$（其中 $\|\boldsymbol{x}\|$ 是欧几里得范数）来学习层次表示。在双曲空间中，两点 $\boldsymbol{u},\boldsymbol{v}\in\mathbb{R}^d$ 之间的距离为：

$$d\left(\boldsymbol{u},\boldsymbol{v}\right)=\cosh^{-1}\left(1+2\frac{\|\boldsymbol{u}-\boldsymbol{v}\|^2}{\left(1-\|\boldsymbol{u}\|^2\right)\left(1-\|\boldsymbol{v}\|^2\right)}\right) \tag{5.86}$$

请注意，当 $\|\boldsymbol{x}\|$ 接近 1，到其他点的距离呈指数增长。欧几里得空间中的直线概念映射到 $\mathbb{B}^d$ 中的测地线（如图 5.24 所示）。通过放置根节点于原点或原点附近并将叶节点放置在边界，这样的公式允许对树进行建模。在训练期间，模型学习表示 Θ：

$$\Theta=\left\{\theta_i\right\}_{i=1}^n \text{ 其中 } \theta_i\in\mathbb{B}^d \tag{5.87}$$

通过对一组数据 $\mathbb{D}=\left\{(\boldsymbol{u},\boldsymbol{v})\right\}$ 使用负采样方法最小化损失函数 $L(\theta)$：

$$L\left(\Theta\right)=\sum_{(\boldsymbol{u},\boldsymbol{v})\in\mathbb{D}}\log\frac{\mathrm{e}^{-d(\boldsymbol{u},\boldsymbol{v})}}{\sum_{\boldsymbol{v}'\in N(\boldsymbol{u})}\mathrm{e}^{-d(\boldsymbol{u},\boldsymbol{v}')}} \tag{5.88}$$

其中 $N(\boldsymbol{u})=\left\{\boldsymbol{v}' \mid (\boldsymbol{u},\boldsymbol{v}')\notin\mathbb{D}\right\}$ 是一组负样本。Nickel 和 Keila 的公式要求使用随机黎曼优化方法来引出嵌入。这些方法（如黎曼随机梯度下降法）有几个局限性，并且需要额外的投影步骤才能将嵌入带回单位超球中。此外，训练它们在计算上昂贵，这使得它们对于大型文本语料库而言不太可行。最近，Dhingra 等人通过结合基于学习编码器函数 f_θ 的参数化方法来泛化**双曲嵌入**，该函数将单词序列映射到庞加莱球 B^d 上的嵌入 [Dhi+18]。该方法基于以下概念：语义通用概念出现在更广泛的上下文中，而语义特定概念出现在更窄的范围中。通过对双曲嵌入的方向和范数进行简单的参数化，并对范数应用 sigmoid 函数，该方法允许使用流行的优化方法（仅具有修改的距离度量和损失函数）来引出嵌入。

图 5.24　最短路径在欧几里得空间中是直线，而在双曲空间中它们是曲线，称为测地线

5.5　应用

词向量模型已使得各种 NLP 任务中的最新分数得到改善。在许多应用中，传统方法几乎已被词向量方法完全取代。词向量方法将可变长度序列映射到固定长度表示的能力为将深度学习应用于自然语言处理打开了大门。在接下来的小节中，我们将提供简单的示例，说明如何将词向量应用于 NLP，同时将深度学习方法留给后续章节。

5.5.1　分类

文本分类是 NLP 中许多重要任务的基础。传统的线性分类器词袋方法（如朴素贝叶斯或逻辑回归）可以很好地进行文本分类。但是，这些方法无法泛化到训练数据中未见过的单词和短语。向量模型具有克服此缺点的能力。通过利用预训练词向量（在单独的大型语料库上学习单词表示），我们可以构建可跨文本概括的分类器。

Joulin 等人提出的 FastText 模型 [Jou+16a] 是利用词向量的文本分类模型的示例（如图 5.25 所示）。FastText 的第一阶段在大型语料库上学习单词表示，从而有效地捕获大量词汇中的语义关系。然后，在分类器训练阶段使用这些嵌入（使用这些嵌入能够将文档的单词映射成向量），并对这些向量取均值，以形成文档的潜在表示。这些潜在表示及其标签构成了 softmax 或分层 softmax 分类器的训练集。顾名思义，FastText 具有高效的计算能力，能够在 10 分钟内训练 10 亿个单词，同时获得近乎最先进的性能 [Jou + 16a]。

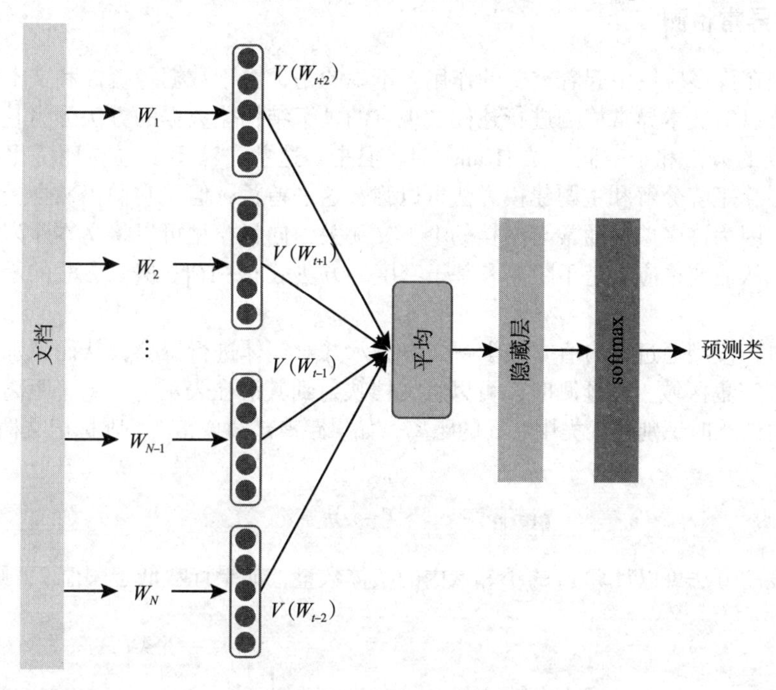

图 5.25　FastText 模型

5.5.2　文档聚类

基于词袋的传统文档聚类经常导致过高的维数和数据稀疏性。诸如潜在语义分析（LSA）和潜在狄利克雷分布（LDA）之类的主题建模方法可以应用于文档聚类，但是会忽略单词共现或存在计算可伸缩性。

我们已经看到了如何使用词向量来创建文档的潜在表示。这些表示捕获了文档内的语义信息，执行 k 均值或另一种常规聚类方法来识别文档聚类相当容易。经验证据表明，使用嵌入来执行文档聚类 [LM14] 优于词袋或主题建模方法。使用预训练词向量可以增强可用于文档聚类的语义信息。

5.5.3　语言模型

如前所述，语言模型与向量模型的训练密切相关，因为两者都会根据一组上下文词来预测目标词。n-gram 语言模型会根据给定的先前单词 $w_{t-1}, w_{t-2}, \cdots, w_{t-n}$ 来预测单词 w_t。n-gram 语言模型的训练等效于最大化负对数似然：

$$J(\theta)=\sum_{t=1}^{T}\log p\left(w_t \mid w_{t-1},w_{t-2},\cdots,w_{t-n+1}\right) \tag{5.89}$$

相比之下，CBOW word2vec 模型的训练等效于最大化目标函数：

$$J(\theta)=\frac{1}{T}\sum_{t=1}^{T}\log p\left(w_t \mid w_{t-n},\cdots,w_{t-1},w_{t+1},\cdots,w_{t+n}\right) \tag{5.90}$$

因此，语言模型基于先前的 n 个上下文词来预测目标词，而 CBOW 基于每一侧的 n 个上下文词来预测目标词。

嵌入方法擅长语言建模任务，并使深度神经网络方法在性能方面处于领先地位 [MH09]。

5.5.4　文本异常检测

异常检测在许多应用中起着重要的作用。不幸的是，由于数据稀疏性和文本的极高维数性质，通常难以对文本异常检测进行建模。现有的关于结构化数据的方法分为基于距离的方法、基于密度的方法和子空间方法 [Kan+17]。但是，这些方法不能轻易地泛化到非结构化文本数据。尽管矩阵分解和主题建模方法可以弥合这一差距，但是它们仍然会受到高维度和噪声的困扰，因为许多单词通常与文档的上下文无关。向量模型可以将文本序列映射为密集的表示形式，从而允许应用基于距离和基于密度的方法 [Che+16]。嵌入方法的示例如图 5.26 所示。

在训练时，模型通过 k 均值方法学习文本表示并对实体进行聚类，从而识别潜在实体空间内的聚类和密集区域。在预测时，可以将文档映射到其潜在表示 $\boldsymbol{v}_d$。基于距离的方法可以计算该表示与训练时识别的聚类中心 $\boldsymbol{c}_j$ 的距离，如果距离超过阈值 T，则标记文档（如图 5.27 所示）：

$$\min_{\boldsymbol{c}_j}\left\|\boldsymbol{v}_d-\boldsymbol{c}_j\right\|>T\rightarrow \text{异常} \tag{5.91}$$

基于密度的方法可以计算 $\boldsymbol{v}_d$ 的小邻域内的实体数量，如果计数低于阈值 T，则标记文档。

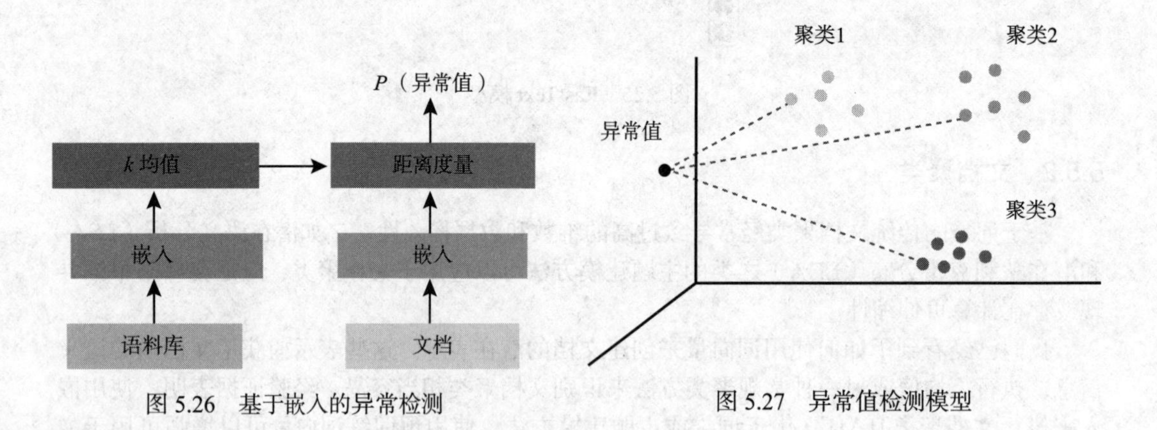

图 5.26　基于嵌入的异常检测　　　　图 5.27　异常值检测模型

5.5.5　语境化向量

在过去的一年中，已经提出了许多利用**语境化向量**的新方法。它们都基于一种概念，即词向量应该基于使用它们的上下文。此上下文可以是句子、段落或文档中周围单词的位置和存在。通过在大量数据上生成预训练的语境化向量和语言模型，可以有区别地微调各种任务上的模型，并获得最新的结果。这通常被称为“NLP 的 ImageNet 时刻”[HR18]。

值得注意的方法之一是 transformer 模型，这是一种基于注意力的堆叠式编码器 - 解码器架构（请参见第 7 章），已预先进行了大规模训练。Vaswani 等人 [Vas+17a] 将此模型应用于机器翻译任务并打破了性能记录。

另一个重要的方法是 ELMo，它生成一组语境化的词表示，可以有效地捕获语法和语义以及多义词。这些表示实际上是双向的、基于字符的 LSTM 语言模型的内部状态，该模型在大型外部语料库上进行了预训练（请参见第 10 章）。

基于 transformer 的功能，最近提出了一种称为 BERT 的方法。BERT 是基于 transformer 的掩码语言模型，它经过双向训练以生成可捕获从左到右和从右到左上下文的深层语境化词向量。这些向量几乎不需要微调就可以在下游的复杂任务（例如蕴含或问答）上脱颖而出 [Dev+18]。BERT 打破了多项性能记录，并代表了当今语言表示中的一大突破。

5.6 案例研究

我们从详细研究 word2vec 算法开始，并研究带有负采样的 skip-gram 模型的 Python 实现。在检查 word2vec 的基础概念后，我们将使用 Gensim 软件包来加快训练时间并研究词向量的翻译特性。我们将研究 GloVe 嵌入作为 word2vec 的替代方法。但是，这两种方法都无法处理反义词、多义词和词义歧义。我们考虑使用嵌入方法对文档进行聚类。最后，我们将研究像 sense2vec 这样的嵌入方法如何更好地处理词义歧义。

5.6.1 软件工具和库

在本案例研究中，我们将使用 Python 研究 word2vec 的 skip-gram、负采样方法以及 GloVe 嵌入的内部操作。我们还将利用流行的 NLTK、gensim、glove 和 spaCy 库进行分析。NLTK 是流行的用于自然语言处理和文本分析的开源工具包。gensim 库是用于向量空间建模和主题建模的开源工具包，该工具包使用 Python 并通过 Cython 性能加速实现。glove 库是 Python 中 GloVe 的高效开源实现。spaCy 是用 Python 和 Cython 编写的快速开源 NLP 库，用于词性标注和命名实体识别。

为了进行分析，我们将利用美国国家语料库，该语料库由各种来源的大约 1500 万个口头和书面单词组成。具体来说，我们将使用该语料库的子集，由 1996~2000 年的 4531 条 *Slate* 杂志文章（约 420 万个单词）组成。

5.6.2 探索性数据分析

让我们看一下有关该数据集的一些基本统计信息，例如文档长度和句子长度（如图 5.28 和图 5.29 所示）。通过查看该语料库中的前 1000 个词来检查词频（如图 5.30 所示），我们发现前 100 项是我们通常认为的停用词（如表 5.1 所示）。它们在大多数句子中很常见，并且没有捕获太多语义。当我们进一步移至列表下方时，我们开始看到在传达句子或文档的含义方面起着更为重要的作用的单词。

表 5.1 词频图

	词	频率		词	频率
0	the	266 007	3	to	107 951
1	of	115 973	4	a	100 993
2	–	114 156	5	and	96 375

（续）

	词	频率		词	频率
6	in	74 561	993	Pundits	499
7	that	64 448	994	Calling	498
8	is	51 590	995	de	498
9	it	38 175	996	Sports	498
⋮	⋮	⋮	997	Strategy	487
990	Eyes	500	998	Numbers	496
991	Troops	499	999	Argues	496
992	Raise	499			

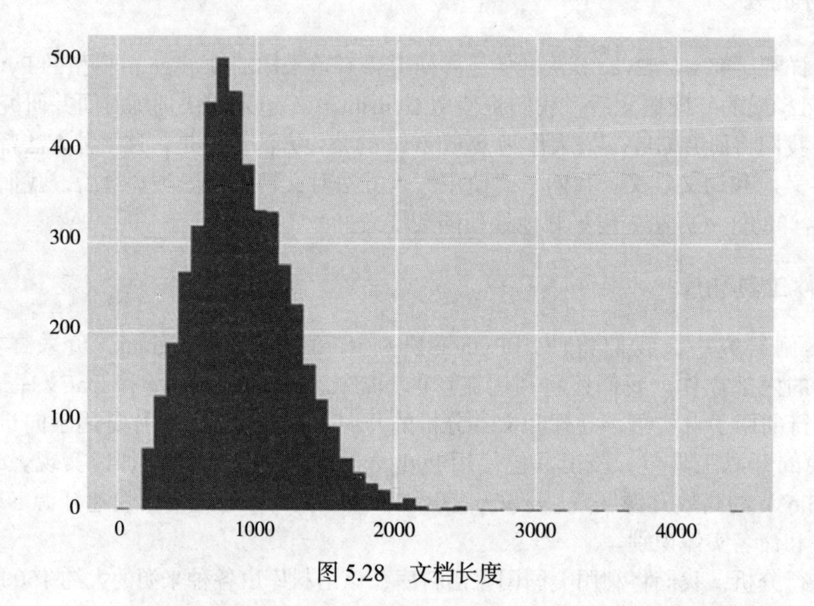

图 5.28 文档长度

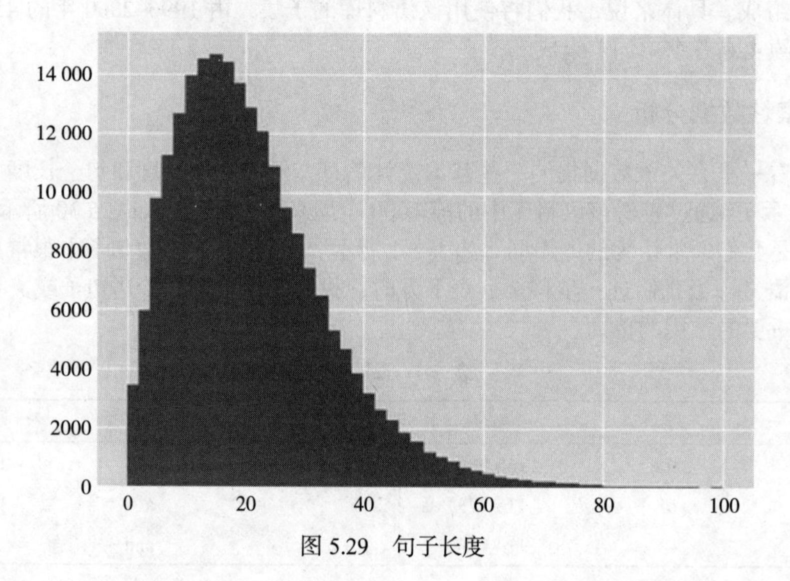

图 5.29 句子长度

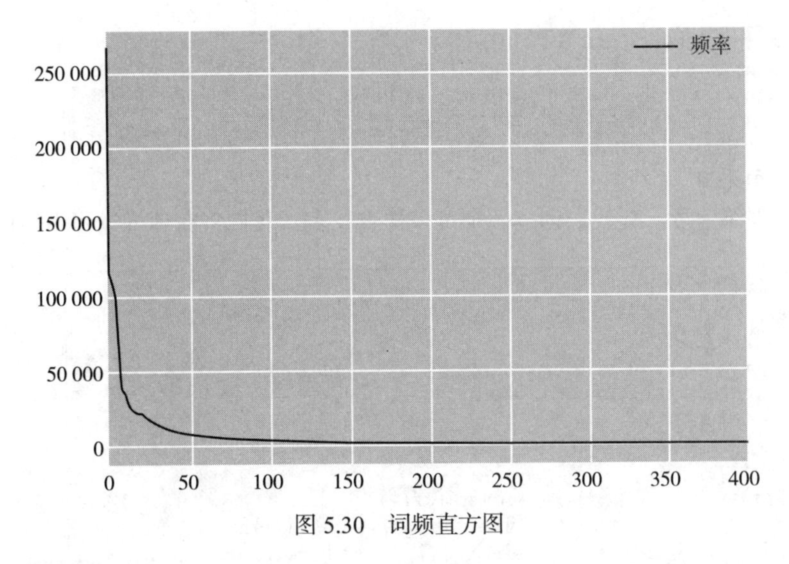

图 5.30 词频直方图

5.6.3 学习词向量

我们的目标是为上述语料库训练一组词向量。让我们建立一个带有负采样的 skip-gram 模型，然后再建立一个 GloVe 模型。在训练任何一个模型之前，我们可以看到在经过预处理的包含 486 万个单词的语料库中有 77 440 个唯一的单词。

5.6.3.1 word2vec

现在我们准备训练 word2vec 模型的神经网络。让我们定义模型参数：

- `dim` = 词向量的维数
- `win` = 上下文窗口大小（标记的个数）
- `start_alpha` = 初始学习率
- `neg` = 负采样的样本数
- `min_count` = 词汇中包含的最小提及量

我们可以通过过滤掉稀有单词来减少词汇量。如果我们在语料库中应用 5 个提及量的最小计数阈值，那么我们会发现词汇量下降到了 31 599，因此 45 841 个单词将被视为 OOV。我们将所有这些词映射到一个特殊的集外词标记。

```
truncated = []
truncated.append(VocabWord('<unk>'))
unk_hash = 0

count_unk = 0
for token in vocab_items:
    if token.count < min_count:
        count_unk += 1
        truncated[unk_hash].count += token.count
    else:
        truncated.append(token)

truncated.sort(key=lambda token : token.count, reverse=True)

vocab_hash = {}
for i, token in enumerate(truncated):
    vocab_hash[token.word] = i

vocab_items = truncated
```

```
vocab_hash = vocab_hash
vocab_size = len(vocab_items)
print('Unknown vocab size:', count_unk)
print('Truncated vocab size: %d' % vocab_size)
```

5.6.3.2 负采样

为了加快训练速度，让我们创建一个负采样查找表，我们将在训练过程中使用该表。

```
power = 0.75
norm = sum([math.pow(t.count, power) for t in vocab_items])

table_size = int(1e8)
table = np.zeros(table_size, dtype=np.int)

p = 0
i = 0
for j, unigram in enumerate(vocab_items):
    p += float(math.pow(unigram.count, power))/norm
    while i < table_size and float(i) / table_size < p:
        table[i] = j
        i += 1

def sample(table,count):
    indices = np.random.randint(low=0, high=len(table), size=
    count)
    return [table[i] for i in indices]
```

5.6.3.3 训练模型

现在我们准备训练 word2vec 模型。该方法通过在语料库中的句子上进行迭代，并在给定负采样的目标词（skip-gram）的情况下调整层权重来最大化上下文词的概率，从而训练两层（syn0，syn1）神经网络。完成后，隐藏层 syn0 的权重就是我们寻求的词向量。

```
tmp = np.random.uniform(low=-0.5/dim, high=0.5/dim, size=(
    vocab_size, dim))
syn0 = np.ctypeslib.as_ctypes(tmp)
syn0 = np.array(syn0)

tmp = np.zeros(shape=(vocab_size, dim))
syn1 = np.ctypeslib.as_ctypes(tmp)
syn1 = np.array(syn1)

current_sent = 0
truncated_vocabulary = [x.word for x in vocab_items]
corpus = df['text'].tolist()

while current_sent < df.count()[0]:
    line = corpus[current_sent]
    sent = [vocab_hash[token] if token in truncated_vocabulary
     else vocab_hash['<unk>']
        for token in [['<bol>'] + line.split() + ['<eol>']]]
    for sent_pos, token in enumerate(sent):

        current_win = np.random.randint(low=1, high=win+1)
        context_start = max(sent_pos——current_win, 0)
        context_end = min(sent_pos + current_win+1, len(sent))
        context = sent[context_start:sent_pos] + sent[sent_pos
    +1:context_end]

```

```
        for context_word in context:
            embed = np.zeros(DIM)
            classifiers = [(token, 1)] + [(target, 0) for
 target in table.sample(neg)]
            for target, label in classifiers:
                z = np.dot(syn0[context_word], syn1[target])
                p = sigmoid(z)
                g = alpha * (label——p)
                embed += g * syn1[target]
                syn1[target] += g * syn0[context_word]
            syn0[context_word] += embed

        word_count += 1
    current_sent += 1
    if current_sent % 2000 == 0:
        print("\rReading sentence %d" % current_sent)

embedding = dict(zip(truncated_vocabulary,syn0))
```

这些嵌入的语义翻译属性是值得注意的。让我们检查两个相似词（man，woman）和两个不相似词（candy，social）之间的余弦相似度。我们希望相似的词具有更高的相似度。

- dist(man, woman) = 0.01258108
- dist(candy, social) = 0.05319491

5.6.3.4 可视化词向量

我们可以使用T-SNE算法将词向量映射到2D空间，以将词向量可视化。请注意，T-SNE是一种降维技术，可保留向量空间内的接近度概念（在2D中靠近在一起的点在较高维度上彼此接近）。图5.31展示了来自词汇表的300个单词样本的关系。

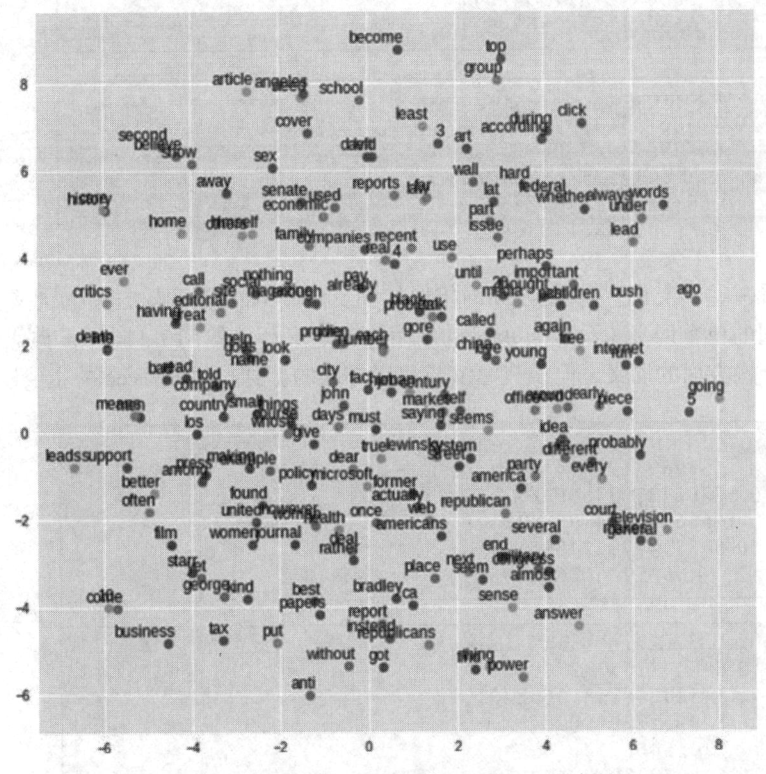

图5.31 使用T-SNE可视化word2vec词向量

5.6.3.5 使用 gensim 包

上面的 Python 代码对理解原理很有用，但是运行速度不是最快的。最初的 word2vec 软件包是用 C ++ 编写的，以加快在多个内核上的训练速度。gensim 软件包为 word2vec 库提供了 API，并提供了几种有用的方法来检查向量邻域。接下来让我们了解如何使用 gensim 训练样本数据语料库。gensim 希望我们提供一组文档作为标记列表的列表。我们将调用 gensim 的 `simple_preprocess()` 方法来删除标点符号、特殊字符和大写字母。使用 gensim 包提供的包装 API，训练 word2vec 就只需要定义模型并传递训练文档集就可以了。

```
documents = [gensim.utils.simple_preprocess(df['text'].iloc[i
    ]) for i in range(len(df))]
model = gensim.models.Word2Vec(documents,
                               size=100,
                               window=10,
                               min_count=2,
                               workers=10)
model.train(documents, total_examples=len(documents), epochs
    =10)
```

5.6.3.6 相似性

让我们通过检查单词邻域来评估学习的词向量的质量。如果我们查看与 man 或 book 最相似的词，则会在它们的邻域发现非常相似的词。到目前为止，一切都很好。

```
model.wv.most_similar("man",topn=5)
[('guy', 0.6880463361740112),
 ('woman', 0.6301935315132141),
 ('person', 0.6296881437301636),
 ('soldier', 0.5808842182159424),
 ('someone', 0.5552011728286743)]
```

```
model.wv.most_similar("book",topn=5)
[('books', 0.7232613563537598),
 ('novel', 0.6448987126350403),
 ('biography', 0.6039375066757202),
 ('memoir', 0.6010321378707886),
 ('chapter', 0.5646576881408691)]
```

让我们看一些多义词。与 bass 一词相似的词反映了 bass 在音乐方面的词义。也就是说，它们仅捕获词的单个词义（没有与 bass 的水生生物定义相关的词）。同样，类似于 bank 的词都反映了其金融方面的词义，但没有海滨或河岸方面的。这是 word2vec 的主要缺点之一。

```
model.wv.most_similar("bass",topn=5)
[('guitar', 0.6996911764144897),
 ('solo', 0.6786242723464966),
 ('blazer', 0.6665750741958618),
 ('roars', 0.6658747792243958),
 ('corduroy', 0.6525936126708984)]
```

```
model.wv.most_similar("bank",topn=5)
[('banks', 0.6580432653427124),
 ('bankers', 0.5862468481063843),
 ('imf', 0.5782995223999023),
 ('reserves', 0.5546875),
 ('loans', 0.5457302331924438)]
```

我们可以使用某些向量代数更详细地检查语义翻译属性。如果我们从 son 一词开始，减去 man，再加上 woman，我们确实发现 daughter 是最接近结果的词。类似地，如果我们反转运算并从 daughter 一词开始，减去 woman 再加上 man，我们会发现 son 最接近结果。请注意，word2vec 不保证相互性。

```
model.wv.similar_by_vector(model.wv['son']-model.wv['man']
                                            +model.wv['woman'],
    topn=5)
[('daughter', 0.7489624619483948),
 ('sister', 0.7321654558181763),
 ('mother', 0.7243343591690063),
 ('boyfriend', 0.7229076623916626),
 ('lover', 0.7120637893676758)]
```

```
model.wv.similar_by_vector(model.wv['daughter']
                                    -model.wv['woman']
                                    +model.wv['man'],topn=5)
[('son', 0.7144862413406372),
 ('daughter', 0.6668421030044556),
 ('man', 0.6652499437332153),
 ('grandfather', 0.5896619558334351),
 ('father', 0.585667073726654)]
```

我们还可以看到 word2vec 通过使用 paris 一词减去 france 并加上 russia 来捕获地理上的相似性。这样得出的结果接近我们的预期——moscow。

```
model.wv.similar_by_vector(model.wv['paris']
                                -model.wv['france']
                                +model.wv['russia'],topn=5)
[('russia', 0.7788714170455933),
 ('moscow', 0.6269053220748901),
 ('brazil', 0.6154285669326782),
 ('japan', 0.592476487159729),
 ('gazeta', 0.5799405574798584)]
```

先前我们已经讨论了 word2vec 生成的词向量无法区分反义词，因为这些单词在正常使用中经常共享相同的上下文词，因此学习了彼此接近的嵌入。例如，与 large 最相似的词是 small，与 hard 最相似的词是 easy。反义词很难！

```
model.wv.most_similar("large",topn=5)
[('small', 0.726446270942688),
 ('enormous', 0.5439934134483337),
 ('huge', 0.5070887207984924),
 ('vast', 0.5017688870429993),
 ('size', 0.48968151211738586)]
```

```
model.wv.most_similar("hard",topn=5)
[('easy', 0.6564798355102539),
 ('difficult', 0.6085934638977051),
 ('tempting', 0.5201482772827148),
 ('impossible', 0.5099537372589111),
 ('easier', 0.4868208169937134)]
```

5.6.3.7 GloVe 词向量

word2vec 捕获句子中单词的局部上下文，而 GloVe 词向量可以额外说明整个语料库的全局上下文。让我们更深入地研究如何计算 GloVe 词向量。我们通过从语料库建立词汇词典开始。

```
from collections import Counter

vocab_count = Counter()
for line in corpus:
    tokens = line.strip().split()
    vocab_count.update(tokens)
vocab = {word: (i, freq) for i, (word, freq) in enumerate(
    vocab_count.items())}
```

5.6.3.8 共现矩阵

让我们从语料库构建词共现矩阵。请注意，单词的出现是双向的，从关键词到上下文，反之亦然。对于上下文窗口的较小值，预期该矩阵是稀疏的。

```
# Build co-occurrence matrix
from scipy import sparse

min_count = 10
window_size = 5

vocab_size = len(vocab)
id2word = dict((i, word) for word, (i, _) in vocab.items())
occurrence = sparse.lil_matrix((vocab_size, vocab_size),dtype=
    np.float64)

for i, line in enumerate(corpus):
    tokens = line.split()
    token_ids = [vocab[word][0] for word in tokens]

    for center_i, center_id in enumerate(token_ids):
        context_ids=token_ids[max(0, center_i -- window_size) :
      center_i]
        contexts_len = len(context_ids)

        for left_i, left_id in enumerate(context_ids):
            distance = contexts_len -- left_i
            increment = 1.0 / float(distance)
            occurrence[center_id, left_id] += increment
            occurrence[left_id, center_id] += increment
    if i % 10000 == 0:
        print("Processing sentence %d" % i)

def occur_matrix(vocab, coccurrence, min_count):
  for i, (row, data) in enumerate(zip(coccurrence.rows,
    coccurrence.data)):
    if min_count is not None and vocab[id2word[i]][1] <
    min_count:
            continue
    for data_idx, j in enumerate(row):
        if min_count is not None and vocab[id2word[j]][1] <
    min_count
            :continue
        yield i, j, data[data_idx]
```

5.6.3.9 GloVe 训练

我们现在可以通过遍历语料库中的文档（句子）来训练词向量。

```
from random import shuffle
from math import log
import pickle

iterations = 30
dim = 100
learning_rate = 0.05
x_max = 100
alpha = 0.75

vocab_size = len(vocab)
W = (np.random.rand(vocab_size * 2, dim)---0.5)/ float(dim + 1)
biases = (np.random.rand(vocab_size * 2)---0.5)/ float(dim + 1)

gradient_squared = np.ones((vocab_size * 2, dim), dtype=np.
    float64)
gradient_squared_biases = np.ones(vocab_size * 2, dtype=np.
    float64)

data = [(W[i_main], W[i_context + vocab_size],
             biases[i_main : i_main + 1],
             biases[i_context + vocab_size : i_context +
    vocab_size + 1],
             gradient_squared[i_main], gradient_squared[
    i_context + vocab_size],
             gradient_squared_biases[i_main : i_main + 1],
             gradient_squared_biases[i_context + vocab_size
                                    : i_context + vocab_size
    + 1],
             cooccurrence)
            for i_main, i_context, cooccurrence in comatrix]

for i in range(iterations):
    global_cost = 0
    shuffle(data)
    for (v_main, v_context, b_main, b_context, gradsq_W_main,
    gradsq_W_context,
         gradsq_b_main, gradsq_b_context, cooccurrence) in
    data:

        weight = (cooccurrence / x_max) ** alpha if
    cooccurrence < x_max else 1

        cost_inner = (v_main.dot(v_context)
                      + b_main[0] + b_context[0]
                      --log(cooccurrence))
        cost = weight * (cost_inner ** 2)
        global_cost += 0.5 * cost

        grad_main = weight * cost_inner * v_context
        grad_context = weight * cost_inner * v_main
        grad_bias_main = weight * cost_inner
        grad_bias_context = weight * cost_inner

        v_main -= (learning_rate * grad_main / np.sqrt(
    gradsq_W_main))
        v_context -= (learning_rate * grad_context / np.sqrt(
    gradsq_W_context))

        b_main -= (learning_rate * grad_bias_main / np.sqrt(
    gradsq_b_main))
```

```
        b_context -= (learning_rate * grad_bias_context / np.
    sqrt(
                gradsq_b_context))

        gradsq_W_main += np.square(grad_main)
        gradsq_W_context += np.square(grad_context)
        gradsq_b_main += grad_bias_main ** 2
        gradsq_b_context += grad_bias_context ** 2
```

学习的权重矩阵由两组向量组成：一组为单词在关键词位置的情况；另一组为单词在上下文词位置的情况。我们将对它们求平均以为每个单词生成最终的 GloVe 词向量。

```
def merge_vectors(W, merge_fun=lambda m, c: np.mean([m, c],
    axis=0)):

    vocab_size = int(len(W) / 2)
    for i, row in enumerate(W[:vocab_size]):
        merged = merge_fun(row, W[i + vocab_size])
        merged /= np.linalg.norm(merged)
        W[i, :] = merged

    return W[:vocab_size]

embedding = merge_vectors(W)
```

5.6.3.10 GloVe 向量相似度

让我们检查一下这些向量的翻译特性。我们定义了一个简单的函数，该函数返回与 man 一词最相似的 5 个词。

```
most_similar(embedding, vocab, id2word, 'man,' 5)
('woman', 0.9718018808969603)
('girl', 0.9262655177669397)
('single', 0.9222400016708986)
('dead', 0.9187203648559261)
('young', 0.9081009733127359)
```

有趣的是，相似度结果分为两类。woman 和 girl 与 man 具有相似的语义含义，而 dead 和 young 则没有。但是这些词经常以 young man 或 dead man 等短语的形式与它同时出现。GloVe 词向量可以捕获这两种情况。当使用 T-SNE 可视化词向量时，我们可以看到这一点（如图 5.32 所示）。

5.6.3.11 使用 GloVe 包

虽然有用，但我们的 Python 实现太慢而无法在大型语料库上运行。glove 库是一个 Python 包，可有效实现 GloVe 算法。让我们使用 glove 包重新训练词向量。

```
from glove import Corpus, Glove

corpus = Corpus()
corpus.fit(documents, window=5)

glove = Glove(no_components=100, learning_rate=0.05)
glove.fit(corpus.matrix,epochs=30,no_threads=4,verbose=True)
glove.add_dictionary(corpus.dictionary)
```

让我们通过检查几个单词来评估这些词向量的质量。

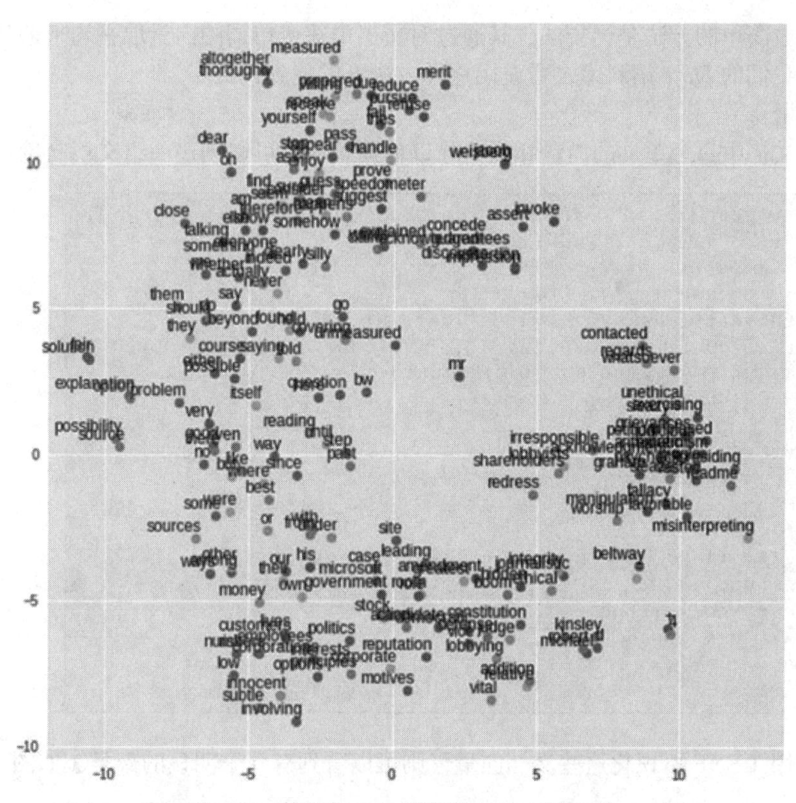

图 5.32　使用 T-SNE 可视化 GloVe 词向量

```
glove.most_similar('man', number=6)
[('woman', 0.9417155142176431),
 ('young', 0.8541752252243202),
 ('guy', 0.8138920634188781),
 ('person', 0.8044470112897205),
 ('girl', 0.793038798219135)]
```

```
glove.most_similar('nice', number=6)
[('guy', 0.7583150809899194),
 ('very', 0.7071106359169386),
 ('seems', 0.7048211092737807),
 ('terrible', 0.697033427158236),
 ('fun', 0.6898111303194308)]
```

```
glove.most_similar('apple', number=6)
[('industry', 0.6965166116455955),
 ('employee', 0.6724064797672178),
 ('fbi', 0.6280345651329606),
 ('gambling', 0.6276268857034702),
 ('indian', 0.6266591982382662)]
```

再一次，最相似的词既具有较高的语义相似度，又具有较高的共现概率。即使有额外的上下文，GloVe 词向量仍然缺乏处理反义词和词义歧义的能力。

5.6.4 文档聚类

与传统方法（例如 LSA 或 LDA）相比，词向量的使用为文档聚类提供了一种有用且有效的方法。最简单的方法是词袋法，其通过对文档中每个单词的向量取平均来创建文档向量。让我们采用我们的 *Slate* 语料库，看看用这种方法可以找到什么。

文档向量

通过将文档中每个单词的向量相加并除以单词总数，可以创建一组文档向量。

```
documents=[gensim.utils.simple_preprocess(ndf['text'].iloc[i])
    for i in range(len(ndf))]
corpus = Corpus()
corpus.fit(documents, window=5)
glove = Glove(no_components=100, learning_rate=0.05)
glove.fit(corpus.matrix,epochs=10,no_threads=4,verbose=True)
glove.add_dictionary(corpus.dictionary)
print("Glove embeddings trained.")

doc_vectors = []
for doc in documents:
    vec = np.zeros((dim,))
    for token in doc:
      vec += glove.word_vectors[glove.dictionary[token]]
    if len(doc) > 0:
      vec = vec/len(doc)
    doc_vectors.append(vec)

print("Processed documents = ",len(doc_vectors))
```

如果使用 T-SNE 可视化这些文档向量，则可以看到有几个明显的聚类（如图 5.33 所示）。

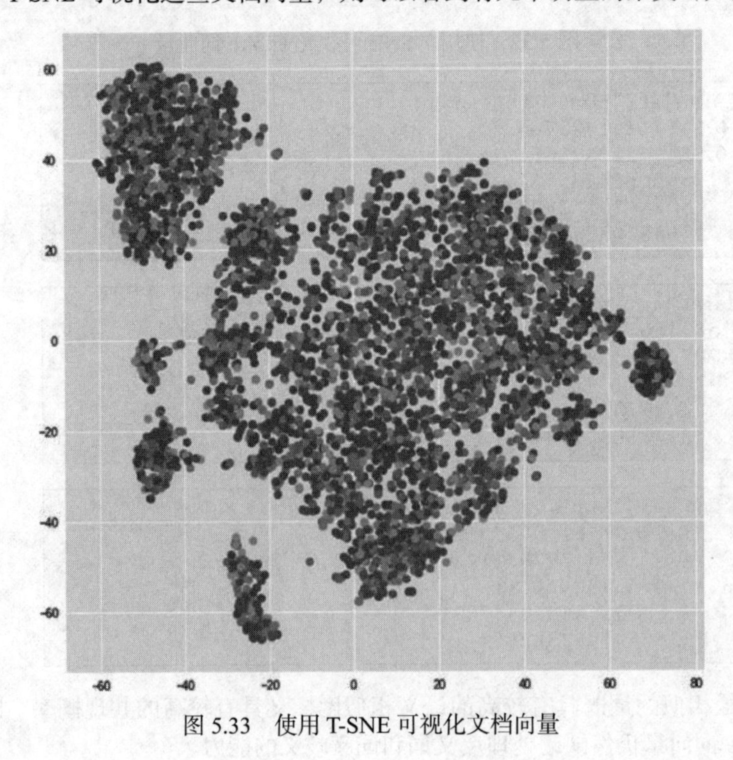

图 5.33　使用 T-SNE 可视化文档向量

5.6.5　词义消歧

词义消歧是计算语言学中的重要任务。然而，word2vec 或 GloVe 词向量将单词映射到单个嵌入向量，因此缺乏在多种词义之间消歧的能力。

sense2vec 算法是一种改进的方法，可以通过监督消歧来处理多义词或反义词。此外，sense2vec 的计算成本很低，可以在训练 word2vec 或 GloVe 模型之前作为预处理任务实现。为了演示，让我们利用 spaCy 库生成词性标签，并将其用作监督消歧的标签，以将 sense2vec 算法应用于我们的语料库。

5.6.5.1 监督消歧标注

让我们使用 spaCy NLP 标注处理语料库中的句子。我们创建一个单独的语料库，其中每个单词都通过其词性标签进行扩充。例如，单词 he 被映射到 he_PRON。

```
import spacy
nlp = spacy.load('en',disable=['parser', 'ner'])
corpus = df['text'].tolist()
print("Number of docs = ",len(corpus))

docs = []
count = 0
for item in corpus:
  docs.append(nlp(item))
  count += 1
  if count % 10000 == 0:
    print("Processed document #",count)

sense_corpus = [[x.text+"_"+x.pos_ for x in y] for y in docs]
```

5.6.5.2 用 word2vec 训练

使用新的预处理语料库，我们可以继续训练 word2vec。然后，我们可以使用这个训练后的模型来研究如何根据词性来对 run 或 lie 等词进行消歧。

```
model.wv.most_similar("run_NOUN",topn=5)
[('runs_NOUN', 0.5418172478675842),
 ('term_NOUN', 0.5085563063621521),
 ('ropy_VERB', 0.502711452908325),
 ('distance_NOUN', 0.49787676334381104),
 ('sosa_NOUN', 0.4942496120929718)]
```

```
model.wv.most_similar("run_VERB",topn=5)
[('put_VERB', 0.6089274883270264),
 ('work_VERB', 0.599068284034729),
 ('hold_VERB', 0.5984195470809937),
 ('break_VERB', 0.5887631177902222),
 ('get_VERB', 0.5873323082923889)]
```

```
model.wv.most_similar("lie_NOUN",topn=5)
[('truth_NOUN', 0.6057517528533936),
 ('guilt_NOUN', 0.5678446888923645),
 ('sin_NOUN', 0.565475344657898),
 ('perjury_NOUN', 0.5402902364730835),
 ('madness_NOUN', 0.5183135867118835)]
```

```
model.wv.most_similar("lie_VERB",topn=5)
[('talk_VERB', 0.662897527217865),
 ('expose_VERB', 0.64887535572052),
 ('testify_VERB', 0.6263021230697632),
 ('commit_VERB', 0.6155776381492615),
 ('leave_VERB', 0.5946056842803955)]
```

5.6.6 留给读者的练习

可以采用许多有趣的方式扩展词向量算法，我们鼓励读者进行以下研究：

1. 根据字符 *n*-gram、字节对或其他子词方法来训练嵌入。
2. 将嵌入方法应用于聚类命名实体。
3. 使用嵌入作为分类器的输入特征。

在随后的章节中，读者将认识到嵌入对于将神经网络应用于文本和语音至关重要。此外，嵌入使迁移学习成为可能，并且是任何深度学习算法中的重要考虑因素。

参考文献

[Als+18] Faisal Alshargi et al. “Concept2vec: Metrics for Evaluating Quality of Embeddings for Ontological Concepts.” In: *CoRR* abs/1803.04488(2018).

[Amm+16] Waleed Ammar et al. “Massively Multilingual Word Embeddings.” In: *CoRR* abs/1602.01925 (2016).

[BCB14] Dzmitry Bahdanau, Kyunghyun Cho, and Yoshua Bengio. “Neural machine translation by jointly learning to align and translate”. In: *CoRR* abs/1409.0473 (2014).

[Bak18] Amir Bakarov. “A Survey of Word Embeddings Evaluation Methods”. In: *CoRR* abs/1801.09536 (2018).

[Ben+03] Yoshua Bengio et al. “A neural probabilistic language model”. In: *JMLR* (2003), pp. 1137–1155.

[Boj+16] Piotr Bojanowski et al. “Enriching Word Vectors with Subword Information”. In: *CoRR* abs/1607.04606 (2016).

[Bor+13] Antoine Bordes et al. “Translating Embeddings for Modeling Multirelational Data.” In: *NIPS*. 2013, pp. 2787–2795.

[CP18] José Camacho-Collados and Mohammad Taher Pilehvar. “From Word to Sense Embeddings: A Survey on Vector Representations of Meaning”. In: *CoRR* abs/1805.04032 (2018).

[Che+16] Ting Chen et al. “Entity Embedding-Based Anomaly Detection for Heterogeneous Categorical Events.” In: *IJCAI*. IJCAI/AAAI Press, 2016, pp. 1396–1403.

[CW08] Ronan Collobert and Jason Weston. “A Unified Architecture for Natural Language Processing: Deep Neural Networks with Multitask Learning”. In: *Proceedings of the 25th International Conference on Machine Learning*. ACM, 2008, pp. 160–167.

[CJF16] Marta R. Costa-Jussà and José A. R. Fonollosa. “Character-based Neural Machine Translation.” In: *CoRR* abs/1603.00810 (2016).

[Cou+16] Jocelyn Coulmance et al. “Trans-gram, Fast Cross-lingual Word embeddings”. In: *CoRR* abs/1601.02502 (2016).

[Dev+18] Jacob Devlin et al. “BERT: Pre-training of Deep Bidirectional Transformers for Language Understanding.” In: *CoRR* abs/1810.04805(2018).

[DFU11] Paramveer S. Dhillon, Dean Foster, and Lyle Ungar. “Multiview learning of word embeddings via cca". In: *In Proc. of NIPS*. 2011.

[Dhi+18] Bhuwan Dhingra et al. "Embedding Text in Hyperbolic Spaces". In: *Proceedings of the Twelfth Workshop on Graph-Based Methods for Natural Language Processing (TextGraphs-12)*. Association for Computational Linguistics, 2018, pp. 59–69.

[Far+14] Manaal Faruqui et al. *Retrofitting Word Vectors to Semantic Lexicons*. 2014.

[Gra+18] Edouard Grave et al. "Learning Word Vectors for 157 Languages". In: *CoRR* abs/1802.06893 (2018).

[Gu+16] Jiatao Gu et al. *Incorporating Copying Mechanism in Sequence-to- Sequence Learning*. 2016.

[HR18] Jeremy Howard and Sebastian Ruder. "Universal Language Model Fine-tuning for Text Classification". In: Association for Computational Linguistics, 2018.

[Jou+16a] Armand Joulin et al. "Bag of Tricks for Efficient Text Classification". In: *CoRR* abs/1607.01759 (2016).

[Kan+17] Ramakrishnan Kannan et al. "Outlier Detection for Text Data: An Extended Version." In: *CoRR* abs/1701.01325 (2017).

[Kim+16] Yoon Kim et al. "Character-Aware Neural Language Models". In: *AAAI*. 2016.

[KB16] Anoop Kunchukuttan and Pushpak Bhattacharyya. "Learning variable length units for SMT between related languages via Byte Pair Encoding." In: *CoRR* abs/1610.06510 (2016).

[Lam18] Maximilian Lam. "Word2Bits - Quantized Word Vectors". In: *CoRR* abs/1803.05651 (2018).

[LM14] Quoc V. Le and Tomas Mikolov. "Distributed Representations of Sentences and Documents". In: *CoRR* abs/1405.4053 (2014).

[Lin+15] Wang Ling et al. "Finding Function in Form: Compositional Character Models for Open Vocabulary Word Representation." In: *CoRR* abs/1508.02096 (2015).

[LM16] Minh-Thang Luong and Christopher D. Manning. "Achieving Open Vocabulary Neural Machine Translation with Hybrid Word-Character Models." In: *CoRR* abs/1604.00788 (2016).

[Mik+13b] Tomas Mikolov et al. "Distributed Representations of Words and Phrases and their Compositionality". In: *Advances in Neural Information Processing Systems 26*. 2013, pp. 3111–3119.

[MH09] Andriy Mnih and Geoffrey E Hinton. "A scalable hierarchical distributed language model". In: *Advances in neural information processing systems*. 2009, pp. 1081–1088.

[Nee+14] Arvind Neelakantan et al. "Efficient Non-parametric Estimation of Multiple Embeddings per Word in Vector Space." In: *EMNLP*. ACL, 2014, pp. 1059–1069.

[NK17] Maximillian Nickel and Douwe Kiela. "Poincaré Embeddings for Learning Hierarchical Representations". In: *Advances in Neural Information Processing Systems 30*. Curran Associates, Inc., 2017, pp. 6338–6347.

[OMS15] Masataka Ono, Makoto Miwa, and Yutaka Sasaki. "Word Embedding based Antonym Detection using Thesauri and Distributional Information." In: *HLT-*

NAACL. 2015, pp. 984–989.

[PSM14] Jeffrey Pennington, Richard Socher, and Christopher D. Manning. "GloVe: Global Vectors for Word Representation". In: *Empirical Methods in Natural Language Processing (EMNLP). 2014*, pp. 1532– 1543.

[RVS17] Sebastian Ruder, Ivan Vulic, and Anders Sogaard. *A Survey Of Crosslingual Word Embedding Models*. 2017.

[SL14] Tianze Shi and Zhiyuan Liu. "Linking GloVe with word2vec." In: *CoRR* abs/1411.5595 (2014).

[TML15] Andrew Trask, Phil Michalak, and John Liu. "sense2vec - A Fast and Accurate Method for Word Sense Disambiguation In Neural Word Embeddings." In: *CoRR* abs/1511.06388 (2015).

[Vas+17a] Ashish Vaswani et al. "Attention is all you need". In: *Advances in Neural Information Processing Systems*. 2017, pp. 5998–6008.

[VM14] Luke Vilnis and Andrew McCallum. "Word Representations via Gaussian Embedding." In: *CoRR* abs/1412.6623 (2014).

卷积神经网络

6.1 章节简介

在过去的几年中，卷积神经网络（CNN）以及循环神经网络（RNN）已成为用于各种NLP、语音和时间序列任务的复杂深度学习解决方案的基本构件。LeCun 首先提出 CNN 框架的基础模块，作为通用的神经网络框架，以解决在计算机视觉、语音和时间序列任务中出现的各种高维数据问题 [LB95]。ImageNet 应用卷积运算识别图像中的对象。通过大幅提升最新技术水平，ImageNet 引起了人们对深度学习和 CNN 的关注。Collobert 等人率先将 CNN 应用于 NLP 任务，例如词性标注、组块分析、命名实体识别和语义角色标注 [CW08b]。在过去的十年中，对 CNN 从输入表示、层数、池的类型、优化技术以及应用于 NLP 任务层面上的改良，一直是备受关注的研究主题。

本章的初始部分从基本操作开始描述 CNN，并演示这些网络如何解决参数减少的问题，同时对局部模式产生归纳性偏差。后面的部分将导出基本 CNN 的前向和反向传播方程。接下来将介绍 CNN 的应用及其对文本输入的改进版本。然后将介绍经典的 CNN 框架以及现代的框架，以便为读者提供在不同领域中应用 CNN 的各种示例。特别注意 CNN 在各种 NLP 任务中的流行应用。本章还将描述使深层 CNN 框架在基于现代 GPU 的硬件上更有效地运行的特定算法。为了为读者提供实践的动手经验，本章结尾将介绍一个基于常见 CNN 框架的航空公司推特情感分析应用的详细案例，该案例使用 Keras 和 TensorFlow 实现。本案例研究将为读者提供详细的探索性数据分析、预处理、训练、验证以及评估，类似于人们在现实世界项目中所经历的。

6.2 卷积神经网络的基本构建模块

接下来的几节将介绍 CNN 的基本概念和组成模块。请注意，由于 CNN 起源于计算机视觉应用，因此其基本组成模块中的许多术语和示例均指图像或二维（2d）矩阵。随着本章的继续，这些内容将映射到一维（1d）文本输入数据。

6.2.1 线性时不变系统中的卷积和相关性

6.2.1.1 线性时不变系统

在信号处理或时间序列分析中，线性且时不变的变换或系统称为线性时不变（LTI）系统。也就是说，如果$y(t)=T\left(x(t)\right)$，则$y(t-s)=T\left(x(t-s)\right)$，其中 $x(t)$ 和 $y(t)$ 是输入和输出，而 $T(\ )$ 代表变换。

线性系统具有以下两个属性：

1. 缩放比例：$T\left(ax(t)\right)=aT\left(x(t)\right)$

2. 叠加：$T\left(x_1(t)+x_2(t)\right)=T\left(x_1(t)\right)+T\left(x_2(t)\right)$

6.2.1.2 卷积算子及其性质

卷积是在 LTI 系统上执行的一种数学运算，其中输入函数 $x(t)$ 与函数 $h(t)$ 相结合，以给出一个新的输出，该输出表示 $x(t)$ 和 $h(t)$ 的反向转换版本之间的重叠。函数 $h(t)$ 通常称为**核变换**或**滤波器变换**。在连续域中，可以定义为：

$$y(t)=(h\times x)(t)=\int_{-\infty}^{\infty}h(\tau)x(t-\tau)\mathrm{d}\tau \tag{6.1}$$

在离散域中，在一维中，这可以定义为：

$$y(i)=(h\times x)(i)=\sum_{n}h(n)x(i-n) \tag{6.2}$$

同样在二维上，主要用于静态图像的计算机视觉中：

$$y(i,j)=(h\times x)(i,j)=\sum_{n}\sum_{m}h(m,n)x(i-m,i-n) \tag{6.3}$$

这也可以写为互相关或翻转或旋转核函数：

$$y(i,j)=(h\times x)(i,j)=\sum_{n}\sum_{m}x(i+m,i+n)h(-m,-n) \tag{6.4}$$

$$y(i,j)=(h\times x)(i,j)=x(i+m,i+n)\times \mathrm{rotate}_{180}\left\{h(m,n)\right\} \tag{6.5}$$

卷积运算具有一般的交换性、分配性、结合性和可微性。

6.2.1.3　互相关及其性质

互相关是一种非常类似于卷积的数学运算，并且是两个信号 $x(t)$ 和 $h(t)$ 之间相似度或相关强度的度量。它由下列公式定义：

$$y(t)=(h\otimes x)(t)=\int_{-\infty}^{\infty}h(\tau)x(t+\tau) \tag{6.6}$$

在一维的离散域中，这可以定义为：

$$y(i)=(h\otimes x)(i)=\sum_{n}h(n)x(i+n) \tag{6.7}$$

同样在二维上：

$$y(i,j)=(h\otimes x)(i,j)=\sum_{n}\sum_{m}h(m,n)x(i+m,i+n) \tag{6.8}$$

重要的是要注意，互相关与卷积非常相似，但不具有交换性和结合性。

> 许多 CNN 都使用互相关算子，但该运算称为卷积。我们将同义地使用这些术语，因为二者的主要思想是捕获输入信号中的相似度。CNN 中使用的许多术语都起源于图像处理。
>
> 在常规神经网络中，两个后续层之间的变换涉及权重矩阵的乘积。相反，在 CNN 中，变换涉及卷积运算。

6.2.2　局部连接或稀疏交互

在基本的神经网络中，输入层的所有单元都连接到下一层的所有单元。这种连通性对计算效率和捕获某些局部交互的能力都产生负面影响。考虑图 6.1 所示的示例，其中输入层有 $m=9$ 个维度，隐藏层有 $n=4$ 个维度。在一个全连接神经网络中，如图 6.1a 所示，神经网络必须学习 $m\times n=36$ 个连接（也就是权重）。另一方面，如果我们仅允许 $k=3$ 个空间近端输入连接到隐藏层的单个单元，如图 6.1b 所示，则连接数减少为 $n\times k=12$。限制连接性的另一个优点是，将隐藏层连接限制为空间接近的输入会强制前馈系统通过反向传播学习局部特征。我们将维数为 k 的矩阵称为我们的**滤波器**或**内核**。连接性的空间范围或滤波器的大小（宽度和高度），按其计算机视觉的传统而通常被称为**感受野**。在三维输入空间中，过滤器的深度始终等于输入的深度，但是宽度和高度是可以通过搜索获得的超参数。

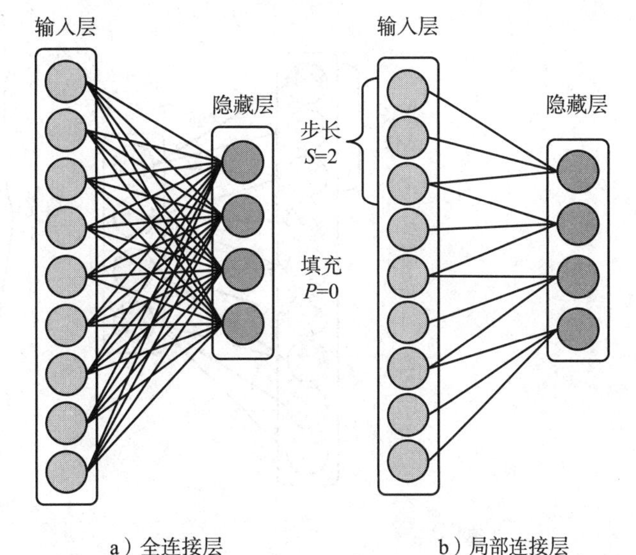

图 6.1　局部连接和稀疏交互

6.2.3　参数共享

参数共享或**约束权重**指网络中相同的参数（权重）可在两层之间的所有连接之间重用。参数共享有助于减少参数空间，从而减少内存使用量。如图 6.2 所示，在图 6.2a 中，需要学习 $n \times k=12$ 个参数；而在图 6.2b 中，如果局部连接共享同一组的 k 个权重，则会将内存使用量会减少 n 倍。注意，前馈计算仍然需要 $n \times k$ 次运算。参数共享还产生了称为**等方差**的转换属性，即函数映射保留结构。如果输入 x 的 $f(g(x))=g(f(x))$，则函数 $f(\ )$ 与函数 $g(\ )$ 等价。

> 局部连接性和参数共享的结合产生了滤波器，该滤波器捕获了充当所有输入中构建块的通用特征。在图像处理中，通过滤波器学习的这些共同特征可以是基本的边缘检测或更高级别的形状。在 NLP 或文本挖掘中，这些共同的特征可以是 n-gram 的组合，这些 n-gram 可以捕获在训练语料库中过度表示的单词或字符的关联。

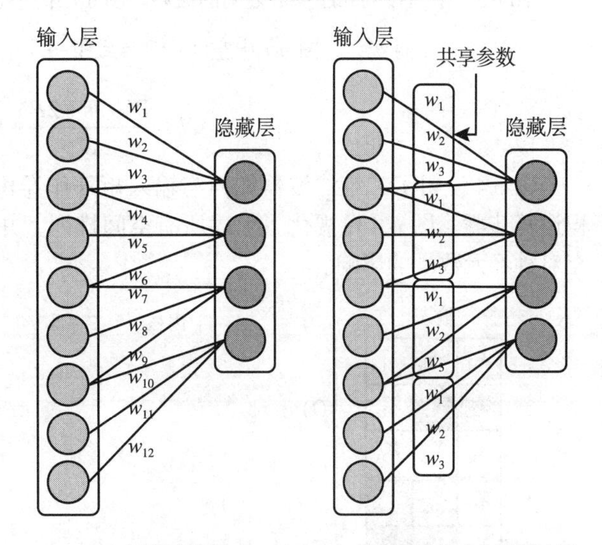

图 6.2　局部连接和参数共享

6.2.4　空间排列

请注意，滤波器的数量、排列和连接是模型中的超参数。CNN 的**深度**是层的数量，而层中滤波器的数量决定了后续层的“深度”。滤波器的移动方式，即在滤波器的下一个实例之前跳过了多少输入，被称为滤波器的**步长**。

例如，当步长为 2 时，在将滤波器的下一个实例连接到下一层之前，将跳过两个输入。输入可以在边缘处进行**零填充**，以便滤波器可以安装在边缘单元周围。填充单元的数量是用于调整的另一个超参数。图 6.3 展示了层之间的不同填充。向边缘添加 0 值填充称为**零填充**，用零填充执行的卷积称为**宽卷积**，而没有零填充的卷积称为**窄卷积**。

输入数（输入量）W、感受野（滤波器大小）F、步长大小 S 和零填充 P 之间的关系决定了下一层中神经元的数量，如式（6.9）所示。

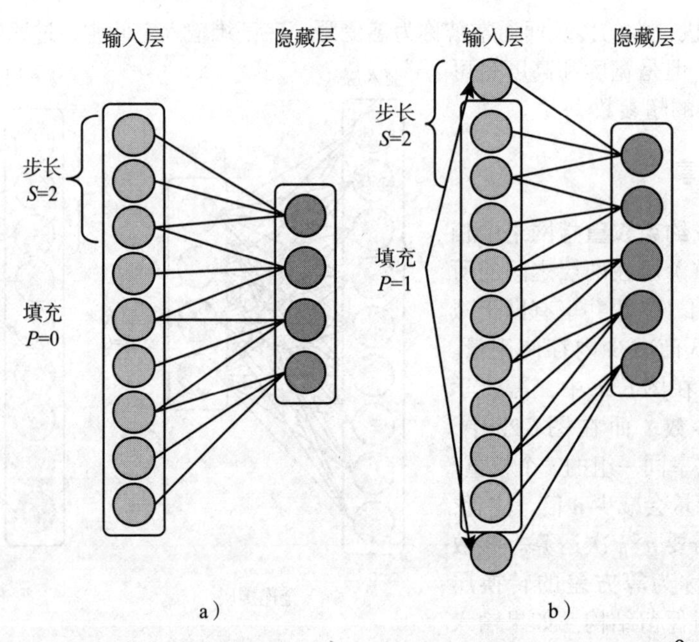

图 6.3 空间排列和超参数之间的关系。图 a）中空间排列导致下一层中有$N=\dfrac{9-3+0}{2}+1=4$个神经元，图 b）中空间排列导致下一层中有$N=\dfrac{9-3+2}{2}+1=5$个神经元

$$N=\frac{W-F+2P}{S}+1 \tag{6.9}$$

图 6.4 说明了二维滤波器如何与输入矩阵作卷积运算生成该层的最终输出，并分解了卷积运算步骤。图 6.4 可视化了上述所有空间排列，并根据上面的式（6.9）说明了如何更改填充对神经元数量的影响。

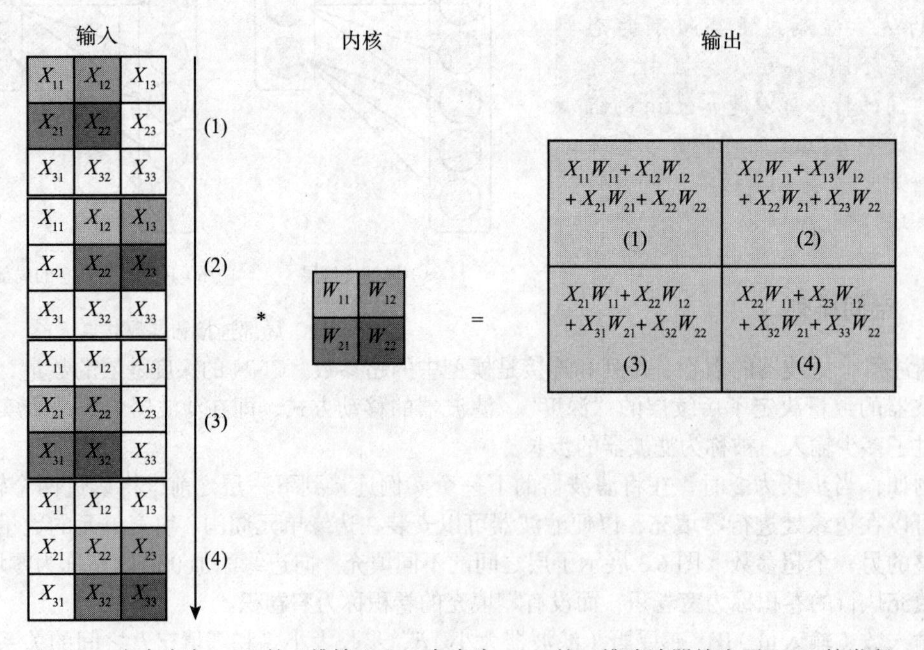

图 6.4 在大小为 3 × 3 的二维输入上，大小为 2 × 2 的二维滤波器给出了 2 × 2 的卷积输出，步长为 1，无零填充

图 6.5 将卷积过程扩展为具有三个通道（类似于图像中的 RGB 通道）和两个滤镜的三维输入，展示了线性卷积如何减小图层之间的体积。如图 6.6 所示，这些滤波器充当复杂的特征检测机制。有了大量的训练数据，CNN 可以在分类过程中学习滤波器，例如水平边缘、垂直边缘、轮廓等。

> 滤波器中的通道数应与其输入中的通道数相匹配。
>
> 当超参数违反式（6.9）给出的约束时，大多数实现 CNN 的实用工具箱或库会抛出异常或安全地处理关系。

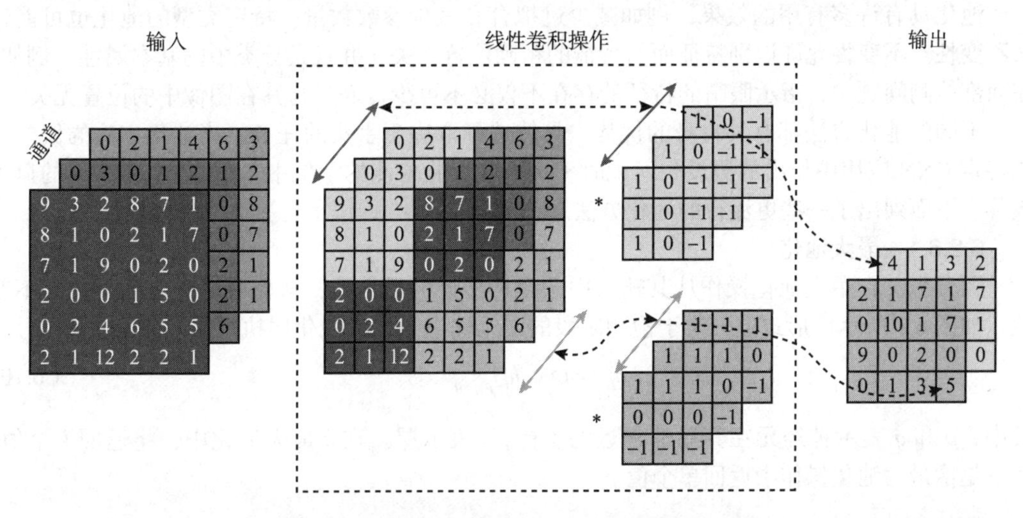

图 6.5 尺寸为 6×6×3（高 × 宽 × 通道）的图像的图解，其中包含两个大小为 3×3×3 的滤波器，无零填充和步长 1，结果输出为 4×4×2。可以将这两个滤波器视为并行工作，从而在图的右侧产生两个输出

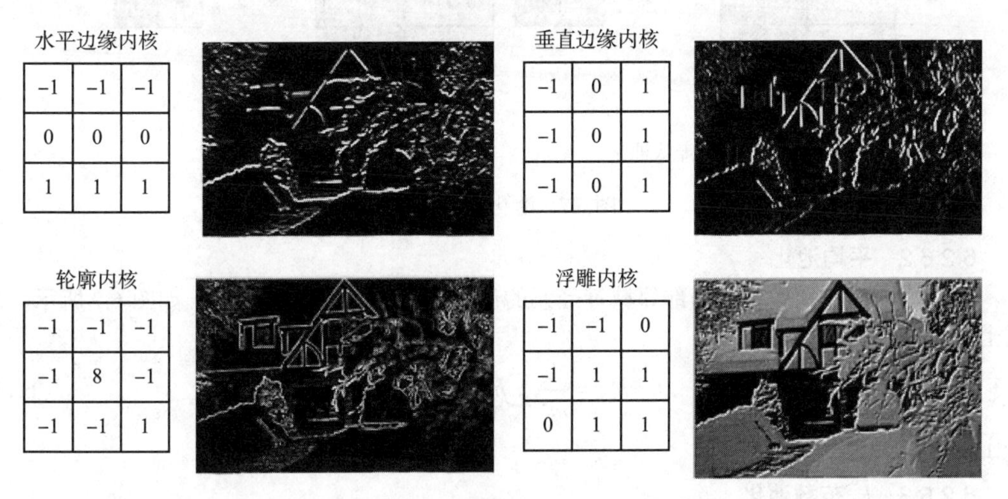

图 6.6 四个滤波器捕捉基本图像特征

6.2.5 使用非线性的检测器

卷积的输出是仿射变换，该仿射变换会流入非线性层或称为**检测器层 / 阶段**的变换。这

与第 4 章中研究的激活函数非常相似，其中权重和输入的仿射变换通过非线性变换函数进行。检测器层通常使用 Sigmoid 函数 $f(x)=\frac{1}{1+e^{-x}}$，双曲正切函数 $f(x)=\tanh(x)$，或 ReLU 函数 $f(x)=\max(0,x)$ 作为非线性函数。如第 4 章所述，ReLU 函数由于易于计算和易于区分而成为最受欢迎的函数。当在 CNN 中使用 ReLU 函数时，也显示出更好的泛化性。

6.2.6 池化和下采样

某一层的输出可以进一步下采样以捕获局部神经元或子区域的摘要统计信息。此过程称为基于上下文的**池化**、**下采样**或**降采样**。通常，检测器阶段的输出成为池化层的输入。

池化具有许多有用的效果，例如减少过拟合和减少参数数量。特定类型的池化也可能带来**不变性**。**不变性**允许识别特征而与特征的精确位置无关，并且是分类中的基本属性。例如，在面部检测问题中，指示眼睛的特征的存在不仅必不可少，而且与其在图像中的位置无关。

不同的池化方法都有其自身的优势，具体选择取决于手头的任务。当池化方法的偏差与在特定 CNN 应用中作出的假设相匹配时（例如在人脸检测的示例中），可以期待结果的显著改善。下面列出了一些更流行的池化方法。

6.2.6.1 最大池化

顾名思义，最大池化操作从其输入中选择神经元的最大值，从而有助于上面讨论的不变性，如图 6.7 所示。形式上，对于检测阶段的二维输出，最大池化层执行以下转换：

$$h_{i,j}^{l}=\max_{p,q} h_{i+p,j+q}^{l-1} \tag{6.10}$$

其中，p 和 q 表示神经元在其局部附近的坐标，l 表示层。在 k 最大池化中，将返回 k 个值，而不是像最大池化操作中返回单个值。

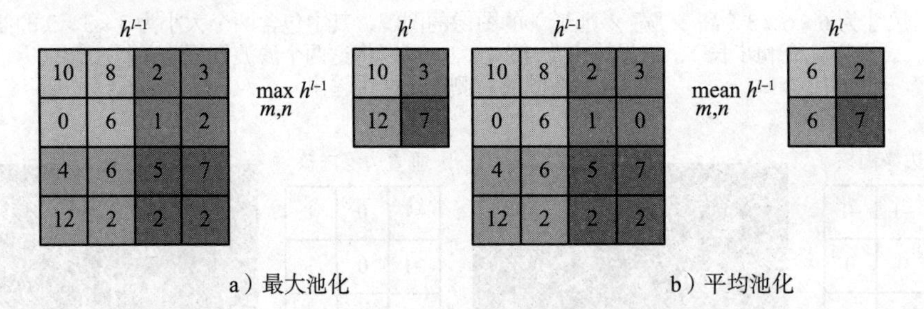

a）最大池化 b）平均池化

图 6.7 池化运算示例

6.2.6.2 平均池化

在平均池化操作中，对局部邻域神经元的值进行平均，给到输出值，如图 6.7 所示。形式上，平均池化执行变换：

$$h_{i,j}^{l}=\frac{1}{m^{2}}\sum_{p,q} h_{i+p,j+q}^{l-1} \tag{6.11}$$

其中，$m \times m$ 是内核的维数。

6.2.6.3 L_2 范数池化

L_2 范数池化是平均池化的泛化版本，由下式定义：

$$h_{i,j}^{l}=\sqrt{\sum_{p,q} {h_{i+p,j+q}^{l-1}}^{2}} \tag{6.12}$$

实际上，池化的变体有很多，例如 k 最大池化、动态池化、动态 k 最大池化等。

6.2.6.4　随机池化

在随机池化中，神经元不是从最大值中选取，而是从多项式分布中选取的。随机池化的工作类似于 dropout，致力于解决过拟合问题 [ZF13b]。

6.2.6.5　谱池化

在谱池化中，空间输入通过离散傅里叶变换（DFT）在频域上变换，以捕获较低维度的重要信号。例如，如果输入为$\boldsymbol{x} \in \mathbb{R}^{m \times m}$并被限制为 $h \times w$，则对输入执行 DFT 操作，以便频率表示保持中心 $h \times w$ 子矩阵。然后，执行逆 DFT 转换回到空间域 [RSA15]。这种转换对空间具有降维效果，在某些应用中可能非常有效。

6.3　卷积神经网络中的前向和反向传播

现在已经涵盖了所有基本组件，它们将被连接。本节还将逐步介绍如何清楚地了解卷积神经网络的前向和反向传播过程中涉及的不同操作。

简单起见，我们将考虑一个基本的 CNN 块，它由一个卷积层、一个非线性激活函数（例如执行非线性变换的 ReLU 函数）和一个池化层组成。在实际应用中，像这样的多个块被堆叠在一起以形成网络层。然后将这些模块的输出**压平**并连接到全连接的输出层。**压平**过程将多维张量转换为一维向量，例如将形状为（W，H，N）的三维张量转换为维数为 $d = W \times H \times N$ 的向量。

让我们开始对层 1 的推导，这是层 l–1 上卷积的输出。层 l 具有高度 h，宽度 w 和通道 c。我们假设有一个通道，即 $c=1$，并且对于输入维度，迭代次数分别为 i，j。对于卷积运算，我们考虑维度为 $k_1 \times k_2$ 的滤波器，迭代次数分别为 m 和 n。具有权重 $W_{m,n}^l$ 和偏置 b^l 的权重矩阵通过卷积运算将先前的层 l–1 转换为层 l。卷积层后面是非线性激活函数，例如 ReLU 函数 $f(\cdot)$。l 层的输出由 $O_{i,j}^l$ 表示。

因此，层 l 的前向传播公式可以写成：

$$X_{i,j}^l = \text{rotate}_{180}\left\{W_{m,n}^l\right\} \times O_{i,j}^{l-1} + b^l \tag{6.13}$$

可以扩展为：

$$X_{i,j}^l = \sum_m \sum_n W_{m,n}^l O_{i+m,j+n}^{l-1} + b^l \tag{6.14}$$

和

$$O_{i,j}^l = f\left(X_{i,j}^l\right) \tag{6.15}$$

我们假设使用误差或损失函数（例如均方误差 E）来衡量预测值与实际标签之间的差异。误差必须被传播回去，并且需要更新滤波器的权重以及在 l 层接收的输入。因此，在反向传播过程中，我们对误差 E 关于输入$\left(\dfrac{\partial E}{\partial \boldsymbol{X}}\right)$和滤波器权重$\left(\dfrac{\partial E}{\partial \boldsymbol{W}}\right)$的梯度感兴趣。

6.3.1　关于权重$\left(\dfrac{\partial E}{\partial \boldsymbol{W}}\right)$的梯度

我们将首先使用链式法则考虑 $W_{m',n'}$ 给定的内核的单个像素(m',n')对误差 E 的影响：

$$\frac{\partial E}{\partial W_{m',n'}^l} = \sum_{i=0}^{h-k_1} \sum_{j=0}^{w-k_2} \frac{\partial E}{\partial X_{i,j}^l} \frac{\partial X_{i,j}^l}{\partial W_{m',n'}^l} \tag{6.16}$$

如果我们将$\left(\delta_{i,j}^l\right)$视为 l 层关于输入的梯度误差，则上式可以重写为：

$$\frac{\partial E}{\partial W_{m',n'}^{l}}=\sum_{i=0}^{h-k_1}\sum_{j=0}^{w-k_2}\delta_{i,j}^{l}\frac{\partial X_{i,j}^{l}}{\partial W_{m',n'}^{l}} \tag{6.17}$$

根据输入（上一层）写输出的变化，我们得到：

$$\frac{\partial X_{i,j}^{l}}{\partial W_{m',n'}^{l}}=\frac{\partial}{\partial W_{m',n'}^{l}}\left(\sum_{m}\sum_{n}W_{m,n}^{l}O_{i+m,j+n}^{l-1}+b^{l}\right) \tag{6.18}$$

当我们对 $W_{m',n'}$ 取偏导数时，除了映射到 $m=m'$ 和 $n=n'$ 的分量之外，所有值都变为零。

$$\frac{\partial X_{i,j}^{l}}{\partial W_{m',n'}^{l}}=\frac{\partial}{\partial W_{m',n'}^{l}}\left(W_{0,0}^{l}O_{i+0,j+0}^{l-1}+\cdots+W_{m',n'}^{l}O_{i+m',j+n'}^{l-1}+\cdots+b^{l}\right) \tag{6.19}$$

$$\frac{\partial X_{i,j}^{l}}{\partial W_{m',n'}^{l}}=\frac{\partial}{\partial W_{m',n'}^{l}}\left(W_{m',n'}^{l}O_{i+m',j+n'}^{l-1}\right) \tag{6.20}$$

$$\frac{\partial X_{i,j}^{l}}{\partial W_{m',n'}^{l}}=O_{i+m',j+n'}^{l-1} \tag{6.21}$$

将结果代回，得到：

$$\frac{\partial E}{\partial W_{m',n'}^{l}}=\sum_{i=0}^{h-k_1}\sum_{j=0}^{w-k_2}\delta_{i,j}^{l}O_{i+m',j+n'}^{l-1} \tag{6.22}$$

整个过程可以概括为：随着 180 度的旋转，层 l 的 $\delta_{i,j}^{l}$ 与层 l–1 的输出的梯度卷积，即 $O_{i+m',j+n'}^{l-1}$。因此，可以通过与前向传播非常相似的过程计算要更新的权重。

$$\frac{\partial E}{\partial W_{m',n'}^{l}}=\text{rotate}_{180}\left\{\delta_{i,j}^{l}\right\}\times O_{m',n'}^{l-1} \tag{6.23}$$

6.3.2　关于输入 $\left(\frac{\partial E}{\partial X}\right)$ 的梯度

接下来，我们关注 $X_{i',j'}$ 给定的单个输入的改动如何影响误差 E。从计算机视觉，卷积运算后的输入像素 $X_{i',j'}$ 影响到以左上方 $(i'+k_1-1,j'+k_2-1)$ 和右下方 (i',j') 为边界组成的区域。

因此，我们获得：

$$\frac{\partial E}{\partial X_{i',j'}^{l}}=\sum_{m=0}^{k_1-1}\sum_{n=0}^{k_2-1}\frac{\partial E}{\partial X_{i'-m,j'-n}^{l+1}}\frac{\partial X_{i'-m,j'-n}^{l+1}}{\partial X_{i',j'}^{l}} \tag{6.24}$$

$$\frac{\partial E}{\partial X_{i',j'}^{l}}=\sum_{m=0}^{k_1-1}\sum_{n=0}^{k_2-1}\delta_{i'-m,j'-n}^{l+1}\frac{\partial X_{i'-m,j'-n}^{l+1}}{\partial X_{i',j'}^{l}} \tag{6.25}$$

仅扩大输入的变化率，就可以得到：

$$\frac{\partial X_{i'-m,j'-n}^{l+1}}{\partial X_{i',j'}^{l}}=\frac{\partial}{\partial X_{i',j'}^{l}}\left(\sum_{m'}\sum_{n'}W_{m',n'}^{l+1}O_{i'-m+m',j'-n+n'}^{l}+b^{l+1}\right) \tag{6.26}$$

用输入层 l 来写，我们得到：

$$\frac{\partial X_{i'-m,j'-n}^{l+1}}{\partial X_{i',j'}^{l}}=\frac{\partial}{\partial X_{i',j'}^{l}}\left(\sum_{m'}\sum_{n'}W_{m',n'}^{l+1}f\left(X_{i'-m+m',j'-n+n'}^{l}\right)+b^{l+1}\right) \tag{6.27}$$

除了 $m=m'$ 和 $n=n'$ 之外，其他所有偏导数都为零。$f\left(X_{i'-m'+m,j'-n'+n}^{l}\right)=f\left(X_{i',j'}^{l}\right)^{1}$，并且在

相关输出区域中 $W^{l+1}_{m',n'}=W^{l+1}_{m,n}$。

$$\frac{\partial X^{l+1}_{i'-m,j'-n}}{\partial X^{l}_{i',j'}}=\frac{\partial}{\partial X^{l}_{i',j'}}\left(W^{l+1}_{m',n'}f\left(X^{l}_{0-m+m',0-n+n'}\right)+\cdots+W^{l+1}_{m,n}f\left(X^{l}_{i',j'}\right)+\cdots+b^{l+1}\right) \tag{6.28}$$

$$\frac{\partial X^{l+1}_{i'-m,j'-n}}{\partial X^{l}_{i',j'}}=\frac{\partial}{\partial X^{l}_{i',j'}}\left(W^{l+1}_{m,n}f\left(X^{l}_{i',j'}\right)\right) \tag{6.29}$$

$$\frac{\partial X^{l+1}_{i'-m,j'-n}}{\partial X^{l}_{i',j'}}=W^{l+1}_{m,n}f'\left(X^{l}_{i',j'}\right) \tag{6.30}$$

代入，可以得到：

$$\frac{\partial E}{\partial X^{l}_{i',j'}}=\sum_{m=0}^{k_1-1}\sum_{n=0}^{k_2-1}\delta^{l+1}_{i'-m,j'-n}W^{l+1}_{m,n}f'\left(X^{l}_{i',j'}\right) \tag{6.31}$$

项 $\sum_{m=0}^{k_1-1}\sum_{n=0}^{k_2-1}\delta^{l+1}_{i'-m,j'-n}W^{l+1}_{m,n}$ 可以看作翻转的滤波器，或者是旋转180度的滤波器与δ矩阵进行卷积。

从而，

$$\frac{\partial E}{\partial X^{l}_{i',j'}}=\left(\delta^{l+1}_{i',j'}\times \text{rotate}_{180}\left\{W^{l+1}_{m,n}\right\}\right)f'\left(X^{l}_{i',j'}\right) \tag{6.32}$$

6.3.3 最大池化层

正如我们在池化部分所看到的，池化层没有任何权重，只是根据执行的空间运算来减小输入的大小。在前向传播过程中，池化操作将矩阵或向量转换为单个标量值。

在最大池化中，获胜的神经元或细胞被记忆。当需要完成反向传播时，整个误差传递给那个获胜的神经元，其他则没有贡献。在平均池化中，反向传播期间的 $n\times n$ 池化模块将总标量值除以 $\frac{1}{n\times n}$，并将其平均分配到整个模块中。

6.4 文本输入和卷积神经网络

文本挖掘中的各种NLP和NLU任务都使用卷积神经网络作为特征工程模块。我们将从基本的文本分类开始，着重强调计算机视觉中的图像与文本中的映射以及卷积神经网络流程中的必要变化之间的一些重要类比。

6.4.1 词向量和卷积神经网络

让我们假设所有训练数据都是带有标签的句子形式，并且具有给定的最大长度 s。第一个转换是将句子转换为向量表示。一种方法是对句子中每个单词的固定维表示（如词向量）执行查找函数。让我们假设以固定词汇量 V 查找词表示形式会产生一个固定维度的向量，并将该固定维度设为 d。因此，每个向量都可以映射到 $\mathbb{R}^d$。矩阵的行代表句子中的词，列可以是与表示相对应的固定长度向量。该句子是实矩阵 $\boldsymbol{X}\in\mathbb{R}^{s\times d}$。

一般的假设（尤其是在分类任务中），是序列中局部的单词（类似于 n-gram）在组合时会形成复杂的高级特征。邻近词的这种组合类似于计算机视觉，其中可以组合局部像素以形成诸如线条、边缘和真实对象之类的特征。在具有图像表示的计算机视觉中，卷积层的滤波器大小小于通过在块中滑动图像进行卷积操作输入的大小。在文本挖掘中，卷积的第一层通常具有与输入相同维度 d 的滤波器，但高度 h 却不同，通常称为滤波器大小。

图 6.8 对句子"The cat sat on the mat"进行了说明，该句子被标记为 $s=6$ 个单词 {The，cat，sat，on，the，mat}。查找操作为每个单词获得三维词向量（$d=3$）。一个高度 $h=2$ 的卷积滤波器开始生成特征图。输出通过 0.0 阈值的 ReLU 的非线性激活函数层，然后输入 1 最大池化层。图 6.8 展示了通过在所有输入上使用相同的共享内核，并在 1 最大池化操作结束时产生单个输出而获得的最终状态。

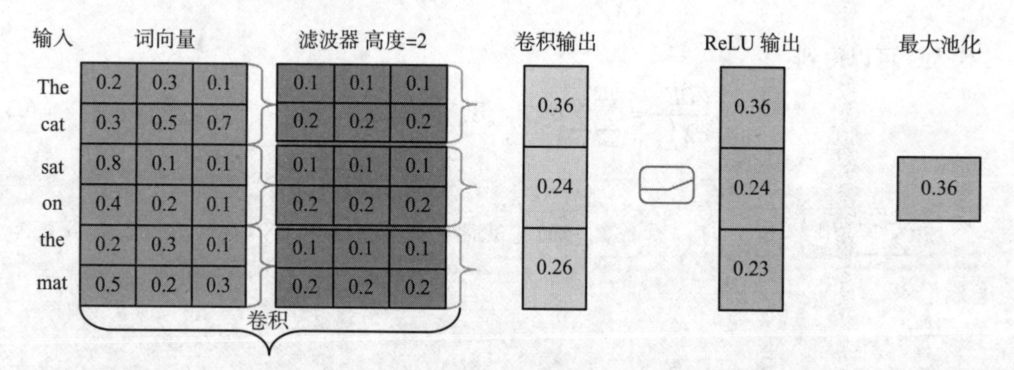

图 6.8　一个简单的文本和卷积神经网络映射

图 6.9 提供了在简单的卷积神经网络框架中从句子到输出的通用方法。在现实世界中，输入词的许多表示都可以类似于计算机视觉领域中具有颜色通道的图像而存在。使用众所周知的语料库，不同的词向量可以映射到可能是**静态**的（即预先训练的）通道，并且不会改变。它们也可以是**动态**的，即使对其进行了预训练，反向传播也可以对其进行微调。有许多应用程序不仅使用词向量来表示，还使用 POS 标签来显示单词或序列中的位置。应用程序和手头的 NLP 任务确定特定的表示。

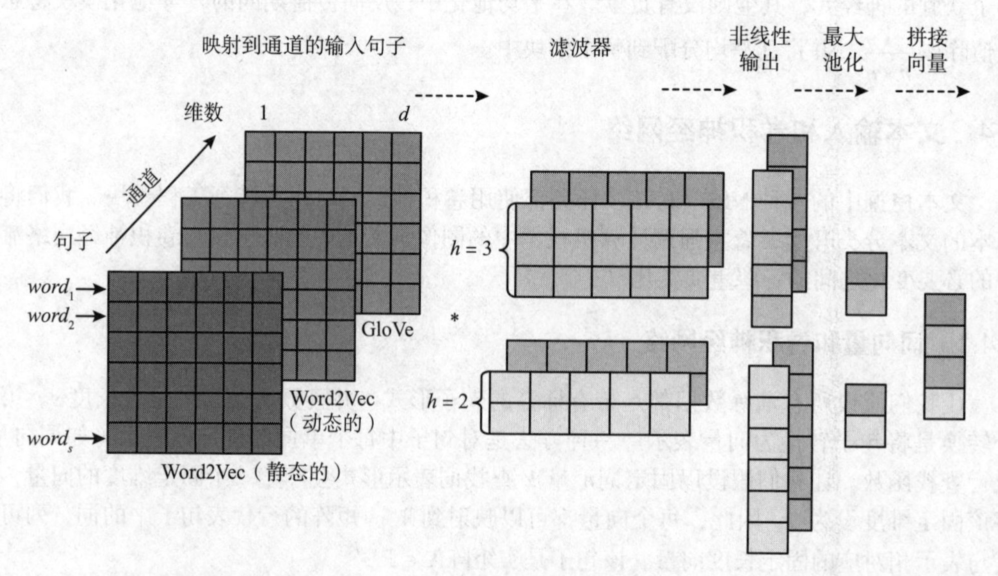

图 6.9　一个简单的文本和 CNN 映射。句子到单词的表示，映射到具有不同通道的嵌入作为输入。针对每个高度的不同滤波器（即以两种阴影显示的大小分别为 2 和 3 的 2 个滤波器）捕获不同的特征，然后将这些特征传递给非线性处理以生成输出。这些经过最大池操作，从每个滤波器中选择最大值。将这些值连接起来以形成最终输出向量

通常，输出会在**区域**中产生，并且这些区域的大小有多种，通常从 2 到 10，即滑过 2~10 个词。对于每个区域大小，可以由n_f给出多个学习的滤波器。与上面得出的图像表示计算相似，存在$\frac{s-h}{\text{stride}}+1$个区域，其中步长是滤波器滑过的单词数。因此，卷积层的输出是步长为 1，尺寸为$\mathbb{R}^{s-h+1}$的向量。

$$o_i = \boldsymbol{W} \cdot \boldsymbol{X}[i:i+h-1,:] \tag{6.33}$$

该式表示高度为 h 的滤波器矩阵 $\boldsymbol{W}$ 如何在$\boldsymbol{X}[i:i+h-1,:]$给出的区域矩阵上以单位步长滑动。对于每个滤波器，权重均作为基于图像的框架共享，从而进行局部特征提取。输出随后流入非线性激活函数$f(a)$，最常见的是 ReLU。输出为每个滤波器或区域生成一个带有偏差 b 的特征图c_i，如：

$$c_i = f(o_i) + b \tag{6.34}$$

如前所述，每个特征图的输出向量都经过一个池化层。池化层提供了下采样和不变性属性。池化层还通过产生整个向量的降维$\hat{c}$来帮助解决句子中单词的可变长度。由于向量表示随时间变化的单词或序列，因此文本域中的最大池化称为**随时间的最大池化**。图 6.10 展示了如何通过最大池化将两种不同大小的文本缩减为相同维度的表示。

> 在短文本分类中，1 最大池化操作是有效的。在文档分类中，k 最大池化是一个更好的选择。

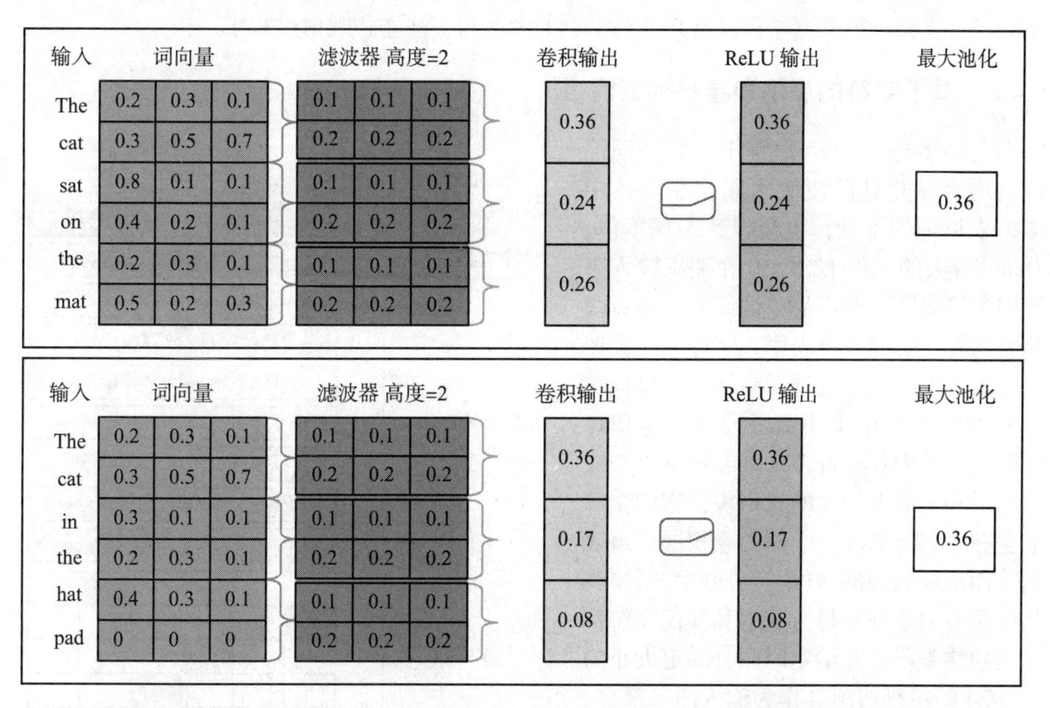

图 6.10　具有填充和三维词向量的两个简单句子，通过大小或高度为 2 的同一单个过滤器，阈值为 0 的 ReLU，以及随时间的最大池化，会产生与 2-gram“The cat”相对应的相似输出值

池化层的输出连接并传递到 softmax 层，该层基于类别或标签的数量执行分类。在表示文本和对文本执行卷积神经网络操作时，有许多超参数选择，例如单词表示的类型、单词表

示的数量选择、步长、填充、过滤器宽度、过滤器数量、激活函数、池化大小、池化类型和最终 softmax 层之前的卷积神经网络块数，等等。

一个简单的卷积神经网络模块的超参数总数（带有用于文本处理的输出）可以由下式给出：

$$\text{parameters} = \underbrace{(V+1)\times d}_{\text{词向量（静态）}} + \underbrace{((h\times d)\times n_f) + n_f}_{\text{滤波器}} + \underbrace{n_f + 1}_{\text{softmax输出}} \tag{6.35}$$

现在，我们将为文本域中具有单词表示的简单卷积神经网络提供从输入到输出的正式处理。对于训练数据中的变长句子，最大长度为 s 的单词对向量大小为 d 的词向量的查找类似，我们在 $\mathbb{R}^d$ 中获得输入向量。对于其他所有少于 s 个单词的句子，我们可以使用 0 或随机值在输入中填充。这些单词可能有很多表示，例如静态或动态，单词的不同嵌入（例如 word2vec，GloVe 等），甚至是不同的嵌入（例如基于位置的，基于标签的（POS-tag）等），所有这些构成输入通道的唯一约束是它们都具有相同的维度。

卷积滤波器可以看成是一维的权重，其长度与词向量的长度相同，但在大小为 h 的单词上滑动。这样可以创建不同的单词窗口 $W_{1:h}, W_{2:h.}, \cdots, W_{n-h+1:n}$。这些特征向量由 $\mathbb{R}^{n-h+1}$ 中的 $[o_1, o_2, \cdots, o_{n-h+1}]$ 表示，它们经过非线性激活，例如 ReLU。非线性激活的输出具有与输入相同的维度，并且可以表示为 $\mathbb{R}^{n-h+1}$ 中的 $[c_1, c_2, \cdots, c_{n-h+1}]$。最后，非线性激活函数的输出被进一步传递到最大池化层，该池化层为每个滤波器找到 $\mathbb{R}$ 中的单个标量值 $\hat{c}$。在实践中，每个大小为 h 的过滤器都有多个，通常情况下，对 h 来说有 2 到 10 个多种尺寸的过滤器。输出层将所有最大池化层的输出 $\hat{c}$ 连接到单个向量中，并使用 softmax 函数进行分类。对开头和末尾的填充语句、步长、窄或宽卷积以及其他超参数的考虑与一般卷积映射过程中一样。

6.4.2　基于字符的表示和卷积神经网络

在许多与分类相关的任务中，词汇量会增大，并且即使使用嵌入在训练中考虑未见过的单词，也会导致表现不佳。Zhang 等人的工作 [ZZL15] 在训练输入中使用字符级嵌入而不是单词级嵌入来克服此类问题。研究人员表明，字符嵌入会产生开放词汇，这是处理拼写错误的单词的一种方法。图 6.11 展示了设计的卷积神经网络，其中具有许多一维卷积层，非线性激活和 k 最大池化的卷积块，它们全部堆叠在一起以形成一个深的卷积层。该表示使用众所周知的 70 个字母数字字符集，其中所有的小写字母、数字和其他字符都使用独热编码。在给定时间，固定大小为 $l=1024$ 的字符的组合作为输入的一部分，形成了变长文本的输入。总共使用 2 组卷积神经网络，共 6 个区块，每组大小不同，较大的 1024 个维度，较小的 256 个维度。两层的滤波器大小为 7，其余的层

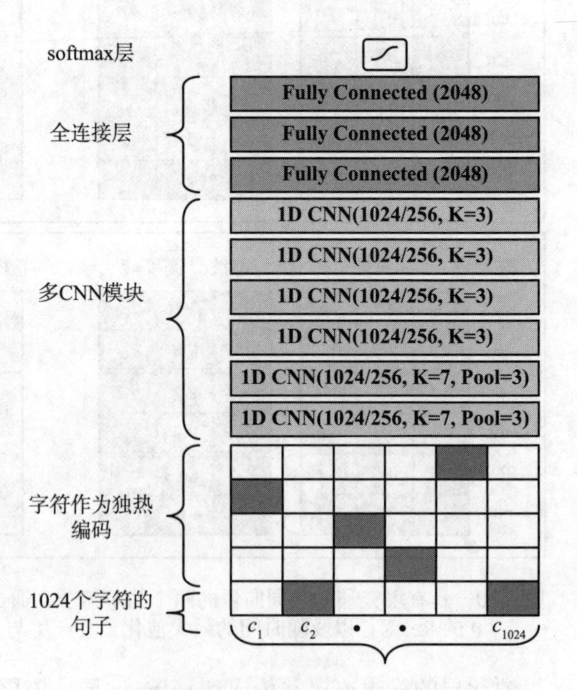

图 6.11　基于字符的卷积神经网络用于文本分类

的滤波器大小为 3，最初的两层 Pool=3，步长为 1。最后 3 层已完全连接。最终层是用于分类的 soft-max 层。

6.5 经典卷积神经网络架构

在本节中，我们将访问一些标准的 CNN 架构。我们将详细讨论它们的结构，并为每个结构提供一些历史背景。尽管它们中的许多已在计算机视觉领域中流行，但它们仍然适用于文本和语音领域的变体。

6.5.1 LeNet-5

LeCun 等提出 LeNet-5 作为卷积神经网络的第一种实现之一，并在手写数字识别问题上展示了令人印象深刻的结果 [LeC+98]。图 6.12 展示了 LeNet-5 的完整设计。LeCun 演示了通过卷积来减小高度和宽度，增加滤波器 / 通道大小，以及具有传播误差的成本函数的全连接层，这些层是现在所有卷积神经网络框架的骨干。LeNet-5 使用 60K 训练数据的 MNIST 数据集来训练和学习权重。从现在开始在我们所有的讨论中，层的表示将由 $n_w \times n_h \times n_c$ 表示，其中 n_w, n_h, n_c 是宽度、高度和通道 / 滤波器的数量。接下来，我们将提供有关输入、输出、滤波器数量和池化操作的设计细节。

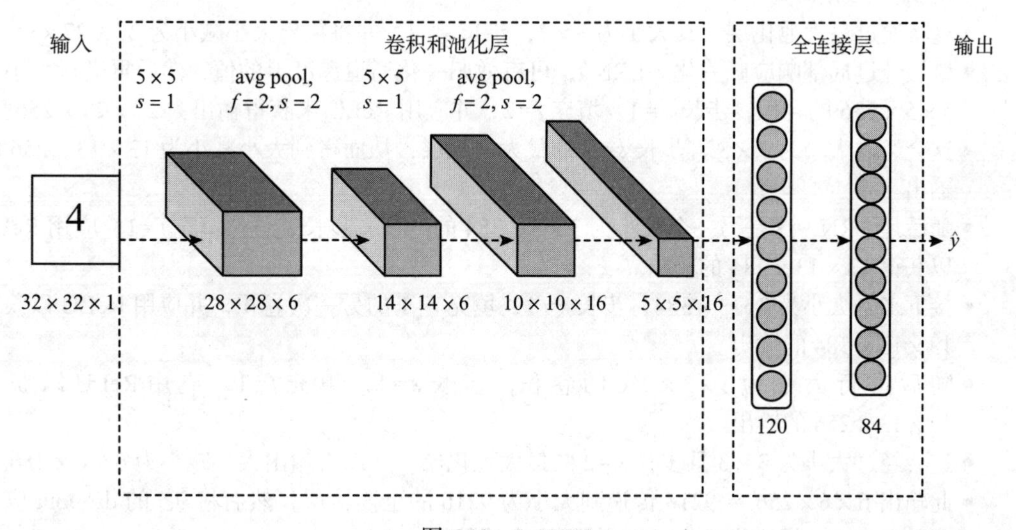

图 6.12 LeNet-5

- 输入层仅使用灰度像素值，大小为 32 × 32 × 1。归一化为均值 0 和方差 1。
- 没有填充且步长为 s=1 的 5 × 5 × 6 滤波器可用于创建大小为 28 × 28 × 6 的层。
- 然后是平均池化层，滤波器宽度 f=2，步长 s=2，从而形成大小为 14 × 14 × 6 的层。
- 施加另一个 5 × 5 × 16 的卷积层，不填充且步长 s=1，以创建大小为 10 × 10 × 16 的层。
- 另一个平均池化层的过滤宽度 f=2，步长 s=2，从而导致高度和宽度减小，从而生成大小为 5 × 5 × 16 的层。
- 然后将其连接到大小为 120 的全连接层，再连接到大小为 84 的另一个全连接层。
- 然后将这 84 个特征馈送到输出函数，该输出函数使用欧几里得径向基函数来确定这些特征代表的 10 个数字中的哪个数字。

1. LeNet-5 使用 tanh 函数实现非线性，而不是 ReLU，后者在当今的卷积神经网络框架中更受欢迎。

2. 在池化层之后应用 sigmoid 非线性函数。

3. LeNet-5 使用欧几里得径向基函数代替了 softmax，前者在当今更为流行。

4. LeNet-5 中的参数 / 权重数约为 60K，并具有约 341K 的乘法和累加（MACS）。

5. 那时使用了无填充的概念，从而减小了尺寸，但是如今它并不流行。

6.5.2 AlexNet

AlexNet，由 Krizhevsky 等人设计 [KSH12a]，是最早的深度学习架构，该架构在 2012 年以很大的优势（约 11.3%）赢得了 ImageNet 挑战。AlexNet 以多种方式将注意力集中在深度学习研究上 [KSH12a]。它的设计与 LeNet-5 非常相似，但是具有更多的层和滤波器，导致了更大的网络和更多的学习参数。文献 [KSH12a] 中的工作表明，通过深度学习框架，可以学习特征，而无须通过深度领域的了解手动生成特征。下面列出了 AlexNet 设计的详细信息（如图 6.13 所示）：

- 与 LeNet-5 不同，AlexNet 使用了所有三个输入通道。大小为 $227 \times 227 \times 3$ 的输入与大小为 $11 \times 11 \times 96$ 的滤波器卷积，步长 s=4，并且由 ReLU 进行非线性运算，输出大小为 $55 \times 55 \times 96$。
- 这将通过最大池化层，其大小为 3×3，步长 s=2，并将输出大小减小为 $27 \times 27 \times 96$。
- 该层经过局部响应归一化（LRN），可有效归一化通道深度上的值，然后再进行大小为 $5 \times 5 \times 256$ 的卷积，步长 s=1，填充 f=2，并应用 ReLU 来获得输出为 $27 \times 27 \times 256$。
- 这会经过大小为 3×3 且步长 s=2 的最大池化层，从而得到大小减小为 $13 \times 13 \times 256$ 的输出。
- 随后是 LRN，这是另一个大小为 $3 \times 3 \times 384$ 的卷积，步长 s=1，填充 f=1，应用 ReLU 以获得 $13 \times 13 \times 384$ 的输出。
- 接下来是大小为 $3 \times 3 \times 384$，步长 s=1，填充 f=1 的另一次卷积，并应用 ReLU 以获得 $13 \times 13 \times 384$ 的输出。
- 随后进行大小为 $3 \times 3 \times 256$ 的卷积，步长 s=1，填充 f=1，应用 ReLU 以获得 $13 \times 13 \times 256$ 的输出。
- 这会经过大小为 3×3 且步长 s=2 的最大池化层，从而将输出大小减小为 $6 \times 6 \times 256$。
- 此输出 $6 \times 6 \times 256 = 9216$ 传递到大小为 9216 的全连接层，然后将 0.5 的 dropout 应用于具有 ReLU 层且大小为 4096 的两个全连接层。
- 输出层是一个 softmax 层，其中包含 100 个要学习的图像类别。

1.AlexNet 使用 ReLU 并将其显示为非常有效的非线性激活函数。ReLU 在 CIFAR 数据集上的性能比 sigmoid 提高了六倍，这就是研究人员选择 ReLU 的原因。

2. 参数 / 权重的数量大约为 6320 万，大约 11 亿次计算，远高于 LeNet-5。

3. 速度是通过两个 GPU 获得的。各个层被拆分，以便每个 GPU 与其输出并行工作，并同时输出到位于其节点中的下一层，并向另一层发送信息。即使使用 GPU，90 个训练周期也需要对 120 万个训练示例进行 5~6 天的训练。

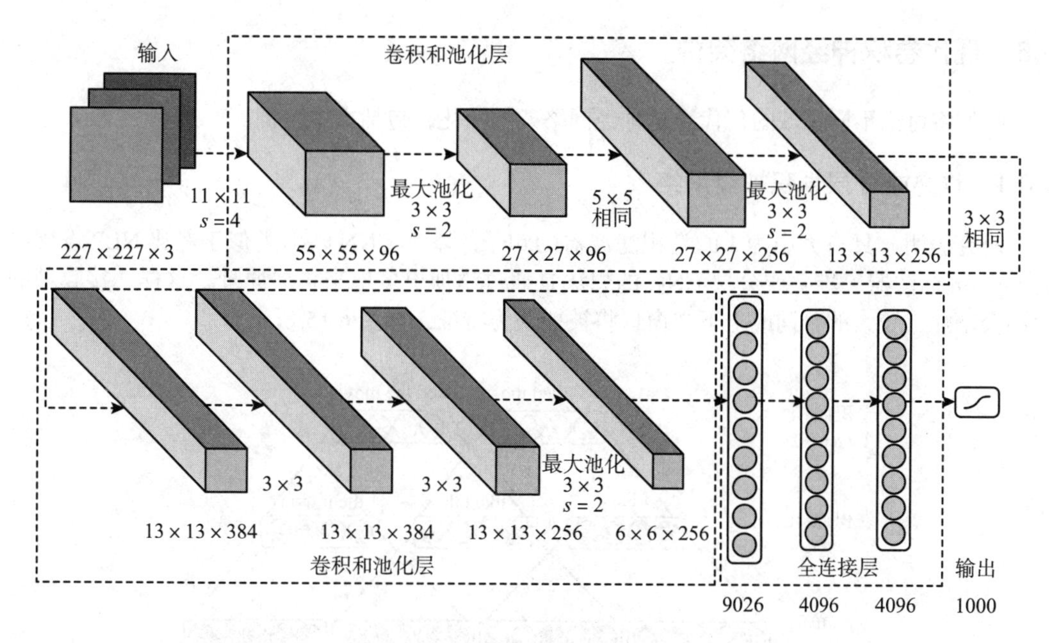

图 6.13　AlexNet

6.5.3　VGG-16

VGG-16，又被 Simonyan 和 Zisserman 称为 VGGNet，以其统一的设计而闻名，并在许多领域都非常成功 [SZ14]。所有步长 $s=1$ 的卷积均为 3 × 3，最大池化为 2 × 2 且通道从 64 增大到 512 的倍数为 2 的统一性使其非常吸引人，并易于设置。研究表明，在步长 $s=1$ 的情况下，在三层中堆叠 3 × 3 的卷积等效于 7 × 7 的卷积，并且计算量大大减少。VGG-16 在末端具有两个完全连接的层，并带有用于分类的 softmax 层。VGG-16 的唯一缺点是拥有约 1.4 亿个参数的庞大网络。即使使用 GPU 设置，训练模型也需要很长时间（如图 6.14 所示）。

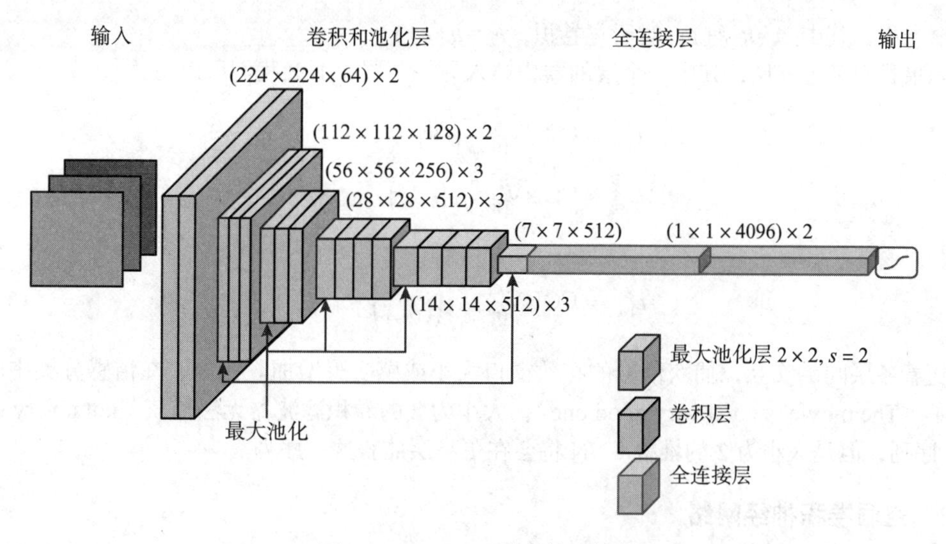

图 6.14　VGG-16 卷积神经网络

6.6 现代卷积神经网络架构

我们将讨论不同领域的现代卷积神经网络架构变化，包括文本挖掘。

6.6.1 堆叠或分层卷积神经网络

研究表明，具有大小为 k 的卷积滤波器的句子的基本 CNN 映射类似于经典 NLP 设置中的 n-gram 标注器。堆叠或分层 CNN 的想法是通过添加更多层来扩展原理。这样，接收域的大小会增加，较大的单词或上下文窗口将被捕获为特征，如图 6.15 所示。

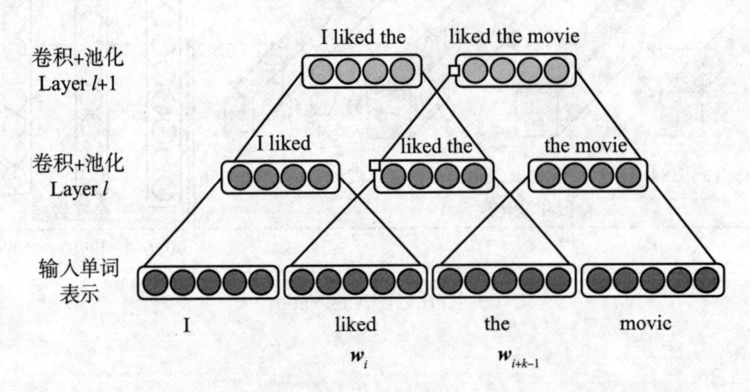

图 6.15　分层卷积神经网络

如果我们将（$\boldsymbol{W}$，$\boldsymbol{b}$）作为与权重和偏差相对应的参数，则将 ⊕ 作为对长度为 n 的句子进行的级联操作，其中长度为 d 的词向量词 $\boldsymbol{e}_{1:n}$ 的序列为 d 维，而 k 为卷积的窗口大小，输出由 $\boldsymbol{c}_{1:m}$ 给出：

$$\boldsymbol{c}_{1:m} = \text{CONV}^{k}_{(\boldsymbol{W},\boldsymbol{b})}\left(\boldsymbol{e}_{1:n}\right) \tag{6.36}$$

$$\boldsymbol{c}_i = f\left(\oplus\left(\boldsymbol{w}_{i:i+k-1}\right)\cdot \boldsymbol{W} + \boldsymbol{b}\right) \tag{6.37}$$

对于窄卷积，其中 $m=n-k+1$；对于宽卷积，$m=n+k+1$。

如果我们考虑 p 层，其中一个层的卷积馈入另一个层，那么我们可以写：

$$\begin{aligned}
\boldsymbol{c}^{1}_{1:m_1} &= \text{CONV}^{k_1}_{\left(\boldsymbol{W}^1,\boldsymbol{b}^1\right)}\left(\boldsymbol{w}_{1:n}\right)\\
\boldsymbol{c}^{2}_{1:m_2} &= \text{CONV}^{k_2}_{\left(\boldsymbol{W}^2,\boldsymbol{b}^2\right)}\left(\boldsymbol{c}^{1}_{1:m_1}\right)\\
&\cdots\\
\boldsymbol{c}^{p}_{1:m_p} &= \text{CONV}^{k_p}_{\left(\boldsymbol{W}^p,\boldsymbol{b}^p\right)}\left(\boldsymbol{c}^{p-1}_{1:m_{p-1}}\right)
\end{aligned} \tag{6.38}$$

随着各层间的交互，捕获信号的有效窗口大小或感受野增加。例如，在情感分类中的一个句子“The movie is not a very good one”，大小为 2 的卷积滤波器无法捕获“not a very good one”序列，但是大小为 2 的堆叠 CNN 将会在更高层捕获这一序列。

6.6.2 空洞卷积神经网络

在堆叠卷积神经网络中，我们假设步长为 1，但是如果将步长泛化为 s，则可以将卷积运算写为：

$$\boldsymbol{c}_{1:m} = \mathrm{CONV}_{(\boldsymbol{W},\boldsymbol{b})}^{k,s}\left(\boldsymbol{w}_{1:n}\right) \tag{6.39}$$

$$\boldsymbol{c}_i = f\left(\oplus\left(\boldsymbol{w}_{1+(i-1)s:(s+k)i}\right)\cdot \boldsymbol{W} + \boldsymbol{b}\right) \tag{6.40}$$

空洞卷积神经网络可以看作堆叠卷积神经网络的特殊版本。一种方法是，当内核大小为 k 时，使每一层的步长大小为 k–1。

$$\boldsymbol{c}_{1:m} = \mathrm{CONV}_{(\boldsymbol{W},\boldsymbol{b})}^{k,k-1}\left(\boldsymbol{w}_{1:n}\right) \tag{6.41}$$

在没有池化层的情况下，在 l 层卷积神经网络上大小为 $k\times k$ 的卷积会导致大小为 $l\times(k-1)+k$ 的感受野，感受野与 l 层的数量呈线性关系。相对于层数，空洞卷积神经网络有助于以指数方式增加感受野。另一种方法是使步长大小保持恒定，如 $s=1$，但通过使用最大值或平均值作为值使用局部池化在每一层执行长度缩短。图 6.16 展示了如何通过逐渐增加层中的空洞来使感受野以指数方式增加以覆盖每一层中的更大场 [YK15]。

1. 空洞卷积神经网络有助于捕获较长文本范围内的句子结构，并有效捕获上下文。

2. 空洞卷积神经网络可以具有较少的参数，因此可以在捕获更多上下文的同时提高训练速度。

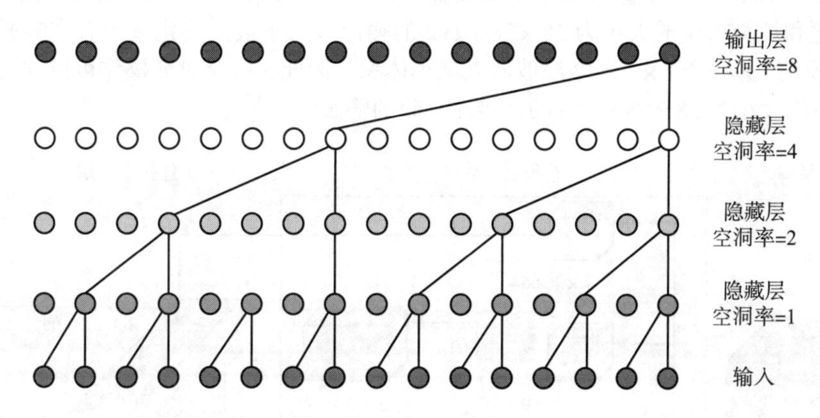

图 6.16　空洞卷积神经网络，展示随空洞率变为 1、2、4 时感受野的增加

6.6.3 Inception 网络

Szegedy 等人的 Inception 网络 [Sze+17] 是目前表现最好的 CNN 之一，尤其是在计算机视觉方面。Inception 网络的核心是重复的 Inception 块。Inception 块使用许多滤波器，例如 1×1、3×3 和 5×5，以及最大池化，而无须选择任何过滤器。使用 1×1 过滤器的中心思想是减少体积，因此在将其提供给较大的滤波器（例如 3×3）之前先进行计算。

图 6.17 展示了来自上一层的采样后的 28×28×192 输出，使用 3×3×128 滤波器进行卷积得到 28×28×128 的输出，即输出时有 128 个滤波器，从而产生了约 1.74 亿个 MAC。通过使用 1×1×96 滤波器来减少体积，然后与 3×3×128 滤波器进行卷积，总计算量减少到大约 1 亿个 MAC，几乎节省了 60%。同样，通过在 5×5×32 滤波器之前使用 1×1×16 滤波器，可以将总计算量从大约 1.2 亿减少到 1200 万，减少到原来的十分之一。减小体积的 1×1 滤波器也称为瓶颈层。

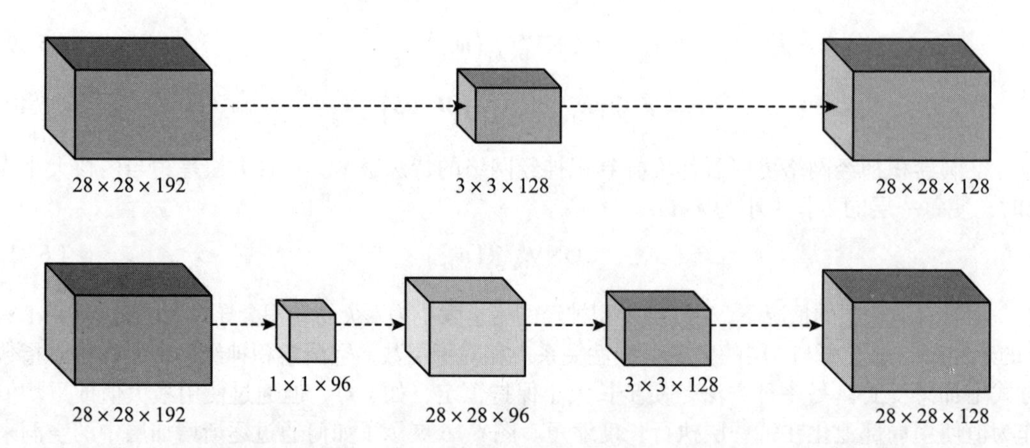

图 6.17　在 3 × 3 滤波器之前安装 1 × 1 滤波器可节省计算成本

图 6.18 给出了单个 Inception 块的图形视图，其中样本二维输入的宽度和高度为 28 × 28，深度为 192，产生宽度和高度为 28 × 28，深度为 256 的输出。1 × 1 滤波器在减少其他滤波器的体积以及产生输出方面起着双重作用。1 × 1 × 64 滤波器用于产生 28 × 28 × 64 的输出。输入通过 1 × 1 × 96 滤波器并与 3 × 3 × 128 卷积时，将产生 28 × 28 × 128 的输出。输入通过 1 × 1 × 16 滤波器，然后通过 5 × 5 × 32 滤波器时，将产生 28 × 28 × 32 的输出。使用步长为 1 的最大池化和填充可生成大小为 28 × 28 × 192 的输出。由于最大池化输出有许多通道，因此每个通道都通过另一个 1 × 1 × 32 滤波器以减小体积。因此，每个过滤操作可以并行发生，并产生一个最终大小为 28 × 28 × 256 的连接在一起的输出。

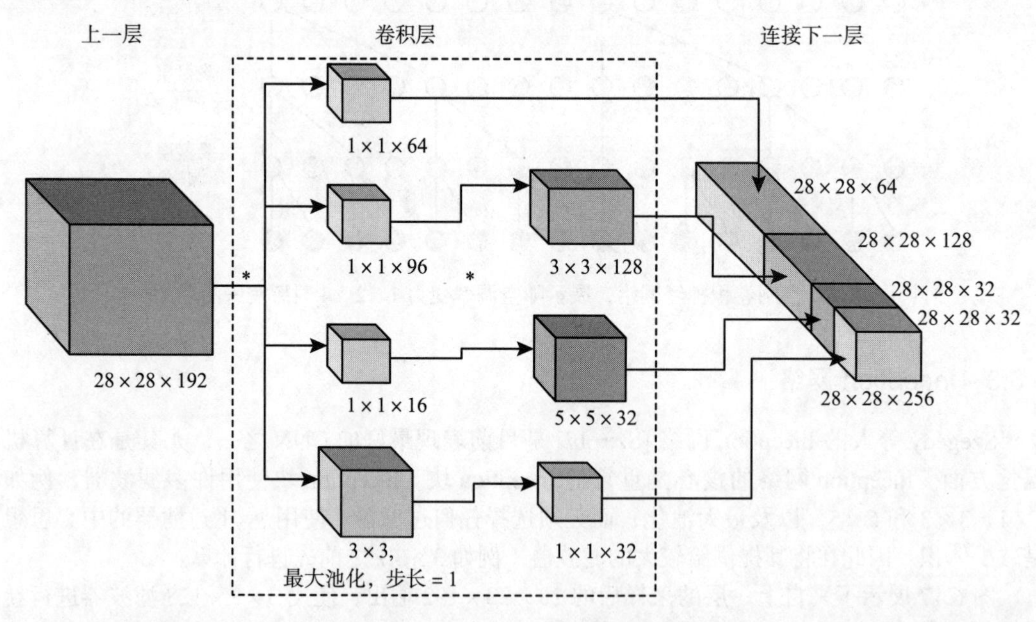

图 6.18　具有多个大小为 1 × 1、3 × 3、5 × 5 的滤波器的 Inception 块，产生级联输出

对于更大的滤波器大小卷积，一个 1×1 卷积块在减小体积方面起着重要作用。Inception 块允许学习多个滤波器权重，因此无须选择一个滤波器。跨越不同滤波器和级联的卷积并行操作可进一步提高性能。

6.6.4 其他卷积神经网络结构

在许多自然语言处理任务中，例如在情感分析中，使用语法元素和该语言中其他结构信息的功能已提高了性能。图 6.19 展示了通过依赖弧连接的句法和语义表示，它们映射到基于树或基于图的表示。

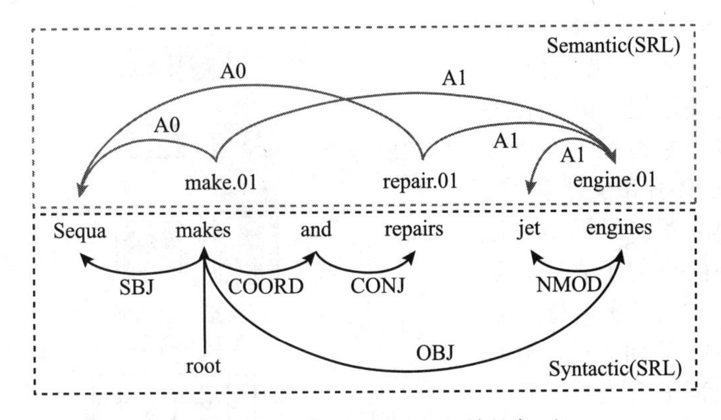

图 6.19 一个句法和语义相关的句子

基本的卷积神经网络不会捕获语言中的此类依存关系。因此，已经提出了结构化的 CNN 来克服该缺点。依赖关系卷积神经网络（DCNN），如图 6.20 所示，是一种通过词向量表示句子中单词依赖关系的方法，然后执行与矩阵卷积非常相似的树卷积，并在输出分类之前最终采用全连接层 [Ma+15]。在 Mou 等人 [Mou+14] 中，应用程序域是编程语言，而不是自然语言，并且类似的基于树的卷积神经网络用于学习特征表示。

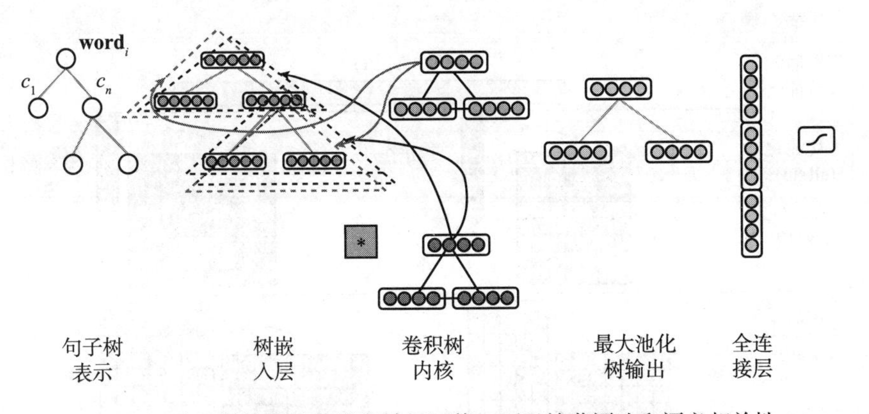

图 6.20 基于树的结构化卷积神经网络，可以捕获语法和语义相关性

可以使用图表示 $G=(V, E)$ 捕获句法和依存关系，其中单词充当节点或顶点 V，它们之间的关系被建模为边 E。然后可以在这些图结构上执行卷积运算 [Li+15]。

如第 5 章所示，每个嵌入框架（如 word2vec、GloVe 等）捕获不同的语义分布，并且每个框架都可以具有不同的维度。Zhang 等人提出了一种多组范式约束 CNN（MGNC-CNN），它可以组合不同的嵌入，每个嵌入在同一句子上具有不同的维度 [ZRW16]。正则化既可以应用于每个组（MGNC-CNN），也可以应用于连接层（MG-CNN），如图 6.21 所示。

在许多应用程序中，例如机器翻译、文本蕴含、问题解答等，经常需要比较两个输入的相似度。这些框架大多数具有某种形式的**连体**结构，每个句子有两个平行的框架，结合了卷积层、非线性变换、池化和堆叠，直到最后将特征组合在一起。Bromley 等人对特征比较的研究一直是许多此类框架的普遍灵感 [Bro+94]。

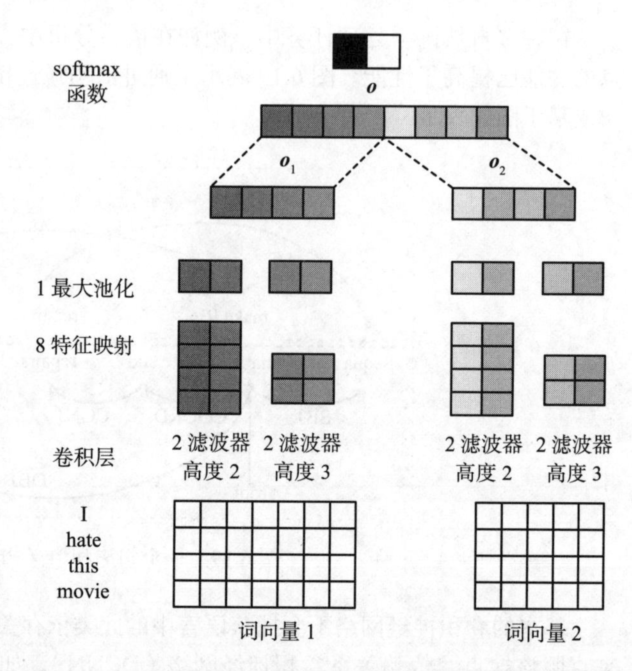

图 6.21　MG-CNN 和 MGNC-CNN 展示了用于分类的不同维度的不同词向量。MG-CNN 将在 $\boldsymbol{o}$ 层应用范数约束，而 MGNC-CNN 将在 $\boldsymbol{o}_1$ 和 $\boldsymbol{o}_2$ 层应用范数约束

我们将说明 Wenpeng 等人 [Yin+16a] 提出的这种最新框架，他们将其称为基本的 Bi-CNN，如图 6.22 所示。后人对该框架进行了进一步的修改，使其具有共享的关注层，并且在各种应用上都可以很好地执行，例如答案选择、释义识别和文本蕴含。孪生网络分别由卷积神经网络和池化块组成，处理两个句子之一，最后一层解决句子对的任务。输入层具有来自 word2vec 的词向量，并针对每个句子中的词进行连接。每个块都使用宽卷积，因此与窄卷积相比，句子中的所有单词都可以提供信号。tanh 激活函数 $\tanh(\boldsymbol{W}\boldsymbol{x}_i + b)$ 被用作非线性变换。接下来，对每个池化块执行平均池化操作。最后，将两个平均池化层的输出连接起来，并传递给逻辑回归函数进行二进制分类。

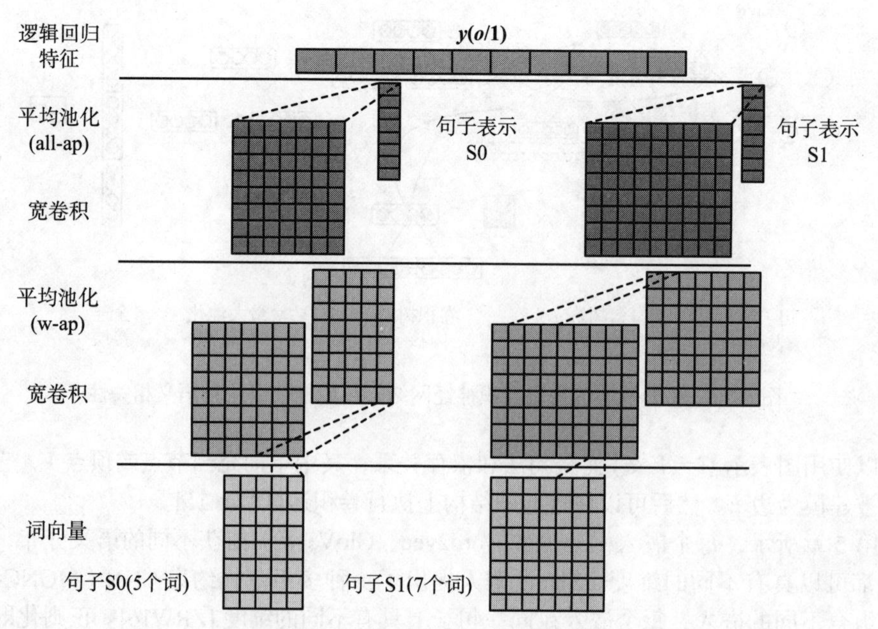

图 6.22　文献 [Yin+16a] 的基本 Bi-CNN，用于使用宽卷积、平均池化和对数分类的逻辑回归的句子任务

6.7 卷积神经网络在自然语言处理中的应用

在本节中，我们将讨论卷积神经网络在各种文本挖掘任务中的一些应用。我们的目标是总结这项研究，并为流行的卷积神经网络和现代设计提供见解。具有各种修改甚至与其他框架（例如 LSTM）组合的卷积神经网络确实已用于不同的 NLP 任务。由于 CNN 本身可以通过进一步的组合捕获局部特征和这些特征的组合，因此 CNN 主要用于文本 / 文档分类、文本归类和情感分类任务。CNN 丢失了序列的顺序，尽管它们已经被用于基于序列的任务，例如词性标注、NER、组块分析等。为了在这些情况下真正有效，它们要么需要与其他框架结合起来，要么需要对位置特征进行编码。

6.7.1 文本分类

在过去的几年中，使用卷积神经网络框架的许多应用 *n*-gram 单词捕获局部交互和特征的文本分类任务都取得了很多成功。基于卷积神经网络的框架可以轻松捕获可变长度文本序列中的时间和层次特征。单词或字符嵌入通常是这些框架中的第一层。根据数据和类型，使用预训练或静态嵌入来获取句子中单词的向量表示。

Collobert 等人 [Col+11] 使用单层卷积块对句子建模以执行许多 NLP 任务。Yu 等人 [Yu+14] 也使用单层 CNN 为分类器建模以选择问答映射。Kalchbrenner 等人扩展了这个想法，通过堆叠 CNN 并在较长的句子上使用动态 k 最大池化操作形成动态 CNN[KGB14b]。这项研究在短文本和多类分类的基础上，显著改进了当时的方法。Kim 通过在输入中添加多个通道和各种长度的多个内核来扩展单块卷积神经网络，以提供 *n*-gram 的高阶组合 [Kim14b]。这项工作还对静态和动态通道、最大池化的重要性，以及更多地检测哪些基本块产生了较低的错误率进行了各种影响分析。Yin 等人扩展了 Kim 的多通道可变内核框架以使用分层卷积神经网络，获得了进一步的改进 [YS16]。Santos 和 Gatti 使用卷积神经网络框架中的字符到句子级别表示来进行有效的情感分类 [SG14]。Johnson 和 Zhang 探索了区域嵌入在有效的短文本分类中的用法，因为当词向量失败时它能够捕获跨度较大的上下文 [JZ15]。Wang 和其他人使用预先训练的词向量上的密度峰值来进行语义聚类，从而形成了他们称为语义团的表示形式，这种语义团与卷积一起用于短文本挖掘 [Wan+15a]。

Zhang 等人探索在卷积神经网络中使用字符级表示代替词向量 [ZZL15]。在大型数据集上，与传统的稀疏表示甚至是深度学习框架（例如词向量 CNN 或 RNN）相比，句子的字符级建模效果非常好。Conneau 等人设计了一个深度的卷积神经网络以及诸如快捷键之类的修改，以学习更复杂的特征 [Con+16]。Xiao 和 Cho 的研究与带有较少参数的 RNN 结合使用，进一步将字符级编码扩展到整个文档分类任务 [XC16]。

6.7.2 文本聚类和主题挖掘

Xu 等人在他们的工作中以完全无监督的方式使用 CNN 进行短文本聚类 [Xu+17]。文本中的原始关键字功能用于生成具有局部性约束的紧凑型二进制编码。文献 [KGB14b] 中使用动态卷积神经网络的词向量来获得深度特征表示。在训练过程中，对 CNN 的输出进行二进制编码拟合。从卷积神经网络层演变而来的深层特征被传递给普通的聚类算法，例如 k 均值，以最终对数据聚类。实验表明，该方法在各种数据集上的效果明显优于传统的基于特征的方法。

Lau 等人使用基于卷积神经网络的框架共同学习主题和语言模型，从而获得更好的连贯、有效和可解释的主题模型 [LBC17]。使用卷积神经网络框架捕获文档上下文，并将生成的文档向量与主题向量组合以提供有效的文档 – 主题表示。语言模型由上面和 LSTM 中相同的文档向量组成。

6.7.3 语法分析

在 Collobert 等人的开创性工作中，许多 NLP 任务（例如词性标注、命名实体识别和语义角色标注）是第一次使用词向量和 CNN 块来执行的 [Col+11]。研究证明对于类似的任务，使用卷积神经网络自动发现特征比使用手工制作特定于任务的特征更具有优势。Zheng 等人表明基于字符的表示、基于卷积神经网络的框架和动态规划，可以非常有效地在像中文这样复杂的语言中执行语法分析，而无须进行任何特定任务的特征工程 [Zhe+15]。Santos 和 Zadrozny 指出，结合使用字符级嵌入、单词级嵌入和深层卷积神经网络可以进一步改善英语和葡萄牙语的词性标注任务 [DSZ14]。Zhu 等人提出了一种递归卷积神经网络（RCNN）来捕获依赖树中的复杂结构。RCNN 将基本的 k 叉树作为一个单元，可以捕获具有父节点和子节点之间关系的解析树，且递归地应用此结构可以映射整个依赖关系树的表示形式。在依存句法分析中，RCNN 作为重排序模型非常有效 [Zhu+15]。

6.7.4 信息抽取

如第 3 章所述，信息抽取（IE）是一个通用类别，具有各种子类别，例如实体抽取、事件抽取、关系抽取、共指消解和实体链接等。在 Chen 等人的工作中，研究人员没有使用手工编码的特征，而是使用基于单词的表示来捕获词汇和句子级别的特征，这些特征与经修改的卷积神经网络一起用于在文本中进行出色的多事件抽取 [Che+15]。研究人员在输入至具有多个特征图的卷积神经网络中的表示和嵌入中使用了单词上下文、位置和事件类型。研究人员采用动态多重池化，而不是具有最大池化的卷积神经网络，因为后者可能会错过句子中发生的多个事件。在动态多池化层中，特征图被分为三个部分，并寻找每个部分的最大值。

如上文有关 NLP 的部分所述，Zheng 等人 [Zhe+15] 和 Santos 等人 [DSZ14] 将 CNN 应用于关系分类任务，且没有使用任何手工编码的特征。在 Vu 等人的工作中，关系分类使用了 CNN 和 RNN 的组合。在具有实体和实体之间关系的句子中，研究人员在句子的左边和中间、中间和右边之间进行拆分，并分为两个不同的词向量和具有最大池化的 CNN 层。此设计特别注意中间部分，这是与以往研究相比重要的方面。引入具有附加隐藏层的双向 RNN，以捕获后续单词的关系参数。与传统的基于特征甚至独立使用的 CNN 和 RNN 相比，组合方法显示出显著的改进。

Nguyen 和 Grisham 使用基于卷积神经网络的框架进行关系抽取 [NG15b]。他们使用词向量和位置嵌入作为具有实体关系的句子的输入表示。他们采用了具有多个滤波器大小和最大池化的卷积神经网络。有趣的是，其框架的性能要优于使用许多词法和词汇特征的所有基于特征工程的手工机器学习系统。

在 Adel 等人的工作中，研究人员比较了许多技术，从传统的基于特征的机器学习到基于卷积神经网络的深度学习，用于在槽填充背景下进行关系分类 [AS17a]。与上述工作类似，他们将句子分为三部分以捕获上下文，并使用具有 k 最大池化的卷积神经网络。

6.7.5 机器翻译

Hu 等人重点介绍如何使用卷积神经网络来编码翻译对中的语义相似度和上下文，从而产生更有效的翻译 [Hu+15]。这项研究的另一个有趣的方面是它使用了课程训练策略，其中训练数据从易到难归类，并使用短语到句子进行上下文编码以进行有效翻译。

Meng 等人建立基于卷积神经网络的框架，在机器翻译过程中引导来自源和目标的信号 [Men+15]。使用带门控的 CNN，可提供有关源文本的哪些部分对目标词有影响的指导。将它们与整个源句子融合在一起以获得上下文，从而产生一个更好的联合模型。

Gehring 等人使用带有注意力模块的卷积神经网络，因此与基于 LSTM 的模型相比，它不仅显示出快速执行和可并行化优点，而且还是一个更有效的模型。在输入表示中使用单词和位置嵌入，将层次映射、门控线性单元和多步注意力模块的滤波器彼此堆叠，研究人员在英法翻译和英德翻译方面拥有了真正的优势 [Geh+17b]。

6.7.6 文本摘要

Denil 等人的研究表明，通过使词向量的层次结构构成句向量，进而可以构成文档向量，使用动态卷积神经网络可以提供有用的文档摘要以及有效的可视化效果 [Den+14]。该研究还强调，该组合可以在各种任务中捕获从低级词汇特征到高级语义概念的内容，包括摘要、分类和可视化等。

Cheng 和 Lapata 开发了一种神经网络框架，该框架结合了用于分层文档编码的卷积神经网络和用于有效文档摘要的注意力提取器 [CL16]。将表示映射到非常接近实际数据的位置，其中使用卷积神经网络将单词组成为句子，将句子组成为段落，将段落组成为整个文档，并且最大池化为研究人员在捕获局部和全局句子信息方面提供了明显的优势。

6.7.7 问答系统

Dong 等人使用多列卷积神经网络从各个方面（例如答案路径、答案类型和答案上下文）分析问题 [Don+15b]。使用实体的答案层的向量和使用低维向量空间的关系，以及顶部的评分层，可以对候选答案进行排名。这项工作表明，该设计没有手工编码或工程的特征，却提供了非常有效的问答系统。

Severyn 和 Moschitti 表明，在基于卷积神经网络的框架中，通过问答中使用的单词之间的匹配所给出的关系信息可以提供非常有效的问答系统 [SM15]。如果我们可以将问题映射到数据库中找到的事实，Yin 等人在他们的工作中表明，使用基于卷积神经网络的框架的两阶段方法可以产生出色的结果 [Yin+16b]。答案中的事实被映射到主语、谓语和宾语。然后，问题中提及的到使用字符级卷积神经网络的主题链接的实体是管道的第一阶段。使用单词级卷积神经网络和专注的最大池化将事实中的谓词与问题进行匹配是流程的第二阶段。

6.8 卷积快速算法

一般而言，与其他深度学习架构相比，卷积神经网络本质上更加并行。然而，然而训练数据大小的增加，对近实时更快的预测的需求以及用于并行化操作的基于 GPU 的硬件变得越来越普遍，卷积神经网络中的卷积操作已经经历了许多增强。在本节中，我们将讨论一些用于卷积神经网络的快速算法，并深入了解如何通过较少的浮点运算就可以更快地进行卷积 [LG16]。

6.8.1 卷积定理和快速傅里叶变换

该定理指出，时域（任何离散输入，例如图像或文本）中的卷积等效于频域中的逐点乘法。我们可以将这种变换表示为对输入和内核进行快速傅里叶变换（FFT），将其相乘并进行逆 FFT。

$$(\boldsymbol{f}\times\boldsymbol{g})(t)=\mathcal{F}^{-1}\left(\mathcal{F}(\boldsymbol{f})\cdot\mathcal{F}(\boldsymbol{g})\right) \tag{6.42}$$

> 卷积运算是一种 n^2 算法，而事实证明 FFT 是 $n\log(n)$。因此，对于较大的序列，即使使用 FFT 和逆 FFT 的 2 次操作，也可以显示 $n+2n\log(n)<n^2$，从而显著提高了速度。

6.8.2　快速滤波算法

Winograd 算法使用计算技巧来减少卷积运算中的乘法。例如，如果需要将大小为 n 的一维输入数据与大小为 r 的滤波器进行卷积以得到 m 大小的输出，则正常情况下将需要 $m\times r$ 乘法。最小滤波算法 $F(m,r)$ 可以证明仅需要 $\mu(F(m,r))=m+r-1$。让我们考虑一个简单的示例，其中大小为 4 的输入 $[d_0,d_1,d_2,d_3]$ 与大小为 3 的滤波器 $[g_0,g_1,g_2]$ 卷积得到大小为 2 的输出 $[m_1,m_2]$。在传统的卷积中，我们将需要 6 次乘法，但需要按如下所示排列输入：

$$\begin{bmatrix} d_0 & d_1 & d_2 \\ d_1 & d_2 & d_3 \end{bmatrix}\begin{bmatrix} g_0 \\ g_1 \\ g_2 \end{bmatrix}=\begin{bmatrix} m_1+m_2+m_3 \\ m_2-m_3-m_4 \end{bmatrix} \tag{6.43}$$

其中

$$m_1=(d_0-d_2)g_0 \tag{6.44}$$

$$m_2=(d_1+d_2)\frac{(g_0+g_1+g_2)}{2} \tag{6.45}$$

$$m_3=(d_2-d_1)\frac{(g_0-g_1+g_2)}{2} \tag{6.46}$$

$$m_4=(d_1-d_3)g_2 \tag{6.47}$$

因此，乘法减少到仅 $m+r-1$，即 4，并且节省仅为 6/4=1.5。可以从滤波器中预先计算出 $(g_0+g_1+g_2)/2$ 和 $(g_0-g_1+g_2)/2$ 的值，从而获得了更多的性能优势。这些快速滤波算法可以矩阵形式编写为：

$$Y=\boldsymbol{A}^{\top}\left[(\boldsymbol{Gg})\circ(\boldsymbol{B}^{\top}\boldsymbol{d})\right] \tag{6.48}$$

其中 $\circ$ 是逐元素乘法。对于一维示例，矩阵为：

$$\boldsymbol{B}^{\top}=\begin{bmatrix} 1 & 0 & -1 & 0 \\ 0 & 1 & 1 & 0 \\ 0 & -1 & 1 & 0 \\ 0 & 1 & 0 & -1 \end{bmatrix}\quad \boldsymbol{G}=\begin{bmatrix} 1 & 0 & 0 \\ \frac{1}{2} & \frac{1}{2} & \frac{1}{2} \\ \frac{1}{2} & \frac{-1}{2} & \frac{1}{2} \\ 0 & 0 & 1 \end{bmatrix} \tag{6.49}$$

$$\boldsymbol{A}^{\top}=\begin{bmatrix} 1 & 1 & 1 & 0 \\ 0 & 1 & -1 & -1 \end{bmatrix} \tag{6.50}$$

$$\boldsymbol{g}=\begin{bmatrix} g_0 & g_1 & g_2 \end{bmatrix}^{\top} \tag{6.51}$$

$$\boldsymbol{d}=\begin{bmatrix}d_0 & d_1 & d_2 & d_3\end{bmatrix}^\top \tag{6.52}$$

二维最小算法可以用嵌套的一维算法表示。例如，对于大小为 $r\times s$ 的滤波器，$F(m, r)$ 和 $F(n, s)$ 可用于计算 $m\times n$ 个输出。从而

$$\mu\big(F(m\times n,r\times s)\big)=\mu\big(F(m,r)\big)\mu\big(F(n,s)\big)=(m+r-1)(n+s-1) \tag{6.53}$$

同样，二维算法的矩阵形式可以写为

$$Y=\boldsymbol{A}^\top\Big[\big(\boldsymbol{G}^\top \boldsymbol{g}\boldsymbol{G}\big)\circ\big(\boldsymbol{B}^\top \boldsymbol{d}\boldsymbol{B}\big)\Big]\boldsymbol{A}^\top \tag{6.54}$$

滤波器 g 现在的大小为 $r\times r$，每个输入都可以视为尺寸为 $(m+r-1)\times(m+r-1)$ 的块。可以通过如上所述嵌套 $F(m,r)$ 和 $F(n,s)$ 来完成对非平方矩阵的概括。因此，对于 $F(2\times2,3\times3)$，正常卷积将使用 $4\times9=36$ 乘法，而快速滤波器算法只需要 $(2+3-1)\times(2+3-1)=16$，节省了 $36/16=2.25$。

这里是有关卷积神经网络的一些实用技巧，特别是对于分类任务。

- 对于分类任务，从 Yoon Kim 等人的工作入门是不错的选择。他们提出了具有词表示的卷积神经网络 [Kim14b]。
- 与独热向量表示相比，应该在微调或引入多个通道之前使用 word2vec 或 GloVe 的预训练嵌入作为单个静态通道来映射句子。
- 具有多个滤波器，例如 [3,4,5]，特征图的数量在 60 到 500 之间，并且 ReLU 作为激活函数通常可以提供良好的性能 [ZW17]。
- 与平均池化和 k 最大池化相比，1 最大池化可以提供更好的结果 [ZW17]。
- 如何选择正则化技术（即 L_1 或 L_2 等）取决于数据集，可以尝试不使用正则化和带正则化并比较验证指标。
- 多次交叉验证中的学习曲线和方差，可以得出算法“鲁棒性”的有趣观点。曲线越平坦且方差越小，验证度量估计很有可能越准确。
- 了解模型在验证数据上的预测，以寻找假阳性和假阴性。这些是因为拼写错误吗？是因为依赖和命令吗？是否因为缺乏涵盖案例的训练数据？
- 如果有足够的训练数据，则基于字符的嵌入会很有用。
- 应该逐步添加其他结构，例如 LSTM、分层、基于注意力的结构，以查看每种组合的影响。

6.9 案例研究

为了获得本章中介绍的许多技术和框架的实际数据分析问题的动手经验，我们将使用文本中的情感分类。尤其是，我们将利用从 Twitter 抓取的美国航空公司情绪公共数据集，将推文分为积极、消极或中性。消极推文由于其原因可以进一步分类。

我们将评估涉及各种卷积神经网络的不同深度学习技术的有效性，以进行情感分类。在这种情况下，分类将仅基于推文的文本，而不是基于任何推文元数据。我们将探索文本数据的各种表示，例如从数据中训练的词向量、预训练的词向量和字符向量。我们没有对每种方法进行大量的超参数优化，以展示无须进一步优化即可产生的最佳效果。欢迎读者使用笔记本和代码自行探索微调。

6.9.1　软件工具和库

首先，我们需要描述用于案例研究的主要开源工具和库。

- Keras（www.keras.io）使用 Python 编写的高级深度学习 API，它为各种深度学习后端（例如 TensorFlow，CNTK 和 Theano）提供了通用接口。该代码可以在 CPU 和 GPU 上无缝运行。卷积神经网络的所有实验均使用 Keras API 完成。
- TensorFlow（https：//www.tensorflow.org/）是流行的开源机器学习和深度学习库。我们使用 TensorFlow 作为我们的深度学习库，但使用 Keras API 作为实验的基本 API。
- Pandas（https://pandas.pydata.org/）是一种流行的开源实现，用于数据结构和数据分析。我们将使用它进行数据探索和一些基本处理。
- scikit-learn（http://scikit-learn.org/）是各种机器学习算法和评估的流行开源。在我们的案例研究中，我们仅将其用于采样和创建数据集以进行估算。
- Matplotlib（https://matplotlib.org/）是流行的可视化开源。我们将使用它来可视化性能。

现在我们准备专注于以下四个子任务：

- 探索性数据分析
- 数据预处理和数据划分
- 卷积神经网络模型实验
- 了解和改进模型

6.9.2　探索性数据分析

总数据包含 14 640 个标记数据，其中 15 个特征 / 属性仅将属性文本用于学习。这些类别分为积极、消极和中性。我们将以分层的方式从整个数据集中抽取总数据的 15%，并从训练数据中抽取 10% 进行验证。通常，交叉验证（CV）用于模型选择和参数调整，并且我们将使用验证集来减少运行时间。我们确实将 CV 估算值与单独的验证集进行比较，两者看起来都具有可比性。

图 6.23 展示了类的分布。我们看到，与积极和中性相比，类分配趋向于消极情绪。

EDA 中有趣的一步是从整个数据集中绘制词云，以显示积极和消极的情感数据，以了解一些最常用的词并可能与该情绪相关。在积极推文中，云中的典型标记大多是形容词，例如“thanks”“great”“good”“appreciate”等，而消极情感词云中的原因是“luggage”“cancelled flight”“website”等，如图 6.24 所示。

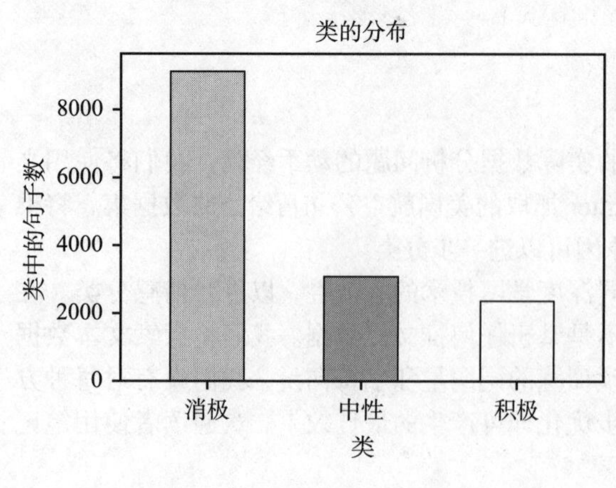

图 6.23　跨不同类的实例数

图 6.24　消极情绪的词云

6.9.3 数据预处理和数据拆分

我们执行一些进一步的基本数据处理，从文本中删除停顿词和提及词，因为它们在我们的分类任务中基本上没有用处。下面的清单展示了基本的数据清理代码。

```
1  # remove stop words with exceptions
2  def remove_stopwords(input_text):
3      stopwords_list = stopwords.words('english')
4      # Some words which might indicate a certain sentiment are
       kept
5      whitelist = ["n't", "not", "no"]
6      words = input_text.split()
7      clean_words = [word for word in words if (
8          word not in stopwords_list or word in whitelist) and
       len(word) > 1]
9      return " ".join(clean_words)
10 # remove mentions
11
12
13 def remove_mentions(input_text):
14     return re.sub(r'@\w+', '', input_text)
15
16
17 tweets = tweets[[TEXT_COLUMN_NAME, LABEL_COLUMN_NAME]]
18 tweets[TEXT_COLUMN_NAME] = tweets[TEXT_COLUMN_NAME].apply(
19     remove_stopwords).apply(remove_mentions)
20 tweets.head()
```

接下来，我们将整个数据分为训练集和测试集，其中 85%用于训练，15%用于测试。我们将使用相同的训练数据构建各种模型，并针对相同的测试数据进行评估，以进行清晰的比较。

```
1  X_train, X_test, y_train, y_test = train_test_split(
2      tweets[TEXT_COLUMN_NAME], tweets[LABEL_COLUMN_NAME],
       test_size=0.15, random_state=37)
```

然后，我们执行标记化，将训练数据分为固定大小的训练和验证以及序列映射。我们使用语料库中的最大文本长度来确定序列长度并进行填充。

```
1  # tokenization with max words defined and filters to remove
       characters
2  tk = Tokenizer(num_words=NB_WORDS,
3                 filters='!"#$%&()*+,-./:;<=>?@[\\]^_`{|}~\t\n',
4                 lower=True,
5                 split=" ")
6  tk.fit_on_texts(X_train)
7
8  # understand the sequence distribution
9  seq_lengths = X_train.apply(lambda x: len(x.split(' ')))
```

```
1  # convert train and test to sequence using the tokenizer
       trained on the training data
2  X_train_total = tk.texts_to_sequences(X_train)
3  X_test_total = tk.texts_to_sequences(X_test)
4
5  # pad the sequences to a maximum length
6  X_train_seq = pad_sequences(X_train_total, maxlen=MAX_LEN)
7  X_test_seq = pad_sequences(X_test_total, maxlen=MAX_LEN)
```

```
8
9 # perform encoding of
10 le = LabelEncoder()
11 y_train_le = le.fit_transform(y_train)
12 y_test_le = le.transform(y_test)
13 y_train_one_hot = to_categorical(y_train_le)
14 y_test_one_hot = to_categorical(y_test_le)
```

6.9.4 卷积神经网络模型实验

在预处理并创建训练、验证和测试集后，我们将对数据进行各种建模分析。我们将首先使用简单的卷积神经网络进行一些基本分析，然后继续运行本章中讨论的卷积神经网络的各种配置和修改。

接下来，我们展示卷积神经网络的基本代码，该代码的输入层的最大句子长度为 24，输出一个 100 维向量，这些向量通过 64 个滤波器（每个高度或大小为 3，相当于 3-gram）进行卷积，并通过 ReLU 非线性激活函数，然后使最大池化层变平，使其成为全连接层的输入，该层输出到具有 3 个输出 (作为 3 个类) 的 softmax 层。

```
1 # basic CNN Model to understand how it works
2 def base_cnn_model():
3     # Embedding
4     # Layer->Convolution1D->MaxPooling1D->Flatten->
      FullyConnected->Classifier
5     model = Sequential(
6         [Embedding(input_dim=10000, output_dim=100,
      input_length=24),
7          Convolution1D(filters=64, kernel_size=3, padding='
      same', activation='relu'),
8          MaxPooling1D(),
9          Flatten(),
10         Dense(100, activation='relu'),
11         Dense(3, activation='softmax')])
12    model.summary()
13    return model
14
15
16 #train and validate
17 base_cnn_model = base_cnn_model()
18 base_history = train_model(
19     base_cnn_model,
20     X_train_seq,
21     y_train,
22     X_valid_seq,
23     y_valid)
```

此处展示了一个使用预训练嵌入和 Yoon Kim 的卷积神经网络模型以及多个滤波器的单一通道。

```
1 # create embedding matrix for the experiment
2 emb_matrix = create_embedding_matrix(tk, 100, embeddings)
3
4 # single channel CNN with multiple filters
5
6
7 def single_channel_kim_cnn():
8     text_seq_input = Input(shape=(MAX_LEN,), dtype='int32')
9     text_embedding = Embedding(NB_WORDS + 1,
```

```
10                                     EMBEDDING_DIM,
11                                     weights=[emb_matrix],
12                                     trainable=True,
13                                     input_length=MAX_LEN)(
    text_seq_input)
14
15     filter_sizes = [3, 4, 5]
16     convs = []
17     # parallel layers for each filter size with conv1d and max
        pooling
18     for filter_size in filter_sizes:
19         l_conv = Convolution1D(
20             filters=128,
21             kernel_size=filter_size,
22             padding='same',
23             activation='relu')(text_embedding)
24         l_pool = MaxPooling1D(filter_size)(l_conv)
25         convs.append(l_pool)
26     # concatenate outputs from all cnn blocks
27     merge = concatenate(convs, axis=1)
28     convol = Convolution1D(128, 5, activation='relu')(merge)
29     pool1 = GlobalMaxPooling1D()(convol)
30     dense = Dense(128, activation='relu', name='Dense')(pool1)
31     # classification layer
32     out = Dense(3, activation='softmax')(dense)
33     model = Model(
34         inputs=[text_seq_input],
35         outputs=out,
36         name="KimSingleChannelCNN")
37     model.summary()
38     return model
39
40
41 single_channel_kim_model = single_channel_kim_cnn()
42 single_channel_kim_model_history = train_model(
43     single_channel_kim_model, X_train_seq, y_train,
    X_valid_seq, y_valid)
```

在突出显示每个实验的结果之前，我们将列出其名称和用途的不同实验。

1. **基本卷积神经网络**。卷积神经网络的基本单个块，具有卷积大小为 3 的滤波器，最大池化和 softmax 层。

2. **基本 CNN+Dropout**。查看 dropout 对基本卷积神经网络的影响。

3. **基本 CNN+ 正则化**。查看 L_2 正则化对基本卷积神经网络的影响。

4. **多滤波器**。看看向卷积神经网络添加更多滤波器 [2,3,4,5] 的影响。

5. **多滤波器 +Increased Maps**。查看将滤波器映射从 64 增加到 128 的影响。

6. **多滤波器 + 静态预训练词向量**。了解在卷积神经网络中使用预训练词向量的影响。

7. **多滤波器 + 动态预训练词向量**。观察在训练集上训练的卷积神经网络中使用预训练词向量的影响。

8. **Yoon Kim 的单通道**。单通道卷积神经网络使用众所周知的架构 [Kim14b]。

9. **Yoon Kim 的多通道**。多通道卷积神经网络使用众所周知的架构 [Kim14b] 来查看对增加通道的影响。静态和动态词向量用作两个不同的通道。

10. **Kalchbrenner 等人的动态卷积神经网络**。Kalchbrenner 等人的基于 k 最大池化的动态卷积神经网络 [KGB14b]。

11. **多通道可变 MVCNN**。使用两个具有静态和动态通道的嵌入层 [YS16]。

12. **多组 MG-CNN**。使用维度不同（100 和 300）的三个不同通道（两个输入使用 GloVe 嵌入层，一个使用 fastText 嵌入层）[ZRW16]。

13. **单词级空洞卷积神经网络**。使用词级输入探索具有减少的参数和更大的覆盖范围的空洞的概念 [YK15]。

14. **字符级卷积神经网络**。探索字符级嵌入而不是单词级嵌入 [ZZL15]。

15. **深度字符级卷积神经网络**。探索深度卷积神经网络具有多层的影响 [Con+16]。

16. **字符级空洞卷积神经网络**。使用字符级输入探索具有减少的参数和更大的覆盖范围的空洞的概念 [YK15]。

17. **C-LSTM**。探索 C-LSTM 以验证如何使用卷积神经网络来捕获短语的局部特征，以及如何使用 RNN 来捕获全局和时态句子语义 [Zho+15]。

18. **AC-BiLSTM**。与卷积神经网络探索双向 LSTM[LZ16]。

我们在训练模型时使用了一些实用的深度学习方法，如下所示：

```
1 # use the validation loss to detect the best weights to be
    saved
2 checkpoints.append(ModelCheckpoint(checkpoint_file, monitor='
    val_loss', verbose=0, save_best_only=True,
    save_weights_only=True, mode='auto', period=1))
3 # output to TensorBoard
4 checkpoints.append(TensorBoard(log_dir='./logs', write_graph=
    True, write_images=False))
5 # if no improvements in 10 epochs, then quit
6 checkpoints.append(EarlyStopping(monitor='val_loss', patience
    =10))
```

在表 6.1 中，我们将重点介绍运行上述不同卷积神经网络架构的结果，以及我们以准确率和平均精度进行跟踪的结果。

表 6.1　卷积神经网络测试结果摘要

实验	准确率 %	平均精度 %
Base CNN	77.77	82
Base CNN+dropout	70.85	78
Base CNN+regularization	78.32	83
Multi-filters	80.55	86
Multi-filters+increased maps	79.18	85
Multi-filters+static pre-trained embeddings	77.41	84
Multi-filters+dynamic pre-trained embeddings	78.96	85
Yoon Kim's Single Channel	79.50	85
Yoon Kim's Multiple Channel	80.05	86
Kalchbrenner et al. dynamic CNN	78.68	85
Multichannel variable MVCNN	79.91	85
Multigroup CNN MG-CNN	**81.96**	**87**
Word-level dilated CNN	77.81	84
Character-level CNN	73.36	81
Very deep character-level CNN	67.89	73
Character-level dilated CNN	74.18	78
C-LSTM	79.14	85
AC-BiLSTM	79.46	86

注：黑体字表示所有实验中的最佳结果或精度

我们将列出表 6.1 中的一些高级分析和观察结果，以及各种运行中的分析结果：

- 从减少损失和减少最大损失的角度来看，具有 L_2 正则化的基本卷积神经网络似乎在过拟合方面得到了改善。dropout 似乎降低了基本卷积神经网络的性能。
- 多层和多滤波器似乎可以将准确率和平均精度提高 2% 以上。
- 使用数据中的预训练词向量表示可以得到一个最佳性能，并且该性能与许多研究非常一致。
- 多组范数约束 MG-CNN 在基于单词的表示中的准确率和平均精度方面均显示出最佳结果。使用三个词向量通道以及两个具有不同大小的不同词向量似乎可以带来优势。
- 来自 Yoon Kim 的具有双通道的模型性能也不错，且它应该始终是尝试解决分类问题的模型。双通道的性能与 MG-CNN 一起证明，增加通道数量总体上有助于模型性能的提升。
- 卷积神经网络的深度和复杂性增加以及带来的参数增加对模型泛化没有太大影响，这与较小的训练数据量有关。
- 基于字符的表示的性能相对较差，并且由于语料库和训练规模有限，这与大多数研究非常吻合。
- 通过结合卷积神经网络和 LSTM 来引入复杂性并不能提高性能，这与任务的复杂性和训练数据的大小有关。

6.9.5 了解和改进模型

在本节中，我们将提供一些实用的技巧和窍门，以帮助研究人员深入了解模型行为并进一步改进它们。

理解模型行为的一种方法是使用某种形式的降维技术和可视化技术查看各层的预测结果。为了探索分类层之前最后一层的行为，我们首先通过删除最后一层并使用测试集从该层生成高维输出来创建模型的副本。然后使用 PCA 从 128 维输出中获取 30 个组件，最后使用 TSNE 对其进行投射。如图 6.25 所示，我们清楚地看到 **Yoon Kim 的单通道卷积神经网络**的效果要优于**基本卷积神经网络**。

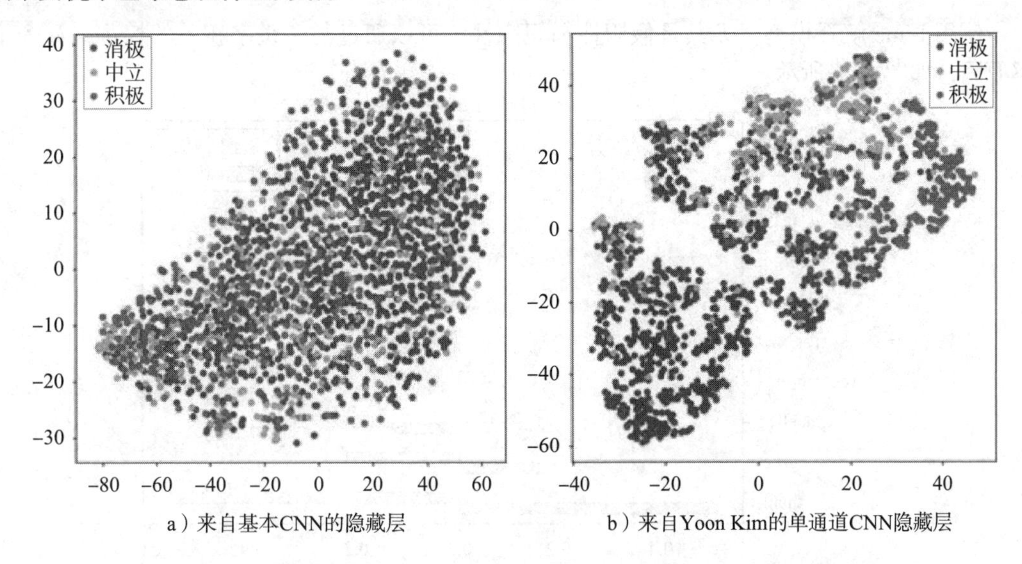

a）来自基本CNN的隐藏层

b）来自Yoon Kim的单通道CNN隐藏层

图 6.25 使用 128 维的前一个层来可视化测试数据与 PCA 和 TSNE

表 6.2 突出显示了一些文本和可能的原因。例如 late flight、overhead 等词被过度代表为消极词，甚至导致具有这些词的句子被归类为消极的句子。添加更多具有相似语言的积极词并使用平均池化可能会有所帮助。添加对表情符号甚至是经过训练的词向量的支持，可以进一步改善使用表情符号的示例。

表 6.2 假阴性

文本	预测	可能的原因
Kudos ticket agents making passengers check bags big fit **overhead**	消极	关键词被过度代表
Thankful united ground staff put last seat **last flight** out home **late flight** still home	消极	关键词被过度代表
Emoji love flying	中立	表情符号

接下来，我们将分析假阳性和假阴性，以了解模式和原因，以进一步改进模型。

表 6.3 突出显示了一些文本和可能的原因。例如 awesome、thanks 等词被过度代表为积极词，甚至导致具有这些词的句子被归类为积极的句子。添加更多具有相似语言的消极词并使用平均池化可能会有所帮助。拥有基于讽刺的数据集，对其进行训练词向量并将其用作输入通道可以提高性能。

表 6.3 假阳性

文本	预测	可能的原因
Forget reservations **thank great company** i've flighted flight once again **thank you**	积极	关键词被过度代表并具有讽刺
Thanks finally made it and missed meetings now	积极	关键词被过度代表并具有讽刺
My flight cancelled led mess please **thank awesome** out	积极	关键词被过度代表并具有讽刺

使用 Lime 解释模型，尤其是假阳性和假阴性，可以通过与关键字相关的权重来深入了解原因，如图 6.26 所示。

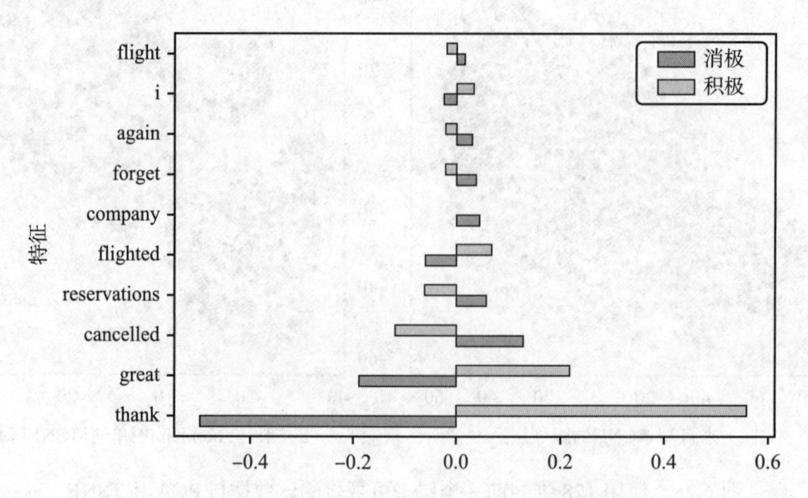

图 6.26 Lime 输出积极和消极两类单词的权重

```
1 def keras_wrapper(texts):
2 _seq = tk.texts_to_sequences(texts)
3 _text_data = pad_sequences(_seq, maxlen=MAX_LEN)
4 return single_channel_kim_model.predict(_text_data)
5
6 exp = explainer.explain_instance('forget reservations thank
    great company i have     cancelled flighted flight once
    again thank you',
7 keras_wrapper,
8 num_features=10,
9 labels=[0, 2]
10 )
```

6.9.6 留给读者的练习

下面列出了读者和从业人员可以进一步尝试的一些其他有趣的问题和研究问题：

1. 预处理（例如删除停用词，提及，词干等）对卷积神经网络的性能有何可度量的影响？

2. 词向量维度是否对卷积神经网络有影响（例如 100 维词向量与 300 维词向量）？

3. 诸如 word2vec，GloVE 之类的词向量类型以及其他词向量在整个卷积神经网络框架中是否会显著改变性能。

4. 使用卷积神经网络框架将多个词向量（例如单词、词性标签、位置）用于句子表示时，会对性能产生影响吗？

5. 在各种参数上进行的超参数调整能否更鲁棒地进行，从而改善验证并显著提高测试结果？

6. 许多研究人员使用具有不同参数和不同类型的模型组合。这会提高性能吗？

7. 与我们根据有限的训练数据进行调整相比，预训练字符向量是否可以提高性能？

8. 使用某些标准的卷积神经网络框架（例如 AlexNet，VGG-16）和其他经过修改的文本处理框架，并在数据集上对这些框架调研似乎是更有趣的研究。

6.10 讨论

Geoffery Hinton 在麻省理工学院的演讲“What is wrong with convolutional neuralnets?”重点介绍了卷积神经网络的一些问题，尤其是在最大池化方面。演讲解释了最大池化是如何“忽略”一些重要信号的，因为它倾向于发现“关键”特征。另一个突出的问题是滤波器如何捕获不同的特征并构建更高级别的特征，但在一定程度上无法捕获这些特征之间的“关系”。例如，在使用具有不同滤波器和层的卷积神经网络的人脸识别中，检测眼睛、耳朵、嘴巴的特征的存在无法分离出存在这些特征但位置不正确的图像。使用胶囊作为基本构建模块的胶囊网络被视为克服这些问题的替代设计 [SFH17]。

参考文献

[AS17a] Heike Adel and Hinrich Schütze. “Global Normalization of Convolutional Neural Networks for Joint Entity and Relation Classification”. In: *EMNLP*. Association for Computational Linguistics, 2017, pp. 1723–1729.

[Bro+94] Jane Bromley et al. “Signature Verification using a “Siamese” Time Delay Neural Network”. In: *Advances in Neural Information Processing Systems 6*. Ed. by J. D. Cowan, G. Tesauro, and J. Alspector. Morgan-Kaufmann, 1994, pp. 737–744.

[Che+15] Yubo Chen et al. “Event Extraction via Dynamic Multi-Pooling Convolutional Neural Networks”. In: *ACL (1)*. The Association for Computer Linguistics, 2015, pp. 167–176.

[CL16] Jianpeng Cheng and Mirella Lapata. “Neural Summarization by Extracting Sentences and Words”. In: *Proceedings of the 54th Annual Meeting of the Association for Computational Linguistics*. Association for Computational Linguistics, 2016, pp. 484–494.

[Col+11] R. Collobert et al. “Natural Language Processing (Almost) from Scratch”. In: *Journal of Machine Learning Research* 12 (2011), pp. 2493–2537.

[CW08b] Ronan Collobert and Jason Weston. “A Unified Architecture for Natural Language Processing: Deep Neural Networks with Multitask Learning”. In: *Proceedings of the 25th International Conference on Machine Learning*. ICML ’08. 2008.

[Con+16] Alexis Conneau et al. “Very Deep Convolutional Networks for Natural Language Processing”. In: *CoRR* abs/1606.01781 (2016).

[Den+14] Misha Denil et al. “Modelling, Visualising and Summarising Documents with a Single Convolutional Neural Network.” In: *CoRR* abs/1406.3830 (2014).

[Don+15b] Li Dong et al. “Question Answering over Freebase with MultiColumn Convolutional Neural Networks”. In: *Proceedings of the International Joint Conference on Natural Language Processing*. Association for Computational Linguistics, 2015, pp. 260–269.

[DSZ14] Cícero Nogueira Dos Santos and Bianca Zadrozny. “Learning Character-level Representations for Part-of-speech Tagging”. In: *Proceedings of the 31st International Conference on International Conference on Machine Learning - Volume 32*. ICML’14. 2014, pp. II–1818–II–1826.

[Geh+17b] Jonas Gehring et al. “Convolutional Sequence to Sequence Learning”. In: *Proceedings of the 34th International Conference on Machine Learning*. Ed. by Doina Precup and Yee Whye Teh. Vol. 70. Proceedings of Machine Learning Research. 2017, pp. 1243–1252.

[Hu+15] Baotian Hu et al. “Context-Dependent Translation Selection Using Convolutional Neural Network”. In: *ACL (2)*. The Association for Computer Linguistics, 2015, pp. 536–541.

[JZ15] Rie Johnson and Tong Zhang. “Semi-supervised Convolutional Neural Networks for Text Categorization via Region Embedding”. In: *Advances in Neural Information Processing Systems 28*. Ed. by C. Cortes et al. 2015, pp. 919–927.

[KGB14b] Nal Kalchbrenner, Edward Grefenstette, and Phil Blunsom. “A Convolutional Neural Network for Modelling Sentences”. In: *CoRR* abs/1404.2188 (2014).

[Kim14b] Yoon Kim. “Convolutional Neural Networks for Sentence Classifica- tion”. In: *CoRR* abs/1408.5882 (2014).

[KSH12a] Alex Krizhevsky, I Sutskever, and G. E Hinton. “ImageNet Classification with Deep Convolutional Neural Networks”. In: *Advances in Neural Information Processing Systems (NIPS 2012)*. 2012, p. 4.

[LBC17] Jey Han Lau, Timothy Baldwin, and Trevor Cohn. “Topically Driven Neural

Language Model". In: *ACL (1)*. Association for Computa- tional Linguistics, 2017, pp. 355–365.

[LG16] Andrew Lavin and Scott Gray. "Fast Algorithms for Convolu- tional Neural Networks". In: *CVPR*. IEEE Computer Society, 2016, pp. 4013–4021.

[LB95] Y. LeCun and Y. Bengio. "Convolutional Networks for Images, Speech, and Time-Series". In: *The Handbook of Brain Theory and Neural Networks*. 1995.

[LeC+98] Yann LeCun et al. "Gradient-Based Learning Applied to Document Recognition". In: *Proceedings of the IEEE*. Vol. 86. 1998, pp. 2278–2324.

[Li+15] Yujia Li et al. "Gated Graph Sequence Neural Networks". In: *CoRR*abs/1511.05493 (2015).

[LZ16] Depeng Liang and Yongdong Zhang. "AC-BLSTM: Asymmetric Convolutional Bidirectional LSTM Networks for Text Classifica- tion". In: *CoRR* abs/1611.01884 (2016).

[Ma+15] Mingbo Ma et al. "Tree-based Convolution for Sentence Modeling". In: *CoRR* abs/1507.01839 (2015).

[Men+15] Fandong Meng et al. "Encoding Source Language with Convolu-tional Neural Network for Machine Translation". In: *ACL (1)*. The Association for Computer Linguistics, 2015, pp. 20–30.

[Mou+14] Lili Mou et al. "TBCNN: A Tree-Based Convolutional Neural Network for Programming Language Processing". In: *CoRR* abs/1409.5718 (2014).

[NG15b] Thien Huu Nguyen and Ralph Grishman. "Relation Extraction: Per-spective from Convolutional Neural Networks". In: *Proceedings of the 1st Workshop on Vector Space Modeling for Natural Language Processing*. Association for Computational Linguistics, 2015, pp. 39–48.

[RSA15] Oren Rippel, Jasper Snoek, and Ryan P. Adams. "Spectral Repre- sentations for Convolutional Neural Networks". In: *Proceedings of the 28th International Conference on Neural Information Processing Systems - Volume 2*. NIPS'15. 2015, pp. 2449–2457.

[SFH17] Sara Sabour, Nicholas Frosst, and Geoffrey E Hinton. "Dynamic Routing Between Capsules". In: 2017, pp. 3856–3866.

[SG14] Cicero dos Santos and Maira Gatti. "Deep Convolutional Neural Networks for Sentiment Analysis of Short Texts". In: *Proceedings of COLING 2014, the 25th International Conference on Computational Linguistics: Technical Papers*. 2014.

[SM15] Aliaksei Severyn and Alessandro Moschitti. "Learning to Rank Short Text Pairs with Convolutional Deep Neural Networks". In: *Proceedings of the 38th International ACM SIGIR Conference on Research and Development in Information Retrieval*. SIGIR '15. 2015, pp. 373–382.

[SZ14] Karen Simonyan and Andrew Zisserman. "Very Deep Convolutional Networks for Large-Scale Image Recognition". In: 2014.

[Sze+17] Christian Szegedy et al. "Inception-v4, Inception-ResNet and the Impact of Residual Connections on Learning". In: *AAAI*. AAAI Press, 2017, pp. 4278–4284.

[Wan+15a] Peng Wang et al. "Semantic Clustering and Convolutional Neural Network for

Short Text Categorization". In: *Proceedings the 7th International Joint Conference on Natural Language Processing*. 2015.

[XC16] Yijun Xiao and Kyunghyun Cho. "Efficient Character-level Document Classification by Combining Convolution and Recurrent Layers". In: *CoRR* abs/1602.00367 (2016).

[Xu+17] Jiaming Xu et al. "Self-Taught convolutional neural networks for short text clustering". In: *Neural Networks* 88 (2017), pp. 22–31.

[YS16] Wenpeng Yin and Hinrich Schu¨tze. "Multichannel Variable-Size Convolution for Sentence Classification". In: *CoRR* abs/1603.04513 (2016).

[Yin+16a] Wenpeng Yin et al. "ABCNN: Attention-Based Convolutional Neural Network for Modeling Sentence Pairs". In: *Transactions of the Association for Computational Linguistics* 4 (2016), pp. 259–272.

[Yin+16b] Wenpeng Yin et al. "Simple Question Answering by Attentive Convolutional Neural Network". In: *Proceedings of COLING 2016, the 26th International Conference on Computational Linguistics: Technical Papers*. The COLING 2016 Organizing Committee, 2016, pp. 1746–1756.

[YK15] Fisher Yu and Vladlen Koltun. "Multi-Scale Context Aggregation by Dilated Convolutions". In: *CoRR* abs/1511.07122 (2015).

[Yu+14] Lei Yu et al. "Deep Learning for Answer Sentence Selection". In: *CoRR* abs/1412.1632 (2014).

[ZF13b] Matthew D. Zeiler and Rob Fergus. "Stochastic Pooling for Regularization of Deep Convolutional Neural Networks". In: *CoRR* abs/1301.3557 (2013).

[ZZL15] Xiang Zhang, Junbo Jake Zhao, and Yann LeCun. "Character level Convolutional Networks for Text Classification". In: *CoRR* abs/1509.01626 (2015).

[ZRW16] Ye Zhang, Stephen Roller, and Byron C. Wallace. "MGNC-CNN: A Simple Approach to Exploiting Multiple Word Embeddings for Sentence Classification". In: *Proceedings of the 2016 Conference of the North American Chapter of the Association for Computational Linguistics: Human Language Technologies*. Association for Computa- tional Linguistics, 2016, pp. 1522–1527.

[ZW17] Ye Zhang and Byron Wallace. "A Sensitivity Analysis of (and Practitioners' Guide to) Convolutional Neural Networks for Sentence Classification". In: *Proceedings of the Eighth International Joint Conference on Natural Language Processing (Volume 1: Long Papers)*. Asian Federation of Natural Language Processing, 2017, pp. 253–263.

[Zhe+15] Xiaoqing Zheng et al. "Character-based Parsing with Convolutional Neural Network". In: *Proceedings of the 24th International Confer-ence on Artificial Intelligence*. IJCAI'15. 2015, pp. 1054–1060.

[Zho+15] Chunting Zhou et al. In: *CoRR* abs/1511.08630 (2015).

[Zhu+15] Chenxi Zhu et al. "A Re-ranking Model for Dependency Parser with Recursive Convolutional Neural Network". In: *Proceedings of International Joint Conference on Natural Language Processing*. 2015, pp. 1159–1168.

循环神经网络

7.1 章节简介

在第6章中，CNN为神经网络提供了一种学习权重等级的方法，类似于文本上的*n*-gram分类。实践证明，这种方法对于情感分析或更广泛的文本分类非常有效。但是，CNN的缺点之一是它们无法对长序列的上下文信息建模[㊀]。在自然语言处理的许多情况下都需要获取长程依赖关系并保持词与词之间的上下文顺序来解析文本的整体意义。在本章中，我们将介绍把深度学习扩展到序列的循环神经网络。

NLP中的顺序信息和长程依赖关系传统上依赖HMM来计算上下文信息，例如在依存分析中。在以序列为中心的任务使用马尔可夫链会有一个局限性，那就是每个预测的生成受限于先前状态的固定数量。但是，RNN放宽了此约束，将每个时间步长的信息累积为“隐藏状态”，这样可以“总结”序列信息，并可以基于序列的整个历史进行预测。

RNN的另一个优点是能够学习可变长度序列的表示形式，例如句子、文档和语音样本。这允许长度不同的两个样本映射到同一特征空间，从而使它们具有可比性。例如，在语言翻译的上下文中，一个输入的句子可能比其翻译具有更多的单词，从而需要可变数量的计算步骤。因此，在预测翻译之前了解整个句子的长度非常有益。我们将在本章结尾处进一步研究此例。

在本章中，我们首先描述RNN的基本构建模块以及它们如何保留内存。然后会描述RNN的训练过程，并讨论消失的梯度问题、正则化和RNN变体。下一步，我们将展示如何利用单词和字符表示将文本输入合并到循环架构中。然后，我们在NLP中介绍一些传统的RNN架构，然后转向更现代的架构。本章我们将以神经机器翻译的案例研究和对RNN的未来方向讨论作为结尾。

7.2 循环神经网络的基本构建模块

RNN是应用于序列中向量输入的标准前馈神经网络。然而，为了将序列上下文结合到下一个时间步长的预测中，必须保留序列之前时间步长的“记忆”。

7.2.1 循环与记忆

首先，我们先从概念上理解循环。让我们将长度为T的输入序列定义为X，该序列满足$X=(\boldsymbol{x}_1, \boldsymbol{x}_2, \cdots, \boldsymbol{x}_T)$，使得$\boldsymbol{x}_t \in \mathbb{R}^N$是在时间$t$的向量输入。然后我们将记忆或历史定义为$\boldsymbol{h}_t$（包括时间$t$）[㊁]。因此，我们可以将输出$\boldsymbol{o}_t$定义为：

$$\boldsymbol{o}_t = f\left(\boldsymbol{x}_t, \boldsymbol{h}_{t-1}\right) \tag{7.1}$$

函数f将记忆和输入映射到输出。前一个时间步长的记忆为$\boldsymbol{h}_{t-1}$，输入为$\boldsymbol{x}_t$，对于初始情况

㊀ 该说法针对CNN和RNN的基本语境。CNN与RNN在序列上下文中的优劣之争一直是研究的热点。

㊁ 这个历史向量以后称为隐藏状态，原因显而易见。

$\boldsymbol{x}_1$，$\boldsymbol{h}_0$ 是零向量 $\mathbf{0}$。

抽象地，输出 $\boldsymbol{o}_t$ 被认为已汇总了当前输入 $\boldsymbol{x}_t$ 和 $\boldsymbol{h}_{t-1}$ 的先前记忆状态中的信息。因此，$\boldsymbol{o}_t$ 可以被认为是时间 t 之前（包括时间 t）的整个序列的历史向量。这产生了下式：

$$\boldsymbol{h}_t = \boldsymbol{o}_t = f\left(\boldsymbol{x}_t, \boldsymbol{h}_{t-1}\right) \tag{7.2}$$

在这里，我们看到“循环”一词的来源：针对每个实例应用相同的功能，其中输出直接依赖于先前的结果。

更正式地讲，我们通过重新定义转换函数 f 将此概念扩展到神经网络：

$$\boldsymbol{h}_t = f\left(\boldsymbol{U}\boldsymbol{x}_t + \boldsymbol{W}\boldsymbol{h}_{t-1}\right) \tag{7.3}$$

其中，$\boldsymbol{W}$ 和 $\boldsymbol{U}$ 是权重矩阵，$\boldsymbol{W}$，$\boldsymbol{U} \in \mathbb{R}^{(N \times N)}$，而 f 是非线性函数，例如 tanh、σ 或 ReLU。图 7.1 展示了我们在此处描述的简单 RNN 的示意图。

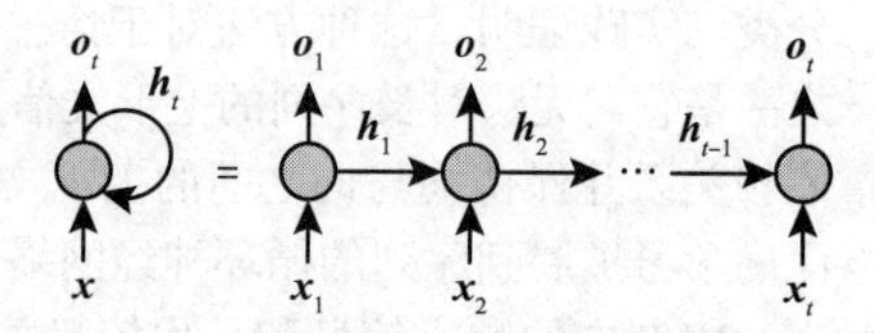

图 7.1　循环神经网络图

7.2.2 PyTorch 示例

下面的代码段展示了上述简单 RNN 的 PyTorch 实现。它说明了现代框架中的循环计算。

```
# PyTorch RNN 定义
import torch.nn as nn
from torch.autograd import Variable
import torch.optim as optim

class RNN(nn.Module):

    def __init__(self, input_size):
        super(RNN, self).__init__()

        self.input_size = input_size
        self.hidden_size = input_size
        self.output_size = input_size

        self.U = nn.Linear(input_size, self.hidden_size)
        self.W = nn.Linear(self.hidden_size, self.output_size)

    def forward(self, input, hidden):
        Ux = self.U(input)
        Wh = self.W(hidden)
        output = Ux + Wh
        return output

rnn = RNN(input_size)

# 训练网络
optimizer = optim.Adam(rnn.parameters(), lr=learning_rate,
    weight_decay=1e-5)

for epoch in range(n_epoch):
    for data, target in train_loader:
        # 获取样本
        input = Variable(data)

        # 前向传播
        hidden = Variable(torch.zeros(1, rnn.hidden_size))
        for i in range(input.size()[0]):
```

```
            output = rnn(input[i], hidden)
            hidden = output

        # 误差计算
        loss = F.nll_loss(output, target)

        # 消除梯度
        optimizer.zero_grad()

        # 反向传播
        loss.backward()

        # 更新参数
        optimizer.step()
```

在此代码段中，我们在每个时间步长中执行分类任务（然后进行误差计算）。没有在输出时执行计算，而是在每个时间步长的前向传播完成后计算误差。与每个时间步长有关的误差会反向传播。这个片段本身是不完整的，因为我们的输入大小、输出大小和隐藏大小通常会根据问题而有所不同，正如我们将在接下来的部分中看到的那样。

7.3　循环神经网络及其特性

现在让我们集中讨论循环神经网络的典型实现、训练方式以及训练它们时可能会遇到的一些困难。

7.3.1　循环神经网络中的前向和反向传播

RNN 通过反向传播和梯度下降算法训练，类似于我们之前看到的前馈网络：前向传播示例，计算预测误差，通过反向传播计算每组权重的梯度，并根据梯度下降优化方法更新权重。

$\boldsymbol{h}_t$ 的前向传播方程式和输出预测 $\hat{\boldsymbol{y}}_t$ 为：

$$\begin{aligned}\boldsymbol{h}_t &= \tanh\left(\boldsymbol{U}\boldsymbol{x}_t + \boldsymbol{W}\boldsymbol{h}_{t-1}\right)\\ \hat{\boldsymbol{y}}_t &= \text{softmax}\left(\boldsymbol{V}\boldsymbol{h}_t\right)\end{aligned} \tag{7.4}$$

其中可学习的参数为 $\boldsymbol{U}$、$\boldsymbol{W}$ 和 $\boldsymbol{V}$[⊖]。$\boldsymbol{U}$ 包含来自 $\boldsymbol{x}_t$ 的信息，$\boldsymbol{W}$ 包含循环状态，$\boldsymbol{V}$ 包含对输出大小和分类的变换。此 RNN 的示意图如图 7.2 所示。

我们在每个时间步长 t 中使用交叉熵损失计算误差，其中 $\boldsymbol{y}_t$ 是目标。

$$E_t = -\boldsymbol{y}_t \log \hat{\boldsymbol{y}}_t \tag{7.5}$$

这给我们带来以下总体损失：

$$L\left(\boldsymbol{y}, \hat{\boldsymbol{y}}\right) = -\frac{1}{N}\sum_t \boldsymbol{y}_t \log \hat{\boldsymbol{y}}_t \tag{7.6}$$

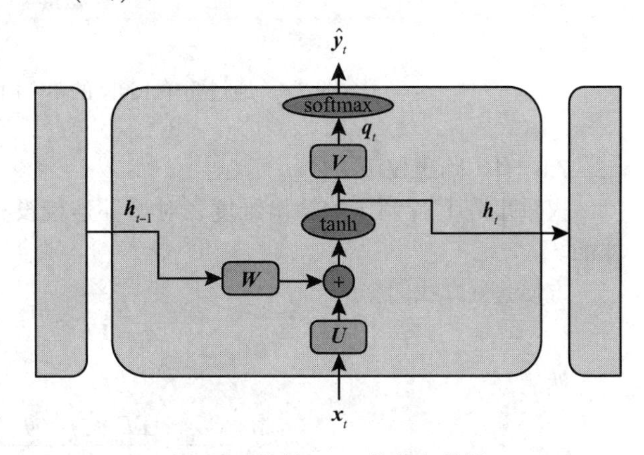

图 7.2　简单 RNN 的前向传播

评估对预测 $\hat{\boldsymbol{y}}_t$ 有帮助的每条路径，

⊖ 通常将式（7.3）中 RNN 的单一权重矩阵 $\boldsymbol{W}$ 分割为这里两个单独的权重矩阵 $\boldsymbol{U}$ 和 $\boldsymbol{W}$。这样做可以降低计算成本，并在训练的早期阶段强制分离隐藏状态和输入。

从而计算出梯度。此过程称为时间反向传播（Backpropagation Through Time，BPTT）。该过程如图 7.3 所示。

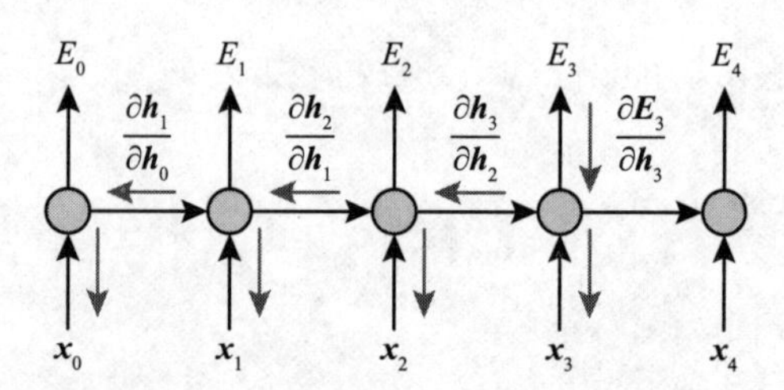

图 7.3　t=3 时的关于误差的时间反向传播。误差 E_3 由来自每个前一个时间步长的输入和这些时间步长的输入组成。此图不包括 E_1、E_2 和 E_4 的反向传播

RNN 的参数是 $\boldsymbol{U}$、$\boldsymbol{V}$ 和 $\boldsymbol{W}$，因此我们必须计算出损失函数关于这些矩阵的梯度。图 7.4 展示了在 RNN 中的单个时间步长的反向传播。

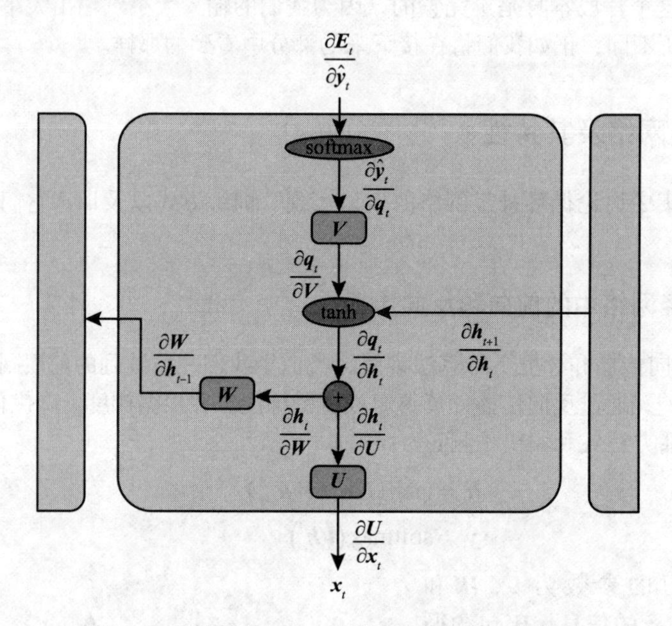

图 7.4　通过简单 RNN 的单个时间步长反向传播

7.3.1.1　输出权重（$\boldsymbol{V}$）

权重矩阵 $\boldsymbol{V}$ 控制 $\hat{y}$ 的输出维度，对循环连接没有贡献。因此，计算梯度和线性层是一样的。

方便起见，我们令

$$\boldsymbol{q}_t = \boldsymbol{V}\boldsymbol{h}_t. \tag{7.7}$$

然后，

$$\frac{\partial E_t}{\partial V_{i,j}} = \frac{\partial E_t}{\partial \hat{y}_{t_k}} \frac{\partial \hat{y}_{t_k}}{\partial q_{t_l}} \frac{\partial q_{t_l}}{\partial V_{i,j}}. \tag{7.8}$$

根据我们对式（7.5）的定义，我们得出：

$$\frac{\partial E_t}{\partial \hat{y}_{t_k}} = -\frac{y_{t_k}}{\hat{y}_{t_k}} \tag{7.9}$$

通过 softmax 函数的反向传播可以计算为：

$$\frac{\partial \hat{y}_{t_k}}{\partial q_{t_l}}=\begin{cases}-\hat{y}_{t_k}\hat{y}_{t_l}, & k\neq l\\ \hat{y}_{t_k}\left(1-\hat{y}_{t_k}\right), & k=l\end{cases} \tag{7.10}$$

如果我们把式（7.9）和式（7.10）结合起来，可以得到所有 k 值的和，这样可以计算出 $\frac{\partial E_t}{\partial q_{t_l}}$：

$$-\frac{y_{t_l}}{\hat{y}_{t_l}}\hat{y}_{t_l}\left(1-\hat{y}_{t_l}\right)+\sum_{k\neq l}\left(-\frac{y_{t_k}}{\hat{y}_{t_k}}\right)\left(-\hat{y}_{t_k}\hat{y}_{t_l}\right)=-y_{t_l}+y_{t_l}\hat{y}_{t_l}+\sum_{k\neq l}y_{t_k}\hat{y}_{t_l} \tag{7.11a}$$

$$=-y_{t_l}+\hat{y}_{t_l}\sum_{k}y_{t_k} \tag{7.11b}$$

回想一下，所有的 $\boldsymbol{y}_t$ 都是一个独热向量，这意味着除表示的那个类对应的位置值为 1 之外，向量中的其他位置值都是零。因此，和就是 1。

$$\frac{\partial E_t}{\partial q_{t_l}}=\hat{y}_{t_l}-y_{t_l} \tag{7.12}$$

最后，$\boldsymbol{q}_t=\boldsymbol{V}\boldsymbol{h}_t$，所以 $q_{t_l}=V_{l,m}h_{t_m}$。

$$\frac{\partial q_{t_l}}{\partial V_{i,j}}=\frac{\partial}{\partial V_{i,j}}\left(V_{l,m}h_{t_m}\right) \tag{7.13a}$$

$$=\delta_{il}\delta_{jm}h_{t_m} \tag{7.13b}$$

$$=\delta_{il}h_{t_j} \tag{7.13c}$$

现在我们结合式（7.12）和式（7.13c）得到：

$$\frac{\partial E_t}{\partial V_{i,j}}=\left(\hat{y}_{t_i}-y_{t_i}\right)h_{t_j} \tag{7.14}$$

可认为是为外积。因此，

$$\frac{\partial E_t}{\partial \boldsymbol{V}}=\left(\hat{\boldsymbol{y}}_t-\boldsymbol{y}_t\right)\otimes\boldsymbol{h}_t \tag{7.15}$$

其中，⊗是外积。

7.3.1.2　循环权重（$\boldsymbol{W}$）

参数 $\boldsymbol{W}$ 出现在 $\boldsymbol{h}_t$ 的参数中，因此我们必须检查 $\boldsymbol{h}_t$ 和 $\hat{\boldsymbol{y}}_t$ 的梯度。我们必须指出，$\hat{\boldsymbol{y}}_t$ 直接和间接（通过 $\boldsymbol{h}_{t-1}$）取决于 $\boldsymbol{W}$。令 $\boldsymbol{z}_t=\boldsymbol{U}\boldsymbol{x}_t+\boldsymbol{W}\boldsymbol{h}_{t-1}$，然后 $\boldsymbol{h}_t=\tanh(\boldsymbol{z}_t)$。乍一看，按照链式法则，我们有：

$$\frac{\partial E_t}{\partial W_{i,j}}=\frac{\partial E_t}{\partial \hat{y}_{t_k}}\frac{\partial \hat{y}_{t_k}}{\partial q_{t_l}}\frac{\partial q_{t_l}}{\partial h_{t_m}}\frac{\partial h_{t_m}}{\partial W_{i,j}} \tag{7.16}$$

请注意，在这四个项中，我们已经计算了前两个，第三个很简单：

$$\frac{\partial q_{t_l}}{\partial h_{t_m}}=\frac{\partial}{\partial h_{t_m}}\left(V_{l,b}h_{t_b}\right) \tag{7.17a}$$

$$=V_{l,b}\delta_{b,m} \tag{7.17b}$$

$$=V_{l,m} \tag{7.17c}$$

然而，最后一项要求 $\boldsymbol{h}_t$ 对 $\boldsymbol{W}_{i,j}$ 到 $\boldsymbol{h}_{t-1}$ 的隐含依赖性以及直接依赖性。因此，可以得到：

$$\frac{\partial h_{t_m}}{\partial W_{i,j}} \to \frac{\partial h_{t_m}}{\partial W_{i,j}} + \frac{\partial h_{t_m}}{\partial h_{t-1_n}} \frac{\partial h_{t-1_n}}{\partial W_{i,j}} \tag{7.18}$$

但是我们可以再次将其应用于：

$$\frac{\partial h_{t_m}}{\partial W_{i,j}} \to \frac{\partial h_{t_m}}{\partial W_{i,j}} + \frac{\partial h_{t_m}}{\partial h_{t-1_n}} \frac{\partial h_{t-1_n}}{\partial W_{i,j}} + \frac{\partial h_{t_m}}{\partial h_{t-1_n}} \frac{\partial h_{t-1_n}}{\partial h_{t-2_p}} \frac{\partial h_{t-2_p}}{\partial W_{i,j}} \tag{7.19}$$

这个过程一直持续到我们达到 $h_{(-1)}$，一个初始化为零的向量（**0**）。请注意，式（7.19）中的最后一项可以表示为 $\frac{\partial h_{t_m}}{\partial h_{t-2_n}} \frac{\partial h_{t-2_n}}{\partial W_{i,j}}$ 并且我们可以将第一项转换成 $\frac{\partial h_{t_m}}{\partial h_{t_n}} \frac{\partial h_{t_n}}{\partial W_{i,j}}$。然后，我们得出紧凑形式：

$$\frac{\partial h_{t_m}}{\partial W_{i,j}} = \frac{\partial h_{t_m}}{\partial h_{r_n}} \frac{\partial h_{r_n}}{\partial W_{i,j}} \tag{7.20}$$

其中，除标准虚拟索引 n 以外，我们对所有 r 小于 t 的值求和。更清楚地写为：

$$\frac{\partial h_{t_m}}{\partial W_{i,j}} = \sum_{r=0}^{t} \frac{\partial h_{t_m}}{\partial h_{r_n}} \frac{\partial h_{r_n}}{\partial W_{i,j}} \tag{7.21}$$

消失 / 爆炸梯度和该项相关：梯度以指数方式缩小到 0（消失）或以指数方式增大（爆炸）。$\frac{\partial h_{t_m}}{\partial h_{r_n}}$ 与 $\frac{\partial h_{r_n}}{\partial W_{i,j}}$ 的乘积意味着，如果两项均小于 1，则乘积将减小；如果两项均大于 1，则乘积将增大。我们稍后将更详细地讨论此问题。

综合以上所有的公式：

$$\frac{\partial E_t}{\partial W_{i,j}} = \left(\hat{y}_{t_l} - y_{t_l}\right) V_{l,m} \sum_{r=0}^{t} \frac{\partial h_{t_m}}{\partial h_{r_n}} \frac{\partial h_{r_n}}{\partial W_{i,j}} \tag{7.22}$$

7.3.1.3　输入权重（$\boldsymbol{U}$）

用求 $\boldsymbol{W}$ 梯度的类似方法，我们可以得到 $\boldsymbol{U}$ 的梯度，因为它们都需要取 $\boldsymbol{h}_t$ 向量的序列导数。我们得到：

$$\frac{\partial E_t}{\partial U_{i,j}} = \frac{\partial E_t}{\partial \hat{y}_{t_k}} \frac{\partial \hat{y}_{t_k}}{\partial q_{t_l}} \frac{\partial q_{t_l}}{\partial h_{t_m}} \frac{\partial h_{t_m}}{\partial U_{i,j}} \tag{7.23}$$

请注意，我们现在只需要计算最后一项。遵循与 $\boldsymbol{W}$ 相同的过程，我们发现：

$$\frac{\partial h_{t_m}}{\partial U_{i,j}} = \sum_{r=0}^{t} \frac{\partial h_{t_m}}{\partial h_{r_n}} \frac{\partial h_{r_n}}{\partial U_{i,j}} \tag{7.24}$$

因此，我们得到：

$$\frac{\partial E_t}{\partial U_{i,j}} = \left(\hat{y}_{t_l} - y_{t_l}\right) V_{l,m} \sum_{r=0}^{t} \frac{\partial h_{t_m}}{\partial h_{r_n}} \frac{\partial h_{r_n}}{\partial U_{i,j}} \tag{7.25}$$

由于 $\frac{\partial h_{r_n}}{\partial U_{i,j}}$ 和 $\frac{\partial h_{r_n}}{\partial W_{i,j}}$ 的值不同，$\boldsymbol{U}$ 和 $\boldsymbol{W}$ 之间的差异会出现在实际的实现中。

7.3.1.4　总梯度

根据我们的损失函数式（7.6），所有时间步长的误差是 E_t 的总和。因此，我们可以对网络中每个权重（$\boldsymbol{U}$、$\boldsymbol{V}$ 和 $\boldsymbol{W}$）的梯度求和，然后用累积的梯度更新。

7.3.2　梯度消失问题和正则化

训练 RNN 的最困难部分之一是梯度消失 / 爆炸问题（通常仅称为梯度消失问题）[⊖]。在反向传播期间，将梯度乘以权重在每个时间步长上对误差的贡献，如式（7.21）所示。此乘法在每个时间步长的影响会极大地减小或增加传播到前一个时间步长的梯度，而该梯度又会再次相乘。反向传播步骤中的循环乘法会导致任何不规则现象产生指数效应。

- 如果权重较小，则梯度将呈指数缩小。
- 如果权重较大，则梯度将呈指数增长。

在贡献很小的情况下，权重更新可能是微不足道的变化，有可能导致网络停止训练。实际上，如果不考虑这一点，通常会导致下溢或上溢错误。缓解此问题的一种方法是利用二阶导数通过 Hessian-free 优化技术来预测梯度消失 / 爆炸的存在。另一种方法是仔细初始化网络的权重。然而，即使进行了仔细的初始化，处理长程依赖关系仍然具有挑战性。

RNN 的常见初始化是将初始隐藏状态初始化为 **0**。通常，可以通过允许学习此隐藏状态来提高性能 [KB14]。

自适应学习率方法（例如 Adam [KB14]）在循环网络中很有用，因为它们可以满足个体权重的动态变化，而权重的变化在 RNN 中可能会发生很大变化。

有许多方法可以用来解决梯度消失问题，其中大多数方法专注于仔细初始化或控制传播梯度的大小。解决梯度消失最常用的方法是向 RNN 添加门。在 7.3.2.1 节中，我们将更多地关注这种方法。RNN 序列可能很长。例如，如果用于语音识别的 RNN 采样 20ms，则步长为 10ms 的窗口将为 10s 剪辑产生 999 个时间步长的输出序列长度（假定没有填充）。因此，梯度会非常容易地消失 / 爆炸 [BSF94b]。

7.3.2.1　长短期记忆

长短期记忆利用门来控制循环网络记忆中的梯度传播 [HS97b]。这些门（称为输入、输出和遗忘门）用于保护将隐藏状态携带到下一个时间步长的存储单元。门控机制本身就是神经网络层。这使网络能够了解何时忘记、忽略或将信息保留在存储单元中的条件。图 7.5 展示了 LSTM 的示意图。

LSTM 单元正式定义为：

$$\left.\begin{aligned}
\boldsymbol{i}_t &= \sigma\left(\boldsymbol{W}_i\boldsymbol{x}_t + \boldsymbol{U}_i\boldsymbol{h}_{t-1} + \boldsymbol{b}_i\right)\\
\boldsymbol{f}_t &= \sigma\left(\boldsymbol{W}_f\boldsymbol{x}_t + \boldsymbol{U}_f\boldsymbol{h}_{t-1} + \boldsymbol{b}_f\right)\\
\boldsymbol{o}_t &= \sigma\left(\boldsymbol{W}_o\boldsymbol{x}_t + \boldsymbol{U}_o\boldsymbol{h}_{t-1} + \boldsymbol{b}_o\right)\\
\tilde{\boldsymbol{c}}_t &= \tanh\left(\boldsymbol{W}_c\boldsymbol{x}_t + \boldsymbol{U}_c\boldsymbol{h}_{t-1}\right)\\
\boldsymbol{c}_t &= \boldsymbol{f}_t \circ \boldsymbol{c}_{t-1} + \boldsymbol{i}_t \circ \tilde{\boldsymbol{c}}_t\\
\boldsymbol{h}_t &= \boldsymbol{o}_t \circ \tanh\left(\boldsymbol{c}_t\right)
\end{aligned}\right\} \tag{7.26}$$

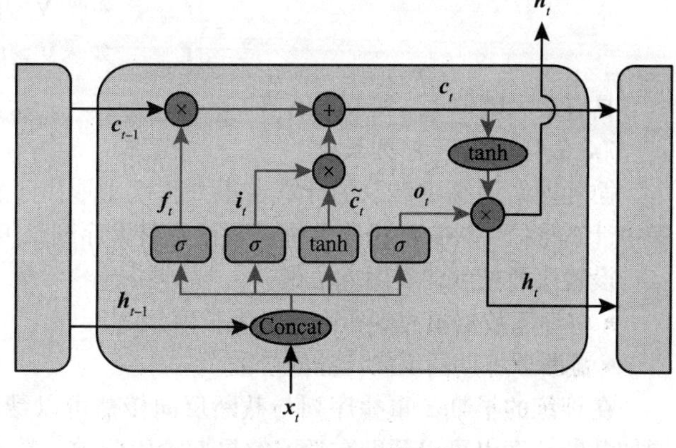

图 7.5　LSTM 单元图

遗忘门控制每一步记住多少东西。有些人建议将遗忘门的偏置项初始化为 1，以便它一开始就能记住更多 [Haf17]。

7.3.2.2　门控循环单元

门控循环单元（Gated Eecurrent Unit，GRU）是 RNN 的另一种常见门控结构 [Cho+14]。GRU 结合了 LSTM 中的门来创建一个更简单的更新规则，并具有较少的学习层，从而降低了

⊖ tanh 激活函数将梯度限定在 0 和 1 之间。在这些情况下，有缩小梯度的效果。

复杂性并提高了效率。使用 LSTM 还是 GRU 之间的选择在很大程度上取决于经验。尽管业内尝试了多种方法来比较这两种方法，但尚未得出可概括的结论 [Chu+14]。GRU 使用较少的参数，因此通常在 LSTM 和 GRU 架构的性能相同时选择它。GRU 如图 7.6 所示，更新规则的等式如下所示：

$$\left.\begin{aligned} \boldsymbol{z}_t &= \sigma\left(\boldsymbol{W}_z\boldsymbol{x}_t + \boldsymbol{U}_z\boldsymbol{h}_{t-1}\right) \\ \boldsymbol{r}_t &= \sigma\left(\boldsymbol{W}_r\boldsymbol{x}_t + \boldsymbol{U}_r\boldsymbol{h}_{t-1}\right) \\ \tilde{\boldsymbol{h}}_t &= \tanh\left(\boldsymbol{W}_h\boldsymbol{x}_t + \boldsymbol{U}_h\boldsymbol{h}_{t-1} \circ \boldsymbol{r}_t\right) \\ \boldsymbol{h}_t &= \left(1-\boldsymbol{z}_t\right) \circ \tilde{\boldsymbol{h}}_t + \boldsymbol{z}_t * \boldsymbol{h}_{t-1} \end{aligned}\right\} \tag{7.27}$$

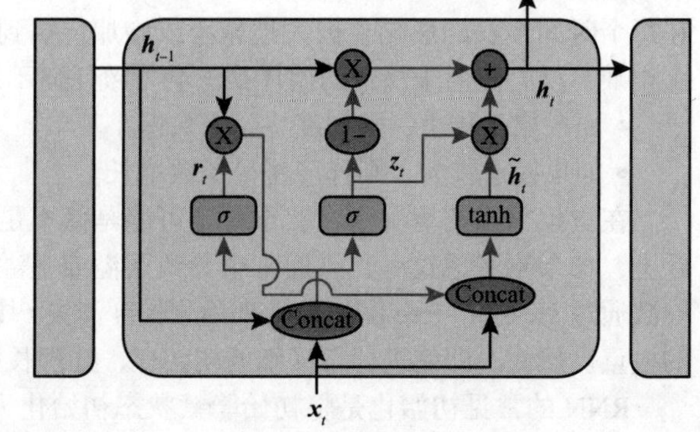

图 7.6 门控循环单元图

在 GRU 中，新的候选状态 $\tilde{\boldsymbol{h}}_t$ 与先前的状态组合在一起，其中由 z_t 决定有多少历史被延续，或者有多少新的候选状态取代了历史状态。类似于在早期阶段设置 LSTM 的“遗忘门”偏置项以改善记忆效果，可以将 GRU 的复位门偏置设置为 -1，以达到类似的效果 [Haf17]。

7.3.2.3 梯度裁剪

限制梯度爆炸的一种简单方法是将梯度限制到特定范围。限制梯度范围可以解决许多问题，特别是可以防止训练时出现溢出错误。跟踪梯度范数以了解其特性，然后在超过正常工作范围时减小梯度通常是一个好习惯。这个概念通常被称为梯度裁剪。

梯度裁剪的两种最常见方法是：

- 具有阈值 t 的 L_2 范数裁剪。

$$\nabla_{\text{new}} = \nabla_{\text{current}} \circ \frac{t}{L_2\left(\nabla\right)} \tag{7.28}$$

- 固定梯度范围

$$\nabla_{\text{new}} = \begin{cases} t_{\min}\text{，如果 } \nabla < t_{\min} \\ t_{\max}\text{，如果 } \nabla > t_{\max} \end{cases} \tag{7.29}$$

具有最大阈值 $t_{\max}$ 和最小阈值 $t_{\min}$。

7.3.2.4 BPTT 序列长度

循环网络训练中涉及的计算在很大程度上取决于输入中的时间步长。固定 / 限制训练过程中计算量的一种方法是为训练过程设置最大序列长度。

设置序列长度的常用方法是：

- 将训练数据填充到所需的最大长度。
- 截断训练期间反向传播的步数。

在训练的早期，重叠序列与截断反向传播可以帮助网络更快地收敛。随着训练的进行，增加截断长度也可以帮助在学习的早期阶段收敛，特别是对于复杂序列，或者当数据集中的最大序列长度很长的时候。

在很多情况下，设置最大序列长度可能很有用，特别是在以下情况下：

- 静态计算图需要固定大小的输入。
- 模型受内存限制。
- 在训练开始时，梯度非常大。

7.3.2.5 循环 dropout

像其他深度学习网络一样，循环网络也容易过拟合。dropout 是一种常见的正则化技术，也是应用于 RNN 的直观选择，但是必须修改原始形式。如果在每个步骤应用原始形式的 dropout，则掩码的组合可能导致很少的信号通过较长的序列。相反，我们可以在每个步骤重复使用相同的掩码 [SSB16]，以防止时间步长之间的信息丢失。

例如变异 dropout [GG16] 和区域 dropout [Kru+16] 等其他技术通过在 LSTM 或 GRU 中删除输入或输出门来达到类似于上述目的。

7.4　深度循环神经网络架构

与深度学习的整个领域一样，许多架构和技术都是活跃的研究领域。在本节中，我们将描述一些架构变体，以说明到目前为止已引入的基本 RNN 概念的表达能力和扩展。

7.4.1　深度循环网络

正如我们堆叠了多个全连接卷积层一样，我们也可以堆叠循环网络 [EHB96]。由 l 层 vanilla RNN 组成的堆叠 RNN 中的隐藏状态可以定义如下：

$$\boldsymbol{h}_t^{(l)} = f\left(\boldsymbol{W}\left[\boldsymbol{h}_{t-1}^{(l)}; \boldsymbol{h}_t^{(l-1)}\right]\right) \tag{7.30}$$

其中，$\boldsymbol{h}_t^{(l-1)}$ 是在时间 t 的前一 RNN 层的输出，如图 7.7 所示。有趣的是，当卷积层堆叠在一起时，网络正在学习空间相关特征的层次结构。同样，当将循环网络堆叠在一起时，可以学习更长的依赖范围和更复杂的序列 [Pas+13]。

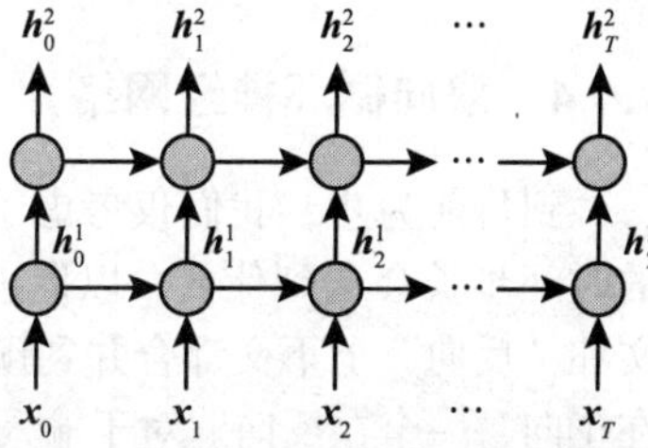

图 7.7　l=2 的堆叠 RNN 图

由于 RNN 中的权重大小是平方的，因此具有多个较小的层也可能更有效率，而不是较大的层。它的另一个好处是融合 RNN 层的计算优化 [AKB16]。

然而，由于时间步长的深度和数量，堆叠 RNN 的一个常见问题是梯度消失。然而，RNN 能够从深度学习的其他领域中汲取灵感，并结合了深度卷积网络中的残差连接和高速网络。

7.4.2　残差 LSTM

在 Prakash 等人的论文中 [Pra+16]，作者使用 LSTM 层之间的残差连接来为下层提供更强的梯度，以生成参数。残差层通常应用于卷积网络中，它允许较低级别信息的“残差”传递到网络的更高层。这会为较高的层提供较低级别的信息，并且还可以将较大的梯度传递给较低层，因为与输出之间存在更直接的连接。在 Kim 等人的论文中 [KEL17]，作者使用残差连接来改善深度语音网络上的词错误率并得出结论，在高速路径上缺少积累，同时使用投射矩阵缩放 LSTM 输出。两层残差 LSTM 如图 7.8 所示。

在式（7.26）中的 LSTM 定义中，$\boldsymbol{h}_t$ 更改为：

$$\boldsymbol{h}_t = \boldsymbol{o}_t \cdot \left(\boldsymbol{W}_p \cdot \tanh\left(\boldsymbol{c}_t\right) + \boldsymbol{W}_h \boldsymbol{x}_t\right) \tag{7.31}$$

其中，$\boldsymbol{W}_p$ 是投射矩阵，$\boldsymbol{W}_h$ 是与 $\boldsymbol{x}_t$ 到 $\boldsymbol{h}_t$ 匹配的单位矩阵。当 $\boldsymbol{x}_t$ 和 $\boldsymbol{h}_t$ 的维度相同时，此式变为：

$$\boldsymbol{h}_t = \boldsymbol{o}_t \cdot \left(\boldsymbol{W}_p \cdot \tanh\left(\boldsymbol{c}_t\right) + \boldsymbol{x}_t\right) \tag{7.32}$$

请注意，在添加输入 $\boldsymbol{x}_t$ 之后，应该使用输出门。

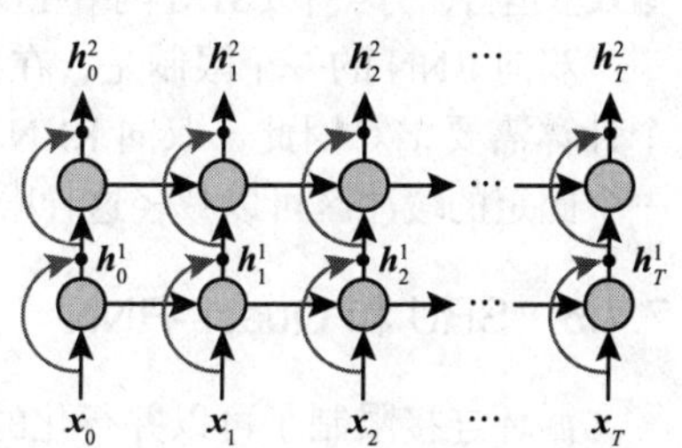

图 7.8　两层残差 LSTM

7.4.3　循环高速网络

循环高速网络（Recurrent Highway Network, RHN）[Zil+16] 提供了一种方法来控制多层 RNN 架构中循环层之间的梯度传播。作者提出了 LSTM 架构的扩展，该扩展允许在循环层之间进行门控连接，从而增加了深度循环神经网络可以堆叠的层数。双层高速网络 LSTM 如图 7.9 所示。

对于具有 l 层且输出 $\boldsymbol{s}^{(l)}$ 的 RHN，网络描述为：

$$\left.\begin{aligned}
\boldsymbol{s}_t^{(l)} &= \boldsymbol{h}_t^{(l)} \cdot \boldsymbol{t}_t^{(l)} + \boldsymbol{s}_t^{(l-1)} \cdot \boldsymbol{c}_t^{(l)} \\
\boldsymbol{h}_t^{(l)} &= \tanh\left(\boldsymbol{W}_H \boldsymbol{x}_t \mathbb{1}_{\{l=1\}} + \boldsymbol{R}_{Hl} \boldsymbol{s}_t^{(l-1)} + \boldsymbol{b}_{Hl}\right) \\
\boldsymbol{t}_t^{(l)} &= \sigma\left(\boldsymbol{W}_T \boldsymbol{x}_t \mathbb{1}_{\{l=1\}} + \boldsymbol{R}_{T^l} \boldsymbol{s}_t^{(l-1)} + \boldsymbol{b}_{T^l}\right) \\
\boldsymbol{c}_t^{(l)} &= \sigma\left(\boldsymbol{W}_C \boldsymbol{x}_t \mathbb{1}_{\{l=1\}} + \boldsymbol{R}_{C^l} \boldsymbol{s}_t^{(l-1)} + \boldsymbol{b}_{C^l}\right)
\end{aligned}\right\} \quad (7.33)$$

其中，$\mathbb{1}$ 表示指示函数。

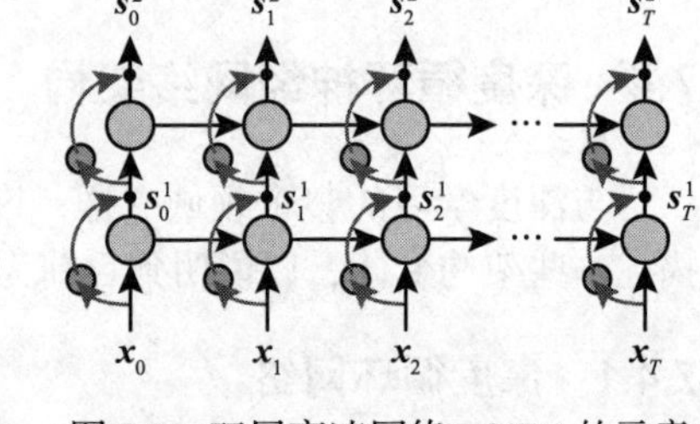

图 7.9　双层高速网络 LSTM 的示意图，并不是说高速网络使用了一个沿着到下一层连接的学习门

我们从 RHN 得到了一些有用的性质，特别是跨时间步长调整了雅可比特征值，可以使训练更加稳定。我们在使用 10 层深度 RHN 的语言建模任务中得到了很好的结果。

7.4.4　双向循环神经网络

到目前为止，我们仅考虑了前向上下文记忆的累积。在许多情况下，我们希望知道将来的时间步长会遇到什么，以促进在时间 t 的预测。双向循环神经网络 [SP97] 允许将前向上下文和“反向”上下文都合并到预测中。这是通过在一个序列上运行两个 RNN 来实现的，一个在正向，一个在反向。对于输入序列 X=($\boldsymbol{x}_1$，$\boldsymbol{x}_2$,⋯，$\boldsymbol{x}_T$)，前向上下文 RNN 以前向顺序 t =（1，2，⋯，T）接收输入，反向上下文 RNN 以相反的顺序 t =（T，T–1，⋯，1）接收输入。这两个 RNN 共同构成一个双向层，图 7.10 展示了双向 RNN 的示意图。

通常通过求和、拼接、求平均或者其他方法将两个 RNN 的输出 $\boldsymbol{h}^f$ 和 $\boldsymbol{h}^r$ 组合成一个输出向量。

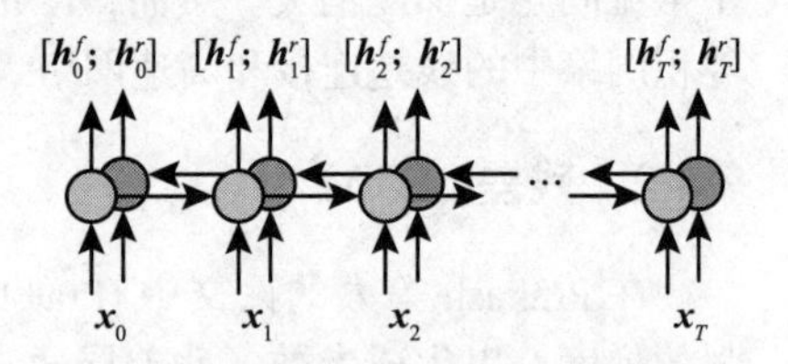

图 7.10　双向 RNN 的示意图。在此，将输出连接起来以形成一个包含前向和反向上下文的单个输出向量

在 NLP 中，这种类型的结构有许多用途。例如，双向循环神经网络对于语音识别中的音位分类任务非常有用。在这种情况下，未来上下文的知识可以更好地为任何正向的时间步长的预测提供信息。在大多数任务中，双向网络通常都优于单一前向 RNN。此外，该方法可以扩展到其他形式的循环网络，例如双向 LSTM（BiLSTM）。这些技术遵循逻辑，一个 LSTM 网络在前向输入上运行，另一个 LSTM 网络在反向输入上运行，将输出组合在一起（连接、加法或其他方法）。

双向 RNN 的一个限制是，在预测之前必须知道完整的输入序列，因为反向 RNN 的第一个计算需要 $\boldsymbol{x}_T$。因此，双向 RNN 无法用于实时应用。但是，根据应用的要求，为输入设置一个固定的缓冲区可以减轻这种限制。

7.4.5　SRU 和 Quasi-RNN

循环连接限制了可以并行化的计算量，因为必须按顺序处理信息。因此，与 CNN 相比，RNN 的计算成本很高。两种技术被提出用于加速计算，其中涉及消除一些顺序的依赖性。这些技术以更低的计算成本使网络变得更深。第一种技术引入了半循环单元（Semi-Recurrent Unit，SRU）[LZA17]。该方法在每个时间步长同时处理输入，然后再进行轻量级的循环计算。SRU 结合了跳跃连接和高速连接，以改善函数在网络中的传播。SRU 定义为：

$$\left.\begin{aligned}\tilde{\boldsymbol{x}}_t &= \boldsymbol{W}\boldsymbol{x}_t\\ \boldsymbol{f}_t &= \sigma\left(\boldsymbol{W}_f\boldsymbol{x}_t+\boldsymbol{b}_f\right)\\ \boldsymbol{r}_t &= \sigma\left(\boldsymbol{W}_r\boldsymbol{x}_t\boldsymbol{b}_r\right)\\ \boldsymbol{c}_t &= \boldsymbol{f}_t\circ\boldsymbol{c}_{t-1}+\left(1-\boldsymbol{f}_t\right)\circ\tilde{\boldsymbol{x}}_t\\ \boldsymbol{h}_t &= \boldsymbol{r}_t\circ g\left(\boldsymbol{c}_t\right)+\left(1-\boldsymbol{r}_t\right)\circ\boldsymbol{x}_t\end{aligned}\right\}\tag{7.34}$$

其中，$\boldsymbol{f}$是遗忘门，$\boldsymbol{r}$是复位门，$\boldsymbol{c}$是存储单元。

这种方法已应用于文本分类、问答系统、语言建模、机器翻译和语音识别，从而获得了具有竞争力的结果，与 LSTM 相比，训练时间减少为十几分之一。

准循环神经网络（Quasi-Recurrent Neural Network，QRNN）[Bra+16] 是具有相同目标的另一种方法。QRNN 应用卷积层来并行化输入计算（提供给减少循环分量的计算）。该网络被用于情感分析任务，并且在减少训练时间和预测时间上也取得了很好的效果。

7.4.6　递归神经网络

递归神经网络（Recursive Neural Network，RecNN）是循环神经网络的一种广义形式，可以有效地操纵图形结构。循环神经网络可以学习与标记的有向无环图有关的信息，而循环网络仅处理有序序列 [GK96]。在 NLP 中，循环神经网络的主要应用是依赖分析 [SMN10] 和学习词法词向量 [LSM13b]。

数据的结构为一棵树，其父节点位于顶部，子节点源自父节点。其目的是预测一棵树并减少相对于目标树结构的误差，来学习数据的合适图形结构，如图 7.11 所示。

为简单起见，我们考虑一棵二叉树（每个父节点有 2 个子节点）。结构预测是一种循环神经网络，旨在实现两个输出：

- 语义向量表示 p（$\boldsymbol{x}_i$，$\boldsymbol{x}_j$），合并子节点 $\boldsymbol{c}_i$ 和 $\boldsymbol{c}_j$
- 分数 s 表示合并子节点的可能性。

网络的描述如下：

$$\begin{aligned}s_{ij} &= \boldsymbol{U}p\left(\boldsymbol{c}_i,\boldsymbol{c}_j\right)\\ p\left(\boldsymbol{c}_i,\boldsymbol{c}_j\right) &= f\left(\boldsymbol{W}\left[\boldsymbol{c}_i;\boldsymbol{c}_j\right]+\boldsymbol{b}\right)\end{aligned}\tag{7.35}$$

其中，$\boldsymbol{W}$ 是共享层的权重矩阵，$\boldsymbol{U}$ 是分数计算的权重矩阵。

一棵树的分数是每个节点的分数之和：

$$S=\sum_{n\in\text{所有节点}} s_n\tag{7.36}$$

循环神经网络的误差计算使用 max-margin 解析：

$$E=\sum_i s\left(x_i,y_i\right)-\max_{y\in A(x_i)}\left(s\left(x_i,y\right)+\Delta\left(y,y_i\right)\right)\tag{7.37}$$

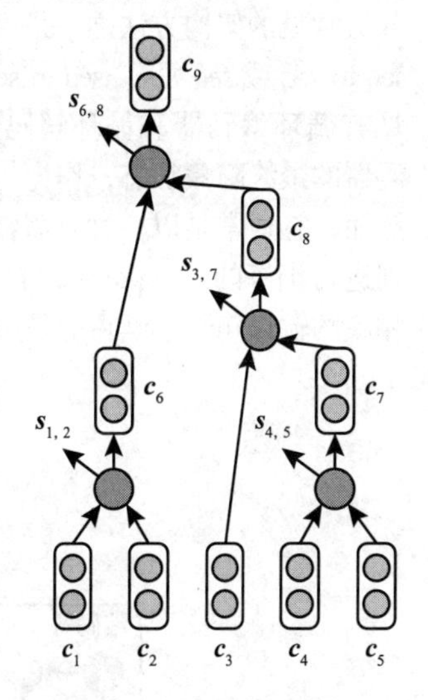

图 7.11　循环神经网络图

$\Delta\left(y,y_i\right)$计算所有错误决策的损失。

类似于 BPTT 的结构反向传播（Backpropagation Through Structure，BPTS）计算图中每个节点的导数。导数在每个节点处被拆分，然后传递到子节点。除了相对于预测节点的梯度外，我们还计算相对于分数的梯度。

LSTM 和 GRU 单元也已应用于循环网络以解决梯度消失问题 [TSM15]。循环网络已用于诸如关系分类 [Soc+12]、情感分析 [Soc+13] 和词组相似度 [TSM15] 等领域。

循环神经网络展示了对基于序列的神经架构的强大扩展。尽管随着基于注意力的架构的引入，它们的使用已逐渐减少，但它们为提高计算效率而提出的概念仍然很有用。

7.5　循环神经网络的扩展

循环神经网络可用于解决许多类型的序列问题，直到现在，我们一直专注于多对多样本，其中从输入到具有相同时间步长的输出为一对一映射。然而，通过修改计算误差的位置，RNN 可以用于许多面向序列的问题。图 7.12 展示了可以用 RNN 解决的序列问题的类型。

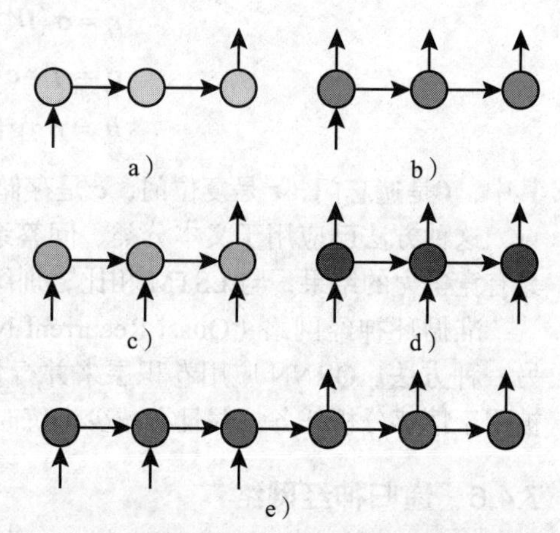

图 7.12　循环神经网络可以解决各种基于序列的问题。图 a）展示了一个一对一的序列（这相当于具有共享权重的深层神经网络）。图 b）展示了一个一对多序列任务，在给定一个输入的情况下生成一系列输出。图 c）展示了一个多对一的任务，它可以表示一个文本分类任务，在看到文本后预测单个分类。图 d）展示了一个多对多序列任务，输入和输出时间步长之间有一对一对齐。这种结构在语言建模中很常见。图 e）展示了多对多，而输入和输出之间没有特定对齐的方式。输入和输出步骤的数量也可以是不同的长度。这种技术通常被称为序列到序列，在神经机器翻译中也很常见

RNN 具有极大的灵活性，可以扩展到处理范围广泛的序列任务。前馈神经网络的局限性仍然存在：在没有适当的正则化、需要大数据集和计算的情况下，RNN 倾向于过拟合。此外，序列模型还引入了其他的需要考虑的因素，如用较长的序列会导致梯度消失和“忘记”先前的内容。这些困难导致了各种扩展、最佳实践和缓解这些问题的技术。

7.5.1　序列到序列方法

许多 NLP 和语音任务都是面向序列的。这些任务最常见的架构方法之一是序列到序列，通常缩写为 seq-to-seq 或 seq2seq。seq-to-seq 方法类似于自编码器，具有循环编码器和循环解码器，如图 7.13 所示。编码器的最终隐藏状态，作为传递给译码器的“编码”。然而，它通常是以一种有监督的方式用特定的输出序列进行训练的。seq-to-seq 方法起源于神经机器翻译，它有一种语言的输入句子和另一种语言中相应的输出句子。其目的是用编码器对输入进行汇总，然后用解码器将输入解码到新的域中。

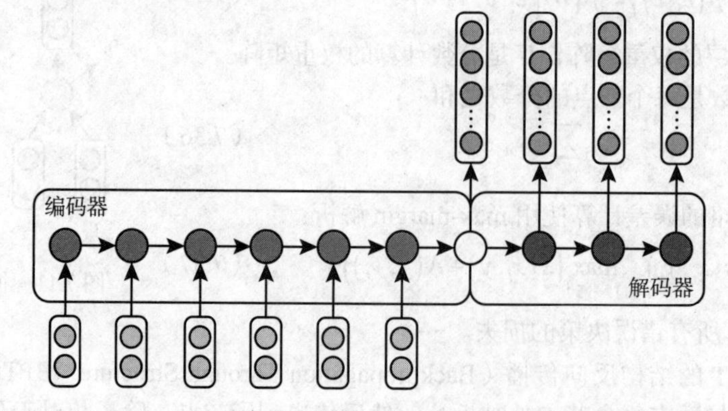

图 7.13　基于 RNN 的编码器和解码器的 seq-to-seq 模型。解码器的第一个隐藏状态是编码器的最后一个隐藏状态（以白色显示）

这种方法的一个困难是，隐藏状态往往反映最新的信息，从而丢失对早期内容的记忆，这限制了长序列。在这种情况下，有关该序列的所有信息都必须汇总到一个单独的编码中。

7.5.2 注意力机制

强迫一个单一的向量来总结之前时间步长上的所有信息是一个缺点。在大多数应用中，来自解码器的生成序列的信息将与输入序列有一定的相关性。例如，在机器翻译中，输出句子的开头很可能依赖于输入句子的开头，而不太依赖句子的结尾。在许多情况下，不仅要有总结的知识，而且要有能力集中精力于输入的不同部分，以便更好地在特定的时间步长通知输出。

注意力 [BCB14a] 是解决这个问题的最流行的技术之一，它特别关注输出序列中每个单词的序列部分。这不仅使我们能够提高预测的质量，还可以通过观察预测所依赖的输入来促进网络的表达能力。注意力机制如图 7.14 所示。

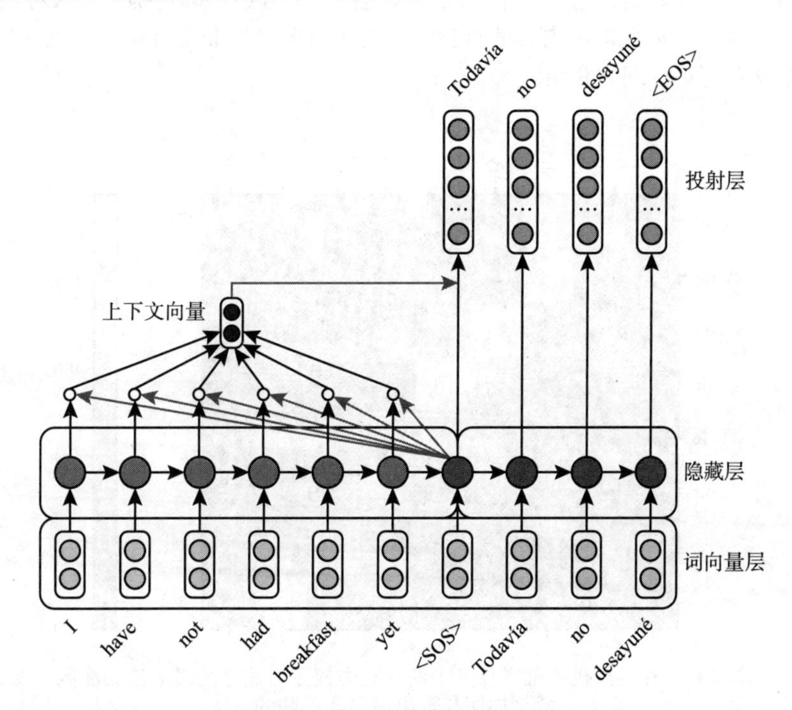

图 7.14 注意力机制被应用于神经机器翻译模型解码的第一步。注意力对编码器中每个时间步长的隐藏状态和解码器的当前隐藏状态计算相似性分数。这些分数被用来权衡各个时间步长的状态。这些权重用来产生提供给解码器的上下文向量

如果 s_i 是时间 i 的注意力增强隐藏状态，它需要三个输入：

- 解码器 $\boldsymbol{s}_{i-1}$ 先前的隐藏状态。
- 上一时间步长 $\boldsymbol{y}_{i-1}$ 的预测。
- 上下文向量 $\boldsymbol{c}_i$，它衡量给定时间步长的适当隐藏状态。

$$\boldsymbol{s}_i = f\left(\boldsymbol{s}_{i-1}, \boldsymbol{s}_i, \boldsymbol{c}_i\right) \tag{7.38}$$

上下文向量 $\boldsymbol{c}_i$ 定义为：

$$\text{max} - \text{marginparsing}_i = \sum_{j=1}^{T_x} \alpha_{ij} \boldsymbol{h}_j \tag{7.39}$$

其中注意力权重为：

$$\alpha_{ij}=\frac{\exp\left(e_{ij}\right)}{\sum_{k=1}^{T_x}\exp\left(e_{ik}\right)} \tag{7.40}$$

其中

$$e_{ij}=a\left(\boldsymbol{s}_{i-1},\boldsymbol{h}_j\right) \tag{7.41}$$

函数 a（$\boldsymbol{s}$，$\boldsymbol{h}$）被称为对准模型。此函数计算输入 $\boldsymbol{h}_j$ 对位置 i 处输出的影响程度。

它是完全可微的和确定性的，因为它考虑了对输出有贡献的所有时间步长。使用之前所有时间步长有一个缺点，那就是对于长序列来说，它需要大量的计算。其他技术通过对通知上下文向量的状态数进行选择来放松这种依赖性。然而，这样做会产生不可微的损失，而训练需要蒙特卡罗抽样来估计反向传播过程中的梯度。

注意力的另一个好处是，它为每个时间步长提供一个分数，确定哪些输入对预测最有用。在检查网络质量或获得模型学习内容的直觉时，对于可解释性非常有用，如图 7.15 所示。注意力机制在第 9 章有更详细的介绍。

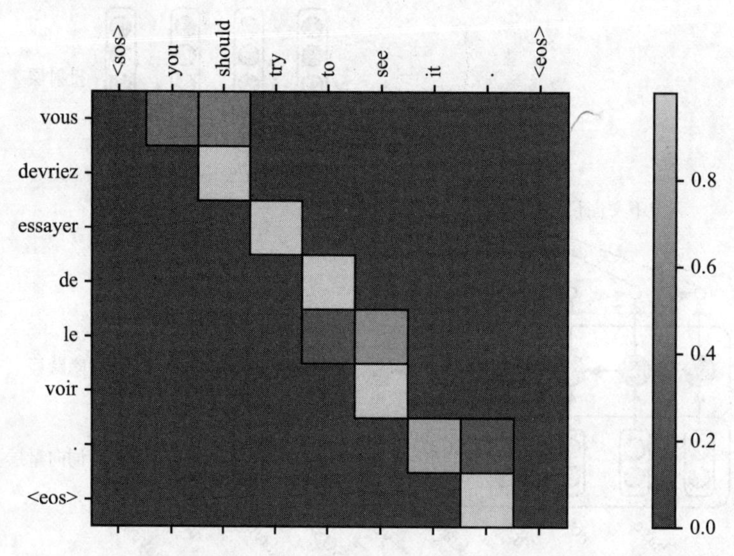

图 7.15　在英法机器翻译任务中的注意力权重。注意网络中被关注区域是如何与输出序列相关联的

7.5.3　指针网络

指针网络 [VFJ15] 是基于注意力的序列对序列模型的应用。与其他基于注意的模型不同，它选择单词（点）作为输出，而不是将输入序列累积到上下文向量中。此场景中的输出字典必须随输入序列的长度而增长。为了适应这种情况，注意力机制被用作指针，而不是混合信息进行解码。

$$\begin{gathered}\boldsymbol{u}_j^i=\boldsymbol{v}^{\top}\tanh\left(\boldsymbol{W}_1\boldsymbol{e}_j+\boldsymbol{W}_2\boldsymbol{d}_i\right)\\ p\left(C_i\mid C_1,\cdots,C_{i-1,P}\right)=\operatorname{softmax}\left(\boldsymbol{u}^i\right)\end{gathered} \tag{7.42}$$

其中，$\boldsymbol{e}_j$ 是编码器在时间 $\boldsymbol{j}\in\{1,\cdots,n\}$ 的输出，$\boldsymbol{d}_i$ 是在时间步长 i 的解码器输出，C_i 是时间 i 的索引，$\boldsymbol{v}$、$\boldsymbol{W}_1$ 和 $\boldsymbol{W}_2$ 是可学习参数。

该模型成功地发现了平面凸壳，计算出 Delaunay 三角剖分，并给出旅行商问题的解。

7.5.4 transformer 网络

注意力机制在 seq-to-seq 任务上的成功引发了一个问题：它是否可以直接应用于输入，减少甚至消除网络中对重复连接的需要。transformer 网络 [Vas+17b] 将这种注意力机制直接应用于输入，取得了巨大成功，在机器翻译中击败了循环模型和卷积模型。不像序列对序列模型那样依赖 RNN 来积累先前状态的记忆，transformer 直接在输入嵌入上使用多头（multi-head）注意力机制。这减轻了网络的序列依赖性，允许并行执行大部分计算。

注意力直接应用于输入序列，以及正在预测的输出序列。在预测输出字典上的概率分布之前，transformer 使用另一种注意机制将编码器和解码器部分组合起来。

如图 7.16 所示，多头注意力是由三个输入矩阵定义的：压缩成矩阵的一组查询 $\boldsymbol{Q}$、键 $\boldsymbol{K}$ 和值 $\boldsymbol{V}$。

$$\text{Attention}(\boldsymbol{Q},\boldsymbol{K},\boldsymbol{V})=\text{softmax}\left(\frac{\boldsymbol{Q}\boldsymbol{K}^{\top}}{\sqrt{d_k}}\right)\boldsymbol{V} \tag{7.43}$$

多头注意力被定义为：

$$\text{MultiHead}(\boldsymbol{Q},\boldsymbol{K},\boldsymbol{V})=\text{Concat}(\text{head}_1,\cdots,\text{head}_h)\boldsymbol{W}^O \tag{7.44}$$

其中

$$\text{head}_i(\boldsymbol{Q},\boldsymbol{K},\boldsymbol{V})=\text{Attention}\left(\boldsymbol{Q}\boldsymbol{W}_i^Q,\boldsymbol{K}\boldsymbol{W}_i^K,\boldsymbol{V}\boldsymbol{V}_i^Q\right) \tag{7.45}$$

所有 $\boldsymbol{W}$ 矩阵的参数均为投射矩阵。

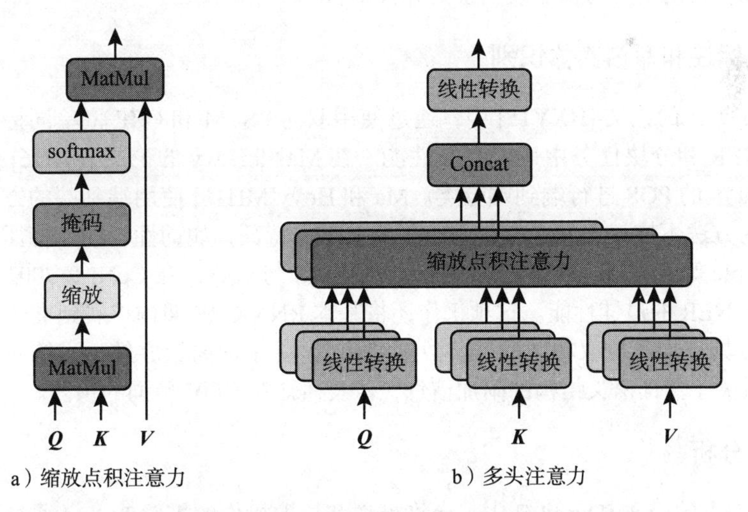

a）缩放点积注意力　　b）多头注意力

图 7.16 缩放点积注意力机制和多头注意力机制示意图

7.6 循环神经网络在自然语言处理中的应用

将文本纳入循环网络是一个直接的过程，类似于第 6 章中的 CNN 分类。句子中的单词被转换成词向量，并作为一个时间序列传递到我们的网络中。在这种情况下，我们不必担心序列的最小长度，因为单词上下文是在 RNN 的内存中学习的，而不是作为输入的组合。

在 Yin 等人的论文中 [Yin+17]，作者对 CNN 和 RNN 的架构进行了广泛的比较，包括文本分类、蕴含、答案选择和词性标注。在这项工作中，作者训练了基本的CNN和RNN架构，表明RNN在大多数任务上表现良好，CNN仅在某些匹配的情况下被证明是优越的，其中主要特征本质上是关键短语。总的来说，CNN和RNN有不同的句子建模方法。CNN倾向于学习类似于*n*-gram模型的特性，而RNN致力于维护定义上下文的长程依赖关系。

7.6.1　文本分类

图7.17展示了一个对输入句子执行简单文本分类任务的结构。有了循环网络，我们可以在每个时间步长上对词向量进行序列编码。一旦整个序列被编码，我们使用最后一个隐藏状态来预测类。网络使用BPTT来训练，并且学习按顺序加权分类任务的单词。

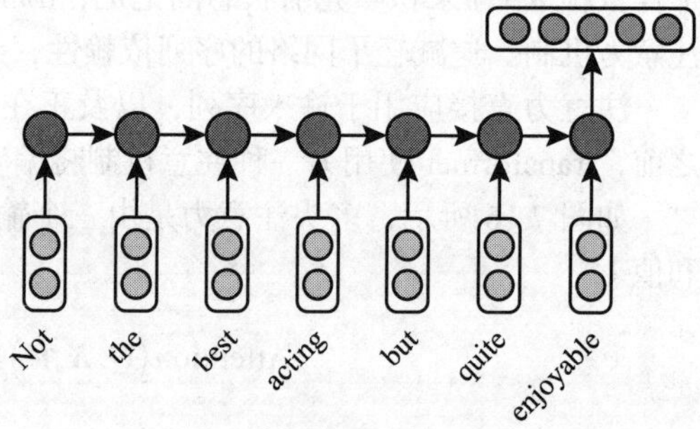

Not the best acting but quite enjoyable

图7.17　基于RNN的简单文本分类器在情感分类中的应用

在Lee和Derncourt的论文[LD16]中，作者比较了CNN和RNN架构在短文本分类方面的差异。通过CNN和RNN架构添加顺序信息显著提高了对话行为特征化的结果。

在情绪分类中，Wang等人[Wan+15b]使用LSTM网络对推文进行编码，以预测情绪。他们展示了RNN在捕捉推文结构中包含的复杂性方面的稳健性，特别是否定短语的效果，例如当单词没有否定短语时。Lowe等人[Low+15]引入了一种称为双LSTM的架构来进行语义匹配。该架构对问题和答案进行编码，并使用问题和答案向量的内积对候选答案进行排名。

7.6.2　词性标注和命名实体识别

在Huang等人的论文[HXY15]中，通过使用双向LSTM和CRF将单词特征和词向量应用到POS、NER和分块任务中，以提高性能。在Ma和Hovy的论文[MH16]中，使用双向LSTM对WSJ上的POS进行端到端分类。Ma和Hovy[MH16]使用端到端的方法来改进这些结果。他们的方法不依赖于其他工作中应用的上下文特征，如词性、词库特征和任务相关的预处理。Lample等人[Lam+16b]结合使用双向LSTM与CRF，在CoNLL-2003数据集上以四种语言实现了NER的最佳性能。这项工作还将基本RNN-CRF架构扩展到堆叠LSTM（LSTM单元用于模拟具有推送拉取功能的堆叠数据结构）。除了词向量之外，字符向量常常被结合起来，以获取关于单词语义结构的附加信息，以及通知对OOV单词的预测。

7.6.3　依存分析

在Dyer等人的论文[Dye+15]中，允许推送和拉取操作的堆叠LSTM通过预测依赖树转换来预测可变长度文本的依赖解析。Kiperwasser和Goldberg[KG16]通过消除堆叠LSTM来简化架构，且依赖于双向LSTM来预测依赖树转换。

7.6.4　主题建模和摘要

Ghosh等人[Gho+16]引入了上下文LSTM（Contextual LSTM，C-LSTM），用于单词预测、句子选择和主题预测。在网络训练的每个时间步长，C-LSTM将主题嵌入和词向量连接起来。这项工作的功能类似于语言模型训练，目标是预测下一个单词；但是，它也被扩展到包括主题上下文的预测中。因此，我们的目的是预测下一个单词和到目前为止句子的主题。

7.6.5　问答系统

Tan 等人 [Tan+15] 训练了一个问题 RNN 和一个答案 RNN，以产生各自的词向量。然后使用 hinge 损失函数同时训练两个网络，以增强两个最可能对之间的余弦相似性。另一种方法是动态内存网络 [XMS16]，它将一系列组件组合起来组成一个问答系统。该系统结合循环网络和注意机制来构造输入、问题和答案模块，并利用情景记忆来调节预测。

7.6.6　多模态

深度学习在图像和视频等其他应用中的有效性产生了各种多模态应用。这些应用（包括图像和视频字幕、可视问答和可视语音识别）需要基于输入介质的生成语言。

图像字幕是图像的深度卷积网络与文本相结合的最早应用之一。Vinyals 等人 [Vin+15b] 利用预训练的卷积网络进行图像分类，生成 LSTM 网络初始状态的图像嵌入，LSTM 网络被训练来预测字幕的每个单词，最初的方法促进了 RNN 架构的进步 [Wan+16a]。

视频字幕也有类似的发展，[Ven+14] 利用预训练的 CNN 模型，提取每个视频帧的图像特征输入到一个循环网络中，用于文本生成。Pan 等人 [Pan+15a] 扩展了这种方法，通过跨过先前循环层的输出帧来创建一个"分层循环神经编码器"，以减少在堆叠 RNN 的输出层中考虑的时间步长数。

在可视问答中，语言生成用于生成与视觉输入相关的文本问题的答案。Malinowski 等人 [MRF15] 提出了一种端到端的神经图像问答网络，通过输入图像和问题对 LSTM 网络进行调节，以生成文本答案。

7.6.7　语言模型

在前面的章节中，我们简要讨论了语言模型。回想一下，语言模型提供了一种确定单词序列概率的方法。例如，通过观察每个单词给定其前 n 个单词的概率，一个 n-gram 语言模型可以决定单词序列概率 $P(w_1, \cdots, w_m)$：

$$P\left(w_1,\cdots,w_m\right)\approx\prod_{i=1}^{m}P\left(w_i \mid w_{i-(n-1)},\cdots,w_{i-1}\right) \tag{7.46}$$

语言模型在 NLP 中特别有趣，因为它们可以为预测在语义上相似但在语法上不同的情况提供额外的上下文信息。在语音识别中，两个发音相同的单词，如 to 和 two 具有不同的含义，但是短语 set a timer for to minutes 是没有意义的，set a timer for two minutes 是有意义的。

语言模型通常用于生成语言和域适应（其中可能有大量无标签的文本数据和有限的有标签数据）。n-gram 语言模型的概念也可以用 RNN 实现，这得益于不必为所考虑的元数量设置硬边界。此外，与词向量类似，这些模型可以在大量数据的基础上以无监督的方式进行训练。

训练语言模型以在给定前一上下文（即隐藏状态）的情况下预测序列中的下一个单词。这允许语言模型以学习为目标：

$$P\left(w_1,\cdots,w_m\right)=\prod_{i=1}^{m}P\left(w_i \mid w_1,\cdots,w_{i-1}\right) \tag{7.47}$$

图 7.18 展示了基于 RNN 的语言模型的示例。

在语言建模中，一个很好的做法是为输入和输出序列使用一个嵌入矩阵，允许共享参数，减少需要学习的参数总数。此外，当输出包含大量元素时，引入"向下投射"层来减少大型 RNN 的状态通常很有用。这个投射层减少了最终线性投射的大小，这在语言建模中经常出现 [MDB17]。

7.6.7.1　复杂度

复杂度是衡量一个模型能够多大程度地表示领域的一个指标，通过模型预测一个样本的能力来显示。对于语言模型，复杂度可以量化语言模型预测验证或测试数据的能力。如果语言模型在测试集中生成一个句子的概率很高，那么它的性能就很好。复杂度是单词数归一化的逆概率。

我们可以用以下公式定义一组句子（s_1，⋯，s_m）的复杂度：

$$PP(s_1,\cdots,s_m)=2^{-\frac{1}{M}\sum_{i=1}^{m}\log_2 p(s_i)} \tag{7.48}$$

其中 M 是测试集的词汇量大小。因为复杂度给出了数据集的逆概率，所以较低的复杂度意味着更好的结果。

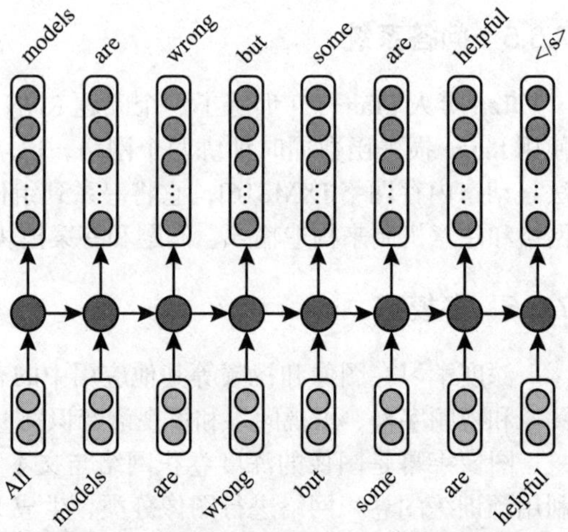

图 7.18　RNN 语言模型经过训练，可以根据序列的整个历史来预测序列中的下一个单词。请注意，每个时间步长都集中在分类上，因此目标输出是词汇表的大小，而不是输入词向量的大小

7.6.7.2　循环变分自编码器

循环变分自编码器（Recurrent Variational Autoencoder，RVAE）是循环语言模型的扩展 [KW13，RM15]。RVAE 的目标是在自编码器的训练过程中加入变分推断，以捕捉潜在变量中的全局特征。Bowman 等人 [Bow+15] 利用 VAE 架构从语言模型生成句子。

7.6.8　神经机器翻译

机器翻译是循环神经网络成功的最大受益者之一。传统的方法是基于统计模型的，这些模型的计算成本很高，需要大量的领域专家来调整它们。机器翻译自然适合 RNN，因为输入句子的长度和顺序可能与期望的输出不同。早期的神经机器翻译（NMT）架构依赖于一个循环的编码器 - 解码器架构。图 7.19 给出了一个非常简单的说明。

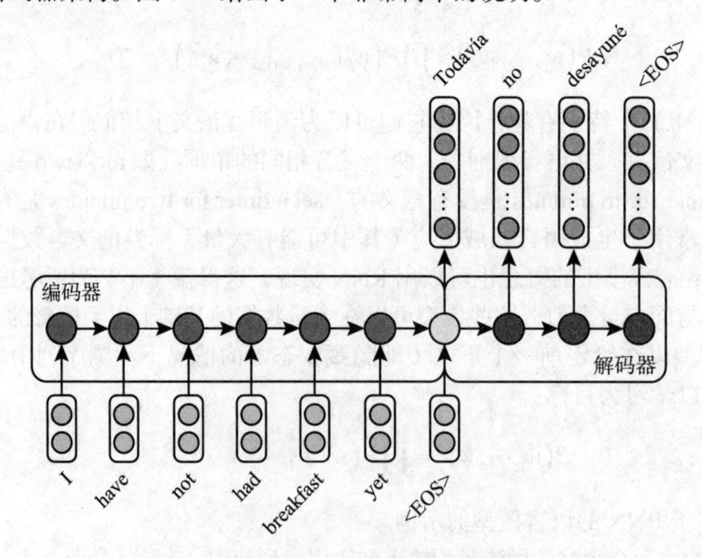

图 7.19　单隐藏层编码器 - 解码器神经机器翻译架构图。请注意，输入和输出序列的长度是不同的，并且在到达句尾（<EOS>）标记时被截断

NMT 接受一个单词 $X=(x_1,\cdots,x_m)$ 的输入序列，并将它们映射到输出序列 $Y=(y_1,\cdots,y_n)$。注意 n 不一定与 m 相同。使用词向量空间，输入 X 映射到循环网络用于对序列进行编码的向量表示。然后，解码器使用最终的 RNN 隐藏状态（编码的输入）来预测翻译后的单词序列 Y（有些还成功地使用了子词翻译 [DN17]）。

当解码器网络预测到序列时，增强序列通常是有益的。将预测的输出序列作为输入，如图 7.20 所示，可以改善预测。在训练过程中，实际输出可以以一定的频率作为下一时间步长的输入。这被称为 teacher forcing，因为它用真实的预测来帮助训练。另一种方法是使用解码器的预测输出，这可能会在训练的早期阶段造成收敛困难。随着训练的继续，teacher forcing 被逐步淘汰，允许模型学习适当的依赖关系。定时采样通过在目标预测和网络输出之间切换来解决这一问题。

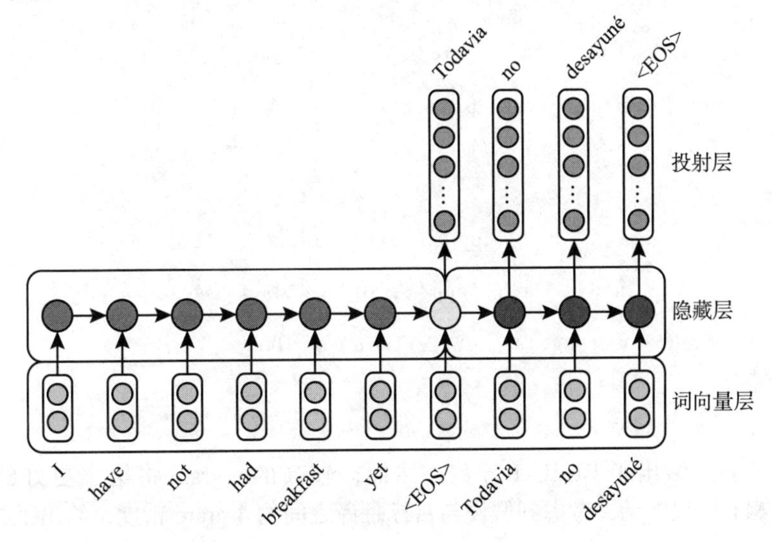

图 7.20　一种单隐藏层编码器 - 解码器神经机器翻译架构，预测的前一个词作为下一个时间步长的输入。注意，词向量矩阵包含两种语言的条目

实际上，编码器和解码器的深度不需要超过 2~4 层，双向编码器的性能通常优于单向编码器 [Bri+17]。

BLEU

评估机器翻译最常用的评价指标是 BLEU（Bilingual Evaluation Understudy）。BLEU 是机器翻译的一个质量评估指标，旨在与人类对自然语言的评估保持一致，通过将译文与一组目标翻译进行比较以评估翻译质量。

BLEU 分数介于 0 和 1 之间，较高的值表示性能更好。通常在文献中，分数将乘以 100 以近似百分比相关。BLEU 评分的核心是精确测量，它计算目标中参考 *n*-gram 的精度。

一个完美匹配例子如下所示：

```
1 from nltk.translate.bleu_score import sentence_bleu
2 targets = [['i', 'had', 'a', 'cup', 'of', 'black', 'coffee', '
    at', 'the', 'cafe']]
3 prediction = ['i', 'had', 'a', 'cup', 'of', 'black', 'coffee',
    'at', 'the', 'cafe']
4 score = sentence_bleu(targets, prediction) * 100
5 print(score)
6
7 > 100.0
```

或者，如果预测中不存在参考词，则得分为 0。

```
from nltk.translate.bleu_score import sentence_bleu
targets = [['i', 'had', 'a', 'cup', 'of', 'black', 'coffee', '
    at', 'the', 'cafe']]
prediction = ['what', 'are', 'we', 'doing']
score = sentence_bleu(targets, prediction) * 100
print(score)

> 0
```

如果我们更改预测句子中的一个或两个单词，那么我们会看到分数下降。

```
from nltk.translate.bleu_score import sentence_bleu
targets = [['i', 'had', 'a', 'cup', 'of', 'black', 'coffee', '
    at', 'the', 'cafe']]
prediction = ['i', 'had', 'a', 'cup', 'of', 'black', 'tea', '
    at', 'the', 'cafe']
score = sentence_bleu(targets, prediction) * 100
print(score)

> 65.8037

targets = [['i', 'had', 'a', 'cup', 'of', 'black', 'coffee', '
    at', 'the', 'cafe']]
prediction = ['i', 'had', 'a', 'cup', 'of', 'black', 'tea', '
    at', 'the', 'house']
score = sentence_bleu(targets, prediction) * 100
print(score)

> 58.1430
```

在这些例子中给出了 BLEU-1 分数。然而，较高的 *n*-gram 将给出更好的质量指标。BLEU-4 在 NMT 中很常见，考虑到假设与目标翻译之间的 4-gram 精度，给出了相关性。

7.6.9 预测 / 采样输出

有多种方法可以评估语言模型的输出。

7.6.9.1 贪心搜索

如果我们在每个步骤中预测最可能出现的单词，那么我们可能不会得到整体的最佳序列概率。早期的最佳决策可能不会使序列的整体概率最大化。实际上，存在一个决策树，可能会对其进行解码以获得最佳结果。由于语言模型输出为树状结构，因此有多种方法可以解析它们。

7.6.9.2 随机采样和温度采样

另一种分析模型输出的方法是使用随机搜索。在随机搜索中，根据下一个状态的概率分布来选择句子中的下一个单词。随机采样技术可以帮助实现结果的多样性。然而，有时对于语言模型的预测可以很有信心，让输出的结果看起来像贪心搜索的结果。提高预测多样性的一个常见方法是使用一个叫作温度的概念。温度是一种将概率按指数变换并重新归一化以在顶级中重新分配最高概率的方法。

从语言模型中采样的一种方法是使用“温度采样”。此方法通过应用冻结函数来选择输出预测，该冻结函数定义为：

$$f_\tau(p)_i = \frac{p_i^{\frac{1}{\tau}}}{\sum_j p_j^{\frac{1}{\tau}}} \tag{7.49}$$

其中 $\tau \in [0, 1]$ 是温度参数，它控制预测的“温暖”程度。温度越低，结果的差异就越小。

NLP 的另一个可取的特性是语言生成。Sutskever 等人 [SVL14b] 提出了一个基于深层 RNN 的编码器 - 解码器架构用来生成独特的句子。网络通过 RNN 将 source 词序列编码成固定长度的 encoding 向量。解码器使用 encoding 作为初始隐藏状态，并产生响应。

7.6.9.3　优化输出：集束搜索解码

贪心搜索在解码的每个时间步长之间做出独立假设。我们依靠 RNN 正确告知每个时间步长之间的依赖关系，可以提供先于我们的预测，以确保我们避免简单的误差（例如共轭）。为此，我们可以将预测结果偏向一种评分机制，该机制会告知某个特定序列是否比另一个序列更有可能。

当使用我们训练有素的模型对新数据预测时，在最有把握的预测的基础上，我们依靠模型来生成正确的输出。但是在许多情况下，我们希望在输出上施加先验，将其偏向特定域。例如，在语音识别中，通过将语言模型作为输出预测的偏差，可以大大提高声学模型的性能。

例如，我们从机器翻译模型中获得的输出是每个时间步长上整个词汇表的概率分布，从而为我们解析输出生成概率树。

通常，探索整个概率树在计算上过于昂贵，因此最常见的搜索方法是集束搜索。集束搜索可以将内存中可能存在的状态数量保持固定的最大值，这提供了一种灵活的方法，可以在训练网络后优化网络输出，从而平衡速度和质量。

如果我们考虑网络的输出序列（y_1，y_2，$\cdots$，y_m），其中 y_t 是我们词汇表上的 softmax 输出，那么我们可以用每个时间步长的概率乘积来计算整个序列的概率：

$$P(y_1,\cdots,y_m)=\prod_{i=1}^{m}p_i(y_i) \tag{7.50}$$

我们可以通过将输出从一个单词过渡到下一个单词的概率作为条件来对其进行解码。

如果我们有一个语言模型，它给我们一个单词序列的概率，那么我们可以使用这个模型，通过计算可能的转换树采取的不同路径的概率，来对输出进行偏差预测。

假设 $\boldsymbol{y}$ 为单词序列，而 $P(\boldsymbol{y})$ 为根据我们的语言模型得到的序列概率。我们将使用集束搜索来探索在时间 t 处序列的多个假设 $\mathcal{H}_{t-1}$，束大小为 k。

$$\mathcal{H}_t:=\left\{\left(w_1^1,\cdots,w_t^1\right),\cdots,\left(w_1^k,\cdots,w_t^k\right)\right\}$$

$$\mathcal{H}_3:=\left\{\left(\text{cup of tea}\right),\left(\text{cup of coffee}\right)\right\}$$

通过集束搜索，我们可以跟踪前 k 个假设，并选择最大化 $P(\boldsymbol{y})$ 的路径。我们将以 P_t 收集每个假设 $P(h_t)$ 的概率。H_t 和 P_t 的索引顺序应绑定在一起，以便在排序时保持顺序。以 <SOS> 标记每个假设的开端，并以 <EOS> 标记假设的末尾，最后选择分数最高的假设，如算法 1 所示。

算法 1：集束搜索

Data: $\hat{y}$，束宽
Result: y 最大 $p(y)$
begin
　　$\mathcal{H}_0=\{(<SOS>)\}$
　　$\mathcal{P}_0=\{0\}$
　　for t 在 1 到 T **do**
　　　　for h 在 $\mathcal{H}_{t-1}$ 中 **do**
　　　　　　for $\hat{y}\in\mathcal{Y}$ **do**

（续）

$\hat{\boldsymbol{y}} = \left(y_1^h, \cdots, y_{t-1}^h, \hat{y}\right)$
$\mathcal{H}_t += \hat{\boldsymbol{y}}$
$\mathcal{P}_t += P(\hat{\boldsymbol{y}})$
$\mathcal{H}_t$ =根据最大$\mathcal{P}_t$排序($\mathcal{H}_t$)
$\mathcal{H}_t = (\mathcal{H}_t)$ [1, ⋯, 束宽]

7.7 案例研究

在这里，我们将循环神经网络的概念应用于神经机器翻译。具体来说，我们将通过英语到法语的翻译任务探索基本的 RNN、LSTM、GRU 和转换器的序列到序列架构，从探索任务生成数据集的任务开始。接下来，我们将探索序列到序列的架构，比较各种超参数和架构设计对质量的影响。

我们使用的数据集是 Tatoeba 网站上的一大组英语句子和法语翻译。原始数据是一组没有指定的训练集、验证集和测试集成对样本，因此我们在 EDA 过程中划分数据集。

7.7.1 软件工具和库

序列到序列模型能够解决的问题的普遍性和多样性产生了许多高性能实现。在这个案例研究中，我们关注的是由 Facebook 人工智能研究院（Facebook AI Research，FAIR）开发的基于 Pythorch 的 Fairseq（-py）存储库 [Geh+17a]。这个库包含许多常见的 seq-to-seq 模式的实现，这些模式具有优化的数据加载器和批处理支持。

此外，我们使用 PyTorch 文本包和 spaCy[HM17] 来执行 EDA 和数据准备。这些包为文本处理和数据集创建提供了许多有用的功能，特别是这些包具备侧重于深度学习的数据加载器（尽管我们在这里不使用它们）。

7.7.2 探索性数据分析

Tatoeba 数据集中包含的文本的原始格式是制表符分隔的英语句子和法语翻译，每行一对。计算行数得出的总数为 135 842 个英语 - 法语对。如图 7.21 所示，通过选择一些随机样本，我们可以看到它包含标点符号、大写字母以及 Unicode 字符。在做翻译任务时，考虑 Unicode 应该不足为奇。但是，由于库的变化及其对 Unicode 字符的支持，在处理任何计算表示时都必须考虑它。

```
Cheers! Santé!
I want to join you.    Je veux me joindre à vous.
I was busy cooking.    J'étais occupée à faire la cuisine.
```

图 7.21　英语 - 法语数据集中的示例

7.7.2.1 序列长度过滤

首先，我们检查数据集中的序列长度，将 spaCy 用于英语和法语的标记。读入数据时，torchtext 字段可以自动应用标记器。torchtext 中的字段是数据集的通用数据类型。在我们的示例中，有两种类型的字段，一种是表示为“SRC”的源字段，它将包含有关如何处理英语句子的详细信息，而另一种称为“TRG”的字段包含目标法语数据及其类型处理。我们可以为每一个都附加一个标记器，如下所示。

```
def tokenize_fr(text):
    """
    Tokenizes French text from a string into a list of strings
    """
    return [tok.text for tok in spacy_fr.tokenizer(text)]

def tokenize_en(text):
    """
    Tokenizes English text from a string into a list of strings
    """
    return [tok.text for tok in spacy_en.tokenizer(text)]

SRC = Field(tokenize=tokenize_en, init_token='<sos>',
    eos_token='<eos>', lower=True)
TRG = Field(tokenize=tokenize_fr, init_token='<sos>',
    eos_token='<eos>', lower=True)

SRC.build_vocab(train_data, min_freq=0)
TRG.build_vocab(train_data, min_freq=0)
```

torchtext 可以接受任何类型的标记器，因为它只是一个对传入的文本进行操作的函数。spaCy 中的标记器非常有用，因为它们有停用词、标记异常和各种类型的标点符号处理。

训练基于序列的模型时的另一个考虑因素是示例长度。我们在图 7.22 中绘制了序列长度的直方图。较长的句子可能具有更复杂的结构，并且可能具有较长的范围依赖性。我们不希望学习这些示例，因为它们在数据集中的代表性不足。如果我们希望学习较长句子的翻译，我们将不得不收集更多数据，或将较长的示例分解为较短的示例，从而获得更多的数据。此外，长示例可能会导致微型批处理训练引起内存问题，因为短示例可能会使批处理大小更大。

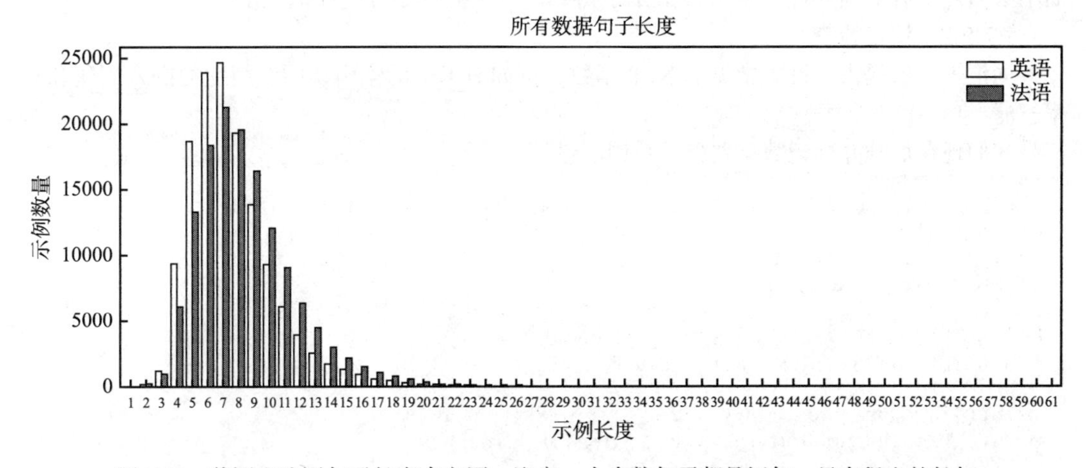

图 7.22　英语和法语句子长度直方图。注意，大多数句子都是短句，只有很少的长句

对于此案例研究，我们通过设置示例长度的阈值来删除较长的示例。我们选择对输入或输出序列限制 20 个时间步长，这允许在含 <sos> 和 <eos> 标记的序列中最多包含 18 个实际单词。这种限制意味着我们的最大长度包含了所有具有重要数据的序列长度。结果长度分布如图 7.23 所示。

在过滤了较长的示例之后，我们创建了训练集、验证集和测试集划分，使用如下所示的打乱索引技术而没有进行替换。

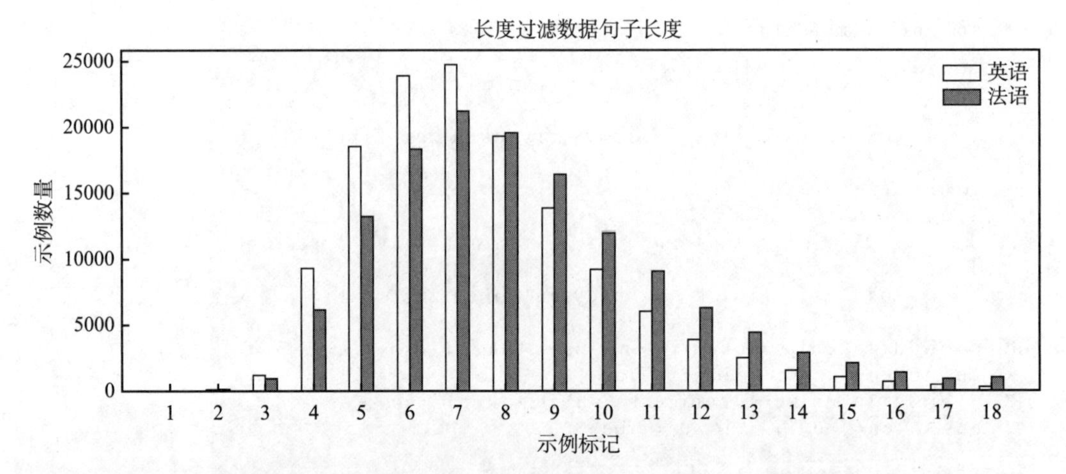

图 7.23 将最大长度过滤为 18（如果我们包括 <sos> 和 <eos> 标记，则为 20）后，英语和法语的句子长度直方图

```
1 n_examples = len(all_data)
2 idx_array = list(range(n_examples))
3 random.shuffle(idx_array)
4 train_indexs = idx_array[:int(0.8*n_examples)] # 80% 的训练数据
5 val_indexs = idx_array[int(0.8*n_examples):int(0.9*n_examples)
    ] # 10% 的验证数据
6 test_indexs = idx_array[int(0.9*n_examples):] # 10% 的测试数据
```

该技术应提供具有相似特征的数据集的每个划分。最终 80% 的数据集用于训练，10% 用于验证，10% 用于测试。我们将数据保存到文件中，以便在需要时可以在其他实验中使用，而不必重复所有的预处理。图 7.24 展示了得到的每个数据划分的相似长度分布。

7.7.2.2 词汇检查

词汇表对象提供了许多常见的 NLP 函数，例如对术语的索引访问、简化的嵌入创建和频率过滤。

我们现在加载并标记数据划分。总词汇量为：

```
1 train_data, valid_data, test_data = FrenchTatoeba.splits(path=
    data_dir,
2  exts=('.en', '.fr'),
3  fields=(SRC, TRG))
4
5 SRC.build_vocab(train_data, min_freq=0)
6 TRG.build_vocab(train_data, min_freq=0)
7
8 print("English vocabulary size:", len(SRC.vocab))
9 print("French vocabulary size:", len(TRG.vocab))
10
11 > English vocabulary size: 12227
12 > French vocabulary size: 20876
```

词汇频率如图 7.25 所示。分布显示出“长尾”效应，其中一小部分标记具有高计数，例如“.”几乎出现在所有句子中，其他标记只出现一次，例如“stitch”。在一个单词只出现一次的最极端情况下，训练仅依赖于该单个样本来通知模型，可能导致过拟合。此外，softmax 的分布将为这些项分配一定的概率。由于不经常使用的单词占据了词汇表的大部分，因此在早期阶段会将大部分概率都分配给这些单词，从而减慢学习速度。一种常见的方法是将不频

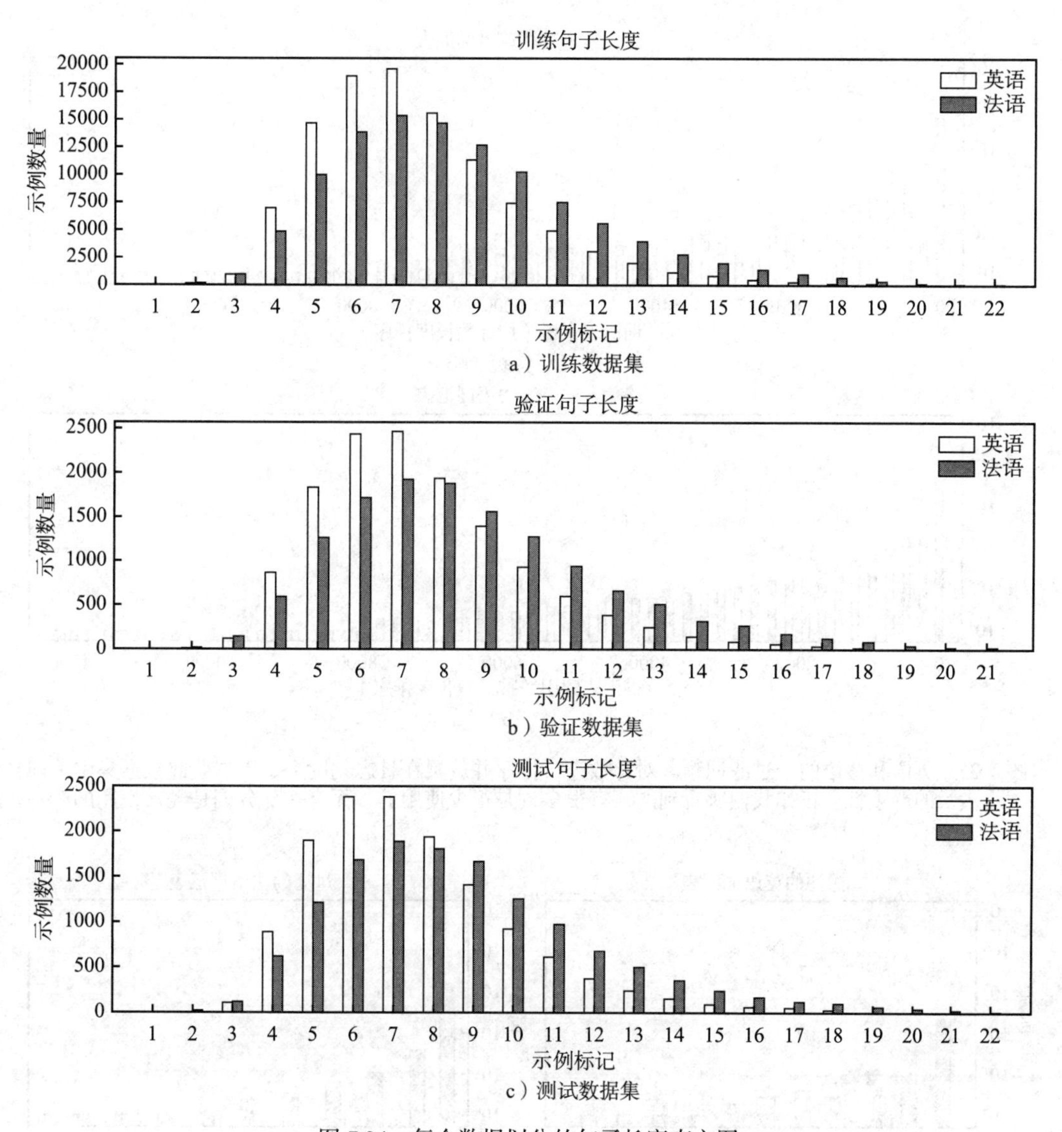

a）训练数据集

b）验证数据集

c）测试数据集

图 7.24　每个数据划分的句子长度直方图

繁的词映射为未知标记 <unk>，这使得模型可以忽略一组未充分表示项的可能无效表示。我们可以通过在构建词汇表时将其设置为参数来强制执行最小频率。

训练数据集用于创建词汇表（使用验证数据被视为数据窥探）。在词汇创建过程中，我们将最小频率设置为 5。评估这个参数的效果留作一个练习。

```
1 SRC.build_vocab(train_data , min_freq=5)
2 TRG.build_vocab(train_data , min_freq=5)
```

在研究最后的词汇时，我们仍然注意到单词的频率有一个长尾分布，如图 7.26 所示。考虑到我们选择的最小频率为 5，这应该不太令人惊讶。如果阈值太高，删除了许多单词，那么模型的学习就会受到太多限制，许多值会映射到未知标记。

图 7.27 展示了训练集中英语和法语的前 20 项。对列表的分析会引出一些关于数据的有趣问题。例如，词汇表中最常见的单词之一是单词“n't”。这看起来很奇怪，因为英语中没

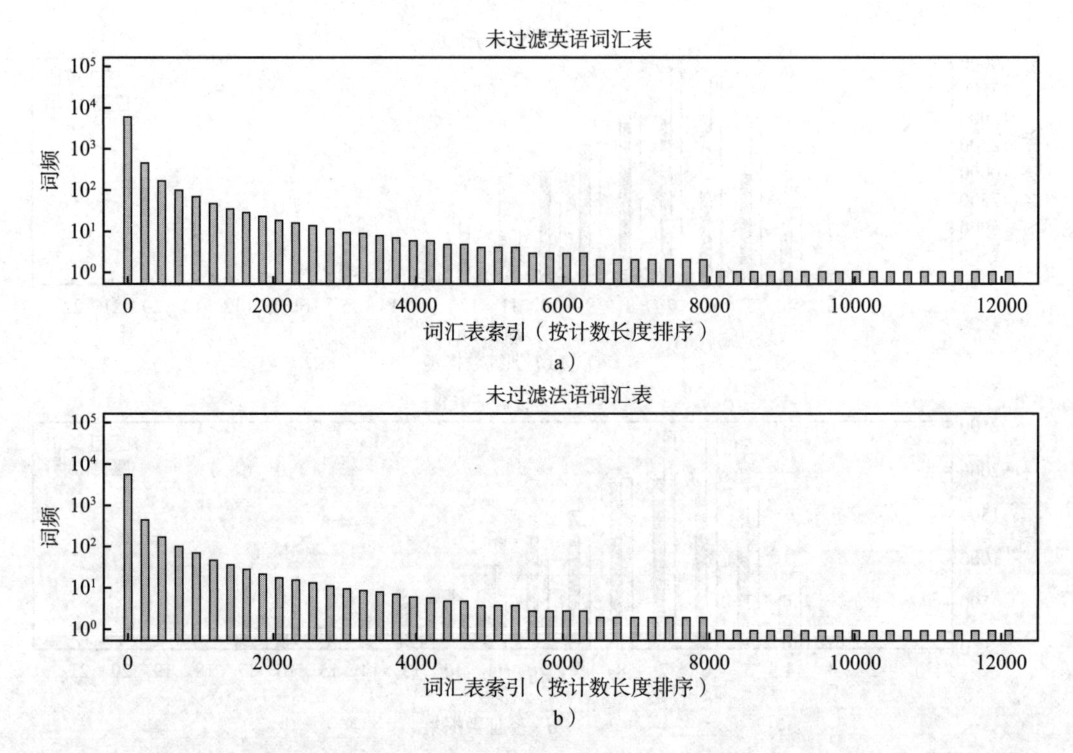

图 7.25　英语和法语的未过滤词频。对计数进行排序并放置在日志刻度上，以捕获此数据集中单词表示的严重性。正如我们所看到的，有很多词是很少使用的，而有一部分词是经常使用的

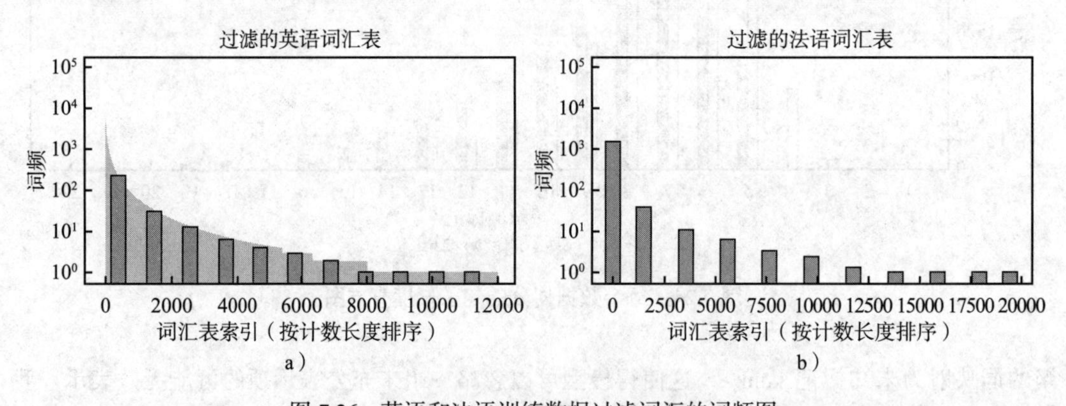

图 7.26　英语和法语训练数据过滤词汇的词频图

有单词“n't”。更深入的研究表明，每当出现诸如“don't”或“can't”之类的缩写时，spaCy 标记以这种方式分割缩写，就会留下一个孤立的标记“n't”。当缩写“I'm”被处理时，同样的情形也会发生。这说明了对数据进行迭代改进的重要性，因为预处理是特征生成的基本组成部分，如果结果是在最终输出上计算的，那么也是后处理的一部分。

数据集划分的最终计数如下所示。

```
Training set size: 107885
Validation set size: 13486
Testing set size: 13486
Size of English vocabulary: 4755
Size of French vocabulary: 6450
```

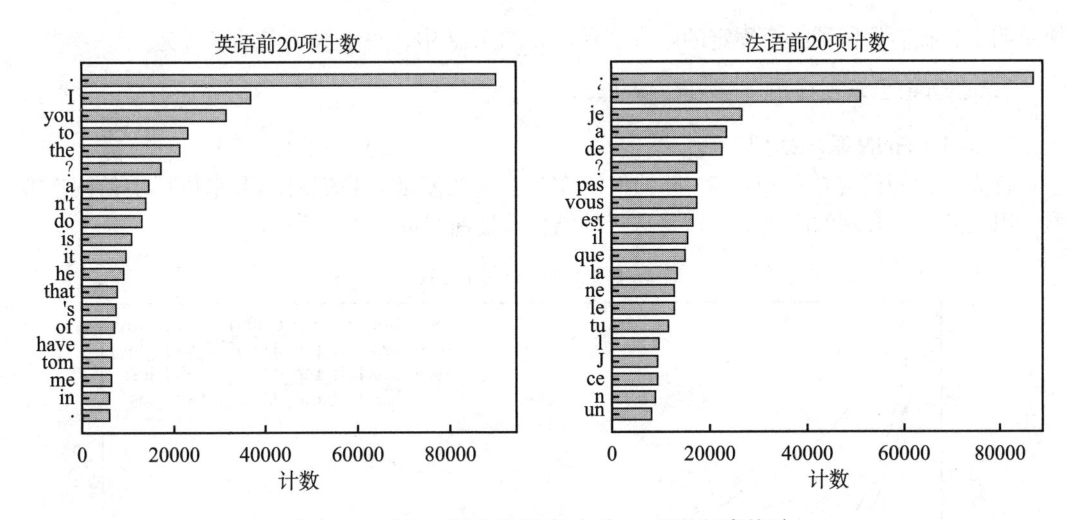

图 7.27　英语和法语训练集中前 20 项的频率统计

7.7.3　模型训练

现在数据集已经准备好了，我们将研究模型及其在训练集和验证集上的性能。具体来说，我们关注各种简单的 RNN、LSTM 和 GRU。每一种架构都是根据学习率、深度和双向性来研究的。每一种技术都涉及优化多个超参数来正则化网络，同时也改变了网络的训练动态。为了减轻对所有可能的超参数的全网格搜索，我们只根据引入的架构调整学习率。这并不能完全减轻调整其他参数的需要，但它使问题变得容易处理。

我们训练的每个模型都使用图 7.28 所示的脚本，注意 GRU 和 RNN 配置没有在 fairseq 中实现。为了进行比较，我们将这些添加到库中。

```
python train.py datasets/en-fr \
        --arch {rnn_type} \
        --encoder-dropout-out 0.2 \
        --encoder-layers {n_layers} \
        --encoder-hidden-size 512 \
        --encoder-embed-dim 256 \
        --decoder-layers {n_layers} \
        --decoder-embed-dim 256 \
        --decoder-hidden-size 512 \
        --decoder-attention False \
        --decoder-dropout-out 0.2 \
        --optimizer adam --lr {lr} \
        --lr-shrink 0.5 --max-epoch 100 \
        --seed 1 --log-format json \
        --num-workers 4 \
        --batch-size 512 \
        --weight-decay 0
```

图 7.28　为我们的 fairseq 模型提供基本训练配置。通过适当地插入参数可以控制 RNN 的类型、层数和学习率（lr）

每个模型最多迭代训练 100 个周期。当验证性能停滞时，我们降低学习率，当学习停滞时停止学习。词向量维度固定为 256，输入和输出的 dropout 概率设置为 0.2。为简单起见，我们将所有实验的隐藏状态大小固定为 512（除了双向架构）。双向为解码器提供两个隐藏状态，因此解码器大小必须加倍。有些人可能会争辩说，只有当模型具有相同数量的参数时，才能实现模型之间的可比性。例如，LSTM 的参数数目大约是标准 RNN 的 4 倍，但是，为了简单明了，我们保留了一个固定的隐藏表示。在图 7.28 中，每个模型名的形式为：

{rnn_type}_{lr}_{num_layers}_{metric}。

7.7.3.1 RNN 基准模型

首先，我们研究单层单向 RNN 的性能作为实验的基准。我们对学习率执行手动网格搜索，以找到一个合理的起始值。这些选择的结果验证曲线如图 7.29 所示。

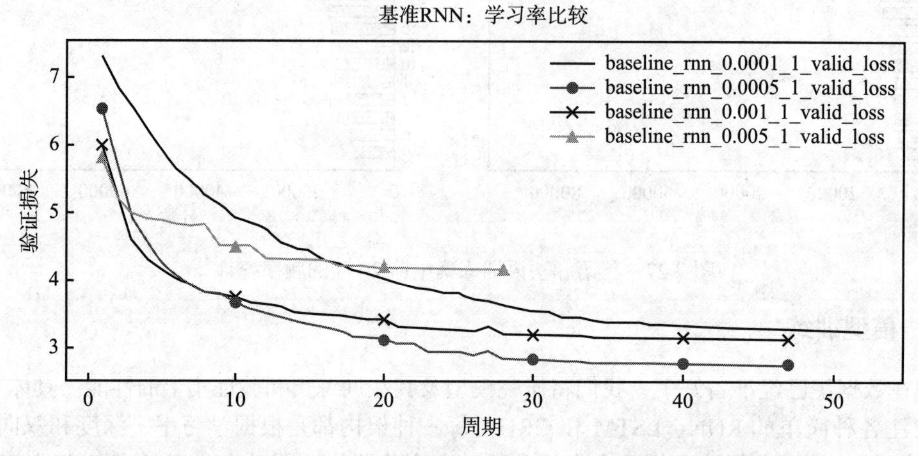

图 7.29 不同英语 - 法语翻译学习率的单层单向 RNN 的验证损失

验证曲线展示了学习率对 RNN 模型容量的影响程度，给出了完全不同的学习曲线。

我们还计算了这个模型的测试结果作为最后的比较。请注意，测试结果不会以任何方式用于调整或改进我们的模型。所有调整都是使用验证集完成的。任何调整都应该在验证集上操作。我们的最佳 RNN 模型的测试结果是：

```
1 Translated 13486 sentences:
2 Generate test with beam=1: BLEU4 = 15.46
```

7.7.3.2 RNN、LSTM 和 GRU 比较

接下来，我们比较 RNN、LSTM 和 GRU 架构。我们为每个架构改变学习率，因为每个架构的动态可能不同。验证结果如图 7.30 所示。

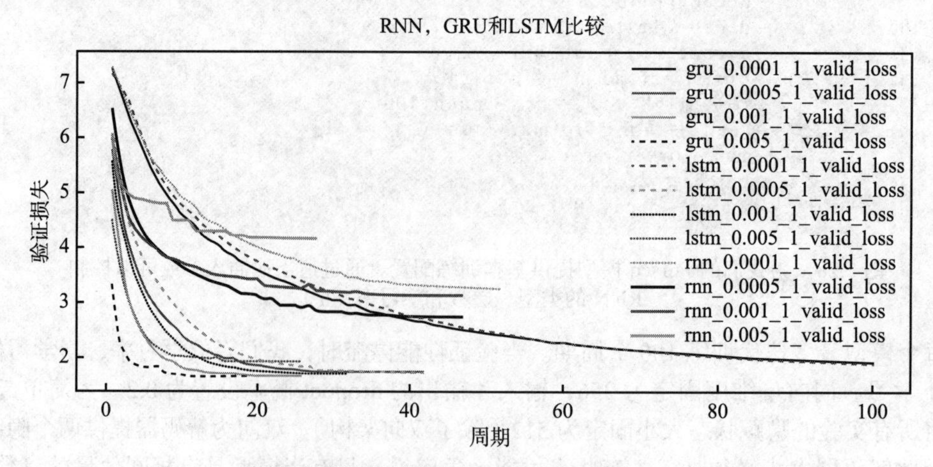

图 7.30 英语 - 法语翻译的单层 RNN、LSTM 和 GRU 网络比较

经过检查，我们注意到有些组态比其他组态收敛要长得多。特别是，在 0.0001 的学习率

下，GRU 和 LSTM 架构都达到了最大的迭代周期 100。其次，LSTM 和 GRU 架构比 RNN 架构收敛到更低的损失、更快的速度和更高的学习率。GRU 似乎是这里性能最好的模型，但是 LSTM 和 GRU 都显示出相似的收敛性。

7.7.3.3 RNN、LSTM 和 GRU 层深度比较

我们现在比较深度对每个架构的影响。在这里，除了每个架构的学习率外，我们还改变了深度设置。深度为 1 层、2 层和 4 层的结果如图 7.31 所示。

既然我们有许多模型，就很难得出它们性质的一般结论。如果我们比较 RNN 模型，我们会发现许多对比实验收敛到比 GRU 或 LSTM 架构高得多的验证损失。我们还观察到，与浅层架构相比，更深层次的架构往往表现良好，学习率更低。此外，LSTM 和 GRU 架构都实现了它们的最佳模型，深度为 2 层，学习率为 0.001。

7.7.3.4 双向 RNN、LSTM 和 GRU 比较

接下来，我们来看看双向模型的效果。许多模型的性能相似。图 7.32 的下半部分显示了模型预测的复杂性（ppl），而不是验证损失。该值为 2^{loss}，夸大了图形中的效果，这在可视地检查曲线时非常有用。

LSTM 和 GRU 架构的性能优于 RNN 架构，GRU 架构的性能稍好一些。

7.7.3.5 深度双向比较

目前为止，性能最好的模型是两层 LSTM 和 GRU 模型以及单层双向 LSTM 和 GRU 模型。在这里，我们将这两个部分结合起来，看看这些优点是否是互补的。在这组实验中，清晰起见，我们删除了性能不佳的 RNN 模型，结果如图 7.33 所示。

这组结果表明，在双向比较中，学习率为 0.001 的 2 层 GRU 架构（图中最靠近横轴的一条线）是最好的模型。

7.7.3.6 transformer 网络

现在，我们将注意力转向 transformer 架构，其中的注意力直接应用于输入序列，而不包含循环网络。与之前的实验类似，我们将输入和输出维度固定为 256，在编码器和解码器中设置 4 个注意头，并将全连接层大小固定为 512。我们探索一个小的深度选择，并相应地改变学习率。结果如图 7.34 所示，使用学习率为 0.0005 的 4 层 transformer 架构（虚线）表现最佳。

7.7.3.7 实验比较

在探索了许多类型的机器翻译架构之后，我们现在比较每个实验的输出。这套系统包括基准实验中性能最好的 RNN、单层单向和双向 GRU、双层单向和双向 GRU，以及 4 层 transformer 网络。比较这些模型在验证集中的损失（如图 7.35 所示），我们发现 4 层 transformer 网络（虚线）表现最好。

7.7.4 结果

现在我们在测试集上比较每个实验的模型（如表 7.1 所示）。

表 7.1 测试集上的 NMT 网络性能，最佳结果突出显示

网络类型	学习率	BLEU4
基准 RNN（1 层）	0.0005	15.46
GRU，1 层	0.001	36.17
GRU，2 层	0.001	38.53
GRU，1 层，双向	0.005	40.63
GRU，2 层，双向	0.001	40.60
transformer，4 层	**0.0005**	**44.07**

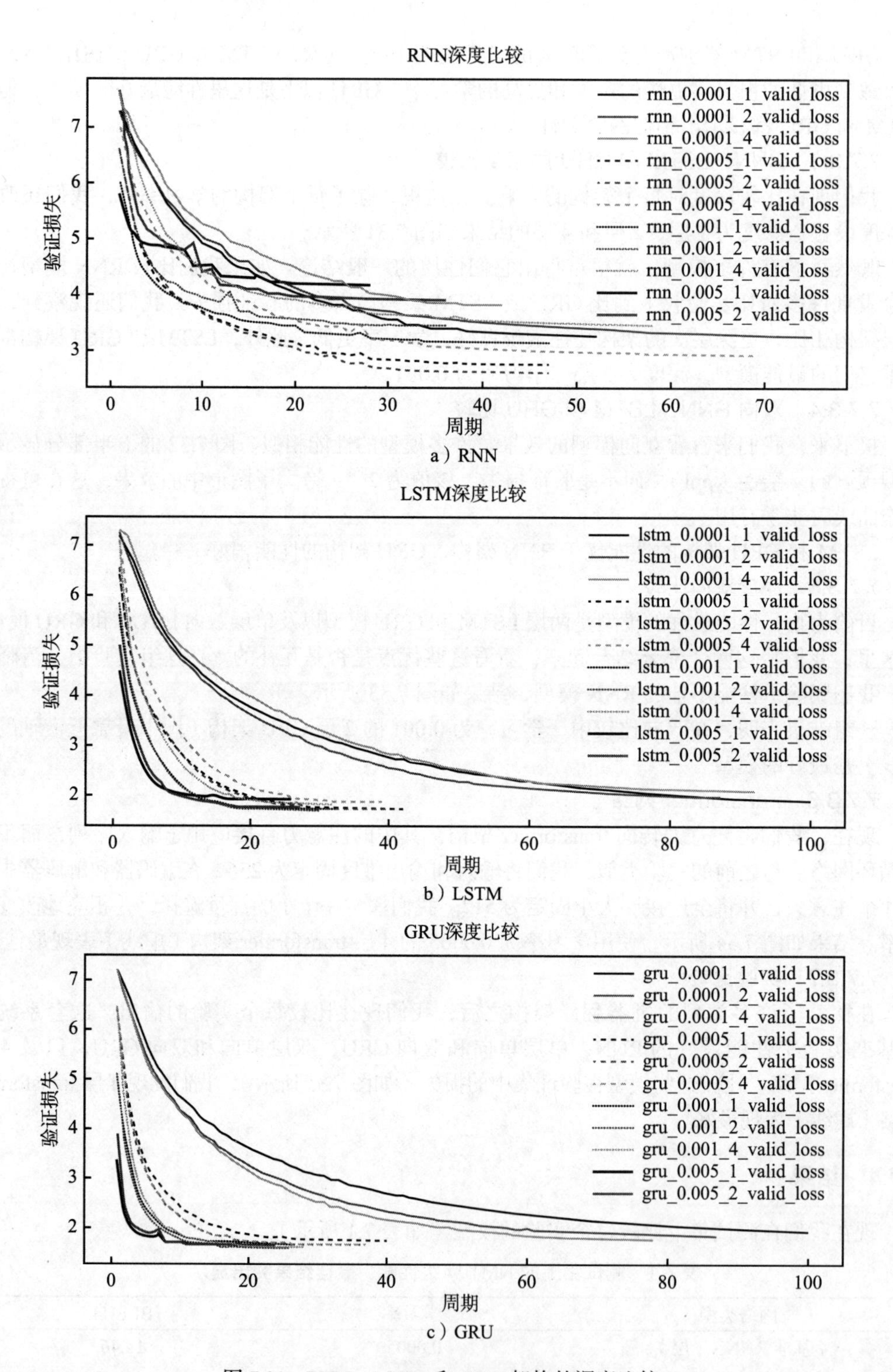

图 7.31　RNN、LSTM 和 GRU 架构的深度比较

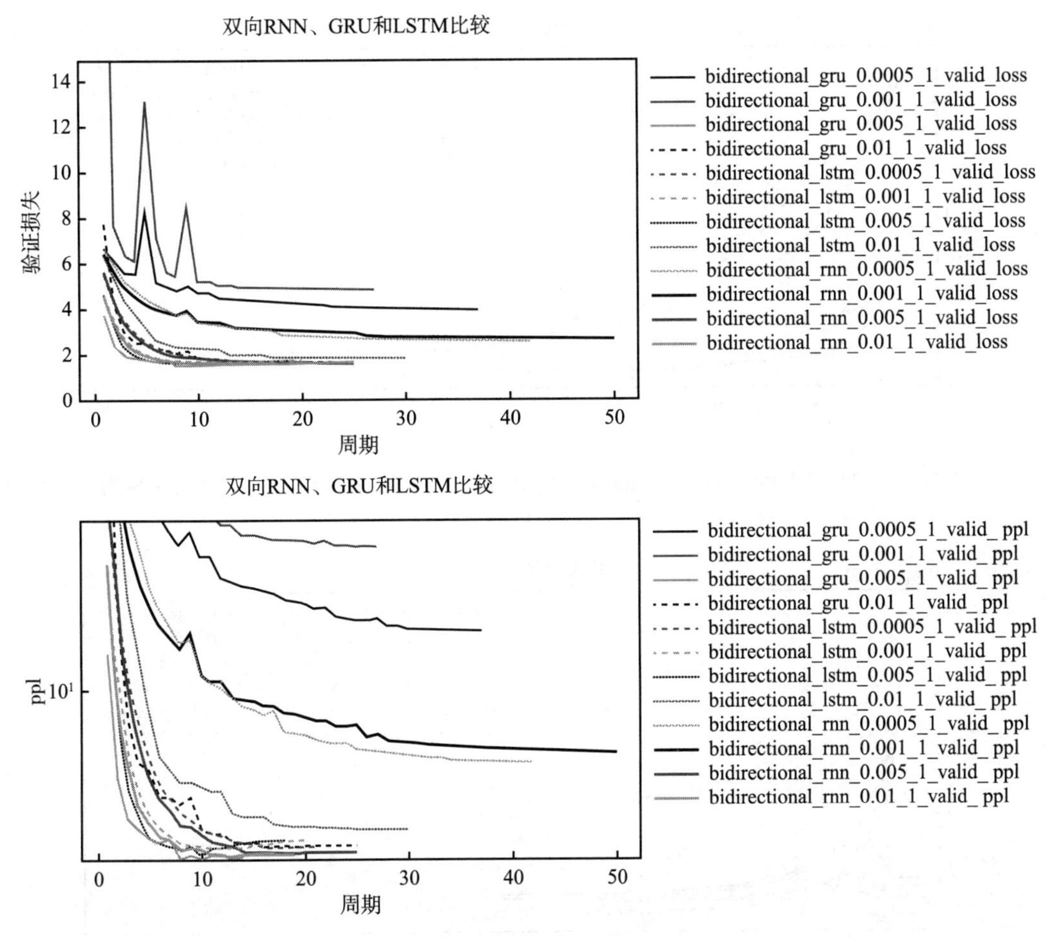

图 7.32 单层双向 RNN、LSTM 和 GRU 网络的验证损失和 ppl 的比较。注意，虽然颜色相似，但最上面两条线是 RNN 模型（不是 GRU 模型）

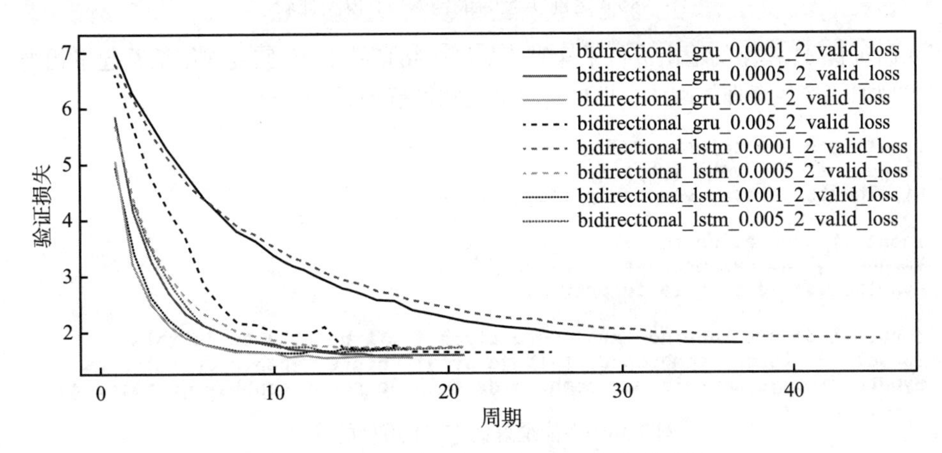

图 7.33 两层双向 LSTM 和 GRU 架构的比较

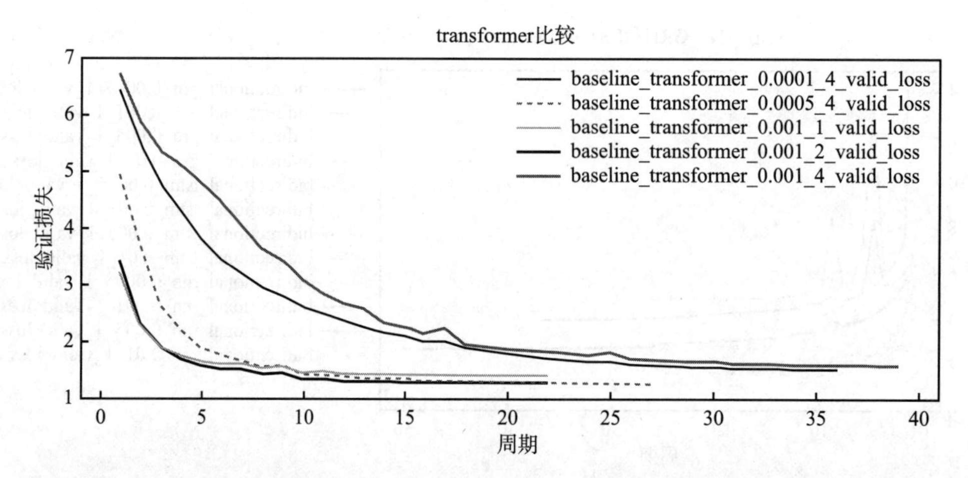

图 7.34 不同学习率和深度的 transformer 架构比较。注意编码器和解码器的深度是相同的

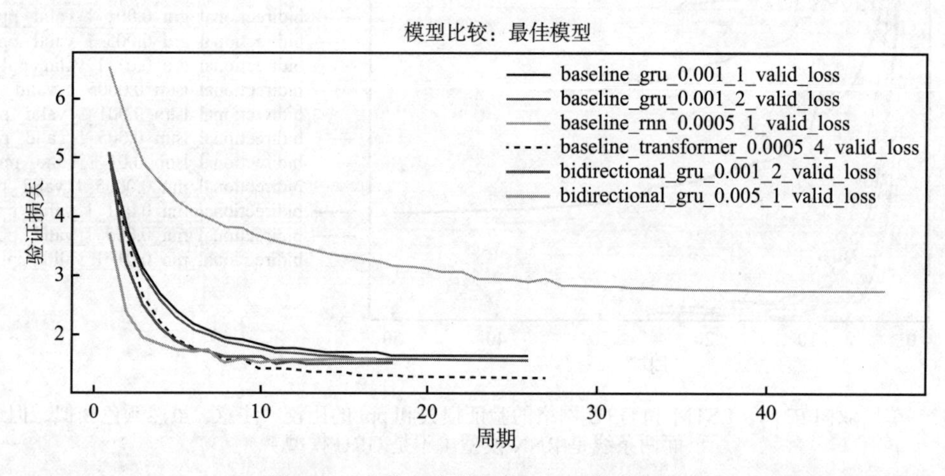

图 7.35 之前实验的最佳 NMT 模型比较

当我们对NMT模型的输出进行采样时（如图7.36所示），我们发现结果看起来相当不错。请注意模型如何产生合理的翻译，即使它可能无法准确地预测目标。

```
Input: are you surprised ?
Target: êtes - vous surpris ?
Hypothesis: êtes - vous surprises ?

Input: i have evidence .
Target: j' ai des preuves .
Hypothesis: je dispose de preuves .

Input: i do n't know how many more times i 'll be able to do this .
Target: j' ignore combien de fois je serai encore capable de faire ça .
Hypothesis: je ne sais pas combien de fois je serai capable de faire ça .
```

图 7.36 性能最好的 NMT 模型的输出

总之，我们已经表明，对于我们的任务来说，使用 GRU 或 LSTM 架构几乎总是优于基本 RNN。此外，我们还发现初始学习率对模型的质量有显著影响，即使使用自适应学习率方法时也是如此。此外，考虑到深层网络的动态特性，需要针对模型的每个设置调整学习率。最后，更深层的网络并不总是更好。在这个数据集中，2 层循环架构的性能优于 4 层架构。

在最终的测试集上，单层双向 GRU 的性能比 2 层的 GRU 略有改善，尽管在验证损失比较中表现稍差。这些结果表明了不仅对应用而且对数据集调整超参数的重要性。在实际应用中，建议调整尽可能多的超参数以获得最佳结果。

7.7.5 留给读者的练习

对读者来说，其他有趣的问题包括：

1. 将 L_2 正则化添加到训练中，看看它是否提高了测试集中的泛化能力。

2. 删减词汇表，删除更多不常见的词汇（例如，出现次数少于 20 次的单词），这对训练有什么影响（性能、质量）?

3. 将集束搜索参数调整为验证数据集。这对测试数据有什么影响？对预测时间有什么影响?

4. 尝试在编码器和解码器中调整其他超参数。

5. 修改问答任务的架构，需要进行哪些更改?

6. 使用预训练的嵌入初始化网络。

7.8 讨论

循环神经网络在许多 NLP 任务上的结果令人印象深刻，几乎在每个领域都取得了最先进的结果。考虑到它们的简单性，它们的有效性是显著的。然而，在实践中，现实世界的设置需要额外的考虑，例如小数据集、数据缺乏多样性和泛化。以下是针对这些问题的简短讨论以及随之而来的常见争议。

7.8.1 记忆或泛化

到目前为止，已讨论的所有深度学习技术都带有过拟合的风险。此外，用于各种 NLP 任务的许多学术任务都非常关注具有大量数据的特定问题，这些数据可能并不代表实际任务[⊖]。训练和测试数据之间的相关性允许某种程度的过拟合，这样既有利于验证集，又有利于测试集。然而，这些相关性是否只是域本身的代表还有待商榷。困难在于知道网络是否在记忆某些序列，这些序列对于降低总体成本或学习问题的潜在语义结构的相关性非常重要。记忆的一些征兆说明需要解码算法，如集束搜索和随温度随机选择产生变化的输出序列。

在文献 [Gre16] 中，Grefenstette 探讨了循环网络是否能够学习下推式自动化的问题，这可以说是自然语言所需的最简单的计算形式。这项工作引用了“简单 RNN”的一些局限性：

- 非适应能力。
- 目标序列建模主导训练。
- 梯度不足的编码器。

RNN 仅能够学习有限状态机这个建议特别针对简单的 RNN。

Liska 等人 [LKB18] 研究了 RNN 学习组合结构的能力，这表明 RNN 有能力将学习从一个任务转移到另一个任务。实验中的少数 RNN 表明，尽管许多 RNN 尝试都不成功，但是可以在没有架构约束的情况下学习组合解。研究结果表明，梯度下降和进化策略可能是学习组合结构的一个引人注目的方向。

⊖ 这并不是说学术基准不相关，而是指出领域和技术理解对领域适应的重要性。

7.8.2 RNN 的未来

Grefenstette 的报告 [Gre16] 建议将循环视为一种 API。在本章中，我们已经在 LSTM 和 GRU 单元中看到了这一建议的迹象。在这些例子中，循环 API 只需要满足交互：给定一个输入和先前的状态将产生一个输出和更新的状态。这种抽象为各种基于内存的架构铺平了道路，比如动态内存网络 [XMS16] 和堆叠 LSTM[Dye+15]。未来的发展方向是增加堆和队列，以获得一个更具交互性的内存模型，类似于使用神经图灵机器 [GWD14a] 等架构的 RAM。

参考文献

[AKB16] Jeremy Appleyard, Tomas Kocisky, and Phil Blunsom. "Optimizing performance of recurrent neural networks on GPUs". In: *arXiv preprint arXiv:1604.01946* (2016).

[BCB14a] Dzmitry Bahdanau, Kyunghyun Cho, and Yoshua Bengio. "Neural machine translation by jointly learning to align and translate". In: *arXiv preprint arXiv:1409.0473* (2014).

[BSF94b] Yoshua Bengio, Patrice Simard, and Paolo Frasconi. "Learning longterm dependencies with gradient descent is difficult". In: *IEEE transactions on neural networks* 5.2 (1994), pp. 157–166.

[Bow+15] Samuel R. Bowman et al. "Generating Sentences from a Continuous Space". In: *CoRR* abs/1511.06349 (2015).

[Bra+16] James Bradbury et al. "Quasi-Recurrent Neural Networks". In: *CoRR* abs/1611.01576 (2016).

[Bri+17] Denny Britz et al. "Massive exploration of neural machine translation architectures". In: *arXiv preprint arXiv:1703.03906* (2017).

[Cho+14] Kyunghyun Cho et al. "Learning phrase representations using RNN encoder-decoder for statistical machine translation". In: *arXiv preprint arXiv:1406.1078* (2014).

[Chu+14] Junyoung Chung et al. "Empirical evaluation of gated recurrent neural networks on sequence modeling". In: *arXiv preprint arXiv:1412.3555*(2014).

[DN17] Michael Denkowski and Graham Neubig. "Stronger baselines for trustable results in neural machine translation". In: *arXiv preprint arXiv:1706.09733* (2017).

[Dye+15] Chris Dyer et al. "Transition-Based Dependency Parsing with Stack Long Short-Term Memory". In: *CoRR* abs/1505.08075 (2015).

[EHB96] Salah El Hihi and Yoshua Bengio. "Hierarchical recurrent neural networks for long-term dependencies". In: *Advances in neural information processing systems.* 1996, pp. 493–499.

[GG16] Yarin Gal and Zoubin Ghahramani. "A theoretically grounded application of dropout in recurrent neural networks". In: *Advances in neural information processing systems.* 2016, pp. 1019–1027.

[Geh+17a] Jonas Gehring et al. "Convolutional Sequence to Sequence Learning". In: *Proc. of ICML.* 2017.

[Gho+16] Shalini Ghosh et al. "Contextual lstm (clstm) models for large scale nlp tasks". In: *arXiv preprint arXiv:1602.06291* (2016).

[GK96] Christoph Goller and Andreas Kuchler. "Learning task-dependent distributed representations by backpropagation through structure". In: *Neural Networks, 1996., IEEE International Conference on.* Vol. 1. IEEE. 1996, pp. 347–352.

[GWD14a] Alex Graves, Greg Wayne, and Ivo Danihelka. "Neural turing machines". In: *arXiv preprint arXiv:1410.5401* (2014).

[Gre16] Ed Grefenstette. *Beyond Seq2Seq with Augmented RNNs.* 2016.

[Haf17] Danijar Hafner. "Tips for Training Recurrent Neural Networks". In: (2017). URL: https://danijar.com/ tips-for-training-recurrent-neural-networks/.

[HS97b] Sepp Hochreiter and Ju¨rgen Schmidhuber. "Long short-term memory". In: *Neural computation* 9.8 (1997), pp. 1735–1780.

[HM17] Matthew Honnibal and Ines Montani. "spaCy 2: Natural language understanding with Bloom embeddings, convolutional neural networks and incremental parsing". In: *To appear* (2017).

[HXY15] Zhiheng Huang, Wei Xu, and Kai Yu. "Bidirectional LSTM-CRF models for sequence tagging". In: *arXiv preprint arXiv:1508.01991* (2015).

[KEL17] Jaeyoung Kim, Mostafa El-Khamy, and Jungwon Lee. "Residual LSTM: Design of a Deep Recurrent Architecture for Distant Speech Recognition". In: *CoRR* abs/1701.03360 (2017).

[KB14] Diederik P Kingma and Jimmy Ba. "Adam: A method for stochastic optimization". In: *arXiv preprint arXiv:1412.6980* (2014).

[KW13] Diederik P Kingma and Max Welling. "Auto-encoding variational Bayes". In: *arXiv preprint arXiv:1312.6114* (2013).

[KG16] Eliyahu Kiperwasser and Yoav Goldberg. "Simple and accurate dependency parsing using bidirectional LSTM feature representations". In: *arXiv preprint arXiv:1603.04351* (2016).

[Kru+16] David Krueger et al. "Zoneout: Regularizing rnns by randomly preserving hidden activations". In: *arXiv preprint arXiv:1606.01305* (2016).

[Lam+16b] Guillaume Lample et al. "Neural architectures for named entity recognition". In: *arXiv preprint arXiv:1603.01360* (2016).

[LD16] Ji Young Lee and Franck Dernoncourt. "Sequential short-text classification with recurrent and convolutional neural networks". In: *arXiv preprint arXiv:1603.03827* (2016).

[LZA17] Tao Lei, Yu Zhang, and Yoav Artzi. "Training RNNs as Fast as CNNs". In: *CoRR* abs/1709.02755 (2017).

[LKB18] Adam Liska, Germán Kruszewski, and Marco Baroni. "Memorize or generalize? Searching for a compositional RNN in a haystack". In: *CoRR* abs/1802.06467 (2018).

[Low+15] Ryan Lowe et al. "The Ubuntu dialogue corpus: A large dataset for research in unstructured multi-turn dialogue systems". In: *arXiv preprint arXiv:1506.08909* (2015).

[LSM13b] Thang Luong, Richard Socher, and Christopher Manning. "Better word representations with recursive neural networks for morphology". In: *Proceedings of the Seventeenth Conference on Computational Natural Language Learning.* 2013, pp. 104–113.

[MH16] Xuezhe Ma and Eduard Hovy. "End-to-end sequence labeling via bi-directional lstm-cnns-crf". In: *arXiv preprint arXiv:1603.01354* (2016).

[MRF15] Mateusz Malinowski, Marcus Rohrbach, and Mario Fritz. "Ask your neurons: A neural-based approach to answering questions about images". In: *Proceedings of the IEEE international conference on computer vision.* 2015, pp. 1–9.

[MDB17] Gábor Melis, Chris Dyer, and Phil Blunsom. "On the state of the art of evaluation in neural language models". In: *arXiv preprint arXiv:1707.05589* (2017).

[Pan+15a] Pingbo Pan et al. "Hierarchical Recurrent Neural Encoder for Video Representation with Application to Captioning". In: *CoRR* abs/1511.03476 (2015).

[Pas+13] Razvan Pascanu et al. "How to construct deep recurrent neural networks.". In: *arXiv preprint arXiv:1312.6026* (2013).

[Pra+16] Aaditya Prakash et al. "Neural Paraphrase Generation with Stacked Residual LSTM Networks". In: *CoRR* abs/1610.03098 (2016).

[RM15] Danilo Jimenez Rezende and Shakir Mohamed. "Variational inference with normalizing flows". In: *arXiv preprint arXiv:1505.05770* (2015).

[SP97] Mike Schuster and Kuldip K Paliwal. "Bidirectional recurrent neural networks". In: *IEEE Transactions on Signal Processing* 45.11 (1997), pp. 2673–2681.

[SSB16] Stanislau Semeniuta, Aliaksei Severyn, and Erhardt Barth. "Recurrent Dropout without Memory Loss". In: *CoRR* abs/1603.05118 (2016).

[SMN10] Richard Socher, Christopher D Manning, and Andrew Y Ng. "Learning continuous phrase representations and syntactic parsing with recursive neural networks". In: *Proceedings of the NIPS-2010 Deep Learning and Unsupervised Feature Learning Workshop*. Vol. 2010. 2010, pp. 1–9.

[Soc+12] Richard Socher et al. "Semantic compositionality through recursive matrix-vector spaces". In: *Proceedings of the 2012 joint conference on empirical methods in natural language processing and computational natural language learning.* Association for Computational Linguistics. 2012, pp. 1201–1211.

[Soc+13] Richard Socher et al. "Reasoning with neural tensor networks for knowledge base completion". In: *Advances in neural information processing systems.* 2013, pp. 926–934.

[SVL14b] Ilya Sutskever, Oriol Vinyals, and Quoc V Le. "Sequence to sequence learning with neural networks". In: *Advances in neural information processing systems.* 2014, pp. 3104–3112.

[TSM15] Kai Sheng Tai, Richard Socher, and Christopher D Manning. "Improved semantic representations from tree-structured long short-term memory networks". In: *arXiv preprint arXiv:1503.00075* (2015).

[Tan+15] Ming Tan et al. "LSTM-based deep learning models for non-factoid answer selection". In: *arXiv preprint arXiv:1511.04108* (2015).

[Vas+17b] Ashish Vaswani et al. “Attention is all you need”. In: *Advances in Neural Information Processing Systems*. 2017, pp. 5998–6008.

[Ven+14] Subhashini Venugopalan et al. “Translating videos to natural language using deep recurrent neural networks”. In: *arXiv preprint arXiv:1412.4729* (2014).

[VFJ15] Oriol Vinyals, Meire Fortunato, and Navdeep Jaitly. “Pointer networks”. In: *Advances in Neural Information Processing Systems*. 2015, pp. 2692–2700.

[Vin+15b] Oriol Vinyals et al. “Show and tell: A neural image caption generator”. In: *Proceedings of the IEEE conference on computer vision and pattern recognition*. 2015, pp. 3156–3164.

[Wan+16a] Cheng Wang et al. “Image captioning with deep bidirectional LSTMs”. In: *Proceedings of the 2016 ACM on Multimedia Conference*. ACM. 2016, pp. 988–997.

[Wan+15b] Xin Wang et al. “Predicting polarities of tweets by composing word embeddings with long short-term memory”. In: *Proceedings of the 53rd Annual Meeting of the Association for Computational Linguistics and the 7th International Joint Conference on Natural Language Processing (Volume 1: Long Papers)*. Vol. 1. 2015, pp. 1343–1353.

[XMS16] Caiming Xiong, Stephen Merity, and Richard Socher. “Dynamic memory networks for visual and textual question answering”. In: *International conference on machine learning*. 2016, pp. 2397–2406.

[Yin+17] Wenpeng Yin et al. “Comparative study of CNN and RNN for natural language processing”. In: *arXiv preprint arXiv:1702.01923* (2017).

[Zil+16] Julian G. Zilly et al. “Recurrent Highway Networks”. In:*CoRR*abs/1607.03474 (2016).

第 8 章

Deep Learning for NLP and Speech Recognition

自动语音识别

8.1 章节简介

自动语音识别（Automatic Speech Recognition，ASR）近年来发展迅速，深度学习在其中发挥了关键作用。简单来说，ASR 就是将口头语言转换为计算机可读文本的任务（如图 8.1 所示）。ASR 作为一种有效地与技术交互的方式，它迅速变得无处不在，在人机交互的鸿沟上起着重要的桥梁作用，使人们能更加自然的和机器交流。从历史上看，ASR 不仅与计算语言学紧密联系在一起，因为它与自然语言有着密切的联系；而且与语音学紧密联系在一起，因为人类可以发出各种各样的语音。本章将介绍语音识别的基本概念，重点介绍了基于隐马尔可夫模型（HMM）的语音识别方法。

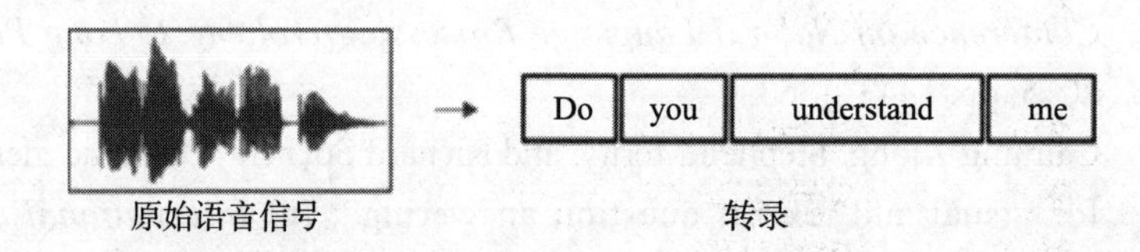

图 8.1　ASR 的重点是将数字化语音信号转换为计算机可读文本，即转录

简单地说，ASR 可以这样描述：从已录制的语音信号中给定一个音频样本 X 作为输入，应用函数 f 将其映射到表示所述内容的文本的单词序列 W。

$$W = f(X) \tag{8.1}$$

然而，找到这样一个函数是相当困难的，并且需要通过连续的建模来产生单词的序列。

这些模型必须是足够稳定的，能够适应讲话者、声学环境和上下文的变化。例如，人类讲话可以有时间变化（讲话者说话速度）、发音、讲话者音量和声音变化（刺耳或鼻音）的任意组合，但仍然会产生相同的文本。

在语言学上，还会遇到一些其他的变量，比如韵律（提问时语调上升）、习惯用语、自然口语，也被称为填充词（“um”或“uh”）。即使说的是同样的词，这些都可能暗示着不同的情绪。将这些变量与诸如音频质量、麦克风距离、背景噪声、混响和回声等任意数量的环境场景相结合，将成倍地增加识别任务的复杂性。

语音识别的主题可以包括许多任务，如关键字识别、语音命令和讲话者验证（安全性）。简洁起见，本章主要讨论语音到文本（Speech-To-Text，STT）的任务，特别是大词汇量连续语音识别（Large Vocabulary Continuous Speech Recognition，LVCSR）。我们首先需要讨论与了解 ASR 系统通常使用的误差度量。接下来，我们将讨论声学特征和处理，以及用于语音识别的语音单位。在介绍统计语音识别（ASR 的经典方法）时，我们结合了这些概念。然后我们将介绍深度神经网络和隐马尔可夫模型（DNN/HMM）的混合模型，展示经典的 ASR 识别流程是如何融入深度学习的。在本章的最后，我们将通过一个案例的研究对两种常见的 ASR 框架进行比较。

8.2 声学特征

ASR 的声学特征的选择是一个关键步骤。从声学信号中提取特征是任何模型建立的基本组成部分，也是声学信号中最有信息量的组成部分。因此，声学特征必须具有足够的描述性，以提供有关信号的有用信息，并对声环境中可能出现的许多干扰具有足够的弹性。

8.2.1 语音的形成

让我们先快速概述一下人类是如何讲话的。虽然全面研究人类发声系统的解剖学超出了本书的范围，但关于人类如何发出声音的一些知识可能会有所帮助。语音的物理产生包括由空气压力的变化所产生的压缩波，由我们的耳朵与大脑共同解释。人类语音是由声道产生的，并通过舌头、牙齿和嘴唇（通常被称为发音器官）进行调节：

- 肺部把空去向上推，振动声带（产生准周期的声音）。
- 空气流入咽腔、鼻腔和口腔。
- 各种发音器调节空气的波动。
- 空气通过嘴和鼻子排出。

人类的语音通常被限制在 85Hz~8kHz，而人类的听觉范围是 20Hz~20kHz。

8.2.2 语音的原始波形

产生的气压波通过麦克风转换成电压，并用模数转换器进行采样。记录过程的输出是表示数字转换的离散样本的一维数字数组。数字化信号有三个主要特性：采样率、通道数和精度（有时称为位深度）。**采样率**是模拟信号采样的频率（单位为 Hz）。**通道数**指的是有多少个麦克风源的音频捕获设备。单声道音频通常用 monophonic 或 mono 音频指代，而 stereo 是指双声道音频。额外的通道，如立体声和多声道音频，可以在具有挑战性的声学环境中进行信号过滤 [BW13]。**精度**或**位深度**是每个样本的位数，对应于信息的分辨率。

标准电话音频有 8kHz 采样率和 16 位精度。CD 质量是 44.1kHz 和 16 位精度，而当代语音处理聚焦在 16kHz 或更高。

有时**比特率**用于衡量音频的整体质量，计算方法如下：

$$\text{比特率} = \text{采样率} \times \text{精度} \times \text{通道数} \tag{8.2}$$

原始语音信号是高维的，难以建模。大多数 ASR 系统依靠从音频信号中提取的特征来降低维数和过滤不需要的信号。这些特征中有许多来自某种形式的频谱分析，这种频谱分析将音频信号转换为一组特征，以加强模拟人类耳朵的信号。这些方法中的大多数都依赖于快速傅里叶变换（Fast Fourier Transform，FFT）、滤波器组或这两种方法的某种组合对音频信号计算短时间傅里叶变换（Short Time Fourier Transform，STFT）[PVZ13]。

8.2.3 MFCC

梅尔频率倒谱系数（Mel Frequency Cepstral Coefficient，MFCC）[DM90] 是 ASR 最常用的特征。由于 MFCC 具备进行类似人类听觉系统的过滤能力，并且维数低，所以得到成功应用。

计算 MFCC 特征有七个步骤 [MBE10]，整个过程如图 8.2 所示。这些步骤与大多数特征生成技术类似，只是使用的滤波器类型和应用的滤波器组有所不同。我们将单独讨论每个步骤：

1. 预加重
2. 分帧

3. 加窗
4. 快速傅里叶变换
5. 梅尔滤波器组处理
6. 离散余弦变换（DCT）
7.delta 能量和 delta 频谱

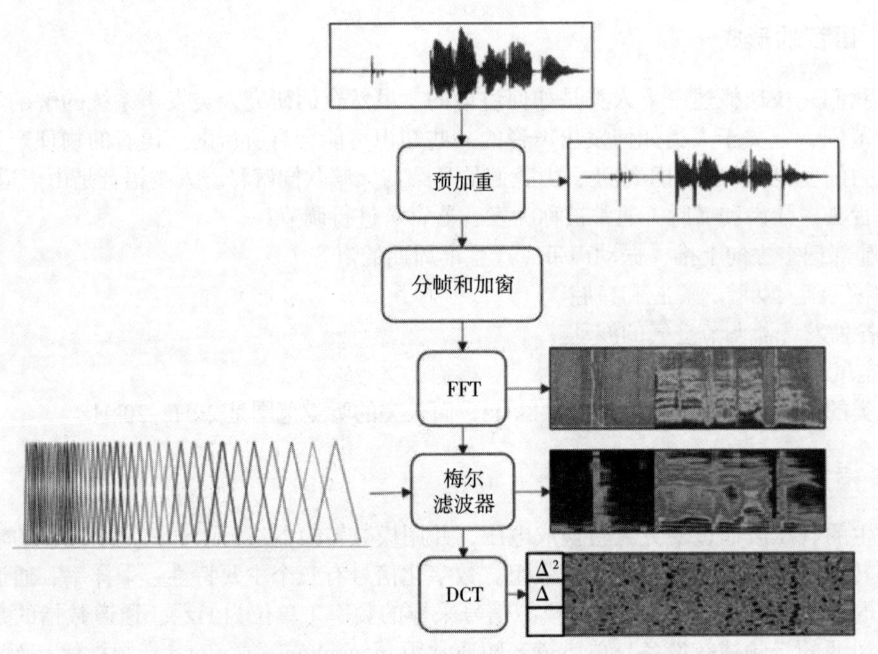

图 8.2 MFCC 处理图，各部分处理的可视化表示。所有的声谱图和特征都显示在对数空间中

8.2.3.1 预加重

预加重是 MFCC 特征生成的第一步。在语音信号（和一般的信号处理）中，高频信号的能量趋向于更低。预加重处理让输入信号通过一个滤波器，该滤波器加重较高频率的振幅，降低较低频率的振幅。例如：

$$y_t = x_t - \alpha x_{t-1} \tag{8.3}$$

上式将减轻输出对前一时间步长的强信号依赖。

8.2.3.2 分帧

语音信号在讲话过程中是不断变化的。对这种变化的信号进行建模时，需要把从音频中取样的小段当作静止的。分帧是将原始音频中的样本分离成固定长度片段的过程，这些片段称为帧。这些片段通过 FFT 转换到频域，得到每一帧中频率强度的表示。这些片段代表语音表示之间的边界。与语音有关的音效范围往往是 5~100ms，因此帧的长度通常根据这一点来确定。通常情况下，大多数 ASR 系统的帧的范围是 20ms，有 10ms 的重叠，因此这些帧的分辨率为 10ms。

8.2.3.3 加窗

加窗就是将样本乘以一个缩放函数。这个函数的目的是平滑分帧的潜在突变效应，这种效应可能会在帧的边缘造成尖锐的差异。因此，对样本应用加窗函数可以减小片段的变化，以抑制在应用 FFT 后可能产生严重影响的帧边缘信号。许多加窗函数可以应用于信号处理，最常用于 ASR 的是海宁窗和汉明窗。

海宁窗：

$$w(n)=0.5\left(1-\cos\left(\frac{2\pi n}{N-1}\right)\right)=\sin^2\left(\frac{\pi n}{N-1}\right) \tag{8.4}$$

汉明窗：

$$w(n)=0.54-0.46\cos\left(\frac{2\pi n}{N-1}\right) \tag{8.5}$$

其中，N 为窗长，$0\leqslant n\leqslant N-1$。

8.2.3.4　快速傅里叶变换

短时傅里叶变换使用帧并对每个帧应用离散傅里叶变换（Discrete Fourier Transform，DFT），将一维信号从时域转换到频域。FFT 转换如图 8.3 所示。快速傅里叶变换是一种在适当条件下计算离散傅里叶变换的快速算法，在 ASR 中很常见。

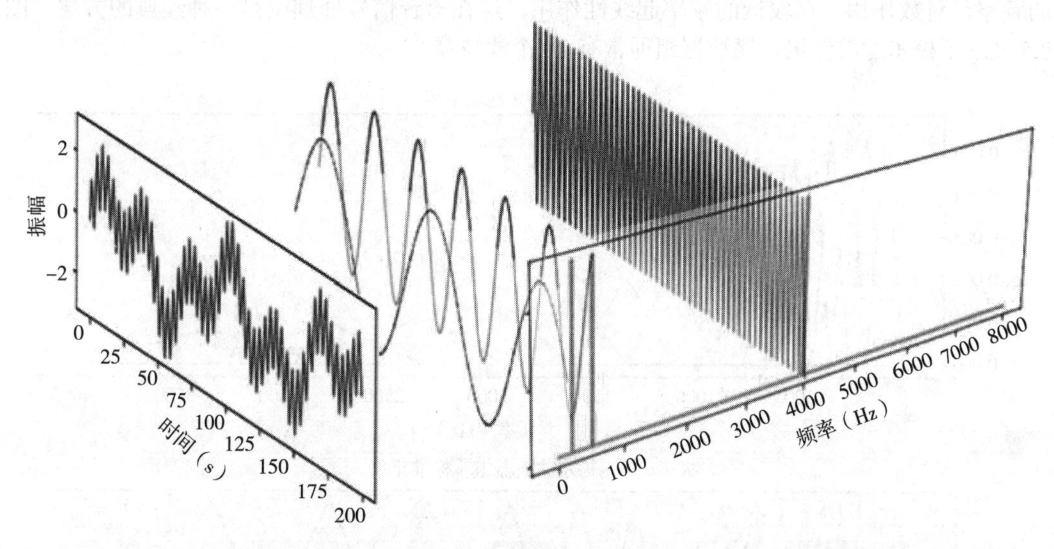

图 8.3　FFT 对输入信号（左）和频域中归一化 FFT 输出（右）的预期效果

语谱图是对声信号进行 FFT 变换的三维视图，其本身往往是一组有价值的特征。STFT 表示是有利的，因为它对语音信号（除了原始波形）做了最少的假设。语谱图被用作一些端到端系统的输入，因为它提供了更高分辨率的频率描述。图 8.4 所示，时间在 x 轴上，频率在 y 轴上，频率的强度在 z 轴上，通常用颜色表示强度大小。

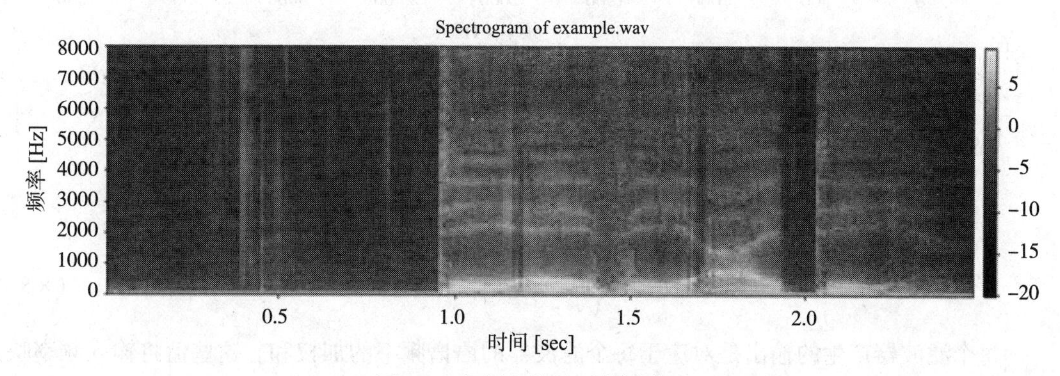

图 8.4　音频文件的对数语谱图

震级谱图可通过以下方法计算：

$$S_m = \left|\mathrm{FFT}\left(x_i\right)\right|^2 \tag{8.6}$$

功率谱图有时更有用，因为它通过考虑的点数将震级范化：

$$S_p = \frac{\left|\mathrm{FFT}\left(x_i\right)\right|^2}{N} \tag{8.7}$$

其中，N 是 FFT 计算所考虑的点数（通常为 256 或 512）。

大多数重要频率位于频谱的较低部分，因此语谱图通常被映射到对数标度中。

8.2.3.5 梅尔滤波器组

从音频的 STFT 转换中创建的特征旨在模拟人类听觉系统过程所做的转换。梅尔滤波器组是一组模仿人类听觉系统的带通滤波器。这些三角滤波器不是遵循线性尺度，而是在较高的频率起对数作用，在较低的频率起线性作用，这在语音信号处理中是一种经典的方法。图 8.5 展示了梅尔滤波器组。滤波器组通常有 40 个滤波器。

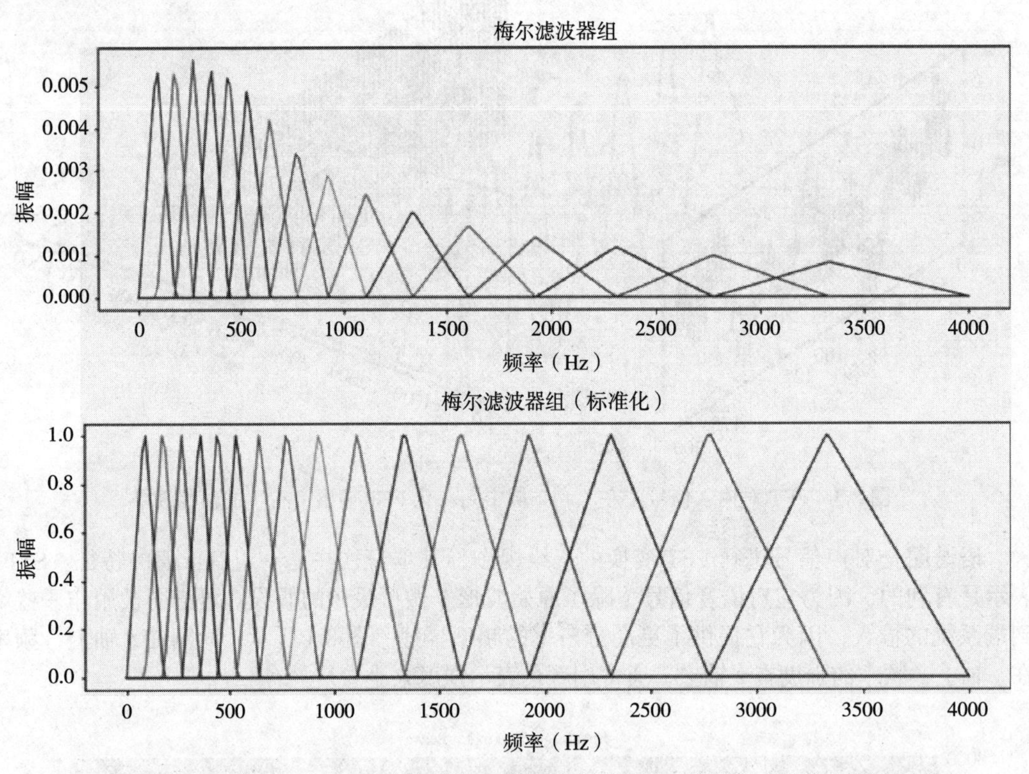

图 8.5 梅尔滤波器组，包含 16 个滤波器。滤波器应用于输入信号以产生梅尔刻度的输出

Mel（m）和 Hertz（f）域之间的转换可以通过以下方式实现：

$$m = 2595\log_{10}\left(1+\frac{f}{700}\right)$$

$$f = 700\left(10^{\frac{m}{2595}}-1\right) \tag{8.8}$$

每个滤波器产生的输出是对应于每个滤波器的语谱频率的加权和。这些值将输入频率映射到梅尔刻度中。

8.2.3.6 离散余弦变换

离散余弦变换（Discrete Cosine Transform，DCT）将 Mel 刻度特征映射到时域。DCT 函数类似于傅里叶变换，但只使用实数（傅里叶变换产生复数）。它把输入数据压缩成一组余弦系数来描述函数的振荡。这种转换的输出称为 MFCC。

8.2.3.7 delta 能量和 delta 频谱

delta 能量（delta）和 delta 频谱（也称为“delta-delta”或“双 delta”）特征提供了帧间转变的斜率信息。delta 能量特征是连续帧（当前帧和前一帧）的系数的差值。delta 频谱特征是连续的 delta 能量特征（当前和以前的 delta 能量特征）的差值。delta 能量和 delta 频谱特征的计算公式为：

$$d_t = \frac{\sum_{n=1}^{N} n\left(c_{t+n} - c_{t-n}\right)}{2\sum_{n=1}^{N} n^2} \tag{8.9}$$

$$dd_t = \frac{\sum_{n=1}^{N} n\left(d_{t+n} - d_{t-n}\right)}{2\sum_{n=1}^{N} n^2} \tag{8.10}$$

8.2.4 其他类型的特征

多年来，人们提出了许多声学特征，应用不同的滤波器和变换来突出声学频谱的各个方面。许多这样的方法依赖于人为设计的特征，如 MFCC、gammatone 特征 [Sch+07] 或感知线性预测系数 [Her90]。然而，MFCC 仍然是最受欢迎的。

MFCC 特征（或任何人为设计的特征集）的缺点之一是对噪声的敏感性，因为它依赖于频谱形式。特征空间的低维性对早期的机器学习技术非常有利，但通过深度学习方法，如卷积神经网络，可以使用甚至学习更高分辨率的特征。

总的来说，MFCC 特征的计算效率很高，对 ASR 应用有用的滤波器，并且对特征进行了关联。它们有时与额外的讲话人特定的特征（通常是 i-vectors）相结合，以提高模型的稳健性。

自动学习

人们尝试了各种方法来直接学习特征表示，而不是依赖设计的特征，但这对于减少 WER 的整体任务可能不是最好的。这些方法包括：利用 DNN 对特征进行监督学习 [Tüs+14]；利用 CNN 对原始语音进行电话分类 [PCD13]；结合 CNN-DNN 特征 [HWW15]；甚至利用 RBM 进行无监督学习 [JH11]。

自动学习的特征可以提高特定场景的质量，但也可能在跨领域时中受到限制。通过监督训练产生的特征学会了区分数据集中的样本，但在未观测到的环境中可能会受到限制。随着 ASR 端到端模型的引入，这些特征在端到端任务中不断调整，缓解了两阶段的训练过程。

8.3 音素

根据 NLP，将语音转换为文本的最符合逻辑的语言表示似乎是单词，因为最终所需的输出是单词级的文本，并且单词级的表示附加了更多的意义。然而，实际上，语音数据集中往往只有很少的单词的转录示例，这使得单词级建模很困难。一个共享的词汇表示，可以有效地为各种可能出现的单词获得足够的训练数据。例如，**音位**可以用来将特定语言中的单词从语音上分离出来。在英语中交换一个音位和另一个音位会改变单词的意思（尽管在另一种语言中，相同的音位可能不是这种情况）。例如，如果 sweet[swit] 中的第三个音素从 [i] 改成 [ε]，整个单词的意思就会改变：sweat[swεt]。

由于音位本身附加的意义，往往过于严格而不能实际使用。反而，**音素**被用作语言单位的语音表示（可能有多个音素映射到一个音位）。音素并不映射到任何特定的语言，相反，它绝对是语音本身，区分代表语音的声音。图 8.6 展示了英语音素设置。

AA	AY	EH	HH	L	OY	T	W
AE	B	ER	IH	M	P	TH	Y
AH	CH	EY	IY	N	R	UH	Z
AO	D	F	JH	NG	S	UW	ZH
AW	DH	G	K	OW	SH	V	

图 8.6 基于 CMU Sphinx 框架中用于 ASR 的 ARPAbet 符号的英语音素集。这个音素集是由 39 个音素组成的

在音素中，通过使用类似于图 8.7 所示的语音词典，单词被映射到它们的语音对应物。词汇表中的每个单词都应该有一个语音条目（如果一个单词有多种发音方式，有时会有多个条目）。通过使用音素来表示单词，可以从单词之间的许多示例中学习共享表示，而不是对整个单词进行建模。

如果每个单词都用相同的音素集发音，那么从音频到音素集合再到单词的映射将是一个相对简单的转换。然而，音频是以连续流的形式存在的，语音信号不一定有明确的音素单元之间（甚至单词之间）的边界。语音信号可以在音频流中采用多种形式，并且仍然映射到相同的可解释输出。例如，讲话者的速度、口音、节奏和环境都可以在如何将音频流映射到输出序列中发挥重要作用。所讲的话不仅取决于任何给定时刻的音素，还取决于上下文前后的状态。语音中的这种自然动态强烈地强调了对周围语境和音素的依赖。

单词	音素表示
a	AH
aardvark	AA R D V AA R K
aaron	EH R AH N
aarti	AA R T IY
…	…
zygote	Z AY G OW T

图 8.7 ASR 系统中支持词的语音词典。注意：音节的重音有时会被包括进来，给音素表示法增加额外的特征

合并音素状态是提高质量的常用策略，而不是只依赖于它们的规范表示。具体来说，词与词之间的过渡状态可能比单一的音素状态更有信息量。为了对此建立模型，**双音素**（diphones）——两个连续音素、**三音素**（triphones）或扩展为 senones（三音素上下文相关单元）可以用作语音表示或中介，而不是音素本身。有许多方法可以将音素表示与附加的上下文信息结合，直接或者通过学习状态组合的统计层次来建模，大多数传统的方法都依赖于这些技术。

尽管 ASR 侧重于识别而不是解释（例如，识别口语单词的准确率而不是上下文相关的单词序列建模），但上下文理解也是一个重要方面。在同音异义词的情况下，两个单词具有相同的语音表示和不同的拼写，预测正确的单词完全依赖于周围的上下文。在这种情况下，一些问题可以通过语言模型来解决，我们稍后将对此进行讨论。错误的语音替换将使问题进一步复杂化。例如，在英语中，pin[P IH N] 和 pen[P EH N] 的表示是不同的。然而，尽管这些词有不同的语音表示，它们通常被错误地说成互换或发音相似，要求正确的选择取决于上下文，而不是音素本身。由于包含了口音，语音表示可能会包含更多的冲突，需要其他方法来确定讲话者的特征。这些类型的场景在 ASR 中是至关重要的，因为很多时候人们可能会说错单词，但是上下文和意图仍然可以被解释。这些口语的真实世界因素在实践中增加了自动语音识别的复杂性。

8.4 统计语音识别

统计 ASR 侧重于通过音频文件或输入流预测给定语音信号的最可能的单词序列。早期的方法没有使用概率焦点，而是通过将预保存的字的模板应用到输入声音特征中来优化输出词序列（这在历史上被用于识别语音数字）。动态时间扭曲（Dynamic Time Warping，DTW）是通过寻找模板的“最低约束路径”来扩展该模板策略的早期方法。这种方法考虑到了输入时间序列和输出序列的变化。然而，它很难提出适当的约束，如距离度量，如何选择模板，以及缺乏统计和概率基础。这些缺点使 DTW 模板方法难以优化。

不久就形成了一种将声音信号映射到单词序列的概率方法。统计序列识别引入了最大后验概率估计。形式上，这是一种从一个声学、语音特征序列 X 映射到一个单词序列 W 的方法。声学特征是一个长度为 T 的特征向量序列 $X=\left\{\boldsymbol{x}_t\in\mathbb{R}^D \mid t=1,\cdots,T\right\}$，单词序列定义为 $W=\left\{w_n\in V \mid n=1,\cdots,N\right\}$，长度为 N，其中 V 表示词汇。最可能的单词序列 W^* 可以通过最大化所有可能的单词序列 V^* 的 $P(W\mid X)$ 来估计，概率上可以写成：

$$W^*=\underset{W\in V^*}{\operatorname{argmax}}\, P(W\mid X) \tag{8.11}$$

解这个量就是 ASR 的关键点。传统的方法对这个量进行分解，通过优化模型来求解每个部分，而最近的端到端深度学习方法主要是直接对这个量进行优化。

利用贝叶斯定理将统计语音识别定义为：

$$P(W\mid X)=\frac{P(X\mid W)P(W)}{P(X)} \tag{8.12}$$

量 $P(W)$ 表示语言模型（给定单词序列的概率），$P(X\mid W)$ 表示声学模型。因为这个方程驱动分子最大化来实现最可能的单词序列，所以这个目标不依赖于 $P(X)$，并且它可以被忽略：

$$W^*=\underset{W\in V^*}{\operatorname{argmax}}\, P(X\mid W)P(W) \tag{8.13}$$

统计语音识别的流程如图 8.8 所示。

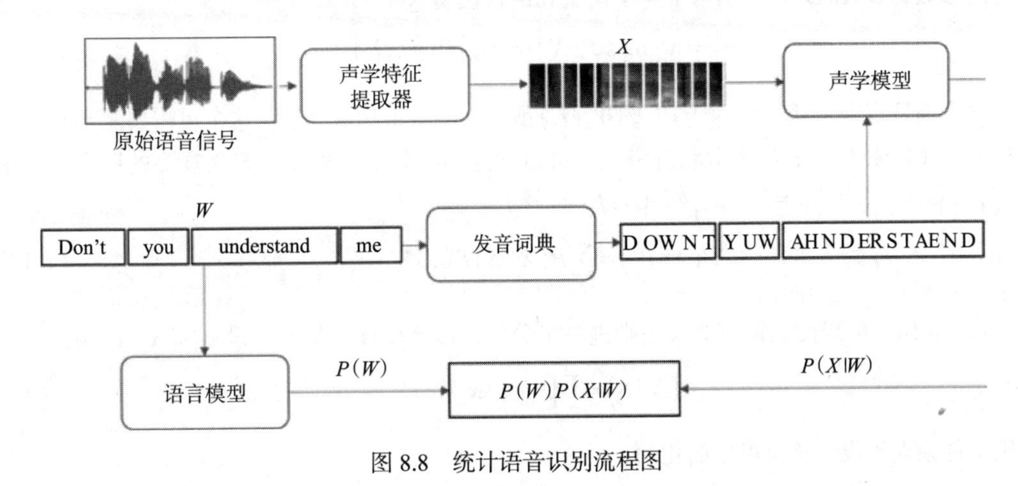

图 8.8 统计语音识别流程图

通常，语音识别最具挑战性的问题之一是输入序列中的步数与输出序列之间的显著差异（$T\gg N$）。例如，提取声学特性可能代表一个 10ms 帧的音频信号。典型的 10 个词的话语的持续时间为3s，输入序列长度为300，目标输出序列为10[You96]。因此，一个单词可以传播许多帧，并采取各种形式，如图8.9所示。因此，有时将一个单词分割成跨越更少帧的子组件是有益的。

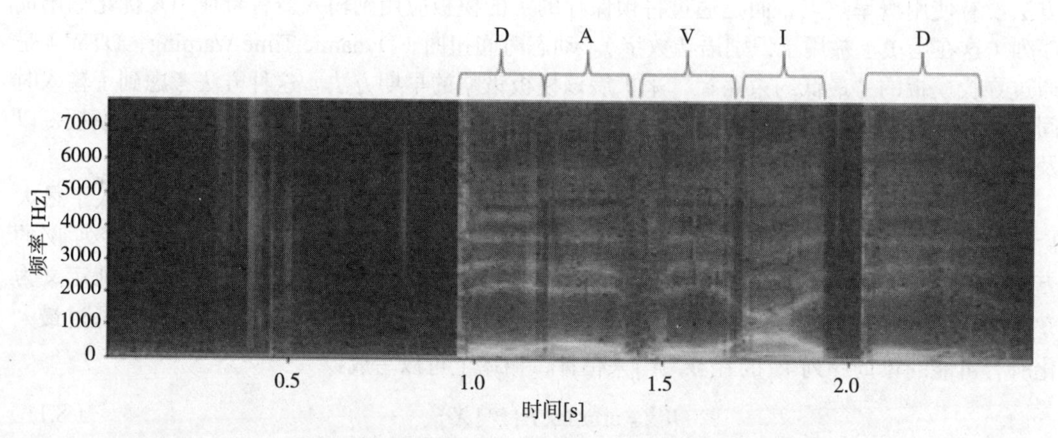

图8.9 一个16 kHz语音，背诵字母D A V I D.的语谱图。用20ms帧创建谱图，重叠10ms，得到的谱图大小为249×161。输出序列的长度为5，对应于词汇表中的每个字符

8.4.1 声学模型：$P(X|W)$

式（8.13）中的统计定义可以增强，以合并将声学特征映射到音素，然后从音素映射到单词：

$$\begin{aligned} W^* &= \underset{W}{\operatorname{argmax}} P(X|W)P(W) \\ &= \underset{W}{\operatorname{argmax}} \sum_S P(X,S|W)P(W) \\ &\approx \underset{W,S}{\operatorname{argmax}} P(X|S)P(S|W)P(W) \end{aligned} \tag{8.14}$$

其中，$P(X|S)$将声学特征映射到音素状态，$P(S|W)$将音素映射到单词（通常称为发音模型）。

式（8.13）显示了两个因子$P(X|W)$和$P(W)$。所有这些因子可以看作模型，因此有可学习的参数，Θ_A和Θ_L，分别用于声学模型和语言模型。

$$W^* = \underset{W \in V^*}{\operatorname{argmax}} P(X|W,\Theta_A)P(W,\Theta_L) \tag{8.15}$$

这个模型现在依赖于用因子$P(X|W,\Theta_A)$预测观测的似然X。求解这个量需要基于状态的建模方法（HMM）。假设离散状态模型，可以通过引入状态序列S来定义观测的概率，其中$S=\left\{s_t \in \left\{s^{(i)},\cdots,s^{(Q)}\right\} | t=1,\cdots,T\right\}$转化为$P(X|W)$。

$$P(X|W) = \sum_S P(X|S)P(S|W) \tag{8.16}$$

式（8.16）可以使用概率链式法则进一步分解，以产生逐帧似然，设$\boldsymbol{x}_{1:n} = \boldsymbol{x}_1, \boldsymbol{x}_2, \cdots, \boldsymbol{x}_n$。

$$P(X|S) = \prod_{t=1}^{T} P(\boldsymbol{x}_t | \boldsymbol{x}_{1:t-1}, S) \tag{8.17}$$

利用条件独立假设，该量可以简化为：

$$P(X|S) \approx \prod_{t=1}^{T} P(\boldsymbol{x}_t | \boldsymbol{s}_t) \tag{8.18}$$

条件独立性假设限制了考虑用于预测的上下文。我们假设任何观测$\boldsymbol{x}_t$只依赖于当前状态

s_t，而不依赖于观测的历史$\boldsymbol{x}_{1:t-1}$，如图 8.10 所示。这一假设降低了问题的计算复杂度，然而，它限制了任何决策中包含的上下文信息。由于语言的上下文性质，条件独立假设常常是 ASR 中最大的障碍之一。因此，许多技术都围绕着提供“上下文特征”来提高质量。

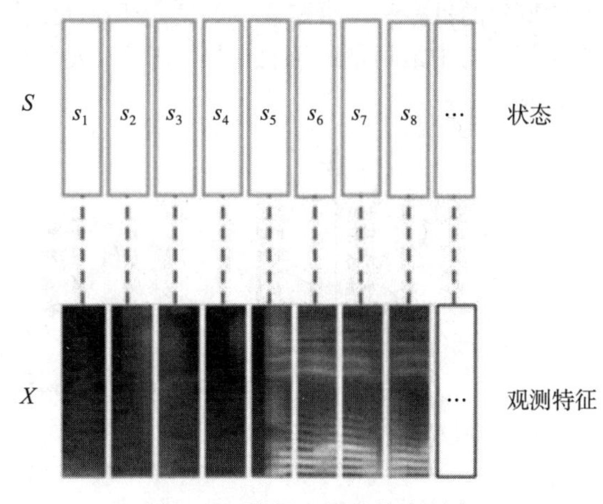

图 8.10　特征观测的状态对齐

条件独立性假设允许我们通过对所有可能的状态序列 S 求和来计算观测的概率，因为产生 X 的实际状态序列永远不知道。根据 ASR 系统的建模方法，状态集 Q 可能会有所不同。在一个简单的系统中，目标状态是子词单元（例如英语音素）。

帧之间的过渡对齐是事先不知道的。我们使用 HMM 来学习时间膨胀，并使用期望最大化（EM）算法对其进行训练。一般来说，EM 算法利用当前的 HMM 参数估计状态占用概率，然后根据估计值重新估计 HMM 参数。

隐马尔可夫模型由两个随机过程组成：一个是马尔可夫链的隐含部分，另一个是概率依赖于马尔可夫链的可观测过程。其目的是模拟产生可观测事件的状态的概率分布，这些状态是声学特征。形式上，HMM 的定义如下：

1. 一组 Q 状态 $S=\left\{s^{(1)},\cdots,s^{Q}\right\}$。马尔可夫链一次只能处于一种状态。在一个简单的 ASR 模型中，状态集 S 可以是该语言的音素集。

2. 初始状态概率分布，$\pi=\left\{P\left(s^{(i)}\mid t=0\right)\right\}$，其中 t 是时间指数。

3. 定义状态间转换的概率分布：$a_{ij}=P\left(s_t^{(j)}\mid s_{t-1}^{(i)}\right)$。跃迁概率 a_{ij} 与时间 t 无关。

4. 从我们的特征空间 F 观察到的 X。在我们的例子中，这个特征空间可以是输入到我们模型中的所有连续声学特征。这些特征是由声音信号赋予我们的。

5. 一组概率分布，发射概率（有时称为输出概率）。这组分布描述了每个状态产生的观测值的性质，即$b_x=\left\{b_i(x)=P\left(x\mid s^{(i)}\right)\right\}$。

- 输出分布：$b_x=P(x\mid s)$。
- 转换概率：$a_{ij}=P\left(s_t\mid s_{t-1}\right)$。
- 初始状态概率：$\pi=P\left(s_1\right)$。

状态s_t之间的转换只依赖于先前的状态s_{t-1}。词典模型（将在下一节中讨论）提供了初始转换状态概率。这些转换可以是自循环的，允许时间膨胀，这是在基于帧的预测中允许弹性所必需的。

对 HMM 进行优化，通过对声学观测 X 和音素状态目标序列 Y 的训练来学习 π、a 和 $b(x)$。$P\left(s^{(j)}\mid s^{(i)}\right)$的初始估计可以从词典模型$P(S\mid W)$获得。采用前向递归算法对当前模型参数 a、$b(x)$进行评分，得出参数$P(X\mid S)$。维特比算法用于避免计算所有路径之和，并用作前向算法的近似值：

$$
\begin{aligned}
P(X\mid S)&=\sum_{\{\text{path}_l\}}P(X,S\mid\lambda)\ \text{Baum-Welch}\\
&\approx\max_{\text{path}_l}P(X,S\mid\lambda)\ \text{Viterbi}
\end{aligned}
\tag{8.19}
$$

训练通常由前向-后向（或Baum-Welch）和维特比算法[Rab89b]完成。在我们的例子中，发射概率的目标是在给定模型的情况下最大化样本的概率。因此，维特比算法只关注可能状态序列集合中最可能的路径（图8.11）。发射概率密度函数的建模通常采用高斯或混合高斯来完成。

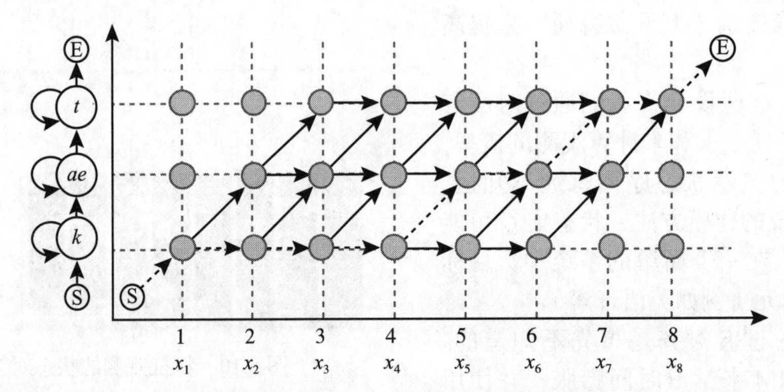

图 8.11　所有可能的状态转换，以产生一个8帧语篇的3音素单词“cat”。应用于可能的状态转换的维特比路径显示为虚线

词典模型：$P(S|W)$

$P(S|W)$模型可以通过表示给定单词序列的状态序列的概率来构造。这种模式通常被称为语音或词典模型。我们利用概率链式法则对其进行因子分解，得到：

$$P(S|W)=\prod_{t=1}^{T}P(s_t \mid s_{1:t-1},W) \tag{8.20}$$

同样，使用条件独立性假设，这个量近似为：

$$P(s_t \mid s_{1:t-1},W)=P(s_t \mid s_{t-1},W) \tag{8.21}$$

条件独立性假设的引入也是一阶马尔可夫假设，允许我们将模型实现为一阶HMM。模型的状态s_t不可直接观测，因此，我们无法观测到从一个语音单元到另一个语音单元的转换。但是，观测值x_t确实取决于当前状态s_t。HMM允许我们从观测中推断出状态序列的信息。

首先，将单词词汇表V转换为每个术语的状态表示，以创建单词模型。

词典模型可以通过计算每个单词开头的出现率来确定每个状态的初始概率$P(s_1)$。转换概率在声学数据的转录目标的词汇版本上累积。

可以为词汇表中的每个单词创建一个基于状态的词序模型，如图8.12所示。

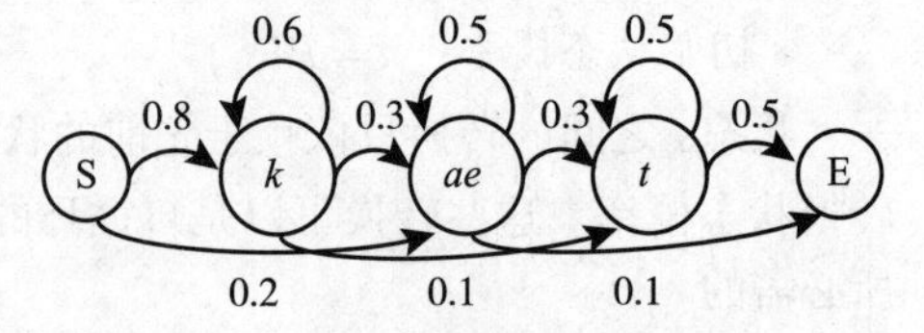

图 8.12　具有转换概率的3音素单词“cat”的音素状态模型

8.4.2　语言模型：$P(W)$

语言模型$P(W)$是一个典型的利用概率链式法则的n-gram语言模型。除$(m-1)$阶马尔可夫假设外，它通过使用条件独立性假设进行因子分解，其中m是要考虑的语言模型的元数。可以这样描述：

$$\begin{aligned}P(W)&=\prod_{n=1}^{N}P(w_n \mid w_{w_1:w_{n-1}})\\&\approx\prod_{n=1}^{N}P(w_n \mid w_{n-m-1:n-1})\end{aligned} \tag{8.22}$$

HMM 是训练和解码序列的鲁棒模型。在对 HMM 模型进行训练时，我们着重于训练各个模型的状态对齐，然后将它们组合成一个 HMM 进行连续语音识别。HMM 还允许合并单词序列，创建基于单词的状态序列并应用单词序列优先级。此外，HMM 支持组合性，因此，时间膨胀、发音和单词序列（语法）在同一模型中通过组合单个组件来处理：

$$\begin{aligned} P(q \mid M) &= P(q, \phi, w \mid M) \\ &= P(q \mid \phi) \cdot P(\phi \mid w) \cdot P\left(w_n \mid w_{w_1 : w_{n-1}}\right) \end{aligned} \tag{8.23}$$

不幸的是，由于以下原因，优化 HMM 所需的许多假设，很大程度上限制了它们的功能 [BM12]：

- HMM 和 DNN 模型虽然是相互独立训练的，但又相互依赖。
- 统计分布的先验选择依赖于手工编制的发音词典中的语言信息。这些都会受到人为错误的影响。
- 一阶马尔可夫假设通常被称为条件独立性假设（状态仅依赖于其先前的状态），它对为单个预测考虑的上下文状态的数量施加了严格的限制。
- 解码过程复杂。

8.4.3　HMM 解码

基于 HMM 的 ASR 模型的解码过程结合各种模型来确定最优的词序列。该过程首先从声学特征中解码一个状态序列，然后从状态序列中解码到最优的词序列。语音解码传统上依赖于根据声学特征来解释语音词典中每个词的 HMM 概率网格。解码可以使用 HMM 输出网格上的维特比算法来完成，但是对于大词汇量任务来说，这是不可行的。维特比解码能有效地执行精确搜索，这使得它不适用于大型词汇表任务。通常使用集束搜索来减少计算量。解码过程使用回溯来跟踪产生的单词序列。

在预测过程中，隐马尔可夫模型的解码通常依赖于加权自动机和传感器。在一个简单的例子中，加权有限状态接收机（Weighted Finite State Acceptor，WFSA），自动机由一组状态（初始、中间和最终）、一组带有标签和权重的状态之间的转换，以及每个最终状态的最终权重组成。权重表示每个转换的概率或成本。你可以用有限状态自动机的形式来表示 HMM。在这种方法中，转换连接每个状态。WFSA 根据状态和可能的转换接收或拒绝可能的解码路径。拓扑可以表示一个单词，可能的单词发音，或者路径中产生该单词的状态概率（如图 8.13 所示）。因此，解码依赖于将 HMM 中的状态模型与发音、字典和 *n*-gram 语言模型相结合，而这些模型必须以某种方式组合起来。

通常，加权有限状态传感器（Weighted Finite State Transducer，WFST）被用来表示解码阶段的不同程度的状态转换 [MPR08]。WFST 将输入序列转换为输出序列。WFST 添加了一个输出标签，可用于将不同级别的解码关系捆绑在一起，例如音素和单词。WFSA 是没有输出标签的 WFST。WFST 表示允许通过其结构属性与有效算法（组合性、确定性和最小化）的联合优化模型。组合性允许独立构造不同类型的 WFST 并将其组合在一起，例如组合一个词典（音素到单词）WFST 和一个概率语法。确定性强制使用唯一的初始状态，其中离开一个状态的两个转换不能共享同一个输入标签。最小化结合了冗余状态，可以认为是充分共享。因此，DNN-HMM 混合模型的整个解码算法可以通过四个传感器用 WFST 表示：

- HMM：将 HMM 状态映射到 CD 音素
- 上下文相关：将 CD 音素映射到音素
- 发音词典：将音素映射到单词

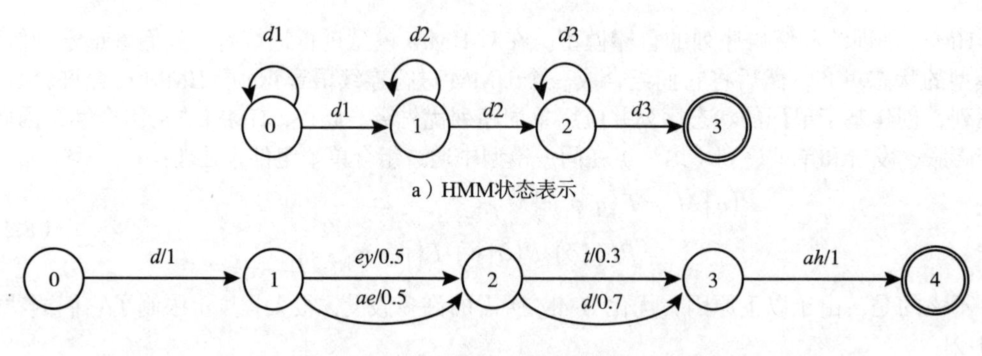

a）HMM状态表示

b）单词 “data”的音素状态转换

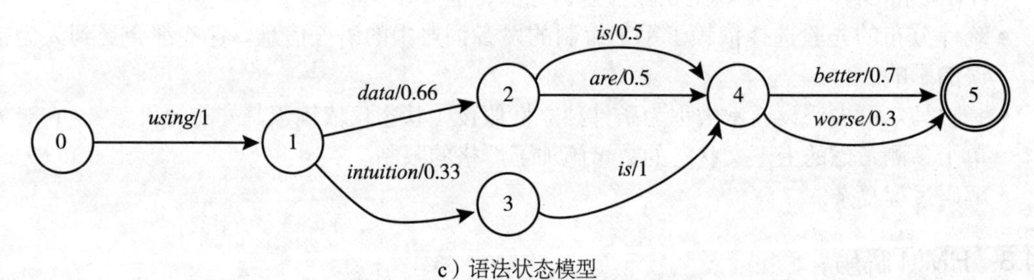

c）语法状态模型

图 8.13　WFSA 示意图，来自 [MPR08]

- 单词级语法：将单词映射到单词。

例如，在 Kaldi 中，这些传感器分别被称为 H、C、L 和 G。组合性允许将 L 和 G 之间的组合生成单个传感器 L G，该传感器将音素序列映射到单词序列。实际上，这些传感器的组成可能会变得太大，因此转换通常采用以下形式：*HCLG*，其中

$$HCLG = \min\Big(\det\Big(H \circ \min\Big(\det\big(C \circ \min(\det(L \circ G))\big)\Big)\Big)\Big) \tag{8.24}$$

8.5　错误指标

语音识别最常用的度量标准是单词错误率（Word Error Rate，WER）。WER 使用 Levenshtein 距离度量，通过考虑插入、删除和替换的次数来测量预测与目标之间的编辑距离。

单词错误率定义为：

$$\text{WER} = 100 \times \frac{I + D + S}{N} \tag{8.25}$$

其中

- I 是单词插入的数量，
- D 是单词删除的数量，
- S 是单词替换的数量，
- N 是目标中的单词总数。

对于基于字符的模型和基于字符的语言，错误度量标准侧重于 CER（Character Error Rate，字符错误率），有时也称为 LER（Letter Error Rate，字母错误率）。基于字符的模型将在第 9 章中详细介绍。

$$\text{CER} = 100 \times \frac{I + D + S}{N} \tag{8.26}$$

其中

- I 是字符插入的数量，
- D 是字符删除的数量，
- S 是字符替换的数量，
- N 是目标中的字符总数。

CER 和 WER 用于确定预测与目标的接近程度，从而对整个系统进行度量。它们很简单地进行计算，并对识别系统的质量进行了简单明了的总结。图 8.14 展示了用于计算 WER 和 CER 的脚本。WER 和 CER 的一些示例在图 8.15、图 8.16、图 8.17 中展示。

```
import Levenshtein as Lev

def wer(s1, s2):
    """
    Computes the Word Error Rate, defined as the edit distance
    between the
    two provided sentences after tokenizing to words.
    Arguments:
    s1 (string): space-separated sentence
    s2 (string): space-separated sentence
    """

    # 构建单词到整型的映射
    b = set(s1.split() + s2.split())
    word2char = dict(zip(b, range(len(b))))

    # 将单词映射到char数组（Levenshtein包只接受字符串）

    w1 = [chr(word2char[w]) for w in s1.split()]
    w2 = [chr(word2char[w]) for w in s2.split()]
    wer_lev = Lev.distance(''.join(w1), ''.join(w2))
    wer_inst = float(wer_lev)/len(s1.split()) * 100
    return 'WER: {0:.2f}'.format(wer_inst)

def cer(s1, s2):
    """
    Computes the Character Error Rate, defined as the edit
    distance.
    Arguments:
    s1 (string): space-separated sentence
    s2 (string): space-separated sentence
    """
    s1, s2, = s1.replace(' ', ''), s2.replace(' ', '')
    cer_inst = float(Lev.distance(s1, s2)) / len(s1) * 100
    return 'CER: {0:.2f}'.format(cer_inst)

```

图 8.14 计算 WER 和 CER 的 Python 函数

```
prediction = 'the cat sat on the mat'
target = 'the cat sat on the mat'
print('Prediction: ' + prediction, '\nTarget: ' + target)
print(wer(prediction, target))
print(cer(prediction, target))

> Prediction: the cat sat on the mat
> Target: the cat sat on the mat
> WER: 0.00
> CER: 0.00
```

图 8.15 预测和目标之间的精确匹配产生 0 的 WER 和 CER

```
prediction = 'the cat sat on the mat'
target = 'the cat sat on the hat'
print('Prediction: ' + prediction, '\nTarget: ' + target)
print(wer(prediction, target))
print(cer(prediction, target))

> Prediction: the cat sat on the mat
> Target: the cat sat on the hat
> WER: 16.67
> CER: 5.88
```

图 8.16　改变预测单词的一个字符会使 WER 增加更大，因为整个单词都是错误的，尽管发音相似。相比之下，CER 的变化要小得多，因为字符比单词多。因此，单个字符的更改影响较小

```
prediction = 'cat mat'
target = 'the cat sat on the mat'
print('Prediction: ' + prediction, '\nTarget: ' + target)
print(wer(prediction, target))
print(cer(prediction, target))

> Prediction: cat mat
> Target: the cat sat on the hat
> WER: 200.00
> CER: 183.33
```

图 8.17　WER 和 CER 通常不被视为百分数，因为它们可能超过 100%。大段丢失或插入会大大增加 WER 和 CER

但是，编辑距离量度的缺点之一是它们没有给出任何可能的误差的指示。因此，测量特定类型的错误将需要进行其他调查以改进模型，例如 SWER（Salient Word Error Rate，显著词错误率）或查看概念准确率。在参考文献 [MMG04] 中，作者建议以 MER（Match Error Rate，匹配错误率）和 WIR（Word Information Loss，词信息丢失）的形式对 WER 指标进行改进。当传达的信息比编辑成本更重要时，这些度量将非常有用，并且具有提供概率解释的额外好处（因为 WER 可能大于 100）。

8.6　DNN/HMM 混合模型

GMM 是一种流行的选择，因为它们能够直接建模 $P(\boldsymbol{x}_t | s_t)$。另外，它们提供输入的概率解释，对每个状态下的分布进行建模。然而，每个状态下的高斯分布本身就是一个强假设。在实践中，这些特征可能是高度非高斯的。DNN 在学习非线性函数方面表现出比 GMM 显著的进步。DNN 无法直接提供条件似然。伪似然技巧作为联合概率的近似值，逐帧后验分布将 $P(\boldsymbol{x}_t | s_t)$ 的概率模型转换为分类问题 $P(s_t | \boldsymbol{x}_t)$。伪似然的应用被称为“混合方法”。

$$\prod_{t=1}^{T} P(\boldsymbol{x}_t | s_t) \propto \prod_{t=1}^{T} \frac{P(s_t | \boldsymbol{x}_t)}{p(s_t)} \tag{8.27}$$

分子是 DNN 分类器，使用一组输入特征作为输入 $\boldsymbol{x}_t$ 和目标状态 s_t 进行训练。 在简单的情况下，如果我们考虑每个音素为 1 状态，则分类器类别的数量将为 $len(q)$。分母 $P(s_t)$ 是状态 s_t 的先验概率。注意，训练逐帧模型需要将 $\boldsymbol{x}_t$ 作为输入，将 s_t 作为目标进行逐帧对齐，如图 8.18 所示。

通常利用较弱的 HMM/GMM 对齐系统或人为创建的标签来创建此对齐。对齐标签的质量和数量通常是混合方法的最大限制。

分类器构造要求选择目标状态（单词、音素、三音素状态）。状态 Q 的选择可以使任务的质量和复杂性产生显著的变化。首先，它必须支持识别任务才能获得对齐。其次，它对于分类任务必须是实用的。例如，音素可能更容易训练分类器，但是，训练数据的逐帧标签和解码方案的获得可能更加困难。另外，基于单词的状态可以直接创建，但是更难获得逐帧对齐和训练分类器。

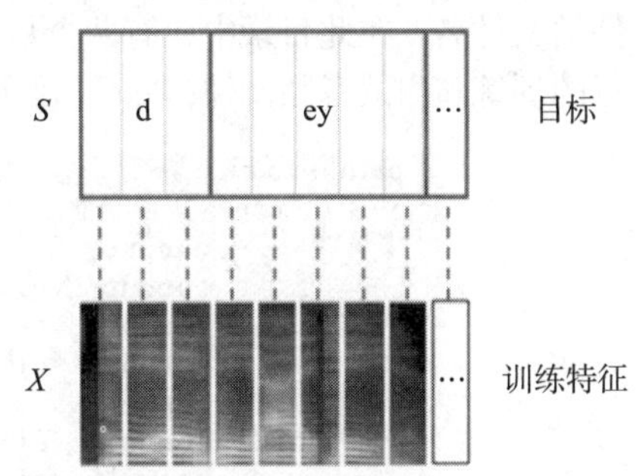

图 8.18　为了应用 DNN 分类器，必须存在逐帧目标。使用现有分类器计算约束对齐，以对齐声学特征和已知状态序列

8.7　案例研究

在此案例研究中，我们主要关注的是使用开放源代码训练 ASR 系统框架。我们首先训练传统的 ASR 引擎，然后转向框架中更高级的模型，以 TDNN 模型结尾。

8.7.1　数据集：Common Voice

在本案例研究中，我们专注于为 Mozilla 发布的 Common Voice[⊖] 数据集构建 ASR 模型。Common Voice 是一个 500h 的语音语料库，其中包括从文本中记录的语音。它由源于大众的讲话录音组成，每个示例对一个语音进行记录。然后，这些录音被同行审查，以评估转录 - 录音对的质量。根据每种语料获得的正面和负面投票数，将其标记为有效、无效或其他。有效类别包含至少经过两次审核的样本，并且大多数确认音频与文本匹配。同样，无效类别至少进行了两次审核，其中大多数确认音频与文本不匹配。另一类包含少于两票或没有多数意见的所有文件。每个子组，有效的和其他的，都进一步分为训练、测试和开发（验证）。“cv-valid-train”数据集总共包含 239.81h 的音频。总体而言，数据集十分复杂，包含各种口音，录音环境、录音者的年龄和性别。

8.7.2　软件工具和库

Kaldi 是应用最广泛的 ASR 工具包之一，主要是为研究人员和专业人士开发的。它主要由约翰斯 · 霍普金斯大学开发，完全用 C++ 构建，并使用 shell 脚本将库的各个组件连接在一起。该设计侧重于提供灵活的工具包，该工具包可以针对任务进行修改和扩展。称为“recipes”的脚本集合用于连接组件以执行训练和推理。

CMU Sphinx 是由卡内基梅隆大学开发的 ASR 工具包。它还依赖基于 HMM 的语音识别和 *n*-gram 语言模型来进行 ASR。Sphinx 工具包已经发布了各种版本，其中 Sphinx4 是最新版本。名为 PocketSphinx 的 Sphinx 版本更适合嵌入式系统（由于硬件的限制，通常会导致质量下降）。

8.7.3　Sphinx

在本节中，我们将在 Common Voice 数据集上训练 Sphinx ASR 模型。该框架依赖于各种程序包，主要基于 C ++。有鉴于此，本节中的许多工作都集中在脚本和相关概念上，即数据准备。像许多框架一样，一旦对数据进行了适当的格式化，该框架就会相对简单明了。

8.7.3.1　数据准备

Sphinx 所需的数据准备是最重要的步骤。Sphinx 被配置为在特定位置查找特定内容，并

⊖ https://voice.mozilla.org/en/data.

期望文件和文件名之间保持一致。常规结构是与数据集同名的顶层目录。该名称用作后续文件的文件名。在此目录中，有两个目录“wav”和“etc”：“wav”目录包含所有以 wav 形式进行的训练和测试音频文件；“etc”目录包含所有配置和脚本文件。图 8.19 展示了文件结构。

```
/common_voice
        etc/
            common_voice.dic
            common_voice.filler
            common_voice.idngram
            common_voice.lm
            common_voice.lm.bin
            common_voice.phone
            common_voice.vocab
            common_voice_test.fileids
            common_voice_test.transcription
            common_voice_train.fileids
            common_voice_train.transcription
        wav/
              train_sample000000.wav
              test_sample000000.wav
              train_sample000001.wav
              test_sample000001.wav
              ...

```

图 8.19 由 Sphinx 创建的文件

Common Voice 最初与“mp3”文件打包在一起。这些将通过使用“SoX”工具[⊖]转换为“wav”。处理脚本如图 8.20 所示。

```
def convert_to_wav(x):
    file_path, wav_path = x
    file_name = os.path.splitext(os.path.basename(file_path))[0]
    cmd = "sox {} -r {} -b 16 -c 1 {}".format(
            file_path,
            args.sample_rate,
            wav_path)
    subprocess.call([cmd], shell=True)

with ThreadPool(10) as pool:
    pool.map(convert_to_wav, train_wav_files)

```

图 8.20 使用 SoX 库将 mp3 文件转换为 wav 文件。该函数被并行化以提高转换速度

在创建了“wav”文件之后，我们创建了应该用于训练和单独验证（称为 Sphinx 框架测试）的所有文件的列表。文件列表包含“.fileids”文件。“.fileids”每行包含一个不带文件扩展名的文件名。如图 8.21 所示。

```
train_sample000000
train_sample000001
train_sample000002
...

```

图 8.21 “common_voice_train.fileids”文件的样本

接下来，我们创建 transcript 文件。transcript 文件每行有一个话语文字记录，末尾指定

⊖ http://sox.sourceforge.net/.

“fileid”。成绩单文件的示例为如图 8.22 所示。

```
1 <s> learn to recognize omens and follow them the old king had
      said </s> (train_sample -000000)
2 <s> everything in the universe evolved he said </s> (train_sample
      -000001)
3 <s> you came so that you could learn about your dreams said the
      old woman </s> (train_sample -000002)
4 ...
5
```

图 8.22　“common_voice_train. transcript”文件的样本

创建 transcript 文件后，我们将注意力转向使用的语音单元。此示例中使用了如图 8.6 所示的相同音素，并使用了另外一个音素 *<SIL>* 用于表示静默令牌。

下一步是创建语音词典。我们创建训练数据集 transcript 中所有单词的列表。 图 8.23 中的脚本展示了一种简单的方法。

```
1  import collections
2  import os
3
4  counter = collections.Counter()
5  with open(csv_file) as csvfile:
6      reader = csv.DictReader(csvfile)
7      for row in reader:
8          trans = row['text']
9          counter += collections.Counter(trans.split())
10
11 with open(os.path.join(etc_dir,'common_voice.words'), 'w') as f:
12     for item in counter:
13         f.write(item.lower() + '\n')
14
```

图 8.23　该脚本创建一个文件“common voice.words”，该文件每行包含一个来自训练数据的单词。注意：每个单词在此文件中只表示一次

接下来，我们使用单词和音素列表创建一个语音字典。创建词典模型通常需要语言专业知识或现有模型来为这些单词创建映射，因为语音表示应与发音匹配。为了减轻这种依赖性，我们用 CMU Lextool[⊖] 创建语音词典，并保存为“common-voice.dic”。注意：这里需要一些额外的处理，以确保除了我们的“.phone”文件中指定的那些音素之外，没有额外的音素添加到表示中。此外，在此示例中，所有音素和转录均以小写字母表示。语音词典也需要匹配。图 8.24 展示了语音词典的示例。

```
1  a        ah
2  a(2)     ey
3  monk     m ah ng k
4  dressed  d r eh s t
5  in       ih n
6  black    b l ae k
7  came     k ey m
8  to       t uw
9  ...
10
```

图 8.24　“common_voice_train.dic”文件的样本

⊖ http://www.speech.cs.cmu.edu/tools/lextool.html.

我们的最后一步是创建语言模型。大多数语言模型都遵循 ARPA 格式，每行表示一次 *n*-gram 语法及其相关概率，并用节定界符表示 gram 数量的增加。我们使用 CMUCLMTK（一种来自 CMU 的语言建模工具包）创建一个 3-gram 语言模型。该脚本对不同的 *n*-garm 语法进行计数，并计算每个的概率。脚本如图 8.25 所示，语言模型的示例如图 8.26 所示。

```
# 创建vocab 文件
text2wfreq < etc/common_voice_train.transcription | wfreq2vocab >
    etc/common_voice.vocab

# 从训练脚本文件中创建 n-gram 计数
text2idngram -vocab etc/common_voice.vocab -idngram etc/
    common_voice.idngram < etc/common_voice_train.transcription

# 从 n-gram 创建语言模型
idngram2lm -vocab_type 0 -idngram etc/common_voice.idngram -vocab
    etc/common_voice.vocab -arpa etc/common_voice.lm

# 将语言模型转换为二进制（压缩）
sphinx_lm_convert -i etc/common_voice.lm -o etc/common_voice.lm.
    DMP

```

图 8.25　CMUCLMTK 创建语言建模文件

```
\data\
ngram 1=8005
ngram 2=31528
ngram 3=49969

\1-grams:
-6.8775 </s>      0.0000
-0.9757 <s>      -4.8721
-1.6598 a        -4.5631
-5.0370 aaron    -1.2761
-4.5116 abandon  -1.7707
-3.9910 abandoned        -2.2851
...

\2-grams:

-1.9149 <s> a -3.2624
-4.1178 <s> abigail 0.0280
-2.8197 <s> about -2.4474
-4.0634 <s> abraham 0.0483
-2.9228 <s> absolutely -1.8134
...

\3-grams:
-0.9673 <s> a boy
-1.6977 <s> a breeze
-2.6800 <s> a bunch
-1.5866 <s> a card
-2.2998 <s> a citation

```

图 8.26　标准 ARPA 格式的“common_voice.lm”文件

预处理完成后，即可训练 ASR 模型。

8.7.3.2　模型训练

Sphinx 的模型训练过程很简单，所有设置都遵循配置文件。为生成配置文件，我们运行：

```
1 sphinxtrain -t common_voice setup
```

使用 setup config，可以通过运行以下命令来训练 Sphinx 模型：

```
1 sphinxtrain run
```

训练函数运行一系列检查配置和设置的脚本。然后，它对数据执行一系列转换以生成特征，然后训练一系列模型。Sphinx 框架在 Common Voice 验证集上的 WER 为 39.824，CER 为 24.828。

8.7.4 Kaldi

在本节中，我们将训练一系列的 Kaldi 模型，以在 Common Voice 数据集上训练高质量的 ASR 模型。训练高质量的模型需要中间模型将声学特征帧与语音状态对齐。该代码和解释改编自 Kaldi 教程。

8.7.4.1 数据准备

Kaldi 中的数据准备类似于 Sphinx 准备，需要转录和音频 ID 文件，如图 8.27 所示。Kaldi 拥有一套脚本来自动构建这些文件，以减少 Sphinx 设置所需的手动工作。

```
1     # spk2gender   [<speaker-id> <gender>]
2     # wav.scp      [<uterranceID> <full_path_to_audio_file>]
3     # text         [<uterranceID> <text_transcription>]
4     # utt2spk      [<uterranceID> <speakerID>]
5     # corpus.txt   [<text_transcription>]
6
```

图 8.27　需要为 Kaldi 创建的文件

准备从“.wav”文件到音频路径的映射。我们为每个文件创建一个话语 ID。该话语 ID 用于将文件绑定到训练流水线中的不同表示。在 Kaldi 中，这被视为一个简单的文本文件，带有“.scp”扩展名。

之后，创建一个将话语 ID 映射到表示文本生成的文件（如图 8.28 所示）。[⊖] 此文件将用于创建话语。

```
1 dad_4_4_2 four four two
2 july_1_2_5 one two five
3 july_6_8_3 six eight three
4 # 继续
```

图 8.28　文本生成样本

语料库文件包含数据集中的所有话语。它用于计算系统的词级解码图。

这些文件允许生成其余所需文件，例如“lexicon.txt”文件，其中包含带有音素转录的词典中的所有单词。此外，还有非静音和静音音素文件，提供了处理非语音音频的方法，如图 8.29 所示。

准备好这些文件后，可以使用 Kaldi 脚本创建 ARPA 语言模型和词汇表。使用 Sphinx，字典中的所有术语都需要手动输入词条（我们利用预制字典和其他推论字典来完成此操作）。除了在 Kaldi 中，在此案例中，我们也使用 CMU 词典，使用预训练模型来估计 OOV 词[⊜] 的发音。一旦准备好词典，便建立了词汇模型，并给出了数据集中每个单词的语音表示。然后，

⊖ 如果有其他标签，如讲话人和性别，这些标签也可以在这个过程中使用。Common Voice 没有这些标签，所以每个话语都是单独处理的。

⊜ 可以通过退出 lexicon-iv.txt 文件将特定单词添加到词典中。

根据转录和词典模型构建 FST，并将其用于训练模型。

```
1  !SIL sil
2  <UNK> spn
3  eight ey t
4  five f ay v
5  four f ao r
6  nine n ay n
7  one hh w ah n
8  one w ah n
9  seven s eh v ah n
10 six s ih k s
11 three th r iy
12 two t uw
13 zero z ih r ow
14 zero z iy r ow
15
```

图 8.29 “lexicon.txt”文件的样本

数据预处理的下一步是为所有训练数据生成 MFCC。每种发音的文件都会单独保存，以减少各种实验的特征生成。在此过程中，我们还将创建两个较小的数据集：10k 个最短话语的数据集和 20k 个最短语篇的数据集。这些用于构建早期模型。一旦特征被提取，我们就可以训练我们的模型。

8.7.4.2 模型训练

许多模型训练都是由 Kaldi 编写的，并且在数据准备完成后会直接进行。训练的第一个模型是 HMM-GMM 模型。通过最短的 10k 语音训练了 40 个周期。然后使用该模型对齐 20k 话语。在对每个模型进行训练后，我们将重建解码图并将其应用于测试集。该模型在验证时产生的 WER 为 52.06（如图 8.30 所示）。

```
1 steps/train_mono.sh --boost-silence 1.25 --nj 20 --cmd "run.pl --
    mem 8G" \
2   data/train_10kshort data/lang exp/mono || exit 1;
3 (
4   utils/mkgraph.sh data/lang_test exp/mono exp/mono/graph
5   for testset in valid_dev; do
6       steps/decode.sh --nj 20 --cmd "run.pl --mem 8G" exp/mono/
    graph \
7           data/$testset exp/mono/decode_$testset
8   done
9 )&
10
```

图 8.30 训练单音素“mono”模型，与训练数据的 10k 最短话语子集进行对齐

接下来，我们使用 20k 对齐来训练包含增量和双增量特征的新模型。该模型还将在训练过程中利用三音素。将使用单独的训练脚本再次执行之前的过程，以产生达到 25.06 的 WER 的模型（如图 8.31 所示）。

训练的第三个模型是 LDA+MLLT 模型。通过使用 20k 数据集上先前模型的学习结果，该模型将用于计算更好的对齐。到目前为止，我们一直在使用 13 维 MFCC 特征。在该模型中，在单个输入 t 中考虑了多个帧，以在每个状态下提供更多上下文。添加的输入维数增加了分类器的计算要求，因此我们使用线性判别分析（Linear Discriminant Analysis，LDA）来减少特征的维数。此外，最大似然线性变换（Maximum Likelihood Linear Transform，MLLT）可以进一步解除特征之间的关联，并使它们成为“正交”，以便通过对角协方差高斯模型更好地建模 [Rat+13]。所得模型的 WER 为 21.69（如图 8.32 所示）。

```
1 steps/align_si.sh --boost-silence 1.25 --nj 10 --cmd "run.pl --
    mem 8G" \
2     data/train_20k data/lang exp/mono exp/mono_ali_train_20k
3
4 steps/train_deltas.sh --boost-silence 1.25 --cmd "$train_cmd" \
5     2000 10000 data/train_20k data/lang exp/mono_ali_train_20k
      exp/tri1
6
7 # 用 tri1模型解码
8 (
9     utils/mkgraph.sh data/lang_test exp/tri1 exp/tri1/graph
10    for testset in valid_dev; do
11        steps/decode.sh --nj 20 --cmd "$decode_cmd" exp/tri1/
      graph \
12              data/$testset exp/tri1/decode_$testset
13    done
14 )&
15
```

图 8.31　在 20k 训练子集上训练另一个单声素“tri1”模型，与“mono”模型对齐

```
1 steps/align_si.sh --nj 10 --cmd "$train_cmd" \
2     data/train_20k data/lang exp/tri1 exp/tri1_ali_train_20k
3
4 steps/train_lda_mllt.sh --cmd "$train_cmd" \
5 --splice-opts "--left-context=3 --right-context=3" 2500 15000 \
6     data/train_20k data/lang exp/tri1_ali_train_20k exp/tri2b
7
8 # 用 LDA+MLLT 模型解码
9 utils/mkgraph.sh data/lang_test exp/tri2b exp/tri2b/graph
10 (
11    for testset in valid_dev; do
12        steps/decode.sh --nj 20 --cmd "$decode_cmd" exp/tri2b/
      graph \
13              data/$testset exp/tri2b/decode_$testset
14    done
15 )&
16
```

图 8.32　训练 LDA+MLLT “tri2b”模型，与“tri1”模型对齐

训练的下一个模型是讲话者自适应模型，称为“LDA+MLLT+SAT”。使用以前的模型，并使用与以前的模型相同的架构，以及附加的讲话者自适应特征，再次对齐 20k 数据集。因为我们的数据不包含讲话者标签，所以我们不会期望在这一领域获得任何收益，我们也看不到任何收益。结果模型产生的 WER 为 22.25（如图 8.33 所示）。

现在，我们将使用先前模型计算的对齐应用于整个训练数据集。我们根据新的对齐另一个 LDA+MLLT+SAT 模型。得到的模型给出的 WER 为 17.85（如图 8.34 所示）。

最终模型是 TDNN 模型 [PPK15]。TDNN 模型是具有批处理归一化的 8 层 DNN。由于深度和并行化的原因，该模型需要 GPU 进行训练（如图 8.35 所示）。

集成了 8 层 DNN 后，最终模型在验证集上的 WER 为 4.82。

8.7.5　结果

表 8.1 总结了此案例研究中获得的结果。然后，在测试集上评估最佳的 Kaldi 和 Sphinx 模型。结果如表 8.2 所示。我们看到，在最终的 Kaldi TDNN 模型中添加深度学习后，与传统的声学模型学习算法相比，质量有显著提高。

```
# 使用tri2b模型对齐utts
steps/align_si.sh --nj 10 --cmd "$train_cmd" --use-graphs true \
    data/train_20k data/lang exp/tri2b exp/tri2b_ali_train_20k

steps/train_sat.sh --cmd "$train_cmd" 2500 15000 \
    data/train_20k data/lang exp/tri2b_ali_train_20k exp/tri3b

# 用tri3b模型解码
(
    utils/mkgraph.sh data/lang_test exp/tri3b exp/tri3b/graph
    for testset in valid_dev; do
        steps/decode_fmllr.sh --nj 10 --cmd "$decode_cmd" \
            exp/tri3b/graph data/$testset exp/tri3b/
    decode_$testset
    done
)&

```

图 8.33　训练 LDA+MLLT+SAT“tri3b”模型，与“tri2b”模型对齐

```
# 使用tri3b模型在整个训练集中对齐utts
steps/align_fmllr.sh --nj 20 --cmd "$train_cmd" \
    data/valid_train data/lang \
    exp/tri3b exp/tri3b_ali_valid_train

# 在完整训练集上训练另一个LDA+MLLT+SAT系统
steps/train_sat.sh  --cmd "$train_cmd" 4200 40000 \
    data/valid_train data/lang \
    exp/tri3b_ali_valid_train exp/tri4b

# 使用tri4b模型解码
(
    utils/mkgraph.sh data/lang_test exp/tri4b exp/tri4b/graph
    for testset in valid_dev; do
        steps/decode_fmllr.sh --nj 20 --cmd "$decode_cmd" \
            exp/tri4b/graph data/$testset \
            exp/tri4b/decode_$testset
    done
)&

```

图 8.34　训练 LDA+MLLT+SAT“tri4b”模型，与“tri3b”模型对齐

```
local/chain/run_tdnn.sh --stage 0

```

图 8.35　脚本：使用“tri4b”模型训练 TDNN 模型

表 8.1　Common Voice 验证集上的语音识别性能。最好的结果是阴影背景的算法

方法	WER
Sphinx	39.82
Kaldi 单音素（10 k 样本）	52.06
Kaldi 三音素（增量和双增量，20 k 样本）	25.06
Kaldi LDA+MLLT（20 k 样本）	21.69
Kaldi LDA+MLLT+SAT（20 k 样本）	22.25
Kaldi LDA+MLLT+SAT（所有数据）	17.85
Kaldi TDNN（所有数据）	**4.82**

表 8.2　Common Voice 测试集的语音识别性能。最好的结果是阴影背景的算法

方法	WER
Sphinx	53.83
Kaldi TDNN	**4.44**

8.7.6　留给读者的练习

读者可以自己尝试一些其他问题，包括：

1. 如何在词汇表中添加其他单词？
2. 评估该系统的实时因子（RTF）。
3. 有什么方法可以提高带口音的语音质量？
4. 双音素模型中有多少个状态？三音素模型又有多少个状态？

参考文献

[BM12] Herve A Bourlard and Nelson Morgan. *Connectionist speech recognition: a hybrid approach.* Vol. 247. Springer Science & Business Media, 2012.

[BW13] Michael Brandstein and Darren Ward. *Microphone arrays: signal processing techniques and applications.* Springer Science & Business Media, 2013.

[DM90] Steven B Davis and Paul Mermelstein. “Comparison of parametric representations for monosyllabic word recognition in continuously spoken sentences”. In: *Readings in speech recognition.* Elsevier, 1990, pp. 65–74.

[Her90] Hynek Hermansky. “Perceptual linear predictive (PLP) analysis of speech”. In: *the Journal of the Acoustical Society of America* 87.4 (1990), pp. 1738–1752.

[HWW15] Yedid Hoshen, Ron J Weiss, and Kevin W Wilson. “Speech acoustic modeling from raw multichannel waveforms”. In: *Acoustics, Speech and Signal Processing (ICASSP), 2015 IEEE International Conference on.* IEEE. 2015, pp. 4624–4628.

[JH11] Navdeep Jaitly and Geoffrey Hinton. “Learning a better representation of speech soundwaves using restricted Boltzmann machines”. In: *Acoustics, Speech and Signal Processing (ICASSP), 2011 IEEE International Conference on.* IEEE. 2011, pp. 5884–5887.

[MPR08] Mehryar Mohri, Fernando Pereira, and Michael Riley. “Speech recognition with weighted finite-state transducers”. In: *Springer Handbook of Speech Processing.* Springer, 2008, pp. 559–584.

[MMG04] Andrew Cameron Morris, Viktoria Maier, and Phil Green. “From WER and RIL to MER and WIL: improved evaluation measures for connected speech recognition”. In: *Eighth International Conference on Spoken Language Processing.* 2004.

[MBE10] Lindasalwa Muda, Mumtaj Begam, and Irraivan Elamvazuthi. “Voice recognition algorithms using Mel frequency cepstral coefficient (MFCC) and dynamic time warping (DTW) techniques”. In: *arXiv preprint arXiv:1003.4083* (2010).

[PCD13] Dimitri Palaz, Ronan Collobert, and Mathew Magimai Doss. “Estimating phoneme class conditional probabilities from raw speech signal using convolutional neural networks". In: *arXiv preprint arXiv:1304.1018* (2013).

[PVZ13] Venkata Neelima Parinam, Chandra Sekhar Vootkuri, and Stephen A Zahorian. "Comparison of spectral analysis methods for automatic speech recognition." In: *INTERSPEECH*. 2013, pp. 3356–3360.

[PPK15] Vijayaditya Peddinti, Daniel Povey, and Sanjeev Khudanpur. "A time delay neural network architecture for efficient modeling of long temporal contexts". In: *Sixteenth Annual Conference of the International Speech Communication Association*. 2015.

[Rab89b] Lawrence R Rabiner. "A tutorial on hidden Markov models and selected applications in speech recognition". In: *Proceedings of the IEEE* 77.2 (1989), pp. 257–286.

[Rat+13] Shakti P Rath et al. "Improved feature processing for deep neural networks." In: *Interspeech*. 2013, pp. 109–113.

[Sch+07] Ralf Schluter et al. "Gammatone features and feature combination for large vocabulary speech recognition". In: *Acoustics, Speech and Signal Processing, 2007. ICASSP 2007. IEEE International Conference on*. Vol. 4. IEEE. 2007, pp. IV–649.

[Tüs+14] Zoltán Tüske et al. "Acoustic modeling with deep neural networks using raw time signal for LVCSR". In: *Fifteenth Annual Conference of the International Speech Communication Association*. 2014.

[You96] Steve Young. "A review of large-vocabulary continuous-speech". In: *IEEE signal processing magazine* 13.5 (1996), p. 45.

第三部分

Deep Learning for NLP and Speech Recognition

用于文本与语音的高阶深度学习技术

注意力与记忆增强网络

9.1 章节简介

正如我们在前几章中所看到的，在深度学习网络中，有一些很好的架构可以分别使用各种形式的卷积和递归网络来处理空间和时间数据。但是，数据具有某些依赖性（例如乱序访问、长期依赖性）时，当前讨论的大多数标准架构都是不合适的。考虑一个具体的例子，基于提供事实的 bAbI 数据集，如果我们提出问题，则需要根据事实推断得出答案。如图 9.1 所示，需要根据乱序访问和长期依赖才能找到正确的答案。

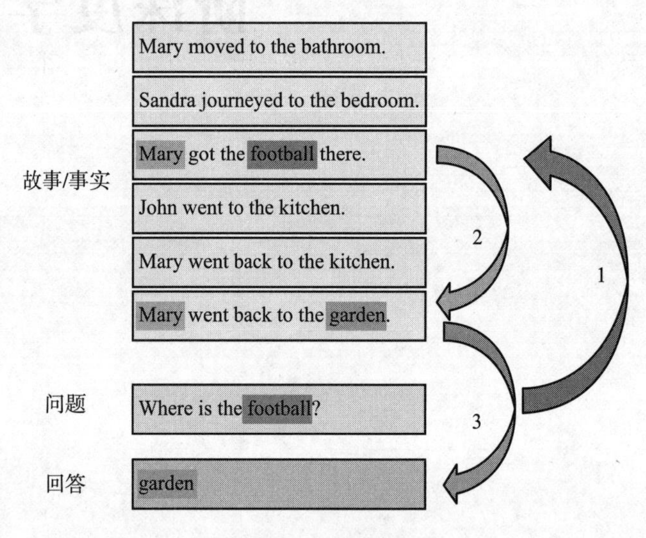

图 9.1　问答任务

在过去的十年里，深度学习架构将捕捉到的隐含知识作为特征，在各种自然语言处理任务中取得了重大进展。在许多任务中（如问答或总结）都需要存储明确的知识，以便在任务中使用。例如，在 bAbI 数据集中，会捕获有关 Mary、Sandra、John、football 及其位置的信息，以回答诸如“where is the football”之类的问题。像 LSTM 和 GRU 这样的循环网络不能在很长的序列上捕获这些信息。注意力机制、记忆增强网络以及两者的一些结合是目前解决上述许多问题的主要技术。在本章中，我们将详细讨论许多已经成功应用于语音和文本的注意力机制和记忆网络等主流技术。

虽然在 Bahdanau 等人提出他们的研究后，注意力机制在最近的 NLP 和语音中变得非常流行，但它已经以某种形式被引入到神经网络架构中。Larochelle 和 Hinton 强调了“注视点”在提高图像识别任务性能方面的作用 [LH10]。同时，Denil 等人在神经科学模型的启发下，提出了一个类似的注意力模型用于目标跟踪和识别 [Den+12]。Weston 等人开创了现代记忆增强网络的先河，但其起源可以追溯到 20 世纪 60 年代早期 Steinbuch 和 Piske 的相关工作 [SP63]。Das 等人使用带有外部堆栈内存的神经网络下推自动机（Neural Network Pushdown Automaton, NNPDA）来解决上下文无关语法学习中的循环网络问题 [DGS92]。Mozer 在处理复杂时间序列时，提出了一个具有两个独立模块的架构：（a）用于捕捉过去事件的短期记忆；（b）利用短期记忆进行分类或预测的关联器 [Moz94]。

9.2 注意力机制

以更普遍的方式说，**注意力**在人类心理学中是非常著名的概念，即人们在处理信息遇到瓶颈时，会选择性地关注某些信息，而忽略了其余可见信息。将人类心理学中的这个概念映射到文本流或音频流等序列数据中，当我们在学习过程中会只关注序列或区域的某些部分信息，而模糊其余部分，这个过程被称为**注意力机制**。第 7 章在介绍循环网络和序列建模时对注意力做了简要介绍。由于许多应用注意力的技术要么与记忆增强网络相关，要么被用于记忆增强网络，因此，我们将介绍一些已经被广泛应用的现代技术。

9.2.1 对注意力机制的需求

让我们考虑一下从英语到法语的翻译，这句话是“I like coffee”，法语是“J’aime le café”。我们将使用带有序列到序列模型的机器翻译用例，来强调注意机制的必要性。让我们考虑一个带有编码器 - 解码器网络的简单 RNN，如图 9.2 所示。我们在上面的神经网络机器翻译中可以看到，整个句子被压缩成一个由隐藏向量 $\boldsymbol{s}_4$ 给出的单个表示，它是整个句子的表示并被解码器序列用作翻译模型的输入。随着输入序列长度的增加，将全部信息编码成单个向量变得不可行。文本中的输入序列通常具有复杂的短语结构和单词之间的长程关系，而所有这些似乎都局限在末尾的单个向量中。实际上，来自编码器网络的所有隐藏值都携带着可以在任何时间步长的情况下影响解码器输出的信息。如果不使用每个单词的隐藏输出，只使用单个句子的输出，每个单词对句子的影响可能会在过程中被稀释。最后，解码器的每个输出可能会受到每个输入的不同影响，而且其顺序可能与输入序列不同。

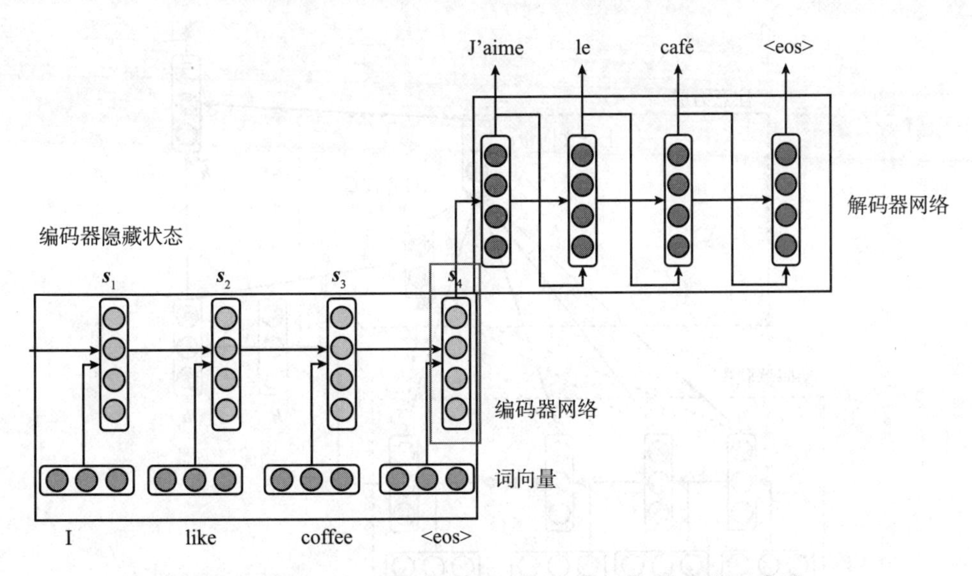

图 9.2　使用 RNN 进行神经机器翻译的编码器 - 解码器示意图

9.2.2 软注意力机制

在本节中，我们将介绍注意力机制，作为克服循环网络问题的一种方法。我们将从

Luong 等人提出的注意力机制开始，这是一种更一般的注意力机制，然后描述它与 Bahdanau 等人提出的有何不同 [LPM15，BCB14b]。

注意力机制在编码器和解码器中具有以下内容（如图 9.3 所示）：

- 长度为 n 的源序列 $\boldsymbol{x}=\{x_1,x_2,\cdots,x_n\}$。
- 长度 m 的目标序列 $\boldsymbol{y}=\{y_1,y_2,\cdots,y_m\}$。
- 编码器隐状态 $\boldsymbol{s}_1,\boldsymbol{s}_2,\cdots,\boldsymbol{s}_n$。
- 解码器序列的每个输出均具有一个隐藏状态 $\boldsymbol{h}_i$，其中 $i=1,2,\cdots,m$。
- 位置 i 处的源端上下文向量 $\boldsymbol{c}_i$ 为之前隐藏状态和对齐向量 $\boldsymbol{a}_i$ 的加权平均值：

$$\boldsymbol{c}_i=\sum_j a_{i,j}\boldsymbol{s}_j \tag{9.1}$$

- 对齐评分由下式给出：

$$\boldsymbol{a}_i=\text{align}\left(\boldsymbol{h}_i,\boldsymbol{s}_j\right) \tag{9.2}$$

$$=\text{softmax}\left(\text{score}\left(\boldsymbol{h}_i,\boldsymbol{s}_j\right)\right) \tag{9.3}$$

$a_{i,j}$ 表示**对齐权重**。上式描述了每个输入元素如何影响给定位置的输出元素。预定义的评分函数被称为注意力评分函数，它有很多变体，将在下一节中定义。

- 结合源端上下文向量 $\boldsymbol{c}_i$ 和隐藏状态 $\boldsymbol{h}_i$，得到 $[\boldsymbol{c}_i;\boldsymbol{h}_i]$，然后使用非线性的 tanh 函数，得到注意力隐藏向量 $\tilde{\boldsymbol{h}}_i$：

$$\tilde{\boldsymbol{h}}_i=\tanh\left(\boldsymbol{W}_c\left[\boldsymbol{c}_i;\boldsymbol{h}_i\right]\right) \tag{9.4}$$

其中，$\boldsymbol{W}_c$ 表示通过训练学习到的权重。

- 注意力隐藏向量 $\tilde{\boldsymbol{h}}_i$ 通过 softmax 函数生成概率分布：

$$P\left(y_i\mid y<i,x\right)=\text{softmax}\left(\boldsymbol{W}_s\tilde{\boldsymbol{h}}_i\right) \tag{9.5}$$

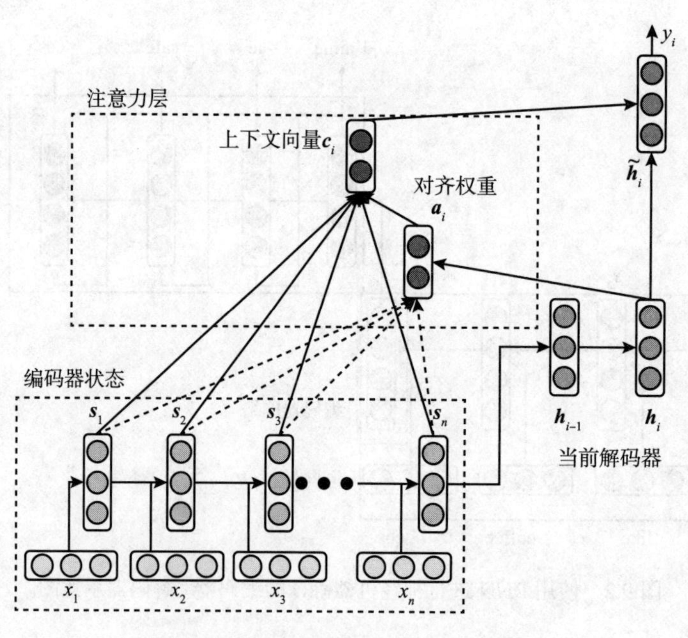

图 9.3　编码器 – 解码器网络中软注意力的分步计算过程

- Bahdanau 等人在编码器中使用双向 LSTM 层，并将隐藏状态连接起来。
- Bahdanau 等人使用前一个状态，即 $\boldsymbol{h}_{i-1}$，而计算路径为$\boldsymbol{h}_{i-1} \to \boldsymbol{a}_i \to \boldsymbol{c}_i \to \tilde{\boldsymbol{h}}_i$，而 Luong 等人则为$\boldsymbol{h}_i \to \boldsymbol{a}_i \to \boldsymbol{c}_i \to \tilde{\boldsymbol{h}}_i$。
- Bahdanau 等人在评分函数中使用了先前状态和编码器状态的线性组合 $\text{score}\left(\boldsymbol{s}_j, \boldsymbol{h}_i\right) = \boldsymbol{v}_a^\top \tanh\left(\boldsymbol{W}_a \boldsymbol{s}_j + \boldsymbol{U}_a \boldsymbol{h}_i\right)$。
- Luong 等人有输入馈送机制，其中注意隐藏向量$\tilde{\boldsymbol{h}}_i$与目标输入连接。

9.2.3 基于评分的注意力机制

表 9.1 给出了计算注意力评分函数的不同方法，以获得不同类型的注意力。

- 乘法和加法评分函数通常给出相似的结果，但是使用有效矩阵乘法技术，乘法评分函数在计算和空间效率上都更快。

表 9.1 注意力评分汇总

评分名称	评分描述	参数	文献
连接（加法）	$\text{score}\left(\boldsymbol{s}_j, \boldsymbol{h}_i\right) = \boldsymbol{v}_a^\top \tanh\left(\boldsymbol{W}_a\left[\boldsymbol{s}_j; \boldsymbol{h}_i\right]\right)$	$\boldsymbol{v}_a$和$\boldsymbol{W}_a$可训练	[LPM15]
线性（加法）	$\text{score}\left(\boldsymbol{s}_j, \boldsymbol{h}_i\right) = \boldsymbol{v}_a^\top \tanh\left(\boldsymbol{W}_a \boldsymbol{s}_j + \boldsymbol{U}_a \boldsymbol{h}_i\right)$	$\boldsymbol{v}_a$、$\boldsymbol{U}_a$和$\boldsymbol{W}_a$可训练	[BCB14b]
双线性（乘法）	$\text{score}\left(\boldsymbol{s}_j, \boldsymbol{h}_i\right) = \boldsymbol{h}_i^\top \boldsymbol{W}_a \boldsymbol{s}_j$	$\boldsymbol{W}_a$可训练	[LPM15]
点（乘法）	$\text{score}\left(\boldsymbol{s}_j, \boldsymbol{h}_i\right) = \boldsymbol{h}_i^\top \boldsymbol{s}_j$	无	[LPM15]
缩放点（乘法）	$\text{score}\left(\boldsymbol{s}_j, \boldsymbol{h}_i\right) = \dfrac{\boldsymbol{h}_i^\top \boldsymbol{s}_j}{\sqrt{n}}$	无	[Vas+17c]
基于位置	$\text{score}\left(\boldsymbol{s}_j, \boldsymbol{h}_i\right) = \text{softmax}\left(\boldsymbol{W}_a \boldsymbol{h}_i^\top\right)$	$\boldsymbol{W}_a$可训练	[LPM15]

- 当输入维度较大时，加法注意力表现得更好。上面定义的缩放点积方法已经被用来缓解一般点积中的这个问题。

9.2.4 软注意力与硬注意力

软注意力和**硬注意力**的唯一区别是，在硬注意力中，它选择一个编码器的状态，而不是像软注意力中那样选择所有输入的加权平均值。硬注意力如下式所示：

$$\boldsymbol{c}_i = \underset{a_{i,j}}{\text{argmax}}\left\{\boldsymbol{s}_1, \boldsymbol{s}_2, \cdots, \boldsymbol{s}_n\right\} \tag{9.6}$$

因此，硬注意力和软注意力之间的差异基于计算上下文时的搜索。

硬注意力使用的 argmax 函数是非连续、不可微的，因此不能使用标准的反向传播方法。常用的方法包括选择离散部分的强化和蒙特卡罗抽样法，或者使用下一节将要介绍的高斯分布。

9.2.5　局部注意力与全局注意力

Bahdanau 研究的软注意力方法也被称为**全局注意力机制**（global attention），因为每个解码器状态在计算上下文向量时都会获取“所有”编码器输入。但是这种处理，在序列长度较大时，需要对所有的输入进行迭代，会导致计算成本高且很多时候不切实际。

Luong 等人为了克服上述问题提出了**局部注意力机制**（local attention），它是软注意力和硬注意力的结合。实现局部注意力机制的一种方法是在计算上下文时使用编码器隐藏状态的小窗口，即**预测对齐**（predictive alignment）方法，可以恢复注意力机制的可区分性。

在时间 i 的任何解码器状态，网络产生一个对齐的位置p_i，并且在位置的隐藏状态的每一侧都有一个大小为 D 的窗口，即$\left[p_i-D,p_i+D\right]$用于计算上下文向量 $\boldsymbol{c}$。位置p_i是一个标量，是使用当前解码器隐藏状态 $\boldsymbol{h}_i$上的 sigmoid 函数以及当前句子的长度 S 计算的，如下所示：

$$p_t=S\cdot\operatorname{sigmoid}\left(\boldsymbol{v}_p^{\top}\tanh\left(\boldsymbol{W}_p\boldsymbol{h}_i\right)\right) \tag{9.7}$$

其中，$\boldsymbol{W}_p$和$\boldsymbol{v}_p$是要学习的用于预测位置的模型参数，S 是序列的长度，$p_i\in[0,S]$。该问题的难点在于如何在不使用不可微的 argmax 时聚焦到p_i位置附近。在p_i附近聚焦对准的一个方法是使用高斯分布，其中以p_i为中心、标准偏差为$\sigma=D/2$，如下式：

$$\boldsymbol{a}_i=\operatorname{align}\left(\boldsymbol{s}_j,\boldsymbol{h}_i\right)\exp\left(-\frac{\left(s-p_t\right)^2}{2\sigma^2}\right) \tag{9.8}$$

原理图如图 9.4 所示。

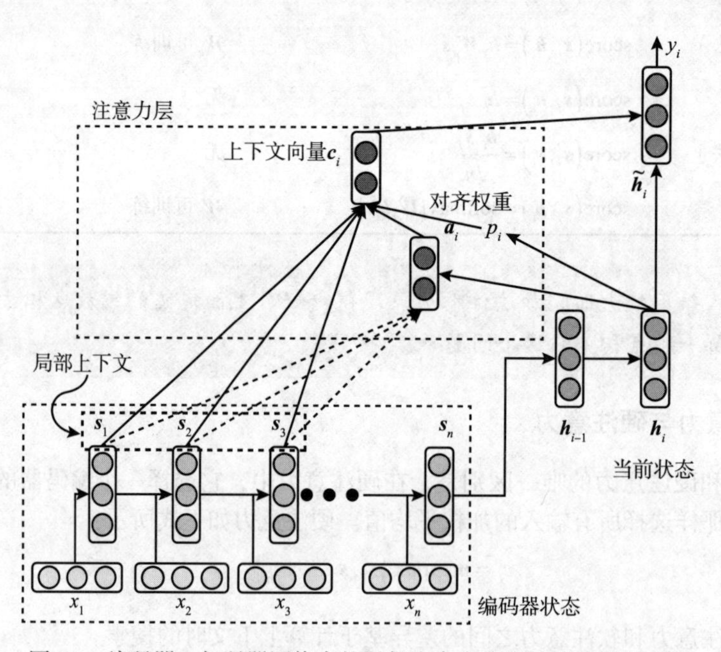

图 9.4　编码器 – 解码器网络中的局部注意力分步计算过程示意图

9.2.6　自注意力机制

Lin 等人提出了自注意力或内部注意力的概念，其前提是允许句子关注自身，以此可以提取许多相关的特征 [Lin+17]。使用加性注意力计算每个隐藏状态 $\boldsymbol{h}_i$的分数：

$$\text{score}(\boldsymbol{h}_i) = \boldsymbol{v}_a^{\top} \tanh(\boldsymbol{W}_a \boldsymbol{h}_i) \quad (9.9)$$

然后，使用所有隐藏状态 $\boldsymbol{H} = \{\boldsymbol{h}_1, \cdots, \boldsymbol{h}_n\}$ 获取注意力向量 $\boldsymbol{a}$：

$$\boldsymbol{a} = \text{softmax}\left(\boldsymbol{v}_a \tanh\left(\boldsymbol{W}_a \boldsymbol{H}^{\top}\right)\right) \quad (9.10)$$

其中，$\boldsymbol{W}_a$ 和 $\boldsymbol{v}_a$ 是通过训练学习到的权重矩阵和向量。最后一个句子向量 $\boldsymbol{c}$ 的计算方法是：

$$\boldsymbol{c} = \boldsymbol{H}\boldsymbol{a}^{\top} \quad (9.11)$$

在该模型中，不是只使用单一向量 $\boldsymbol{V}_a$，而是通过矩阵 $\boldsymbol{V}$ 来进行多个注意力跳跃，从而捕获句子中存在的多个关系，使我们能够提取注意力矩阵 $\boldsymbol{A}$，如下所示：

$$\boldsymbol{A} = \text{softmax}\left(\boldsymbol{V}_a \tanh\left(\boldsymbol{W}_a \boldsymbol{H}^{\top}\right)\right) \quad (9.12)$$

$$\boldsymbol{C} = \boldsymbol{A}\boldsymbol{H} \quad (9.13)$$

为了鼓励多样性并惩罚注意力向量中的冗余，我们使用下面的正交约束作为正则化技术：

$$\Omega = \left|\left(\boldsymbol{A}\boldsymbol{A}^{\top} - \boldsymbol{I}\right)\right|_F^2 \quad (9.14)$$

9.2.7　键值注意力机制

Daniluk 等人提出的键值注意力是注意力机制的另一个变体，它将隐藏层拆分为键值对，其中键用于注意力分布，值用于生成上下文表达 [Dan+17]。将隐藏向量 $\boldsymbol{h}_j$ 分割为键 $\boldsymbol{k}_j$ 和值 $\boldsymbol{v}_j$，则有 $\left[\boldsymbol{k}_j; \boldsymbol{v}_j\right] = \boldsymbol{h}_j$。因此，长度 L 的注意力向量 $\boldsymbol{a}_i$ 如下：

$$\boldsymbol{a}_i = \text{softmax}\left(\boldsymbol{v}_a \tanh\left(\boldsymbol{W}_1\left[\boldsymbol{k}_{i-L}; \cdots; \boldsymbol{k}_{i-1}\right] + \boldsymbol{W}_2 \boldsymbol{1}^{\top}\right)\right) \quad (9.15)$$

其中，$\boldsymbol{v}_a$、$\boldsymbol{W}_1$、$\boldsymbol{W}_2$ 为权重参数，上下文表达 $\boldsymbol{c}_i$ 可以表示为：

$$\boldsymbol{c}_i = \left[\boldsymbol{v}_{i-L}; \cdots; \boldsymbol{v}_{i-1}\right]\boldsymbol{a}^{\top} \quad (9.16)$$

9.2.8　多头自注意力机制

Vaswani 等人在他们的工作中提出，使用一种不带任何递归网络的多头自注意力**转换**网络，以实现机器翻译的最新成果 [Vas+17c]。在本节中，我们将逐步描述多头自注意力，如图 9.5 所示。首先，将源输入中的 $word_1$，$word_2$，…，$word_n$ 映射到嵌入层，以获取单词的向量表达 $\boldsymbol{x}_1, \boldsymbol{x}_2, \cdots, \boldsymbol{x}_n$。$\boldsymbol{W}^Q$、$\boldsymbol{W}^K$ 和 $\boldsymbol{W}^V$ 分别表示查询权重矩阵、键权重矩阵和值权重矩阵，均在训练过程中学习得到。单词嵌入向量乘以矩阵 $\boldsymbol{W}^Q$、$\boldsymbol{W}^K$ 和 $\boldsymbol{W}^V$ 分别得到每个单词的查询向量 $\boldsymbol{q}$、键向量 $\boldsymbol{k}$ 和值向量 $\boldsymbol{v}$。接下来是使用每个单词的查询向量 $\boldsymbol{q}$ 和键向量 $\boldsymbol{k}$ 的点积来计算句子中每个词的分数。这种评分方法记录了每个单词与其他单词之间的单个交互信息。如，对于第一个单词：

$$\text{score}_1 = \boldsymbol{q}_1\boldsymbol{k}_1 + \boldsymbol{q}_2\boldsymbol{k}_2 + \cdots + \boldsymbol{q}_n\boldsymbol{k}_n$$

然后，用该得分除以键向量的长度 $\sqrt{d_k}$，通过 softmax 函数计算以获得在 0 到 1 之间的权重。将该分数与所有值向量相乘，得到加权值向量。这使得注意力集中在句子中的特定单词上，而不是每个单词上。然后将这些值向量相加，计算出该词的输出注意力向量，如下式：

$$\boldsymbol{z}_1 = \text{score}_1\boldsymbol{v}_1 + \text{score}_1\boldsymbol{v}_2 + \cdots + \text{score}_1\boldsymbol{v}_n$$

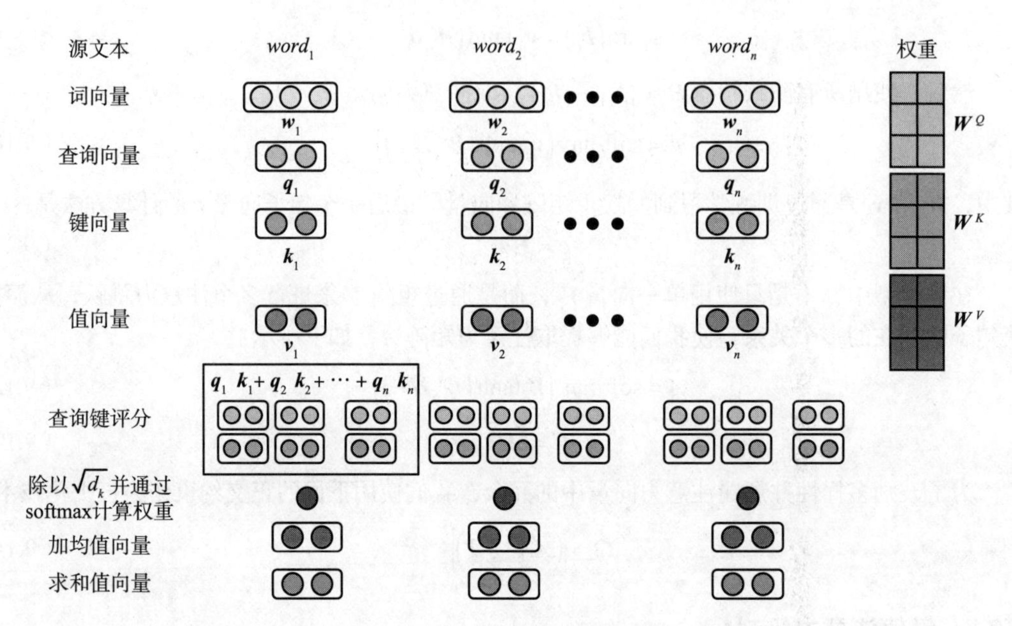

图 9.5　多头自注意力分步计算

现在，我们不采用逐步计算，而是作为一个整体计算。具体来说，将句子表示为包含所有词向量的嵌入矩阵 $\boldsymbol{X}$，并将其与相应的权重矩阵 $\boldsymbol{W}^Q$、$\boldsymbol{W}^K$ 和 $\boldsymbol{W}^V$ 相乘，得到所有单词的对应的查询矩阵 $\boldsymbol{Q}$、键矩阵 $\boldsymbol{K}$ 和值矩阵 $\boldsymbol{V}$，注意力计算公式如下：

$$\text{attention}(\boldsymbol{Q},\boldsymbol{K},\boldsymbol{V}) = \boldsymbol{Z} = \text{softmax}\left(\frac{(\boldsymbol{Q}\boldsymbol{K}^\top)}{\sqrt{d_k}}\right)\boldsymbol{V} \tag{9.17}$$

与上面只使用一个注意力进行计算的方式不同，**多头自注意力机制**会用多个注意力矩阵 $\boldsymbol{Z}_0, \boldsymbol{Z}_1, \cdots, \boldsymbol{Z}_m$ 对输入进行计算，然后通过拼接这些矩阵，并乘上另一个权重矩阵 $\boldsymbol{W}^Z$，得到最终的注意力矩阵 $\boldsymbol{Z}$。

9.2.9　分层注意力机制

Yang 等人在文档分类任务中使用分层注意，展示了句子级注意力机制和单词级注意力机制的优势 [Yan+16]。如图 9.6 所示，分层注意力的总体思路是使用双向 GRU、单词级注意力、句子级编码和句子级注意力进行分层的单词级编码。接下来，我们将对每一个组成部分进行简要介绍。

让我们将输入视为一组文档，每个文档最多有 L 个句子，每个句子最多有 T 个单词，$\boldsymbol{w}_{it}$ 表示文档第 i 个句子中的第 t 个单词。通过一个嵌入矩阵 $\boldsymbol{W}_e$ 将包含所有单词的句子转换成向量 $\boldsymbol{x}_{ij} = \boldsymbol{W}_e \boldsymbol{w}_{ij}$，然后，它通过双向 GRU 进行如下操作：

$$\boldsymbol{x}_{it} = \boldsymbol{W}_e \boldsymbol{w}_{it}, t \in [1, T] \tag{9.18}$$

$$\boldsymbol{h}_{it}^F = \text{GRU}^F(\boldsymbol{x}_{it}), t \in [1, T] \tag{9.19}$$

$$\boldsymbol{h}_{it}^R = \text{GRU}^R(\boldsymbol{x}_{it}), t \in [T, 1] \tag{9.20}$$

$\boldsymbol{w}_{it}$ 这个词的隐藏状态是通过将上面 $\boldsymbol{h}_{it} = \left[\boldsymbol{h}_{it}^F; \boldsymbol{h}_{it}^R\right]$ 中的两个向量连接起来获得的，从而概括了它周围的所有信息。

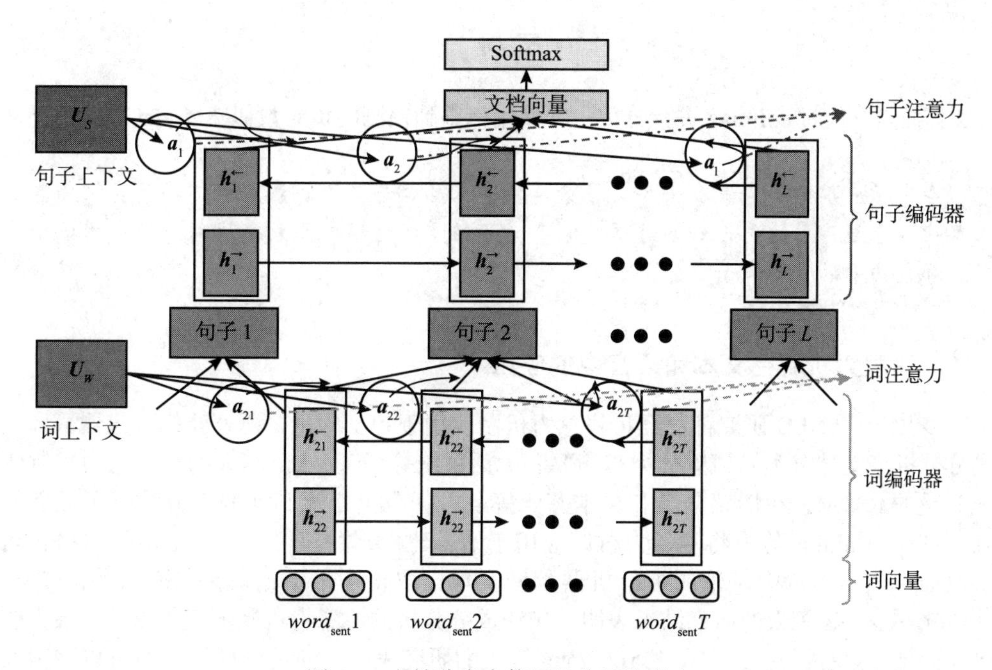

图 9.6　文档分类中使用的分层注意力

首先将单词注释$\boldsymbol{h}_{it}$反馈到单层 MLP，得到隐藏的表示$\boldsymbol{u}_{it}$，并以此作为单词级上下文向量$\boldsymbol{u}_w$的重要性度量指标，同时使用 softmax 对其进行归一化，然后获取带有注释和权重加权和的句子向量$\boldsymbol{s}_i$。随机初始化上下文向量$\boldsymbol{u}_w$，然后通过训练学习得到最终的向量表达。根据作者的观点，上下文向量$\boldsymbol{u}_w$背后的直觉是可以捕获一个固定的查询，如句子中的“what is The informative word”。

$$\boldsymbol{u}_{it} = \tanh\left(\boldsymbol{W}_w \boldsymbol{h}_{it} + b_w\right) \tag{9.21}$$

其中，$\boldsymbol{W}_w$，b_w是在训练过程中学习到的参数。

$$\alpha_{it} = \frac{\exp\left(\boldsymbol{u}_{it}^{\top} \boldsymbol{u}_w\right)}{\sum_t \exp\left(\boldsymbol{u}_{it}^{\top} \boldsymbol{u}_w\right)} \tag{9.22}$$

$$\boldsymbol{s}_i = \sum_t \alpha_{it} \boldsymbol{h}_{it} \tag{9.23}$$

给定句子向量$\boldsymbol{s}_i$的长度 L，文档隐藏向量的计算方法与使用双向 GRU 的词向量类似。

$$\boldsymbol{h}_i^F = \mathrm{GRU}^F\left(\boldsymbol{s}_i\right), i \in [1, L] \tag{9.24}$$

$$\boldsymbol{h}_i^R = \mathrm{GRU}^R\left(\boldsymbol{s}_i\right), i \in [L, 1] \tag{9.25}$$

与单词注释类似，利用$\boldsymbol{h}_i = \left[\boldsymbol{h}_i^F ; \boldsymbol{h}_i^R\right]$将两个向量连接起来，从而捕获两个方向的所有句子摘要。句子上下文向量$\boldsymbol{u}_s$的使用方式与单词上下文向量$\boldsymbol{u}_w$的相似，可以用于获得句子间的注意力，从而计算文档向量 $\boldsymbol{v}$：

$$\boldsymbol{u}_i = \tanh\left(\boldsymbol{W}_s \boldsymbol{h}_i + b_s\right) \tag{9.26}$$

其中，$\boldsymbol{W}_s$，b_s是通过训练获得的参数。

$$\alpha_i = \frac{\exp\left(\boldsymbol{u}_i^{\top} \boldsymbol{u}_s\right)}{\sum_i \exp\left(\boldsymbol{u}_i^{\top} \boldsymbol{u}_s\right)} \tag{9.27}$$

$$\boldsymbol{v}=\sum_{i}\alpha_{i}\boldsymbol{h}_{i} \tag{9.28}$$

文档向量 $\boldsymbol{v}$ 经过 softmax 进行分类，并使用标签到预测的负对数似然函数进行训练。

> 在实际应用中，如果有一个文档分类任务，那么与其他注意力机制甚至其他分类技术相比，分层注意力是很好的选择，它有助于在学习过程中高效地找到句子中的重要关键词和文档中的重要句子。

9.2.10　注意力机制在文本和语音中的应用

许多 NLP 和 NLU 研究都已经将注意力机制应用于句子向量、语言建模、机器翻译、句法成分分析、文档分类、情感分类、摘要和对话系统等任务。Lin 等人的自注意力机制使用句子向量的 LSTM，在情感分类和文本蕴含等各种任务上都比其他嵌入方法有了显著的改进 [Lin+17]。Daniluk 等人将注意力机制应用于语言建模，并获得了与记忆增强网络相当的结果 [Dan+17]。本章中讨论的神经机器翻译实现已取得了最新的成果 [BCB14b，LPM15，Vas+17c]。Vinyals 等人的研究结果表明，句法成分分析的注意力机制不仅可以获得最先进的结果，而且可以提高速度 [Vin+15a]。Yang 等人的研究表明，使用分层注意力可以在很大程度上优于许多基于 CNN 和 LSTM 的网络 [Yan+16]。Wang 等人的研究结果表明，基于注意力的 LSTM 在方面级别的情感分类中可以得到最先进的结果 [Wan+16b]。Rush 等人证明了局部注意力方法如何显著改善了文本摘要任务 [RCW15]。

Chorowski 等人介绍了在语音识别中，注意力机制如何更好地实现归一化，以实现平滑对齐，并使用之前的对齐来生成特征 [Cho+15b]。Bahdanau 等人使用基于端到端的注意力的网络来解决大词汇量语音识别问题 [Bah+16b]。LAS（Listen，Attend and Spell）是一种基于注意力的模型，已经被证明优于序列到序列的方法 [Cha+16a]。Zhang 等人在他们的研究中展示了如何将注意力机制与卷积网络结合使用，从而在语音情感识别问题上取得了最先进的成果 [Zha+18]。

9.3　记忆增强网络

接下来，我们将介绍一些在 NLP 和语音研究领域非常著名的记忆增强网络。

9.3.1　记忆网络

Weston 等人提出的记忆网络（MemNN）具有存储来自故事或知识库事实的信息的能力，从而可以轻松回答与这些相关的各种问题 [WCB14]。记忆网络已经以多种方式扩展到其他各种应用中，但对故事或事实进行问答可以认为是我们将关注自身叙述的基本应用。

记忆网络包括由 $\boldsymbol{m}_i$ 索引的记忆 $\boldsymbol{m}$，其主要的 4 个组件如图 9.7 所示。

1. 输入特征映射组件 $\boldsymbol{I}$：该组件的目标是将传入数据转换为内部的特征表示 $I(x)$。该组件可以执行任何特定任务的预处理，例如将文本转换为向量或 POS 表示形式，以便进行命名。给定输入 x，目标是转换为内部特征表示 $I(x)$。

2. 泛化组件 $\boldsymbol{G}$：该组件获取输入特征映射组件生成的内部特征表示，并在必要时使用某些转换来更新记忆。该转换可以基于任务从简单到复杂的推理，可以使用现有的表达，或进行核心参考决议，转换如下所示：

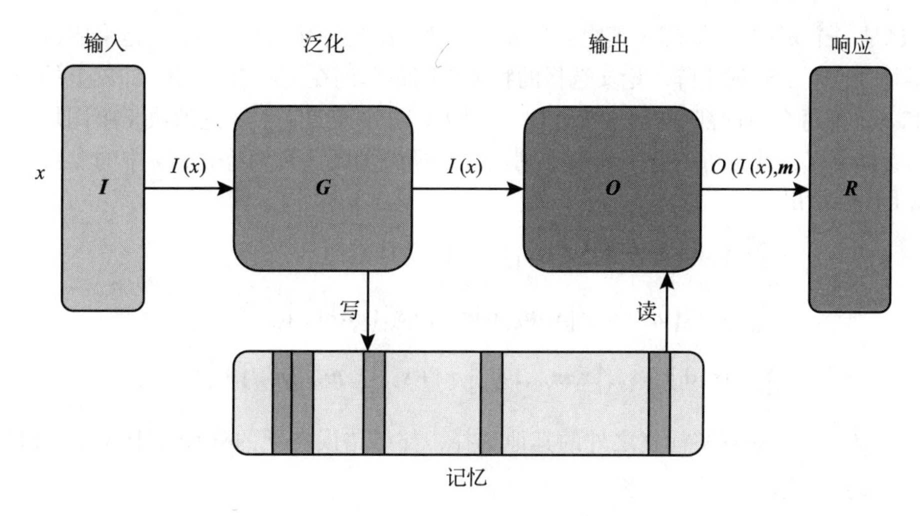

图 9.7　记忆网络

$$m_{H(x)} = I(x) \tag{9.29}$$

一般来说，根据新的输入更新记忆m_i时，通常由$H(\cdot)$实现，$H(\cdot)$是一个通用函数，可以通过简单的操作完成各种功能，例如可以在槽满或者忘记具体的记忆槽时，通过查找记忆槽索引来实现复杂的槽查找。一旦查找到槽索引，G会将输入$I(x)$存储在该位置：

$$m_i = G(m_i, I(x), m)\forall i \tag{9.30}$$

3. 输出组件 O：该组件是“读取”记忆的部分，在必要的情况下，可以推断出记忆中产生反应发生的相关部分，即给定新的输入和记忆，计算输出特征：$o = O(I(x), m)$。

4. 响应组件 R：该组件将记忆中的输出转换为外界可以理解的表示，对输出特征进行解码以得到最终响应，可以表示为$r = R(o)$。

在论文中，输入组件对故事和问题的句子都是原封不动地存储的。记忆写入或泛化也是基本写入下一个槽，即$mN = x, N = N+1$。大部分工作是在该网络的输出组件O和响应组件R完成的。

输出模块使用支持事实的k个记忆和一个评分函数，找到与输入最接近的匹配项：

$$o_k = \underset{i=1,\cdots,n}{\operatorname{argmax}}\, s_O(x, m_i) \tag{9.31}$$

其中，s_O是评分函数，它通过查找所有已有的记忆槽，获得与输入的问题或输入的事实 / 故事最匹配的项。在最简单的情况下，令$k=2$用于输出推断，即：

$$o_1 = O_1(x, m) = \underset{i=1,\cdots,N}{\operatorname{argmax}}\, s_O(x, m_i) \tag{9.32}$$

$$o_2 = O_2(x, m) = \underset{i=1,\cdots,N}{\operatorname{argmax}}\, s_O([x, m_{O1}], m_i) \tag{9.33}$$

响应组件的输入是$[x, m_{O1}, m_{O2}]$，该组件可生成一个单一的词，其最高排名为：

$$r = \underset{w \in W}{\operatorname{argmax}}\, s_R([x, m_{O1}, m_{O2}], w) \tag{9.34}$$

其中，W是词汇表中所有单词的集合，s_R是将词汇表单词与输入进行匹配的评分函数。本文中的评分函数s_O和s_R形式相同，可以表示为：

$$s(x, y) = \phi_x(x)^{\mathrm{T}} U^{\mathrm{T}} U \phi_y(y) \tag{9.35}$$

其中，U是一个$n \times D$维矩阵，其中n是嵌入尺寸，D是特征个数。ϕ_x，ϕ_y是将原始文本映射到D维特征空间的映射矩阵。论文选择的特征空间是单词在词汇W和$D = 3|W|$上的词袋，对于s_O和s_R，即每个单词都有三个表示，一个是$\phi_y(\cdot)$，两个是$\phi_x(\cdot)$，这取决于单词是在输入记忆还是支持记忆，并且可以分别建模。利用边界损失函数分别训练o和r中的参数U，该函数由以下内容给出：

$$\sum_{\bar{f} \neq \boldsymbol{m}_{O1}} \max\left(0, \gamma - s_O\left(x, \boldsymbol{m}_{O1}\right) + s_O\left(x, \bar{f}\right)\right) +$$

$$\sum_{\bar{f} \neq \boldsymbol{m}_{O2}} \max\left(0, \gamma - s_O\left(\left[x, \boldsymbol{m}_{O1}\right], \boldsymbol{m}_{O2}\right) + s_O\left(\left[x, \boldsymbol{m}_{O1}\right], \bar{f}'\right)\right) +$$

$$\sum_{\bar{r} \neq r} \max\left(0, \gamma - s_R\left(\left[x, \boldsymbol{m}_{O1}, \boldsymbol{m}_{O2}\right], r\right) + s_R\left(\left[x, \boldsymbol{m}_{O1}, \boldsymbol{m}_{O2}\right], \bar{r}\right)\right) \tag{9.36}$$

其中，$\bar{f}$、$\bar{f}'$、$\bar{r}$是除真实标签之外的其他选择，如果错误选项的分数大于基准真相减去γ，则会增加边界损失。

> 式（9.32）和（9.33）中给出的评分函数o_1和o_2在内存容量占用较大的情况下，计算成本也会很高。原论文使用了一些技巧，如在聚类k中使用了散列和聚类词向量。该聚类方式在聚类大小为k时，在聚类速度和准确率之间进行了很好的权衡。

举个简单例子，在下表给出的记忆槽中已经有两个来自 bAbI 支持事实的数据集。当有人问“Where is the football?”时，输入通过$k = 2$、x=“Where is the football?”与记忆中的所有数据和槽$\boldsymbol{m}_{O1}$ =“Mary got the football there”匹配，并进行另一个相似性搜索，找到$\boldsymbol{m}_{O2}$ =“Mary went back to the garden”生成新输出$[x, \boldsymbol{m}_{O1}, \boldsymbol{m}_{O2}]$。$R$组件使用$[x, \boldsymbol{m}_{O1}, \boldsymbol{m}_{O2}]$输入来生成输出响应$r$=“garden”。

记忆槽（$\boldsymbol{m}_i$）	句子
1	Mary moved to the bathroom.
2	Sandra journeyed to the bedroom.
3	John went to the kitchen.
4	Mary got the football there.
5	Mary went back to the kitchen.
6	Mary went back to the garden.

9.3.2 端到端记忆网络

为了克服记忆网络的问题，例如每个组成部分都需要在监督的方式下进行训练，训练时难以集中注意力，等等。Sukhbaatar 等人提出端到端记忆网络（MemN2N）。MemN2N 克服了 MemNN 中存在的许多不足，例如它从存储器中读取数据时具有软注意力，在存储器中执行多次查找或跳转，并以最小的监督方式进行端到端的反向传播训练 [Suk+15]。

9.3.2.1 单层端到端记忆网络

MemN2N 有三个输入：（1）故事、事实或者句子$\boldsymbol{x}_1, \boldsymbol{x}_2, \cdots, \boldsymbol{x}_n$；（2）查询或者问题$\boldsymbol{q}$；（3）答案或者标签$a$。接下来，我们将考虑 MemN2N 架构的不同组件和相互作用，只考虑一层内存和控制器。

9.3.2.2 输入和查询

输入的句子，例如$\boldsymbol{x}_i = x_{i1}, x_{i2}, \cdots, x_{in}$表示第$i$个含有单词$w_{ij}$的句子，使用$d \times |\boldsymbol{V}|$维的嵌入

矩阵 $\boldsymbol{A}$ 将 $\boldsymbol{x}_i$ 转换成 d 维的记忆表示 $\boldsymbol{m}_1, \boldsymbol{m}_2, \cdots, \boldsymbol{m}_n$，其中 $|\boldsymbol{V}|$ 是词汇库的大小，操作如下所示：

$$\boldsymbol{m}_i = \sum_j \boldsymbol{A} x_{ij} \tag{9.37}$$

论文讨论了将句子中所有单词的词向量组合在一起的不同方法，例如，对所有词向量执行求和运算以获得句子向量。类似地，可以使用 $d \times |\boldsymbol{V}|$ 的嵌入矩阵 $\boldsymbol{B}$ 将查询或问题映射到维度为 d 的向量。

9.3.2.3　控制器与记忆

控制器嵌入矩阵 $\boldsymbol{B}$ 中的查询表示与每个内存索引 $\boldsymbol{m}_i$ 相匹配，使用点积来表示相似度，使用 softmax 选择状态。该操作可以通过以下方式进行：

$$p_i = \frac{\exp\left(\boldsymbol{u}^{\mathrm{T}} \boldsymbol{m}_i\right)}{\sum_j \exp\left(\boldsymbol{u}^{\mathrm{T}} \boldsymbol{m}_j\right)} \tag{9.38}$$

9.3.2.4　控制器与输出

每一个输入句子 $\boldsymbol{x}_i$ 将通过维度为 $d * |\boldsymbol{V}|$ 的词向量矩阵 $\boldsymbol{C}$ 映射成一个 d 维的向量 $\boldsymbol{c}_i$，进而映射到控制器中。然后，结合上述 softmax 的输出 p_i 以及向量 $\boldsymbol{c}_i$ 作为输出：

$$\boldsymbol{o} = \sum_i p_i \boldsymbol{c}_i \tag{9.39}$$

9.3.2.5　最终预测与学习

综合输出向量 $\boldsymbol{o}$ 和输入查询的词向量 $\boldsymbol{u}$，利用一个最终的权重矩阵 $\boldsymbol{W}$ 和 softmax 生成标签：

$$\hat{a} = \frac{\exp\left(\boldsymbol{W}\left(\boldsymbol{o} + \boldsymbol{u}\right)\right)}{\sum_j \exp\left(\boldsymbol{W}\left(\boldsymbol{o} + \boldsymbol{u}\right)\right)} \tag{9.40}$$

利用实际标签 a、预测标签 $\hat{a}$ 训练网络，包括利用交叉熵损失函数和随机梯度下降来训练词向量 $\boldsymbol{A}$、$\boldsymbol{B}$、$\boldsymbol{C}$ 和 $\boldsymbol{W}$。单层 MemN2N 具有一个包括输入语句、查询、回答的完整流程，如图 9.8 所示。

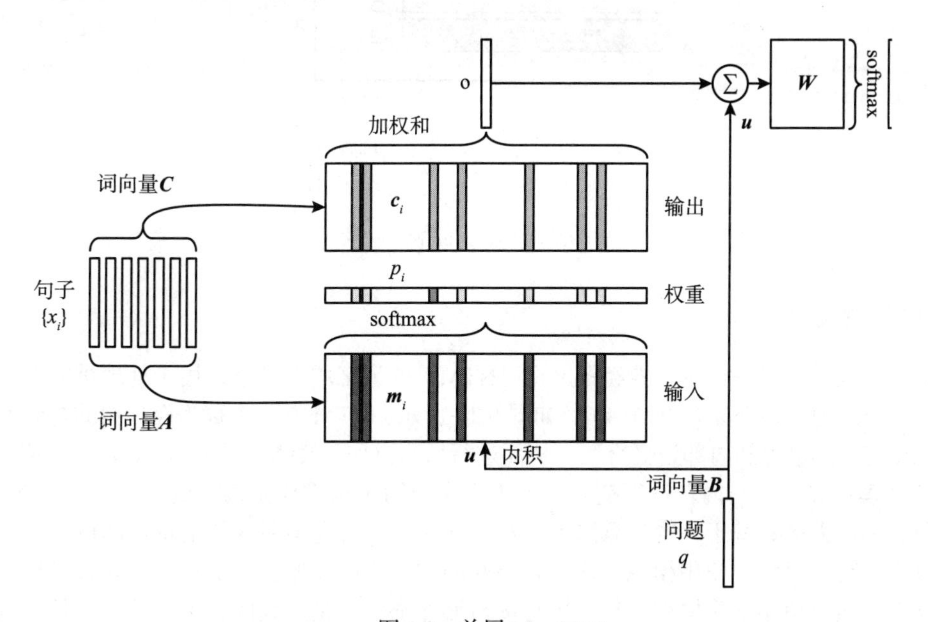

图 9.8　单层 MemN2N

9.3.2.6　多层端到端记忆网络

将单层 MemN2N 扩展到多层，如图 9.9 所示，具体方式如下：

- 每层都有用于处理输入的记忆嵌入矩阵 $\boldsymbol{A}$、控制器 / 输出嵌入矩阵 $\boldsymbol{C}$。
- 每层的输入 K+1 结合了当前层的输出 $\boldsymbol{o}^k$ 和输入 $\boldsymbol{u}^k$ 得到：

$$\boldsymbol{u}^{k+1} = \boldsymbol{o}^k + \boldsymbol{u}^k \tag{9.41}$$

- 顶层以类似的方式使用 softmax 函数的输出来生成标签 $\hat{a}$。
- 同理，将最终的输出 $\hat{a}$ 与实际标签 a 进行对比，并使用交叉熵损失函数和随机梯度下降法训练整个网络。

由于许多任务（如 QA）都需要时间上下文，即一个实体在到达另一个地方之前在某个地方，论文中修改了记忆向量，使用时间矩阵对时间上下文进行编码。例如，输入记忆映射可以表示为：

$$\boldsymbol{m}_i = \sum_j \boldsymbol{A}x_{ij} + \boldsymbol{T}_A(i) \tag{9.42}$$

其中 $\boldsymbol{T}(i)$ 是时间矩阵 $\boldsymbol{T}$ 的第 i 行。

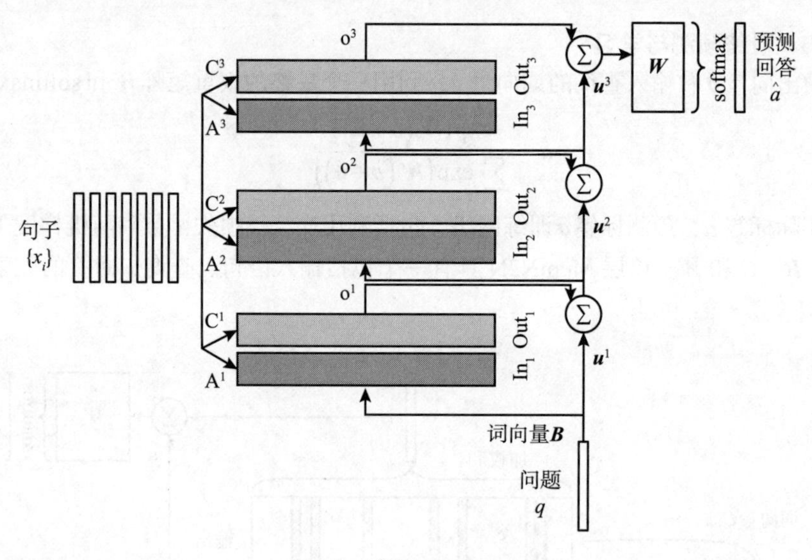

图 9.9　多层 MemN2N

9.3.3　神经图灵机

Graves 等人提出了一种名为神经图灵机（NTM）的记忆增强网络，用于处理重复性且需要较长时间信息的复杂任务 [GWD14b]。如图 9.10 所示，NTM 有一个称为**控制器**的神经网络组件，用于与外部世界和内部**记忆**交互，从而进行所有操作。NTM 从图灵机中汲取灵感，其控制器使用**读头**和**写头**与内存进行交互。由于内存读写可以看作是离散的、非连续的操作，无法区分，因此大多数基于梯度的算法不能按原样使用。研究中引入的最重要的概念之一是通过在读取和写入过程中使用**模糊**操作来解决此问题，这些操作会与所有记忆元素进行不同程度的交互。通过使用这些模糊操作，所有读写操作都可以是连续的、可微的，并且可以使用基于梯度的算法（如随机梯度下降）有效地学习。

假设记忆 $\boldsymbol{M}$ 是一个 $N \times M$ 的二维矩阵，具有 N 行 M 列。其中 N 对应记忆，M 对应存储值的每一行。接下来，我们将讨论 NTM 中的各种操作。

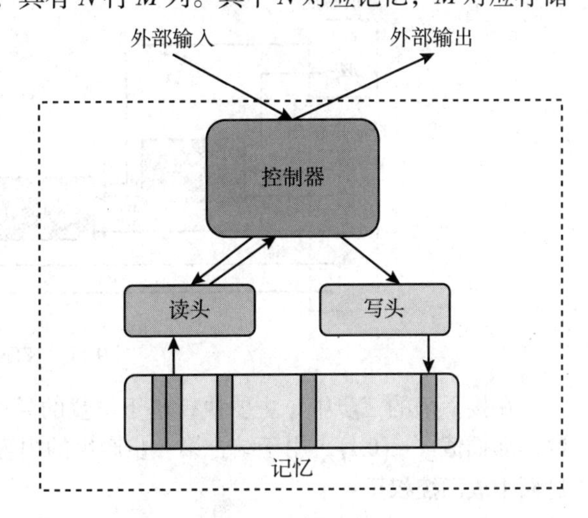

图 9.10 神经图灵机

9.3.3.1 读操作

在 NTM 中，注意力常用于移动读（和写）头。注意力机制可以表示为在给定的时间 t 从记忆 $\boldsymbol{M}_t$ 读取的内容是一个长度为 N 的标准化**权重向量** $\boldsymbol{w}_t$，该权重向量中的单个元素被表示为 $w_t(i)$。

权重向量需要满足条件：

$$\forall i \in \{1, \cdots, N\} 0 \leqslant w_t(i) \leqslant 1 \tag{9.43}$$

$$\sum_{i=1}^{N} w_t(i) = 1 \tag{9.44}$$

读头将返回一个长度为 M 的**读向量** $\boldsymbol{r}_t$，它是内存的行由权重向量缩放的线性组合，如下所示：

$$\boldsymbol{r}_t \leftarrow \sum_{i=1}^{M} w_t(i) \boldsymbol{M}_t(i) \tag{9.45}$$

由于上式是可微的，因此整个读操作是可微的。

9.3.3.2 写操作

在 NTM 中进行写操作可以看作两个不同的步骤：擦除记忆内容和添加新的内容。除权重向量 $\boldsymbol{w}_t$ 外，擦除操作还需要一个长度为 M 的**擦除向量** $\boldsymbol{e}_t$，以明确记忆行中的哪些元素应该完全擦除，哪些元素应该保持不变，哪些元素应该被修改。因此，权重向量 $\boldsymbol{w}_t$ 指定需要操作的行，擦除向量 $\boldsymbol{e}_t$ 擦除该行中的元素并进行更新：

$$\boldsymbol{M}_t^{\text{erased}}(i) \leftarrow \boldsymbol{M}_{t-1}(i)\left[1 - w_t(i)\boldsymbol{e}_t\right] \tag{9.46}$$

在擦除状态之后，即在 $\boldsymbol{M}_{t-1}$ 转换为 $\boldsymbol{M}_t^{\text{erased}}$ 后，写入头使用一个长度为 M 的**添加向量** $\boldsymbol{a}_t$ 完成写操作，如下所示：

$$\boldsymbol{M}_t(i) \leftarrow \boldsymbol{M}_t^{\text{erased}}(i) + w_t(i)\boldsymbol{a}_t \tag{9.47}$$

由于擦除和写操作都是可微的，因此整个写操作是可微的。

9.3.3.3 寻址机制

读写操作中使用的权重是根据两种寻址机制计算的：（a）**基于内容的寻址机制**；（b）**基于位置的寻址机制**。基于内容的寻址的想法是，利用从控制器生成的信息，即使是部分信息，也要在内存中找到与之完全匹配的信息。在某些任务中，特别是基于变量的操作，为迭代和跳转等操作找到变量的位置势在必行。在这种情况下，基于位置的寻址非常有用。

在不同阶段计算权重，然后传递到下一个阶段。

我们将介绍权重计算过程的每一步，如图 9.11 所示。第一步称为基于内容的寻址，有两个输入：一个长度为 M 的**键向量** $\boldsymbol{k}_t$ 和标量**键强度** β_t。使用相似性度量 $K[\cdot,\cdot]$ 将键向量 $\boldsymbol{k}_t$ 与每个向量 $\boldsymbol{M}_t(i)$ 进行比较。键强度 β_t 会将重点放在某些术语上或不强调它们。基于内容寻址产生的输出 $\boldsymbol{w}_t^c$ 如下：

$$\boldsymbol{w}_t^c = \frac{\exp\left(\beta_t K\left[\boldsymbol{k}_t, \boldsymbol{M}_t(i)\right]\right)}{\sum_j \exp\left(\beta_t K\left[\boldsymbol{k}_t, \boldsymbol{M}_t(j)\right]\right)} \tag{9.48}$$

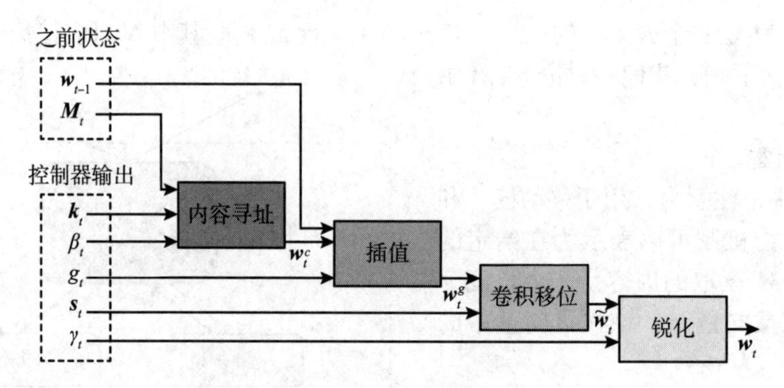

图 9.11　NTN 寻址

在接下来的三步中，主要执行基于位置的寻址。第二步，从控制器头部获取一个标量参数，即**插值** $g_t \in (0,1)$，用于结合第一步产生的内容权重 $\boldsymbol{w}_t^c$ 和上一时间步长中的权重向量 $\boldsymbol{w}_{t-1}$，进而生成**门控权重** $\boldsymbol{w}_t^g$：

$$\boldsymbol{w}_t^g \leftarrow g_t \boldsymbol{w}_t^c + (1-g_t)\boldsymbol{w}_{t-1} \tag{9.49}$$

下一步是卷积移位，其作用是将注意力转移到其他行。从控制器头获取一个移位向量 $\boldsymbol{s}_t$ 作为输入，并获取先前的内插输出 $\boldsymbol{w}_t^g$。这个移位向量可以具有不同的值，如 +1 表示向前移动一行，0 表示保持原样，−1 表示向后移动一行。这个操作是一个模 N 的移位，因此底部的注意力转移会将头部移到顶部，反之亦然。卷积移位由 $\tilde{\boldsymbol{w}}_t$ 给出，操作如下：

$$\tilde{\boldsymbol{w}}_t(i) \leftarrow \sum_{j=0}^{N-1} \boldsymbol{w}_t(j)^g \, \boldsymbol{s}_t(i-j) \tag{9.50}$$

最后一步是锐化，这可以防止使用来自控制器头的另一个参数$\gamma \geqslant 1$来模糊先前的卷积移位后的权重。最终输出的权重向量如下所示：

$$\boldsymbol{w}_t(i) \leftarrow \frac{\tilde{\boldsymbol{w}}_t(i)^{\gamma_t}}{\sum_j \tilde{\boldsymbol{w}}_t(j)^{\gamma_t}} \tag{9.51}$$

通过上述操作计算读写地址，所有部分都是可微的，因此可以通过基于梯度的算法进行学习。控制器网络有很多选择，例如神经网络的类型、读头数、写头数等。论文采用基于前馈的循环神经网络和基于 LSTM 的循环神经网络作为控制器。

9.3.4　可微神经计算机

Graves 等人提出了一种可微神经计算机（DNC）作为对神经图灵机的扩展和改进 [Gra+16]。它遵循具有多个读头和单个写头的相同高级控制器架构，从而影响内存，如图 9.12 所示。我们将在本节中描述 DNC 对 NTM 所做的改进。

9.3.4.1　输入和输出

控制器网络在每个时间步长接收输入向量 $\boldsymbol{x}_t \in \mathbb{R}^X$ 并生成输出 $\boldsymbol{y}_t \in \mathbb{R}^Y$。它还通过读头从存储器矩阵 $\boldsymbol{M}_{t-1} \in \mathbb{R}^{N \times W}$ 接收上一时间步长的 $\boldsymbol{r}_{t-1}^1, \cdots, \boldsymbol{r}_{t-1}^R$ 作为输入，而并不单纯将这 R 个向量作为读取向量。输入和读取向量被拼接成单个控制器的一个输入 $\boldsymbol{x}_{con_t} = \left[\boldsymbol{x}_t; \boldsymbol{r}_{t-1}^1, \cdots, \boldsymbol{r}_{t-1}^R\right]$。控制器采用诸如 LSTM 的神经网络。

9.3.4.2　内存读写

位置选择是使用非负且总和为 1 的权重向量进行的。非负正态和约束条件给出了内存中

N 个位置的完整“允许”权重，其约束为：

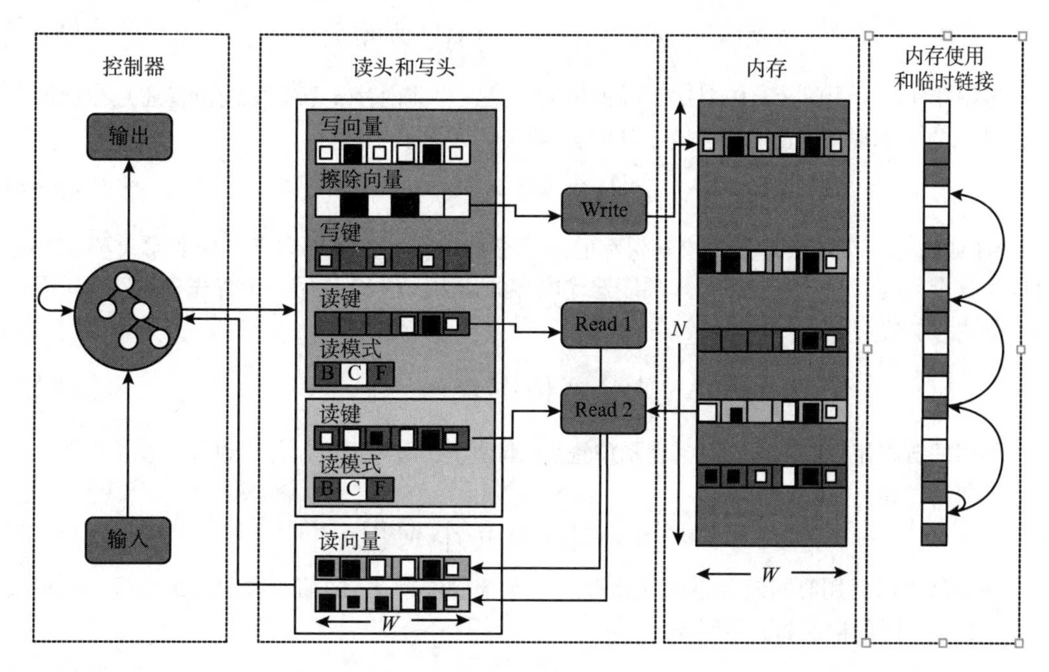

图 9.12　DNC 寻址

$$\Delta_N=\left\{\alpha\in R^N\alpha_i\in[0,1],\sum_{i=1}^{N}\alpha_i\leqslant 1\right\}\tag{9.52}$$

读操作使用 R 个读权重 $\left\{\boldsymbol{w}_t^{r,1},\cdots,\boldsymbol{w}_t^{r,R}\right\}\in\Delta_N$，并通过下式给出读取向量 $\left\{\boldsymbol{r}_t^1,\cdots,\boldsymbol{r}_t^R\right\}$：

$$\boldsymbol{r}_t^i=\boldsymbol{M}_t^\top\boldsymbol{w}_t^{r,i}\tag{9.53}$$

其中，读向量将在下一个时间步长添加到控制器的输入中。

写操作通过写权重 $\boldsymbol{w}_t^w\in\mathbb{R}^N$，以及两个来自控制器的向量：写向量 $\boldsymbol{v}_t\in\mathbb{R}^W$ 和擦除向量 $\boldsymbol{e}_t\in[0,1]^W$，对内存进行修改：

$$\boldsymbol{M}_t=\boldsymbol{M}_{t-1}\circ\left(\boldsymbol{E}-\boldsymbol{w}_t^w\boldsymbol{e}_t^\top\right)+\boldsymbol{w}_t^w\boldsymbol{v}_t^\top\tag{9.54}$$

其中，$\circ$表示逐元素相乘，$\boldsymbol{E}$ 是一个全 1 的 $N\times M$ 阶矩阵。

9.3.4.3　选择性注意力

来自控制器输出的权重通过三种形式的注意机制在内存行上进行参数设置：基于内容、内存分配和时间顺序。控制器使用标量门在这三种机制之间进行插值。

与 NTM 类似，选择性注意力使用长度为 W 的部分键向量 $\boldsymbol{k}_t$ 和标量**键强度** β_t。将键向量 $\boldsymbol{k}_i$ 与每个向量 $\boldsymbol{M}_t[i]$ 用相似性度量 $K[\cdot,\cdot]$ 进行比较，以找到最接近的键向量，通常使用余弦相似度，下式所示：

$$C(\boldsymbol{M},\boldsymbol{k},\beta)[i]=\frac{\exp\left(\beta_t K\left[\boldsymbol{k}_t,\boldsymbol{M}_t[i]\right]\right)}{\sum_j\exp\left(\beta_t K\left[\boldsymbol{k}_t,\boldsymbol{M}_t[j]\right]\right)}\tag{9.55}$$

在 DNC 中，还克服了 $C(\boldsymbol{M},\boldsymbol{k},\beta)$ NTM 只分配连续内存块的缺点。具体地，DNC 定义了可微分**自由列表**的概念，用于跟踪每个内存位置的**使用情况** $\boldsymbol{u}_t$。$\boldsymbol{u}_t$ 随着写操作 $\boldsymbol{w}_t^w$ 的进行而增

加，随着读操作$\boldsymbol{w}_t^{r,i}$的进行，结合**自由门**$\boldsymbol{f}_t^i$有选择性地减少，具体公式如下：

$$\boldsymbol{u}_t = \left(\boldsymbol{u}_{t-1} + \boldsymbol{w}_{t-1}^w - \boldsymbol{u}_{t-1} \circ \boldsymbol{w}_{t-1}^w\right) \circ \prod_{i=1}^{R}\left(1 - \boldsymbol{f}_t^i \boldsymbol{w}_t^{r,i}\right) \tag{9.56}$$

控制器使用分配门$g_t^a \in [0,1]$决定插值位置，是在当前内存$\boldsymbol{a}_t$新分配的位置还是在根据内容$\boldsymbol{c}_t^w$找到的一个现有位置进行插值，其中$g_t^w \in [0,1]$为写门：

$$\boldsymbol{w}_t^w = g_t^w\left[\left(g_t^a \boldsymbol{a}_t + \left(1 - g_t^a\right)\boldsymbol{c}_t^w\right)\right] \tag{9.57}$$

NTM 的另一个缺点是无法检索保存时间顺序的内存，这在许多任务中非常重要。DNC 克服了这个问题，它具有按照写入顺序迭代内存的能力。DNC 使用一个**优先权重**$\boldsymbol{p}_t$记录最近写入的内存位置：

$$\boldsymbol{p}_t = \left(1 - \sum_i \boldsymbol{w}_t^w[i]\right)\boldsymbol{p}_{t-1} + \boldsymbol{w}_t^w \tag{9.58}$$

用**时间链路矩阵**$\boldsymbol{L}_t[i,j] \in \mathbb{R}^{N\times N}$表示位置 i 在位置 j 后面的程度，并通过优先权重向量$\boldsymbol{p}_t$对该矩阵更新，如下所示：

$$\boldsymbol{L}_t[i,j] = \left(1 - \boldsymbol{w}_t^w[i] - \boldsymbol{w}_t^w[j]\right)\boldsymbol{L}_{t-1}[i,j] + \boldsymbol{w}_t^w[i]\,\boldsymbol{p}_{t-1}[j] \tag{9.59}$$

控制器可以使用时间链路矩阵检索最后一次读取位置$\boldsymbol{w}_{t-1}^{r,i}$的前一次写入$\boldsymbol{b}_t^i$或后一次写入$\boldsymbol{f}_t^i$，从而允许时间向前和向后移动：

$$\boldsymbol{b}_t^i = \boldsymbol{L}_t^{\top} \boldsymbol{w}_{t-1}^{r,i} \tag{9.60}$$

$$\boldsymbol{f}_t^i = \boldsymbol{L}_t \boldsymbol{w}_{t-1}^{r,i} \tag{9.61}$$

在论文中，时间链路矩阵是一个 $N \times N$ 的矩阵，因此与内存和计算相关的操作是$O\left(N^2\right)$阶的。由于矩阵的稀疏性，作者使用固定长度 K 对其进行了近似，从而能近似写入权重向量$\hat{\boldsymbol{w}}_t^W$和优先权重向量$\hat{\boldsymbol{p}}_{t-1}$。进一步可以用于计算近似时间链路矩阵$\hat{\boldsymbol{L}}_t$，继而分别计算得到新的前向和后向写入向量$\hat{\boldsymbol{f}}_t^i$和$\hat{\boldsymbol{b}}_t^i$。这种利用近似的计算方式在没有任何明显的效果下降的情况下，获得了更快的性能。

读头 i 使用读键$\boldsymbol{k}_t^{r,i}$计算内容权重向量$\boldsymbol{c}_t^{r,i}$：

$$\boldsymbol{c}_t^{r,i} = C\left(\boldsymbol{M}_t, \boldsymbol{k}_t^{r,i}, \beta_t^{r,i}\right) \tag{9.62}$$

读头从三路门π_t^i获取输入，并使用它在前、后迭代之间进行插值，或根据给定的内容进行插值：

$$\boldsymbol{w}_t^{r,i} = \pi_t^i[1]\boldsymbol{b}_t^i + \pi_t^i[2]\boldsymbol{c}_t^{r,i} + \pi_t^i[2]\boldsymbol{f}_t^i \tag{9.63}$$

9.3.5　动态记忆网络

Kumar 等人提出了动态记忆网络（DMN），在该网络中，许多 NLP 任务可以表示为事实–问题–答案的三元组，并进行有效的端到端学习 [Kum+16]。我们将阐述 DMN 的组成（如图 9.13 所示），并结合图中给出的小示例来解释每个步骤。

9.3.5.1　输入模块

输入模块将故事 / 事实等作为原始形式的句子，通过记忆模块中的嵌入（如 GloVe）转换为分布式表示，并使用循环网络（如 GRU）对其进行编码。该模块的输入可以是单个句子，也可以是句子拼接在一起形成的列表，如$w_1, w_2, \cdots, w_{T_I}$，其中$T_I$表示这个句子列表由$T_I$个单词组成。每个句子都通过增加一个句末标记进行转换，然后将这些词拼接起来。每个句子的结尾都生成该句子对应的隐藏状态，如 $\boldsymbol{h}_t=\text{GRU}\left(\boldsymbol{L}\left(w_t\right),\boldsymbol{h}_{t-1}\right)$，其中 w_t 表示 t 时刻的单词索引，$\boldsymbol{L}$ 是嵌入矩阵。输入模块的输出是每个句子的隐藏状态的长度 T_c 事实序列，$\boldsymbol{c}_t$ 是第 t 步的事实。在最简单的情况下，每个句子输出被编码成事实，T_c 等于句子的数量。

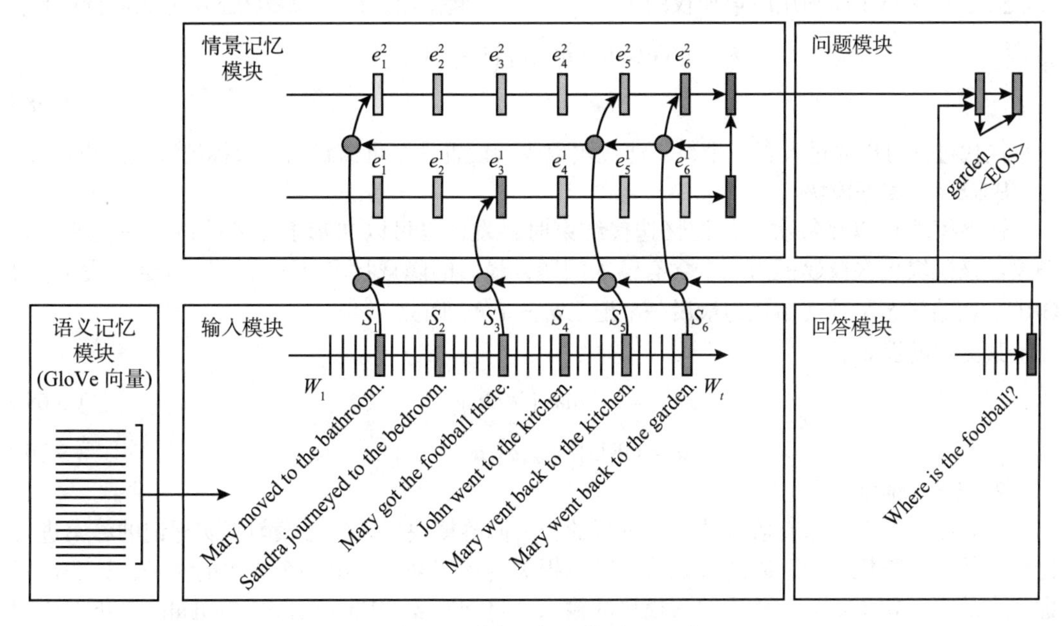

图 9.13　动态记忆网络（DMN）

9.3.5.2　问题模块

问题模块与输入模块相似，将包含 T_Q 个单词的问题句子转化为一个嵌入向量，并传递给循环网络。基于 GRU 的循环网络被用来建模，其模型为 $\boldsymbol{q}_t=\text{GRU}\left(\boldsymbol{L}\left(w_t^Q\right),\boldsymbol{q}_{t-1}\right)$，其中 $\boldsymbol{L}$ 是嵌入矩阵。隐藏状态是问题结束时的最终状态，由 $\boldsymbol{q}=\boldsymbol{q}_{T_Q}$ 给出。单词嵌入矩阵 $\boldsymbol{L}$ 在输入模块和问题模块之间共享。

9.3.5.3　情景记忆模块

所有句子的输入模块的隐藏状态和问题模块的输出是情景记忆模块的输入。情景记忆模块中有一个关注输入状态的注意力机制和一个用于更新情景记忆的循环网络。情景记忆更新是迭代过程的一部分。在每次迭代中，注意力机制主要关注如何将输入模块的隐藏状态映射到事实 $\boldsymbol{c}$、问题 $\boldsymbol{q}$ 和过去的记忆 $\boldsymbol{m}^{i-1}$，从而产生情景 $\boldsymbol{e}^i$。然后利用 $\boldsymbol{m}^i=\text{GRU}\left(\boldsymbol{e}_i,\boldsymbol{m}_{i-1}\right)$ 将情景 $\boldsymbol{e}^i$ 与之前的记忆 $\boldsymbol{m}^{i-1}$ 结合从而更新情景记忆。GRU 初始化时使用一个问题作为初始状态，即 $\boldsymbol{m}^0=\boldsymbol{q}$。情节记忆的迭代性有助于关注输入的不同部分，因此具有推理所需的传递性。传递次数 T_M 是一个超参数，最终输出的情节记忆 $\boldsymbol{m}^{T_M}$ 传递给回答模块。

注意力机制包含特征生成部分和使用门控机制实现评分的部分。门控通过函数 G 计算得出，该函数以候选事实 $\boldsymbol{c}_t$、先前的记忆 $\boldsymbol{m}^{i-1}$ 和问题 $\boldsymbol{q}$ 作为输入，计算标量 g_t 作为一个门控：

$$g_t^i=G\left(\boldsymbol{c}_t,\boldsymbol{m}^{i-1},\boldsymbol{q}\right) \tag{9.64}$$

特征向量 $\boldsymbol{z}(\boldsymbol{c},\boldsymbol{m},\boldsymbol{q})$ 将输入事实、先前记忆和问题之间的不同相似性，输入到上述的评分函数 G 中，如下：

$$\boldsymbol{z}(\boldsymbol{c},\boldsymbol{m},\boldsymbol{q})=\left[\boldsymbol{c}\circ\boldsymbol{m};\boldsymbol{c}\circ\boldsymbol{q};|\boldsymbol{c}-\boldsymbol{m}|;\boldsymbol{c}-\boldsymbol{m}\right] \tag{9.65}$$

其中，$\circ$ 是向量之间的逐元素乘积。评分函数 G 是标准的两层前馈网络：

$$G(\boldsymbol{c},\boldsymbol{m},\boldsymbol{q})=\sigma\left(\boldsymbol{W}^{(2)}\tanh\left(\boldsymbol{W}^{(1)}\boldsymbol{z}(\boldsymbol{c},\boldsymbol{m},\boldsymbol{q})+b^1\right)+b^2\right) \tag{9.66}$$

其中，$\boldsymbol{W}^{(1)}$，$\boldsymbol{W}^{(2)}$表示权重，b^1，b^2表示偏置量，都在训练的过程中学习到。在情景模块的第i次迭代中，将 GRU 和用门g^i加权的序列$\boldsymbol{c}_1,\cdots,\boldsymbol{c}_{T_C}$一起使用，最终隐藏状态用下式进行更新：

$$\boldsymbol{h}_t^i=g_t^i\text{GRU}\left(\boldsymbol{c}_t,\boldsymbol{h}_{t-1}^i,\right)+\left(1-g_t^i\right)\boldsymbol{h}_{t-1}^i \tag{9.67}$$

$$\boldsymbol{e}^i=\boldsymbol{h}_{T_C}^i \tag{9.68}$$

迭代过程可以通过设置一个最大迭代次数或者设置一个可监督的结束标记符以停止迭代。

9.3.5.4 回答模块

回答模块可以在每次情景记忆迭代结束时触发，也可以在基于任务的最后一次迭代时触发。该模块再次被建模为一个含有输入问题，最后的隐藏状态是$\boldsymbol{a}_{t-1}$，前一个预测是y_{t-1}的 GRU。初始状态$\boldsymbol{a}_0$被初始化为最后一个记忆$\boldsymbol{a}_0=\boldsymbol{m}^{T_M}$。因此

其更新过程如下：

$$y_t=\text{softmax}\left(\boldsymbol{W}^a\boldsymbol{a}_t\right) \tag{9.69}$$

$$a_t=\text{GRU}\left(\left[y_{t-1},\boldsymbol{q}\right],\boldsymbol{a}_{t-1}\right) \tag{9.70}$$

9.3.5.5 训练

端到端的训练是以有监督的方式进行的，将回答模块生成的答案与真实标记的答案进行比较，并使用随机梯度下降的方式将交叉熵损失传播回来。给出一个具体的例子，让我们考虑一个故事，句子$\boldsymbol{s}_1,\cdots,\boldsymbol{s}_6$作为输入模块的输入，将问题$\boldsymbol{q}$“Where is the football?”传递给问题模块，如图 9.13 所示。在情景记忆模块的第一次迭代中，我们假设 DMN 主要关注问题中的“football”这个单词，所有事实$\boldsymbol{c}$都是来自输入模块的隐藏状态，并将对输入中出现足球的所有事实进行评分，并对出现了单词 football 的事实给予高评分，如“Mary got the football there”。在下一次迭代中，DMN 将从这个情景状态中获取输出，并将注意力集中在下一部分“Mary”上，并选择所有含有“Mary”的句子，如“Mary moved to the bathroom”“Mary got the football there”“Mary went back to the kitchen”和“Mary went back to the garden”。基于这些，我们假设它将选择最后一个句子“Mary went back to the garden”。DMN 使用反向传播以端对端的方式选择要关注的正确句子，其中回答模块中的真实标签“garden”将与生成的预测标签进行比较，并以反向传播的方式将误差回传。

9.3.6 神经堆栈、队列和双端队列

Grefenstette 等人使用堆栈、队列和双队列等传统数据结构探索控制器与内存之间的学习交互。与 RNN 相比，它们具有更好的泛化能力 [Gre+15]。在接下来的几节中，我们将探讨神经堆栈架构的基本工作，然后将其推广到其他领域。

9.3.6.1 神经堆栈

神经堆栈是一个可微的结构，可以通过 push 操作存储向量，通过 pop 操作检索向量，类似于堆栈数据结构，如图 9.14 所示。

在时刻t，整个神经堆栈的内容由矩阵$\boldsymbol{V}_t$表示，$\boldsymbol{V}_t$中的第i行与内存地址i对应，包含一个大小为m的向量$\boldsymbol{v}_t$，其中$\boldsymbol{v}_t\in\mathbb{R}^m$。与矩阵中的每个索引相关联的是一个强度向量$\boldsymbol{s}_t$，该向量给出与该内容索引相关联的权重。标量$d_t\in(0,1)$表示 push 操作的信号，标量$u_t\in(0,1)$表示 pop 操作的信号。$\boldsymbol{r}_t\in\mathbb{R}^m$表示从堆栈中读取的值。

神经堆栈的必要操作由下式给出：

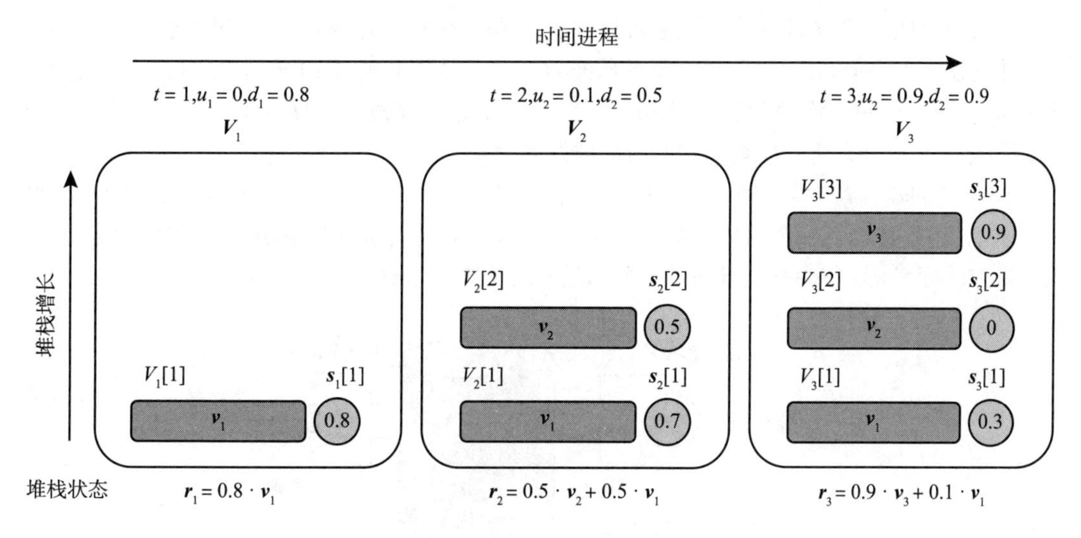

图 9.14 关于时间和 push 和 pop 操作的神经堆栈状态

$$\boldsymbol{V}_t[i]=\begin{cases}\boldsymbol{V}_{t-1}[i] & \text{如果}1\leqslant i<t\\ \boldsymbol{v}_t & \text{如果 } i=t,\boldsymbol{V}_t[i]=\boldsymbol{v}_t \text{ 对于所有 } i\leqslant t\end{cases} \tag{9.71}$$

式（9.71）将堆栈更新表示为一个不断增长的类似于列表的神经堆栈结构，其中每个旧索引都从前一个时间步长获得值，并将新向量推到顶部：

$$\boldsymbol{s}_t[i]=\begin{cases}\max\left(0,\boldsymbol{s}_{t-1}[i]-\max\left(0,u_t-\sum_{j=i+1}^{t-1}\boldsymbol{s}_{t-1}[j]\right)\right) & \text{如果}1\leqslant i<t\\ d_t & \text{如果 } i=t\end{cases} \tag{9.72}$$

式（9.72）展示了权重的更新，其中$i=t$意味着我们直接传递了 push 操作的权重 $d_t\in(0,1)$。从堆栈中删除一个条目并不会在物理意义上真正删除它，而是在索引 0 处设置强度值。根据下面的计算，堆栈中的每个强度都会发生相应的变化，用 pop 操作的强度u_t减去索引在$i+1$到$t-1$的强度和，并在该值和 0 之间找到最大值。然后将其与索引s_{t+1}的当前值相减，并通过寻找该值与 0 之间的最大值来确定其上限。

如图 9.14 所示，当$t=3$，最小索引$i=1$时，假设之前的值为 0.7，则它将成为 $\max(0,0.7-\max(0,0.9-0.5))=0.3$。类似地，我们可以插入相同的值，将$t=3$，下一个索引$i=2$，之前的值$a=0.07$代入公式，则有$\max(0,0.9-\max(0,0.9-0))=0$。最后，当$t=3$，$i=3$时，$d_t$值为 0.9：

$$\boldsymbol{r}_t=\sum_{i=1}^{t}\min\left(\boldsymbol{s}_t[i],\max\left(0,1-\sum_{j=i+1}^{t}\boldsymbol{s}_t[j]\cdot V_t[i]\right)\right) \tag{9.73}$$

式（9.73）可以看作网络在时刻 t 的状态，它是索引向量及其强度的组合，其中强度总和为 1。

在图 9.14 中，当$t=3$时，我们可以看到除了索引 1 的强度从 0.3 更改为 0.1 以外，一切都是正常组合，这是因为替换后我们得到$\min(0.3,\max(0,1-0.9))=0.1$。

9.3.6.2 循环网络、控制器和训练

图 9.15a、b 展示了从上方逐渐扩展的神经堆栈作为循环网络和控制器动作。用虚线标

记的整个架构是一个循环网络，其输入包含前一个循环状态 H_{t-1} 和当前的输入 $\boldsymbol{i}_t$，输出包含下一个状态 H_t 和当前输出 $\boldsymbol{o}_t$。前一个循环状态 H_{t-1} 由三部分组成：（a）来自 RNN 的前一个状态向量 $\boldsymbol{h}_{t-1}$；（b）前一个堆栈的读向量 $\boldsymbol{r}_t$；（c）前一个状态的堆栈状态 $\left(\boldsymbol{V}_{t-1}, \boldsymbol{s}_t\right)$。在实现时，除随机初始化的 $\boldsymbol{h}_0$ 以外，所有向量的初始值都被设置为 $\mathbf{0}$。

将当前的输入 $\boldsymbol{i}_t$ 与堆栈的前一个读取向量 $\boldsymbol{r}_{t-1}$ 拼接输入到控制器，该控制器含有上一个的状态 $\boldsymbol{h}_{t-1}$，用于生成下一个的状态 $\boldsymbol{h}_t$ 和输出 $\boldsymbol{o}'_t$。输出 $\boldsymbol{o}'_t$ 用于计算代表 push 操作的标量 d_t、代表 pop 操作的标量 u_t、作为神经堆栈输入的向量 $\boldsymbol{v}_t$ 以及整体的输出 $\boldsymbol{o}_t$。公式如下：

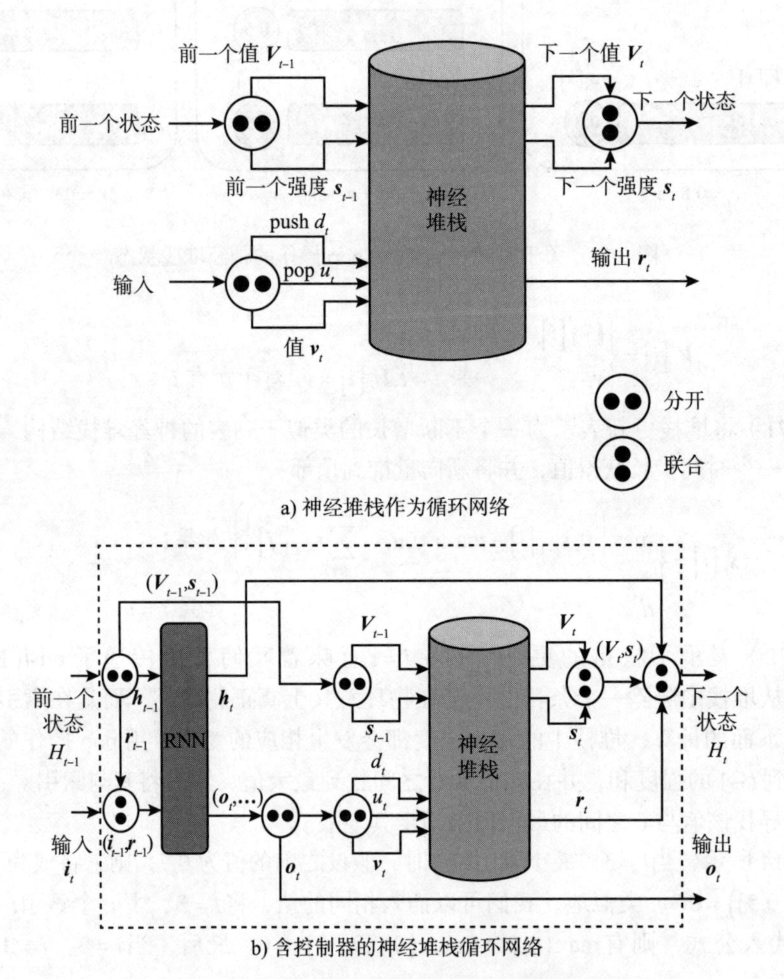

a) 神经堆栈作为循环网络

b) 含控制器的神经堆栈循环网络

图 9.15　含循环网络和控制器的神经堆栈

$$d_t = \operatorname{sigmoid}\left(W_d \boldsymbol{o}'_t + b_d\right) \tag{9.74}$$

$$u_t = \operatorname{sigmoid}\left(W_u \boldsymbol{o}'_t + b_u\right) \tag{9.75}$$

$$\boldsymbol{v}_t = \operatorname{sigmoid}\left(W_v \boldsymbol{o}'_t + b_v\right) \tag{9.76}$$

$$\boldsymbol{o}_t = \operatorname{sigmoid}\left(W_o \boldsymbol{o}'_t + b_o\right) \tag{9.77}$$

如果将 pop 操作更改为从列表的底部而不是顶部读取，就可以将整个结构很容易地调整成神经队列，如下：

$$s_t[i]=\begin{cases}\max\left(0,s_{t-1}[i]-\max\left(0,u_t-\sum_{j=1}^{i-1}s_{t-1}[j]\right)\right) & \text{如果}1\leqslant i<t\\ d_t & \text{如果 } i=t\end{cases} \tag{9.78}$$

$$r_t=\sum_{i=1}^{t}\min\left(s_t[i],\max\left(0,1-\sum_{j=1}^{i-1}s_t[j]\cdot V_t[i]\right)\right) \tag{9.79}$$

双端队列的工作原理与神经堆栈类似，不同点在于，双端队列可以获取列表顶部和底部的 push、pop 和值输入信号。

9.3.7　循环实体网络

Henaff 等人设计了一个具有长动态存储器的高度并行架构，该架构在很多 NLU 任务中取得了不错的效果，即循环实体网络（EntNet）[Hen+16]。其思想是使用存储单元块，其中每个单元可以存储关于句子中一个实体的信息，以便与名称、位置和其他实体对应的许多实体在单元中有信息内容。EntNet 的核心组件如图 9.16 所示。

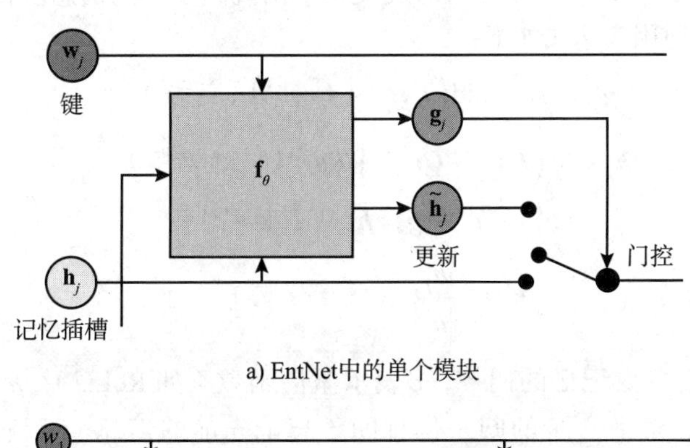

a) EntNet中的单个模块

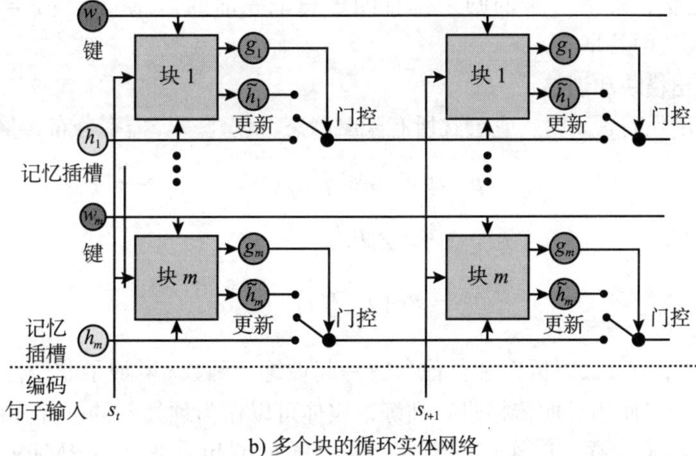

b) 多个块的循环实体网络

图 9.16　EntNet

9.3.7.1　输入编码器

我们以问答系统为例，可以讨论感兴趣主题的句子，并且问题及其对应答案都可以在给定的句子中找到，它也可以应用于许多其他任务。以$\left\{(x_i,y_i)_{i=1}^{n}\right\}$为训练集，$x_i$为输入序列，$q$是问题，$y_i$是一个单词的答案。输入编码层将单词序列转换成一个固定长度的向量，如作者所述，可以使用BOW的表示形式和RNN的最终状态实现转换。他们选择了一个简单的表示，使用一组向量$\{\boldsymbol{f}_1,\cdots,\boldsymbol{f}_k\}$和词向量$\{\boldsymbol{e}_1,\cdots,\boldsymbol{e}_k\}$表示$t$时刻的输入：

$$\boldsymbol{s}_t=\sum_i \boldsymbol{f}_i\circ\boldsymbol{e}_i \tag{9.80}$$

其中$\circ$表示Hadamard乘积，即逐元素相乘。向量组$\{\boldsymbol{f}_1,\cdots,\boldsymbol{f}_k\}$被应用于所有时间步长，并与其他参数一样，通过训练学习获得。嵌入矩阵$\boldsymbol{E}\in\mathbb{R}^{|V|\times d}$通过$\boldsymbol{E}(w)=\boldsymbol{e}\in\mathbb{R}^d$将序列中的每个单词进行转换，其中$d$表示嵌入的维数。

9.3.7.2　动态记忆

如图9.16b所示，输入的编码语句流入记忆单元的块中，并且整个网络是门控循环单元（GRU）的一种形式，在这些块中具有隐藏状态，这些状态连接在一起，给出了网络的全部隐藏状态。总块数$h_1,\cdots,h_m$大概在5~20，每个模块h_j有20~100个单元，每个模块j都有一个隐藏状态$\boldsymbol{h}_j\in\mathbb{R}^d$和一个键值$\boldsymbol{w}_j\in\mathbb{R}^d$。

该模块的作用是利用事实捕获有关实体的信息，这是通过将键向量的权重与感兴趣实体的嵌入相关联来实现的，以便模型学习有关文本中出现的实体的信息。在权重为$\boldsymbol{w}_j$、隐藏状态为$\boldsymbol{h}_j$时，模块j的通用表达式如下：

$$\boldsymbol{g}_j^t\leftarrow\text{sigmoid}\left(\boldsymbol{s}_t^\top\boldsymbol{h}_j^{t-1}+\boldsymbol{s}_t^\top\boldsymbol{w}_j^{t-1}\right)\text{（门控）} \tag{9.81}$$

$$\tilde{\boldsymbol{h}}_j^t\leftarrow\phi\left(\boldsymbol{P}\boldsymbol{h}_j^{t-1}+\boldsymbol{Q}\boldsymbol{w}_j^{t-1}+\boldsymbol{R}\boldsymbol{s}_t\right)\text{（候选记忆）} \tag{9.82}$$

$$\boldsymbol{h}_j^t\leftarrow\boldsymbol{h}_j^{t-1}+\boldsymbol{g}_j\circ\tilde{\boldsymbol{h}}_j^t\quad\text{（新记忆）} \tag{9.83}$$

$$\boldsymbol{h}_j^t\leftarrow\frac{\boldsymbol{h}_j^t}{\left\|\boldsymbol{h}_j^t\right\|}\quad\text{（重置记忆）} \tag{9.84}$$

其中，$\boldsymbol{g}_j$是决定更新多少记忆的门控，ϕ表示激活函数（如ReLU），$\boldsymbol{h}_j^t$是结合了旧的和当前时间戳的新记忆，最后一步的归一化有助于忘记先前的信息。矩阵$\boldsymbol{P}\in\mathbb{R}^{d\times d}$，$\boldsymbol{Q}\in\mathbb{R}^{d\times d}$，$\boldsymbol{R}\in\mathbb{R}^{d\times d}$在所有模块中共享。

9.3.7.3　输出模块和训练

当输出模块出现问题$\boldsymbol{q}$时，它会在所有隐藏状态上创建一个概率分布，整个式可以写成：

$$p_j=\text{softmax}\left(\boldsymbol{q}^\top\boldsymbol{h}_j\right) \tag{9.85}$$

$$\boldsymbol{u}=\sum_j p_j h_j \tag{9.86}$$

$$y=\boldsymbol{R}\phi(\boldsymbol{q}+\boldsymbol{H}\boldsymbol{u}) \tag{9.87}$$

矩阵$\boldsymbol{R}\in\mathbb{R}^{|V|\times d}$，$\boldsymbol{H}\in\mathbb{R}^{d\times d}$再次和其他参数一起训练。函数$\phi$增加了非线性，可以像ReLU一样激活。整个网络使用反向传播进行训练，实体可以作为预处理的一部分被提取出来，键向量可以专门与故事中存在的实体的嵌入相关，例如bAbI示例中的{Mary，Sandra，John，bathroom，bedroom，kitchen，garden，football}。

9.3.8　记忆增强网络在文本和语音中的应用

大多数记忆网络已经成功应用于复杂的NLU任务中，如问答和语义角色标记[WCB14，Suk+15，Gra+16，Hen+16]。Sukhbaatar等人通过在语言建模任务中增加记忆跳数，并应用端到端记忆网络，使其性能超越传统RNN[Suk+15]。Kumar等人在问答框架中将大多数NLP任务从句法分析转换为语义分析，并成功地应用了动态记忆网络 [Kum+16]。Grefenstette 等人表明使用记忆网络（如神经堆栈、队列、双端队列等）在转换任务中可以显著提高性能，例如在机器翻译中使用倒置转换语法（ITG）[Gre+15]。

9.4 案例研究

本节将主要探讨两个 NLP 主题：基于注意力的 NMT 和问答记忆网络。每一个主题都遵循与前几章相同的格式，并在最后提供练习。

9.4.1 基于注意力的 NMT

在这部分案例研究中，我们比较了第 7 章介绍的英法翻译任务的注意力机制。使用的数据集由 Tatoeba 网站上的翻译对组成，与第 7 章案例研究中使用的数据集相同。

9.4.2 探索性数据分析

对于 EDA 过程，读者可以参阅 7.7.2 节中数据集拆分的步骤。

数据集摘要如下所示：

```
1 Training set size:  107885
2 Validation set size:  13486
3 Testing set size:  13486
4 Size of English vocabulary:  4755
5 Size of French vocabulary:  6450
```

9.4.2.1 软件工具和库

当我们第一次探索神经机器翻译时，我们使用了 PyTorch 的 fairseq 库。但是据我们所知，没有一个库可以支持所有不同的注意力机制。因此，我们结合了一个库集合来比较注意力方法。具体来说，我们使用 PyTorch 作为深度学习框架，AllenNLP 作为大多数注意力机制的实现，spaCy 用于标记，torchtext 作为数据加载器。这里包含的代码对原 PyTorch 教程中的原始工作进行了扩展，并提供了一些其他功能和比较。

9.4.2.2 模型训练

我们对五种不同的注意力机制进行了对比，训练周期数为 100。对于每种注意力机制，均选择在验证数据上表现最好的模型，然后运行在测试数据上。训练的模型包含 4 层双向 GRU 编码器和一个单向 GRU 解码器。编码器和解码器的隐藏层大小是 512 维，编码和解码嵌入的大小为 256 维。模型采用交叉熵损失和 SGD 进行训练，每个批处理的批次大小为 512。编码器的初始学习率为 0.01，解码器的初始学习率为 0.05，作用于两者的动量为 0.9。当验证损失在 5 个周期内没有任何改进时，将使用学习率时间表来降低学习率。

为了规范我们的模型，我们以 0.1 的概率在编码器和解码器中加入 dropout，并且将梯度的范数剪裁为 10。

我们合并了该模型的批处理，以利用 GPU 的并行计算。除了 Bahdanau 模型要求在注意力机制中为编码器的双向输出引入一个权重矩阵，其他模型的架构都是相同的。

我们定义网络的不同组成部分如下：

```
1 class Encoder(nn.Module):
2   def __init__(self, input_dim, emb_dim, enc_hid_dim,
      dec_hid_dim,
```

```
3    dropout, num_layers=1, bidirectional=False):
4      super().__init__()
5      self.input_dim = input_dim
6      self.emb_dim = emb_dim
7      self.enc_hid_dim = enc_hid_dim
8      self.dec_hid_dim = dec_hid_dim
9      self.num_layers = num_layers
10     self.bidirectional = bidirectional
11 
12     self.embedding = nn.Embedding(input_dim, emb_dim)
13     self.rnn = nn.GRU(emb_dim, enc_hid_dim, num_layers=
       num_layers, bidirectional=bidirectional)
14     self.dropout = nn.Dropout(dropout)
15     if bidirectional:
16         self.fc = nn.Linear(enc_hid_dim * 2, dec_hid_dim)
17 
18   def forward(self, src):
19     embedded = self.dropout(self.embedding(src))
20     outputs, hidden = self.rnn(embedded)
21 
22     if self.bidirectional:
23         hidden = torch.tanh(self.fc(torch.cat((hidden[-2,:,:],
        hidden[-1,:,:]), dim=1)))
24 
25     if not self.bidirectional and self.num_layers > 1:
26         hidden = hidden[-1,:,:]
27 
28     return outputs, hidden
```

```
1  class Decoder(nn.Module):
2    def __init__(self, output_dim, emb_dim, enc_hid_dim,
       dec_hid_dim, dropout,
3    attention, bidirectional_input=False):
4      super().__init__()
5      self.emb_dim = emb_dim
6      self.enc_hid_dim = enc_hid_dim
7      self.dec_hid_dim = dec_hid_dim
8      self.output_dim = output_dim
9      self.dropout = dropout
10     self.attention = attention
11     self.bidirectional_input = bidirectional_input
12 
13     self.embedding = nn.Embedding(output_dim, emb_dim)
14 
15     if bidirectional_input:
16         self.rnn = nn.GRU((enc_hid_dim * 2) + emb_dim,
       dec_hid_dim)
17         self.out = nn.Linear((enc_hid_dim * 2) + dec_hid_dim +
        emb_dim, output_dim)
18     else:
19         self.rnn = nn.GRU((enc_hid_dim) + emb_dim, dec_hid_dim
       )
20         self.out = nn.Linear((enc_hid_dim) + dec_hid_dim +
       emb_dim, output_dim)
21 
22     self.dropout = nn.Dropout(dropout)
23 
24   def forward(self, input, hidden, encoder_outputs):
25     input = input.unsqueeze(0)
26     embedded = self.dropout(self.embedding(input))
27     hidden = hidden.squeeze(0) if len(hidden.size()) > 2 else
```

```
    hidden # batch_size=1 issue
28
    # 在双向输出上重复隐藏状态以引起注意
30  if hidden.size(-1) != encoder_outputs.size(-1):
31      attn = self.attention(hidden.repeat(1, 2),
    encoder_outputs.permute(1, 0, 2))
32  else:
33      attn = self.attention(hidden, encoder_outputs.permute
    (1, 0, 2))
34
35  a = attn.unsqueeze(1)
36
37  encoder_outputs = encoder_outputs.permute(1, 0, 2)
38
39  weighted = torch.bmm(a, encoder_outputs)
40  weighted = weighted.permute(1, 0, 2)
41
42  rnn_input = torch.cat((embedded, weighted), dim=2)
43
44  output, hidden = self.rnn(rnn_input, hidden.unsqueeze(0))
45
46  embedded = embedded.squeeze(0)
47  output = output.squeeze(0)
48  weighted = weighted.squeeze(0)
49
50  output = self.out(torch.cat((output, weighted, embedded),
    dim=1))
51
52  return output, hidden.squeeze(0), attn
```

```
1  class Seq2Seq(nn.Module):
2    def __init__(self, encoder, decoder, device):
3      super().__init__()
4      self.encoder = encoder
5      self.decoder = decoder
6      self.device = device
7
8    def forward(self, src, trg, teacher_forcing_ratio=0.5):
9      batch_size = src.shape[1]
10     max_len = trg.shape[0]
11     trg_vocab_size = self.decoder.output_dim
12
13     outputs = torch.zeros(max_len, batch_size, trg_vocab_size)
       .to(self.device)
14
15     encoder_outputs, hidden = self.encoder(src)
16     hidden = hidden.squeeze(1)
17
18     output = trg[0,:]  # first input to decoder <sos>
19
20     for t in range(1, max_len):
21       output, hidden, attn = self.decoder(output, hidden,
       encoder_outputs)
22       outputs[t] = output
23       teacher_force = random.random() < teacher_forcing_ratio
24       top1 = output.max(1)[1]
25       output = (trg[t] if teacher_force else top1)
26
27     return outputs
```

我们使用 AllenNLP 的注意力实现点积、余弦和双线性注意力。这些函数可以获取解码器的隐藏状态和编码器的输出，并返回相关的分数。

```
from allennlp.modules.attention import LinearAttention,
                                        CosineAttention,
                                        BilinearAttention,
                                        DotProductAttention

attn = DotProductAttention() # 对每种模型类型进行更改
enc = Encoder(INPUT_DIM,
        ENC_EMB_DIM,
        ENC_HID_DIM,
        DEC_HID_DIM,
        ENC_DROPOUT,
        num_layers=ENC_NUM_LAYERS,
        bidirectional=ENC_BIDIRECTIONAL)
dec = Decoder(OUTPUT_DIM,
        DEC_EMB_DIM,
        ENC_HID_DIM,
        DEC_HID_DIM,
        DEC_DROPOUT,
        attn,
        bidirectional_input=ENC_BIDIRECTIONAL)

model = Seq2Seq(enc, dec, device).to(device)
```

图 9.17 和图 9.18 分别展示了每种注意力模型的损失和 PPL 的训练图。表现最好的三种方法是 Bahdanau、点积和双线性模型。余弦和线性注意力模型很难收敛。特别地，线性注意力模型中的注意力机制与输入序列完全无关。

在图 9.19~ 图 9.23 中，我们分别给出了三个不同文件在上述 5 种不同的注意力模型中的解码器注意力输出示例，展示了解码器在翻译过程中所关注的内容。在每个图中，图 a 和图 b 是长度为 10 的输入，这是模型在训练期间看到的最大值。在大多数情况下，注意力仍与输入保持一致。然而，预测结果大多是错误的，通常在接近最大训练序列长度的时间步长附近具有较高的熵。

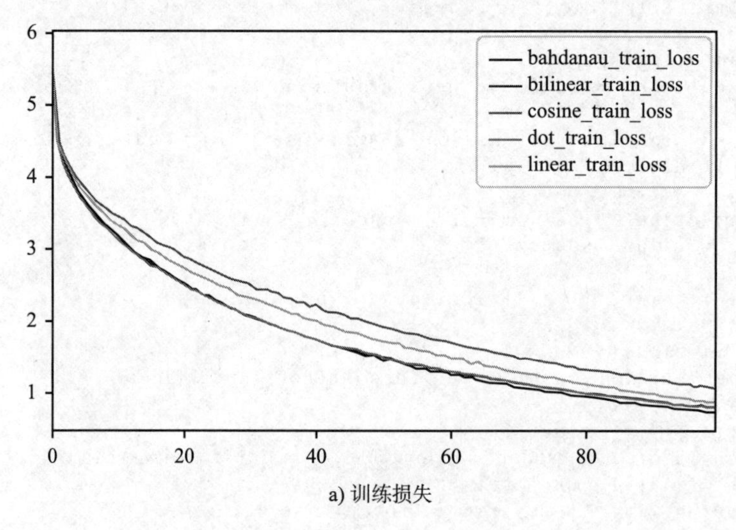

a) 训练损失

图 9.17 注意力模型损失比较

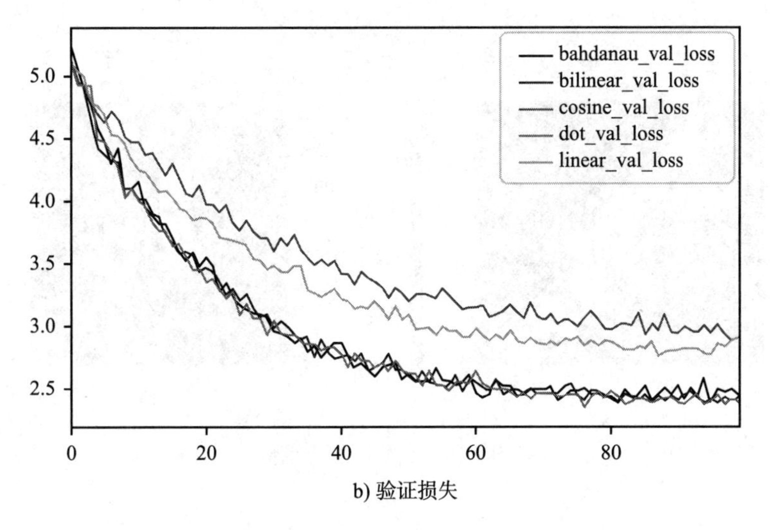

b) 验证损失

图 9.17　注意力模型损失比较（续）

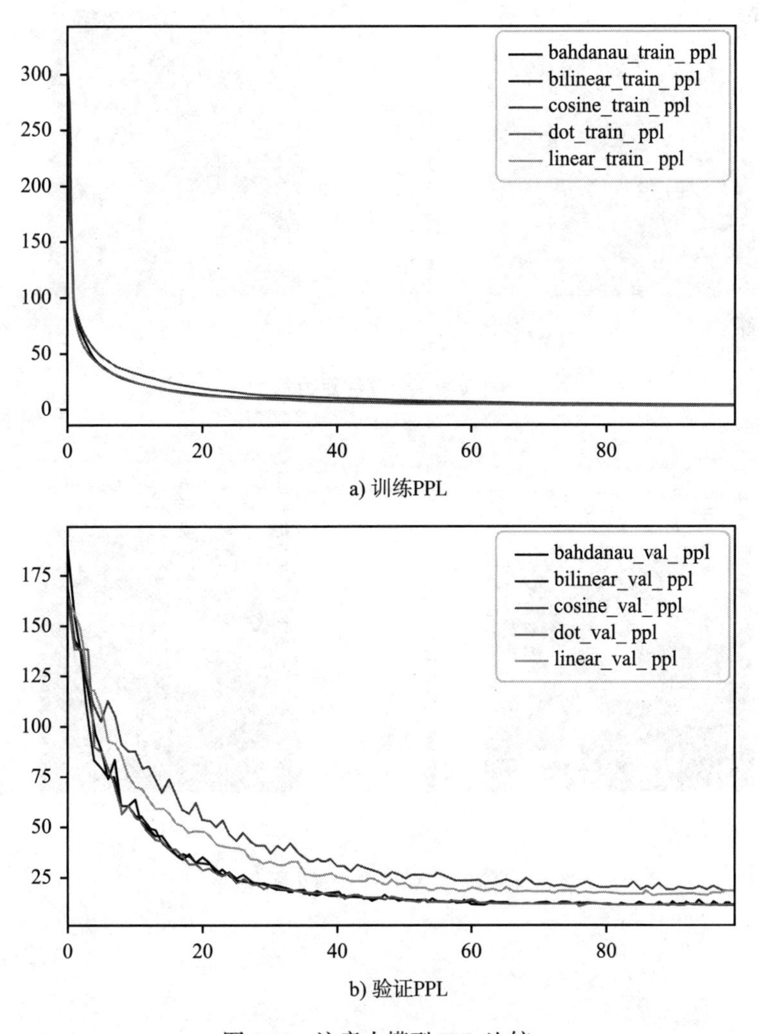

图 9.18　注意力模型 PPL 比较

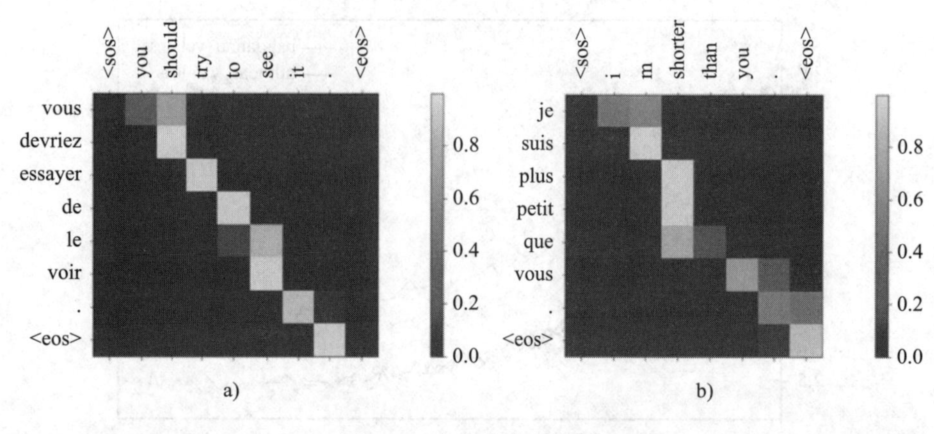

图 9.19　点积注意力示例

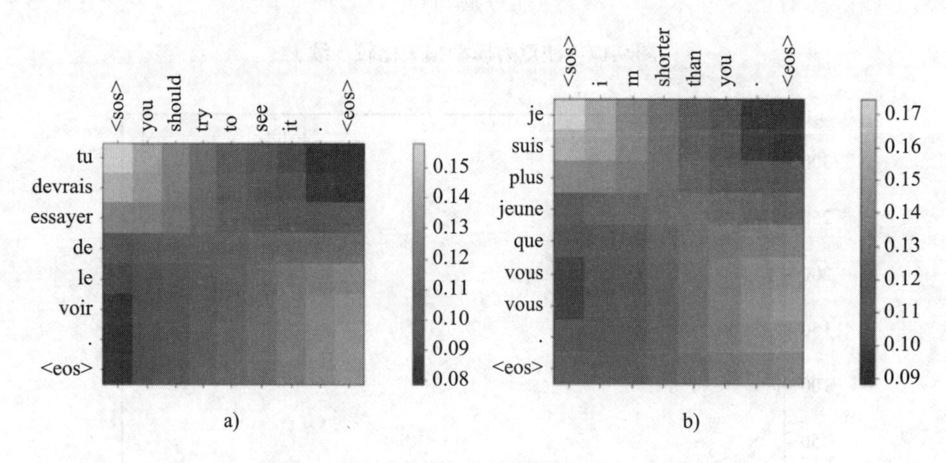

图 9.20　余弦注意力示例

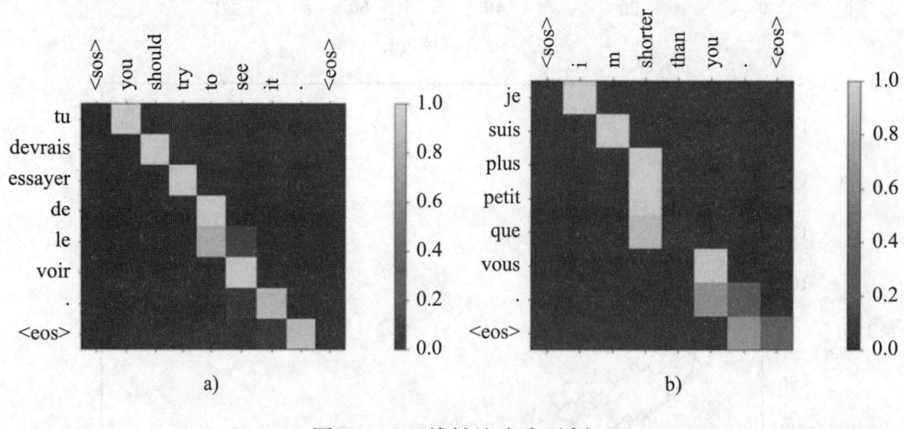

图 9.21　双线性注意力示例

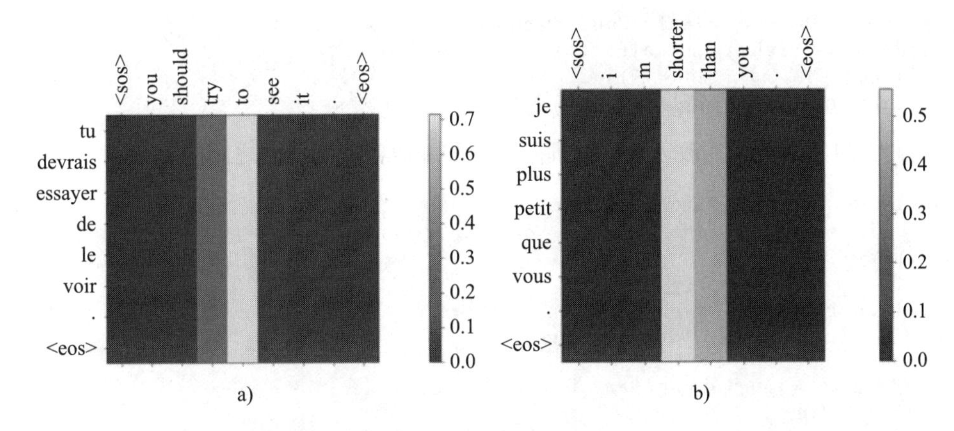

图 9.22　双线性注意力示例。请注意，该模型无法从注意力机制中学习有用的映射，但仍能翻译一些示例

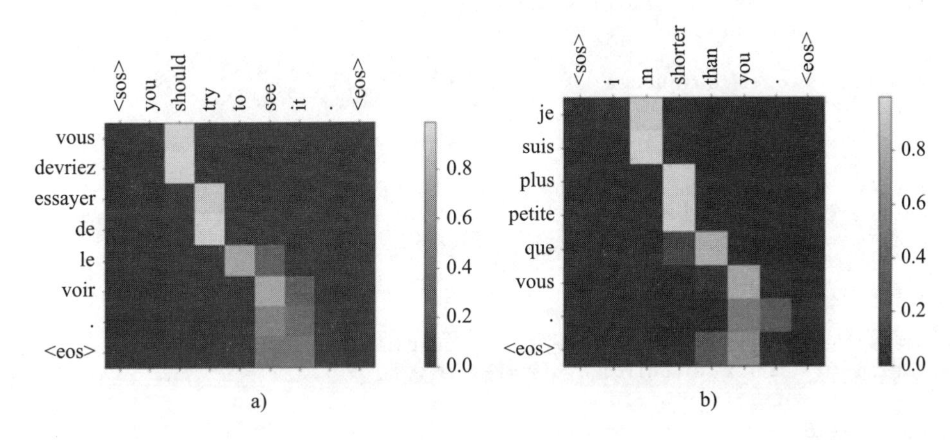

图 9.23　Bahdanau 注意力示例

9.4.2.3　Bahdanan 注意力

Bahdanau 注意力应用了一个全连接层来合并双向层的连接输出，而不是复制隐藏状态。考虑到这一点，需要稍做更改以适应张量大小的变化。

```
1 class BahdanauEncoder(nn.Module):
2     def __init__(self, input_dim, emb_dim, enc_hid_dim,
      dec_hid_dim, dropout):
3     super().__init__()
4 
5     self.input_dim = input_dim
6     self.emb_dim = emb_dim
7     self.enc_hid_dim = enc_hid_dim
8     self.dec_hid_dim = dec_hid_dim
9     self.dropout = dropout
10 
11    self.embedding = nn.Embedding(input_dim, emb_dim)
12    self.rnn = nn.GRU(emb_dim, enc_hid_dim, num_layers=4,
      bidirectional=True)
13    self.fc = nn.Linear(enc_hid_dim * 2, dec_hid_dim)
14    self.dropout = nn.Dropout(dropout)
15 
16  def forward(self, src):
17    embedded = self.dropout(self.embedding(src))
```

```
        outputs, hidden = self.rnn(embedded)
        hidden = torch.tanh(self.fc(torch.cat((hidden[-2,:,:],
        hidden[-1,:,:]), dim=1)))
        return outputs, hidden
```

对解码器进行了较小的改动，以处理隐藏层和编码器输出维度之间的差异。

```
class BahdanauAttention(nn.Module):
  def __init__(self, enc_hid_dim, dec_hid_dim):
    super().__init__()

    self.enc_hid_dim = enc_hid_dim
    self.dec_hid_dim = dec_hid_dim

    self.attn = nn.Linear((enc_hid_dim * 2) + dec_hid_dim,
    dec_hid_dim)
    self.v = nn.Parameter(torch.rand(dec_hid_dim))

  def forward(self, hidden, encoder_outputs):
    batch_size = encoder_outputs.shape[1]
    src_len = encoder_outputs.shape[0]

    hidden = hidden.unsqueeze(1).repeat(1, src_len, 1)

    encoder_outputs = encoder_outputs.permute(1, 0, 2)

    energy = torch.tanh(self.attn(torch.cat((hidden,
    encoder_outputs), dim=2)))
    energy = energy.permute(0, 2, 1)

    v = self.v.repeat(batch_size, 1).unsqueeze(1)

    attention = torch.bmm(v, energy).squeeze(1)
    return F.softmax(attention, dim=1)
```

9.4.2.4 结果

在测试集上运行每种注意力机制的最佳性能模型，产生如表 9.2 中的结果。

表 9.2　注意力模型的测试结果，最佳结果以粗体显示

注意力类型	损失	PPL	注意力类型	损失	PPL
点	17.826	2.881	线性	17.918	2.886
双线性	**13.987**	**2.638**	Bahdanau	17.580	2.867
余弦	22.098	3.095			

由表可知，双线性注意力模型在本实验中表现最好。从图 9.21 中的注意力排列可以看出，注意力输出与输入是强相关的。此外，在整个预测序列中，注意力的强度是高度自信的，直到序列结束时稍微失去了信心。

9.4.3 问答

为了帮助读者熟悉注意力和记忆网络，我们将本章的概念应用于 bAbI 数据集的问答任务中。bAbI 数据集是由有限个词汇组成的 20 个简单问答任务的集合。对于每个任务，都有一个包含 1000 个训练数据和 1000 个故事、测试问题和回答的集合，以及一个包含 10 000 个样本的扩展训练集。尽管 bAbI 中的问题很简单，bAbI 仍然有效地捕获问题解答中记忆的复杂性和长期依赖性。对于此案例研究，我们将重点关注任务 1~3，这些任务中包含的问题的答案需要从故事中多达三个事实提供信息来推理获得。

9.4.3.1　软件工具和库

在这个案例中，我们将用 Keras 和 TensorFlow 实现几个架构。Keras 为问答任务提供了一个有用的循环神经网络架构示例，这将作为我们的基线。我们将与本章中讨论的几种基于记忆网络的架构进行性能对比，包括 DeepMind 的可微神经计算机模型。我们没有在这里提供每个架构的完整覆盖，读者可以通过查阅本章附带的笔记，以获取完整的实现细节。

9.4.3.2　探索性数据分析

第一步是下载 bAbI 数据集，提取训练集和测试集进行分析。我们将重点关注包含 10 000 个训练样本和 1000 个测试样本的扩展数据集。首先，快速浏览一下任务 QA1、QA2 和 QA3 的示例：

QA1 Story: Mary moved to the bathroom. John went to the hallway.
QA1 Query: Where is Mary?
QA1 Answer: bathroom

QA2 Story: Mary moved to the bathroom. Sandra journeyed to the bedroom. Mary got the football there. John went to the kitchen. Mary went back to the kitchen. Mary went back to the garden.
QA2 Query: Where is the football?
QA2 Answer: garden

QA3 Story: Mary moved to the bathroom. Sandra journeyed to the bedroom. Mary got the football there. John went back to the bedroom. Mary journeyed to the office. John journeyed to the office. John took the milk. Daniel went back to the kitchen. John moved to the bedroom. Daniel went back to the hallway. Daniel took the apple. John left the milk there. John travelled to the kitchen. Sandra went back to the bathroom. Daniel journeyed to the bathroom. John journeyed to the bathroom. Mary journeyed to the bathroom. Sandra went back to the garden. Sandra went to the office. Daniel went to the garden. Sandra went back to the hallway. Daniel journeyed to the office. Mary dropped the football. John moved to the bedroom.
QA3 Query: Where was the football before the bathroom?
QA3 Answer: office

对数据集的分析显示，从任务 QA1 进行到 QA3 时，任务的复杂程度和所需要的长期记忆能力不断增加（如表 9.3 所示）。故事长度和问题长度（就 token 的数量而言）的分布如图 9.24 所示。

表 9.3　任务 QA1、QA2 和 QA3

任务	train_stories	test_stories	min(story_size)	max(story_size)	query_size	vocab_size
QA1	10 000	1000	12	68	4	21
QA2	10 000	1000	12	552	5	35
QA3	10 000	1000	22	1875	8	36

从任务 QA1 到 QA3，故事的平均长度显著增加，这使得模型训练变得更加困难。而且对于任务 QA3，只有三个支持事实，大部分的故事被认为是“噪声”。下面将通过实验观察不同的架构能够从噪声中学习识别相关事实的能力。

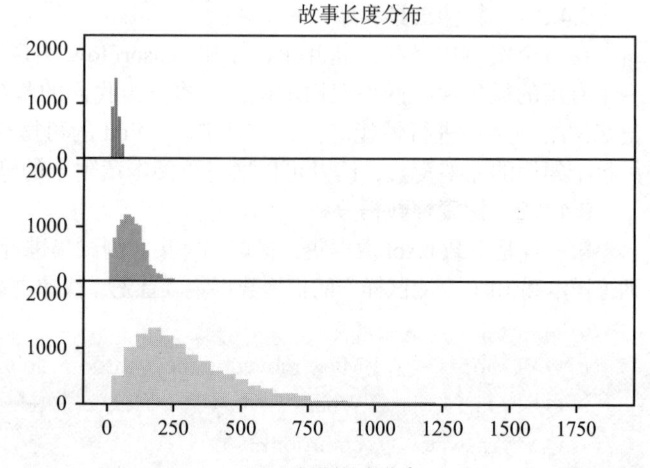

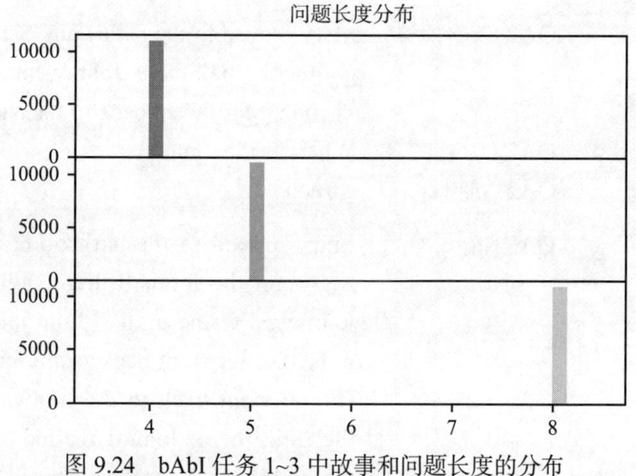

图 9.24　bAbI 任务 1~3 中故事和问题长度的分布

9.4.3.3　LSTM 基准

我们使用 Keras LSTM 架构示例作为基准。该架构包括以下内容：

1. 将每个故事和问题的标记都映射到嵌入（它们之间不共享）。
2. 用单独的 LSTM 对故事和问题进行编码。
3. 将故事和问题的编码向量连接起来。
4. 这些连接向量被用作 DNN 的输入，输出对应的词汇表中的 softmax 值。
5. 对整个网络进行训练，最大限度地减少 softmax 输出和实际答案之间的误差。

实现此架构的 Keras 模型如下：

```
RNN = recurrent.LSTM

sentence = layers.Input(shape=(story_maxlen,), dtype='int32')
encoded_sentence = layers.Embedding(vocab_size,
    EMBED_HIDDEN_SIZE)(sentence)
encoded_sentence = Dropout(0.3)(encoded_sentence)
encoded_sentence = RNN(SENT_HIDDEN_SIZE,
return_sequences=False)(encoded_sentence)

question = layers.Input(shape=(query_maxlen,), dtype='int32')
encoded_question = layers.Embedding(vocab_size,
    EMBED_HIDDEN_SIZE)(question)
encoded_question = Dropout(0.3)(encoded_question)
encoded_question = RNN(QUERY_HIDDEN_SIZE,
return_sequences=False)(encoded_question)

merged = layers.concatenate([encoded_sentence,encoded_question
    ])
merged = Dropout(0.3)(merged)
preds = layers.Dense(vocab_size, activation='softmax')(merged)

model = Model([sentence, question], preds)
model.compile(optimizer='adam',loss='categorical_crossentropy'
    ,metrics=['accuracy'])
```

我们在 bAbI 的扩展训练集上用 Adam 优化器对该模型进行训练，训练过程中的词向量维度为 50，编码器维度为 100，每个批次的大小为 32，训练周期数为 100。在任务 QA1、QA2 和 QA3 上的训练结果如表 9.4 所示，从结果可知，由于数据中“噪声”的增加，故事越长，LSTM 模型的性能就越差。

表 9.4　LSTM 基准的性能

任务	测试集准确率	任务	测试集准确率
QA1	0.51	QA3	0.17
QA2	0.31		

9.4.3.4　端到端记忆网络

由于记忆网络可存储长期信息，因此较好地提高了性能，尤其是在任务 QA3 等具有较长序列的任务中。记忆网络也能够将支持事实存储为记忆向量，用于查询和预测。在 Weston 最早的形式中，记忆向量是通过直接监督和硬注意力来学习，并且在网络的每一层都需要监督。这种做法代价很大，为克服这一问题，Sukhbaatar 提出了端到端的记忆网络，用软注意力机制代替监督，这种方法在训练期间可以通过反向传播的方式进行学习。这种端到端的架构主要步骤如下：

1. 将每个故事句子和查询都映射到单独的嵌入表示。
2. 将查询嵌入与每个句子嵌入进行比较，并使用 softmax 函数生成类似于软注意力机制的概率分布。
3. 这些概率被用来选择记忆中最相关的句子，其中记忆指一组独立的句子嵌入。
4. 将生成的向量与查询嵌入连接起来，用作 LSTM 层的输入，然后是具有 softmax 输出的密集层。
5. 对整个网络进行训练，最大限度地减少 softmax 输出和实际答案之间的误差。

需要注意的是，这种结构被称为 1 跳或单层 MemN2N，因为我们只对记忆进行了一次查询。如前文所述，可以通过堆叠记忆层提高模型性能，特别是在多个事实是相关的，且对于预测答案是必不可少的情况下。Keras 架构的实现如下：

```
input_sequence = Input((story_maxlen,))
input_encoded_m = Embedding(input_dim=vocab_size,
                            output_dim=EMBED_HIDDEN_SIZE)(
    input_sequence)
input_encoded_m = Dropout(0.3)(input_encoded_m)

input_encoded_c = Embedding(input_dim=vocab_size,
                            output_dim=query_maxlen)(
    input_sequence)
input_encoded_c = Dropout(0.3)(input_encoded_c)

question = Input((query_maxlen,))
question_encoded = Embedding(input_dim=vocab_size,
                             output_dim=EMBED_HIDDEN_SIZE,
                             input_length=query_maxlen)(
    question)
question_encoded = Dropout(0.3)(question_encoded)

match = dot([input_encoded_m, question_encoded], axes=(2, 2))
match = Activation('softmax')(match)

```

```
19 response = add([match, input_encoded_c])
20 response = Permute((2, 1))(response)
21 
22 answer = concatenate([response, question_encoded])
23 answer = LSTM(BATCH_SIZE)(answer)
24 answer = Dropout(0.3)(answer)
25 answer = Dense(vocab_size)(answer)
26 answer = Activation('softmax')(answer)
27 
28 model = Model([input_sequence, question], answer)
29 model.compile(optimizer='adam', loss='
       sparse_categorical_crossentropy',
30                metrics=['accuracy'])
```

我们使用 bAbI 的扩展训练集来训练这个单层模型，其中使用了 Adam 优化器，词向量维度为 50，每个批次的大小为 32，训练周期数为 100。该模型在任务 QA1、QA2 和 QA3 上的性能如表 9.5 所示。与基线 LSTM 相比，MemN2N 模型在所有三个任务上，尤其在 QA1 任务中都有显著的性能提升。

表 9.5　端到端记忆网络的性能

任务	准确率（20 个周期）	准确率（100 个周期）	任务	准确率（20 个周期）	准确率（100 个周期）
QA1	0.53	0.92	QA3	0.15	0.21
QA2	0.39	0.35			

9.4.4　动态记忆网络

如前所述，动态记忆网络将记忆网络更进一步，使用 GRU 层对记忆进行编码。其中，情景记忆层是动态记忆网络的关键，它具有可用于特征生成和评分的注意力机制。情景记忆层由两个嵌套的 GRU 组成，其中内部 GRU 可用于生成情景，外部 GRU 可根据情景序列生成记忆向量。DMN 主要步骤如下：

1. 用 GRU 对输入的故事句子和查询进行编码，并传递给情景记忆模块。
2. 通过参与这些编码以形成记忆来生成情景，从而忽略注意力分数较低的句子编码。
3. 用第二步生成的情景和先前的记忆状态来更新情景记忆。
4. 将查询和记忆状态作为回答模块中 GRU 的输入，从而获得预测输出。
5. 整个网络的训练目标是最小化 GRU 输出和回答之间的错误。

下面提供了用于动态记忆网络的情景记忆模块的 TensorFlow 实现。需要注意的是，其中情景记忆模块依赖于软注意力 GRU 的实现，可以在案例研究的代码中查看。

```
1  class EpisodicMemoryModule(Layer):
2  
3      # 注意力网络
4      self.l_1 = Dense(units=emb_dim, batch_size=batch_size,
   activation='tanh')
5      self.l_2 = Dense(units=1, batch_size=batch_size,
   activation=None)
6  
7      # 情景网络
8      self.episode_GRU = SoftAttnGRU(units=units,
9                                     return_sequences=False,
10                                    batch_size=batch_size)
11 
```

```
12        # 记忆生成网络
13        self.memory_net = Dense(units=units, activation='relu')
14
15        for step in range(self.memory_steps):
16            attentions = [tf.squeeze(
17                compute_attention(fact, question, memory),
axis=1)
18                for i, fact in enumerate(fact_list)]
19            attentions = tf.stack(attentions)
20            attentions = tf.transpose(attentions)
21            attentions = tf.nn.softmax(attentions)
22            attentions = tf.expand_dims(attentions, axis=-1)
23
24            episode = K.concatenate([facts, attentions], axis
=2)
25            episode = self.episode_GRU(episode)
26
27            memory = self.memory_net(K.concatenate([memory,
episode, question], axis=1))
28
29        return K.concatenate([memory, question], axis=1)
```

我们使用 bAbI 的扩展训练集来训练 DMN 模型，其中使用了 Adam 优化器，GloVe 词向量维度为 50，隐藏单元的个数为 100，记忆查询次数为 3，训练周期数为 20。该模型在任务 QA1、QA2 和 QA3 上的性能如表 9.6 所示。与早期架构相比，我们可以看到动态记忆网络在这三种任务上的性能均优于 MemN2N 和 LSTM 模型，更是在任务 QA1 上达到完美预测。

表 9.6　动态记忆网络的性能

任务	测试集准确率	任务	测试集准确率
QA1	1.00	QA3	0.29
QA2	0.47		

9.4.4.1　可微神经计算机

可微神经计算机（DNC）是一种具有独立记忆库的神经网络。它是一个嵌入式神经网络控制器，具有一组用于存储和管理记忆的预设操作集合。作为神经图灵机架构的扩展，它允许在不扩展网络其他部分的情况下扩展记忆。

DNC 的核心是一个被称为控制器的神经网络，它类似于计算机中的 CPU。这个 DNC 控制器可以同时对记忆进行多个操作，包括一次读取和写入多个记忆的位置，并输出预测结果。在此之前，记忆是一组位置，每个位置可以存储一个信息向量。DNC 控制器可以使用软注意力来进行基于位置内容的记忆搜索，也可以向前或向后遍历相关的时间链路，从而在任意方向获取序列信息。查询信息同样可以用于预测。

对于每个时间步长的给定输入，DNC 控制器输出四个向量：

1. **读向量**：读头用于寻址内存位置。
2. **擦除向量**：用于有选择地从内存中擦除项目。
3. **写向量**：写头用于将信息存储在内存中。
4. **输出向量**：作为输出预测的特征。

在这个案例中，我们将把 DeepMind 开发的 TensorFlow DNC 应用到 bAbI 扩展数据集中，DNC 模块的实现如下：

```
DNCState = collections.namedtuple('DNCState', ('access_output'
    ,
                                               'access_state',
                                               '
    controller_state'))
class DNC(snt.RNNCore):
    # 模块
    self._controller = snt.LSTM(**controller_config)
    self._access = access.MemoryAccess(**access_config)

    # 输出
    prev_access_output = prev_state.access_output
    prev_access_state = prev_state.access_state
    prev_controller_state = prev_state.controller_state

    batch_flatten = snt.BatchFlatten()
    controller_input = tf.concat([batch_flatten(inputs),
                                  batch_flatten(
    prev_access_output)], 1)

    controller_output, controller_state = self._controller(
    controller_input, prev_controller_state)

    access_output, access_state = self._access(
    controller_output, prev_access_state)

    output = tf.concat([controller_output, batch_flatten(
    access_output)], 1)
    output = snt.Linear(output_size=self._output_size.as_list
    ()[0],
                        name='output_linear')(output)
```

我们使用 bAbI 的扩展训练集以及 RMSprop 优化器来训练 DNC 模型，其中 GloVe 词向量维度为 50，隐藏层维度为 256，记忆大小为 256×64，共包含 4 个读头、1 个写头，批处理次数为 1，梯度裁剪次数为 20 000。该模型在任务 QA1、QA2 和 QA3 上的性能表现如表 9.7 所示。由于模型复杂度增加，看到 DNC 模型优于所有以前的模型可能不足为奇。在选择最适合某任务的体系结构时，应在准确率和训练时间之间仔细权衡。对于简单任务，可能只需要一个 LSTM 实现。当需要复杂知识进行任务预测时，具有可扩展记忆功能的 DNC 是更好的选择。

表 9.7　可微神经计算机的性能

任务	测试集准确率	任务	测试集准确率
QA1	1.00	QA3	0.55
QA2	0.67		

9.4.4.2　循环实体网络

循环实体网络（EntNets）包含一组固定的动态记忆单元库，可以同时进行基于位置和基于内容的更新。这种能力使模型性能表现非常好，并在诸如 bAbI 之类的推理任务中设置了最先进的技术。与依赖复杂的中央控制器的 DNC 不同，EntNet 本质上是一组独立的、并行循环记忆单元，每个记忆单元都具有独立的门。

EntNet 架构由输入编码器、动态记忆成和一个输出层组成，具体步骤如下：

1. 将输入的故事语句和查询映射成向量表示，并分别传递到动态记忆层和输出层。

2. 生成含有实体嵌入的键向量。

3. 利用输入的编码向量和键向量更新动态记忆层 GRU 块集中的隐藏状态（记忆）。

4. 输出层用 softmax 对查询 q 和记忆单元中的隐藏状态进行操作，从而获得在所有候选回答上的概率分布。

5. 整个网络的训练目标是最小化输出层候选回答和实际回答之间的误差。

下面给出了用 TensorFlow 编写的动态记忆单元的架构：

```
class DynamicMemoryCell(tf.contrib.rnn.RNNCell):
    def get_gate(self, state_j, key_j, inputs):
        a = tf.reduce_sum(inputs * state_j, axis=1)
        b = tf.reduce_sum(inputs * key_j, axis=1)
        return tf.sigmoid(a + b)

    def get_candidate(self, state_j, key_j, inputs, U, V, W,
    U_bias):
        key_V = tf.matmul(key_j, V)
        state_U = tf.matmul(state_j, U) + U_bias
        inputs_W = tf.matmul(inputs, W)
        return self._activation(state_U + inputs_W + key_V)

    def __call__(self, inputs, state):
        state = tf.split(state, self._num_blocks, axis=1)
        next_states = []
        for j, state_j in enumerate(state):
            key_j = tf.expand_dims(self._keys[j], axis=0)
            gate_j = self.get_gate(state_j, key_j, inputs)
            candidate_j = self.get_candidate(state_j,
                                             key_j,
                                             inputs,
                                             U, V, W, U_bias)
            state_j_next = state_j + tf.expand_dims(gate_j,
    -1) * candidate_j
            state_j_next_norm = tf.norm(tensor=state_j_next,
                                        ord='euclidean',
                                        axis=-1,
                                        keep_dims=True)
            state_j_next_norm = tf.where(tf.greater(
    state_j_next_norm, 0.0),
                                         state_j_next_norm,
                                         tf.ones_like(
    state_j_next_norm))
            state_j_next = state_j_next / state_j_next_norm
            next_states.append(state_j_next)
        state_next = tf.concat(next_states, axis=1)
        return state_next, state_next
```

我们使用 bAbI 的扩展训练集以及 ADAM 优化器来训练 EntNet 模型，其中输入的词向量维度为 100，块数为 20，每个批次的大小为 32，梯度裁剪次数为 200。该模型在任务 QA1、QA2 和 QA3 的性能如表 9.8 所示。我们在任务 QA1、QA2 和 QA3 上实现的性能超越了所有以前的架构。需要注意的是，通过适当的超参数调整，EntNet 和之前的架构在 bAbI 任务上的性能均会有所提高。

表 9.8　EntNet 的性能

任务	测试集准确率	任务	测试集准确率
QA1	1.00	QA3	0.90
QA2	0.97		

9.4.5　留给读者的练习

读者可以考虑以下案例研究问题：

1. 当对编码器和解码器使用相同的嵌入矩阵时，可能会限制内存和复杂性。为了解决该问题需要进行哪些更改？

2. 在训练期间调整并增加基线 LSTM 模型的周期数来提高性能，那么，增加 dropout 的数量会有帮助吗？

3. 如果向端到端记忆网络增加第二个和第三个跳，那么该模型在 bAbI 任务 QA2 和 QA3 中的性能是否会有所提高？

4. 限制记忆向量表达的大小如何影响模型性能？

5. 在 MemN2N 网络的记忆控制器中用不同的相似度评分函数来代替 softmax，是否会对模型性能有显著影响？

6. 在 bAbI 数据集的任务 3~20 的案例研究中，简单基线 LSTM 是否在某些任务上优于其他任务？

参考文献

[BCB14b]　Dzmitry Bahdanau, Kyunghyun Cho, and Yoshua Bengio. "Neural Machine Translation by Jointly Learning to Align and Translate". In: *CoRR* abs/1409.0473 (2014).

[Bah+16b]　Dzmitry Bahdanau et al. "End-to-end attention-based large vocabulary speech recognition". In: *2016 IEEE International Conference on Acoustics, Speech and Signal Processing ICASSP 2016, Shanghai, China, March 20–25, 2016*. 2016, pp. 4945–4949.

[Cha+16a]　William Chan et al. "Listen, attend and spell: A neural network for large vocabulary conversational speech recognition". In: *2016 IEEE International Conference on Acoustics, Speech and Signal Processing ICASSP 2016, Shanghai, China, March 20–25, 2016*. 2016, pp. 4960–4964.

[Cho+15b]　Jan Chorowski et al. "Attention-Based Models for Speech Recognition". In: *Advances in Neural Information Processing Systems 28: Annual Conference on Neural Information Processing Systems 2015, December 7–12, 2015, Montreal, Quebec, Canada*. 2015, pp. 577–585.

[Dan+17]　Michal Daniluk et al. "Frustratingly Short Attention Spans in Neural Language Modeling". In: *CoRR* abs/1702.04521 (2017).

[DGS92]　Sreerupa Das, C. Lee Giles, and Guo-Zheng Sun. "Using Prior Knowledge in a {NNPDA} to Learn Context-Free Languages". In: *Advances in Neural Information Processing Systems 5, [NIPS Conference, Denver, Colorado, USA, November 30-*

December 3, 1992]. 1992, pp. 65–72.

[Den+12] M. Denil et al. “Learning where to Attend with Deep Architectures for Image Tracking”. In: *Neural Computation* (2012).

[GWD14b] Alex Graves, Greg Wayne, and Ivo Danihelka. “Neural Turing Machines”. In: *CoRR* abs/1410.5401 (2014).

[Gra+16] Alex Graves et al. “Hybrid computing using a neural network with dynamic external memory”. In: *Nature* 538.7626 (Oct. 2016), pp. 471–476.

[Gre+15] Edward Grefenstette et al. “Learning to Transduce with Unbounded Memory”. In: *Advances in Neural Information Processing Systems 28: Annual Conference on Neural Information Processing Systems 2015, December 7–12, 2015, Montreal, Quebec, Canada*. 2015, pp. 1828–1836.

[Hen+16] Mikael Henaff et al. “Tracking the World State with Recurrent Entity Networks”. In: *CoRR* abs/1612.03969 (2016).

[Kum+16] Ankit Kumar et al. “Ask Me Anything: Dynamic Memory Networks for Natural Language Processing”. In: *Proceedings of the 33nd International Conference on Machine Learning, ICML 2016, New York City, NY, USA, June 19–24, 2016*. 2016, pp. 1378–1387.

[LH10] Hugo Larochelle and Geoffrey E Hinton. “Learning to combine foveal glimpses with a third-order Boltzmann machine”. In: *Advances in Neural Information Processing Systems 23*. Ed. by J. D. Lafferty et al. Curran Associates, Inc., 2010, pp. 1243–1251.

[Lin+17] Zhouhan Lin et al. “A Structured Self-attentive Sentence Embedding”. In: *CoRR* abs/1703.03130 (2017).

[LPM15] Minh-Thang Luong, Hieu Pham, and Christopher D. Manning. “Effective Approaches to Attention-based Neural Machine Translation”. In: *CoRR* abs/1508.04025 (2015).

[Moz94] Michael C. Mozer. “Neural Net Architectures for Temporal Sequence Processing”. In: Addison-Wesley, 1994, pp. 243–264.

[RCW15] Alexander M. Rush, Sumit Chopra, and Jason Weston. “A Neural Attention Model for Abstractive Sentence Summarization”. In: *Proceedings of the 2015 Conference on Empirical Methods in Natural Language Processing, EMNLP 2015, Lisbon, Portugal, September 17–21, 2015*. 2015, pp. 379–389.

[SP63] Karl Steinbuch and Uwe A. W. Piske. “Learning Matrices and Their Applications”. In: *IEEE Trans. Electronic Computers* 12.6 (1963), pp. 846–862.

[Suk+15] Sainbayar Sukhbaatar et al. “End-To-End Memory Networks”. In: *Advances in Neural Information Processing Systems 28: Annual Conference on Neural Information Processing Systems 2015, December 7–12, 2015, Montreal, Quebec, Canada*. 2015, pp. 2440–2448.

[Vas+17c] Ashish Vaswani et al. “Attention is All you Need”. In: *Advances in Neural Information Processing Systems 30: Annual Conference on Neural Information Processing Systems 2017, 4–9 December 2017, Long Beach, CA, USA*. 2017, pp. 6000–6010.

[Vin+15a] Oriol Vinyals et al. “Grammar as a Foreign Language”. In: *Advances in Neural Information Processing Systems 28: Annual Conference on Neural Information Processing Systems 2015, December 7–12, 2015, Montreal, Quebec, Canada*. 2015, pp. 2773–2781.

[Wan+16b] Yequan Wang et al. “Attention-based LSTM for Aspect-level Sentiment Classification”. In: *Proceedings of the 2016 Conference on Empirical Methods in Natural Language Processing, EMNLP 2016, Austin, Texas, USA, November 1–4, 2016*. 2016, pp. 606–615.

[WCB14] Jason Weston, Sumit Chopra, and Antoine Bordes. “Memory Networks”. In: *CoRR* abs/1410.3916 (2014).

[Yan+16] Zichao Yang et al. “Hierarchical Attention Networks for Document Classification”. In: *NAACL HLT 2016, The 2016 Conference of the North American Chapter of the Association for Computational Linguistics: Human Language Technologies, San Diego California, USA, June 12–17, 2016*. 2016, pp. 1480–1489.

[Zha+18] Yuanyuan Zhang et al. “Attention Based Fully Convolutional Network for Speech Emotion Recognition”. In: *CoRR* abs/1806.01506 (2018).

迁移学习：场景、自学习和多任务学习

10.1 章节简介

大多数有监督的机器学习技术，如分类算法，依赖于一些潜在的前提，如：(a) 训练和预测时间内的数据分布是相似的；(b) 训练和预测时间内的标签空间是相似的；(c) 训练和预测时间之间的特征空间保持不变。在许多实际场景中，由于数据的性质不断变化，这些前提难以成立。

机器学习中有很多技术可以解决这些问题，比如增量学习、连续学习、代价敏感学习、半监督学习等。在本章中，我们将主要关注迁移学习和相关技术来解决这些问题。

DARPA 将迁移学习定义为系统从以前的任务中学习，并应用知识到新的任务的能力 [Dar05]。这项研究在 7~10 年的时间里，主要使用了以迁移学习为重点的传统机器学习算法，在各个领域取得了成功。该研究影响了无线通信、计算机视觉、文本挖掘等多个领域 [Fun+06，DM06，Dai+07b，Dai+07a，TS07，Rai+07，JZ07，BBS07，Pan+08，WSZ08]。

随着深度学习领域的快速发展，非监督学习和迁移学习成为当前的研究热点。我们可以将迁移学习分为不同的子领域，如自学习、多任务学习、领域自适应、零样本学习、单样本学习、小样本学习等。在本章中，我们首先将回顾迁移学习的定义和基本场景。之后，我们将介绍自学习和多任务学习所涉及的技术。结尾部分，我们将使用 NLP 任务进行多任务学习的详细案例研究，以获得本章所涉及的各种概念和方法的实践经验。

10.2 迁移学习：定义、场景和类别

如图 10.1 所示，在传统的机器学习中，需要为不同的源（数据和标签）学习不同的模型。对于一个有训练数据和标签的源（任务或域），系统学习的模型（模型 A 和模型 B）只对与每个模型分别学习的源相似的目标（任务或域）有效。在大多数情况下，针对特定源进行学习的模型不能用于预测不同的目标。如果有一个模型需要大量的训练数据，那么收集数据、标记数据、训练模型和验证模型的工作必须在每个源中完成。从成本和资源的角度来看，这种工作对于大量系统来说是难以处理的。

图 10.2 展示了一个通用的迁移学习系统，它可以从源系统或模型中提取**知识**（knowledge），并以某种方式进行**迁移**（transfer），以便对某个目标有用。模型 A 为某项任务使用了源 A 的训练数据进行训练，可以从模型 A 中提取知识并将其转移到另一个目标任务中。

10.2.1 迁移学习定义

为了精确地定义迁移学习，我们将首先定义由 Pan 和 Yang 给出的几个概念，即域和任务 [PY10]。**域**（domain）。$\mathcal{D}=\left(\mathcal{X},P\left(X\right)\right)$的定义涉及特征空间 $\mathcal{X}$ 和边缘概率分布 $P\left(X\right)$，其中 X 代表的是训练数据样本 $X=x_1,x_2,\cdots,x_n\in\mathcal{X}$。例如在使用二分类的情感分析任务中，$\mathcal{X}$ 对应的是一个词袋表示，x_i 对应着语料库中的第 i 个语料。因此，当两个系统的特征空间或边缘概率分布不同时，我们认为域不匹配。

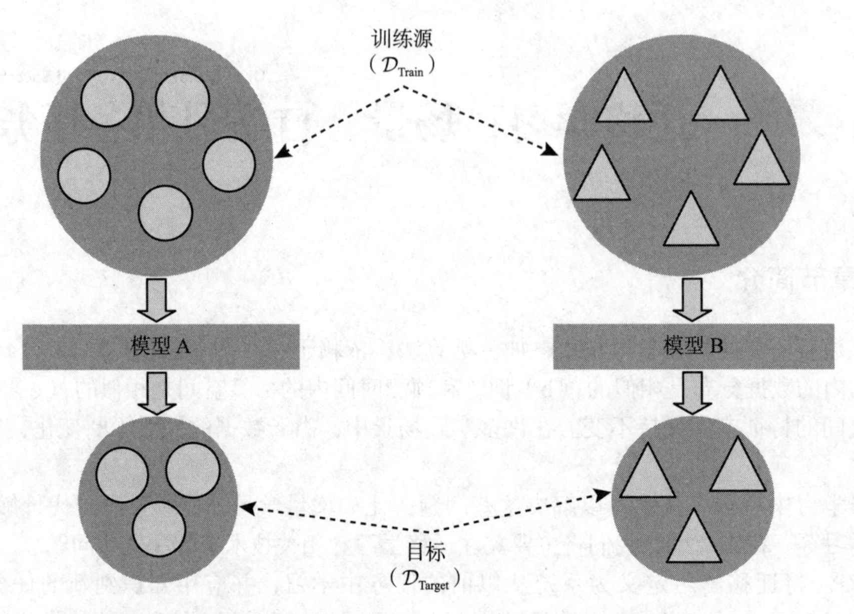

图 10.1　不同的源和目标上的传统机器学习系统

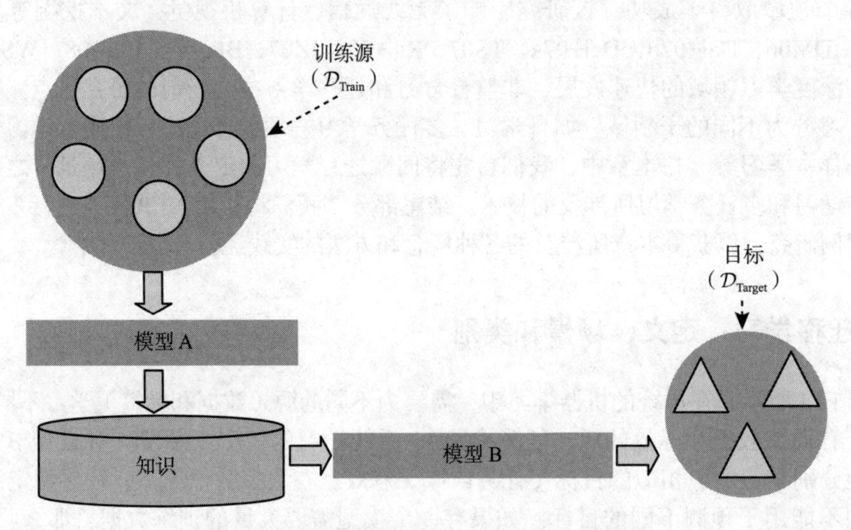

图 10.2　不同的源和目标上的迁移学习系统

任务（task）$\mathcal{J}=\left(y,f(\cdot)\right)$的定义涉及标签空间$y$和目标预测函数$f(\cdot)$，该函数不是直接通过观察得到的，而是通过输入和标签对$\left(x_i,y_i\right)$学习得到的。标签空间由所有实际标签的集合组成，例如，二元分类的“真”和“假”。目标预测函数$f(\cdot)$用于预测给定数据的标签，并且可以用概率论的观点解释为$f(\cdot)\approx p\left(y|x\right)$。

给定一个源域$\mathcal{D}_S$，源任务$\mathcal{J}_S$，目标域$\mathcal{D}_T$和目标任务$\mathcal{J}_T$，**迁移学习**可以被定义成如下：使用来自源域$\mathcal{D}_S$和源任务$\mathcal{J}_S$的知识，学习在目标域$\mathcal{D}_T$中的目标预测函数$f_T(\cdot)=P\left(Y_T\mid X_T\right)$的过程，其中$\mathcal{D}_S\neq\mathcal{D}_T$或者$\mathcal{J}_S\neq\mathcal{J}_T$。

10.2.2　迁移学习场景

基于源和目标的域与任务的不同组成部分，有以下四种不同的迁移学习场景：

1. 特征空间不同，$\mathcal{X}_S \neq \mathcal{X}_T$。用情感分类来举一个例子的话，就是为两种不同的语言定义特征。在 NLP 中，这通常被称为跨语言适应。

2. 源与目标之间的边缘概率分布不同，$P(X_S) \neq P(X_T)$，例如，两篇文本都用于分析情感，分别用简短形式的聊天文本和正式语言的电子邮件文本。

3. 源和目标之间的标签空间不同，$y_S \neq y_T$。这意味着源和目标任务是完全不同的，例如，其中一个带有对应的情感（积极、中性、消极）的标签，另一个的则对应的是情绪（生气、悲伤、快乐）。

4. 预测函数或条件概率分布不同，$P(Y_S | X_S) \neq P(Y_T | X_T)$。这方面的一个例子是，其中一个的分布是平衡的，而另一个的分布则完全倾斜或高度不平衡；源有等同的正面和负面情绪，但是目标的正面情绪与负面情绪相比很少。

10.2.3　迁移学习类别

根据在源和目标之间“如何迁移”以及“迁移什么”，迁移学习可以进一步分为许多不同的类型，其中许多已经成为一个独立的领域用于研究和应用。在本节中，我们不会涵盖很多传统的基于机器学习的，且已经在 Pan 和 Yang [PY10] 的调查中被定义的类别。相反，我们将只讨论那些在深度学习领域已经被探讨过或产生过影响的类别。

根据源和目标之间的标签可用性和任务相似性，迁移学习可以有不同的子类别，如图 10.3 所示。

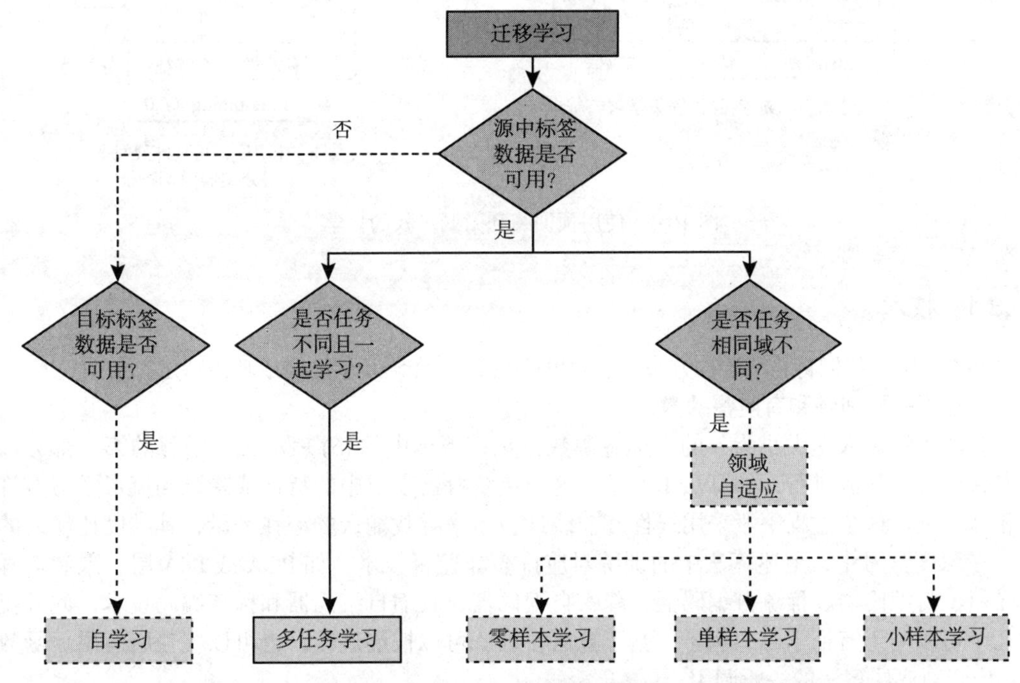

图 10.3　基于标签数据、任务、源域和目标域的迁移学习类别

当源标签不可用，但存在大量源数据，且少量到大量的目标数据存在，这种类别的学习称为**自学习**。在许多现实的语音和文本应用中，标注的成本或工作量都有限制，而大量的数据可用来学习并迁移到带有标签的特定任务中，这种技术已经非常成功。这些学习系统的核心假设是，在源上采用某种形式的无监督学习，以捕捉有助于将知识迁移到目标的特征。

当目的不仅仅是做好目标任务，还要以某种方式进行联合学习，同时做好源任务和目标任务（这些任务略有不同），这种迁移学习的形式被称为**多任务学习**。所做的核心假设是在相关任务之间共享信息，这些任务应该会有一些相似之处，这样可以提高总体的泛化性。

与多任务学习（源和目标之间的任务不同）相关，**领域自适应**也是一种学习形式，该学习中源和目标之间的域（即特征空间或数据中的边缘分布）是不同的。其核心原则是，从源头学习一个域不变的表示，并能以有效的方式迁移到不同领域的目标上。

在领域自适应方面，各域不同的且小到大的标签数据都可以在源文件中找到。根据可用的标记数据数 (0,1,n)，领域自适应可以是**零样本学习**、**单样本学习**和**小样本学习**。

10.3 自学习

如图 10.4 所示，自学习包括两个不同的步骤：(a) 以无监督的方式从无标签源数据集中学习特征；(b) 在有标签的目标数据集上，用分类器调整这些学习到的特征。

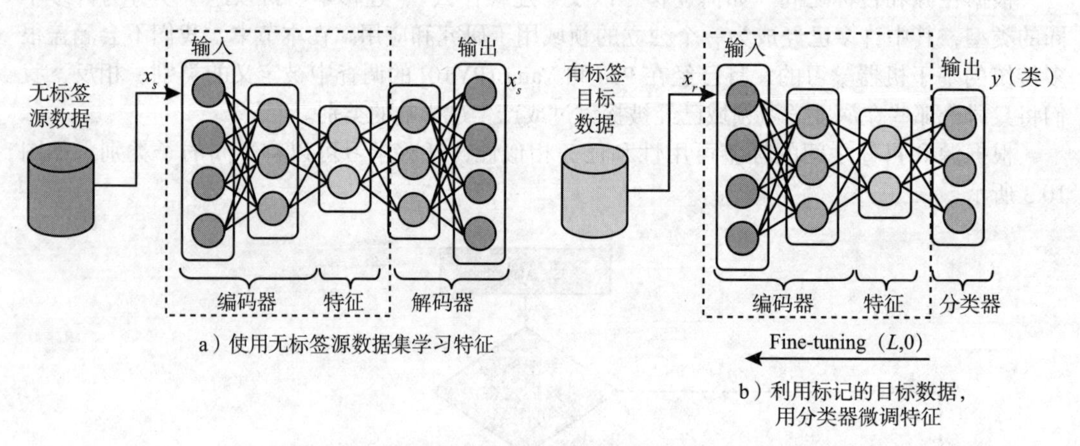

图 10.4 使用预训练和微调步骤的自学

10.3.1 技术

在本节中，我们将总结各种方法，然后讨论在 NLP 和语音中已经成功的特定算法或技术。

无监督的预训练和有监督的微调

算法 1 的输入是大小为 n 的无标签源数据集；下标中的 (S) 表示源。学习的第一部分以无监督的方式从源进行，如算法 1 所示。这与传统机器学习中的特征或降维和流形学习有许多相似之处。这个过程一般采用线性和非线性技术来寻找输入的潜在表示，其维度比输入的小。在深度学习中，上述算法中的训练对应许多非监督技术，如 PCA 或 ICA 层、限制玻耳兹曼机、自编码器、稀疏自编码器、降噪自编码器、收缩自编码器和稀疏编码技术，此处仅举几个可以用于特征学习的例子。基于算法，训练可以按层进行，也可以覆盖所有层。函数 R 对应于对底层算法的一般调用。

自编码器是无监督学习方法中最流行的技术，基本的编码和解码发生在各层之间以匹配输入。神经元的数量和层的大小在自编码器的学习中十分重要。当大小小于输入时，称为**欠完备表示**，可以视为一种在低维寻找表示的压缩机制。当大小大于输入时，它被称为**过完备表示**，需要正则化技术（如稀疏性）来强制学习重要的特征。在许多实际应用中，自编码器被堆叠在一起，从输入创建分层或高级的特征。

算法 1：无监督特征学习

Data: 训练数据集 $\boldsymbol{x}_{1(S)}, \boldsymbol{x}_{2(S)}, \cdots, \boldsymbol{x}_{n(S)}$ 使 $\boldsymbol{x}_{i(S)} \in \mathbb{R}^d$，层数 $=L$

Result: 对每一 l 层，权重矩阵 $\boldsymbol{W}_l \in \mathbb{R}^d$，$b_l \in \mathbb{R}$

begin

　附加分类器层 (h_L)

　for $l = k$ 到 L **do**

　　$\boldsymbol{W}_l, b_l =$ 无监督训练$\left((\boldsymbol{x}_{1(S)}, \boldsymbol{x}_{2(S)}, \cdots, \boldsymbol{x}_{n(S)})\right)$

　return $\boldsymbol{W}_l, b_l$ 对每一 l 层

一旦这些特征被学习，下一步是使用目标数据集和例如 softmax 的分类器层，对它们进行**微调**。其中有多种选择，比如将学习层的状态冻结在某个级别 $k>1$，然后只使用剩下的层进行调优，或者使用所有层进行调优。算法 2 展示了微调过程如何使用大小为 m 的有标记目标数据集进行微调。

算法 2：有监督的微调

Data: 训练数据集 $(\boldsymbol{x}_{1(T)}, y_2), (\boldsymbol{x}_{2(T)}, y_2), \cdots, (\boldsymbol{x}_{m(T)}, y_n)$ 使 $\boldsymbol{x}_{i(T)} \in \mathbb{R}^d$，以及 $y_i \in \{+1, -1\}$，训练层 $h_1, h_2, \cdots, h_L$，训练层从 k 开始

Result: 对每一 l 层权重矩阵 $\boldsymbol{W}_l \in \mathbb{R}^d$，$b_l \in \mathbb{R}$

begin

　附加分类器层 (h_{L+1})

　for $l = k$ 到 L **do**

　　$\boldsymbol{W}_l, b_l =$ 训练$\left((\boldsymbol{x}_{1(T)}, y_1), (\boldsymbol{x}_{2(T)}, y_2), \cdots, (\boldsymbol{x}_{m(T)}, y_n)\right)$

　return $\boldsymbol{W}_l, b_l$ 对每一 l 层

10.3.2　理论

在 Erhan 等人的开创性的工作中，他们围绕无监督的预训练和微调给出了有趣的理论和经验见解 [Erh+10]。他们在不同的数据集使用各种架构，如前馈神经网络、深度信念网络和堆叠降噪自编码器，以逐步控制的方式实践验证各种理论。

他们的工作结果表明，预训练不仅能提供一个良好的开始条件，而且还能捕获参数之间复杂的依赖关系。研究还表明，无监督的预训练可以是一种正则化的形式，引导权重走向更优的最小吸引力盆地。从预训练过程中得到的正则化影响着监督学习的开始，与标准的正则化技术（如 L_1/L_2）相比，这种影响不会随着数据的增多而消失。不出所料的是，该研究得出了一个结论：在小型训练数据设置中，无监督的预训练有很多优势。研究还表明，在某些情况下，训练示例的顺序会影响结果，但即使在这种情况下，预训练也会降低方差。实验和结果表明，无监督的预训练是一种普遍的减少方差的技术，甚至可以说是一种能达到更好的训练效果的优化技术，这很有见地。

10.3.3　在 NLP 中的应用

使用无监督技术从大型数据语料库进行词嵌入，并将其用于各种有监督的任务，一直是 NLP 中最基本的应用。因为这已经在第 5 章详细讨论过了，所以我们将主要关注其他 NLP 任务。Dai 和 Le 的研究表明，使用序列自编码器或基于语言模型的系统进行无监督的特征学习，然后使用有监督的训练，在 IMDB、DBpedia 和 20Newsgroup 等各种数据集的文本分类任务中取得了很好的效果 [DL15]。序列自编码器使用 LSTM 编码器 - 解码器模型，以无监督的方

式捕捉依赖关系。利用 LSTM 的权重，在有监督的情况下，用 softmax 分类器初始化 LSTM。无监督的自编码器训练在所有数据集上显示了卓越的结果，并且该技术的通用性使它在处理所有序列到序列的问题上都具有优势。

Ramachandran 等人的研究表明，经过语言建模预训练的 LSTM 编码器会非常高效地用于情感分类，且无须微调 [RLL17]。Deing 等人指出，对于 TopicRNN 这种使用 RNN 进行局部句法依赖和使用主题建模进行全局语义潜在表示的架构，可以是一种非常有效的特征提取器 [Die+16]。TopicRNN 在情绪分类任务上取得的结果几乎是最先进的。Turian 等人的研究表明，以无监督的方式从多个嵌入中学习特征，并将其应用于各种有监督的 NLP 任务，如分块和 NER，可以获得近乎最先进的结果 [TRB10]。

10.3.4　在语音识别中的应用

很早以前，Dahl 等人就在他们的研究中表明，无监督的预训练为权重提供了一个很好的初始化，而在深度信念网络上使用有标签的微调进一步提高了自动语音识别任务的结果 [Dah+12]。Hinton 等人展示了在 RBM 中逐层学习的无监督预训练，然后使用有标签的示例进行微调，这不仅减少了过拟合，还减少了对有标签的样本进行学习的时间 [Hin+12]。Lee 等人的研究表明，在大数据集上进行的无监督特征学习可以学习音位，有助于使用深度卷积网络完成各种音频分类任务 [Lee+09]。

10.4　多任务学习

无论是具体的深度学习还是一般的机器学习，整体过程都是为手头的任务学习一个模型，给定与该任务相对应的数据集。这可以被看作是**单一任务学习**。这种方法的一个延伸是**多任务学习（MTL）**，即尝试从多个任务及其相应的数据集中联合学习 [Rud17]。Caruana 定义了多任务学习的目标：MTL 通过利用相关任务的训练信号中包含的特定领域信息来提高泛化性。多任务学习也可以称为**归纳迁移**过程。在 MTL 中引入的归纳偏置是通过迫使模型倾向于解释多个任务而不是单一任务的假设。当每个任务有有限的标记数据，并且任务之间的知识或学习特征有重叠时，多任务学习通常是有效的。

10.4.1　技术

在深度学习中，处理多任务学习的两种一般方式是**硬参数共享**和**软参数共享**，如图 10.5 所示。硬参数共享是单模型 NN 中历史最久远的技术之一，其中隐藏层共享公共权重，而特

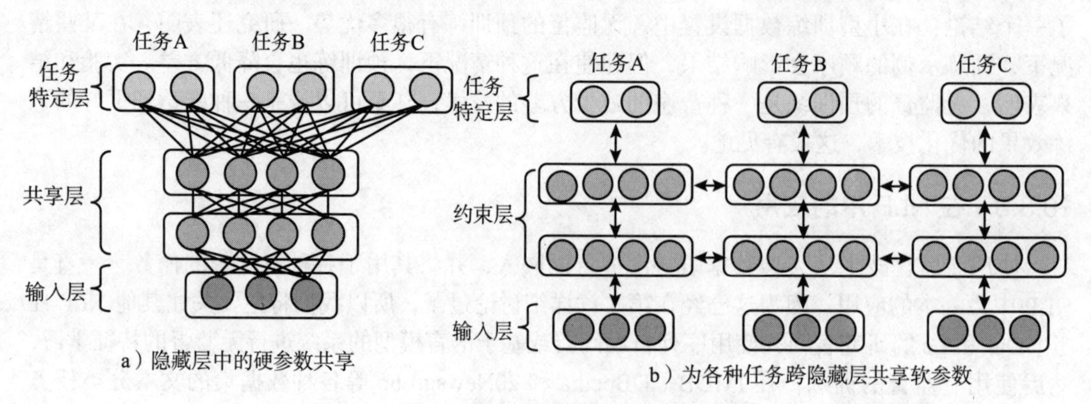

图 10.5　多任务学习的两种通用方法

定任务的权重在输出层学习 [Car93]。硬参数共享的最重要好处是通过在不同的任务中执行更多的泛化来防止过拟合。另一方面，软参数共享对于每个任务都有具有独立参数的单独模型，并且设置了一个约束使跨任务的参数更加相似。在软参数共享中常用正则化技术来加强约束。在下一节中，我们将介绍一些被证明对多任务学习有用的深度学习网络。

10.4.1.1　多重线性关系网络

由 Long 和 Wang 提出的最早的用于多任务学习的深度学习网络之一，称为多线性关系网络（Multilinear Relationship Network，MRN）[LW15]。MRN 在不同的图像识别任务中都表现出最先进的性能。如图 10.6 所示，MRN 是在第 6 章讨论过的 AlexNet 架构的一种修改。前几层是卷积的，有一个全连接层学习可迁移的特征，而其余靠近输出的全连接层则学习特定任务的特征。如果有带有训练数据 $\mathcal{X}_t, \mathcal{Y}_{t\,t=1}^{T}$ 的 T 个任务，其中 $\mathcal{X}_t = \boldsymbol{x}_1^t, \cdots, \boldsymbol{x}_N^t$，$\mathcal{Y}_t = \boldsymbol{y}_1^t, \cdots, \boldsymbol{y}_N^t$，训练样本的数量为 N_t，第 t 个任务的标签具有 D 维特征空间和 C 个基的标签空间，第 t 个任务的第 l 层的网络参数由 $\boldsymbol{W}^{t,l} \in \mathbb{R}^{D_1^l \times D_2^l}$ 给出，其中 D_1^l 和 D_2^l 是矩阵 $\boldsymbol{W}^{t,l}$ 和参数张量 $\mathcal{W}^l = \left[\boldsymbol{W}^{1,l}, \cdots, \boldsymbol{W}^{T,l}\right] \in \mathbb{R}^{D_1^l \times D_2^l \times T}$ 的维度。全连接层 $(fc6 - fc8)$ 学习由 $\boldsymbol{h}_n^{t,l} = a^l\left(\boldsymbol{W}^{t,l}\boldsymbol{h}_n^{t,l-1} + \boldsymbol{b}^{t,l}\right)$ 给出的映射关系，其中 $\boldsymbol{h}_n^{t,l}$ 是每一个数据实例 $\boldsymbol{x}_n^t$ 的隐藏表示，$\boldsymbol{W}^{t,l}$ 是权重，$\boldsymbol{b}^{t,l}$ 是偏置，a^l 是激活函数，例如 ReLU。第 t 个任务的分类器由 $\boldsymbol{y} = f_t(\boldsymbol{x})$ 给出，而经验误差由下面公式给出：

$$\min \sum_{n=1}^{N_t} J\left(f_t\left(\boldsymbol{x}_n^t\right), \boldsymbol{y}_n^t\right) \tag{10.1}$$

其中，$J(\cdot)$ 是交叉熵损失函数，$f_t\left(\boldsymbol{x}_n^t\right)$ 是网络给数据点 $\boldsymbol{x}_n^t$ 分配到标签 $\boldsymbol{y}_n^t$ 的条件概率。类似于贝叶斯模型用于任务相关学习的正则化，MRN 在全连接任务特定层的参数张量上具有张量正态先验。

对于给定的训练数据的特定任务层 $\mathcal{L} = fc7, fc8$ 的网络参数 $\mathcal{W} = \mathcal{W}^l : l \in \mathcal{L}$ 的最大后验（MAP）估计为：

$$P(\mathcal{W} | X, \mathcal{Y}) \propto P(\mathcal{W}) \cdot P(y | X, \mathcal{W}) \tag{10.2}$$

$$P(\mathcal{W} | X, \mathcal{Y}) = \prod_{l \in \mathcal{L}} P(\mathcal{W}^l) \cdot \prod_{t=1}^{T} \prod_{n=1}^{N_t} P\left(\boldsymbol{y}_n^t | \boldsymbol{x}_n^t, \mathcal{W}^l\right) \tag{10.3}$$

这里假设每一层的前 $P\left(\mathcal{W}^l\right)$ 和参数张量 $\mathcal{W}^l$ 都是独立于其他层的。

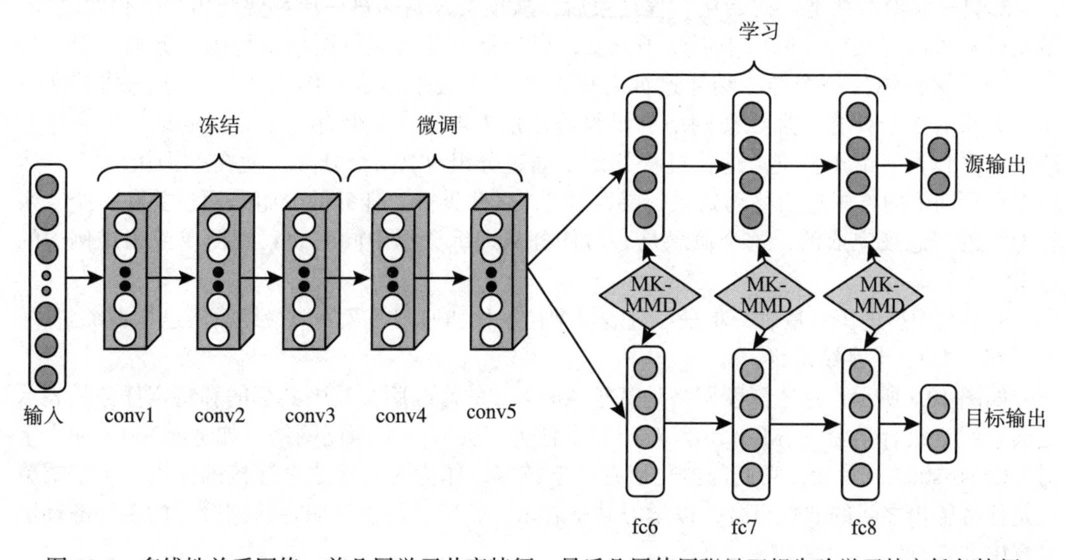

图 10.6　多线性关系网络，前几层学习共享特征，最后几层使用张量正规先验学习特定任务特征

极大似然估计（MLE）部分$P(\mathcal{Y}|x,\mathcal{W})$用于在较低层学习可迁移特征，所有的层$(conv1-fc6)$的参数都是共享的。为了避免负迁移，特定任务层$(fc7,fc8)$不共享。先验部分$p(\mathcal{W})$定义为**张量正态分布**，公式如下：

$$p(\mathcal{W})=\mathcal{TN}_{D_1^l\times D_2^l\times T}\left(\boldsymbol{O},\boldsymbol{\Sigma}_1^l,\boldsymbol{\Sigma}_2^l,\boldsymbol{\Sigma}_3^l\right) \tag{10.4}$$

其中，$\boldsymbol{\Sigma}_1^l$、$\boldsymbol{\Sigma}_2^l$和$\boldsymbol{\Sigma}_3^l$是协方差矩阵的模态。在张量先验中，行协方差矩阵$\boldsymbol{\Sigma}_1^l\in\mathbb{R}^{D_1^l\times D_1^l}$学习特征之间的关系，列协方差矩阵$\boldsymbol{\Sigma}_2^l\in\mathbb{R}^{D_2^l\times D_2^l}$学习类之间的关系，协方差矩阵$\boldsymbol{\Sigma}_3^l\in\mathbb{R}^{T\times T}$学习第$l$层参数$\mathcal{W}^l=\boldsymbol{W}^{1,l},\cdots,\boldsymbol{W}^{T,l}$中任务之间的关系。将式（10.1）给出的经验误差与式（10.4）给出的先验整合到式 (10.3) 给出的 MAP 估计中，按照取负对数的处理过程，要优化的方程为：

$$\min_{f_t|_{t=1}^T,\Sigma_k^l|_{k=1}^K}\sum_{t=1}^{T}\sum_{n=1}^{N_t}J\left(f_t\left(\boldsymbol{x}_n^t\right),\boldsymbol{y}_n^t\right)+$$

$$\frac{1}{2}\sum_{l\in\mathcal{L}}\left(\operatorname{vec}\left(\mathcal{W}^l\right)^T\left(\boldsymbol{\Sigma}_{1:K}^l\right)^{-1}\operatorname{vec}\left(\mathcal{W}^l\right)-\sum_{k=1}^{K}\frac{D^l}{D_k^l}\ln\left(\left|\boldsymbol{\Sigma}_k^l\right|\right)\right) \tag{10.5}$$

其中，$D^l=\prod_{k=1}^K D_k^l$，$K=3$是参数张量$\mathcal{W}$的模态的数量，而对于卷积层来说$K=4$，$\boldsymbol{\Sigma}_{1:3}^l=\boldsymbol{\Sigma}_1^l\otimes\boldsymbol{\Sigma}_2^l\otimes\boldsymbol{\Sigma}_3^l$是特征、类和任务协方差的克罗内克积。式 (10.5) 中给出的优化问题对于参数张量和协方差矩阵是联合非凸的，因此优化了一组变量，同时保持其余变量固定不变。在不同的计算机视觉多任务学习数据集上进行的 MRN 实验表明，该算法能够达到最先进的性能。

10.4.1.2　完全自适应特征共享网络

Lu 等人采取了将特定任务学习作为一种搜索的方法，从一个瘦网络开始，然后在训练过程中以一种原则性的方式分支，形成胖网络 [Lu+16]。该方法还引入了一种新的技术：同步正交匹配追踪（SOMP），用于从更宽的预训练网络初始化瘦网络，以加快收敛并提高精度。该方法有三个阶段：

1. 瘦模型初始化：由于网络（瘦）与预训练网络的维数不同，权重不能被复制。因此，对于每一层 l，它使用 SOMP 学习怎样从原始行 d 中选择行的子集d'。这是一个非凸优化问题，因此采用贪婪方法来解决，论文中对此进行了详细的描述。

2. 自适应模型拓宽：初始化过程结束后，从顶层开始的每一层都要经历一个拓宽过程。拓宽过程可以定义为在网络中创建子分支，以便每个分支执行网络执行的任务的子集。它的一个分叉点称作一个结，结通过拥有更多的输出层来拓宽。图 10.7 展示了迭代扩展过程。如果有 T 个任务，那么瘦网络的最终输出层 l 会有一个带有 T 个分支的结，每个分支都可以看作是一个子分支。迭代过程开始于通过分组寻找 t 个分支，使在 l 层中 $t\leqslant T$，然后以自顶向下的方式递归移动到下一层 l–1 层，以此类推。任务的分组是通过关联一个“亲和力”的概念来完成的，这个概念是一对任务从训练数据中同时观察到简单或困难例子的概率。

3. 最终模型训练：最后一步是经过瘦模型初始化和递归拓宽后对最终模型进行训练。

10.4.1.3　十字绣网络

如图 10.8 所示，这些深度网络是基于 AlexNet 的修改版，其中共享的和特定任务的表示是通过线性组合学习的 [Mis+16]。对于每个任务，会有一个深度网络（如 AlexNet）和十字绣（Cross-stitch）单元，它们与池化层有一条链接，作为对卷积或全连接的输入。十字绣单元是任务输出之间的线性组合，以学习共享表示。它们已经被证明在数据匮乏的多任务环境设置中非常有效。

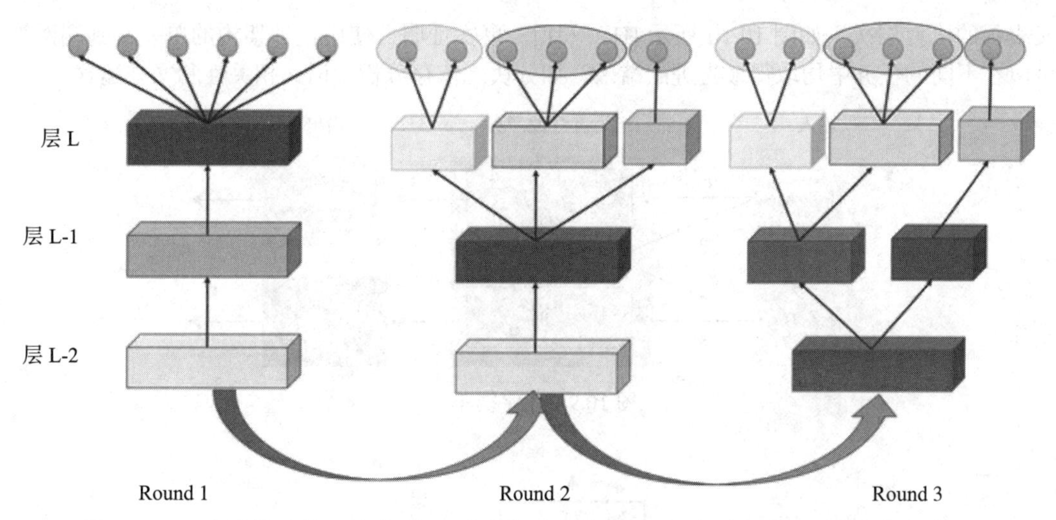

图 10.7　一个迭代过程，显示了如何在特定迭代的某一层上拓宽网络以对任务进行分组

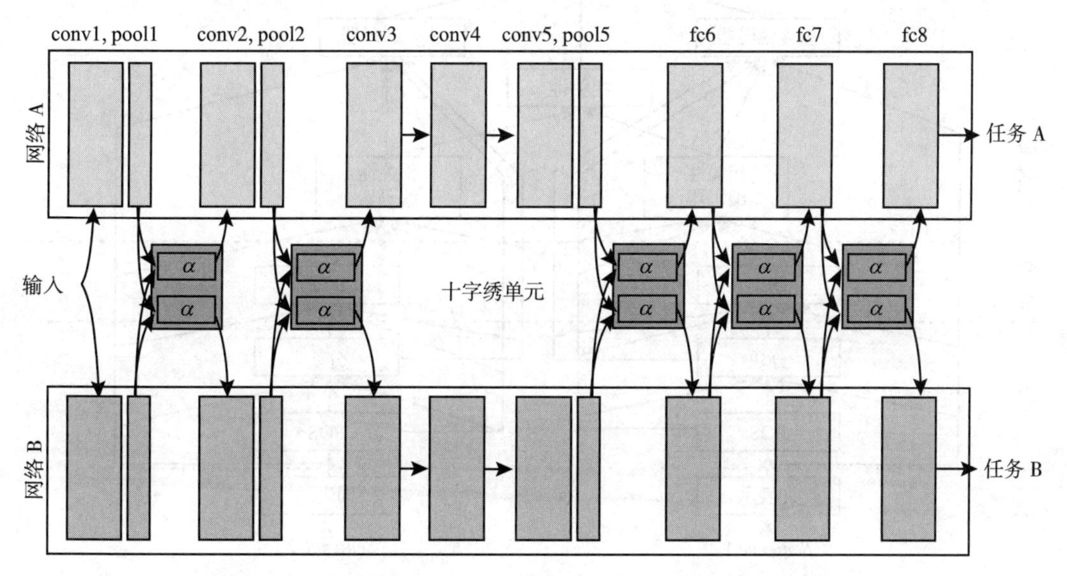

图 10.8　试图学习对两个任务有用的潜在表示的十字绣网络

考虑两个任务 A 和 B，以及一个在相同输入数据的多任务学习。图 10.9 所示的一个十字绣单元起着将两个网络合并为多任务网络的作用，这样任务就可以控制共享的数量。给定两个来自 l 层的激活函数的输出 x_A, x_B，学习得到的一个线性组合使用参数 α 产生输出 $\tilde{x}_A, \tilde{x}_B$，并且流入了下一层，其中位置 (i, j) 为：

$$\begin{bmatrix} \tilde{x}_A^{i,j} \\ \tilde{x}_B^{i,j} \end{bmatrix} = \begin{bmatrix} \alpha_{AA} & \alpha_{AB} \\ \alpha_{BA} & \alpha_{BB} \end{bmatrix} \begin{bmatrix} x_A^{i,j} \\ x_B^{i,j} \end{bmatrix} \tag{10.6}$$

10.4.1.4　联合多任务网络

NLP 任务一般被认为处于层次结构的管道中，其中某任务可以是有用的并用作下一个任务的输入。Søgaard 和 Golberg 表明使用双向 RNN 架构监督不同的层的多任务，使低级的任务反馈给高级任务，这样可以取得很好的效果 [SG16]。Hashimoto 等人通过创建一个单一的端到端深度学习网络来扩展这一思想，其中网络具有不断增长的深度，来完成来自句法和语义表示的语言层次，如图 10.10 所示 [Has +16]。事实证明，使用这种架构的单一端到端网络可以在不同的任务中均取得最先进的结果，如分块、依存分析、语义相关性和文本蕴含。

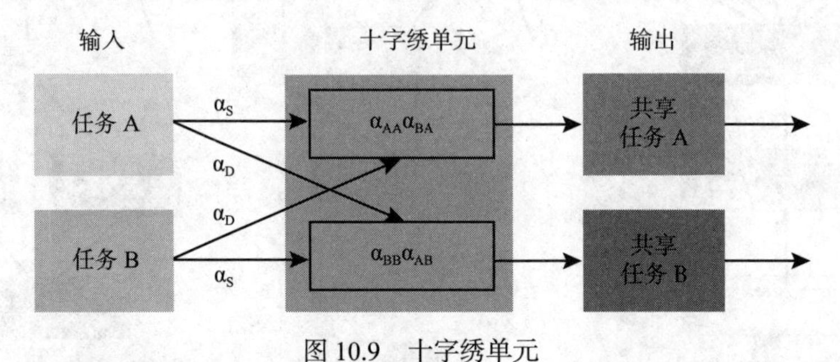

图 10.9　十字绣单元

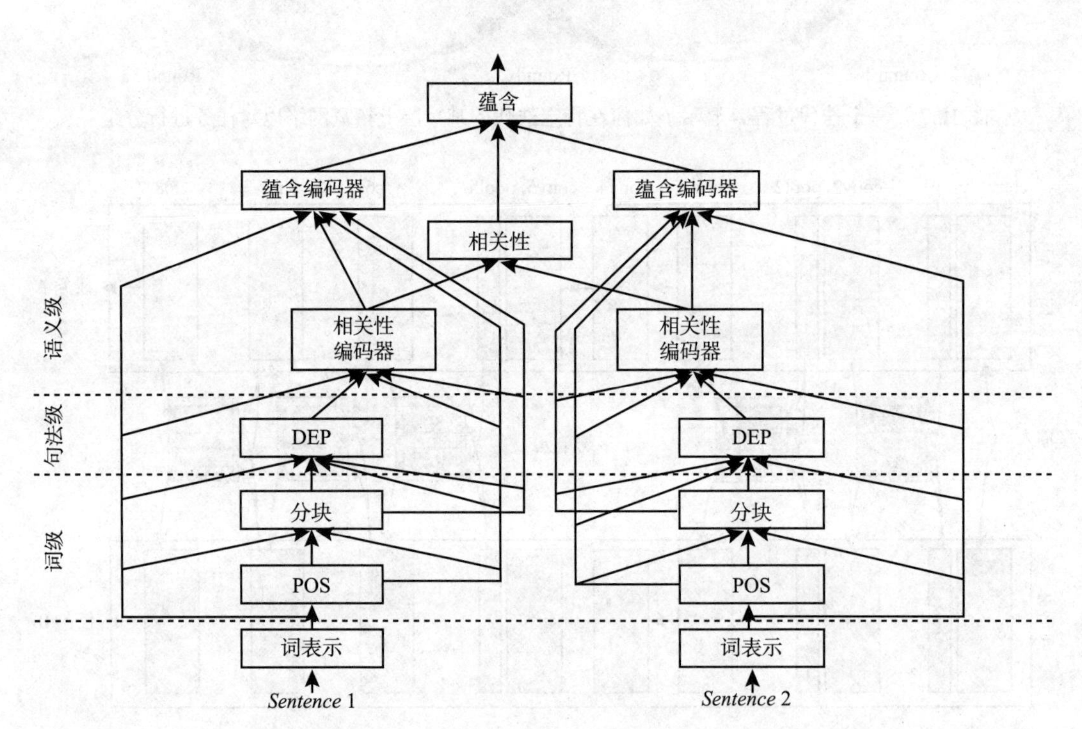

图 10.10　联合多任务网络

假定一个长度为 l 的句子 s 包含 w_t 个单词。对于每个单词都有 skip-gram 词向量和字符向量。词的表示 x_i 是通过串联词和 n-gram 字符向量来完成的，这些字符向量是通过对词进行负采样的 skip-gram 法学习的。字符 n-grams 被用来为任务提供词法特征。第一个任务是词性标注，使用双向 LSTM 与嵌入式输入和 softmax 进行标签分类。词性标签是可学习的向量，在下一组分块层中使用。用于词性标注（和许多其他任务）的标签向量由以下公式给出：

$$\boldsymbol{y}_t^{\text{pos}} = \sum_{j=1}^{C} p\left(\boldsymbol{y}_t^1 = j \mid \boldsymbol{h}_t^1\right)\boldsymbol{l}(j) \tag{10.7}$$

其中 C 是 POS 词性标签的数量，$p()$ 是第 j 个 POS 词性标签分配给第 w 个标记的概率，l 是第 j 个 POS 词性标签的标签向量。第二个任务是分块，它使用双向 LSTM，从 POS 双向 LSTM 中获取隐藏状态，从 POS 标签中获取其 LSTM 的隐藏状态、嵌入标记和标签向量。第三个任务是依存分析，其输入来自分块层的隐藏状态、依存分析的前一个隐藏状态、POS 层和分块层的嵌入式标记和标签向量。词性标注层和带有隐藏状态的分块层在生成底层特征时很有用，这些特征对于 NLP 中的传统特征工程的很多任务来说都很有用。第四个任务是依存分析，同样使用双向 LSTM，输入为隐藏的 LSTM 状态、嵌入的标记，以及来自 POS 标记和分块层的标签向量。与前几层中的句法任务相比，接下来的两个任务在语义上是相关的。语义关联任务是对两个句子进行比较，并给出一个实值输出，以衡量它们的相关性。句子层面的表示是通过 LSTM 的隐藏状态的最大集合得到的，由以下公式给出：

$$h_s^{\text{relat}} = \max\left(h_1^{\text{relat}}, h_2^{\text{relat}}, \cdots, h_L^{\text{relat}}\right) \tag{10.8}$$

两个句子(s,s')之间的相关性由以下公式给出：

$$d_1(s,s') = \left[\left|h_s^{\text{relat}} - h_{s'}^{\text{relat}}\right|; h_s^{\text{relat}} \odot h_{s'}^{\text{relat}}\right] \tag{10.9}$$

$d_1(s,s')$的值被赋予具有最大隐藏层的 softmax 层，以给出相关性得分。

最后一项任务是文本蕴含，它同样需要两个句子，并给出蕴含、矛盾性或中立性中的一个类别。相关性任务的标签向量和 LSTM 层得出的距离度量 [类似于相关性推导出的式（10.9）] 一起进入 softmax 分类器进行分类。

当一个网络为一个任务连续训练，然后再训练另一个任务时，它通常会“忘记”第一个任务或对其表现不佳。这种现象被称为**灾难性干扰**或**灾难性遗忘**。考虑到使用预测和标签的层的分类损失措施，其权重向量的 L_2 范数，以及以前任务的参数（如果它们是输入）的正则化项，每一层的训练与损失函数相似。根据作者的观点，联合学习使框架具有抵抗灾难性干扰的鲁棒性。对于分块层，来自词性标注的输入由权重和偏置 θ_{POS} 给出，其中在 POS 层之后且处于当前周期的一个输入由以下参数给出：对应的偏置 θ'_{POS}、组块层的权重 W_{CHK} 和为 w_t 分配正确标签 α 的概率 $p\left(y_t^{\text{CHK}} = \alpha \mid h_t^{\text{CHK}}\right)$，式表示如下：

$$J_2(\theta_{\text{CHK}}) = -\sum_s \sum_t \log p\left(y_t^{\text{CHK}} = \alpha \mid h_t^{\text{CHK}}\right) + \lambda \left\|W_{\text{CHK}}\right\|^2 + \delta \left\|\theta_{\text{POS}} - \theta'_{\text{POS}}\right\|^2 \tag{10.10}$$

10.4.1.5　水闸网络

Ruder 等人最近提出了一种通用的深度学习架构，称为水闸网络，该架构结合了许多以前的研究的类型的概念，例如参数硬共享、十字绣网络、块稀疏正则化和 NLP 语言分层多任务学习 [Rud17]。如图 10.11 所示，主任务 A 和辅助任务 B 的水闸网络由共享输入层、每个任务的三个隐藏层和两个特定任务输出层组成。任务的每个隐藏层都是一个 RNN，分为两个子空间，例如任务 A 和层 1 有 $G_{A,1,1}$ 和 $G_{A,1,2}$，这使得它们能够高效地学习特定任务和共享表示。隐藏层的输出通过参数 α 流到新层，新层对输入进行线性组合，以权衡共享和特定任务学习的重要性。通过让每个子空间拥有各自的权重并控制它们的共享方式，水闸网络有一种自适应的方法，用来在多任务设置中只学习有用的东西。最后的递归隐藏层将信息传递给参数 β，该参数 β 尝试将各层学到的所有东西结合起来。Ruder 等人的经验表明，主要任务（如 NER 和 SRL）可以从 POS 等辅助任务中获益，并在错误上有显著改进。

Ruder 等人将整个学习过程描述为一个**矩阵正则化问题**。如果有 M 个任务与 M 个不重叠的数据集 $\mathcal{D}_1, \mathcal{D}_2, \cdots, \mathcal{D}_M$ 松散相关，K 层由 $L_1, L_2, \cdots, L_K$ 给出，模型 $\theta_1, \theta_2, \cdots, \theta_M$ 各有 D 个参数和一个明确的归纳偏置 Ω 作为惩罚，所以最小化损失函数由以下公式给出：

$$\lambda_1 \mathcal{L}_1\left(f(x;\theta_1), y_1\right) + \cdots + \lambda_M \mathcal{L}_M\left(f(x;\theta_M), y_M\right) + \Omega \tag{10.11}$$

损失函数 $\mathcal{L}_i$ 是交叉熵损失函数，并且权重 λ_i 决定了任务 i 在训练期间的重要性。如果 $G_{m,k,1}$ 和 $G_{m,k,2}$ 是每层的两个子空间，归纳偏置由正交约束给出，如以下公式所示：

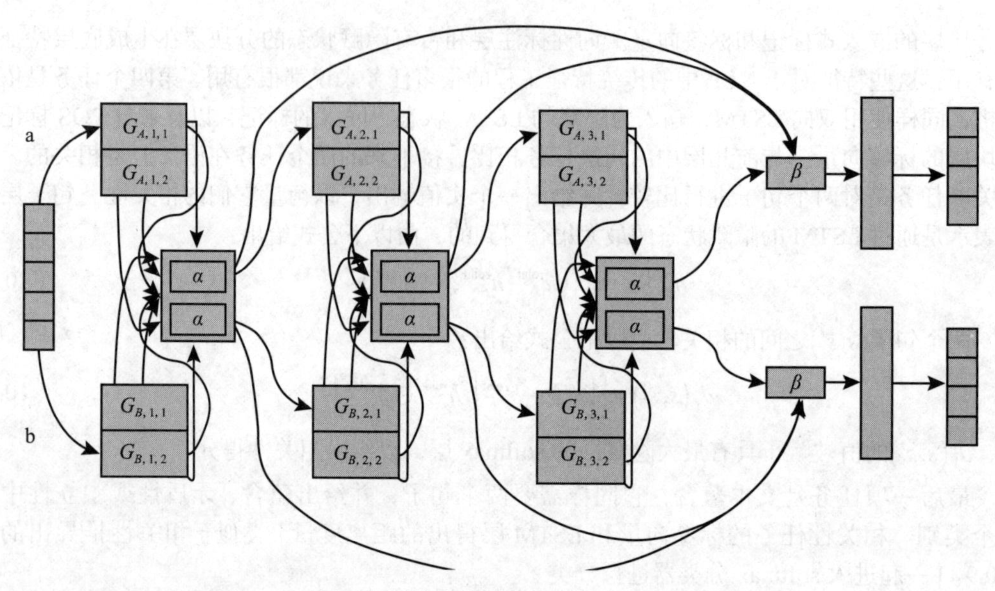

图 10.11　用于跨松散连接任务的多任务学习的水闸网络

$$\Omega = \sum_{m=1}^{M}\sum_{k=1}^{K} \| G_{m,k,1}^{T} G_{m,k,2} \|_F^2 \qquad (10.12)$$

矩阵正则化是通过更新与 Misra 等人的十字绣单元相似的参数 α 来进行的 [Mis+16]。对于两个任务（A,B）和一个子空间的 k 层，十字绣线性组合的扩展如下所示：

$$\begin{bmatrix} \tilde{h}_{A_{1,k}} \\ \vdots \\ \tilde{h}_{B_{1,k}} \end{bmatrix} = \begin{bmatrix} \alpha_{A_1A_1} & \cdots & \alpha_{A_1B_2} \\ \vdots & & \vdots \\ \alpha_{A_1B_2} & \cdots & \alpha_{B_2B_2} \end{bmatrix} \begin{bmatrix} h_{A_{1,k}} \\ \vdots \\ h_{B_{1,k}} \end{bmatrix} \qquad (10.13)$$

其中 $h_{A_{1,k}}$ 是 k 层中任务 A 的第一个子空间的输出，$\tilde{h}_{A_{1,k}}$ 是第一个子空间和任务 A 的线性组合。输入到 $k+1$ 层的是它们两个的连接，由 $h_{A,k} = \left[\tilde{h}_{A_{1,k}}, \tilde{h}_{A_{2,k}}\right]$ 给出。底层任务和高层任务之间的层次关系是通过使用各层之间的**残差连接**（**skip-connection**）和参数 β 来学习的。这是一个混合模型，可以写成：

$$\tilde{h}_A^T = \begin{bmatrix} \beta_{A,1} \\ \vdots \\ \beta_{A,k} \end{bmatrix} \left[h_{A,1}^T, \cdots, h_{A,k}^T\right] \qquad (10.14)$$

其中 $h_{A,k}$ 是第 k 层对于任务 A 的输出，$\tilde{h}_{A,t}$ 是被送入 softmax 分类器的所有层的输出的线性组合。

10.4.2　理论

Caruana 在他早期对 MTL 的研究和之后 Ruder 的工作中都总结了，多任务学习为什么有效和何时有效 [Car97, Rud17]。

1. **隐式数据增强**（**Implicit Data Augmentation**）——当约束条件是每个任务的有限数据时，通过联合学习相似的不同任务，总的训练数据量会增加。正如学习理论所建议的，训练数据越多，模型质量就越好。

2. **注意力集中**（**Attention Focusing**）——当约束条件是每个任务的噪声数据时，通过联合学习不同的任务，关注在不同任务中有用的相关特征，以获得更多的注意力。一般来说，这种联合学习有助于作为一种隐式特征选择机制。

3. **窃听（Eavesdropping）**——当训练数据有限时，某个特定任务可能需要的特征可能不在数据中。通过为多个任务提供多个数据集，特征可以窃听，也就是说，为一个单独的任务学习的特征可以用于相关的任务，并有助于该特定任务的泛化。

4. **表示偏置（Representation Bias）**——多任务学习强化了一种泛化所有任务的表示，从而强促使了更好的泛化。

5. **正则化（Regularization）**——多任务学习也被认为是一种基于归纳偏置的正则化技术，在理论上和经验上都可以提高模型的质量。

10.4.3 在 NLP 中的应用

Rei 在他的工作中表明，使用语言建模作为辅助任务，同时进行序列标记任务（如词性标注、分块和命名实体检测），可以在基准上显著提高主要任务的性能 [Rei17]。Fang 和 Cohn 展示了跨语言多任务联合学习在低资源语言中进行词性标注的优势 [FC17]。Yang 等人的研究表明，具有跨语言多任务学习的深层神经网络可以在各种序列标记任务中获得最先进的结果，如 NER、词性标注和分块 [YSC16]。Duong 等人使用跨语言多任务学习，在低资源语言下进行依存分析时，实现了高准确率 [Duo+15]。Collobert 和 Weston 的研究表明，使用 CNN 跨不同任务的多任务学习可以实现很高的准确率 [CW08]。

多任务学习在机器翻译任务中最为成功，要么在编码阶段使用，或者在解码阶段使用，或者在两个阶段都有用到。Dong 等人在序列到序列网络的网络中，在编码阶段使用 MTL 成功地实现单源到多语言的翻译 [Don+15]。Zoph 和 Knight 采用多源学习作为 MTL，在解码阶段使用法语源和德语源有效地翻译成英语 [ZK16]。Johnson 等人的研究表明，联合学习编码器和解码器能够以统一的方式对多个源和目标建立一个单一模型 [Joh+16]。Luong 等人对包括翻译在内的几个 NLP 任务，在编码到解码的不同阶段的序列到序列和多任务学习进行了更全面的研究，以显示其优势 [Luo+15]。Niehues 和 Cho 在他们对于德国 - 英语翻译的研究中，探索了诸如词性标注和 NER 等各种任务能如何帮助机器翻译，以及如何改进这些任务的结果 [NC17]。

Choi 等人使用多任务学习首先学习理解中的选句，然后将其用于问答模型，以获得更好的结果 [Cho+17]。另一项令人振奋的工作是使用大型数据语料库来学习和排序可能用于问答模型的文章，然后使用问答模型对这些文章进行联合训练，从而在开放式的问答任务中给出最先进的结果 [Wat+18]。

Jiang 展示了当多任务学习与弱监督学习结合使用联合模型提取不同关系或角色类型时，是如何实现改进结果的 [Jia09]。Liu 等人的研究表明，在低资源数据集中，使用深度神经网络进行联合多任务学习可以改进查询分类和 Web 搜索排名的结果 [Liu+15]。Katiar 和 Cardie 的研究展示了使用基于注意力的循环网络对于关系和提及的联合提取是如何改进传统的深度网络的 [KC17]。Yang 和 Mitchell 强调了一个单一模型，该模型可以联合学习语义角色标记和关系预测这两项任务，Yang 和 Mitchell 强调了这个模型是如何在现有的水平上有所改进的 [YM17]。

Isonuma 等人展示了使用少量摘要和文本分类共同得出的摘要，是如何给出与当前技术水平相当的结果的 [Iso+17]。在一个特定领域中，比如法律领域，Luo 等人展示了结合相关文章提取的分类，在联合学习时是如何得到改进了的结果的 [Luo+17]。Balikas 等人展示了使用联合多任务学习，是如何实现能够改进学习三元和细粒度分类的单独情绪分析任务的 [BMA17]。Augenstein 和 Søgaard 展示了在学习辅助任务时关键词边界分类的改进，如语义超感标注和多词表达识别 [AS17]。

10.4.4　在语音识别中的应用

Watanabe 等人强调了如何在一个混合端到端深度学习框架中执行与语音识别相关的多项任务 [Wat+17]。这个架构结合了 CTC 损失和基于注意力的序列到序列两种主要架构，其结果与之前基于 HMM 深度学习的方法相当。Watanabe 等人再次强调了，在使用多任务学习的端到端深度学习时，如自动语音识别和跨十种语言的语言识别 / 分类等多种任务是如何共同进行的 [WHH17]。Watanabe 等人强调了，与单独训练的模型相比，ASR 和讲话人识别的多任务学习是如何实现显著提高总性能的 [Wat+18]。

10.5　案例研究

在此案例研究中，我们探讨了如何将多任务学习应用于一些常见的 NLP 任务，如词性标注、分块和命名实体识别。总体性能取决于许多选择，如序列到序列架构、嵌入和共享技术。

我们将尝试回答以下问题：诸如词性标注这样的底层任务是否会对诸如分块这样的高层任务有利？与紧密相关任务和松散相关任务的联合学习会有什么影响？连接和分享对学习是否会有影响？是否存在负迁移，以及会如何影响学习？神经架构和嵌入选择对多任务学习会有影响吗？我们将使用 CoNLL-2003 英语数据集，该数据集对我们实验中的每个任务都有标记级别的注释。CoNLL-2003 数据集已经具有训练、验证和测试的标准分割。我们将使用测试集的准确率作为案例研究的性能指标。

- 探索性数据分析
- 多任务学习实验与分析

10.5.1　软件工具和库

如下所示，我们将介绍我们在案例研究中使用的主要开源工具和库：

- PyTorch：在本案例研究中，我们使用 http://github.com/pytorch/pytorch 作为深度学习工具包。
- GloVe：我们使用 https://nlp.stanford.edu/projects/glove/ 作为我们在实验中预训练的嵌入。https://github.com/SeanNaren/nlp-multi-tasklearning-pytorch/ 用于多任务学习实验。

10.5.2　探索性数据分析

训练、验证和测试的原始数据采用柱状格式，每个标记的注释如表 10.1 所示。

表 10.1　原始数据格式

标记	POS	CHUNK	NER
U.N	NNP	I-NP	I-ORG
official	NN	I-NP	O
Ekeus	NNP	I-NP	I-PER
heads	VBZ	I-VP	O
for	IN	I-PP	O
Baghdad	NNP	I-LOC	I-LOC
–	–	O	O

表 10.2 给出了每个数据集的总文章、句子和标记的基本分析。标签遵循“内 – 外 – 初”（inside–outside–beginning，IOB）模式进行分块和命名实体识别（NER）。

表 10.2　CoNll-2003 的数据分析

数据集	文章	句子	标记
训练集	946	14 987	203 621
验证集	216	3466	51 362
测试集	231	3684	46 435

表 10.3 中给出了命名实体识别的类别和每个类别的标记数量。

表 10.3　CoNll-2003 的 NER 标签分析

数据集	LOC	MISC	ORG	PER
训练集	7140	3438	6321	6600
验证集	1837	922	1341	1842
测试集	1668	702	1661	1617

10.5.3　多任务学习实验与分析

我们的模型基于 Søgaard 和 Golberg 的研究，在“联合学习”模式下使用双向 RNN 的编码器和解码器网络。我们在以下两个不同的配置中探索“联合学习”：（a）连接到三个不同的 softmax 层 [POS（词性层），Chunk（分块层），NER（命名实体识别层）] 的所有任务之间的共享层；（b）每个 RNN 在不同的层，较低层的隐藏层流向下一个较高的层，如图 10.12 所示。

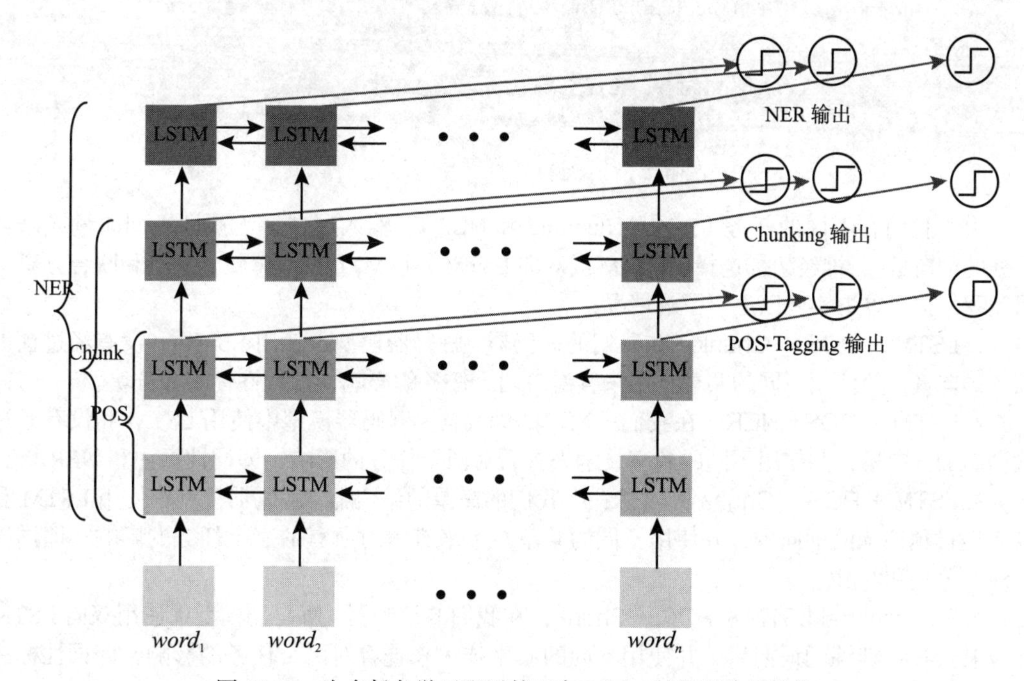

图 10.12　为多任务学习配置的双向 LSTM 的级联分层架构

下面我们强调了 JointModel 类的代码，其中定义了（a）个体学习；（b）共享层的联合；（c）联合级联。

```
1 #  图形的初始化
2  def forward(self, input, *hidden):
3      if self.train_mode == 'Joint':
4          # 当层数相同时，隐藏层被共享并连接到不同的输出
5
6          if self.nlayers1 == self.nlayers2 == self.nlayers3
   :
7              logits, shared_hidden = self.rnn(input, hidden
   [0])
8              outputs_pos = self.linear1(logits)
9              outputs_chunk = self.linear2(logits)
10             outputs_ner = self.linear3(logits)
11             return outputs_pos, outputs_chunk, outputs_ner
   , shared_hidden
12         # 级联架构，其中低级别任务流向高级别
13         else:
14             # POS 标记任务
15             logits_pos, hidden_pos = self.rnn1(input,
   hidden[0])
16             self.rnn2.flatten_parameters()
17             # 使用 POS 分块
18             logits_chunk, hidden_chunk = self.rnn2(
   logits_pos, hidden[1])
19             self.rnn3.flatten_parameters()
20             # NER 使用块
21             logits_ner, hidden_ner = self.rnn3(
   logits_chunk, hidden[2])
22             outputs_pos = self.linear1(logits_pos)
23             outputs_chunk = self.linear2(logits_chunk)
24             outputs_ner = self.linear3(logits_ner)
25             return outputs_pos, outputs_chunk, outputs_ner
   , hidden_pos, hidden_chunk, hidden_ner
26     else:
27         # 单个任务学习
28         logits, hidden = self.rnn(input, hidden[0])
29         outputs = self.linear(logits)
30         return outputs, hidden
           30 return outputs, hidden
```

由于我们有不同的任务（POS、chunking 和 NER）、输入层选择（预训练词向量或来自数据的词向量）、神经架构选择（LSTM 或双向 LSTM）和 MTL 技术（联合共享和联合分离），因此我们执行以下实验以逐步了解情况：

1. LSTM + POS + Chunk：在我们的编码器 - 解码器模型中使用 LSTM 和没有经过预训练的词向量，并使用不同的共享技术来查看对两个任务的影响，即词性标注和分块。

2. LSTM + POS+ NER：在我们的简单的编码器 - 解码器模型中使用 LSTM 和没有经过预训练的词向量，并使用不同的共享技术来查看对两个任务的影响，即词性标注和 NER。

3. LSTM + POS + Chunk + NER：在我们的简单的编码器 - 解码器模型中使用 LSTM 和没有经过预训练的词向量，并使用不同的共享技术来查看对所有的三个任务的影响，即词性标注、分块和 NER。

4. Bidirectional LSTM + POS + Chunk：在我们的编码器 - 解码器模型中使用双向 LSTM 和没有经过预训练的词向量，并使用不同的共享技术来查看对两个任务的影响，即词性标注和分块。实验中清晰展示了神经架构对学习的影响。

5. LSTM + GloVe + POS + Chunk：在我们的编码器 - 解码器模型使用 LSTM 和经过预训练的 GloVe 词向量，并使用不同的共享技术来查看对两个任务的影响，即词性标注和分块。实验中清晰展示了预训练词向量对学习的影响。

6. Bidirectional LSTM + GloVe + POS + Chunk：在我们的编码器 - 解码器模型中使用双向 LSTM 和经过预训练的 GloVe 词向量，并使用不同的共享技术来查看对两个任务的影响，即词性标注和分块。这个实验让我们了解了架构和词向量的结合是如何影响两个任务的学习的。

7. Bidirectional LSTM + GloVe + POS + NER：在我们的编码器 - 解码器模型中使用双向 LSTM 和经过预训练的 GloVe 词向量，并使用不同的共享技术来查看对两个任务的影响，即词性标注和 NER。这个实验让我们了解了架构和词向量的结合是如何影响两个任务的学习的。

8. Bidirectional LSTM + GloVe + POS + Chunk + NER：在我们的编码器 - 解码器模型中使用双向 LSTM 和经过预训练的 GloVe 词向量，并使用不同的共享技术来查看对所有三个任务的影响，即词性标注、分块和 NER。这个实验让我们了解到当有多个任务时，架构和词向量的组合是如何影响学习的。

我们进行了所有的实验，并设置了如下参数：经过或未经过预训练的输入嵌入都为 300 维，隐藏单元的数量为 128，批大小为 128，周期的数量为 300，ADAM 优化器和交叉熵损失。

我们用以下表格分别给出了各个实验的结果，并在结果上加上了两种颜色，用浅色表示改善，用深色表示恶化，如表 10.4~ 表 10.6 所示。

表 10.4　LSTM+POS+Chunk

模型	POS 准确率	Chunk 准确率	模型	POS 准确率	Chunk 准确率
POS 单任务	86.33	—	MTL 联合共享	83.91	85.23
Chunk 单任务	—	84.69	MTL 联合分离	86.88	85.78

表 10.5　LSTM+POS+NER

模型	POS 准确率	NER 准确率	模型	POS 准确率	NER 准确率
POS 单任务	86.33	—	MTL 联合共享	85.62	88.28
NER 单任务	—	84.92	MTL 联合分离	86.72	89.745

表 10.6　LSTM+POS+Chunk+NER

模型	POS 准确率	Chunk 准确率	NER 准确率
POS 单任务	87.42	—	—
Chunk 单任务	—	85.16	—
NER 单任务	—	—	90.08
MTL 联合共享	85.94	85.00	88.05
MTL 联合分离	87.11	86.72	88.83

实验中一些有趣的发现如表 10.7~ 表 10.11 所示。

表 10.7　双向 LSTM+POS+Chunk

模型	POS 准确率	Chunk 准确率	模型	POS 准确率	Chunk 准确率
POS 单任务	86.56	—	MTL 联合共享	84.53	88.20
Chunk 单任务	—	86.88	MTL 联合分离	87.34	87.11

表 10.8　LSTM+GloVe+POS+Chunk

模型	POS 准确率	Chunk 准确率	模型	POS 准确率	Chunk 准确率
POS 单任务	90.55	—	MTL 联合共享	89.84	88.12
Chunk 单任务	—	88.05	MTL 联合分离	90.86	87.73

表 10.9　双向 LSTM+GloVe+POS+Chunk

模型	POS 准确率	Chunk 准确率	模型	POS 准确率	Chunk 准确率
POS 单任务	92.42	—	MTL 联合共享	91.72	89.53
Chunk 单任务	—	89.69	MTL 联合分离	92.34	89.61

表 10.10　双向 LSTM+GloVe+POS+NER

模型	POS 准确率	NER 准确率	模型	POS 准确率	NER 准确率
POS 单任务	92.42	—	MTL 联合共享	92.89	95.70
NER 单任务	—	95.08	MTL 联合分离	92.19	95.0

表 10.11　双向 LSTM+GloVe+POS+Chunk+NER

模型	POS 准确率	Chunk 准确率	NER 准确率
POS 单任务	92.662	—	—
Chunk 单任务	—	88.52	—
NER 单任务	—	—	95.78
MTL 联合共享	92.89	89.53	94.92
MTL 联合分离	91.95	90.00	95.31

- 如表 10.4 和表 10.5 所示，采用分离 LSTM 层的联合多任务学习与采用共享层的相比，在两种组合中都提高了性能，即词性标注与分块、词性标注与 NER。
- 如表 10.6 所示，将这三个任务与联合 MTL 结合，无论是在共享层还是分离层，除了分块之外，结果都会变差。这些结果与表 10.4 和表 10.5 形成对比，表明当任务的组合并不是都有很强的相关性时，“负迁移”就会出现。
- 如表 10.7 所示，其中实验结果使用了双向 LSTM，其性能与表 10.4 中的 LSTM 模型相似，说明仅仅增加架构复杂性本身并不会改变多任务行为，至少在本次案例中是这样。
- 如表 10.8 所示，引入使用 GloVe 向量预训练的词向量，结果显示无论是词性标注还是分块，单个任务的性能都大幅提高了约 4%。MTL 的边际改善与没有引入 GloVe 的情况相似。
- 如表 10.9 所示，实验 6 的结果表明，当同时使用双向 LSTM 和预训练的 GloVe 词向量时，与表 10.4 中的第一个基础实验相比，不仅单个任务得到改善，而且多任务学习行为也有所不同。此时，共享层和分离层的性能都比单个任务差。似乎说明，个体的任务表现越好，多任务学习的影响就越小。
- 如表 10.10 所示，实验 7 结合了双向 LSTM 和预训练 GloVe 进行词性标注和

NER，得出的结果与表 10.5 所示的实验 2 的结果有很大的不同。使用共享的联合多任务学习在两个任务上都表现出了之前实验中未曾有的性能提升。

- 如表 10.11 所示，实验 8 采用双向 LSTM 和 GloVe 组合所有任务，其结果与表 10.6 所示的实验 3 的结果显示了不同的性能。词性标注和分块在共享时显示性能有所改进，但 NER 显示性能下降。与实验 3 相比，除了分块之外，分离层的性能都更差。

10.5.4 留给读者的练习

下面给出了一些可供读者尝试的扩展和额外想法：

1. 使用不同的预训练词向量（如 word2vec）会有什么影响？
2. 对共享和分离的 RNN 均增加更多层的影响是什么？这会改变 MTL 的行为吗？
3. 我们尝试使用 LSTM 进行 MTL，但没有使用 GRU，甚至基础 RNN 也没有，在选择循环网络时 MTL 的性能是否有会存在显著差异？
4. 超参数（如隐藏单元的数量、批大小和周期数量）对 MTL 的影响是什么？
5. 如果我们增加更多的任务，如语言模型、情绪分类、语义角色标签等，对 MTL 的性能影响是什么？
6. 使用相同的数据集在其他研究，如十字绣网络、水闸网络等，以获得不同方法的比较分析。

参考文献

[AS17] Isabelle Augenstein and Anders Søgaard. “Multi-Task Learning of Keyphrase Boundary Classification”. In: *Proceedings of the 55th Annual Meeting of the Association for Computational Linguistics*. 2017, pp. 341–346.

[BMA17] Georgios Balikas, Simon Moura, and Massih-Reza Amini. “Multitask Learning for Fine-Grained Twitter Sentiment Analysis”. In: *Proceedings of the 40th International ACM SIGIR Conference on Research and Development in Information Retrieval*. 2017, pp. 1005–1008.

[BBS07] Steffen Bickel, Michael Brückner, and Tobias Scheffer. “Discriminative Learning for Differing Training and Test Distributions”. In: *Proceedings of the 24th International Conference on Machine Learning*. ICML ’07. 2007, pp. 81–88.

[Car97] Rich Caruana. “Multitask Learning”. In: *Machine Learning* 28.1 (1997), pp. 41–75.

[Car93] Richard Caruana. “Multitask Learning: A Knowledge-Based Source of Inductive Bias”. In: *Proceedings of the Tenth International Conference on Machine Learning*. Morgan Kaufmann, 1993, pp. 41–48.

[Cho+17] Eunsol Choi et al. “Coarse-to-Fine Question Answering for Long Documents”. In: *Proceedings of the 55th Annual Meeting of the Association for Computational Linguistics*. 2017, pp. 209–220.

[CW08] Ronan Collobert and Jason Weston. “A Unified Architecture for Natural Language

Processing: Deep Neural Networks with Multi-task Learning". In: *Proceedings of the 25th International Conference on Machine Learning*. ICML '08. 2008, pp. 160–167.

[Dar05] "Transfer Learning Proposer Information Pamphlet (PIP) for Broad Agency Announcement". In: Defense Advanced Research Projects Agency (DARPA), 2005.

[Dah+12] George E. Dahl et al. "Context-Dependent Pre-Trained Deep Neural Networks for Large-Vocabulary Speech Recognition". In: *IEEE Trans. Audio, Speech & Language Processing* 20.1 (2012), pp. 30–42.

[DL15] Andrew M Dai and Quoc V Le. "Semi-supervised Sequence Learning". In: *Advances in Neural Information Processing Systems 28*. Ed. by C. Cortes et al. 2015, pp. 3079–3087.

[Dai+07a] Wenyuan Dai et al. "Boosting for Transfer Learning". In: *Proceedings of the 24th International Conference on Machine Learning*. ICML '07. 2007, pp. 193–200.

[Dai+07b] Wenyuan Dai et al. "Transferring Naive Bayes Classifiers for Text Classification". In: *Proceedings of the 22nd National Conference on Artificial Intelligence- Volume 1*. AAAI'07. 2007, pp. 540–545.

[DM06] Hal Daumé Ⅲ and Daniel Marcu. "Domain Adaptation for Statistical Classifiers". In: *J. Artif. Int. Res.* 26.1 (May 2006), pp. 101–126.

[Die+16] Adji B. Dieng et al. "TopicRNN: A Recurrent Neural Network with Long-Range Semantic Dependency." In: *CoRR* abs/1611.01702 (2016).

[Don+15] Daxiang Dong et al. "Multi-Task Learning for Multiple Language Translation." In: *ACL (1)*. 2015, pp. 1723–1732.

[Duo+15] Long Duong et al. "Low Resource Dependency Parsing: Cross-lingual Parameter Sharing in a Neural Network Parser". In: *Proceedings of the 7th International Joint Conference on Natural Language Processing (Volume 2: Short Papers)*. 2015, pp. 845–850.

[Erh+10] Dumitru Erhan et al. "Why Does Unsupervised Pre-training Help Deep Learning?" In: *J. Mach. Learn. Res.* 11 (Mar. 2010).

[FC17] Meng Fang and Trevor Cohn. "Model Transfer for Tagging Lowresource Languages using a Bilingual Dictionary". In: *CoRR* abs/1705.00424 (2017).

[Fun+06] Gabriel Pui Cheong Fung et al. "Text Classification Without Negative Examples Revisit". In: *IEEE Trans. on Knowl. and Data Eng.* 18.1 (Jan. 2006), pp. 6–20.

[Has+16] Kazuma Hashimoto et al. "A Joint Many-Task Model: Growing a Neural Network for Multiple NLP Tasks". In: *CoRR* abs/1611.01587 (2016).

[Hin+12] Geoffrey Hinton et al. "Deep Neural Networks for Acoustic Modeling in Speech Recognition". In: *Signal Processing Magazine* (2012).

[Iso+17] Masaru Isonuma et al. "Extractive Summarization Using Multi-Task Learning with Document Classification". In: *Proceedings of the 2017 Conference on Empirical Methods in Natural Language Processing, EMNLP 2017*. 2017, pp. 2101–2110.

[Jia09] Jing Jiang. "Multi-Task Transfer Learning for Weakly-Supervised Relation Extraction". In: *ACL 2009, Proceedings of the 4th International Joint Conference on Natural Language Processing of the AFNL*. 2009, pp. 1012–1020.

[JZ07] Jing Jiang and Chengxiang Zhai. "Instance weighting for domain adaptation in NLP". In: *In ACL 2007*. 2007, pp. 264–271.

[Joh+16] Melvin Johnson et al. "Google's Multilingual Neural Machine Translation System: Enabling Zero-Shot Translation". In: *CoRR* abs/1611.04558 (2016).

[KC17] Arzoo Katiyar and Claire Cardie. "Going out on a limb: Joint Extraction of Entity Mentions and Relations without Dependency Trees". In: *Proceedings of the 55th Annual Meeting of the Association for Computational Linguistics*. 2017, pp. 917–928.

[Lee+09] Honglak Lee et al. "Unsupervised feature learning for audio classification using convolutional deep belief networks". In: *Advances in Neural Information Processing Systems 22: 23rd Annual Conference on Neural Information Processing Systems*. 2009, pp. 1096–1104.

[Liu+15] Xiaodong Liu et al. "Representation Learning Using Multi-Task Deep Neural Networks for Semantic Classification and Information Retrieval". In: *NAACL HLT 2015, The 2015 Conference of the North American Chapter of the Association for Computational Linguistics*.

[LW15] Mingsheng Long and Jianmin Wang. "Learning Multiple Tasks with Deep Relationship Networks". In: *CoRR* abs/1506.02117 (2015).

[Lu+16] Yongxi Lu et al. "Fully-adaptive Feature Sharing in Multi-Task Networks with Applications in Person Attribute Classification". In: *CoRR* abs/1611.05377 (2016).

[Luo+17] Bingfeng Luo et al. "Learning to Predict Charges for Criminal Cases with Legal Basis". In: *Proceedings of the 2017 Conference on Empirical Methods in Natural Language Processing, EMNLP 2017*, 2017, pp. 2727–2736.

[Luo+15] Minh-Thang Luong et al. "Multi-task Sequence to Sequence Learning". In: *CoRR* abs/1511.06114 (2015).

[Mis+16] Ishan Misra et al. "Cross-stitch Networks for Multi-task Learning". In: *CoRR* abs/1604.03539 (2016).

[NC17] Jan Niehues and Eunah Cho. "Exploiting Linguistic Resources for Neural Machine Translation Using Multi-task Learning". In: *Proceedings of the Second Conference on Machine Translation*. Association for Computational Linguistics, 2017, pp. 80–89.

[PY10] Sinno Jialin Pan and Qiang Yang. "A Survey on Transfer Learning". In: *IEEE Trans. on Knowl. and Data Eng.* 22.10 (Oct. 2010), pp. 1345– 1359.

[Pan+08] Sinno Jialin Pan et al. "Transfer Learning for WiFi-based Indoor Localization". In: 2008.

[Rai+07] Rajat Raina et al. "Self-taught Learning: Transfer Learning from Unlabeled Data". In: *Proceedings of the 24th International Conference on Machine Learning*. ICML' 07. 2007, pp. 759–766.

[RLL17] Prajit Ramachandran, Peter J. Liu, and Quoc V. Le. "Unsupervised Pretraining for Sequence to Sequence Learning". In: *Proceedings of the 2017 Conference on Empirical Methods in Natural Language Processing, EMNLP 2017, Copenhagen,*

Denmark, September 9–11, 2017. 2017, pp. 383–391.

[Rei17] Marek Rei. "Semi-supervised Multitask Learning for Sequence Labeling". In: *CoRR* abs/1704.07156 (2017).

[Rud17] Sebastian Ruder. "An Overview of Multi-Task Learning in Deep Neural Networks". In: *CoRR* abs/1706.05098 (2017).

[SG16] Anders Søgaard and Yoav Goldberg. "Deep multi-task learning with low level tasks supervised at lower layers". In: *Proceedings of the 54th Annual Meeting of the Association for Computational Linguistics, ACL 2016, August 7–12, 2016, Berlin, Germany, Volume 2: Short Papers*. 2016.

[TS07] Matthew E. Taylor and Peter Stone. "Cross-domain Transfer for Reinforcement Learning". In: *Proceedings of the 24th International Conference on Machine Learning*. ICML '07. 2007, pp. 879–886.

[TRB10] Joseph Turian, Lev Ratinov, and Yoshua Bengio. "Word Representations: A Simple and General Method for Semi-supervised Learning". In: *Proceedings of the 48th Annual Meeting of the Association for Computational Linguistics*. ACL '10. 2010.

[Wan+18] Shuohang Wang et al. "R^3: Reinforced Ranker-Reader for Open- Domain Question Answering". In: *Proceedings of the Thirty-Second AAAI Conference on Artificial Intelligence*. 2018.

[WSZ08] Zheng Wang, Yangqiu Song, and Changshui Zhang. "Transferred Dimensionality Reduction". In: *Proceedings of the European Conference on Machine Learning and Knowledge Discovery in Databases - Part Ⅱ*. ECML PKDD '08. 2008, pp. 550–565.

[WHH17] Shinji Watanabe, Takaaki Hori, and John R. Hershey. "Language independent end-to-end architecture for joint language identification and speech recognition". In: *ASRU*. IEEE, 2017, pp. 265–271.

[Wat+17] Shinji Watanabe et al. "Hybrid CTC/Attention Architecture for End-to-End Speech Recognition". In: *J. Sel. Topics Signal Processing* 11.8 (2017), pp. 1240–1253.

[Wat+18] Shinji Watanabe et al. "A Purely End-to-End System for Multi-speaker Speech Recognition". In: *ACL (1)*. Association for Computational Linguistics, 2018, pp. 2620–2630.

[YM17] Bishan Yang and Tom M. Mitchell. "A Joint Sequential and Relational Model for Frame-Semantic Parsing". In: *Proceedings of the 2017 Conference on Empirical Methods in Natural Language Processing EMNLP 2017*. 2017, pp. 1247–1256.

[YSC16] Zhilin Yang, Ruslan Salakhutdinov, and William W. Cohen. "MultiTask Cross-Lingual Sequence Tagging from Scratch". In: *CoRR* abs/1603.06270 (2016).

[ZK16] Barret Zoph and Kevin Knight. "Multi-Source Neural Translation". In: *CoRR* abs/1601.00710 (2016).

第11章

Deep Learning for NLP and Speech Recognition

迁移学习：领域自适应

11.1 章节简介

领域自适应是迁移学习的一种形式，在这种形式中，任务保持不变，但在源和目标之间有一个领域转移或分布变化。举个例子，一个已经学会对电子产品的评论进行正面和负面情绪分类的模型，也可被用于对酒店房间或电影的评论进行分类。情感分析的任务保持不变，但领域（电子产品和酒店房间）已经改变。训练数据和从未出现过的测试数据之间的变化，通常被称为领域转移。但将模型应用于一个独立的领域会带来很多问题。例如，含有“loud and clear”等短语的句子在电子产品中大多被认为是积极的，而在酒店房间评论中则是消极的。同样，诸如“lengthy”或“boring”等关键词的使用在图书评论等领域可能很普遍，但在厨房设备评论等领域则完全没有。

正如第10章所讨论的，领域自适应的中心思想是从源数据集（有标签的和无标签的）中学习，以便将学习结果用于具有不同领域映射的目标数据集。为了学习源和目标之间的领域转移，所采用的传统技术分为两大类：基于实例和基于特征。在基于实例的技术中，源域和目标域之间的差异是通过对源样本的重新加权和从重新加权后的样本中学习模型来减少的 [BM10]。在基于特征的技术中，在源和目标之间，分布是相匹配的，它们会学习一个共同的共享空间或联合表示 [GGS13]。近年来，深度学习架构已经成功地在各种应用中实现了领域自适应，特别是在计算机视觉领域 [Csu17]。在本章中，我们将详细讨论在领域自适应中使用深度学习的一些技术以及它们在文本和语音中的应用。接下来，我们将讨论在领域自适应中已经得到普及的零样本学习、单样本学习和小样本学习的技术。我们对本章中讨论的许多技术进行了详细的案例研究，以便在最后给读者提供领域自适应的实际情况。

在本章中，我们将使用与所引用的研究论文相似的符号，以方便与参考文献映射。

11.1.1 技术

在本节中，我们将强调一些众所周知的技术，这些技术对于解决文本和语音中的领域自适应问题是非常通用和有效的。

11.1.1.1 堆叠降噪自编码器

最早的领域自适应工作之一来自 Glorot 等人在情感分类领域的研究 [GBB11b]。源域包含大量的亚马逊商品评论的情感，而目标是完全不同的产品，只有少量的标记数据。在这项工作中，研究人员在源数据和目标数据上使用堆叠降噪自编码器（SDA），以学习如图 11.1 所示的特征作为第一步。然后在自编码器的编码器部分提取的特征上训练一个线性 SVM，并用于预测不同领域的未见过的目标数据。研究人员报告了各领域情感分类的最前沿结果。

SDA 的变体，如**边缘化堆叠降噪自编码器**（mSDA），具有更好的最优解和更短的训练时间，也被非常成功地运用于分类任务中，如情感分类 [Che+12]。为了解释该方法，让我们假设对源 S 和目标 T，我们有样本源数据 $D_S=\{\boldsymbol{x}_1,\cdots,\boldsymbol{x}_{n_S}\}\in\mathbb{R}^d$ 和标签 $L_S=\{\boldsymbol{y}_1,\cdots,\boldsymbol{y}_{n_S}\}$，目标样

本数据$D_T=\left\{\boldsymbol{x}_{n_{S+1}},\cdots,\boldsymbol{x}_n\right\}\in\mathbb{R}^d$，但没有标签。我们的目标是用有标签的源训练数据$D_S$学习一个分类器$h\in H$，以预测无标签的目标数据$D_T$。

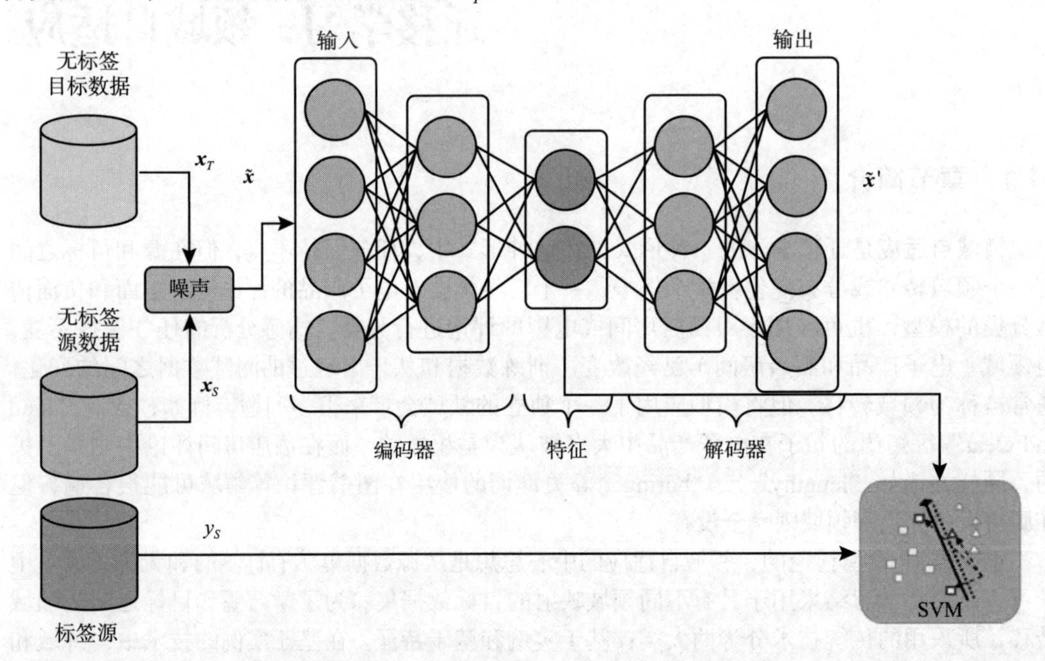

图 11.1　堆叠降噪自编码器用于学习特征，SVM 作为分类器

这项工作的基本构建模块是单层降噪自编码器。它的输入是源数据和目标数据的整个集合，即$D=D_S\cup D_T=\left\{\boldsymbol{x}_1,\cdots,\boldsymbol{x}_n\right\}$，它被以概率$p\geqslant 0$去除特征所破坏。例如，如果一个向量是词袋向量，其中一些值可以从 1 翻转到 0。让我们把$\tilde{\boldsymbol{x}}_i$视为$\boldsymbol{x}_i$的破坏版本。我们不使用两级编码器 - 解码器，而使用单一的映射$\boldsymbol{W}:\mathbb{R}^d\rightarrow\mathbb{R}^d$，使重建损失的平方最小化，其公式为：

$$\frac{1}{2n}\sum_{i=1}^{n}\|\boldsymbol{x}_i-\boldsymbol{W}\tilde{\boldsymbol{x}}_i\|\tag{11.1}$$

如果我们重复做 m 次，方差就会变小，$\boldsymbol{W}$ 的解决方案可以从下面的公式中得到：

$$\mathcal{L}_{\text{squared}}(\boldsymbol{W})=\frac{1}{2mn}\sum_{j=1}^{m}\sum_{i=1}^{n}\|\boldsymbol{x}_i-\boldsymbol{W}\tilde{\boldsymbol{x}}_{i,j}\|\tag{11.2}$$

其中，$\tilde{\boldsymbol{x}}_{i,j}$ 代表原始 $\boldsymbol{x}_i$ 输入的第 j 个损坏版本。

用矩阵表示，输入$\boldsymbol{X}=\left\{x_1,\cdots,x_n\right\}\in\mathbb{R}^{d\times n}$，其 m 次重复表示为$\bar{\boldsymbol{X}}$，被破坏表示为$\tilde{\boldsymbol{X}}$。损失方程可以写成：

$$\mathcal{L}_{\text{squared}}(\boldsymbol{W})=\frac{1}{2mn}\operatorname{tr}\left[\left(\bar{\boldsymbol{X}}-\boldsymbol{W}\tilde{\boldsymbol{X}}\right)^{\top}\left(\bar{\boldsymbol{X}}-\boldsymbol{W}\tilde{\boldsymbol{X}}\right)\right]\tag{11.3}$$

这个问题的闭合形式的解决方案是：

$$\boldsymbol{W}=\boldsymbol{P}\boldsymbol{Q}^{-1}\text{ 与 }\boldsymbol{Q}=\tilde{\boldsymbol{X}}\tilde{\boldsymbol{X}}^{\top}\text{ 和 }\boldsymbol{P}=\bar{\boldsymbol{X}}\tilde{\boldsymbol{X}}^{\top}\tag{11.4}$$

在$m\rightarrow\inf$的极限情况下，$\boldsymbol{W}$可以用$\boldsymbol{P}$和$\boldsymbol{Q}$的期望值来表示：

$$\boldsymbol{W}=E\left[\boldsymbol{P}\right]E\left[\boldsymbol{Q}\right]^{-1}\tag{11.5}$$

其中，$E\left[\boldsymbol{Q}\right]$是：

$$E\left[\boldsymbol{Q}\right]=\sum_{i=1}^{n}E\left[\tilde{\boldsymbol{x}}_i\tilde{\boldsymbol{x}}_i^{\top}\right] \tag{11.6}$$

如果两个特征 α 和 β 都没有被破坏，那么矩阵 $\left[\tilde{\boldsymbol{x}}_i\tilde{\boldsymbol{x}}_i^{\top}\right]$ 中的非对角线项就没有被破坏。没被破坏的概率为 $(1-p)^2$。对于对角线，它以概率 $1-p$ 成立。如果我们定义一个向量 $\boldsymbol{q}=\left[1-p,\cdots,1-p,1\right]\in R^{d+1}$，其中 $\boldsymbol{q}_\alpha$ 代表特征 α 在破坏中存活的概率，那么原始未破坏的输入的散射矩阵可以表示为 $\boldsymbol{S}=\boldsymbol{X}\boldsymbol{X}^{\top}$，矩阵 $\boldsymbol{Q}$ 的期望值可以写为：

$$E\left[\boldsymbol{Q}\right]_{\alpha,\beta}=\begin{cases}\boldsymbol{S}_{\alpha,\beta}\boldsymbol{q}_\alpha\boldsymbol{q}_\beta & \text{如果}\quad \alpha\neq\beta\\ \boldsymbol{S}_{\alpha,\beta}\boldsymbol{q}_\alpha & \text{如果}\quad \alpha=\beta\end{cases} \tag{11.7}$$

以类似的方式，矩阵 $\boldsymbol{P}$ 的期望值可以被推导为 $E\left[\boldsymbol{P}\right]_{\alpha,\beta}=\boldsymbol{S}_{\alpha,\beta}\boldsymbol{q}_\beta$。

因此，有了这些期望矩阵，重建映射 $\boldsymbol{W}$ 可以以闭合形式计算，而不需要破坏单个实例 $\boldsymbol{x}_i$ 和“边缘化”噪声。接下来，研究不只是单层，而是一个接一个的“堆叠”层，类似于堆叠自编码器。第 $(t-1)$ 层的输出在经过 tanh 等挤压函数后进入第 t 层，以获得非线性，这可以表示为 $\boldsymbol{h}^t=\tanh\left(\boldsymbol{W}^t\boldsymbol{h}^{t-1}\right)$。训练是逐层进行的，也就是说，每一层都贪婪地学习 $\boldsymbol{W}^t$（以闭合形式）并试图重建之前的输出 $\boldsymbol{h}^{t-1}$。对于领域自适应，可以使用输入和所有隐藏层的串联作为 SVM 分类器的特征来训练和预测。

> 与其他方式相比，mSDA 的一些优势是：
> 1. 优化问题是凸的，并保证最优解。
> 2. 优化是非迭代的和封闭式的。
> 3. 通过整个训练数据来计算期望值 $E\left[\boldsymbol{P}\right]$ 和 $E\left[\boldsymbol{Q}\right]$，可以大大提升训练速度。

11.1.1.2　源和目标之间的深度插值

与传统的机器学习非常相似，Chopra 等人的研究也将不同领域的源和目标以不同比例混合来学习中间表示 [CBG13]。这项工作被称为通过领域间插值的深度学习适应领域（DLID）。研究人员使用带池化的卷积层和预测稀疏分解方法，以无监督的方式学习非线性特征。预测稀疏分解方法类似于稀疏编码模型，具有快速和平滑的近似器 [KRL10]。标记的数据通过同样的转换来获得特征，将它们串联起来，并使用分类器（如逻辑回归）来获得一个联合模型。通过这种方式，该模型以无监督的方式从源和目标中学习有用的特征。这些特征可以单独用于目标上的领域转移。图 11.2 展示了这一过程是如何工作的。

设 S 是数据样本 D_S 的源域，T 是数据样本 D_T 的目标域，$p\in\left[1,2,\cdots,P\right]$ 是 P 数据集的索引。源域和目标域之间的混合如下：在 $p=1$ 时，$D_S=D_T$，从这时起，源样本的数量减少，目标样本的数量就以完全相同的比例增加。对于每个数据集 $p\in\left[2,\cdots,P-1\right]$，样本数量 D_S 减少，D_T 在接下来的 p 中逐渐增加。每个数据集 D_p 作为非线性特征提取器 F_{W_p} 的输入，其权重 W_p 以无监督的方式训练，产生输出 $Z_p^i=F_{W_p}\left(X^i\right)$。一旦以无监督的方式进行训练，任何标记的训练数据都会经过这个 DLID 表示路径，提取特征 F_{W_p} 作为输出，将所有输出串联，形成该输入的表示：

$$Z^i=\left[F_{W_1}\left(X^i\right)F_{W_2}\left(X^i\right)\cdots F_{W_p}\left(X^i\right)\right]=\left[Z_1^iZ_2^i\cdots Z_p^i\right] \tag{11.8}$$

该表示和标签 Z^i、Y^i 被传递给分类器或任务调节器，并使用标准损失函数进行优化。未见过的数据也要经过同样的路径，分类器的预测被用来获得类别和概率。

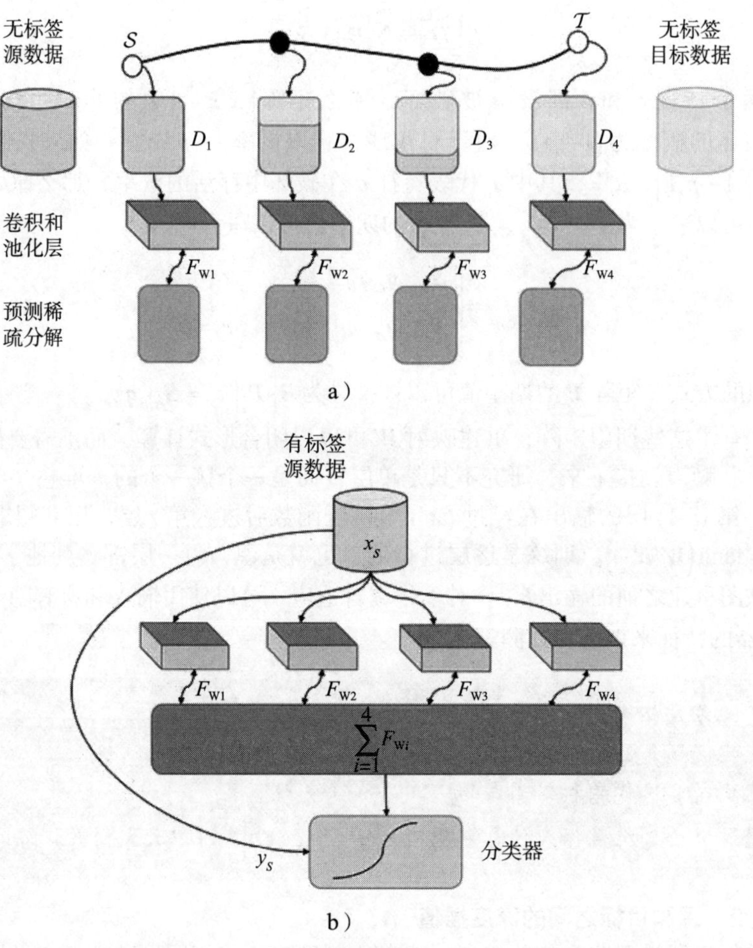

图 11.2　DLID 方法。图 a）为无监督的潜在表示学习。上面的圆圈表示源和目标之间的中间路径，其中填充的圆圈是中间表示，而空的圆圈是源 / 目标表示。图 b）为无监督的特征和标签与分类器的学习模型

11.1.1.3　深度领域混淆

深度领域混淆（DDC）架构，如图 11.3 所示，由 Tzeng 等人提出，是流行的基于差异的领域自适应框架之一 [Tze+14]。研究人员引入领域自适应层和混淆损失来学习语义并提供领域不变性的表示。一个基于 Siamese 卷积网络的架构被提出，其主要目标是学习一个使源域和目标域之间的分布距离最小的表示。该表示可与源标记的数据集一起作为特征使用，以最小化分类损失，并直接应用于无标签的目标数据。在这项工作中，最小化分布距离的任务是使用最大平均差异（MMD）完成的，它计算出源和目标的表示 $\phi()$ 上的距离：

$$\mathrm{MMD}\left(X_s, X_t\right)=\left\| \frac{1}{|X_s|}\sum_{x_s\in X_s}\phi\left(x_s\right)-\frac{1}{|X_t|}\sum_{x_t\in X_t}\phi\left(x_t\right)\right\| \tag{11.9}$$

从中学习到的表示在损失函数中被用作正则器，正则化的超参数 λ 也作为源域和目标域之间的混淆量：

$$L=L_C\left(X_L, y\right)+\lambda^{*}\mathrm{MMD}\left(X_s, X_t\right) \tag{11.10}$$

其中，$L_C\left(X_L, y\right)$ 是标签数据 X_L 的分类损失，y 是标签或地面真值，$\mathrm{MMD}\left(X_s, X_t\right)$ 是源 X_s 和

目标 X_t 之间的最大平均差异（MMD）。超参 λ 控制源域和目标域之间的混淆程度。研究人员使用了标准的 AlexNet，并对其进行了修改，增加了一个低维的瓶颈层"fc adapt"。低维层作为一个正则器，可以防止对源分布的过拟合。上面讨论的 MMD 损失被添加到该层之上，这样它就能学习到对源和目标都有用的表示。

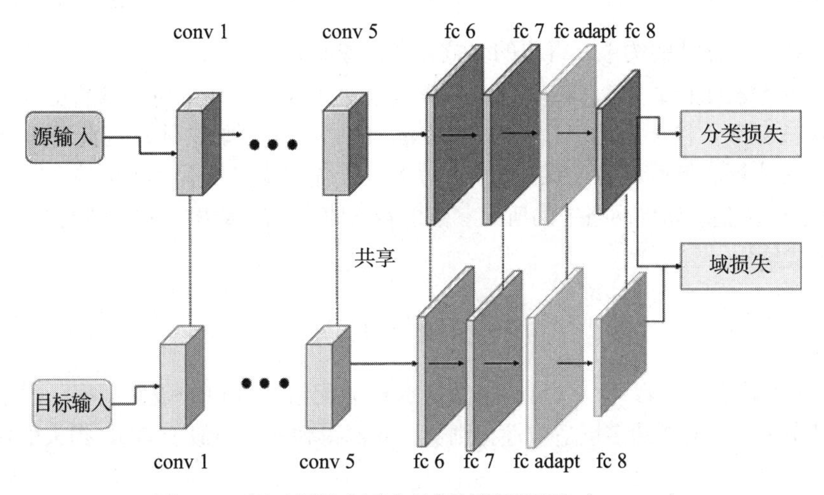

图 11.3　用于领域自适应的深域混淆网络（DDCN）

11.1.1.4　深度适应网络

Long 等人提出了图 11.4 所示的深度适应网络（DAN），它是一个改进的 AlexNet，其中差异损失发生在最后的全连接层 [LW15]。如果无效假设是样本来自同一个分布，而备选假设则是它们来自两个不同的分布，最大平均差异（MMD）是统计方法之一 [Sej+12]。MMD 的多核变体（MK-MMD）测量两个分布（源和目标）的平均嵌入与特征核 k 之间的再生核希尔伯特空间（RKHS）距离。如果 $\mathcal{H}_k$ 是被赋予特征核 k 的再生核希尔伯特空间，分布 p 在 $\mathcal{H}_k$ 中的平均嵌入是唯一的元素 $\mu_k(p)$，比如 $\mathbb{E}_{x\sim p}f(\boldsymbol{x})=\langle f(\boldsymbol{x}),\mu_k(p)\rangle_{\mathcal{H}_k}$。对于任何层 l，源（S）和目标（T）之间的特征核 k，其平方距离由以下公式给出：

$$d_k^2\left(\mathcal{D}_S^l,\mathcal{D}_T^l\right)\triangleq\|\mathbb{E}_{\mathcal{D}_S}\left[\phi\left(\boldsymbol{x}^S\right)\right]-\mathbb{E}_{\mathcal{D}_T}\left[\phi\left(\boldsymbol{x}^\top\right)\right]\|_{\mathcal{H}_k}^2 \tag{11.11}$$

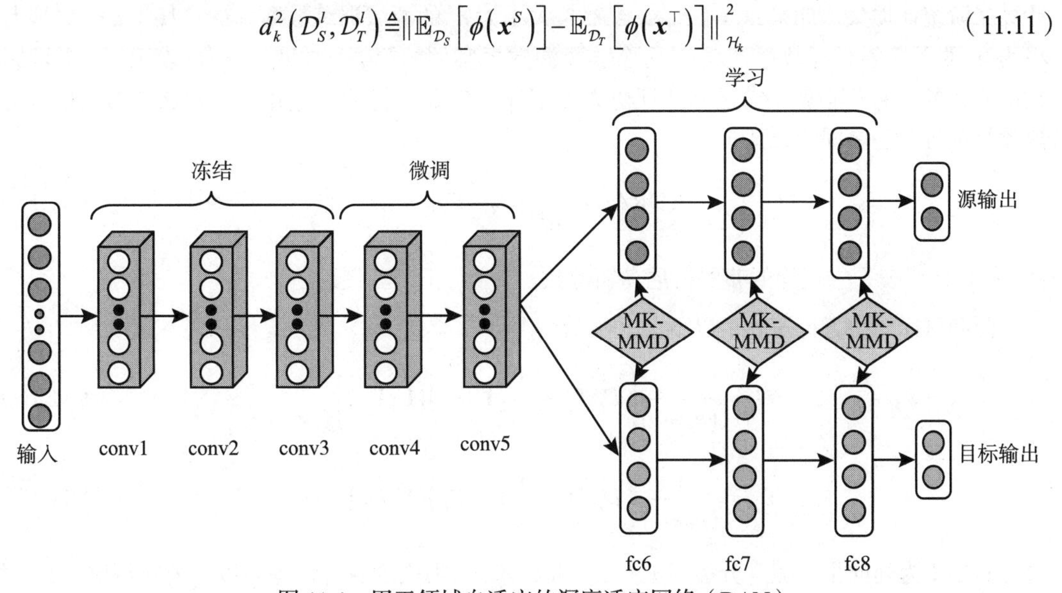

图 11.4　用于领域自适应的深度适应网络（DAN）

与特征图 ϕ 相关的特征核，$k\left(\boldsymbol{x}^S,\boldsymbol{x}^T\right)=\langle\phi\left(\boldsymbol{x}^S\right),\phi\left(\boldsymbol{x}^T\right)\rangle$，并且是 m 个正半定核 $\{k_u\}$ 的组合，对系数 β_u 的约束由以下公式给出：

$$\mathcal{K}\triangleq\left\{k=\sum_{u=1}^{m}\beta_u k_u:\sum_{u=1}^{m}\beta_u=1,\beta_u\geqslant 0\right\}\tag{11.12}$$

其中，由于对系数 $\{\beta_u\}$ 的约束，得出的多核 k 是有特征的。

修改后的 AlexNet 有三层卷积网络（*conv*1~*conv*3）作为一般的可转移特征层，在一个领域的训练后被冻结。接下来的两个卷积层（*conv*4~*conv*5）更加具体，因此要进行微调来学习特定领域的特征。最后的全连接层（$fc6-fc8$）是高度具体和不可转移的，因此它们使用 MK-MMD 进行调整。如果网络中的所有参数由 $\Theta=\left\{\boldsymbol{W}^l,\boldsymbol{b}^l\right\}_{l=1}^{l}$ 给出，对于所有的层 l，经验风险由以下公式给出：

$$\min_{\Theta}\frac{1}{n_a}\sum_{i=1}^{n_a}J\left(\Theta\left(\boldsymbol{x}_i^a\right),y_i^a\right)\tag{11.13}$$

其中，J 是交叉熵损失函数，$\Theta\left(\boldsymbol{x}_i^a\right)$ 是将数据点 $\boldsymbol{x}_i^a$ 分配给标签 y_i^a 的条件概率。通过在上述风险中加入基于 MK-MMD 的多层适应性正则器，我们得到一个类似于 DDC 损失的损失，可以表示为：

$$\min_{\Theta}\frac{1}{n_a}\sum_{i=1}^{n_a}J\left(\Theta\left(\boldsymbol{x}_i^a\right),y_i^a\right)+\lambda\sum_{l=l_1}^{l_2}d_k^2\left(\mathcal{D}_S^l,\mathcal{D}_T^l\right)\tag{11.14}$$

其中，$\lambda>0$ 是一个正则化常数，DAN 设置中 l_1=6，l_2=8。

11.1.1.5　领域不变表示

许多技术使用源数据和目标数据的领域不变表示，作为学习共同表示的一种方式，以帮助领域自适应。

CORrelation ALignment（CORAL）是一种使用线性变换来对齐源和目标的二阶统计（协方差）的技术。Sun 和 Saenko 扩展了该框架，以学习对齐各层相关关系的非线性变换，被称为 Deep CORAL[SS16]。Deep CORAL 扩展了 AlexNet，并在最后一层（即输出前的全连接层）计算二阶统计损失。如果 $D_S=\{\boldsymbol{x}_i\},\boldsymbol{x}\in\mathbb{R}^d$ 是大小为 n_S 的源域训练数据，$D_T=\{\boldsymbol{u}_i\},\boldsymbol{u}\in\mathbb{R}^d$ 是大小为 n_T 的无标签目标数据，$D_S^{i,j}$ 表示第 i 个源数据实例的第 j 个维度，$D_T^{i,j}$D 表示第 i 个目标数据实例的第 j 个维度，$\boldsymbol{C}_S$ 是源特征协方差矩阵，$\boldsymbol{C}_T$ 是目标协方差矩阵，那么 CORAL 损失被测量为协方差之间的距离：

$$\text{CORAL}=\frac{1}{4d^2}\left|\boldsymbol{C}_S-\boldsymbol{C}_T\right|_F^2\tag{11.15}$$

其中，$\|\cdot|_F^2$ 代表平方矩阵的弗罗贝尼乌斯范数。

源和目标的协方差矩阵由以下公式给出。

$$\boldsymbol{C}_S=\frac{1}{(n_S-1)}\left(\mathcal{D}_S^{\top}\mathcal{D}_S-\frac{1}{n_S}\left(\mathbf{1}^{\top}\mathcal{D}_S\right)\left(\mathbf{1}^{\top}\mathcal{D}_S\right)\right)\tag{11.16}$$

$$\boldsymbol{C}_T=\frac{1}{(n_T-1)}\left(\mathcal{D}_T^{\top}\mathcal{D}_T-\frac{1}{n_T}\left(\mathbf{1}^{\top}\mathcal{D}_T\right)\left(\mathbf{1}^{\top}\mathcal{D}_T\right)\right)\tag{11.17}$$

其中 **1** 为列向量。减少分类损失 l_{CLASS} 和 CORAL 损失的联合训练由以下公式给出：

$$l = l_{\text{CLASS}} + \sum_{i=1}^{t} \lambda_{i\text{CORAL}} \tag{11.18}$$

其中，t 是层数，λ 用于平衡分类和领域自适应，目的是学习源和目标之间的共同表示（如图 11.5 所示）。

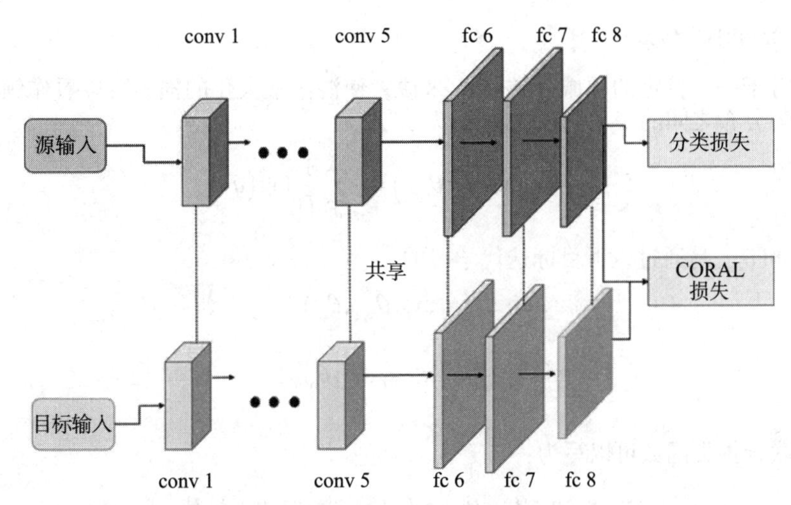

图 11.5　领域自适应的深度 CORAL 网络

还有一些其他的域不变表示法已经在各种工作中被成功采用。Pan 等人通过**迁移成分分析**使用域不变表示，该分析使用**最大均值差异（MMD）**并试图减少子空间中两个域之间的距离 [Pan+11]。Zellinger 等人提出了一个新的距离函数——**中心矩差异（CMD）**——以匹配概率分布的高阶中心矩 [Zel+17]。他们展示了该技术在物体识别和情感分类任务中的领域自适应性（如图 11.5 所示）。

11.1.1.6　领域混淆和不变量表示

Tzeng 等人关于深度领域混淆的研究有一个缺点，即它需要源域的大量标签数据和目标域的稀疏标签数据。Tzeng 等人在工作中提出了对有标签和无标签数据的域混淆损失，以学习跨域和任务的不变表示 [Tze+15]。源和域之间的迁移学习是通过以下方式实现的：（a）通过让源和目标之间的边际分布尽可能地相似，使得域混淆最大化；（b）将在源样本上学到的类之间的相关性转移到目标示例上。完全标记的源数据（x_S，y_S）和稀疏标记的目标数据（x_T，y_T）被用来产生一个分类器 θ_C，该分类器在特征表示 $f\left(x;\theta_{\text{repr}}\right)$ 上操作，由表示参数 θ_{repr} 设置参数，在对目标样本进行分类时具有良好的准确率：

$$\mathcal{L}_C\left(x, y;\theta_{\text{repr}}, \theta_C\right) = -\sum_k \mathbf{1}\left[y = k\right]\log\left(p_k\right) \tag{11.19}$$

其中，$p = \text{softmax}\left(\theta_C^\top f\left(x;\theta_{\text{repr}}\right)\right)$。

为了确保源和目标中的类之间是一致的，而不是用“硬标签”来训练，“软标签”是对某一特定类的所有标记的源数据激活用 softmax 进行平均。在 softmax 函数中使用了一个高温参数 τ，这样，在微调过程中，相关的类对概率质量有类似的影响。软标签损失由以下公式给出：

$$\mathcal{L}_{\text{soft}}\left(x_T, y_T;\theta_{\text{repr}}, \theta_C\right) = -\sum_i l_i^{y_T}\log\left(p_i\right) \tag{11.20}$$

其中，$p_i = \text{softmax}\left(\theta_C^\top f\left(x_T;\theta_{\text{repr}}\right)/\tau\right)$。

一个具有参数 θ_D 的领域分类器层被用来识别数据是来自源域还是目标域。在表示上的最佳领域分类器可以使用以下目标学习：

$$\mathcal{L}_D\left(x_S, x_T, \theta_{\text{repr}}; \theta_D\right) = -\sum_d \boldsymbol{1}\left[y_D = d\right] \log\left(q_d\right) \tag{11.21}$$

其中，$q = \operatorname{softmax}\left(\theta_D^T f\left(\boldsymbol{x}; \theta_{\text{repr}}\right)\right)$。

因此，对于一个特定的领域分类器 θ_D 来说，使混淆最大化的损失可以看作领域的预测和标签上的均匀分布之间的交叉熵损失，可以写为：

$$\mathcal{L}_{\text{confusion}}\left(x_S, x_T, \theta_D; \theta_{\text{repr}}\right) = -\sum_d \frac{1}{D} \log\left(q_d\right) \tag{11.22}$$

参数 θ_D 和 θ_{repr} 是通过以下目标迭代学习的：

$$\min_{\theta_D} \mathcal{L}_D\left(x_S, x_T, \theta_{\text{repr}}; \theta_D\right) \tag{11.23}$$

$$\min_{\theta_{\text{repr}}} \mathcal{L}_{\text{confusion}}\left(x_S, x_T, \theta_D; \theta_{\text{repr}}\right) \tag{11.24}$$

因此，联合损失函数可以写为：

$$\begin{aligned}\mathcal{L}\left(x_S, y_S, x_T, y_T; \theta_{\text{repr}}, \theta_C\right) = {} & \mathcal{L}_C\left(x_S, y_S, x_T, y_T; \theta_C, \theta_{\text{repr}}\right) \\ & + \lambda \mathcal{L}_{\text{confusion}}\left(x_S, x_T, \theta_D; \theta_{\text{repr}}\right) \\ & + v \mathcal{L}_{\text{soft}}\left(x_T, y_T; \theta_{\text{repr}}, \theta_C\right)\end{aligned} \tag{11.25}$$

其中，λ 和 v 是超参数，在优化过程中控制域混淆和软标签影响。

11.1.1.7 域对抗神经网络

Ganin 等人采用了一种有趣的“梯度反转”层技术，通过域对抗神经网络（DANN）进行领域迁移适应 [Gan+16b]。这个过程对所有的神经网络都是通用的，可以很容易地使用标准的随机梯度方法进行训练。他们在计算机视觉和情感分类的不同领域展示了最前沿的成果。

设 $S = \left\{\left(\boldsymbol{x}_i, y_i\right)\right\}_{i=1}^n \sim \left(\mathcal{D}_S\right)^n$；$T = \left\{\boldsymbol{x}_i\right\}_{i=n+1}^n \sim \left(\mathcal{D}_T^{\mathcal{X}}\right)^{n'}$ 为从 $\mathcal{D}_S$ 和 $\mathcal{D}_T$ 中抽取的源数据和目标数据作为分布；$N = n + n'$ 为样本总数。$\mathcal{D}_T^{\mathcal{X}}$ 是 $\mathcal{D}_T$ 在输入空间 $\mathcal{X}$ 上的边际分布，$Y = 0, 1, \cdots, L-1$ 是标签的集合。该网络有三个重要层：

（a）特征生成层，从输入中学习带有参数的特征。隐藏层 $G_f: \mathcal{X} \to R^D$，由矩阵向量对 $\theta_f = \left(\boldsymbol{W}, \boldsymbol{b}\right)$ 进行参数化：

$$G_f\left(\boldsymbol{x}; \theta_f\right) = \sigma\left(\boldsymbol{W}\boldsymbol{x} + \boldsymbol{b}\right) \tag{11.26}$$

（b）标签预测层 $G_y: R^D \to \left[0,1\right]^L$，由矩阵向量对 $\theta_y = \left(\boldsymbol{V}, \boldsymbol{c}\right)$ 进行参数化：

$$G_y\left(G_f\left(\boldsymbol{x}\right); \theta_y\right) = \operatorname{softmax}\left(\boldsymbol{V}\boldsymbol{x} + \boldsymbol{c}\right) \tag{11.27}$$

（c）领域分类层 $G_d: R^D \to \left[0,1\right]$ 是一个逻辑回归器，由向量标量对 $\theta_d = \left(\boldsymbol{u}, z\right)$ 进行参数化，来预测示例是来自源域还是目标域。图 11.6 展示了三个不同层的训练情况。

$\left(\boldsymbol{x}_i, y_i\right)$ 的预测损失可以写为：

$$\mathcal{L}_y^i\left(\theta_f, \theta_y\right) = \mathcal{L}_y\left(G_y\left(G_f\left(\boldsymbol{x}_i; \theta_f\right); \theta_y\right), y_i\right) \tag{11.28}$$

领域损失 $\left(\boldsymbol{x}_i, d_i\right)$，其中 d_i 是领域，可以写为：

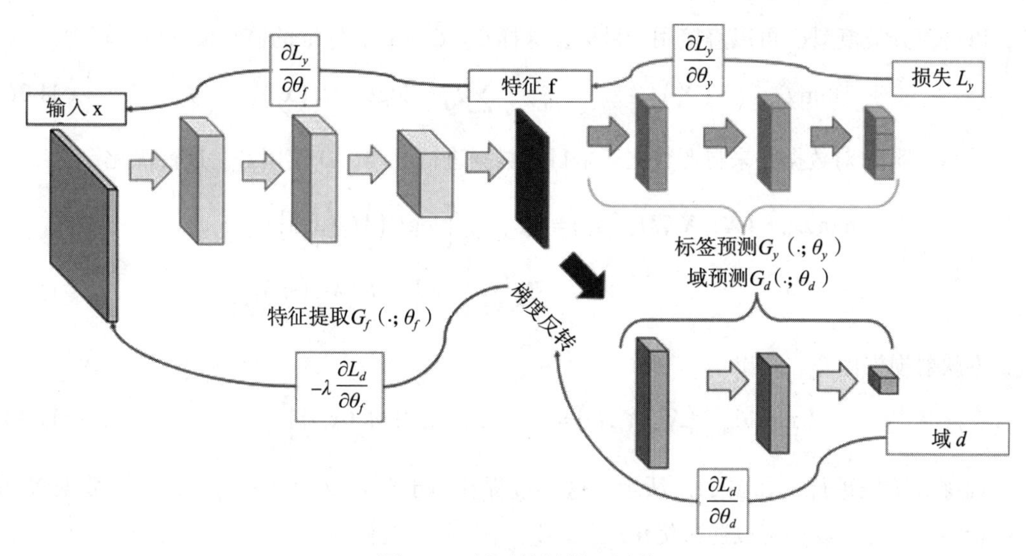

图 11.6 域对抗性神经网络

$$\mathcal{L}_d^i\left(\theta_d,\theta_f\right)=\mathcal{L}_d\left(G_d\left(G_f\left(\boldsymbol{x}_i;\theta_d\right);\theta_f\right),d_i\right) \tag{11.29}$$

单层网络的总训练损失可以写为：

$$\mathcal{L}_{\text{total}}\left(\theta_f,\theta_y,\theta_d\right)=\frac{1}{n}\sum_{i=1}^{n}\mathcal{L}_y^i\left(\theta_f,\theta_y\right)-\lambda\left(\frac{1}{n}\sum_{i=1}^{n}\mathcal{L}_d^i\left(\theta_f,\theta_d\right)+\frac{1}{n'}\sum_{i=n+1}^{N}\mathcal{L}_d^i\left(\theta_f,\theta_d\right)\right) \tag{11.30}$$

超参数λ控制各种损失之间的平衡。这些参数是通过解方程得到的：

$$\left(\hat{\theta}_f,\hat{\theta}_y\right)=\underset{(\theta_f,\theta_y)}{\operatorname{argmin}}\,\mathcal{L}_{\text{total}}\left(\theta_f,\theta_y,\hat{\theta}_d\right) \tag{11.31}$$

$$\left(\hat{\theta}_d\right)=\underset{(\theta_d)}{\operatorname{argmax}}\,\mathcal{L}_{\text{total}}\left(\hat{\theta}_f,\hat{\theta}_y,\theta_d\right) \tag{11.32}$$

梯度更新与标准随机梯度下降非常相似，学习率为μ，但反转为$\lambda\frac{\partial \mathcal{L}_d^i}{\partial \theta_f}$。梯度反转层没有参数，其前向传递是身份函数，后向传递是后续层的梯度乘以 −1。

$$\theta_f\leftarrow\theta_f-\mu\left(\frac{\partial \mathcal{L}_y^i}{\partial \theta_f}-\lambda\frac{\partial \mathcal{L}_d^i}{\partial \theta_f}\right) \tag{11.33}$$

$$\theta_y\leftarrow\theta_y-\mu\frac{\partial \mathcal{L}_y^i}{\partial \theta_y} \tag{11.34}$$

$$\theta_d\leftarrow\theta_d-\mu\frac{\partial \mathcal{L}_d^i}{\partial \theta_d} \tag{11.35}$$

11.1.1.8 对抗性判别领域自适应

Tzeng 等人提出了对抗性判别领域自适应（ADDA），它使用判别方法来学习领域转移，在源和目标之间没有权重绑定，并且有一个 GAN 损失来计算对抗性损失 [Tze+17]。

假设我们有来自源分布$p_s(x,y)$的源数据$\boldsymbol{X}_s$和标签$\boldsymbol{Y}_s$，以及来自无标签的目标分布$p_t(x,y)$的目标数据$\boldsymbol{X}_t$。我们的目标是学习一个目标映射M_t和一个能够对K个类别进行分类的分类器C_t。在对抗性方法中，目标是最小化源和目标映射$M_s(\boldsymbol{X}_s)$和$M_t(\boldsymbol{X}_t)$之间的分布距离，以便源分类模型C_s可以直接用于目标，这样$C = C_s = C_t$。标准的监督损失可以写为：

$$\min_{M_s,C} \mathcal{L}_{\text{class}}\left(\boldsymbol{X}_s, Y_s\right) = -\mathbb{E}_{(\boldsymbol{x}_s,y_s)\sim(\boldsymbol{X}_s,Y_s)} \sum_{k=1}^{K} \boldsymbol{I}_{[k=y_s]} \log C\left(M_s\left(\boldsymbol{x}_s\right)\right) \tag{11.36}$$

域判别器D对数据是来自源数据还是目标数据进行分类，D使用$\mathcal{L}_{\text{adv}_D}$进行优化：

$$\begin{aligned}\min_{D} \mathcal{L}_{\text{adv}_D}\left(\boldsymbol{X}_s, \boldsymbol{X}_t, M_s, M_t\right) = &-\mathbb{E}_{\boldsymbol{x}_s\sim\boldsymbol{X}_s}\left[\log D\left(M_s\left(\boldsymbol{x}_s\right)\right)\right] \\ &-\mathbb{E}_{\boldsymbol{x}_t\sim\boldsymbol{X}_t}\left[\log\left(1 - D\left(M_t\left(\boldsymbol{x}_t\right)\right)\right)\right]\end{aligned} \tag{11.37}$$

对抗性映射损失由$\mathcal{L}_{\text{adv}_M}$给出：

$$\min_{M_s,M_t} \mathcal{L}_{\text{adv}_M}\left(\boldsymbol{X}_s, \boldsymbol{X}_t, D\right) = -\mathbb{E}_{\boldsymbol{x}_s\sim\boldsymbol{X}_t}\left[\log D\left(M_t\left(\boldsymbol{x}_t\right)\right)\right] \tag{11.38}$$

训练分阶段进行，如图 11.7 所示。这个过程开始于对M_s和C的$\mathcal{L}_{\text{adv}_{\text{class}}}$，使用数据$\boldsymbol{X}_s$和它的标签$Y_s$。然后我们可以通过优化$\mathcal{L}_{\text{adv}_D}$、$\mathcal{L}_{\text{adv}_M}$来进行对抗性适应。

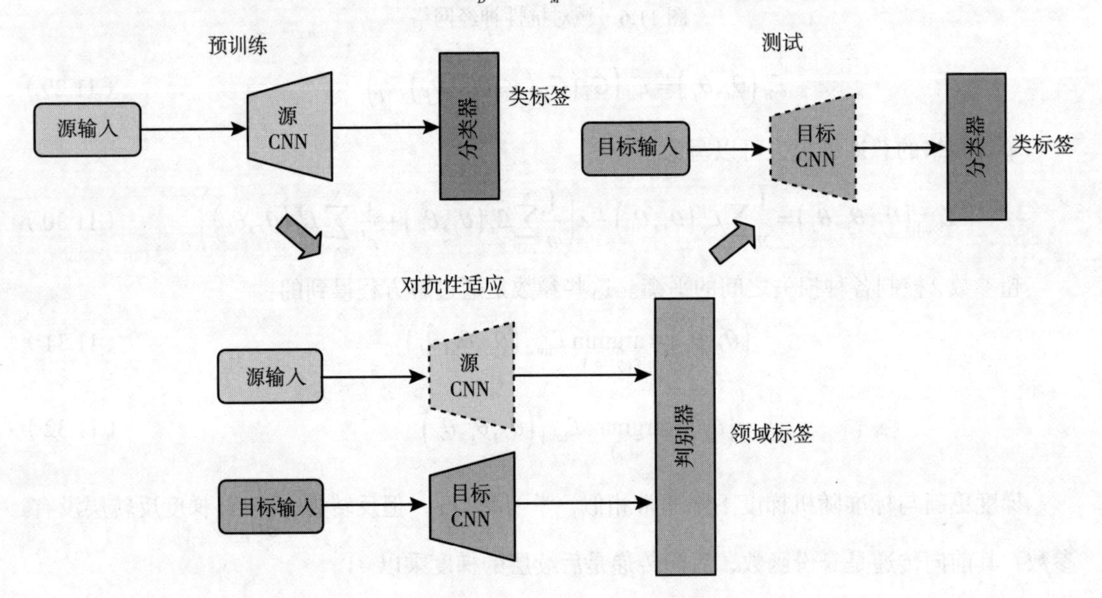

图 11.7　对抗性判别领域自适应

11.1.1.9　耦合的生成对抗网络

Liu 和 Tuzel 提出了一个耦合的生成对抗网络（CoGAN），用于学习两个领域之间的联合分布，并表明它在计算机视觉中非常成功 [LQH16]。正如第 4 章中所讨论的，GAN 由生成模型和判别模型组成。生成模型用于生成类似于真实数据的合成数据，而判别模型则用于区分这两种数据。形式上，一个随机向量$\boldsymbol{z}$被输入到生成模型中，生成模型会输出$g(\boldsymbol{z})$，输入$\boldsymbol{x}$也是同样的。如果从真实的$\boldsymbol{x} \sim p_X$中抽取，判别模型输出$f(\boldsymbol{x}) = 1$；如果从合成或生成的$\boldsymbol{x} \sim p_G$中抽取，$f(\boldsymbol{x}) = 0$。因此，GAN 可以看作一个通过优化解决的最小化的双人游戏：

$$\max_{g} \min_{f} V(f, g) \equiv \mathbb{E}_{\boldsymbol{x}\sim p_X}\left[-\log f(\boldsymbol{x})\right] + \mathbb{E}_{z\sim p_Z}\left[-\log\left(1 - f\left(g(\boldsymbol{z})\right)\right)\right] \tag{11.39}$$

在 CoGAN 中，如图 11.8 所示，有两个 GAN 用于两个不同的领域。相对于鉴别性模型，生成性模型试图从高层特征解码到低层特征。如果$\boldsymbol{x}_1$和$\boldsymbol{x}_2$是两个输入，分别从第一个

$(x_1 \sim p_{X_1})$和第二个$(x_2 \sim p_{X_2})$边际分布中抽取，那么生成模型GAN_1和GAN_2将一个随机向量z映射到具有与x_1和x_2相同支持度的示例上。$g_1(z)$和$g_2(z)$的分布是p_{G_1}和p_{G_2}。当g_1和g_2被实现为 MLP 时，我们可以写为：

$$g_1(z) = g_1^{(m_1)}\left(g_1^{(m_1-1)}\left(\cdots g_1^{(2)}\left(g_1^{(1)}(z)\right)\right)\right) \tag{11.40}$$

$$g_2(z) = g_2^{(m_2)}\left(g_2^{(m_2-1)}\left(\cdots g_2^{(2)}\left(g_2^{(1)}(z)\right)\right)\right) \tag{11.41}$$

其中，g_1^i和g_2^i分别是对应的 GAN 中的层m_1和m_2的层。前几层的结构和权重是相同的，因此有如下约束：

$$\theta_{g_1^i} = \theta_{g_2^i} \text{ 对于 } i = 0,1,\ldots,k \tag{11.42}$$

其中，k是共享层，$\theta_{g_1^i}$和$\theta_{g_2^i}$分别是g_1^i和g_2^i的参数。这个约束使解码高层特征的第一层对生成器g_1和g_2都以相同的方式解码。

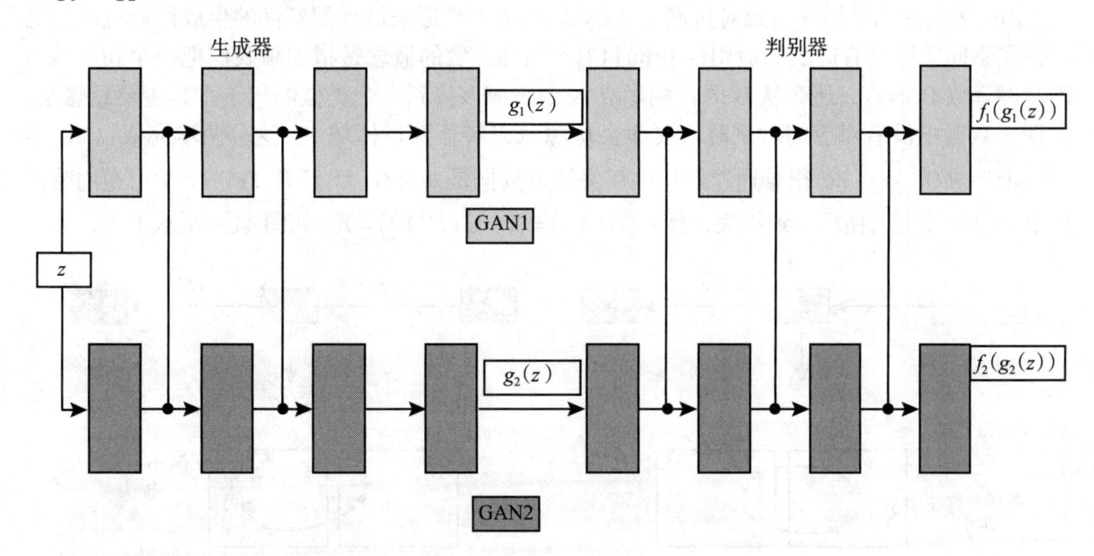

图 11.8　耦合生成对抗网络

判别模型将输入映射为一种概率，估计输入来自数据分布的可能性。如果f_1^i和f_2^i对应于两个具有n_1和n_2层的 GAN 的判别网络的层，可以写为：

$$f_1(x_1) = f_1^{(n_1)}\left(f_1^{(n_1-1)}\left(\cdots f_1^{(2)}\left(f_1^{(1)}(x_1)\right)\right)\right) \tag{11.43}$$

$$f_2(x_1) = f_2^{(n_2)}\left(f_2^{(n_2-1)}\left(\cdots f_2^{(2)}\left(f_2^{(1)}(x_2)\right)\right)\right) \tag{11.44}$$

其中，f_1^i和f_2^i是对应的f_1和f_2中的层，层数分别为n_1和n_2。判别性模型的工作与生成性模型相反，在第一层提取低层特征，在最后一层提取高层特征。为了确保数据具有相同的高层特征，我们共享最后几层：

$$\theta_{f_1^{(n_1-i)}} = \theta_{f_2^{(n_2-i)}} \text{ 对于 } i = 0,1,\ldots,(l-1) \tag{11.45}$$

其中，l是共享层，$\theta_{f_1^i}$和$\theta_{f_2^i}$分别是f_1^i和f_2^i的参数。可以证明，CoGAN 中的学习对于一个有约束的极小极大对策是：

$$\max_{g_1,g_2}\min_{f_1,f_2} V\left(g_1,g_2,f_1,f_2\right)$$
$$\text{服从}\ \theta_{g_1^i}=\theta_{g_2^i}\ \text{对于}\ i=0,1,\ldots,k$$
$$\theta_{f_1^{(n_1-i)}}=\theta_{f_2^{(n_2-i)}}\ \text{对于}\ i=0,1,\ldots,(l-1) \tag{11.46}$$

其中，价值函数 V 由以下公式给出：

$$\max_{g_1,g_2,f_1,f_2} V\left(g_1,g_2,f_1,f_2\right)=\mathbb{E}_{\boldsymbol{x}_1\sim p_{X_1}}\left[-\log\left(f_1\right)\left(\boldsymbol{x}_1\right)\right]+\mathbb{E}_{z\sim p_Z}\left[-\log\left(1-f_1\left(g_1\left(\boldsymbol{z}\right)\right)\right)\right]$$
$$+\mathbb{E}_{\boldsymbol{x}_2\sim p_{X_2}}\left[-\log\left(f_2\left(\boldsymbol{x}_2\right)\right)\right]+\mathbb{E}_{z\sim p_Z}\left[-\log\left(1-f_2\left(g_2\left(\boldsymbol{z}\right)\right)\right)\right] \tag{11.47}$$

CoGAN 的主要优势在于，通过从边际分布中分别抽取样本，CoGAN 可以非常有效地学习两个领域的联合分布。

11.1.1.10 循环生成对抗性网络

Zhu 等人提出的循环一致对抗网络（CycleGAN）是近来最具创新性的生成性对抗网络之一，在不同领域具有广泛的适用性 [Zhu+17]。循环一致的概念是指如果我们把一个句子从 A 语言翻译成 B 语言，那么从 B 语言翻译成 A 语言应该得到一个类似的句子。其主要思想是，当训练数据中没有对应的示例时，要学会从源域 X 转移到目标域 Y。这分两步完成：（a）学习一个映射 $G:X\to Y$，很难通过对抗性损失知道数据是来自 $G\left(X\right)$ 还是 Y;（b）学习逆向映射 $F:Y\to X$，并引入循环一致损失，使 $F\left(G\left(X\right)\right)=X$，$G\left(F\left(Y\right)\right)=Y$（如图 11.9 所示）。

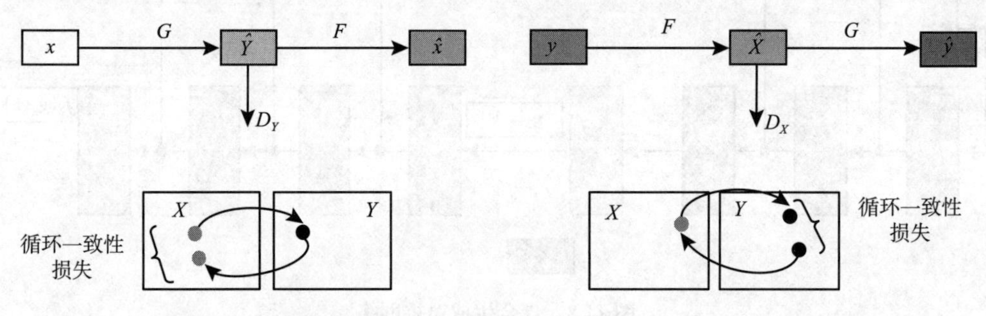

图 11.9 具有前向循环一致性和后向循环一致性的循环生成对抗网络

$G\left(x\right)$ 试图生成与 y 相似的数据，而判别器 D_Y 旨在区分 $G\left(x\right)$ 和真实的 y，可以表示为：

$$\min_G\max_{D_Y}\mathcal{L}_{\text{GAN}}\left(G,D_Y,X,Y\right) \tag{11.48}$$

其中

$$\mathcal{L}_{\text{GAN}}\left(G,D_Y,X,Y\right)=\mathbb{E}_{y\sim p_{\text{data}}(y)}\left[\log D_Y\left(y\right)\right]+\mathbb{E}_{x\sim p_{\text{data}}(x)}\left[\log\left(1-D_Y\left(G\left(x\right)\right)\right)\right] \tag{11.49}$$

同样地

$$\min_F\max_{D_Y}\mathcal{L}_{\text{GAN}}\left(F,D_Y,Y,X\right) \tag{11.50}$$

$$\mathcal{L}_{\text{GAN}}\left(F,D_X,Y,X\right)=\mathbb{E}_{x\sim p_{\text{data}}(x)}\left[\log D_X\left(x\right)\right]+\mathbb{E}_{y\sim p_{\text{data}}(y)}\left[\log\left(1-D_X\left(G\left(y\right)\right)\right)\right] \tag{11.51}$$

循环一致损失是指将原始数据 x 从 $x\to G(x)\to F\left(G(x)\right)\approx x$ 的 x 域和 y 从 $y\to F(y)\to G\left(F(y)\right)\approx y$ 的 y 域中捕获，因为：

$$\mathcal{L}_{\text{cyc}}(G,F)=\mathbb{E}_{x\sim p_{\text{data}}(x)}\left[\|F(G(x))-x\|_1\right]+\mathbb{E}_{y\sim p_{\text{data}}(y)}\left[\|G(F(y))-y\|_1\right] \tag{11.52}$$

因此，总目标可以写为：

$$\mathcal{L}_{\text{total}}(G,F,D_X,D_Y)=\mathcal{L}_{\text{GAN}}(G,D_Y,X,Y)+\mathcal{L}_{\text{GAN}}(F,D_X,Y,X)+\lambda\mathcal{L}_{\text{cyc}}(G,F) \tag{11.53}$$

> CycleGAN 不需要领域中的数据对匹配。它可以学习潜在的关系，并帮助领域之间的转移。

11.1.1.11　域分离网络

Bousmalis 等人的域分离网络可用于学习单个领域的私有编码器，也可用于学习跨领域共同表示的共享编码器，也可用于使用重建损失进行有效概括的共享解码器，以及为了鲁棒性使用共享表示的分类器 [Bou+16]。

源域 $\mathcal{D}_s$ 有 N_s 个有标签的数据 $\boldsymbol{X}_s=\boldsymbol{x}_i^s,\boldsymbol{y}_i^s$，目标域 $\mathcal{D}_t$ 有 N_t 个无标签的数据 $\boldsymbol{X}_t=\boldsymbol{x}_i^t$。$E_p(\boldsymbol{x};\theta_p)$是输入 $\boldsymbol{x}$ 映射到隐藏表示 $\boldsymbol{h}_p$ 的函数，该表示对域来说是私有的。$E_c(\boldsymbol{x};\theta_c)$是输入 $\boldsymbol{x}$ 映射到源和目标共同的隐藏表示 $\boldsymbol{h}_c$ 的函数。$D(\boldsymbol{h};\theta_d)$是解码函数，将隐藏表示 $\boldsymbol{h}$ 映射到原始重建 $\hat{\boldsymbol{x}}$。重构可以由 $\hat{\boldsymbol{x}}=D(E_c(\boldsymbol{x})+E_p(\boldsymbol{x}))$给出。$G(\boldsymbol{h};\theta_g)$是分类器函数，将隐藏表示 $\boldsymbol{h}$ 映射到由 $\hat{\boldsymbol{y}}=G(E_c(\boldsymbol{x}))$给出的预测值 $\hat{\boldsymbol{y}}$。图 11.10 记录了 DSN 的整个过程。

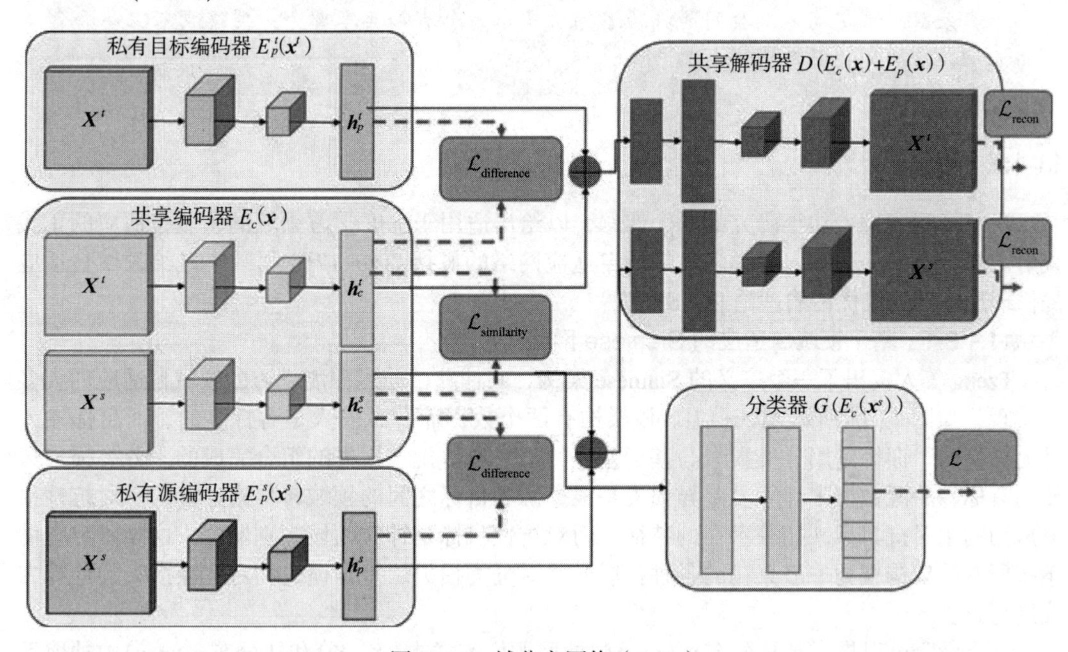

图 11.10　域分离网络（DSN）

总的损失可以写为：

$$\mathcal{L}_{\text{total}}(\theta_c,\theta_p,\theta_d,\theta_g)=\mathcal{L}_{\text{class}}+\alpha\mathcal{L}_{\text{recon}}+\beta\mathcal{L}_{\text{difference}}+\gamma\mathcal{L}_{\text{similarity}} \tag{11.54}$$

其中超参数 α，β，γ 控制每个损失项的权重。分类损失是标准的负对数似然函数，由以下公式给出：

$$\mathcal{L}_{\text{class}}=-\sum_{i=0}^{N_s}\boldsymbol{y}_i^S\cdot\log\left(\hat{\boldsymbol{y}}_i^S\right) \tag{11.55}$$

重建损失是用尺度不变的均方误差来计算的：

$$\mathcal{L}_{\text{recon}} = -\sum_{i=0}^{N_s} \mathcal{L}_{\text{si\_mse}}\left(\boldsymbol{x}_i, \hat{\boldsymbol{x}}_i\right) \tag{11.56}$$

顾名思义，差分损失适用于这两个领域，是为了捕捉私有和共享编码器的不同方面的输入。$\boldsymbol{H}_c^s$和$\boldsymbol{H}_c^t$是源隐藏层和目标隐藏层之间共同的矩阵行。$\boldsymbol{H}_p^s$和$\boldsymbol{H}_p^t$为源隐藏层和目标隐藏层的私有矩阵行。差分损失由以下公式给出：

$$\mathcal{L}_{\text{difference}} = \left\|\boldsymbol{H}_c^{s\top} \boldsymbol{H}_p^s\right\|_F^2 + \left\|\boldsymbol{H}_c^{t\top} \boldsymbol{H}_p^t\right\|_F^2 \tag{11.57}$$

其中，$\|\cdot\|_F$是平方的弗罗贝尼乌斯范数。

域对抗相似性损失的目的是使“混淆”最大化，通过梯度反转层和域分类器预测域来实现。如果$d_i \in 0,1$是数据的域的地面真值，$\hat{d}_i \in 0,1$是域的预测值，那么对抗性学习可以通过以下方式实现：

$$\mathcal{L}_{\text{similarity}}^{\text{DANN}} = \sum_{i=0}^{N_s+N_t} \left\{d_i \log \hat{d}_i + \left(1-d_i\right) \log\left(1-\hat{d}_i\right)\right\} \tag{11.58}$$

也可以用最大平均差异（MMD）损失来代替上述的 DANN。

域分离网络明确地、共同地捕获了领域表示的私有和共享部分，使得它不容易受到与共享分布相关的噪声的影响。

11.1.2　理论

我们将阐述过去几年研究的两个课题，以给出适用于深度学习领域的领域自适应的正式映射。一个是 Tzeng 等人对大多数领域自适应网络的概括 [Tze+17]，另一个是给领域自适应提供理论基础的最优传输理论 [RHS17]。

11.1.2.1　基于领域自适应的 Siamese 网络

Tzeng 等人提出了一个广义的 Siamese 架构，它捕获了使用深度学习的领域自适应的大多数实现，如图 11.11 所示 [Tze+17]。该架构有两个数据流，源输入是有标签的，而目标输入是无标签的。训练是用分类损失与基于差异的损失或对抗性损失的组合完成的。分类损失只使用有标签的源数据来计算。差异损失是根据源和目标之间的领域转移来计算的。对抗性损失试图利用对抗目标来捕获潜在的特征，而对抗性目标是针对领域判别器的。这项研究有助于将所有的架构视为一般架构的各种扩展，并对分类损失、差异损失和对抗性损失的计算方式进行修改。

这个设置可以推广到从分布$p_s(x,y)$中抽取源标签样本$(\boldsymbol{X}_s, Y_s)$和从分布$p_t(x,y)$中抽取无标签的目标样本$\boldsymbol{X}_t$。我们的目标是从源样本和分类器C_s中学习表示映射M_s，同时在预测时有一个目标映射M_t与分类器C_t，学习将未见过的样本分为k类。

大多数对抗性方法的目标是最小化$M_s(X_s)$和$M_t(X_t)$分布之间的距离，这隐含地意味着在大多数情况下，源和目标分类器可以是相同的$C = C_s = C_t$。源分类可以用一个通用的损失优化形式给出：

$$\min_{M_S, C} \mathcal{L}_{\text{class}}\left(\boldsymbol{X}_S, Y_S\right) = -\mathbb{E}_{(x_s, y_s) \sim (\boldsymbol{X}_S, Y_S)} \sum_{k=1}^{K} \mathbb{1}_{[k=y_s]} \log C\left(M_S\left(\boldsymbol{x}_s\right)\right) \tag{11.59}$$

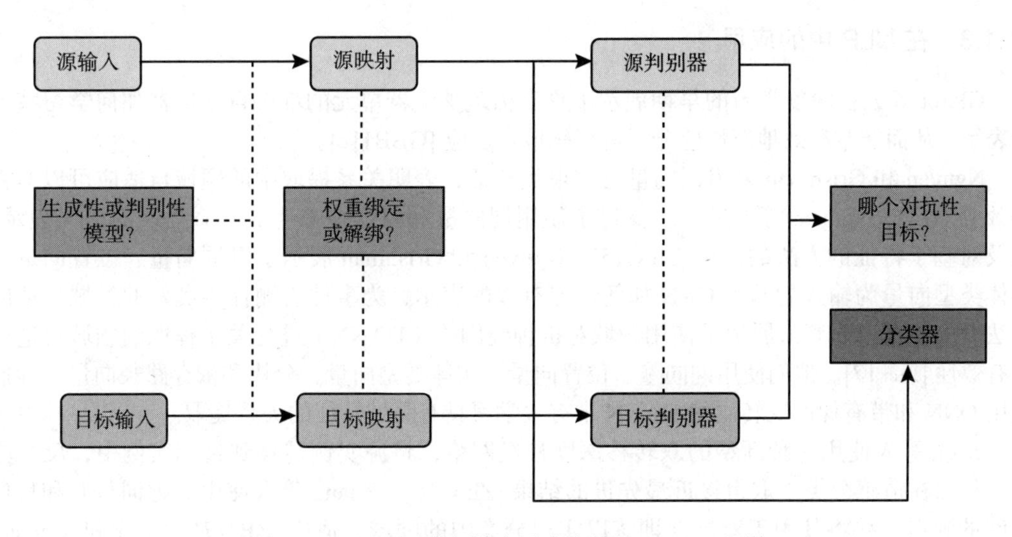

图 11.11 用于泛化领域自适应实施的 Siamese 网络

一个领域判别器 D，它对数据是来自源还是目标进行分类，可以写为：

$$\min_{D} \mathcal{L}_{\text{adv}_D}\left(\boldsymbol{X}_S, \boldsymbol{X}_T, M_S, M_T\right) = -\mathbb{E}_{\boldsymbol{x}_s \sim \boldsymbol{X}_S}\left[\log D\left(M_S\left(\boldsymbol{x}_s\right)\right)\right] \\ -\mathbb{E}_{\boldsymbol{x}_t \sim \boldsymbol{X}_T}\left[\log\left(1 - D\left(M_T\left(\boldsymbol{x}_t\right)\right)\right)\right] \tag{11.60}$$

有了 $\psi\left(M_S, M_T\right)$ 给出的源和目标映射约束，可以区分它们的判别器 D 可以被捕获为一个对抗性目标 $\mathcal{L}_{\text{adv}_M}$：

$$\min_{D} \mathcal{L}_{\text{adv}_M}\left(\boldsymbol{X}_S, \boldsymbol{X}_T, M_S, M_T\right) = \min_{M_S, M_T} \mathcal{L}_{\text{adv}_M}\left(\boldsymbol{X}_S, \boldsymbol{X}_T, D\right) \text{ s.t } \psi\left(M_S, M_T\right) \tag{11.61}$$

现在可以用这个总体框架来理解领域自适应中描述的各种技术了。

梯度反转过程可以直接写为优化判别器损失，即 $\mathcal{L}_{\text{adv}_M} = -\mathcal{L}_{\text{adv}_D}$。

当使用 GAN 时，有两种损失：判别器损失和生成器损失。判别器损失 $\mathcal{L}_{\text{adv}_D}$ 保持不变，而生成器损失可以写为：

$$\min_{D} \mathcal{L}_{\text{adv}_M}\left(\boldsymbol{X}_S, \boldsymbol{X}_T, D\right) = -\mathbb{E}_{\boldsymbol{x}_t \sim \boldsymbol{X}_T}\left[\log D\left(M_T\left(\boldsymbol{x}_t\right)\right)\right] \tag{11.62}$$

域混淆损失可以被写成最小化交叉熵损失，由以下公式给出：

$$\min_{D} \mathcal{L}_{\text{adv}_M}\left(\boldsymbol{X}_S, \boldsymbol{X}_T, D\right) = -\sum_{d \in s,t} \mathbb{E}_{\boldsymbol{x}_d \sim \boldsymbol{X}_D}\left[\frac{1}{2}\log D\left(M_d\left(\boldsymbol{x}_d\right)\right) + \frac{1}{2}\log\left(1 - D\left(M_d\left(\boldsymbol{x}_d\right)\right)\right)\right] \tag{11.63}$$

11.1.2.2 最优传输

在过去的几年里，最优传输理论从各种统计学、优化和机器学习的角度开始崭露头角。最优传输可以被看作一种测量数据在两个不同分布之间的传输方式，这种方式是基于两个分布中的数据点的几何形状，并且有一个与传输相关的成本函数 [Mon81]。这种传输机制很好地映射到领域自适应上，源域和目标域可以被看作两个不同的分布，最优传输从理论和优化上解释了这种映射。最优传输中的 Wasserstein 距离用于测量两个分布之间的距离，也可以作为整体损失函数中的最小化目标或正则化函数。最优传输已经被用来给深度领域自适应框架提供一个良好的泛化约束 [RHS17]。

11.1.3 在 NLP 中的应用

Glorot 等人在深度学习的早期展示了具有稀疏整流器单元的堆叠自编码器如何学习特征级表示，从而非常有效地对情感分析进行领域自适应 [GBB11c]。

Nguyen 和 Grishman 采用词向量与词聚类特征，表明关系提取中的领域自适应可以非常有效 [NG14]。Nguyen 等人进一步探讨了使用词向量和树形核来生成关系提取的语义表示，以及对基于特征的方法的改进 [NPG15]。Nguyen 和 Grishman 展示了以词向量、位置向量和实体类型向量为输入的基本 CNN 如何学习有效的表示，为事件检测提供良好的领域自适应方法 [NG15a]。Fu 等人展示了使用领域对抗神经网络（DANN）进行关系提取的领域自适应的有效性 [Fu+17]。他们使用词向量、位置向量、实体类型向量、分块和依存路径向量。他们使用 CNN 和带有梯度反转层的 DANN 来有效学习具有跨域特征的关系提取。

Zhou 等人使用一种新型的双转移深度神经网络，将源实例转移到目标实例中，反之亦然，从而在情感分类中取得接近最先进的结果 [Zho+16]。Zhang 等人使用关键词与源和目标之间的映射，并将其用于对抗性训练以实现分类中的领域自适应 [ZBJ17]。Ziser 和 Reichart 展示了枢轴特征（存在于源和目标中的共同特征）以及自编码器如何学习表示，在情感分类的领域自适应中非常有效 [ZR17]。Ziser 和 Reichart 进一步将研究扩展到基于枢轴的语言模型，以结构感知的方式，可用于各种分类和基于序列的任务，以提高结果 [ZR18]。Yu 和 Ziang 将结构对应学习、基于枢轴的特征和联合任务学习的思想结合起来，在情感分类中进行有效的领域自适应 [YJ16]。

11.1.4 在语音识别中的应用

Falavigna 等人展示了如何将深度神经网络和自动质量估计（QE）用于领域自适应 [Fal+17]。他们使用了一个两步流程，首先手动标记的成绩单被用于评估不同质量数据的词错误率。其次根据 QE 组件的 WER 评分对未见过的数据进行适应，以显示性能的显著改善。

HosseiniAsl 等人将 CycleGAN 的概念扩展为具有多个判别器（MD-CycleGAN），用于无监督的非并行语音领域自适应 [Hos+18]。他们用多个判别器启用的 CycleGAN 来学习各域之间频谱的变化。他们在训练和测试中使用不同性别的语音 ASR 来评估该框架的领域自适应方面，并报告了在未见过的领域上使用 MDCycleGAN 架构的良好性能。

适应不同口音的讲话人是语音识别中的一个开放性研究问题。Wang 等人在他们的工作中做了详细的分析，将其作为一个具有不同框架的领域自适应问题，给出了重要的见解 [Wan+18a]。他们在基于 i-vector 的 DNN 声学模型上使用了三种不同的讲话人适应方法，如线性变换（LIN）、学习隐藏单元贡献（LHUC）和 Kullback-Leibler 散度（KLD）。他们表明，基于使用其中一种方法的口音，不仅对中重度口音的人，而且对轻微口音的人，ASR 性能都能得到明显的改善。Sun 等人使用领域对抗性训练来解决 ASR 中的口音问题 [Sun+18a]。在学习目标中采用领域对抗性训练，从具有不同口音的无标签的目标域中分离出源和目标，同时使用标记的源域进行分类，它们显示出对未见过的口音的错误率明显下降。

通过提高模型的鲁棒性来提高存在噪声的 ASR 质量，基于目标领域或未见过的数据中的噪声与源域的不同，也可以从领域自适应的角度出发。Serdyuk 等人将 GAN 用于未见过的噪声目标数据集的领域自适应 [Ser+16]。该模型有编码器、解码器和识别器，中间有一个隐藏的表示，用来执行提高识别率和最小化领域判别的双重任务。他们表明，当目标域比源训练数据中使用的噪声类别更多时，他们的方法具有更好的泛化能力。Sun 等人使用快速梯度符号法（FSGM）进行对抗性数据增强，显示了声学模型鲁棒性的显著改善 [Sun+18b]。Meng

等人使用领域分离网络（DSN）在源和目标之间进行领域自适应，以提高对不同噪声水平的目标数据的鲁棒性 [Men+17]。共享组件学习源域和目标域之间的域不变性。私有成分与共享成分正交，并学习增加领域不变性。以上方法显示，与未适应的声学模型的基线相比，词错误率明显下降。

11.2　零样本学习、单样本学习和小样本学习

领域自适应或转移学习问题的极端情况是，只有有限的训练示例来匹配测试示例。最好的例子是计算机视觉中的面部识别问题，每个人都有一个训练示例，当有人出现时，需要匹配现有的或将其归类为一个新的未见示例。零样本学习、单样本学习和小样本学习在预测时，基于训练时未见过的示例，有着不同的表现。在接下来的小节中，我们将逐一讨论它们以及比较成熟的解决它们的技术。

11.2.1　零样本学习

零样本学习是一种迁移学习形式，在这种情况下，我们绝对没有可用于当模型用于预测时，或者在测试集中看到的类的训练数据。这个想法是学习一个从类到向量的映射，这样将来一个未知的类可以映射到同一个空间，并且可以使用与现有类的"接近性"来提供一些关于未知类的信息。NLU 领域的一个例子是，当有关计算机的数据可用，并且存在用于检索有关它们的信息的知识库（KB）时，可以形成关于"特定部件的功能（例如显示器）的成本是多少"的问题，作为对具有组件、子组件、功能和零件数据库的知识库的查询。学习此映射可将其转移到另一个完全不同的领域。例如，经常查询零件成本的特定功能也可以用于汽车制造中的类似查询。

技术

我们将说明在计算机视觉和语言 / 语音理解 / 识别任务中已经成功的一般方法和变化 [XSA17]。

该方法是衡量源域和目标域之间的相似性。例如，在计算机视觉中，一种方法是将标签空间映射到基于侧面信息的向量空间，如捕捉图片的属性。这些属性可以是元级或图像级的特征，如"特定颜色的存在""物体的大小"等。向量表示可以是这些属性的独热向量。源数据特征被嵌入到源特征空间中。下一步是利用**兼容性函数**找到源特征空间之间的兼容性，如图 11.12 所示。

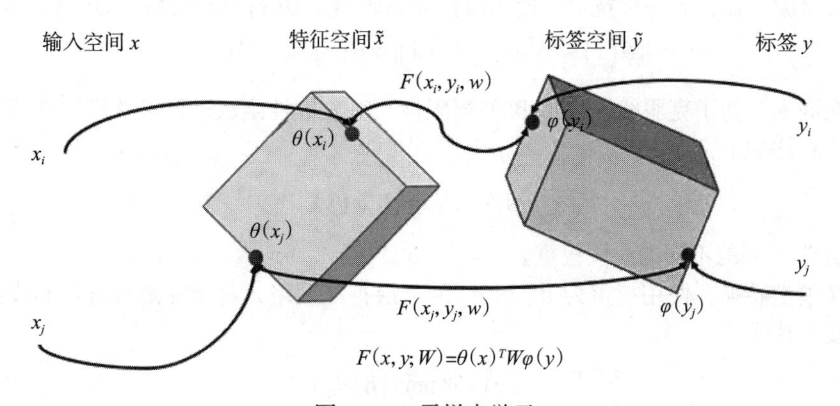

图 11.12　零样本学习

在形式上，源数据集 $S=\{(x_n,y_n),n=1,\cdots,N\}$，数据和标签分别是 $x_n\in\mathcal{X},y_n\in\mathcal{Y}$，目标是学习一个函数 $f(x)$，使预测标签 y 的损失函数最小化，可以把最小化写成经验风险的形式：

$$\frac{1}{N}\sum_{n=1}^{N}L\left(y_n,f\left(x_n\right)\right) \tag{11.64}$$

其中，L 是一个损失测量函数。对于分类来说，当匹配成功时是 0，当匹配失败时是 1。θ是源嵌入函数，它将输入数据转换到其特征空间，即 $\theta:\mathcal{X}\to\tilde{\mathcal{X}}$。同样地，$\varphi:\mathcal{Y}\to\tilde{\mathcal{Y}}$是标签嵌入函数，将标签转换到使用属性的空间。

兼容性函数$F:\mathcal{X}\times\mathcal{Y}$ 和函数f是以F的模型参数w来定义的，即在参数w给定的情况下，一对(x,y)如何兼容：

$$f(x;w)=\underset{y\in\mathcal{Y}}{\operatorname{argmax}}\,F(x,y;w) \tag{11.65}$$

存在不同形式的兼容性函数，如下所示：

1. 成对排名，一个流行的方法是使用凸目标、成对排位和 SGD 更新的方法：

$$\sum_{y\in\mathcal{Y}^{\text{train}}}\left[\Delta\left(y_n,y\right)+F\left(x_n,y;W\right)-F\left(x_n,y_n;W\right)\right]_+ \tag{11.66}$$

其中，Δ 是 0/1 损失，F 是线性兼容函数。

2. 加权配对排名，对上述方法的扩展，它将加入权重，如下：

$$\sum_{y\in\mathcal{Y}^{\text{train}}}l_k\left[\Delta\left(y_n,y\right)+F\left(x_n,y;W\right)-F\left(x_n,y_n;W\right)\right]_+ \tag{11.67}$$

其中，$l_k=\sum_{i=1}^{k}\alpha_i,\alpha_i=\frac{1}{i}$，$k$ 为排序的数量。

3. 结构化联合嵌入（SJE），另一个成对的排名，但对于多类情况，人们使用最大函数来寻找最违规的类，由以下方法给出：

$$\sum_{y\in\mathcal{Y}^{\text{train}}}\max\left[\Delta\left(y_n,y\right)+F\left(x_n,y;W\right)-F\left(x_n,y_n;W\right)\right]_+ \tag{11.68}$$

4. 尴尬的简单零样本学习，对上述 SJE 方法的扩展，其中加入了一个正则化项：

$$\gamma\|W\phi(y)\|^2+\lambda\|\theta(x)^\top W\|^2+\beta\|W\|^2 \tag{11.69}$$

其中，γ，λ，β是正则化参数。

5. 语义自编码器，另一种技术，使用线性自编码器从 $\theta(x)$空间投射到$\varphi(y)$空间：

$$\min_W\|\theta(x)-W^\top\varphi(y)\|^2+\lambda\|W\theta(x)-\varphi(y)\|^2 \tag{11.70}$$

6. 潜在嵌入，为了克服线性权重 W 的局限性，对兼容性函数进行了片段线性修改，以实现非线性，具体如下：

$$F(x,y;W)=\theta(x)^\top W_i\varphi(y) \tag{11.71}$$

其中，W_i 是学习到的不同的线性权重。

7. 交叉模型转换，使用权重为 W_1 和 W_2 的两层神经网络，对目标函数进行非线性转换是另一种非线性技术：

$$\sum_{y\in y_{\text{train}}}\sum_{x\in x}\|\varphi(y)-W_1\tanh\left(W_2\theta(x)\right)\| \tag{11.72}$$

8. 直接属性预测，直接使用与要学习的类别相关的属性的另一种技术：

$$f(x)=\underset{c}{\operatorname{argmax}}\prod_{m=1}^{M}\frac{p\left(a_m^c \mid x\right)}{p\left(a_m^c\right)} \tag{11.73}$$

其中，M 是属性的总数，a_m^c 是 c 类的第 m 个属性，而 $p\left(a_m^c \mid x\right)$ 是指与给定数据 x 相关的属性概率。

11.2.2 单样本学习

单样本学习的一般问题是从一个数据集中学习，其中一个类有一个示例。训练示例之间表示的相似性函数也采用相同的一般形式，因此在预测过程中，相似性函数被用来寻找训练数据中最接近的可用示例。

技术

基于 Siamese 网络的架构与变化一般是这些框架中学习相似性的常用方式。如图 11.13 所示，网络参数是通过对训练数据集成对学习来学习的。一个变体是，完全连接层不进入 softmax 层，而是将输入的特征或编码用作相似性，由此产生的称为**匹配网络**。学习网络参数的一种方法是在训练期间，当输入相似时使差异最小化，当输入不相似时使差异最大化，而在预测期间，使用学到的表示法来计算与现有训练样本的相似度。如果 x_i 和 x_j 是训练数据中的两个例子，相似性函数可以是 Siamese 网络中两个预测之间的差异，由以下公式给出：

$$d\left(x_i, x_j\right)=\| f\left(x_i\right)-f\left(x_j\right) \|_2^2 \tag{11.74}$$

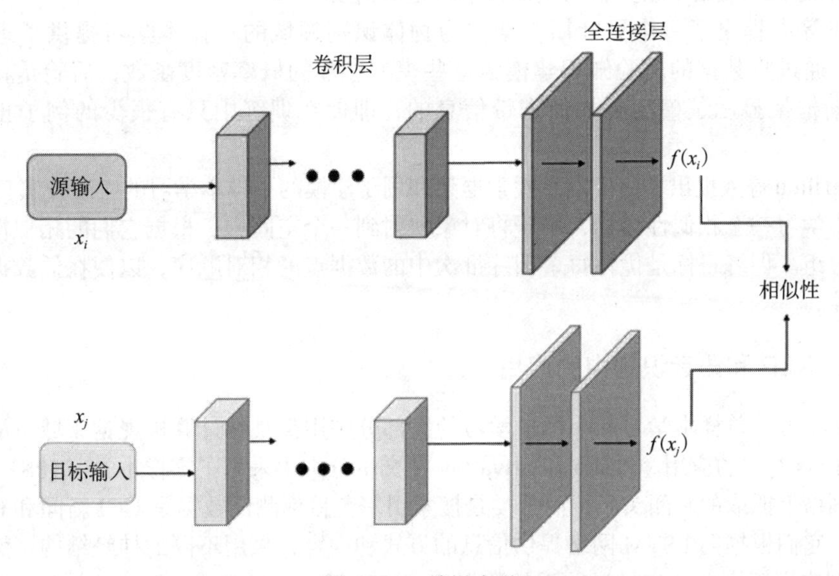

图 11.13　单样本学习

另一种学习参数的方法是通过 Schroff 等人的**三元组损失函数** [FSP15]。其思路是选择一个**锚点**数据 x_A，用一个正的 x_P 和一个负的 x_N 样本来学习网络的参数，从而使锚点数据和正数据之间的差异最大化，而锚点数据和负数据之间的差异最小：

$$\mathcal{L}\left(x_A, x_P, x_N\right)=\max\left(\| f\left(x_A\right)-f\left(x_P\right) \|_2^2-\| f\left(x_A\right)-f\left(x_N\right) \|_2^2+\alpha, 0\right) \tag{11.75}$$

在式（11.75）中，参数 α 类似于 SVM 中的边际。训练数据用于生成三元组，随机梯度法可用于学习该损失函数的参数。

11.2.3　小样本学习

与前两者相比，小样本学习是一种相对更容易的学习形式。一般来说，单样本学习中提到的大多数技术也可以用于小样本学习，但我们将说明一些已经成功的其他技术。

技术

小样本学习的深度学习技术可以被描述为基于数据的方法或基于模型的方法。在基于数据的方法中，以不同形式增加训练数据的某种形式是用来增加类似样本数量的一般过程。

相比之下，基于模型或参数的方法以某种形式执行正则化，以防止从有限的训练样本中过拟合模型。Donghyun 等人实践了一个有趣的想法，即从输入数据中关联激活，以形成源中每层类似神经元或参数的“组”[Yoo+18]。每层的超参数“组数”是用 k 均值聚类算法选择的，而 k 是用强化技术进一步学习的。一旦它们在源数据集上接受训练，这些神经元组就会使用分组反向传播，在目标域上进行微调。随着参数数量的增加，而每个类别的训练数据却很少，SGD 等优化算法效果都不佳。Mengye 等人提出一种**元学习**方法来解决这个问题，分为两步：(a) 教师模型从大量数据中学习以捕获参数空间；(b) 引导实际学生或分类器使用参数流形进行学习以取得优异成绩 [Ren+18]。

11.2.4　理论

Palatucci 等人提出了一个语义输出代码映射分类器作为零样本学习的理论基础和形式 [Pal+09]。该分类器映射有助于理解知识库和输出的语义特征是如何被映射的，以及即使在使用 PAC 框架的训练数据中缺少新的类别，学习是如何发生的。

李飞飞等人提出了一个贝叶斯框架，为物体识别领域的单样本学习提供了理论基础 [FFFP06]。通过将数据的先验知识建模为这些模型参数的概率密度函数，后验是物体的类别，贝叶斯框架显示了模型是如何携带信息的，即使在训练中只有很少的例子正确识别类别。

Triantafillou 等人提出了一个信息检索框架和用于建模的小样本学习的实现方法 [TZU17]。该论文提出学习一个相似性指标，用于将对象映射到一个空间中，根据它们的相似性关系对它们进行分组。训练目标是优化每个训练批次中的数据点的相对顺序，以便在低数据系统中发挥重要性。

11.2.5　在 NLP 和语音识别中的应用

零样本学习、单样本学习和小样本学习的大部分应用都是在计算机视觉领域。最近才有在 NLP 和语音方面的应用。Pushp 和 Srivastav 在文本分类中采用了零样本学习 [PS17]。源数据集是从网络上抓取的新闻头条，而分类是搜索引擎。目标测试数据是 UCI 新闻和 tweets 分类数据集。它们根据向 LSTM 网络提供信息的方式和内容，采用不同的神经结构，然后将训练好的模型应用于之前没有见过关系的数据集（UCI 新闻和推文），得到了令人印象非常深刻的结果，显示了零样本学习方法的有效性。

Levy 等人通过学习问答语料库中的问题，在关系提取中采用零样本学习 [LS17]。Yogatama 等人尝试探索 RNN 作为生成模型，并在经验上说明了在零样本学习中生成学习的前景 [Yog+17]。这种关系是通过提出问题并在回答中拥有映射到实体的句子来学习的，其中的关系是由类似 WikiReading 这样的槽填充数据集产生的。他们表明，即使在未见过的关系里，零样本学习作为一种方法也显示出了足够的前景。Mitchell 等人采用零样本学习，使用关于标签或类别的解释来学习向量空间的约束条件，并在电子邮件分类上展示出良好的结果 [MSL18]。

Dagan 等人提出了一个使用事件本体和小型人工标注数据集的事件提取问题的零样本学习框架 [Dag+18]。他们展示了对未见过的类型的可转移性，并另外报告了接近当前技术水平的结果。

Yan 等人通过使用小样本学习来解决困难的短文分类问题 [YZC18]。他们使用 Siamese CNN 来学习区分复杂或非正式句子的编码。不同的结构和主题都是使用小样本学习的方法学习的，并展示出比许多传统和深度学习方法具有更好的概括性和准确率。

Ma 等人提出了一种针对细粒度命名实体类型的小样本学习和零次头学习的神经架构，不仅可以检测句子中的实体，还可以检测类型（例如，“john is using his phone” 不仅可以识别出 “john” 是实体，而且还可以识别 “john” 是讲话人 [MCG 16]）。他们使用原型和层次信息来学习标签向量，并为分类提供了巨大的性能提升。Yazdani 和 Henderson 使用零样本学习来理解口语，他们用 ASR 对话框的话语输出的属性和值来给动作分配标签 [YH15]。他们在单词和标签之间建立了一个语义空间，这样就可以形成一个表示层，以非常有效的方式来预测未见过的单词和标签。

Rojas-Barahona 等人展示了深度学习和零样本学习在口语对话系统的语义解码中的成功。他们使用深度学习从已知和未知类别中共同学习特征 [Roj+18]。然后使用无监督学习来调整权重，进一步使用风险最小化法，以实现在训练集上未知槽对未见过的数据进行测试时的零样本学习。Keren 等人在音频领域的口语术语检测问题中，使用 Siamese 网络的单样本学习来计算源数据中的单个示例与目标数据中未见示例之间的相似性 [Ker+18]。

11.3 案例研究

我们将通过一个详细的案例研究，从实践的角度探索和理解本章所讨论的不同内容。我们选择 Blitzer 等人 [BDP07] 的研究中发表的亚马逊产品评论数据集来完成**情感分类**任务。该数据集有各种产品领域的评论，**如书籍、DVD、厨房和电子产品**。所有的领域都有 2000 个基于评论的二元标签（正面和负面）的有标签示例。厨房和电子产品领域也有大量的无标签示例。在我们的实验中，我们没有使用无标签示例，而是在需要时将许多有标签示例当作无标签示例。

我们选择了两种不同的情况：（1）源域是厨房，目标域是电子产品；（2）源域是书籍，目标域是厨房。我们将所有的数据集分为训练集和测试集，分别有 1600 和 400 个示例。验证数据是从训练数据集中选择的，可以是百分比，也可以是分层的样本。我们的目标不是复制论文或微调每种方法以获得最佳结果，我们做了一些参数调整，并保持大多数参数不变，以观察相对的影响。

11.3.1 软件工具和库

我们将在下面描述我们在案例研究中使用的主要开源工具和库。有一些特定算法的开源包，当我们使用、改编或者扩展时，这些都会说明：

- Keras（www.keras.io）
- TensorFlow（https://www.tensorflow.org/）
- Pandas（https://pandas.pydata.org/）
- Scikit-learn（http://scikit-learn.org/）
- Matplotlib（https://matplotlib.org/）

11.3.2　探索性数据分析

与其他案例研究类似，我们将进行一些基本的 EDA 来了解数据和它的一些特征。图 11.14 展示了整个语料库中情感的源和目标的词语分布条形图。它清楚地表明，从厨房领域到电子产品领域可能与从书籍到厨房评论没有什么不同。

图 11.15 展示了书籍、厨房和电子产品评论中的正面情感数据的词云。仅仅从视觉上探索一些高频词，厨房电子产品的词云之间的相似性以及书籍厨房之间的差异是非常明显的。图 11.16 展示了书籍、厨房和电子产品评论中负面情感数据的词云，也展示了同样的特征。

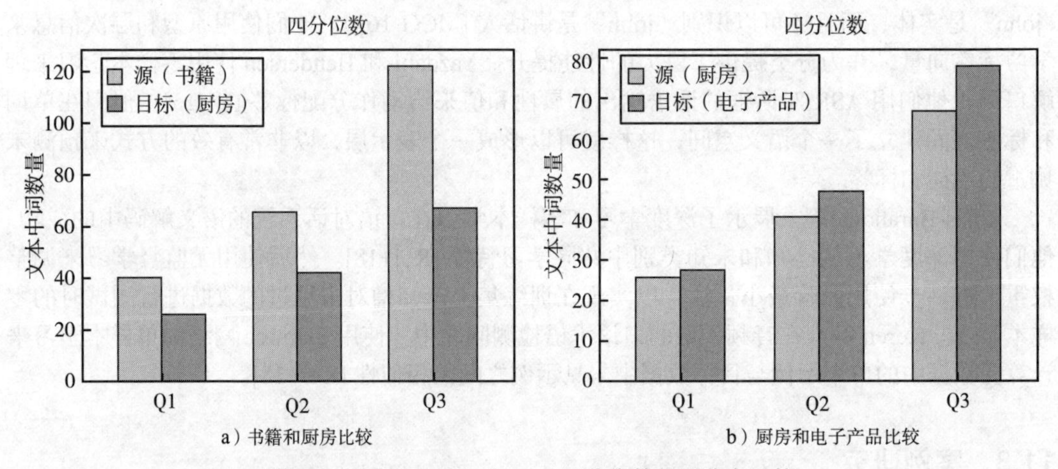

图 11.14　25%、50% 和 75% 四分位数的词分布比较

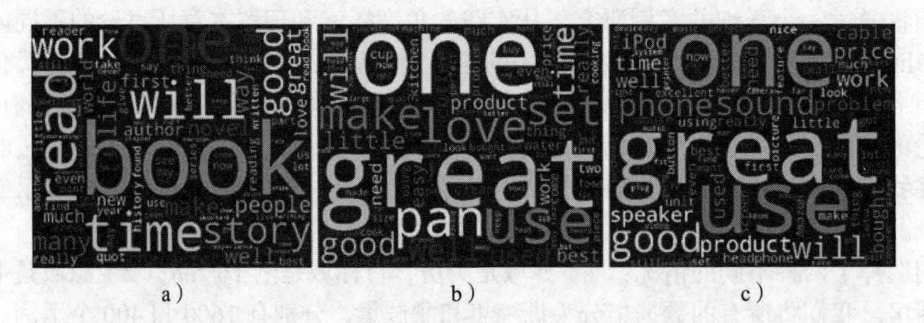

图 11.15　分别来自 a）书籍、b）厨房和 c）电子产品数据的正面情绪的词云

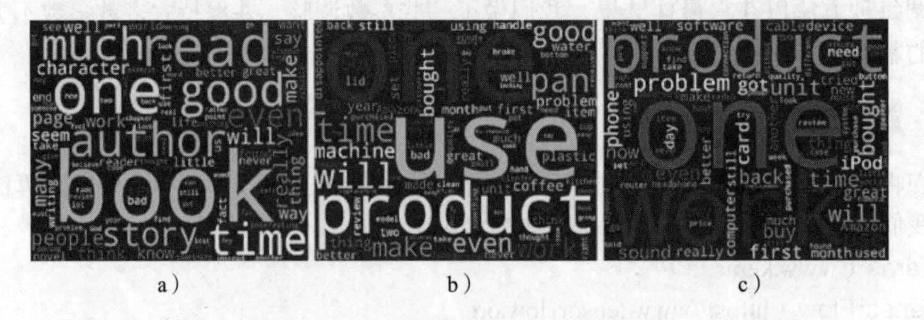

图 11.16　来自 a）书籍、b）厨房和 c）电子产品的数据的负面情感的词汇

11.3.3　领域自适应实验

接下来我们将详细描述我们的训练过程、模型、算法和一些变形对转移学习技术进行的

所有实验。同样，我们的目标不是为了得到最佳模型，而是实际了解在一些真实世界中的复杂模型上的每种技术的过程及其偏差。我们将用书籍 - 厨房和厨房 - 电子产品作为我们的源目标领域进行实验。我们使用分类准确率作为衡量标准，以了解具有相同数量的积极和消极情感的测试数据的性能。

11.3.3.1　预处理

我们对原始数据进行一些基本的预处理，以执行情感分类任务。数据是从基于 XML 的文档中解析出来的，标记为移除了基本停用词和一些基本序列填充的单词，以便为每个单词提供一个恒定的最大长度表示。我们通过查找来自源和目标的所有单词来创建单词词汇表，大多数实验的最大大小为 15 000。对于一些向量空间模型，我们使用大小为 2 的 *n*-gram 模型和大小为 10 000 的最大特征的词袋。

11.3.3.2　实验

我们将在大多数实验中使用图 11.17 所示的 Kim 的 CNN 模型作为我们的分类器模型。我们使用标准的 GloVe 向量，有 100 个维度，在 60 亿个词上进行训练。我们将在下面列出实验的名称和背后的目的。

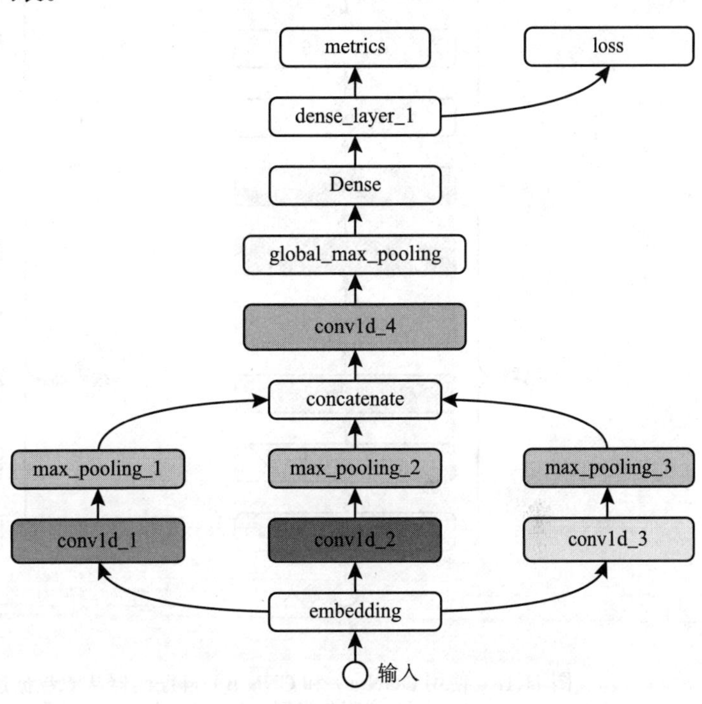

图 11.17　Kim 的 CNN 模型

1. **训练源数据 + 测试目标**。目标是了解当在源数据上进行训练，而只在目标数据上进行测试时，由于领域的变化发生的迁移学习损失。正如我们所讨论的，这可能会随着时间的推移，或者由于模型部署的环境完全不同而逐渐发生。这为我们的实验提供了一个基本的最坏情况分析。

2. **训练目标 + 测试目标**。这个实验为我们提供了模型的最好的案例研究，该模型没有见过源数据，但完全在目标训练数据上训练，并在目标测试数据上预测。

3. **预训练的嵌入源 + 训练目标**。我们试图了解无监督的预训练嵌入对学习过程的影响。在这个实验中，嵌入层是冻结的，不可训练的。我们使用无监督的嵌入在目标域上训练模型，并在目标测试集上进行测试。

4. **预训练的嵌入源 + 训练目标 + 微调目标**。我们在目标域上使用无监督的嵌入来训练模型，但要用目标训练数据对嵌入层进行微调。

5. **预训练的嵌入 + 训练源 + 微调源和目标**。这可能是预训练和微调的最佳案例，你可以从无监督的情况下学习嵌入，在源上训练，在目标上微调，从而有更多的示例来学习有用的表示。

6. **堆叠自编码器和 DNN**。我们使用带有堆叠自编码器的 DNN 进行无监督的潜在特征表示学习。以无监督的方式在源域上训练模型。在目标训练数据上用新的分类层微调模型，并在目标数据上进行测试。

7. **堆叠自编码器和 CNN**。目标是了解从未见过的源数据中学习到的潜在表示对目标域的影响，使用 CNN 的自编码器，如图 11.18 所示。

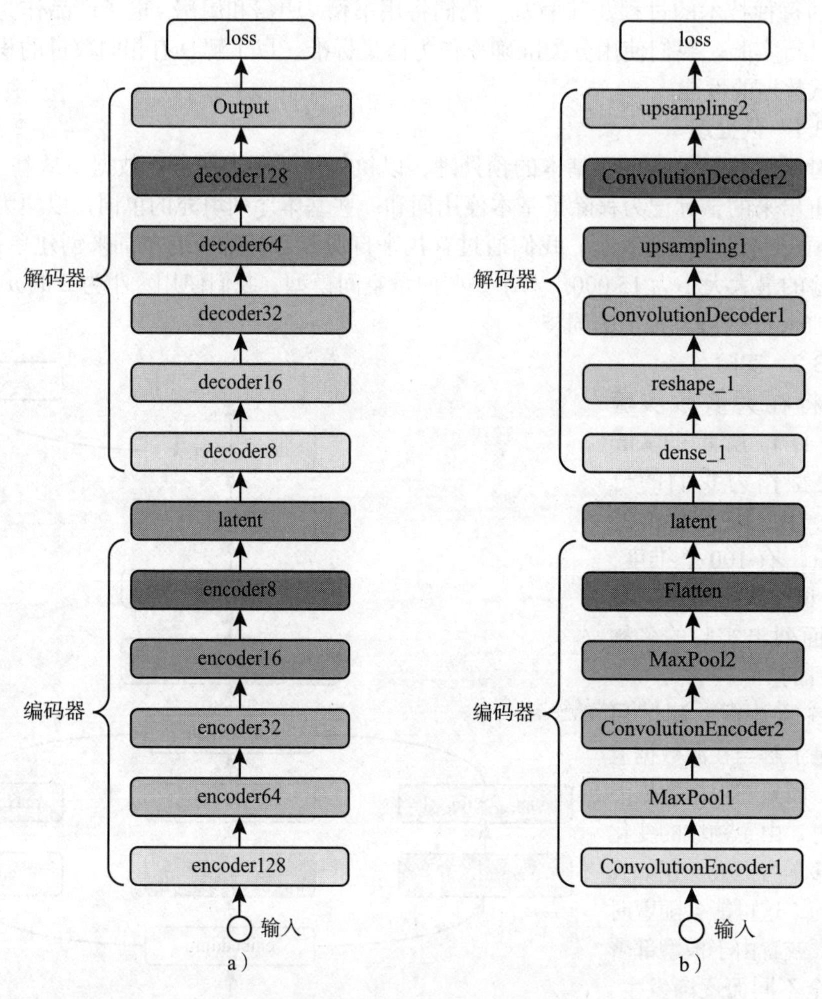

图 11.18 使用 DNN a）和 CNN b）自编码器从源数据进行无监督训练，并在 Keras 中使用分类层对目标进行进一步训练 / 测试

一个显示自编码器如何构建的示例代码如下所示：

```
input_layer = Input(shape=(300, 300))
  # 编码层以形成瓶颈
  encoded_h1 = Dense(128, activation='tanh')(input_i=
  layer)
  encoded_h2 = Dense(64, activation='tanh')(encoded_h1)
  encoded_h3 = Dense(32, activation='tanh')(encoded_h2)
  encoded_h4 = Dense(16, activation='tanh')(encoded_h3)
  encoded_h5 = Dense(8, activation='tanh')(encoded_h4)
  # 潜在层或编码层
  latent = Dense(2, activation='tanh')(encoded_h5)
  # 解码层
  decoder_h1 = Dense(8, activation='tanh')(latent)
  decoder_h2 = Dense(16, activation='tanh')(decoder_h1)
  decoder_h3 = Dense(32, activation='tanh')(decoder_h2)
  decoder_h4 = Dense(64, activation='tanh')(decoder_h3)
  decoder_h5 = Dense(128, activation='tanh')(decoder_h4)
  # 输出层
```

```
17      output_layer = Dense(300,activation='tanh')(decoder_h5)
18      # 基于深度神经网络的自编码器
19      autoencoder = Model(input_layer , output_layer)
20      autoencoder.summary()
21      autoencoder.compile('adadelta', 'mse')
22
```

使用带有编码层的自编码器进行分类：

```
1   # 创建序列模型
2       classification_model = Sequential()
3       # 添加来自自编码器的所有编码层
4       classification_model.add(autoencoder.layers[0])
5       classification_model.add(autoencoder.layers[1])
6       classification_model.add(autoencoder.layers[2])
7       classification_model.add(autoencoder.layers[3])
8       classification_model.add(autoencoder.layers[4])
9       classification_model.add(autoencoder.layers[5])
10      # 使输出变平
11      classification_model.add(Flatten())
12      # 分类层
13      classification_model.add(Dense(2,activation='softmax'))
14      classification_model.compile(optimizer='rmsprop',
15                                   loss='
        categorical_crossentropy',
16                                   metrics=['accuracy'])
17
```

8. **边缘化堆叠自编码器**。这个实验的目的是了解 mSDA 架构在领域自适应中的影响 [Che+12]。我们首先学习源和目标数据联合表示。然后，使用最后一层作为 mSDA 的特征层，与输入层相连接，从有标签的源数据中训练 SVM，并对无标签的目标测试数据进行预测。

9. **基于二阶统计的方法（Deep CORAL、CMD 和 MMD）**。该方法的目标是如果目标数据是无标签的，那么基于二阶统计的方法，从源和目标中学习，验证是否可以在领域转移下预测目标。

10. **领域对抗性神经网络（DANN）**。该方法的目标是如果目标数据是无标签的，那么基于对抗性的方法，从源和目标中学习，验证是否可以在领域转移下预测目标（如表 11.1 所示）。

11.3.3.3 结果和分析

表 11.1 在两个不同的数据集上进行领域适应性实验，以分析源 - 目标领域转移的影响

实验	源（书籍）和目标（厨房）测试准确率	源（厨房）和目标（电子产品）测试准确率
训练源数据 + 测试目标	69.0	78.00
训练目标 + 测试目标	84.25	82.5
预训练的嵌入源 + 训练目标	81.5	80.25
预训练的嵌入源 + 训练目标 + 微调目标	85.0	84.5
预训练的嵌入 + 训练源 + 微调源和目标	85.75	86.75
堆叠自编码器和 DNN	67.75	63.75
堆叠自编码器和 CNN	78.25	79.25
边缘化堆叠自编码器	48.0	69.75
CORAL	63.25	69.25
CMD	63.25	69.25
MMD	63.25	69.25
DANN	75.00	80.0

以下是一些观察和分析结果：

1. 书籍到厨房的领域转移损失较高，由训练准确率（78.25）和测试准确率（69.00）计算为9.25，相比之下，厨房到电子产品的领域转移损失由训练准确率（83.75）和测试准确率（78.00）计算为5.75。词云和数据分布证实，与厨房和电子产品相比，书籍的评论差异非常大。

2. 使用预训练的嵌入会产生影响，从冻结的嵌入到在源和目标上训练好的嵌入所看到的增量证明了迁移学习的合理性。

3. 对于书籍 - 厨房和厨房 - 电子产品来说，最好的结果之一是使用预训练的嵌入，先在源和目标上进行端到端的训练。因此，无监督学习和微调以适应领域转变的优势是非常明显的。

4. 带有CNN的堆叠自编码器显示出比普通DNN更好的结果，证明了自编码器在捕捉潜在特征方面的有效性和分层CNN在捕捉信号进行分类方面的有效性。

5. 大多数统计技术，如CORAL、CMD和MMD，都没有显示出良好的性能。

6. 诸如DANN这样的对抗性方法仅在浅层网络中显示出很大的前景。

11.3.4 留给读者的练习

读者可以自己尝试一些其他有趣的问题：

1. 将源数据和目标训练数据结合在一起，对未见过的目标测试会有什么影响？

2. 使用来自源和目标的有标签和无标签的数据来学习嵌入，然后用各种技术来学习，会有什么影响？基于情感的嵌入是否比一般的嵌入有更好的结果？

3. 在第5章所学的不同嵌入技术对实验的影响将是什么？

4. 在第6章所学的不同的深度学习分类框架对实验的影响会是什么？

5. 其他的领域适应性技术（如CycleGAN或CoGAN）的情况如何？

6. 在其他源 - 目标上，如DVD- 厨房上的传输损失和改进将是什么？

7. 这些技术中哪些可以用于语音识别迁移学习问题？

参考文献

[BDP07] John Blitzer, Mark Dredze, and Fernando Pereira. "Biographies, Bol-lywood, boomboxes and blenders: Domain adaptation for sentiment classification". In: *ACL*. 2007, pp. 187–205.

[Bou+16] Konstantinos Bousmalis et al. "Domain Separation Networks". In: *Advances in Neural Information Processing Systems 29*. Ed. by D. D. Lee et al. 2016, pp. 343–351.

[BM10] Lorenzo Bruzzone and Mattia Marconcini. "Domain Adaptation Problems: A DASVM Classification Technique and a Circular Validation Strategy". In: *IEEE Trans. Pattern Anal. Mach. Intell.* 32.5 (May 2010), pp. 770–787.

[Che+12] Minmin Chen et al. "Marginalized Denoising Autoencoders for Domain Adaptation". In: *Proceedings of the 29th International Conference on International Conference on Machine Learning*. ICML'12. 2012, pp. 1627–1634.

[CBG13] Sumit Chopra, Suhrid Balakrishnan, and Raghuraman Gopalan. “DLID: Deep learning for domain adaptation by interpolating between domains”. In: *in ICML Workshop on Challenges in Representation Learning*. 2013.

[Csu17] Gabriela Csurka, ed. *Domain Adaptation in Computer Vision Applications*. Advances in Computer Vision and Pattern Recognition. Springer, 2017.

[Dag+18] Ido Dagan et al. “Zero-Shot Transfer Learning for Event Extraction”.In: *Proceedings of the 56th Annual Meeting of the Association for Computational Linguistics, ACL 2018*. 2018, pp. 2160–2170.

[Fal+17] Daniele Falavigna et al. “DNN adaptation by automatic quality estimation of ASR hypotheses”. In: *Computer Speech & Language* 46 (2017), pp. 585–604.

[FFFP06] Li Fei-Fei, Rob Fergus, and Pietro Perona. “One-Shot Learning of Object Categories”. In: *IEEE Trans. Pattern Anal. Mach. Intell.* 28.4 (Apr. 2006), pp. 594–611.

[FSP15] Dmitry Kalenichenko Florian Schroff and James Philbin. “FaceNet: A unified embedding for face recognition and clustering”. In: *2015 IEEE Conference on Computer Vision and Pattern Recognition, CVPR 2015,* 2015, pp. 815–823.

[Fu+17] Lisheng Fu et al. “Domain Adaptation for Relation Extraction with Domain Adversarial Neural Network”. In: *Proceedings of the Eighth International Joint Conference on Natural Language Processing, IJCNLP*. 2017, pp. 425–429.

[Gan+16b] Yaroslav Ganin et al. “Domain-adversarial Training of Neural Networks”. In: *J. Mach. Learn. Res.* 17.1 (Jan. 2016), pp. 2096–2030.

[GBB11b] Xavier Glorot, Antoine Bordes, and Yoshua Bengio. “Domain Adaptation for Large-Scale Sentiment Classification: A Deep Learning Ap-proach”. In: *Proceedings of the 28th International Conference on Machine Learning, ICML 2011, Bellevue, Washington, USA, June 28 -July 2, 2011*. 2011, pp. 513–520.

[GBB11c] Xavier Glorot, Antoine Bordes, and Yoshua Bengio. “Domain Adaptation for Large-Scale Sentiment Classification: A Deep Learning Approach”. In: *Proceedings of the 28th International Conference on Machine Learning, ICML*. 2011, pp. 513–520.

[GGS13] Boqing Gong, Kristen Grauman, and Fei Sha. “Connecting the Dots with Landmarks: Discriminatively Learning Domain-invariant Features for Unsupervised Domain Adaptation”. In: *Proceedings of the 30th International Conference on International Conference on Machine Learning-Volume 28*. ICML’13. 2013, pp. I–222–I–230.

[Hos+18] Ehsan Hosseini-Asl et al. “A Multi-Discriminator CycleGAN for Unsupervised Non-Parallel Speech Domain Adaptation”. In: *CoRR* abs/1804.00522 (2018).

[KRL10] Koray Kavukcuoglu, Marc’Aurelio Ranzato, and Yann LeCun. “Fast Inference in Sparse Coding Algorithms with Applications to Object Recognition”. In: *CoRR* abs/1010.3467 (2010).

[Ker+18] Gil Keren et al. “Weakly Supervised One-Shot Detection with Attention Siamese Networks”. In: *CoRR* abs/1801.03329 (2018).

[LS17] Roger Levy and Lucia Specia, eds. *Proceedings of the 21st Conference on*

Computational Natural Language Learning (CoNLL 2017), Vancouver, Canada, August 3–4, 2017. Association for Computational Linguistics, 2017.

[LQH16] Ming-Yu Liu and Oncel Tuzel. "Coupled Generative Adversarial Networks". In: *Advances in Neural Information Processing Systems 29*. Ed. by D. D. Lee et al. 2016, pp. 469–477.

[LW15] Mingsheng Long et al. "Learning Transferable Features with Deep Adaptation Networks". In: *Proceedings of the 32Nd International Conference on International Conference on Machine Learning-Volume 37*. ICML'15. 2015, pp. 97–105.

[MCG16] Yukun Ma, Erik Cambria, and Sa Gao. "Label Embedding for Zeroshot Fine-grained Named Entity Typing". In: *COLING 2016, 26th International Conference on Computational Linguistics*. 2016, pp. 171–180.

[Men+17] Zhong Meng et al. "Unsupervised adaptation with domain separation networks for robust speech recognition". In: *2017 IEEE Automatic Speech Recognition and Understanding Workshop*. 2017, pp. 214–221.

[MSL18] Tom M. Mitchell, Shashank Srivastava, and Igor Labutov "Zero-shot Learning of Classifiers from Natural Language Quantification". In: *Proceedings of the 56th Annual Meeting of the Association for Computational Linguistics, ACL 2018, Melbourne, Australia, July 15–20, 2018, Volume 1: Long Papers*. 2018, pp. 306–316.

[Mon81] Gaspard Monge. *Mémoire sur la théorie des déblais et des remblais*. De l'Imprimerie Royale, 1781.

[NG14] Thien Huu Nguyen and Ralph Grishman. "Employing Word Representations and Regularization for Domain Adaptation of Relation Extraction". In: *Proceedings of the 52nd Annual Meeting of the Association for Computational Linguistics, ACL*. 2014, pp. 68–74.

[NG15a] Thien Huu Nguyen and Ralph Grishman. "Event Detection and Domain Adaptation with Convolutional Neural Networks". In: *Proceedings of the 7th International Joint Conference on Natural Language Processing of the Asian Federation of Natural Language Processing*. 2015, pp. 365–371.

[NPG15] Thien Huu Nguyen, Barbara Plank, and Ralph Grishman. "Semantic Representations for Domain Adaptation: A Case Study on the Tree Kernel-based Method for Relation Extraction". In: *Proceedings of the 53rd Annual Meeting of the Association for Computational Linguistics and the 7th International Joint Conference on Natural Language Processing of the Asian Federation of Natural Language Processing, ACL*. 2015, pp. 635–644.

[Pal+09] Mark Palatucci et al. "Zero-shot Learning with Semantic Output Codes". In: *NIPS*. Curran Associates, Inc., 2009, pp. 1410–1418.

[Pan+11] Sinno Jialin Pan et al. "Domain Adaptation via Transfer Component Analysis". In: *IEEE Trans. Neural Networks* 22.2 (2011), pp. 199–210.

[PS17] Pushpankar Kumar Pushp and Muktabh Mayank Srivastava. "Train Once, Test Anywhere: Zero-Shot Learning for Text Classification". In: *CoRR* abs/1712.05972 (2017).

[RHS17] Ievgen Redko, Amaury Habrard, and Marc Sebban. "Theoretical Analysis of Domain Adaptation with Optimal Transport". In: *Machine Learning and Knowledge Discovery in Databases-European Conference, ECML PKDD 2017, Skopje, Macedonia, September 18–22, 2017, Proceedings, Part II*. 2017, pp. 737–753.

[Ren+18] Mengye Ren et al. "Meta-Learning for Semi-Supervised Few-Shot Classification". In: *CoRR* abs/1803.00676 (2018).

[Roj+18] Lina Maria Rojas-Barahona et al. "Nearly Zero-Shot Learning for Semantic Decoding in Spoken Dialogue Systems". In: *CoRR* abs/1806.05484 (2018).

[Sej+12] Dino Sejdinovic et al. "Equivalence of distance-based and RKHSbased statistics in hypothesis testing". In: *CoRR* abs/1207.6076 (2012).

[Ser+16] Dmitriy Serdyuk et al. "Invariant Representations for Noisy Speech Recognition". In: *CoRR* abs/1612.01928 (2016).

[SS16] Baochen Sun and Kate Saenko. "Deep CORAL: Correlation Alignment for Deep Domain Adaptation". In: *ECCV Workshops (3)*. Vol. 9915. Lecture Notes in Computer Science. 2016, pp. 443–450.

[Sun+18a] Sining Sun et al. "Domain Adversarial Training for Accented Speech Recognition". In: *CoRR* abs/1806.02786 (2018).

[Sun+18b] Sining Sun et al. "Training Augmentation with Adversarial Examples for Robust Speech Recognition". In: *CoRR* abs/1806.02782 (2018).

[TZU17] Eleni Triantafillou, Richard S. Zemel, and Raquel Urtasun. "Few-Shot Learning Through an Information Retrieval Lens". In: *NIPS*. 2017, pp. 2252–2262.

[Tze+14] Eric Tzeng et al. "Deep Domain Confusion: Maximizing for Domain Invariance". In: *CoRR* abs/1412.3474 (2014).

[Tze+15] Eric Tzeng et al. "Simultaneous Deep Transfer Across Domains and Tasks". In: *Proceedings of the 2015 IEEE International Conference on Computer Vision (ICCV)*. ICCV '15. 2015, pp. 4068–4076.

[Tze+17] Eric Tzeng et al. "Adversarial Discriminative Domain Adaptation". In: *2017 IEEE Conference on Computer Vision and Pattern Recognition, CVPR 2017, Honolulu, HI, USA, July 21–26, 2017*. 2017, pp. 2962–2971.

[Wan+18a] Ke Wang et al. "Empirical Evaluation of Speaker Adaptation on DNN based Acoustic Model". In: *CoRR* abs/1803.10146 (2018).

[XSA17] Yongqin Xian, Bernt Schiele, and Zeynep Akata. "Zero-Shot Learning-The Good, the Bad and the Ugly". In: *2017 IEEE Conference on Computer Vision and Pattern Recognition, CVPR*. 2017, pp. 3077–3086.

[YZC18] Leiming Yan, Yuhui Zheng, and Jie Cao. "Few-shot learning for short text classification". In: *Multimedia Tools and Applications* (2018), pp. 1–12.

[YH15] Majid Yazdani and James Henderson. "A Model of Zero-Shot Learning of Spoken Language Understanding". In: *Proceedings of the 2015 Conference on Empirical Methods in Natural Language Processing*. 2015, pp. 244–249.

[Yog+17] Dani Yogatama et al. "Generative and Discriminative Text Classification with Recurrent Neural Networks". In: *CoRR* abs/1703.01898 (2017).

[Yoo+18] Donghyun Yoo et al. "Efficient K-Shot Learning With Regularized Deep Networks". In: *AAAI*. AAAI Press, 2018, pp. 4382–4389.

[YJ16] Jianfei Yu and Jing Jiang. "Learning Sentence Embeddings with Auxiliary Tasks for Cross-Domain Sentiment Classification". In: *Proceedings of the 2016 Conference on Empirical Methods in Natural Language Processing, EMNLP 2016, Austin, Texas, USA, November 1–4, 2016*. 2016, pp. 236–246.

[Zel+17] Werner Zellinger et al. "Central Moment Discrepancy (CMD) for Domain-Invariant Representation Learning". In: *CoRR* abs/1702.08811 (2017).

[ZBJ17] Yuan Zhang, Regina Barzilay, and Tommi S. Jaakkola. "Aspect-augmented Adversarial Networks for Domain Adaptation". In: *TACL* 5 (2017), pp. 515–528.

[Zho+16] Guangyou Zhou et al. "Bi-Transferring Deep Neural Networks for Domain Adaptation". In: *Proceedings of the 54th Annual Meeting of the Association for Computational Linguistics, ACL*. 2016.

[Zhu+17] Jun-Yan Zhu et al. "Unpaired Image-to-Image Translation using Cycle-Consistent Adversarial Networks". In: *Computer Vision (ICCV), 2017 IEEE International Conference on*. 2017.

[ZR17] Yftah Ziser and Roi Reichart. "Neural Structural Correspondence Learning for Domain Adaptation". In: *Proceedings of the 21st Conference on Computational Natural Language Learning* (*CoNLL 2017*) . 2017, pp. 400–410.

[ZR18] Yftah Ziser and Roi Reichart. "Pivot Based Language Modeling for Improved Neural Domain Adaptation". In: *Proceedings of the 2018 Conference of the North American Chapter of the Association for Computational Linguistics: Human Language Technologies, NAACLHLT*. 2018, pp. 1241–1251.

端到端语音识别

12.1 章节简介

在第 8 章中，我们旨在通过贝叶斯定理将以下基本方程分为声学模型、词典模型和语言模型来创建自动语音识别（Automatic Speech Recognition, ASR）系统。

$$W^* = \underset{W \in V^*}{\operatorname{argmax}} P(W|\ X) \tag{12.1}$$

这种方式在很大程度上依赖于条件独立假设的使用以及针对不同模型有区别的优化过程。

深度学习首先被纳入统计框架，取代高斯混合模型，通过观察来预测语音状态。但这种方法的一个缺点是，深度神经网络（DNN）和隐马尔可夫模型（HMM）的混合模型依赖于对每个分量进行单独进行训练。正如在前面的场景中所见，由于模型之间缺乏误差传播，单独的训练过程可能只会得到局部最优解。在 ASR 中，这些缺点往往表现为对噪声和讲话人变化的敏感。将深度学习应用到端到端 ASR 中，可以使得模型直接从数据中学习，而无须依赖大量工程化的特征。因此，有一些方法可以以端到端的方式训练 ASR 模型。端到端方法试图直接优化 $P(W|\ X)$，而不是将其分离。

在端到端的建模过程中，输入 - 目标对只需要是语音语篇和文本的语言表示。这里有许多可行的表示方式：音素、三音素、字符串、字符 *n*-gram，或者单词。鉴于 ASR 侧重于从语音信号中生成单词的表示，因此单词是更直观的选择。然而，这也有一些缺点，词汇量要求很大的输出层，同时训练中每个单词的实例会导致准确率会比其他的表示要低得多。最近，端到端方法已经转向使用字符、字符 *n*-gram 和一些单词模型，并提供足够的数据。这些数据对相对而言更易生成，也减少了创建语音词典时对语言知识的要求。联合优化特征提取和顺序组件可以带来很多好处，尤其是在降低复杂度、加快处理速度和提高质量这三个方面。

实现端到端 ASR 的关键部分在于需要一种替换 HMM 的方法来对语音的时间结构进行建模。最常见的方法是**联结主义时间分类**（Connectionist Temporal Classification, CTC）算法和**注意力**机制。在本章中，传统 ASR 的组件被替换为端到端的训练和解码技术。我们首先介绍 CTC，这是一种训练未比对序列的方法。接下来，我们先探索一些用于训练端到端模型的架构和技术，然后回顾注意力机制以及如何将其应用到 ASR 网络，以及一些通过这些技术训练的架构。紧接着，我们会讨论通过 CTC 和注意力机制训练的多任务网络。我们也会探索在推理过程中常用的 CTC 和注意力解码技术，并结合语言模型来提高预测质量。最后，我们讨论词向量技术和无监督学习技术，然后以结合 CTC 和注意力机制网络的案例研究结束本章节。

12.2 联结主义时间分类

深度学习和隐马尔可夫模型的混合模型依靠语言单元和音频信号的对齐，来训练深度神经网络分类音位、senone 或三音素状态（简单地说，这一系列的声学特征应该会产生此音素）。对于大型数据集，手动获取这些对齐的成本可能非常高。在理想情况下，对于一个语篇转录对来说，对齐是没有必要的。引入 CTC[Gra+06] 是为了提供一种训练循环神经网络“直接标记未分段序列”的方式，而不是混合模式下的多步骤过程。

给定一组声学特征的声学输入 $X=\left[\boldsymbol{x}_1,\boldsymbol{x}_2,\ldots,\boldsymbol{x}_T\right]$ 和期望的输出序列 $Y=\left[y_1,y_2,\ldots,y_U\right]$，$X$ 到 Y 的精确对齐是未知的，并且 X 和 Y 的长度比有额外的可变性，通常是 $T \ll U$（考虑音频中有一段静默期的情况，这会产生较短的转录）。

如何为（X, Y）对构造可能的对齐？如图 12.1 所示，一个简单的理论对齐阐释了一种潜在的方法，其中的每一个输入 x_t 都有一个指定的输出，重复的输出组合成单个预测。

输入声学特征 X：	x_1	x_2	x_3	x_4	x_5	x_6
简单对齐：	c	c	a	a	a	t
输出 Y：	c		a			t

图 12.1 输入 X 和输出 $Y=\left[c,a,t\right]$ 的长度为 6 的简单对齐。来自 [Han17]

这种对齐有两个问题：首先，在语音识别中，输入的静默期可能不会与指定的输出直接对齐；其次，不能有重复的字符（比如“hello”中有两个“l”），因为它们会一起折叠为单个预测。

CTC 算法通过引入一个空白标记来缓解上面提及的方法所带来的问题。该空白标记会在折叠重复预测之后被移除，从而允许重复的序列和一段时间的“静默”。因此，这个空白标记不包括在损失计算或解码中。然而，它允许在输入和输出之间直接对齐，而不强制对输出词汇进行分类。请注意，空白标记与用于表示单词之间的分隔的空格字符是有区别的。图 12.2 是 CTC 对齐的一个例子。

输入声学特征 X：	x_1	x_2	x_3	x_4	x_5	x_6	x_7	x_8	x_9	x_{10}	x_{11}	x_{12}	x_{13}	x_{14}	x_{15}	x_{16}	x_{17}
预测对齐：	h	e	l	l	ε	l	o	ε	ε	_	w	o	o	ε	r	l	d
合并重复预测：	h	e	l		ε	l	o	ε		_	w	o		ε	r	l	d
删除空白标记：	h	e	l			l	o			_	w	o			r	l	d
CTC 预测输出 Y：	h	e	l	l	o	_	w	o	r	l	d						

图 12.2 输入 X 和输出 $Y=\left[h,e,l,l,o,\_,w,o,r,l,d\right]$ 的 CTC 对齐。请注意，空白标记是用“ε”表示，空格字符由下划线“_”表示

使用这种输出表示，输入序列和输出序列的长度之间有了 1∶1 的对齐。此外，空白标记的引入意味着可能会有许多预测的对齐能带来相同的输出。例如：

$$\left[h,e,l,\varepsilon,l,o,\varepsilon\right]\rightarrow \text{"}hello\text{"}$$
$$\left[h,\varepsilon,e,l,\varepsilon,l,o\right]\rightarrow \text{"}hello\text{"}$$

因为输出中的任何标记都可能在前面或后面有一个“ε”，所以我们可以想象期望的输出序列在每个标签前后都有一个“ε”。

$$Y=\left[\varepsilon,y_1,\varepsilon,y_2,\ldots,\varepsilon,y_U\right]$$

多路径 / 对齐可以产生正确的解，因此，必须考虑所有正确的解。CTC 算法本身是“免对齐的”，然而，这些“伪对齐”会用于计算可能对齐的概率。

然后在所有可能的 Y 上产生一个输出分布，该分布可用于推断特定输出 Y 的概率。条件概率 $P\left(Y|\ X\right)$ 是通过对输入和输出之间所有可能的对齐进行求和来计算的，如图 12.3 所示。

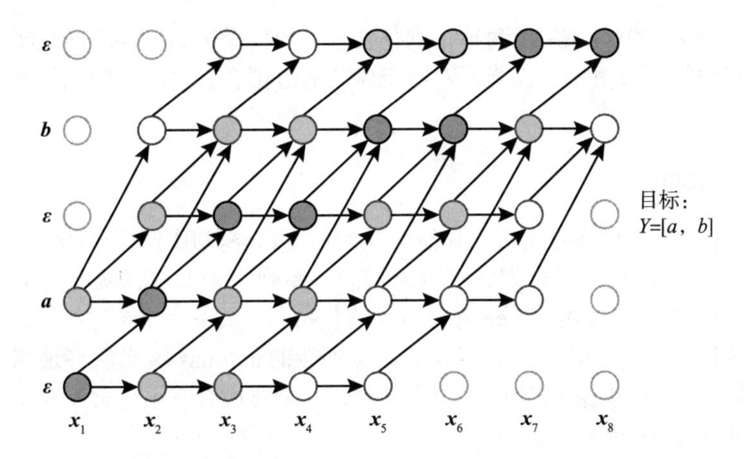

图 12.3　目标序列的有效 CTC 路径：$Y=[a,b]$。需要注意的是，最终序列中会删除空白标记 ε。因此，有两种可能的初始状态 ε 和 a，以及两种可能的最终状态 ε 和 b。此外，为了实现最终输出，从 ε 的转换必须是到它自己或序列中的下一个标记，而从 “a” 的转换可以是它本身、“ε” 或 “b”

在数学上，我们可以将单个对齐的条件概率 α_t 定义为序列中每个状态的乘积：

$$P(\alpha| X)=\prod_{t=1}^{T}P(\alpha_t| X) \tag{12.2}$$

我们认为所有路径都是互斥的，因此，我们先求得所有对齐的概率的和，然后给出单个语篇（X，Y）的条件概率：

$$P(Y| X)=\sum_{A\in A_{X,Y}}\prod_{t=1}^{T}P(\alpha_t| X) \tag{12.3}$$

其中，$A_{X,Y}$ 是有效对齐集。采用动态规划方法改进 CTC 损失函数的计算。当路径在相同时间步长到达相同的输出时，通过在序列中每个标签的周围提供空白标记，可以很容易地对路径进行比较和合并。

综合所有因素，得到了 CTC 的损失函数：

$$L_{\mathrm{CTC}}(X,Y)=-\log\sum_{a\in A_{X,Y}}\prod_{t=1}^{T}P(a_t| X) \tag{12.4}$$

可以从每帧的概率中计算出每个时间步长的反向传播梯度。

CTC 假设每个时间步长之间存在条件独立，即每个时间步长的输出独立于之前的时间步长。尽管此属性允许逐帧渐变式梯度传播（frame-wise gradient propagation），但它限制了学习序列依赖关系的能力。我们可以使用语言模型（参见 12.5.2 节）通过提供单词或 n-gram 上下文来缓解与之相关的问题。

12.2.1　端到端音位识别

CTC 最初在 TIMIT[ZSG90] 音位识别任务 [GMH13] 上取得了成功。在这个任务上，探索了各种使用 CTC 进行训练的架构，并在一些任务中取得了高水准的性能。该架构通过一个端到端网络将梅尔滤波器组的特征映射到语音序列中。作者探讨了单向和双向 RNN。一个堆叠的、双向的 LSTM 架构的结果是最好的。双向 RNN 似乎允许网络利用完整话语的上下文，而不是只利用前面的上下文信息。

在该网络的训练中，作者采用了两种正则化技术：加权噪声和早停。加权噪声是在训练过程中将高斯噪声添加到权重中，以降低对特定序列的过拟合。这些正则化技术对网络的训练至关重要。

12.2.2　Deep Speech

随着 CTC 在音位识别方面的成功，其他研究人员尝试将其用于不同的输出表示。Deep Speech（DS1）架构 [Han+14a] 经过训练，可以预测一系列字符概率，从而直接从音频特征（在本例中是语谱图）中生成文本。Deep Speech 网络包括一个具有三个全连接层的 RNN 架构、一个取代了 HMM 层的双向 LSTM 层，以及一个全连接的 softmax 输出层将预测结果分类为字母表中的字符之一。输入层依赖于语谱图中的帧，一个每边有一组包含 5~9 个上下文帧的中心帧。图 12.4 展示了该架构。

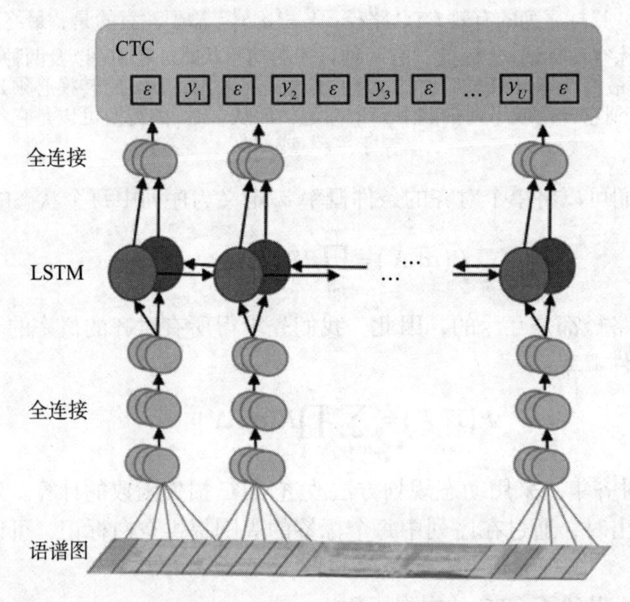

图 12.4　最初的 Deep Speech 论文中使用的 RNN 模型。该架构在三个全连接层之后合并了单个双向 LSTM 层，这些层依赖于输入语谱图上的特征

考虑到字符的端到端映射的复杂性，Deep Speech 能够成功的一个重要因素是数据集的大小：9600 个讲话人的 5000h 的语音。尽管数据集的规模在增加，但正则化对于网络的泛化仍然是必不可少的，因此在训练模型时同时使用了 dropout 和数据增强。利用一种受计算机视觉“抖动”启发的技术，可将音频文件前后转换 5ms。随后，在反向传播之前，对抖动样本的输出概率进行平均。

Deep Speech 的一个令人兴奋的部分是 RNN 模型可以在训练过程中学习一个轻量级的字符级语言模型，甚至在没有语言模型的情况下，也能生成“可读”的文本。这个过程中出现的错误往往是单词的语音拼读错误，例如“bostin”而不是“boston”。

GPU 并行

考虑到数据集的大小和架构的计算需求，需要多个 GPU 来优化训练过程。在克服许多工程难题方面，Deep Speech 所做的工作显得尤为关键，例如，如何在大数据集上进行训练。该论文的许多贡献集中在扩展多个 GPU 上的架构训练。有两种类型的并行用于跨多个 GPU 训练模型：数据并行和模型并行。数据并行的重点是在每个 GPU 上保留一个架构的副本，在不同的 GPU 上分割一个较大的训练批次，并对单独的数据执行前向和反向传播步骤，最后聚合所有模型的梯度更新。数据并行提供了与 GPU 数量近似的线性缩放（由于有效的批处理大小，它可能会影响收敛速度）。模型并行的重点是分割模型的层，并将层分布在一组可用的 GPU 上。在使用循环神经网络时，合并模型并行可能很困难，因为它们具有顺序性。在 Deep Speech 架构中，作者通过沿时间维度将模型分成两半来实现模型的并行性。这一系列的决定使他们能够训练长达 5000h 的音频，并在两个嘈杂的语音基准点上获得最顶尖的结果。

12.2.3 Deep Speech 2

在 Deep Speech 的后续论文 Deep Speech 2（DS2）[Amo+16] 中，作者扩展了原有的架构来执行基于字符的端到端语音识别。作者在英汉两种语言中验证了这些建模技术。Deep Speech 2 对原有的架构进行了许多改进和工程优化，这使得它比原来的 Deep Speech 实现的速度快了 7 倍。图 12.5 展示了这个更新的架构。

Deep Speech 和 Deep Speech 2 架构的主要区别在于深度的增加。在 Deep Speech 2 的论文中。作者研究了许多不同的架构，让卷积层的数量在 1 到 3 之间变化，循环层的数量在 1 到 7 之间变化。英语识别的最佳 DS2 架构包括 11 个层（3 个卷积层、7 个双向循环层和 1 个全连接层）。在每层（除了全连接层之外）之后都加入批量归一化，并且还包括梯度裁剪用于提高收敛性。整个架构包含大约 3500 万个参数。随着 n-gram 语言模型的引入，该架构与已经具有竞争力的 DS1 架构相比在 WER 上改善了 43.4%。

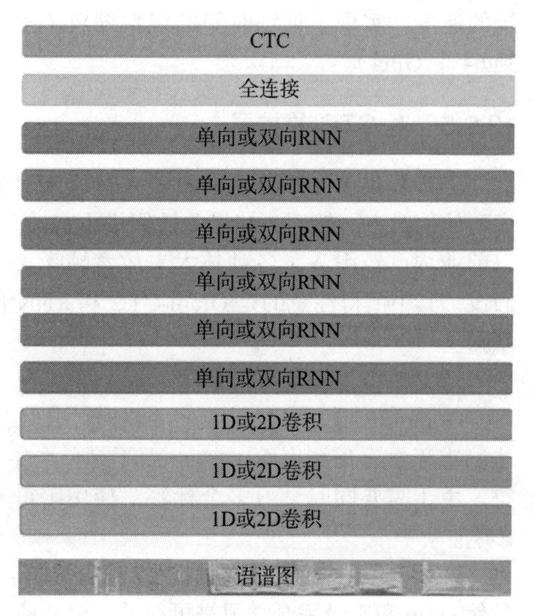

图 12.5　Deep Speech 2 架构结合了卷积层，从话语语谱图中学习特征并显著增加了网络的深度

Deep Speech 2 改进的其他关键部分是训练技术和进一步增加了数据集大小。在 CTC 模型的早期阶段，训练可能是不稳定的。作者在训练时使用训练课程来提高模型的稳定性。通过首先选择较短的语篇，该模型可以从第一轮训练的早期较小的梯度更新中获益。此外，作者在 Deep Speech 2 中将数据集的大小增加到 12 000h。他们指出，训练集的规模每增加 10 倍，WER 会随之降低 40%。

12.2.4 Wav2Letter

Wav2Letter[CPS16] 将端到端模型扩展到仅有 CNN 的网络。这项工作显示了与其他端到端网络（如 Deep Speech 2）相比更具竞争力的结果，该网络使用的是具有梅尔频率倒谱系数和功率谱特征的全卷积神经网络。该 CNN 通过 CTC 进行训练，在速度上得到显著提升，并具有实时解码能力。

当网络训练完后，在输入层和初始卷积层之间添加中间的一维卷积层。网络的输入随后被转换为原始波形，这样做的目的是学习以得到与最初使用的 MFCC 相似的特征。在训练这些层之后，整个网络会被联合起来训练，以进行端到端优化。尽管这种对原始波形进行处理的端到端网络直接在波形上运行，但其精度略有下降。图 12.6 展示了这种架构。

作者还探索了一种 CTC 之外的新的序列损失函数：自动分割准则（Automatic Segmentation Criterion，ASG）。ASG 没有空白标签，节点上没有归一化分数，并且采用的是全局归一化而不是帧级归一化。回想一下，我们过去使用空白字符来分隔重复字母。而 ASG 包含了一个专门用于解决重复字符问题的附加字符（例如，“hello”可以表示为“hel2o”）。

从架构中移除 RNN 使得预测的计算成本大大降低了，并且允许流式转录（在每个时间步长中，卷积跨越输入以显示输出）。在后续的 Wav2Letter++[Pra+18] 中，作者提高了 ASR 系统的速度，实现了训练时间的线性缩放（提高到 64 个 GPU）。

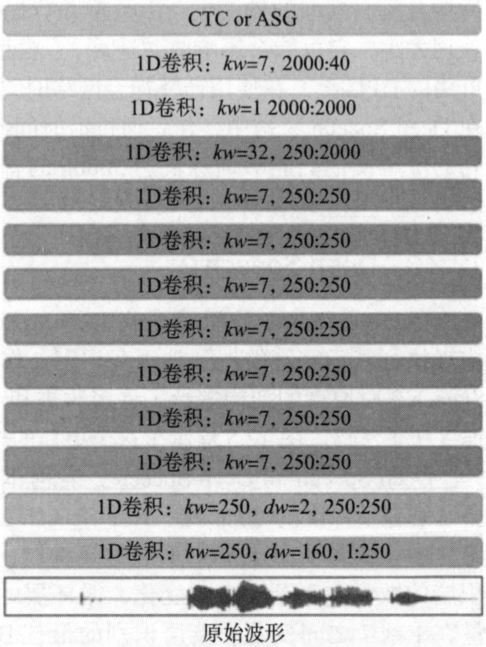

CTC or ASG
1D卷积：kw=7, 2000:40
1D卷积：kw=1 2000:2000
1D卷积：kw=32, 250:2000
1D卷积：kw=7, 250:250
1D卷积：kw=7, 250:250
1D卷积：kw=7, 250:250
1D卷积：kw=7, 250:250
1D卷积：kw=7, 250:250
1D卷积：kw=7, 250:250
1D卷积：kw=7, 250:250
1D卷积：kw=250, dw=2, 250:250
1D卷积：kw=250, dw=160, 1:250
原始波形

图 12.6　用于识别原始波形的 Wav2Letter 架构。当在 MFCC 上而不是在原始波形上训练时，不包括第一层。卷积参数的组织形式为（*kw*, *dw*, dim ratio），其中 *kw* 是核宽度，*dw* 是核步长，dim ratio 是输入维数与输出维数之比

12.2.5　对 CTC 的扩展

CTC 提供了一种简明的方式来计算未对齐序列的伪对齐。然而，帧无关性假设也有缺点。目前业内已经引入了各种技术来放宽帧无关性假设，其中值得注意的是 Gram-CTC 和 RNN 传感器。

12.2.5.1　Gram-CTC

Gram-CTC[Liu+17] 扩展了 CTC 算法，解决了固定字母和固定目标的分解问题。这种方法侧重于学习预测字符 *n*-gram 而不是单个字符，允许模型在给定的时间步长上输出多个字符。由于需要同时学习多个标签，使用字符 *n*-gram 可以在一定程度上减轻帧无关性假设的影响。

这项工作还尝试在训练过程中利用前向 - 反向算法自动学习字符 *n*-gram（或称为 gram）。虽然 gram 和转录联合学习是可行的，但是模型仍需要同步学习目标的对齐和分解，这使得训练变得不稳定。多任务学习通过联合优化 CTC 和 Gram-CTC 来克服这种不稳定性。总的来说，即使是手动选择 gram，对 gram 的合并也会在多个数据集上产生改进。

12.2.5.2　RNN 传感器

RNN 传感器 [Gra12] 通过假设输入和输出序列之间的局部和单调对齐来扩展 CTC。该方法通过引入两个 RNN 层来模拟不同时间步长输出之间的依赖关系，从而缓解了 CTC 的条件独立性假设问题。

$$\begin{aligned} P_{\text{RNN-T}}(Y \mid X) &= \sum_{a \in A_{X,Y}} P(a \mid h) \\ &= \sum_{a \in A_{X,Y}} \prod_{t=1}^{T'} P\left(a_t \mid h_t, y_{1:u_t-1}\right) \end{aligned} \tag{12.5}$$

其中，u_t 表示与输入时间步长 t 对齐的输出时间步长。T' 是对齐序列的长度，包括预测的空白标签数量。注意，$y_{1:u}$ 是到时间步长 u 为止，排除了空白的预测序列。RNN 会在下一时间

步长将非空白标签的完整历史合并到 CTC 预测中。训练 RNN-T 模型需要使用前向 - 后向算法来计算梯度（类似于 CTC 计算）。在在线语音识别中，单向 RNN 可以用来建模前向时间步长之间的相关性。

12.3　序列到序列模型

序列到序列（seq-to-seq）模型在机器翻译中的成功推动了其在语音识别中的应用。seq-to-seq 模型在语音识别中的一个最显著的优势是它不依赖于 CTC 进行训练，从而在本质上减轻了 CTC 的帧无关性假设。通常在语音识别中，输入和输出中有大量的时间步长，这使得训练具有表示完整话语的单个隐藏状态的基础 seq-to-seq 模型是不可行的。

相反，我们使用了基于注意力的方法，可以直接对输出序列的概率进行建模：

$$P(Y \mid X)=\prod_{u=1}^{U} P\left(y_u \mid y_{1:u-1}, X\right) \tag{12.6}$$

可以通过文献 [Bah+16c] 中基于注意力的目标函数来估算此概率：

$$\begin{aligned}
\boldsymbol{h}_t &= \operatorname{Encoder}(X) \\
a_{ut} &= \begin{cases}\operatorname{ContentAttention}\left(\boldsymbol{q}_{u-1}, \boldsymbol{h}_t\right) \\ \operatorname{LocationAttention}\left(\left\{a_{u-1}\right\}_{t=1}^{T}, \boldsymbol{q}_{u-1}, \boldsymbol{h}_t\right)\end{cases} \\
\boldsymbol{c}_u &= \sum_{t=1}^{T} a_{ut} \boldsymbol{h}_t \\
P\left(y_u \mid y_{1:u-1}, X\right) &= \operatorname{Decoder}\left(\boldsymbol{c}_u, \boldsymbol{q}_{u-1}, y_{u-1}\right)
\end{aligned} \tag{12.7}$$

编码器神经网络产生声音输入的隐藏表示 $\boldsymbol{h}_t$，解码器从编码序列产生转录输出。注意力权重 a_{ut} 用于计算解码器的上下文向量 $\boldsymbol{c}_u$。解码器隐藏状态 $\boldsymbol{q}_u$ 提供解码器预测到下一个预测的累积上下文信息。我们在这里考虑两种类型的注意力：基于内容的注意力和位置感知注意力 [Cho+15c]。

基于内容的注意力

基于内容的注意力学习权重向量 $\boldsymbol{g}$ 和两个线性层 $\boldsymbol{W}$ 和 $\boldsymbol{V}$（无偏差参数），以加权先前的预测和编码器隐藏状态 $\boldsymbol{h}_t$，可以用如下方式表示：

$$e_{ut}=\boldsymbol{g}^{\top} \tanh \left(\boldsymbol{W} \boldsymbol{q}_{u-1}+\boldsymbol{V} \boldsymbol{h}_t\right) \tag{12.8}$$

$$a_{ut}=\operatorname{softmax}\left(\left\{e_{ut}\right\}_{t=1}^{T}\right) \tag{12.9}$$

位置感知注意力

位置感知注意力是为了支持卷积而进行的扩展。此特征用于说明上一步中的对齐。可以这样定义它：

$$\left\{\boldsymbol{f}_t\right\}_{t=1}^{T}=\boldsymbol{K} * \boldsymbol{a}_{u-1} \tag{12.10}$$

其中 * 表示在时间轴 t 上用卷积矩阵 $\boldsymbol{K}$ 进行的一维卷积运算。学习线性层 U 将输出特征 f_t 映射到特征空间。

$$e_{ut}=\boldsymbol{g}^{\top} \tanh \left(\boldsymbol{W} \boldsymbol{q}_{u-1}+\boldsymbol{V} \boldsymbol{h}_t+\boldsymbol{U} \boldsymbol{f}_t\right) \tag{12.11}$$

$$a_{ut} = \text{softmax}\left(\left\{e_{ut}\right\}_{t=1}^{T}\right) \tag{12.12}$$

训练基于注意力的网络的困难之一是需要同时优化以下几个方面：

- 编码器权重；
- 用于计算正确的对齐的注意力机制；
- 解码器权重。

网络的动态性使上面的优化变得很困难，尤其是在早期阶段，因为在这个阶段正则化是这些模型的关键组成部分。

12.3.1　早期的序列到序列自动语音识别

文献 [BCB14a] 中成功地应用了注意力机制，将计算机视觉 [MHG +14] 中的工作扩展到文献 [Cho+14] 中 RNN 编码器 - 解码器的机器翻译任务。

文献 [Bah+16c] 将序列到序列应用于语音识别。这项工作中的注意力机制集中在一系列编码器输出上的解码器。注意力不仅有助于模型的收敛，而且优化了训练时间（如图 12.7~图 12.9 所示）。

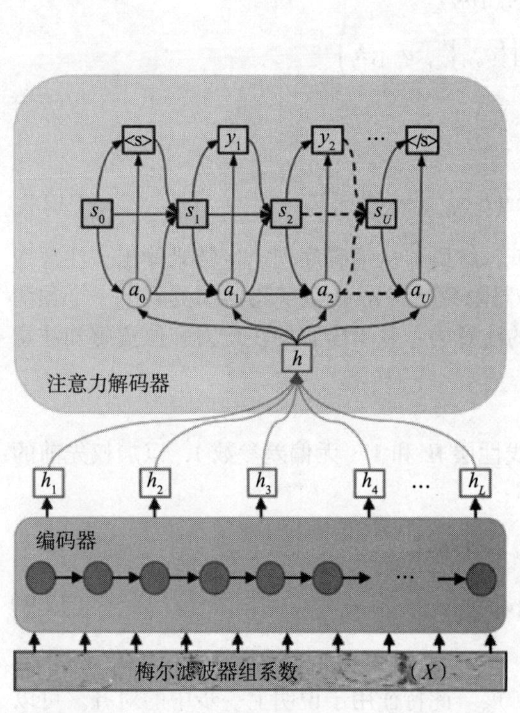

图 12.7　来自文献 [Bah+16c] 的基于注意力的端到端 ASR 模型

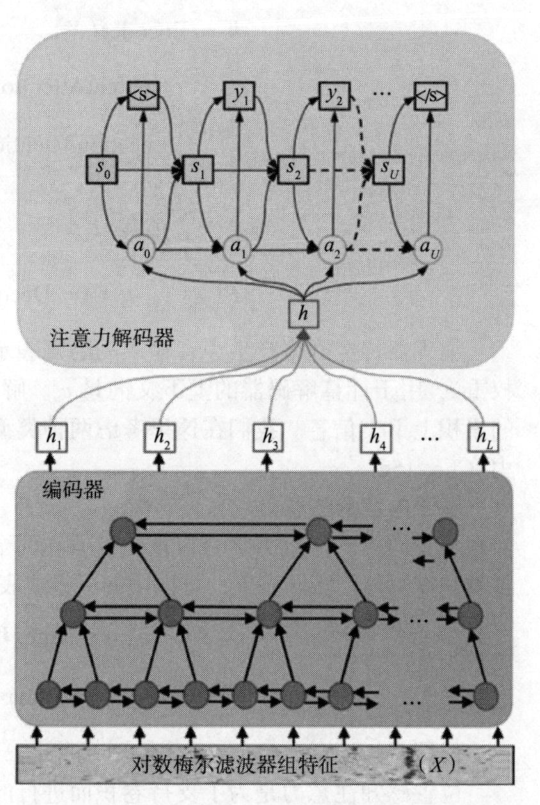

图 12.8　来自文献 [Cha+16b] 的基于注意力的端到端 ASR 模型，该模型在编码器中使用金字塔式 LSTM

12.3.2　LAS 网络

Listen, Attention, and Spell（LAS）网络 [Cha+16b] 使用金字塔型的 BiLSTM 模型对输入序列进行编码（称为侦听器）。解码器是一个基于注意力的 RNN，用来预测字符。

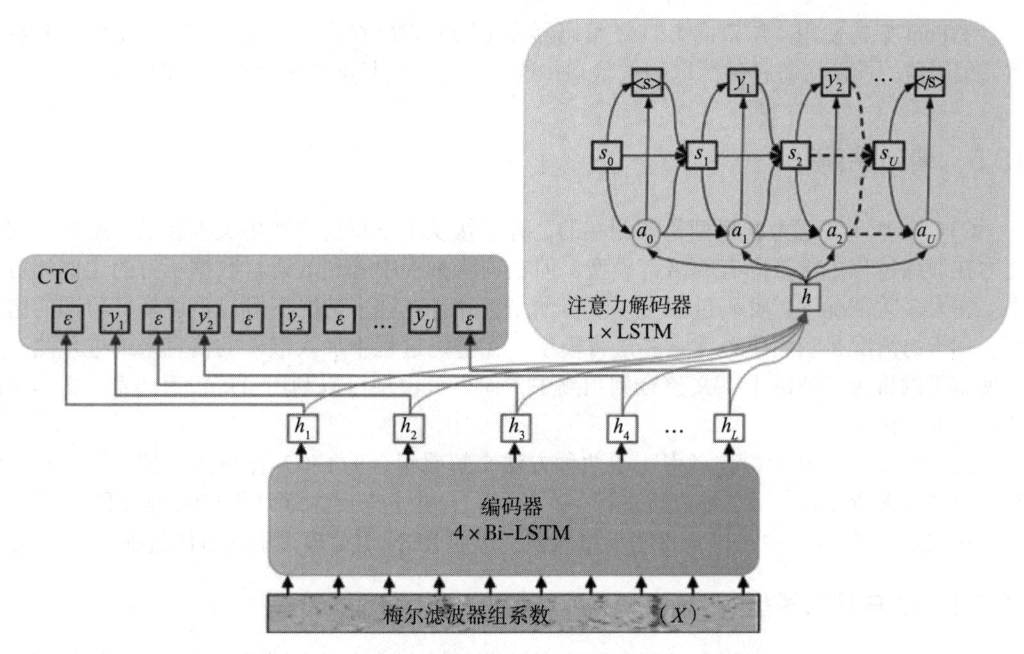

图 12.9 来自文献 [KHW17] 的端到端语音处理网络

seq-to-seq 模型的缺点是它们往往更难训练（比 CTC 更难），并且在推理过程中速度较慢。解码器无法预测，直到注意力机制为每个新的时间步长加权所有之前的隐藏状态。目前业内已引入一些技术来处理这一问题，例如减少解码过程中考虑的时间步长数量的窗口机制，以及防止预测中的过度自信的标签平滑。

seq-to-seq 模型的另一个困难是，它们不能应用于完全在线的流媒体方式之中。因为在开始解码之前，必须对上下文语境进行编码。

在文献 [VDO+16] 中，Wav2Text 架构使用了加入注意力机制的 CNN-RNN 模型，以直接在原始波形上预测基于字符的转录。其编码器是由两个双向 LSTM 组合而成的卷积架构，解码器是单个双向 LSTM。卷积层主要用于降低输入的维数。由于注意力的复杂性和该网络利用到了原始波形，网络通过迁移学习进行训练。最初，只有较低的编码器层从原始输入波形预测频谱特征（MFCC 和对数梅尔尺度谱图）作为目标。然后，通过基于注意力的编码器 - 解码器和 CTC 用这些特征对网络进行训练，从而生成转录。

12.4 多任务学习

注意力和 CTC 存在的许多缺点推动了多任务学习方法的提出。注意力通常在端到端的场景中表现得更好。然而，注意力通常很难收敛，并且在嘈杂的环境中容易受到影响。另一方面，由于条件独立性假设，CTC 的质量通常较低，但更稳定。CTC 和注意力之间的权衡使得将它们通过多任务学习的方式结合起来非常有价值。ESPnet[KHW17，Xia+18] 就是这样训练的：用 CTC 和注意力联合优化基于注意力的编码器 - 解码器模型。

ESPnet 的训练损失是多目标损失（MOL），定义如下：

$$\mathcal{L}_{\text{MOL}} = \lambda \log P_{\text{ctc}}(C \mid X) + (1-\lambda)\log P^{*}_{\text{att}}(C \mid X) \tag{12.13}$$

其中 λ 是每个损失函数的权重，且 $0 \leqslant \lambda \leqslant 1$，$P_{\text{ctc}}$ 是 CTC 目标，P^{*}_{att} 是注意力目标。

ESPnet 架构使用 4 层双向 LSTM 编码器和 1 层 LSTM 解码器。为了减少输出的时间步长数，编码器的前两层每秒钟读取一次状态，这将输出 h 的长度缩短为原来的四分之一。

12.5 端到端解码

CTC 和基于注意力的模型是端到端的，并直接从声学特征中产生文本转录。虽然它们有能力在训练过程中学习固有的语言模型，但在训练过程中看到的语言数据所占的比例相对较小。在大多数情况下，解码过程可以改善预测，并且在许多情况下可以显著降低单词的错误率。理想的情况是利用集束搜索和语言模型，在解码过程中加入额外的信息来改进预测。集束搜索可以将更广泛的上下文整合到预测中，而语言模型可以利用可能没有语篇 - 文本对的大型文本语料库。

在文献 [Hor+17] 中，作者引入了两种方法来解码组合的 CTC- 注意力模型。第一种方法对预测进行重新评分，第二种方法进行一次解码，合并了来自注意力和 CTC 预测的概率。

在文献 [HCW18] 中，作者将基于单词和字符的 RNN 语言模型引入解码过程。

12.5.1 ASR 语言模型

解码过程可以通过以语言模型的形式提供语言的先验信息来扩展。这些语言模型可以根据大量的文本数据进行训练，从而准确地将预测的转录偏向特定的领域。

12.5.1.1 *n*–gram

在 Deep Speech 2 的论文中，作者尝试了 *n*-gram 语言模型。尽管架构中包含的 RNN 层学习的是一种隐式语言模型，但它在同音异义词和某些单词的拼写上往往会出错。因此，论文采用 Common Crawl Repository[⊖] 上的 KenLM[Hea+13] 工具包，使用 2.5 亿行文本中 40 万个最常用的单词，训练了一个 *n*-gram 语言模型。

解码步骤使用集束搜索来优化结果：

$$Q(Y)=\log\left(P_{\text{CTC}}(Y \mid X)\right)+\alpha\log\left(P_{\text{LM}}(Y)\right)+\beta\gamma(Y) \tag{12.14}$$

其中，$\gamma(Y)$ 是 Y 中的单词数。权重 α 影响语言模型占整体的比重，权重 β 使预测产生更多单词。这两个参数都是在开发集上调整的。

集束搜索解码引入了语言模型，在无语言模型基线的基础上，显著降低了 WER。

12.5.1.2 RNN 语言模型

RNN 语言模型在本书中多次出现。RNN 语言模型的应用依赖于在给定前一个单词的情况下，利用下一个单词的似然来预测最可能的单词序列。

在集束解码过程中，这些模型可以采用与 *n*-gram 语言模型相同的方式作为附加分数进行合并，或者作为对前 *n* 个假设的重新评分。

基于单词的模型受到了 OOV 问题的困扰，但是当在非常大的数据集（125kh）上训练时，它们成功地击败了基于音位的 CTC 模型 [SLS16]。在遇到 OOV 问题时，这一局限性激发了人们在结合基于字符的预测上的研究 [Li+17]。

12.5.2 CTC 解码

解码一个 CTC 网络（一个经过 CTC 训练的深度学习网络）是指在推理时为分类器找到

⊖ http://commoncrawl.org。

最可能的输出，这在本质上类似于 HMM 解码。在数学上，解码过程可由函数 $h(x)$ 描述：

$$h(\boldsymbol{x}) = \underset{\boldsymbol{l} \in L^{1\sim T}}{\operatorname{argmax}} P(\boldsymbol{l} \mid \boldsymbol{x}) \tag{12.15}$$

最早的联结主义时间分类论文 [Gra+06] 提出了两种方法：最佳路径解码和前缀搜索解码。

最佳路径解码，也称为贪婪解码，在每个时间步长输出最可能的输出。为了获得一个有用的字符串，重复的字符将被折叠，并删除空白标记以获得假设 h。

$$\begin{aligned} h(\boldsymbol{x}) &= \boldsymbol{B}(\pi^*) \\ \pi^* &= \underset{\pi \in N^t}{\operatorname{argmax}}\, p(\pi \mid x) \end{aligned} \tag{12.16}$$

这个解码方案是直截了当的。但是，它不太可能产生最佳序列，因为它没有考虑多个路径以获得相同的对齐。

在解码过程中可以加入集束搜索以提高预测能力。使用集束搜索可以求出导致相同结果的路径的概率总和，从而获得更高的结果概率。算法 1 给出了集束搜索解码过程，Ø 表示空序列，束集合是 B。

算法 1：CTC 集束搜索

Input: $B \leftarrow \{\varnothing\}$; $P^-(\varnothing, 0) \leftarrow 1$
Result: $\max_{Y \in B} P^{\frac{1}{|Y|}}(Y, T)$
begin
　for $t = 1, 2, \cdots, T$ **do**
　　$\hat{B} \leftarrow B$ 中的 W 个最可能序列
　　$B \leftarrow \{\}$
　　for $y \in \hat{B}$ **do**
　　　if $y \neq \varnothing$ **then**
　　　　$P^+(Y, t) \leftarrow P^+(Y, t-1) P(Y^e, t|x)$
　　　　if $\hat{y} \in \hat{B}$ **then**
　　　　　$P^+(Y, t) \leftarrow P^+(Y, t) P(Y^e, \hat{Y}, t)$
　　　$P^-(Y, t) \leftarrow P^+(Y, t-1) P(-, t|x)$
　　　添加 Y 到 B
　　　for $k = 1, 2, \cdots, K$ **do**
　　　　$P^-(Y+k, t) \leftarrow 0$
　　　　$P^+(Y+k, t) \leftarrow P(k, Y, t)$
　　　　添加（$Y+k$）到 B

集束搜索算法可以用 n-gram 语言模型进行扩展。一种简单的方法是在每次到达单词结尾（空格）标记时对单词序列进行重新评分。然而，这依赖于模型来预测完整的单词并且不出现拼写错误。

一种更好的方法是使用前缀搜索解码，在解码过程中利用语言模型的前缀，融合子词级信息。将单词级语言模型转换为“标签级”或基于字符的模型，是通过将输出序列表示为最长完成的单词序列和剩余的单词前缀（分别表示为 w 和 p）的连接来完成的。给定当前序列，计算下一个标签概率的函数为：

$$P(k \mid y) = \frac{\sum_{w' \in (p+k)^*} P_\gamma(w' \mid W)}{\sum_{w' \in p^*} P_\gamma(w' \mid W)} \tag{12.17}$$

其中，$P_\gamma\left(w'|W\right)$是单词的历史转录中从 W 到 w' 转换的概率，p^* 是前缀为 p 的词典单词集，γ 是语言模型权重。

在解码过程中，计算序列前缀的概率，并选择结束当前前缀或继续扩展它。在集束搜索过程中，当确定扩展概率时，假设状态的概率也被修改为依赖于前缀、字典条目或 n-gram 语言模型的概率。

该方法依赖于前向 - 反向算法，计算量随着状态数和时间步长呈指数增长。我们可以通过剪枝输出序列来提高解码效率，或去除所有出现空标记的概率高于指定阈值的输出。因为输出激活往往是“峰值”，这大大减少了需要考虑的状态数量，并且始终优于最佳路径解码。

通过将概率设置为 1，可以在没有语言模型的情况下使用该算法。算法 2 给出了文献 [Han+14b] 中提出的前缀算法。

算法 2：CTC 前缀集束搜索

Input：$P_b(\varnothing; x_{1:0}) \leftarrow 1, P_{nb}(\varnothing; x_{1:0}) \leftarrow 0$

Aprev ← {Ø}

Result：A_{prev} 中的最可能前缀

begin

- **for** $t = 1, \cdots, T$ **do**
  - $A_{next} \leftarrow \{\}$
  - **for** $l \in A_{prev}$ **do**
    - **for** $c \in \Sigma$ **do**
      - **if** $c = blank$ **then**
        - $P_b(l; x_{1:t}) \leftarrow P(\text{blank}; x_t)(P_b(l; x_{1:t-1}) + P_{nb}(l; x_{1:t-1}))$
        - 添加 l 到 A_{next}
      - **else**
        - $l^+ \leftarrow$ 连接 l 和 c
        - **if** $c = l_{end}$ **then**
          - $P_{nb}(l^+; x_{1:t}) \leftarrow P(c; x_t)P_b(l; x_{1:t-1})$
          - $P_{nb}(l; x_{1:t}) \leftarrow P(c; x_t)P_b(l; x_{1:t-1})$
        - **else if** $c = space$ **then**
          - $P_{nb}(l^+; x_{1:t}) \leftarrow$
            $P(W(l^+)|W(l))^\alpha P(c; x_t)(P_b(l; x_{1:t-1}) + P_{nb}(l; x_{1:t-1}))$
        - **else**
          - $P_{nb}(l^+; x_{1:t}) \leftarrow P(c; x_t)(P_b(l; x_{1:t-1}) + P_{nb}(l; x_{1:t-1}))$
        - **if** l^+ 不在 A_{prev} 中 **then**
          - $P_b(l^+; x_{1:t}) \leftarrow P(\text{blank}; x_t)(P_b(l^+; x_{1:t-1}) + P_{nb}(l^+; x_{1:t-1}))$
          - $P_{nb}(l^+; x_{1:t}) \leftarrow P(c; x_t)P_{nb}(l^+; x_{1:t-1})$
        - 添加 l^+ 到 A_{next}
  - $A_{prev} \leftarrow A_{next}$ 中 k 个最可能前缀

这种方法还需要长度归一化，以防止对具有较少转换的序列产生偏差。

12.5.3 注意力解码

根据先前的预测，注意力解码已经产生了最可能的序列。因此，如前所述，这里可以应用贪婪解码，在每个时间步长产生最可能的字符。然而，它可能不会产生最可能的序列 $\hat{C}$。

$$\hat{C} = \underset{C \in U^*}{\operatorname{argmax}} \ \log P(C|X) \tag{12.18}$$

在解码过程中，集束搜索也可以应用于注意力模型。因为上一个时间步长提供下一个预测的输入，所以每个时间步长的前 n 个最有可能的路径可以保留在每个时间步长上。集束搜索首先考虑句首符号 <s>。

$$\alpha\left(h,X\right)=\alpha\left(g,X\right)+\log P\left(c \mid g_{l-1},X\right) \tag{12.19}$$

其中，g 是集束搜索中的部分假设，c 是附加到 g 之后的符号 / 字符，产生的是一个新的假设 h。集束搜索注意力解码的示例如图 12.10 所示。

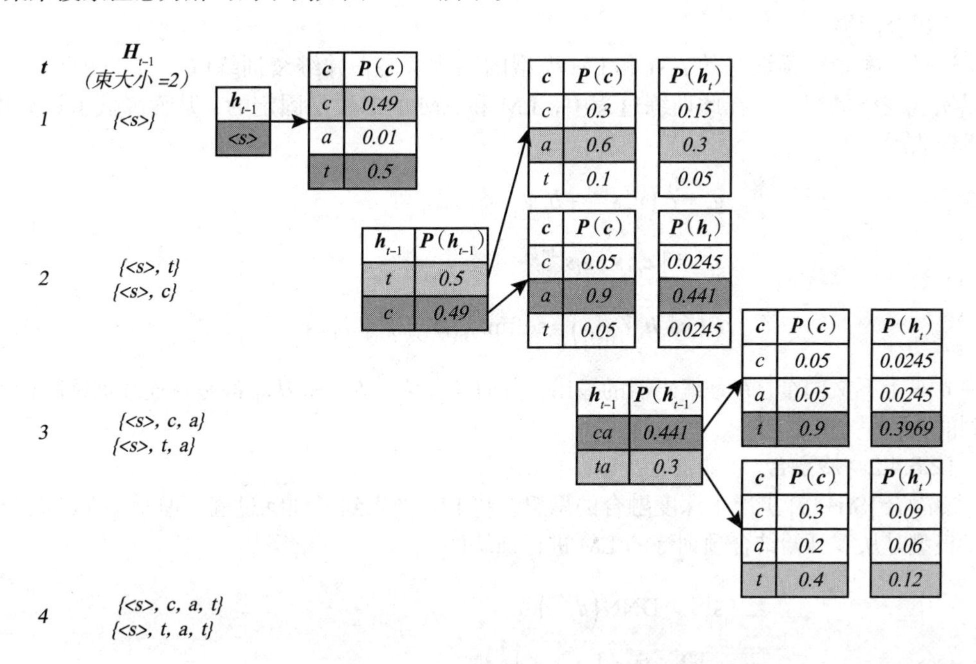

图 12.10　在有三个字符的字符表 $\{a,b,c\}$ 上的束大小为 2 的集束搜索解码示例。通过注意力解码，将上一个时间步长合并到下一个字符预测中。因此，概率取决于所选路径。突出显示每个时间步长的最佳路径，颜色较深的路径则是最高的预测。请注意此示例的贪婪解码产生次优结果的方法

各种架构都试图在端到端 ASR 模型中使用这些额外的未配对数据 [Tos+18]。“融合”（fusion）这个术语应运而生，指的是将这些语言模型整合到主要的声学模型中。

浅层融合

浅层融合最初用于神经机器翻译，其在解码过程中结合了 LM 和 ASR 模型的分数 [Gul+15]。这种类型的语言模型解码在集束搜索期间合并了外部语言模型，以将单词或字符的概率纳入考虑范围。浅层融合可以与基于单词或字符的语言模型一起使用，以确定特定序列的概率。

$$Y^{*}=\underset{Y}{\operatorname{argmax}}\ \log P\left(Y \mid X\right)+\lambda P_{\mathrm{LM}}\left(Y\right) \tag{12.20}$$

字符语言模型有助于在词边界到达之前重新对假设进行评分，或者作为基于字符的语言（如日语和汉语）的重新评分机制。此外，基于字符的语言模型可以预测未见过的字符序列，而这是基于单词的模型所不允许的。

浅层融合已被纳入 RNN-T 模型，从而可以使 CTC 训练在减轻帧独立性的同时，还将语言模型偏差纳入预测 [He+18]。

12.5.4 组合语言模型训练

当将神经语言模型整合到端到端 ASR 中时，很明显，可以利用声学信息以及大文本语料库中的语言信息将二者一起进行优化。联合训练声学和语言模型的两种最流行的技术是深度融合和冷融合。

12.5.4.1 深度融合

深度融合 [Gul+15] 将 LM 合并到声学模型（特别是编码器 - 解码器模型）中，从而创建了一个组合网络。

通过“融合”预训练的 AM 和 LM 模型的隐藏状态，并继续训练以学习“融合”参数，可以实现网络的组合。在此训练过程中，LM 和 AM 的参数是固定的，从而降低了计算成本并迅速收敛。

$$
\begin{aligned}
g_t &= \sigma\left(\boldsymbol{v}_g^{\mathrm{T}} \boldsymbol{s}_t^{\mathrm{LM}} + b_g\right) \\
\boldsymbol{s}_t^{\mathrm{DF}} &= \left[\boldsymbol{c}_t; \boldsymbol{s}_t; g_t \boldsymbol{s}_t^{\mathrm{LM}}\right] \\
P\left(y_t \mid \boldsymbol{h}, Y_{1:(t-1)}\right) &= \operatorname{softmax}\left(\boldsymbol{W}_{\mathrm{DF}} \boldsymbol{s}_t^{\mathrm{DF}} + \boldsymbol{b}_{\mathrm{DF}}\right)
\end{aligned} \tag{12.21}
$$

其中 $\boldsymbol{c}_t$ 是上下文向量，$\boldsymbol{h}$ 是编码器的输出，并且 $\boldsymbol{V}_g$、b_g、$\boldsymbol{b}_{\mathrm{DF}}$ 和 $\boldsymbol{W}_{\mathrm{DF}}$ 都是在连续训练阶段学习得到的。

12.5.4.2 冷融合

冷融合 [Sri+17] 扩展了深度融合的思想，将 LM 纳入到了训练过程。但是，在冷融合中，声学模型是从零开始结合预训练的 LM 进行训练的。

$$
\begin{aligned}
\boldsymbol{s}_t^{\mathrm{LM}} &= \operatorname{DNN}\left(\boldsymbol{d}_t^{\mathrm{LM}}\right) \\
\boldsymbol{s}_t^{\mathrm{ED}} &= \boldsymbol{W}_{\mathrm{ED}}\left[\boldsymbol{d}_t;\ \boldsymbol{c}_t\right] + \boldsymbol{b}_{\mathrm{ED}} \\
\boldsymbol{g}_t &= \sigma\left(\boldsymbol{W}_g\left[\boldsymbol{s}_t^{\mathrm{ED}}; \boldsymbol{s}_t^{\mathrm{LM}}\right] + \boldsymbol{b}_g\right) \\
\boldsymbol{s}_t^{\mathrm{CF}} &= \left[\boldsymbol{s}_t^{\mathrm{ED}}; \boldsymbol{g}_t \circ \boldsymbol{s}_t^{\mathrm{LM}}\right] \\
\boldsymbol{r}_t^{\mathrm{CF}} &= \operatorname{DNN}\left(\boldsymbol{s}_t^{\mathrm{CF}}\right) \\
P\left(y_t \mid \boldsymbol{h}, Y_{1:(t-1)}\right) &= \operatorname{softmax}\left(\boldsymbol{W}_{\mathrm{CF}} \boldsymbol{r}_t^{\mathrm{CF}} + \boldsymbol{b}_{\mathrm{CF}}\right)
\end{aligned} \tag{12.22}
$$

由于冷融合从一开始就将 LM 纳入训练过程，因此如果 LM 发生变化，则需要重新训练。论文介绍了一种用 LM logit 代替 LM 隐藏状态来切换语言模型的方法，但是这确实增加了学习的参数数量和计算量。

12.5.5 组合 CTC- 注意力解码

通过组合 CTC- 注意力架构进行解码依赖于产生最有可能的字符序列 $\hat{C}$。这两种输出的结合是非常重要的。注意力产生一系列输出标签，而 CTC 则为每帧生成一个标签。在文献 [Wat+17b] 中，作者提出了两种结合 CTC 和注意力输出的方法：重新评分和一次解码。

12.5.5.1 重新评分

重新评分依赖于一个两步的方法。第一步是从注意力解码器产生一组完整的假设。第二步是根据 CTC 和注意力概率对这些假设进行重新评分（使用前向算法来获取 CTC 概率）。

$$\hat{C} = \underset{h \in \hat{\Omega}}{\operatorname{argmax}} \left\{ \lambda \alpha_{\mathrm{CTC}}(h, X) + (1-\lambda) \alpha_{\mathrm{ATT}}(h, X) \right\} \tag{12.23}$$

12.5.5.2　一次解码

一次解码侧重于在生成字符时计算部分假设的概率。

通过向解码器添加其他语言建模项，还可以将语言模型合并到解码过程 [HCW18] 中：

$$\hat{C} = \underset{C \in U^*}{\operatorname{argmax}} \left\{ \lambda \log P_{\mathrm{CTC}}(C \mid X) + (1-\lambda) P_{\mathrm{ATT}}(C \mid X) + \gamma \log P_{\mathrm{LM}}(C) \right\} \tag{12.24}$$

对于每一个不完整的假设 h，在集束搜索的评分可以这样描述：

$$\alpha(h) = \lambda \alpha_{\mathrm{CTC}}(h) + (1-\lambda) \alpha_{\mathrm{ATT}}(h) + \gamma \alpha_{\mathrm{LM}}(h) \tag{12.25}$$

计算注意力和语言模型的分数很简单，方法如下：

$$\begin{aligned} \alpha_{\mathrm{ATT}}(h) &= \alpha_{\mathrm{ATT}}(g) + \log P_{\mathrm{ATT}}(c \mid g, X) \\ \alpha_{\mathrm{LM}}(h) &= \alpha_{\mathrm{LM}}(g) + \log P_{\mathrm{LM}}(c \mid g, X) \end{aligned} \tag{12.26}$$

其中，h=g；c，g 是已知假设，c 是附加到序列上以生成 h 的字符。

但是，由于可能产生字符序列的序列数量，CTC 更加细微。因此，CTC 分数是所有以 h 为前缀的序列的总和。

$$P(h, \cdots \mid X) = \sum_{v \in (U \cup \langle \mathrm{EOS} \rangle)^+} P(h; v \mid X) \tag{12.27}$$

CTC 分数则变为：

$$\alpha_{\mathrm{CTC}}(h) = \log P(h, \cdots \mid X) \tag{12.28}$$

12.6　语音嵌入和无监督语音识别

可用的无监督数据量可能比成对的语音 - 文本并行语料库的量高几个数量级。因此，用于音频处理的无监督语音识别和声学嵌入是有前途的研究领域。

12.6.1　语音嵌入

最早的语音嵌入方面的研究之一是文献 [BH14]。在该论文中，作者使用了一种 Siamese 网络的形式来训练声学词向量，在这个声学词向量中，相似发音的词（即听上去相似）在向量空间中彼此靠近。通过“如果听起来相似，那么单词就彼此接近”这种方式，直接对单词进行建模，语音识别转移的范式就不再试图在传统的 HMM 中对状态进行建模了。

该网络分为两个部分进行训练：首先，训练 CNN 分类模型，对固定音频段（2s）中的口语单词进行分类；其次，这个网络是固定的，并被整合到一个词向量网络中。训练词向量网络，使正确词向量与声学向量对齐，同时分离错误单词。通过使用字母袋 n-gram 从所有单词中减少输入向量空间的大小，仅使用前 50 000 个字母 n-gram。此架构如图 12.11 所示。

向量空间产生了一些相似点，比如（please，pleas）、（plug，slug）和（heart，art）。

文献 [KWL16] 中也使用了一个 Siamese CNN 网络来在给定单词的语音实例的情况下区分不同的单词对和相同的单词对。该网络取得了与强监督词分类模型相似的结果。

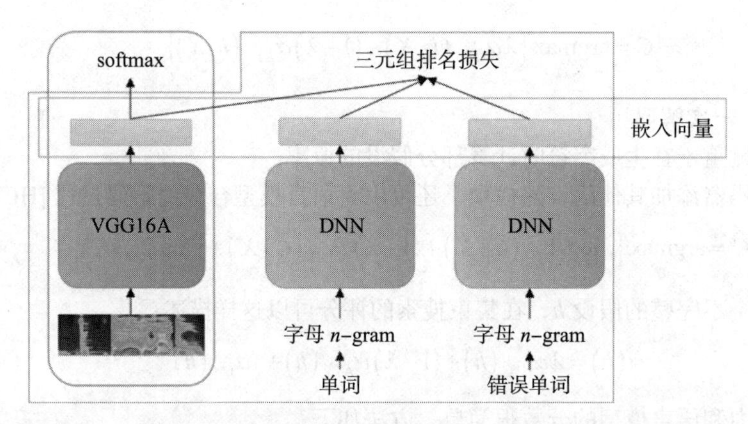

图 12.11　基于三元组排名损失训练的声学嵌入模型，用于声学向量和子词单元的词向量的对齐

12.6.2　非语音

在非语音 [MB18] 中，作者使用了 Siamese CNN 网络来训练嵌入，这些嵌入与声学模型一起用于讲话人适应、语篇聚类和讲话人比较。这项工作基于这样一个假设，即相似的语音区域可能对应同一个讲话人。讲话人真假样例的上下文取自同一语篇中相邻的上下文窗口或单独的文件。这个想法与负采样的概念类似。因此，这个网络并不期望相似的词出现在同一个向量空间，而是出自同一个讲话人。此架构如图 12.12 所示。

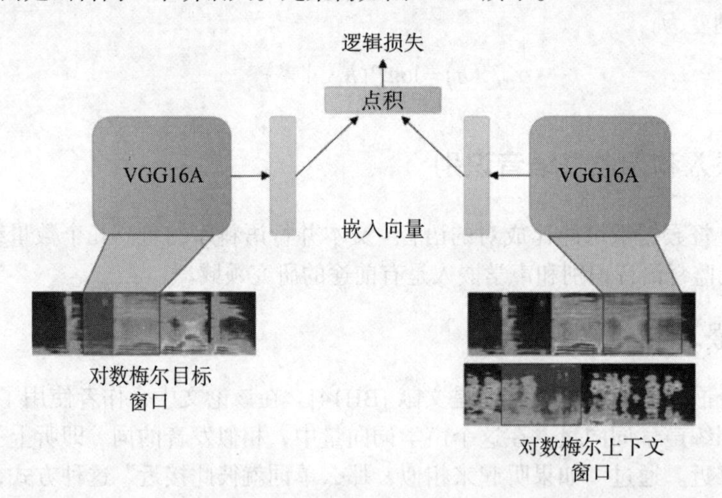

图 12.12　使用 Siamese CNN 网络（VGG16A）训练非语音嵌入，以计算嵌入向量。计算两个向量的点积，并使用逻辑损失优化二分类任务，即上下文窗口是目标的真上下文窗口还是假上下文窗口

12.6.3　音频 word2vec

CNN 方法的缺点之一是它需要固定长度的音频片段。音频 word2vec[Chu+16] 使用序列到序列自编码器来学习可变长度口语单词的固定表示。因为学习到的表示是输入本身，所以它可以通过完全无监督的方式学习，从而引用 word2vec。因此，生成的模型能够对声学样本进行编码，以便在单词逐例查询系统中使用。训练模型不需要监督，但是，创建单词嵌入需要嵌入过程中单词边界的知识。

通过学习分段方法，音频 word2vec 在文献 [WLL18] 中扩展到了发声层面。该方法是分段序列到序列自编码器的一个例子。SSAE 学习分段门来确定语篇中的单词边界，并且学习逐段编码的序列到序列自编码器。一些指导是必要的，以防止自编码器将语篇拆分为太多的嵌入。但是，学习适当的估计是不可微的。由于学习离散变量的不可微性，因此使用强化学习来估计此数量。

12.7　案例研究

在此案例研究中，我们的重点还是在 Mozilla Common Voice 数据集㊀上构建 ASR 模型。在本章中，我们特别关注 Deep Speech 2 模型，该模型使用 CTC 和混合注意力 -CTC 模型来训练端到端的网络。

12.7.1　软件工具和库

自从 Deep Speech 2 的论文发布以来，已经有了多个该架构的开源实现，这些实现最常见的区别是所使用的深度学习框架。比较受欢迎的有 Mozilla 的 TensorFlow 实现㊁、PaddlePaddle 实现㊂和 PyTorch 实现㊃。它们各有优缺点，其中一些优点包括深度学习框架、所需的预处理量、可变长度与固定长度的 RNN 等。简化起见，我们将重点放在 PyTorch 实现上。

最近的进展之一是 CTC 与注意力的联合模型，即 ESPnet㊄ 这个工具包专注于端到端的语音识别和文本到语音转换。它使用 Chainer 和 PyTorch 作为工具包的后端，并为一些最现代的架构提供 Kaldi 式的解决方案。

12.7.2　Deep Speech 2

这里使用的 Deep Speech 2 实现是用 PyTorch 编写的。它包括一个用来加速模型训练的并行的数据加载器、一个已经优化的 CTC 损失函数、一个支持语言模型的 CTC 解码库，以及用于声学模型训练的数据增强。

12.7.2.1　数据准备

数据准备需要目录结构或清单文件。在第一种方法中，数据集目录的结构如图 12.13~ 图 12.15 所示。

对于基于字符的模型来说，语音词典不是必要的。数据被处理成语谱图，然后在数据加载时转换为张量。

在这种实现方式下，还可以使用清单（manifest）文件来定义所使用的数据集。清单类似于 Kaldi 和 Sphinx 结构，其中包含每个数据集拆分中的示例列表。在使用可变长度 RNN 时，清单文件对于过滤较长的文件很有用。

12.7.2.2　声学模型训练

首先，我们训练给定默认配置的基本模型。生成的模型具有两个卷积层和五个双向 GRU 层，产生约 4100 万个可学习的参数。我们还在训练过程中启用了增强步骤，该步骤对速度和增益进行较小的更改以减少过拟合。

㊀ https://voice.mozilla.org/en/data。
㊁ https://github.com/mozilla/DeepSpeech。
㊂ https://github.com/PaddlePaddle/DeepSpeech。
㊃ https://github.com/SeanNaren/deepspeech.pytorch。
㊄ https://github.com/espnet/espnet。

```
/common_voice
    /train
        txt/
            train_sample000000.txt
            train_sample000001.txt
            ...
        wav/
            train_sample000000.wav
            train_sample000001.wav
            ...
    /val
        txt/
            ...
        wav/
            ...
    /test
        txt/
            ...
        wav/
            ...

```

图 12.13　Deep Speech 2 的目录结构

```
/path/to/train_sample000000.wav,/path/to/train_sample000000.txt
/path/to/train_sample000001.wav,/path/to/train_sample000001.txt
...

```

图 12.14　Deep Speech 2 训练集的清单结构

```
python train.py --train-manifest data/train_manifest.csv --val-
    manifest data/val_manifest.csv

```

图 12.15　Deep Speech 2 的训练函数

我们在 GPU[㊀] 上训练所有模型，并根据验证集的 WER 进行早停。在我们的案例中，模型在大约 15 个周期的训练后开始发散（如图 12.16 所示），并达到 23.47 的最佳验证词错误率。训练完模型后，我们会在测试集上评估出最佳模型，使用贪婪解码，我们可以在该模型上实现平均 WER 22.611，字符错误率（CER）7.757。图 12.17 展示了训练后的模型的贪婪解码的一些例子。

12.7.3　语言模型训练

基于字符的预测无须语言模型即可生成合理的文本转录。然而，我们可以通过在解码阶段提供语言模型来改善贪心预测。我们利用 ctcdecode[㊁] 包来应用不同的解码方案，该方案已集成到 PyTorch Deep Speech 2 实现中。关于此语言模型需要注意的是，它还包含字符 FST（Finite State Transducer，有限状态传感器）。FST 充当拼写检查器，强制生成单词。

可以应用解码方案来改善预测的错误率。这些结果总结在表 12.1 中。

㊀ 虽然可以在 CPU 上训练这个模型，但是由于卷积和循环层的计算密集性质，这是不现实的。

㊁ https://github.com/parlance/ctcdecode。

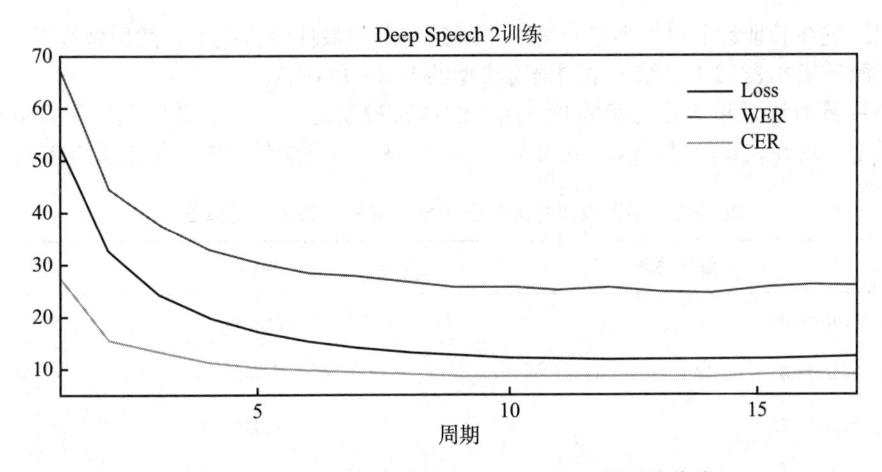

图 12.16　使用默认配置的 Deep Speech 2 的训练曲线

```
1 Ref: i understand sheep they're no longer a problem and they can
     be good friends
2 Hyp: i understand shee they're no longery problem and they can be
     good friends
3 WER: 0.214 CER: 0.027
4
5 Ref: as he looked at the stones he felt relieved for some reason
6 Hyp: ashe looked at the stones he felt relieved for som ason
7 WER: 0.333 CER: 0.051
8
```

图 12.17　基本 Deep Speech 2 模型的输出。注意有多少错误看起来是语音错误，并产生不合逻辑的单词，如 shee 和 ashe

表 12.1　不同解码方法的验证结果。最好的结果以粗体显示

解码方法	WER	CER
None	22.832	8.029
2-gram	12.919	7.292
3-gram	12.027	6.990
4-gram	**11.865**	**6.915**
5-gram	11.977	6.955

KenLM 工具包 [Hea+13] 用于训练 *n*-gram 语言模型。语言模型是根据训练语料的转录创建的，可提供与以前的案例研究相当的结果。实际上，语言模型通常是在非常大型的训练语料库上进行训练的，例如前面提到的 Common Crawl（如图 12.18 所示）[㊀]。

```
1 kenlm/build/bin/lmplz -o 2 < training_transcripts.txt >
     cv_2gram_lm.arpa
2
3 kenlm/build/bin/build_binary cv_2gram_lm.arpa cv_2gram_lm.trie
4
```

图 12.18　在训练转录上用 KenLM 训练一个 2-gram 语言模型。第一个命令从文本转录创建一个 ARPA 语言模型，第二个命令从解码阶段使用的语言模型创建一个二元树结构

㊀ http://commoncrawl.org。

我们通过在验证集上对模型进行评估来确定系统的最佳语言模型，然后将选择的最佳模型应用于测试集。表 12.1 总结了不同语言模型的 WER 和 CER。

在应用具有默认束大小（束宽度 =10）的语言模型之后，我们看到我们最好的模型是 4-gram 模型。现在，我们可以增加束的大小，以评估其对预测的影响。结果总结在表 12.2 中。

表 12.2　不同束尺寸的验证结果。最好的结果以粗体显示

解码方法	WER	CER
4-gram，beam=10	11.865	6.915
4-gram，beam=64	7.742	4.458
4-gram，beam=128	6.939	3.984
4-gram，beam=256	6.288	3.616
4-gram，beam=512	**5.857**	**3.375**

计算时间随束的大小线性增加。在实践中，最好选择一个在性能和质量之间有良好权衡的束尺寸。在将最佳的 LM（4-gram）与束大小 512 应用于测试集之后，我们获得了 5.587 的 WER 和 3.232 的 CER。解码输出的一些示例如图 12.19 所示。

```
1 Ref: i understand sheep they're no longer a problem and they can
      be good friends
2 Hyp: i understand sheep they're no longer a problem and they can
      be good friends
3 WER: 0.0 CER: 0.0
4
5 Ref: as he looked at the stones he felt relieved for some reason
6 Hyp: as he looked at the stones he felt relieved for some as
7 WER: 0.083 CER: 0.068
8
9
```

图 12.19　语言模型解码的测试输出。请注意，在解码过程中合并语言模型时，许多语音错误都得到了纠正。然而，它也可能导致不同的错误。在第二个例子中，贪婪解码输出 ason 而不是 reason，但在应用语言模型后，假设将其减少为 as，降低了 WER，增加了 CER

12.7.4　ESPnet

ESPnet[㊀] 是一个端到端的语音处理工具包，它从 Kaldi 中汲取了灵感。它整合了混合 CTC- 注意力架构，主要是文献 [KHW17] 和 [Wat+17b] 中包含的架构。该工具包大部分都是 bash 脚本，类似于 Kaldi，具有 Chainer 和 PyTorch 后端。在案例研究的这一部分中，我们会使用 ESPnet 工具包在 Common Voice 数据集上训练一个混合 CTC- 注意力架构。

12.7.4.1　数据准备

数据准备与 Kaldi 非常相似，其中某些预处理依赖于 Kaldi。主要的区别是没有 Kaldi 中所要求的语音词汇和词典。我们生成 MFCC 特征并将其存储为 JSON 格式。此格式包含目标转录、标记化转录、特征的位置，以及训练各个组成部分的一些其他信息。图 12.20 展示了

㊀ https://github.com/espnet/espnet。

一个格式化的训练数据的示例。

```
{
    "utts": {
        "cv-valid-dev-sample-000000": {
            "input": [
                {
                    "feat": ".valid_dev/deltafalse/feats.1.ark
:27",
                    "name": "input1",
                    "shape": [
                        502,
                        83
                    ]
                }
            ],
            "output": [
                {
                "name": "target1",
                "shape": [
                    55,
                    31
                ],
                "text": "BE CAREFUL WITH YOUR PROGNOSTICATIONS
SAID THE STRANGER",
                "token": "B E <space> C A R E F U L <space> W I T
 H <space> Y O U R <space> P R O G N O S T I C A T I O N S <
space> S A I D <space> T H E <space> S T R A N G E R",
                "tokenid": "5 8 3 6 4 21 8 9 24 15 3 26 12 23 11
3 28 18 24 21 3 19 21 18 10 17 18 22 23 12 6 4 23 12 18 17 22
 3 22 4 12 7 3 23 11 8 3 22 23 21 4 17 10 8 21"
                }
            ],
            "utt2spk": "cv-valid-dev-sample-000000"
        },
        ...
}

```

图 12.20　ESPnet 训练的 data.json 输入文件格式

提取特征并创建输入文件后，网络即可开始训练。

12.7.4.2　模型训练

模型训练过程在一定程度上也遵循了 Kaldi 脚本。然而，一旦特征被提取，我们就会运行训练脚本。

训练的模型是 4 层双向 LSTM 编码器和 1 层单向 LSTM 解码器。我们在单个 GPU 上使用 Adadelta 将模型训练了 20 个周期。训练参数的完整列表如图 12.21 所示。

```
python asr_train.py —backend pytorch —outdir exp/results —dict
    data/lang_1char/train_nodev_units.txt —minibatches 0 —
   resume —train-json dump/cv_valid_train/deltafalse/data.json
   —valid-json dump/cv_valid_dev/deltafalse/data.json —etype
   blstmp —elayers 4 —eunits 320 —eprojs 320 —subsample 1
   _2_2_1_1 —dlayers 1 —dunits 300 —atype location —adim 320
    —aconv-chans 10 —aconv-filts 100 —mtlalpha 0.5 —batch-
   size 30 —maxlen-in 800 —maxlen-out 150 —sampling-
   probability 0.0 —opt adadelta —epochs 20
```

图 12.21　ESPnet 的训练指令

在训练过程中，可以监控 CTC 和注意力的损失，以确保收敛的一致性。训练和验证的总体损失是两个组成部分的加权总和。我们还注意到，直到最后一个周期，验证损失都随着训练数据的损失而变化。在此示例中，出于计算原因，我们对运行的周期数量设置了一个硬性的值。为了获得最佳模型，我们将持续训练直到验证结果与训练损失保持一致，然后选择在验证数据上表现最佳的模型（如图 12.22 所示）。

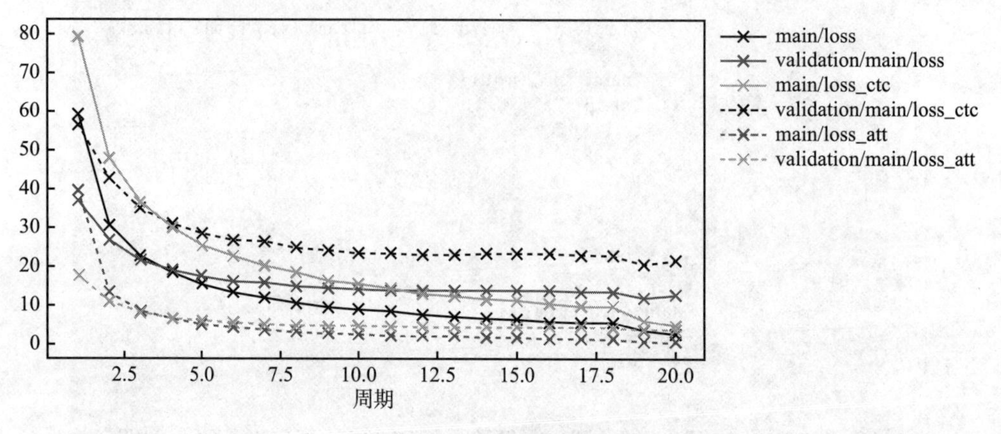

图 12.22　训练过程中的损失

如图 12.23 所示，准确率曲线展示了训练过程中的网络性能。前两个周期在早期阶段表现出显著的进步，随着训练的进展，改善幅度开始降低。我们的最佳训练模型在验证数据上的 WER 为 12.07。

我们可以通过绘制解码期间每个时间步长的权重，在解码过程中检查输出注意力的权重。如前所述，可视化注意力显示了推理过程中输入的哪一部分被关注。如图 12.24 所示。我们注意到，输出通常与输入音频文件相关，从而产生对齐的输出，该输出能够对音频进行分段，并能及时处理偏移。在早期阶段，我们注意到与输入的注意力对齐的一些中断，而在后一种情况下，注意力似乎与输入无缝对齐。

我们的基本模型在具有贪心解码（束大小为 1）的测试集上实现了 12.34 的 WER 和 6.25 的 CER。当将 20 的集束搜索（ESPnet 默认选项）纳入测试集的预测中时，我们将 WER 降低到了 11.56，将 CER 降低到了 5.80。我们将调整束大小与结合语言模型作为练习。请注意，当我们将这部分添加到 Deep Speech 2 架构中时，模型会有显著的改善。

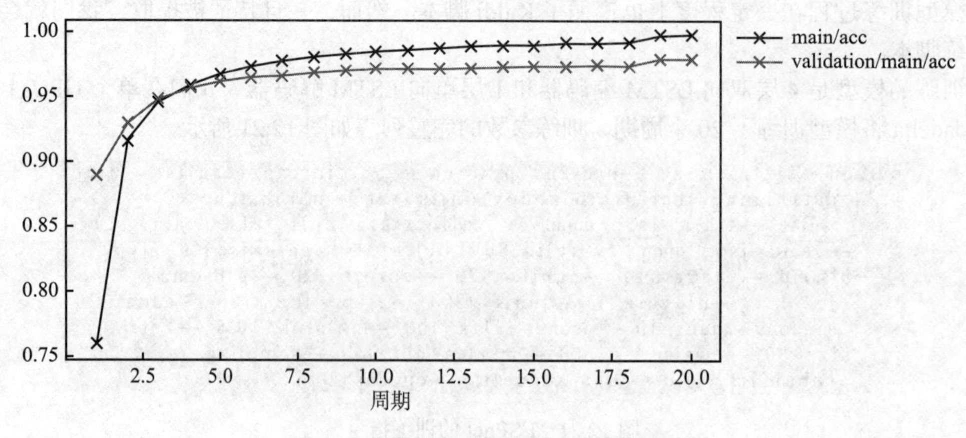

图 12.23　模型的训练和验证准确率曲线

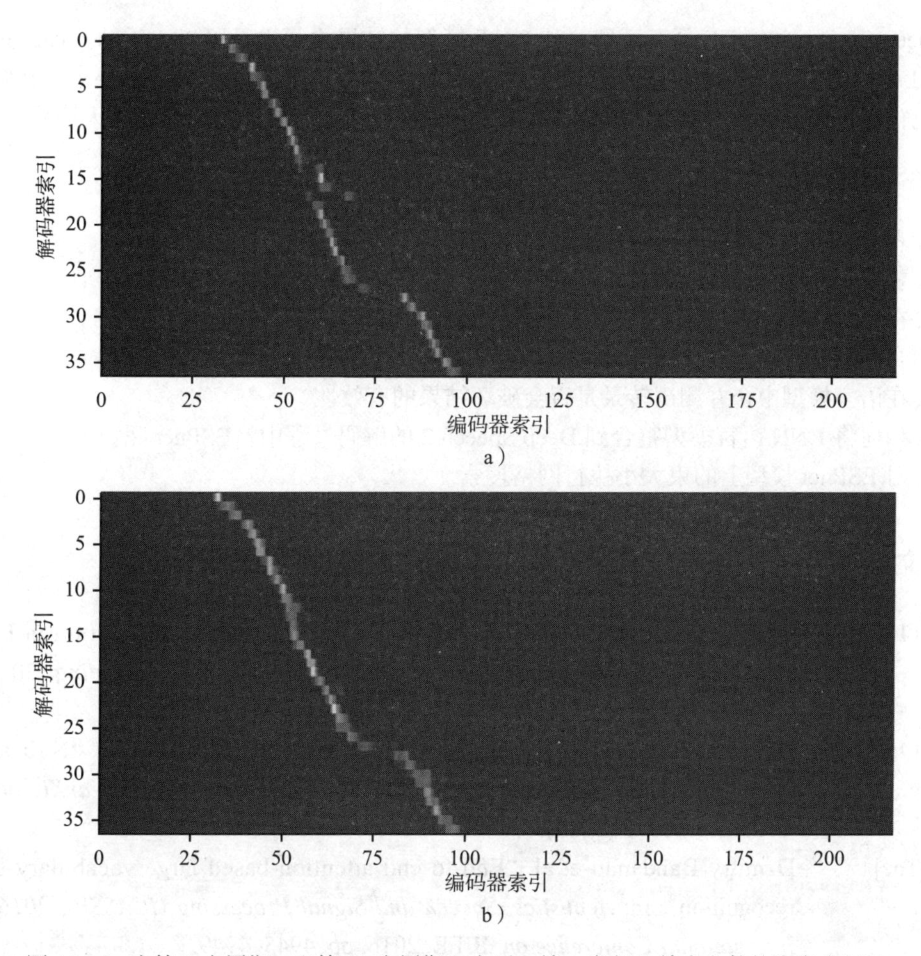

图 12.24 在第 1 个周期 a 和第 20 个周期 b 之后，输入音频上单个文件的注意力权重

12.7.5 结果

现在，我们将对本案例研究中评估的技术进行总结。测试结果见表 12.3。

表 12.3 Common Voice 测试集的端到端语音识别性能（突出显示的是最佳结果）

方法	WER
Deep Speech 2（无解码）	22.83
Deep Speech 2（4-gram LM，束大小为 512）	5.59
ESPnet（无解码）	12.34
ESPnet（no LM, 束大小为 20）	11.56
Kaldi TDNN（Chap. 8）	4.44

总的来说，使用 CTC- 注意力模型，可以更快、更稳定地收敛，并且与 Deep Speech 2 基准（WER 为 22.83）相比，基本声学模型的 WER 更低。

尽管此结果并不比第 8 章案例研究中使用 Kaldi 获得的结果更好，但是即使没有词典模型，Deep Speech 2（带有语言模型）和 Kaldi 模型的结果之间也是可以比较的。训练过程比传统的 ASR 方法所需的训练步骤更为直接，例如，消除了迭代训练和对齐的要求。在解码过程中包含语言模型还可以获得额外的好处，无须大量的语言资源就可以提供引人注目的结果。

12.7.6 留给读者的练习

读者可以自己尝试的其他一些有趣的问题包括：

1. 要使用新语言训练 Deep Speech 2 模型，需要进行哪些更改？
2. 在更多数据上训练语言模型会有什么影响？
3. 合并测试转录会改善验证数据的结果吗？测试数据呢？
4. 在语言模型中合并测试转录是否会破坏结果的有效性？
5. 如何将 RNN 语言模型整合到 Deep Speech 2 的解码过程中？ESPnet 呢？
6. 对 ESPnet 模型上的束大小执行网格搜索。

参考文献

[Amo+16] Dario Amodei et al. “Deep speech 2: End-to-end speech recognition in English and Mandarin”. In: *International Conference on Machine Learning.* 2016, pp. 173–182.

[BCB14a] Dzmitry Bahdanau, Kyunghyun Cho, and Yoshua Bengio. “Neural machine translation by jointly learning to align and translate”. In: *arXiv preprint arXiv:1409.0473* (2014).

[Bah+16c] Dzmitry Bahdanau et al. “End-to-end attention-based large vocabulary speech recognition”. In: *Acoustics, Speech and Signal Processing (ICASSP), 2016 IEEE International Conference on.* IEEE. 2016, pp. 4945–4949.

[BH14] Samy Bengio and Georg Heigold. “Word embeddings for speech recognition”. In: *Fifteenth Annual Conference of the International Speech Communication Association.* 2014.

[Cha+16b] William Chan et al. “Listen, attend and spell: A neural network for large vocabulary conversational speech recognition”. In: *Acoustics, Speech and Signal Processing (ICASSP), 2016 IEEE International Conference on.* IEEE. 2016, pp. 4960–4964.

[Cho+14] Kyunghyun Cho et al. “Learning phrase representations using RNN encoder-decoder for statistical machine translation”. In: *arXiv preprint arXiv:1406.1078* (2014).

[Cho+15c] Jan K Chorowski et al. “Attention-based models for speech recognition”. In: *Advances in neural information processing systems.* 2015, pp. 577–585.

[Chu+16] Y.-A. Chung et al. “Audio Word2Vec: Unsupervised Learning of Audio Segment Representations using Sequence-to-sequence Autoencoder”. In: *ArXiv e-prints* (Mar 2016).

[CPS16] Ronan Collobert, Christian Puhrsch, and Gabriel Synnaeve. “Wav2letter: an end-to-end ConvNet-based speech recognition system”. In: *arXiv preprint arXiv:1609.03193* (2016).

[Gra12] Alex Graves. "Sequence transduction with recurrent neural networks". In: *arXiv preprint arXiv:1211.3711* (2012).

[GMH13] Alex Graves, Abdel-rahman Mohamed, and Geoffrey Hinton. "Speech recognition with deep recurrent neural networks". In: *Acoustics, speech and signal processing (ICASSP), 2013 IEEE international conference on.* IEEE. 2013, pp. 6645–6649.

[Gra+06] Alex Graves et al. "Connectionist temporal classification: labelling unsegmented sequence data with recurrent neural networks". In: *Proceedings of the 23rd international conference on Machine learning.* ACM. 2006, pp. 369–376.

[Gul+15] Caglar Gulcehre et al. "On using monolingual corpora in neural machine translation". In: *arXiv preprint arXiv:1503.03535* (2015).

[Han17] Awni Hannun. "Sequence Modeling with CTC". In: *Distill.* (2017).

[Han+14a] Awni Hannun et al. "Deep speech: Scaling up end-to-end speech recognition". In: *arXiv preprint arXiv:1412.5567* (2014).

[Han+14b] Awni Y Hannun et al. "First-pass large vocabulary continuous speech recognition using bi-directional recurrent DNNs". In: *arXiv preprint arXiv:1408.2873* (2014).

[He+18] Yanzhang He et al. "Streaming End-to-end Speech Recognition For Mobile Devices". In: *arXiv preprint arXiv:1811.06621* (2018).

[Hea+13] Kenneth Heafield et al. "Scalable modified Kneser-Ney language model estimation". In: *Proceedings of the 51st Annual Meeting of the Association for Computational Linguistics (Volume 2: Short Papers)* Vol. 2. 2013, pp. 690–696.

[HCW18] Takaaki Hori, Jaejin Cho, and Shinji Watanabe. "End-to-end Speech Recognition with Word-based RNN Language Models". In: *arXiv preprint arXiv:1808.02608* (2018).

[Hor+17] Takaaki Hori et al. "Advances in joint CTC-attention based end-to-end speech recognition with a deep CNN encoder and RNN-LM". In: *arXiv preprint arXiv:1706.02737* (2017).

[KWL16] Herman Kamper, Weiran Wang, and Karen Livescu. "Deep convolutional acoustic word embeddings using word-pair side information". In: *Acoustics, Speech and Signal Processing (ICASSP), 2016 IEEE International Conference on.* IEEE. 2016, pp. 4950–4954.

[KHW17] Suyoun Kim, Takaaki Hori, and Shinji Watanabe. "Joint CTC-attention based end-to-end speech recognition using multi-task learning". In: *Acoustics, Speech and Signal Processing (ICASSP), 2017 IEEE Inter-national Conference on.* IEEE. 2017, pp. 4835–4839.

[Li+17] J. Li et al. "Acoustic-To-Word Model Without OOV". In: *ArXiv eprints* (Nov.2017).

[Liu+17] Hairong Liu et al. "Gram-CTC: Automatic unit selection and target decomposition for sequence labelling". In: *arXiv preprint arXiv:1703.00096* (2017).

[MB18] Benjamin Milde and Chris Biemann. "Unspeech: Unsupervised Speech Context Embeddings". In: *arXiv preprint arXiv:1804.06775* (2018).

[MHG+14] Volodymyr Mnih, Nicolas Heess, Alex Graves, et al. "Recurrent models of visual attention". In: *Advances in neural information processing systems.* 2014, pp.

2204–2212.

[Pra+18] Vineel Pratap et al. “wav2letter++: The Fastest Open-source Speech Recognition System”. In: *arXiv preprint arXiv:1812.07625* (2018).

[SLS16] Hagen Soltau, Hank Liao, and Hasim Sak. “Neural speech recognizer: Acoustic-to-word LSTM model for large vocabulary speech recognition”. In: *arXiv preprint arXiv:1610.09975* (2016).

[Sri+17] Anuroop Sriram et al. “Cold fusion: Training seq2seq models together with language models”. In: *arXiv preprint arXiv:1708.06426* (2017).

[Tos+18] Shubham Toshniwal et al. “A comparison of techniques for language model integration in encoder-decoder speech recognition”. In: *arXiv preprint arXiv:1807.10857* (2018).

[VDO+16] Aäron Van Den Oord et al. “WaveNet: A generative model for raw audio.” In: *SSW*. 2016, p. 125.

[WLL18] Yu-Hsuan Wang, Hung-yi Lee, and Lin-shan Lee “Segmental audio word2vec: Representing utterances as sequences of vectors with applications in spoken term detection”. In: *2018 IEEE International Conference on Acoustics, Speech and Signal Processing (ICASSP)*. IEEE. 2018, pp. 6269–6273.

[Wat+17b] Shinji Watanabe et al. “Hybrid CTC/attention architecture for end-to-end speech recognition”. In: *IEEE Journal of Selected Topics in Signal Processing* 11.8 (2017), pp. 1240–1253.

[Xia+18] Zhangyu Xiao et al. “Hybrid CTC-Attention based End-to-End Speech Recognition using Subword Units”. In: *arXiv preprint arXiv:1807.04978* (2018).

[ZSG90] Victor Zue, Stephanie Seneff, and James Glass. “Speech database development at MIT: TIMIT and beyond”. In: *Speech communication* 9.4 (1990), pp. 351–356.

用于文本和语音处理的深度强化学习

13.1 章节简介

在本章中，我们将研究用于文本和语音应用的深度强化学习。强化学习是机器学习的一个分支，研究的是智能体如何学习一系列能够最大化期望累计奖励的行为。在过去的研究中，强化学习一直专注于游戏方面。而关于深度学习的最新研究进展，使强化学习能够应用于解决更为广泛的实际问题，同时深度增强学习领域也应运而生。本章我们将通过深度神经网络的应用介绍强化学习的基本概念及其扩展。之后，还将研究将几种流行的深度强化学习算法，及其在文本和语音自然语言处理任务中的应用。

13.2 强化学习基础

强化学习（Reinforcement Learning，RL）是人工智能最活跃的研究领域之一。监督学习需要我们提供带标签的、独立同分布的数据，而强化学习只需要我们指定一个特定的期望奖励。此外，它还可以学习涉及延迟奖励的序列决策任务，特别是那些暂时还没发生的任务。

强化学习智能体以离散的时间步长与其环境交互。在每个 t 时刻，处于状态 s_t 的智能体从可用动作集合中选择动作 a_t，并转换到新状态 s_{t+1}，获得奖励 r_{t+1}。智能体的目标是学习最佳动作集合，即**策略**，以便生成最高的总体累积奖励（如图 13.1 所示）。智能体可以（可能随机地）选择其任何可用的动作。智能体从头到尾采取的任何一组动作都称为一个情景（episode）。正如我们将在下面看到的，我们可以使用马尔可夫决策过程来捕获一个强化学习问题的情景性动态。

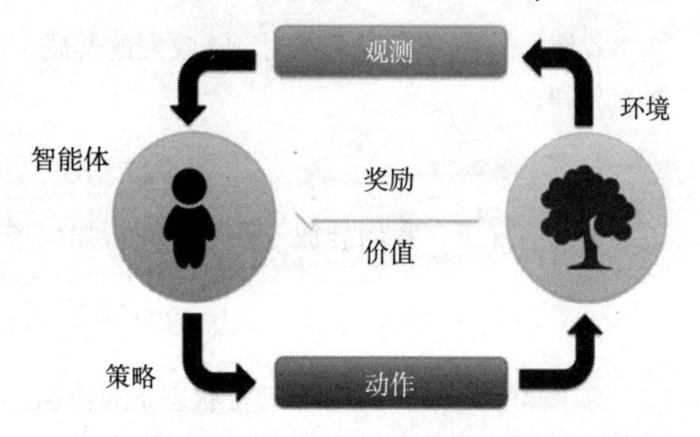

图 13.1　强化学习中的智能体 - 环境交互图

由于强化学习的顺序决策性质，它会遇到一个通常称为信用分配问题的困难。由于有许多动作可能导致奖励延迟，因此强化学习方法很难将对奖励有最大积极或消极影响的行为子集归类。对于大型状态和动作空间，这会是一个特别困难的问题。

13.2.1 马尔可夫决策过程

马尔可夫决策过程（Markov Decision Process, MDP）是一个很有用的数学框架，它将决策问题建模为离散时间的随机控制过程。从数学上讲，马尔可夫决策过程可以使用以下元组表示：

$$(s, a, p_a, r_a, \gamma) \tag{13.1}$$

其中：

s = 一个有限状态集

a = 一个有限动作集

p_a = 每个动作 a 的概率

r_a = 采取动作 a 的奖励

γ = 时间折扣因子

在一些状态 s 以及每个时间步长中，决策者可以在状态 s 中选择可用的任何动作 a。该进程在下一个时间步长通过随机移动到新的状态 s' 来进行响应，并给予决策者相应的奖励 $R_a\left(s,s'\right)$。进程从当前状态 s 进入其新状态 s' 的概率受所选动作和接收到的奖励 r 的影响。具体地说，它由状态转移函数 $p\left(s'|\ s,a\right)$ 定义，如下所示：

$$p\left(s'\,|\,s,a\right)=\Pr\left\{S_t=s'\,|\,S_{t-1}=s,A_{t-1}=a\right\}=\sum_{r\in\mathcal{R}}p\left(s',r\,|\,s,a\right) \tag{13.2}$$

其中：

$$\sum_{s'\in\mathcal{S}}\sum_{r\in\mathcal{R}}p\left(s',r|\ s,a\right)=1, \text{对于所有 } s\in\mathcal{S},a\in\mathcal{A}\left(s\right) \tag{13.3}$$

因此，接下来的新状态 s' 取决于当前状态 s 和决策者的动作 a。但是在给定 s 和 a 的情况下，它条件独立于所有先前的状态和动作，换句话说，MDP 的状态转移满足马尔可夫性质。

马尔可夫决策过程是马尔可夫链的延伸，不同之处在于增加了一组行动（允许选择）和奖励（给予动机）。相反，如果每个状态只存在一个动作，并且所有奖励相等，则马尔可夫决策过程可以简化为马尔可夫链。

13.2.2　价值函数、Q 函数和优势函数

我们将 r_t 定义为我们在时刻 t 收到的奖励。我们可以将**回报**（**return**）定义为未来奖励序列的总和：

$$G_t=r_{t+1}+r_{t+2}+\cdots \tag{13.4}$$

正常情况下，我们会加入一个时间折扣因子 $\gamma\in(0,1)$，未来的累计奖励可以表示为：

$$G_t=\sum_{k=0}^{\infty}\gamma^k r_{t+k+1} \tag{13.5}$$

有了这个定义，我们可以将状态 s 的**价值函数**（**value function**）的概念定义为预期累积回报：

$$V\left(s\right)=\mathbb{E}\left[G_t\,|\,s_t=s\right] \tag{13.6}$$

任何特定状态的价值函数都不是唯一的。这取决于我们在未来采取的一系列动作。我们定义了一组称为策略 π 的未来动作：

$$a=\pi\left(s\right) \tag{13.7}$$

然后与该策略关联的价值函数是唯一的：

$$V_\pi\left(s\right)=\mathbb{E}_\pi\left[G_t|\ s_t=s\right] \tag{13.8}$$

$$=\mathbb{E}_\pi\left[\sum_{k=0}^{\infty}\gamma^k R_{t+k+1}|\ s_t=s\right] \tag{13.9}$$

需要注意的是，虽然该策略关联的价值函数是唯一的，但在非确定性策略（例如，我们从策略定义的可能的动作分布中抽样的一个策略）下，实际值可以是随机的：

$$\pi(a \mid s)=\mathbb{P}[a \mid s] \tag{13.10}$$

除了找到一个特定状态的价值函数外，我们还可以为给定状态的特定动作定义价值函数。这称为**动作价值函数**（action-value function）或 Q **函数**（Q function）：

$$Q_{\pi}(s,a)=\mathbb{E}_{\pi}\left[G_t \mid s_t=s,a_t=a\right] \tag{13.11}$$

$$=\mathbb{E}_{\pi}\left[\sum_{k=0}^{\infty}\gamma^k r_{t+k+1} \mid s_t=s,a_t=a\right] \tag{13.12}$$

与价值函数类似，Q 函数对于一个特定的动作策略 π 是唯一指定的。其期望考虑到了根据策略的在未来的行动中的随机性，以及从环境中返回的状态的随机性。需要注意的是：

$$V_{\pi}(s)=\mathbb{E}_{a\sim\pi}\left[Q_{\pi}(s,a)\right] \tag{13.13}$$

策略 π 的**优势函数**（advantage function）通过找出状态价值（state-value）函数和状态动作价值（state-action-value）函数之间的差异来衡量动作的重要性：

$$A_{\pi}(s,a)=Q_{\pi}(s,a)-V_{\pi}(s) \tag{13.14}$$

因为价值函数 V 测量状态 s 的值会遵循策略 π，而 Q 函数测量来自状态 s 的跟随动作 a 的值，所以优势函数测量来自状态 s 的跟随一个特定动作的收益或损失。

13.2.3 贝尔曼方程

强化学习的根本性突破口是一组价值函数和 Q 函数的传播方程。这些方程通常被称为贝尔曼（Bellman）方程，以美国应用数学家 Richard Bellman 的名字命名。对于状态价值函数，贝尔曼方程由下式给出：

$$V_{\pi}(s)=\mathbb{E}_{s'}\left[r+\gamma V_{\pi}(s') \mid s_t=s\right] \tag{13.15}$$

这个等式告诉我们的是，与策略 π 相关的状态价值函数，是对下一个状态收到的奖励及其折扣的状态价值函数的期望。类似地，Q 函数的贝尔曼方程由下式给出：

$$Q_{\pi}(s,a)=\mathbb{E}_{s',a'}\left[r+\gamma Q_{\pi}(s',a') \mid s_t=s,a_t=a\right] \tag{13.16}$$

贝尔曼方程的重要之处在于，它允许我们将该状态的值表示为其他状态的值。这意味着如果我们知道 S_{t+1} 的值，那么我们就可以很容易地计算出 S_t 的值。这就为计算每个状态的价值打开了迭代方法的大门，因为如果我们知道下一个状态的值，那么我们就可以计算当前状态的值。这听起来耳熟吗？这与反向传播的概念是类似的。

13.2.4 最优化

任何强化学习问题的目标，都是找到能够获得最高期望累积奖励的最优决策。增强方法可归入以下几个主要类别之一，具体取决于它们是为了什么而优化策略 π 的：

1. 为了预期奖励：

$$\max_{\pi}\mathbb{E}\left[\sum_{k=0}^{\infty}\gamma^k r_{t+k+1}\right] \tag{13.17}$$

2. 为了优势函数：

$$\max_{\pi} A_{\pi}(s,a) \tag{13.18}$$

3. 为了 Q 函数：

$$\max_{\pi} Q_{\pi}(s,a) \tag{13.19}$$

动态规划或策略梯度等方法寻求优化期望奖励，而演员评论家模型（actor-critic models）和 Q 学习方法分别侧重于优化优势函数和优化 Q 函数。

对于任何特定的动作策略，我们都可以使用价值函数来确定其预期奖励。总会至少有一个策略优于或等同于其他所有策略，称之为最佳策略 π_*，它可能不是唯一的。所有优化策略共享相同的状态价值函数：

$$V_*(s) = \max_{\pi} V_{\pi}(s) \tag{13.20}$$

最优策略还共享相同的动作价值函数：

$$Q_*(s,a) = \max_{\pi} Q_{\pi}(s,a) \tag{13.21}$$

贝尔曼方程可以应用于最优状态价值函数 v_*，从而给出独立于任何所选策略的贝尔曼最优方程（Bellman Optimality Equation）：

$$V_*(s) = \max_{a} \mathbb{E}_{s'}\left[r + \gamma V_*(s')\right] \tag{13.22}$$

同样，最优动作价值函数独立于所选策略，并由以下公式给出：

$$Q_*(s,a) = \mathbb{E}_{s'}\left[r + \gamma \max_{a'} Q_*(s',a') | \; s,a\right] \tag{13.23}$$

13.2.5　动态规划方法

当环境是已知的并且完全指定时，可以应用动态规划方法来寻找最优策略。关键概念是使用价值函数来搜索改进的策略。动态规划通常应用于有限马尔可夫决策过程问题，是强化学习算法的十分重要的基础。

13.2.5.1　策略评估

给定策略 π，我们可以确定该策略的状态价值函数 v_{π}。使用上面的贝尔曼方程，可以从 v_{π} 的近似值开始，并迭代地更新估计值 v_k，直到它在 $k \to \infty$ 时收敛到 v_{π}：

$$V_{k+1}(s) = \mathbb{E}_{\pi}\left[r_{t+1} + \gamma V_k(s_{t+1}) | \; s_t = s\right] \tag{13.24}$$

$$= \sum_{a} \pi(a|s) \sum_{s',r} p(s',r|s,a)\left[r + \gamma V_k(s')\right] \tag{13.25}$$

以上是一个期望的更新，因为它是基于对所有可能的未来的状态和动作的期望（如图 13.2 所示）。

13.2.5.2　策略改进

考虑下一个不属于策略 π 的状态 s 的动作 a。采取此动作的值由动作价值函数给出：

$$Q_{\pi}(s,a) = \mathbb{E}\left[r_{t+1} + \gamma V_{\pi}(s_{t+1}) | \; s_t = s, a_t = a\right] \tag{13.26}$$

$$= \sum_{s',r} p(s',r|s,a)\left[r + \gamma V_{\pi}(s')\right] \tag{13.27}$$

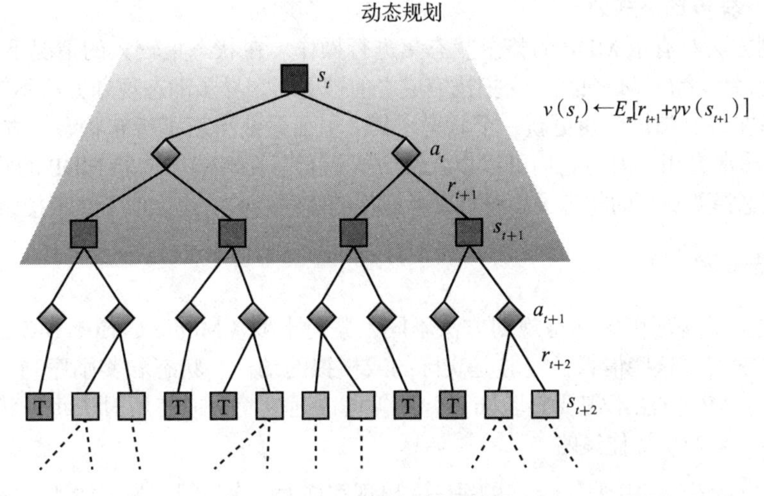

图 13.2　动态规划备份图

如果我们将采取此行动的值与我们的策略 π 进行比较，我们就可以决定是否应该采用采取了动作 a 的新策略。这引出了策略改进定理（policy improvement theorem），该定理指出，对于任何两个确定性策略 π 和 π'，如果：

$$Q_\pi\left(s,\pi'(s)\right) \geqslant V_\pi(s) \tag{13.28}$$

那么这一定是因为：

$$V_{\pi'}(s) \geqslant V_\pi(s) \tag{13.29}$$

当我们发现一个新的策略 π' 更好时，我们可以取它的值 $V_{\pi'}$，并用该值找到一个更好的策略。此处，E 表示策略迭代，I 表示策略改进。此迭代过程称为**策略迭代**，我们在策略评估 $(\pi \to V_\pi)$ 和策略改进 $(V_\pi \to \pi')$ 之间循环，直到找到最优策略 π_*：

$$\pi_0 \xrightarrow{E} V_{\pi_0} \xrightarrow{I} \pi_1 \xrightarrow{E} V_{\pi_1} \xrightarrow{I} \pi_2 \xrightarrow{E} \cdots \xrightarrow{I} \pi_* \xrightarrow{E} V_* \tag{13.30}$$

其中，E 代表策略评估，I 代表策略改进。由于有限的 MDP 具有有限数量的可能策略，因此该过程将收敛到 π_*。

13.2.5.3　值迭代

策略迭代存在一个潜在的严重缺陷，即策略 π 的评估在计算上非常昂贵，因为它需要对 MDP 中的每个状态进行迭代计算。我们可以通过执行一次更新迭代 $\left(V_\pi \approx V_{k+1}\right)$ 来接近 v_π，而不是等待 $k \to \infty$ 的收敛：

$$V_{k+1}(s) = \max_a \mathbb{E}_\pi\left[r_{t+1} + \gamma V_k(s_{t+1}) \mid s_t = s, a_t = a\right] \tag{13.31}$$

$$= \max_a \sum_{s',r} p(s',r \mid s,a)\left[r + \gamma V_k(s')\right] \tag{13.32}$$

这就是所谓的**价值迭代**（**value iteration**），它将截断的策略评估与策略改进结合在一起，因此计算效率很高。

13.2.5.4　自举法

自举法（bootstrapping）的概念在动态规划中很重要，是指通过后继状态的值的估计，来估计该状态或状态动作值。自举法是其他 RL 方法（如时间差分学习或 Q 学习）中的一个组成，它可以实现更快的、在线的学习。然而，因为它基于使用估算值来进行估计的概念，所以可能会出现不稳定的情况，而在较长的后继状态序列上自举法将具有更好的收敛特性。

13.2.5.5　异步动态规划

动态规划方法对有限 MDP 的整个状态集进行操作。在状态集较大的情况下，DP 是难以实现的，因为每个状态都必须在一次扫描完成之前被更新。异步动态规划方法不等待所有的状态更新，而是在每次扫描期间更新一个状态子集。只要最终更新了所有状态，方法就会收敛。异步 DP 方法非常有用，因为它们可以以在线方式运行，在智能体体验 MDP 的状态时同时进行。因此，在选择要更新的状态子集时可以考虑智能体的经验。这类似于集束搜索的概念。

13.2.6　蒙特卡罗

与需要完全了解环境的动态规划方法不同，蒙特卡罗（Monte Carlo，MC）方法从一组智能体经验中学习。这些情景性经验是实际的或模拟的动作、状态和奖励序列，来自智能体与环境的交互。MC 方法不需要先验知识，但仍可以通过简单地使用对于每个状态和动作的平均样本奖励，来产生最佳策略。

考虑一组情景 E，其中状态 $s\in E$ 的每一次出现都称为一次访问。为了估计 $v_\pi(s)$，我们可以一直跟踪每一次访问，直到这一段情景的结束来计算奖励 G，然后对它们求平均以生成一个更新：

$$V(s_t)\leftarrow V(s_t)+\alpha\left[G_t-V(s_t)\right] \tag{13.33}$$

其中，α 是学习率（如图 13.3 所示）。值得注意的是，使用蒙特卡罗方法，对每个状态的估计是相互独立的，其中不会用到自举法。因此，蒙特卡罗方法允许我们关注相关状态的子集以改进结果。

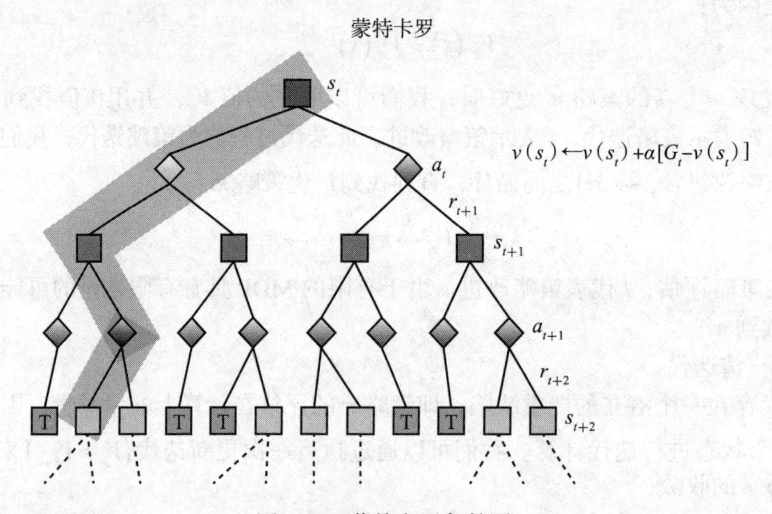

图 13.3　蒙特卡罗备份图

MC 方法可用于估计状态动作值以及状态值。我们可以从访问状态 s 时采取的行动 a 出发（而不是跟踪对于状态 s 的访问），并相应地取平均。然而不幸的是，某些状态动作对可能永远不会被访问。对于确定性策略，任何状态仅采取一项动作，因此将会仅估计一对状态动作对。为了改进策略，必须估计每个状态的所有行动的价值。

克服蒙特卡罗的充分探索问题的一种方法是使用**探索启动**（exploring starts），这种方法通过从随机选择的动作和状态开始来生成情景。这被称为**同策略**（on-policy）的方法，因为我们试图改进用于生成情景的策略。

重要性采样

异策略（off-policy）方法基于两个独立的策略：一个是待优化的目标策略，另一个是用于生成行为的探索性策略（称为行为策略）。异策略蒙特卡罗方法通常使用**重要性采样**（importance sampling）的概念，这是一种估计分布预期的技术，需要给定另一种分布样本。其关键思想是通过转移概率质量，来更频繁地取样那些对期望值有更大影响的数值。需要注意的是，目标策略和行为策略可以是不相关的，可以是确定性的或随机性的，也可以二者皆是。

13.2.7 时序差分学习

时序差分（Temporal Difference，TD）学习试图将动态规划和蒙特卡罗方法二者各自的优点结合起来。与动态规划类似，它使用自举法来更新估计值，而无须等到该情景结束。同时，它可以从经验中学习，而无须像蒙特卡罗方法那样，有一个明确的环境的模型。最简单的 TD 学习方法是单步 TD，也称为 TD(0)。它基于以下公式来更新状态价值函数（如图 13.4 所示）：

$$V(s_t) \leftarrow V(s_t) + \alpha\left[r_{t+1} + \gamma V(s_{t+1}) - V(s_t)\right] \tag{13.34}$$

这可以写成：

$$V(s_t) \leftarrow V(s_t) + \alpha\delta_t \tag{13.35}$$

其中：

$$\delta_t = r_{t+1} + \gamma V(s_{t+1}) - V(s_t) \tag{13.36}$$

称为 **TD 误差**（**TD error**）。然而，像蒙特卡罗这样的其他方法必须等到一个情景（时间 T）结束才能更新 $V(s_t)$，该方法与之不同，只使用下一个时间步长的估计来形成一次更新。也就是说，单步 TD 估计回报如式所示：$G_t \to r_{t+1} + \gamma V(s_{t+1})$。这是自举法的一个示例。与蒙特卡洛一样，TD 使用一个样本回报来近似期望回报。与动态规划一样，TD 使用 $V(s_{t+1})$ 代替 $V_\pi(s_{t+1})$。与 DP 方法相比，TD 方法不需要环境模型。此外，TD 方法处于在线方式时更新得更快，而蒙特卡罗方法必须等到一个完整的情景结束后才能计算更新中使用的回报。对于很长的情景来说，蒙特卡罗可能太慢了。

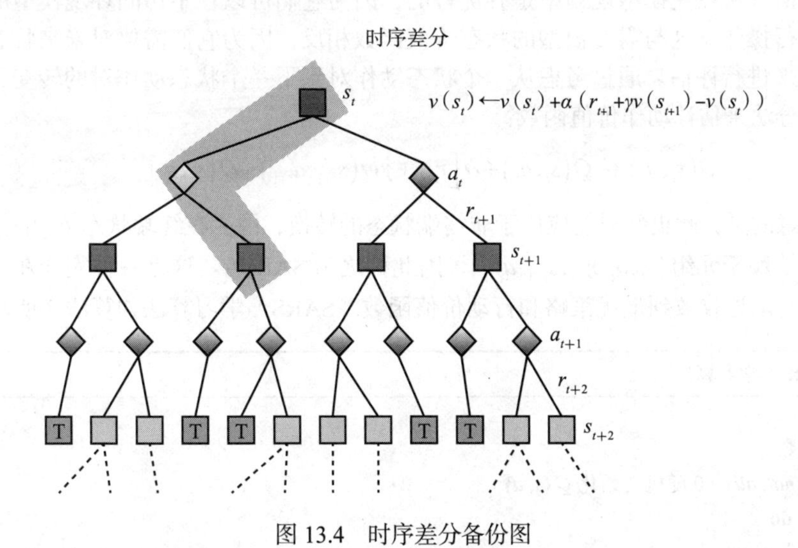

图 13.4 时序差分备份图

单步 TD 与随机梯度下降有一些相似之处，因为它们都使用单步样本更新，而不使用对后继状态的整个分布的期望。此外，两者都可以被证明是收敛的——单步 TD 可以被证明是渐进近似 V_π 的。为了更快地收敛，TD 可以使用批量更新，其中价值函数在经过计算和汇总一批经验之后被更新，如算法 1 所示。

算法 1：单步 TD 学习算法

input：策略 π
output：值函数 V
通过 $V(terminal)=0$ 随机初始化 V
for 每一情景 **do**
　初始化状态 s
　for 每一情景的步骤直到终端 **do**
　　根据 $\pi(a|s)$ 采取动作
　　观察奖励 r，下一个状态 s'
　　更新 $V(s) \leftarrow V(s) + \alpha[r + \gamma V(s') - V(s)]$
　　更新 $s \leftarrow s'$

TD 方法不局限于单时间步长，n 步 TD 允许使用更新规则跨多个步长使用自举法：

$$V_{t+n}(s_t) = V_{t+n}(s_t) + \alpha\left[G_{t:t+n} - V_{t+n-1}(s_t)\right] \tag{13.37}$$

其中 $0 \leqslant t < T$，同时 n 步返回由下式给出：

$$G_{t:t+n} = r_{t+1} + \gamma r_{t+2} + \cdots + \gamma^{n-1} r_{t+n} + \gamma^n \underbrace{V_{t+n-1}(s_{t+n})}_{\text{未来回报估计}} \tag{13.38}$$

该 n 步回报是完全回报的近似值，其中最后一项是对 n 步之后的剩余回报的估计。单步 TD 在计算出后继状态后就可以更新，而 n 步 TD 必须等到情景的 n 步之后才能更新。作为权衡，相较于单步 TD，n 步 TD 为状态价值函数提供了更好的估计，且具有更好的收敛特性。单步 TD 学习算法如算法 1 所示。

SARSA

动作价值方法在免模型规划中是有优势的，因为它们可以在不访问环境模型的情况下对当前状态进行操作。这与需要模型的状态价值函数相反，因为它们需要对未来状态和可能的动作的信息来进行评估。通过考虑从一个状态动作对到下一个状态动作对的转变，我们可以应用时序差分法来估计动作价值函数：

$$Q(s_t, a_t) \leftarrow Q(s_t, a_t) + \alpha\left[r_{t+1} + \gamma Q(s_{t+1}, a_{t+1}) - Q(s_t, a_t\right] \tag{13.39}$$

需要注意的是，此更新只能应用于非终端状态的转换，因为在终端状态下 $Q(s_{t+1}, a_{t+1}) = 0$。由于此更新依赖于元组 $(s_t, a_t, r_{t+1}, s_{t+1}, a_{t+1})$，因此称之为 SARSA。这是一种完全在线的、同策略的方法，它渐近收敛到最优策略和行动价值函数。SARSA 学习算法如算法 2 所示。

算法 2：SARSA 学习算法

input：策略
output：Q 函数
通过 $Q(terminal, all) = 0$ 随机初始化 $Q(s, a)$
for 每一情景 **do**
　初始化状态 s
　从 Q 派生的 $\pi(a|s)$ 中选择动作 a
　for 每一情景的步骤直到终端 **do**
　　采取动作 a，观察奖励 r，下一个状态 s'
　　更新 $Q(s, a) \leftarrow Q(s, a) + \alpha[r + \gamma Q(s', a') - Q(s, a)]$
　　更新 $s \leftarrow s'$, $a \leftarrow a'$

13.2.8　策略梯度

策略梯度方法寻求直接优化策略，而不需要学习状态或动作价值函数。具体地说，这些无模型方法使用带参数 θ 的随机策略 $\pi(a|\ s;\theta)$ 的参数表示，并寻求最优期望回报：

$$\pi(a\,|\,s;\theta) \leftarrow \max_{\theta} \mathbb{E}_{\pi}\left[G_t\right] \tag{13.40}$$

通过应用梯度上升来更新策略参数：

$$\theta \leftarrow \theta + \alpha \nabla_{\theta} \mathbb{E}_{\pi}\left[G_t\right] \tag{13.41}$$

需要注意的是，此公式在计算梯度之前评估了期望值，因此要求我们需要知道 $\pi(a\,|\,s;\theta)$ 的转移概率分布。为了提高分析的可操作性，我们可以利用策略梯度定理（Policy Gradient Theorem），如以下公式所示：

$$\nabla_{\theta} \mathbb{E}_{\pi}\left[G_t\right] = \nabla_{\theta} \int_{x\sim\pi} p_{\theta}(x) G_t(\tau) \mathrm{d}x \tag{13.42}$$

$$= \int_{x\sim\pi} p_{\theta}(x) \nabla_{\theta} \log p_{\theta}(x) G_t(x) \mathrm{d}x \tag{13.43}$$

$$= \mathbb{E}_{\pi}\left[\nabla_{\theta} \log \pi(a_t|\ s_t;\theta) G_t\right] \tag{13.44}$$

该定理允许我们将策略梯度更新规则表示为：

$$\theta \leftarrow \theta + \alpha \mathbb{E}_{\pi}\left[\nabla_{\theta} \log \pi(a_t|\ s_t;\theta) G_t\right] \tag{13.45}$$

因此，我们可以不需要计算动作和状态的转移概率分布，且也不需要模型，就可以更新我们的策略。

策略梯度方法对连续和离散的动作空间都很有用。有一种当今十分流行的被称为 REINFORCE 的方法，使用随机梯度下降法，在每一步只使用单序列进行训练来估计参数 θ。因此，它是一种计算负担较小的无偏估计量。但是，因为它使用一个单序列来估计奖励，所以 REINFORCE 法可能会受到高方差的影响，从而需要更长的时间才能收敛。减少这个方差的一种方法是从我们的期望回报中减去基线 $r_b(s_t)$ 奖励，这会让模型增加产生高于平均期望回报的动作的概率：

$$\theta \leftarrow \theta + \alpha \mathbb{E}_{\pi}\left[\nabla_{\theta} \log \pi(a_t|\ s_t;\theta)\left(G_t - r_b(s_t)\right)\right] \tag{13.46}$$

通过对一批动作序列进行采样，在该批次中的每个动作序列的梯度更新期间，可以将该批次的平均奖励用作基线奖励。只要基线奖励不依赖于策略参数 θ，估计量就保持无偏。REINFORCE 算法如算法 3 所示。

算法 3：REINFORCE 算法

Input：策略 $\pi(a|s;\theta)$

output：最优策略 π.

初始化策略参数 θ

while 没有收敛 **do**

　　根据策略 π 生成一个情景

　　for 每一情景的步骤直到终端 **do**

　　　　计算返回 G

　　　　更新 $\theta \leftarrow \theta + \alpha\gamma^t G \nabla \log \pi(a_t|s_t;\theta)$

13.2.9　Q 学习

Q 学习基于这样的概念：如果存在最优 Q 函数，则可以通过以下关系直接找到最优策略：

$$\pi^*(s)=\underset{a}{\operatorname{argmax}}\,Q^*(s,a) \tag{13.47}$$

因此，这些方法总是试图从任何状态中选择最佳动作，进而来直接学习最优 Q 函数，而不需要考虑所遵循的策略。Q 学习是一种异策略 TD 方法，它通过以下公式更新动作状态值函数：

$$Q(s_t,a_t)\leftarrow Q(s_t,a_t)+\alpha\Big[\underbrace{r_{t+1}+\gamma\max_{a'}Q(s_{t+1},a')}_{\text{期望未来奖励}}-Q(s_t,a_t)\Big] \tag{13.48}$$

这个公式与 SARSA 非常相似，不同之处在于它通过最大化未来动作来估计未来的期望奖励。实际上，Q 学习使用贪心算法的更新来迭代到最优的 Q 函数，并且已经被证明在极限收敛到 Q^*。Q 学习算法如算法 4 所示。

算法 4：Q 学习算法

output：Q 函数
通过 $Q(terminal, all)=0$ 随机初始化 $Q(s,a)$
for 每一情景 **do**
　初始化状态 s
　for 每一情景的步骤直到终端 **do**
　　从 Q (ε-greedy) 中选择最佳动作 a
　　采取动作 a，观测奖励 r，下一个状态 s'
　　更新 $Q(s,a)\leftarrow Q(s,a)+\alpha[r+\gamma\max_{a'}Q(s',a')-Q(s,a)]$
　　更新 $s\leftarrow s'$

13.2.10　演员评论家算法

演员评论家算法，类似于策略梯度方法，是基于估计一个参数策略的方法。让演员评论家算法与众不同的是，它还学习了一个参数化的函数，该函数用于评估动作序列并帮助学习。演员（actor）是被优化过的策略；而评论家（critic）是价值函数，可以被视为上述策略梯度更新方程中基线奖励的参数估计：

$$\theta\leftarrow\theta+\alpha\mathbb{E}_\pi\Big[\nabla_\theta\log\pi(a_t|\,s_t;\theta)\Big[\underbrace{Q_\pi(s_t,a_t)}_{\text{演员}}-\underbrace{V_\pi(s_t)}_{\text{评论家}}\Big]\Big] \tag{13.49}$$

请注意，我们可以用优势函数代替演员评论家算法：

$$\theta\leftarrow\theta+\alpha\mathbb{E}_\pi\Big[\nabla_\theta\log\pi(a_t|\,s_t;\theta)A_\pi(s_t,a_t)\Big] \tag{13.50}$$

其中 $A_\pi(s_t,a_t)=Q_\pi(s_t,a_t)-V_\pi(s_t)$。与 REINFORCE 算法类似，演员评论家算法可以使用随机梯度下降对一个单序列进行采样。在本例中，优势函数采用的形式如以下所示：

$$A_\pi(s_t,a_t)=\underbrace{r_t+\gamma V_\pi(s_{t+1})}_{Q(s,a)\text{ 的估计}}-V_\pi(s_t) \tag{13.51}$$

在学习过程中，演员提供样本状态 s_t 和 s_{t+1}，以供评论家来估计价值函数。然后，演员使用该估计来计算用于更新策略参数 θ 的优势函数。

由于演员评论家算法依赖于当前的样本来训练评论家（作为一种策略模型），它们受到这样一个事实困扰：演员和评论家的估计是相关的。这个问题可以通过转移到异策略训练来缓解，在异策略训练中，样本被累积并存储在一个**内存缓冲区**（memory buffer）中。然后对该缓冲区进行随机批采样用以训练评论家。这被称为**经验回放**（experience replay），这是一种样本高效技术，因为单个样本可以在训练期间多次使用。在一般情况下，使用演员评论家模型进行批训练可以得到低方差估计，但在评论家估计较差的情况下会是有偏的。这与策略梯度模型形成对比，可能会有很高的偏差但也会是无偏的。演员评论家算法如算法 5 所示。

算法 5：演员评论家算法

input：策略 $\pi(a|s;\theta)$，状态值函数 $v(s;w)$
output：最优策略 π。
初始化策略参数 θ 和状态值权重 w
while 没有收敛 **do**
　初始化状态 s
　for 每一情景的步骤直到终端 **do**
　　从 $\pi(a|s;\theta)$ 中选择动作 a，观测奖励 r，下一个状态 s'
　　更新 $w \leftarrow w+\beta A(s,a)\nabla v(s;w)$
　　$A(s,a) \leftarrow r+\gamma v(s';w)-v(s;w)$
　　更新 $\theta \leftarrow \theta+\alpha\gamma^{t}A(s,a)\nabla \log\pi(a_t|s_t;\theta)$
　　更新 $s \leftarrow s'$

13.2.10.1　优势演员评论家算法

减少在线训练的方差的一种方法，是使用多线程作为一个批次并行运行来训练模型。每个线程使用单一样本，并使用优势函数计算一个更新。当所有线程都完成了计算它们的更新后，它们将被批处理在一起以更新模型。这被称为同步优势演员评论家（synchronous advantage actor-critic）模型，简称 A2C。作为一种算法，A2C 算法效率高且不需要内存缓冲区。此外，它可以非常有效地利用现代多核处理器来加速计算。A2C 算法如算法 6 所示。

算法 6：A2C 算法

input：策略 $\pi(a|s;\theta)$，状态值函数 $v(s;w)$
output：最优策略 π。
初始化策略参数 θ 和状态值权重 w
while 没有收敛 **do**
　初始化状态 s
　for 每一情景的步骤直到终端 **do**
　　从 $\pi(a|s;\theta)$ 中选择样本 N 个动作 a_i，观测奖励 r_i，下一个状态 s_i'
　　更新 $w_i \leftarrow w_i+\beta A(s_i,a_i)\nabla v(s_i;w_i)$
　　$A(s,a) \leftarrow \frac{1}{N}\sum_i r_i+\gamma v(s_i';w_i)-v(s_i;w_i)$
　　更新 $\theta \leftarrow \theta+\alpha\gamma^{t}A(s,a)\nabla \log\pi(a_t|s_t;\theta)$
　　更新 $s \leftarrow s'$

13.2.10.2　异步优势演员评论家算法

与其等待所有线程完成计算更新，我们可以异步更新模型。一旦一个线程计算出更新，它就可以将该更新广播给其他线程，这些线程会立即将其应用到它们的计算中。这就是所谓的异步优势演员评论家算法（asynchronous advantage actor-critic），简称A3C，由于它的轻量级计算占用空间和快速训练时间的特点，该算法得到了巨大的关注和前所未有的成功。

13.3　深度强化学习算法

深度学习方法在强化学习中有几个重要的应用。它们能够自动学习大型分布表示并充当通用函数近似器，这使得它们在对参数策略、值函数和优势函数进行建模时非常有用。特别是，序列到序列模型的深度学习方法的最新进展已经为NLP领域带来了有趣的强化学习应用。

当用于逼近状态值函数等非线性函数时，深度神经网络是出了名的不稳定。但我们有多种技术可以稳定学习，包括批训练、经验回放和目标网络等。

13.3.1　强化学习为何可以应用于seq2seq

如第12章所讨论的，序列到序列（seq2seq）模型已被广泛用于解决序列问题。训练seq2seq模型最常用的方法被称为**强制教学**（teacher forcing），即使用被正确标注的序列来最大限度地减少每个解码步骤的最大似然（ML）损失。然而，在测试时却经常使用诸如词错误率这样的离散度量来评估模型。这些离散的度量是不可区分的，不能在ML框架中用于训练。针对训练时的ML损失进行优化是很容易的，但在测试时却会产生次优的度量，这就是所谓的**训练-测试不一致**（train-test inconsistency）问题。

seq2seq模型还存在另一个严重的问题，即**曝光误差**（exposure bias）。虽然强制教学的方法在每一步都使用一个被正确标注的标签来解码序列中的下一个元素，但是这个被正确标注的标签在测试时是不可用的。因此，seq2seq模型只能使用其预测结果去解码序列，这意味着错误将在输出序列生成期间累积。于是，效果不尽人意的模型在训练中可能永远也不会有所改善。处理曝光误差的一种方法是在模型训练期间使用计划采样，其中模型首先使用最大似然进行预训练，然后在训练期间慢慢转移到它自己的预测 [Ken+18]。

强化学习提供了一种克服这两个限制的方法。通过引入像WER这样的离散度量作为奖励函数，强化学习方法可以避免训练-测试不一致。由于RL模型的状态在每个时间步长由seq2seq解码器的输出状态给出，因此可以避免曝光误差。

最近有研究表明，基于注意力的模型在各种任务上的表现明显优于标准的seq2seq模型。然而，它们由于输出空间大而受到较大的限制。在NLP中，通常使用较小的截断词汇表来减少计算负担。基于注意力的模型不能处理集外词。为了克服这个问题，最近提出了指针生成方法 [SLM17]。这些方法提供了一种切换机制，使得当模型输出预测是集外词时，将输入词复制到输出。指针生成模型目前对于一些NLP任务来说是最前沿的。

13.3.2　深度策略梯度

深度策略梯度法训练深度神经网络学习最优策略。这可以通过seq2seq模型来实现，其中使用解码器的输出状态来表示模型的状态。因此，智能体被建模为深度神经网络（seq2seq模型），其中输出层预测该智能体采取的离散操作（如图13.5所示）。通过在训练过程中根据深度神经网络选择动作来生成序列，可以应用诸如REINFORCE等策略梯度方法。在序列结束时或在预测序列结束（EOS）码元时观察奖励。该奖励可以是根据生成的序列和被正确标注的序列之间的差异评估的性能度量。

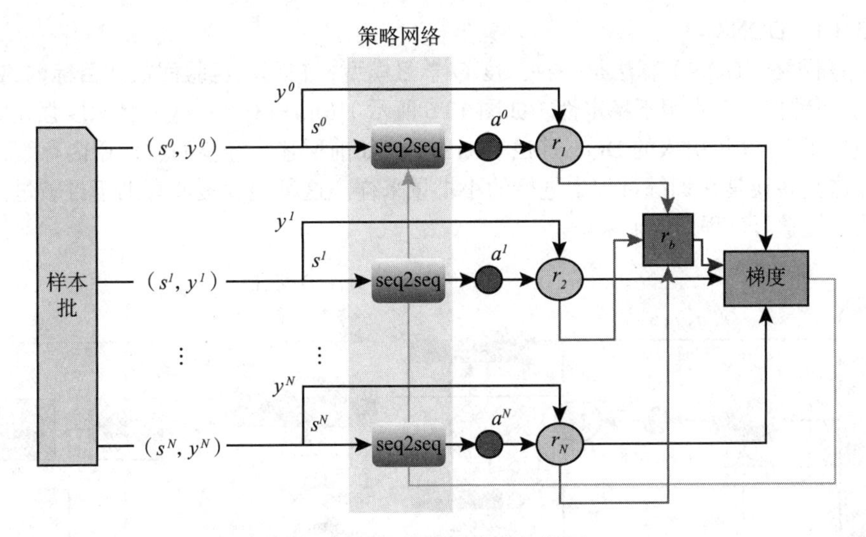

图 13.5　深度策略梯度架构图

不幸的是，算法必须等到执行到序列末尾才能更新，这会导致方差较大，并使其收敛速度变慢。此外，在训练开始时，当深度神经网络被随机初始化时，早期预测的动作可能会使模型向错误的方向更新。最近的研究建议在切换到 REINFORCE 算法之前预先使用交叉熵损失来训练策略梯度模型，这被称为**热启动**。seq2seq REINFORCE 算法如算法 7 所示。

算法 7：seq2seq REINFORCE 算法

input：输入序列 X，真实输出序列 Y

output：最优策略 π_*

while 没有收敛 **do**

　　从 X 和 Y 中选择批量

　　预测动作序列：$[a_1, a_2, \cdots, a_N]$

　　观测奖励 $[r_1, r_2, \cdots, r_N]$

　　计算基线奖励 r_b

　　计算梯度并更新策略网络

13.3.3　深度 Q 学习

我们不需要直接学习策略的估计值，而可以使用深度神经网络来逼近动作值函数，从而确定最优策略。这些方法通常被称为深度 Q 学习，通过最小化损失函数，我们学习一个带有参数 θ 的评估函数 $Q(s,a;\theta)$：

$$L(\theta)=\frac{1}{2}\mathbb{E}\left[r+\gamma\max_{a'}Q(s',a';\theta)-Q(s,a;\theta)\right]^2 \tag{13.52}$$

采用梯度关于 θ 按以下更新规则更新：

$$\theta\leftarrow\theta+\alpha\underbrace{\left[r+\gamma\max_{a'}Q(s',a';\theta)-Q(s,a;\theta)\right]}_{\text{时序差分}}\nabla_\theta Q(s,a;\theta) \tag{13.53}$$

不幸的是，更新规则存在收敛问题，并且可能相当不稳定，这限制了深度 Q 学习模型本身的使用。

13.3.3.1　DQN

深度 Q 网络（DQN）算法是一种深度 Q 学习模型，它利用**经验回放**和**目标网络**（target network）两种技术来克服不稳定性（如图 13.6 所示）[Mni+13]。一些人将深度强化学习领域的推出归功于 2015 年引入的 DQN 算法 [HGS15]。如前所述，经验回放使用内存缓冲区来存储转换，这些转换是在训练过程中进行的小批量采样。这种经验缓冲有助于打破过渡之间的关联，从而使学习过程稳定下来。

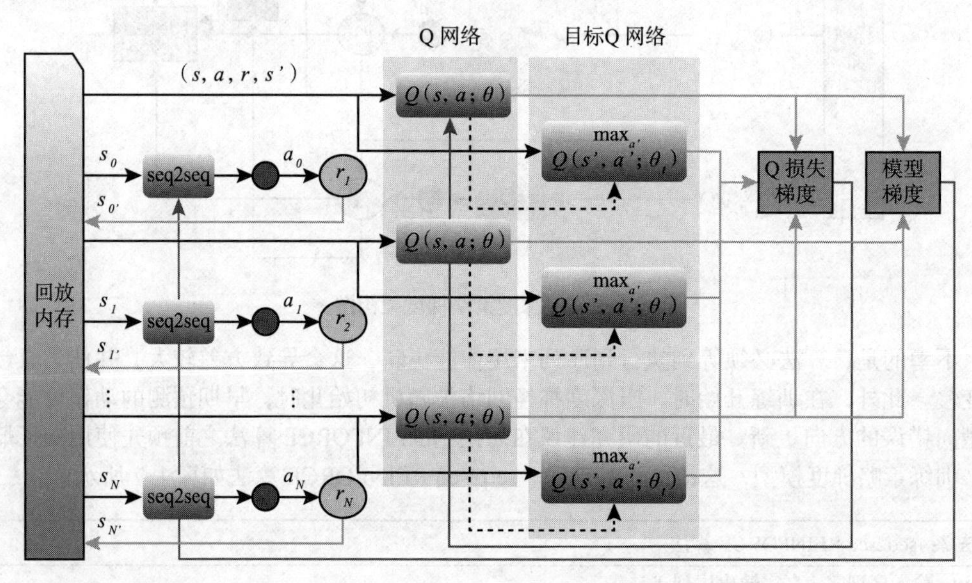

图 13.6　DQN 架构图

目标网络是深度 Q 网络的额外副本。它的权重 θ_{target} 周期性地从原始 Q 网络复制过来，且在其他时间保持固定。此目标网络用于计算更新期间的时序差分：

$$\theta \leftarrow \theta + \alpha\left[r + \underbrace{\gamma \max_{a'} Q\left(s', a'; \theta_{\text{target}}\right)}_{\text{目标网络}} - Q(s, a; \theta)\right] \nabla_\theta Q(s, a; \theta) \tag{13.54}$$

经验回放和目标网络一起有效地平滑学习，避免了参数振荡或发散。通常，长度为 M 的有限存储缓冲器用于经验回放，以便存储和采样最近的 M 个转换。此外，无论重要性如何，都会从缓冲器中统一采样经验。最近，区分优先级的经验回放已经被提出 [Sch+15a]，其中基于 TD 误差和重要性采样更频繁地对更重要的转换进行采样。seq2seq DQN 算法如算法 8 所示。

算法 8：seq2seq DQN 算法

---

input：输入序列 X，真实输出序列 Y
output：最优 Q 函数 Q.
初始化 seq2seq 模型 π_θ
初始化 Q 网络参数 θ
初始化目标 Q 网络参数 θ_{target}
初始化回放内存
while 没有收敛 **do**
　　从 X 和 Y 中选择批量
　　来自 seq2seq 模型的样本动作序列：$[a_1, a_2, \ldots, a_n]$
　　收集经验 $(s_t, a_t, r_t, s_{t'})$ 并添加到回放内存

（续）

从回放内存选择小批量
for 每个小批量样本 **do**
　使用 Q 网络估计当前 Q 值
　使用目标 Q 网络估计下一个最佳动作 Q 值
　将估计保存到缓存
通过使用小批量估计最小化 Q 网络损失来更新 Q 网络参数 θ
基于每 K 步估计的 Q 值，用梯度更新 seq2seq 模型 π_θ，将权重复制到目标网络 $\theta_{\text{target}}=\theta$

13.3.3.2　双 DQN

DQN 方法存在一个问题，即它们在根本上倾向于过度估计 Q 值。要了解这一点，请考虑以下关系的成立：

$$\max_{a'} Q\left(s',a';\theta_{\text{target}}\right)=Q\left(s',\operatorname*{argmax}_{a'} Q\left(s',a';\theta_{\text{target}}\right);\theta_{\text{target}}\right) \tag{13.55}$$

使用此函数，我们可以重写 DQN 损失函数：

$$L(\theta)=\frac{1}{2}\mathbb{E}\left[r+\gamma Q\left(s',\operatorname*{argmax}_{a'} Q\left(s',a';\theta_{\text{target}}\right);\theta_{\text{target}}\right)-Q(s,a;\theta)\right]^2 \tag{13.56}$$

在这个表达式中，可以看到目标网络被使用了两次；先是选择了下一个最佳动作，然后估计该动作的 Q 值。因此，有一种高估 Q 值的趋势。**双深度 Q 学习**网络通过使用两个独立的目标网络来克服这一点：一个用于选择下一个最佳动作，另一个用于估计给定所选动作的 Q 值。

双深度 Q 网络（DDQN）不引入另一个目标网络，而是使用当前的 Q 网络来选择下一个最佳动作，并使用目标网络来估计其 Q 值。DDQN 损失函数可以写为：

$$L(\theta)=\frac{1}{2}\mathbb{E}\left[r+\gamma Q\left(s',\operatorname*{argmax}_{a'} Q\left(s',a';\theta\right);\theta_{\text{target}}\right)-Q(s,a;\theta)\right]^2 \tag{13.57}$$

DDQN 减少了在双深度 Q 学习中使用的第三个网络的需求，以解决高估问题。

13.3.3.3　对决网络

当动作空间较小时，DQN 和 DDQN 方法非常有用。然而，在 NLP 应用中，动作空间可以等于词汇表的大小，甚至在任何时候都可能只有很小的子集可行。在如此大的空间中估计每个动作的 Q 值可能需要消耗很多资源，并且以极慢的速度才能达到收敛。我们需要思考这样一件事，即在某些状态下，动作的选择可能几乎没有影响；而在另一些状态下，动作的选择却可能异常重要。

对决网络（**Dueling Network**）方法使用单个网络来同时预测状态值函数和优势函数，并且将两者结合起来估计 Q 函数。这样避免了评估每个动作选择的价值。在一种可能的设计中，对决网络基于一种 Q 网络架构，这种 Q 网络架构具有 CNN 较为底部的层，其后是两个独立的全连接层流，其输出被相加在一起用以估计 Q 值。seq2seq 双 DQN 算法如算法 9 所示。

算法 9：seq2seq 双 DQN 算法

input：输入序列 X，真实输出序列 Y
output：最优 Q 函数 $=Q_*$
初始化 seq2seq 模型 π_θ
初始化 Q 网络参数 θ
初始化目标 Q 网络参数 θ_{target}
初始化回放内存

（续）

while 没有收敛 **do**
　从 X 和 Y 中选择批量
　来自 seq2seq 模型的样本动作序列：$[a_1, a_2, \ldots, a_n]$
　收集经验 $(s_t, a_t, r_t, s_{t'})$ 并添加到回放内存
　从回放内存选择小批量
　for 每个小批量样本 **do**
　　使用 Q 网络估计当前 Q 值
　　使用 Q 网络选择下一个最佳动作
　　使用目标 Q 网络估计样本 Q
　　将估计保存到缓存
　通过使用小批量估计最小化 Q 网络损失来更新 Q 网络参数 θ
　基于每 K 步估计的 Q 值，用梯度更新 seq2seq 模型 π_θ，将权重复制到目标网络 $\theta_{\text{target}}=\theta$

13.3.4　深度优势演员评论家算法

我们已经看到，在深度 Q 学习方法中加入单独的目标网络可以帮助解决高方差和高估问题。回想一下，在 DDQN 中，我们使用当前网络去选择动作，使用目标网络评估该动作。实际上，当前网络充当演员，目标网络充当评论家，但需要注意的是，这两个网络在架构上是相同的，并且目标网络的权重定期与当前网络同步。

然而事实可能并非如此，因为可以训练不同的网络来估计价值函数并充当评论家。由于深层神经网络往往是状态值函数的不稳定的估计器，深层演员评论家算法通常关注于估计并最大化优势函数。

我们可以使用 TD 误差来代替定义为状态值函数和 Q 函数之间的差的优势函数：

$$\delta = r_t + \gamma V_{\pi_\theta}\left(s_{t+1}\right) - V_{\pi_\theta}\left(s_t\right) \tag{13.58}$$

由此可以证明：

$$\mathbb{E}[\delta] = Q_{\pi_\theta}(s,a) - V_{\pi_\theta}\left(s_t\right) \tag{13.59}$$

这种价值网络方法被称为深度优势演员评论家算法（如图 13.7 所示）。在这种情况下，只需要一个单独的 Q 网络就能完成工作，但是考虑到稳定性，最好使用经验回放和类似于 DQN 的目标网络来对其进行训练。带有经验回放的 seq2seq 演员评论家算法如算法 10 所示。

算法 10：带有经验回放的 seq2seq AC 算法

input：输入序列 X，真实输出序列 Y
output：最优策略 π.
初始化演员（seq2seq）网络，π_θ
初始化评论家网络 θ
初始化回放内存
while 没有收敛 **do**
　从 X 和 Y 中选择批量
　来自演员的样本动作序列：$[a_1, a_2, \ldots, a_n]$
　计算真实的折扣奖励：$[r_1, r_2, \ldots, r_n]$
　收集经验（a_n, v_n）并添加到回放内存
　从回放内存选择小批量
　for 每个小批量样本 **do**
　　从评论家网络计算优势估计
　通过最小化小批量上的评论家损失来更新评论家 Q 网络参数 θ
　基于评论家优势估计的梯度更新演员参数 π_θ

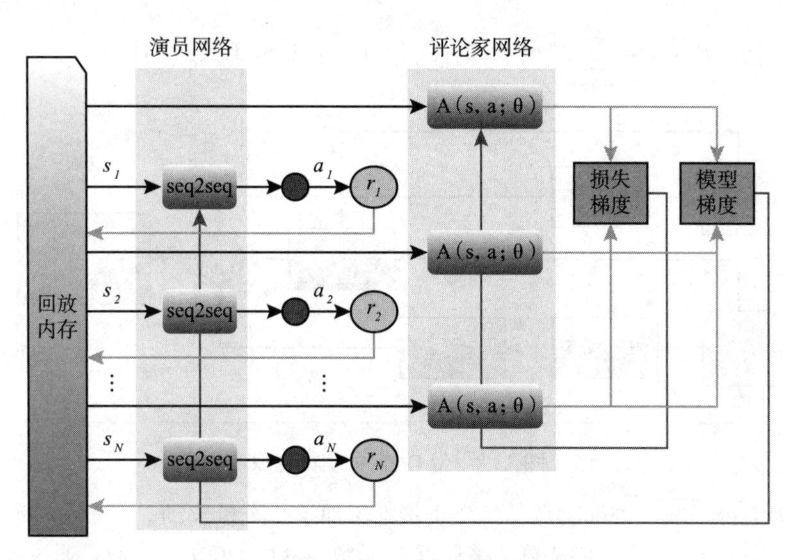

图 13.7　深度优势演员评论家算法架构

13.4　用于文本处理的深度强化学习方法

近年来，深度强化学习方法已被应用于文本上的各种自然语言处理任务。在建立对话智能体和对话系统方面特别成功。在本节中，我们将介绍用于信息提取、文本分类、对话系统、文本摘要、机器翻译和自然语言生成的不同 DRL 方法。其中许多基于 seq2seq 模型来生成嵌入或用作目标策略的模型。这并不是说 DRL 方法只能使用 seq2seq 模型，CNN 也是可以使用的。

13.4.1　信息提取

信息提取被定义为从文本中自动提取实体、关系和事件的任务。近年来，研究人员已经成功地将深度学习方法应用于实体提取，包括利用 CNN 和 RNN 的架构 [Qi+14，GHS16]。然而，在实际领域中，需要非常大量的标记数据才能学习并执行高质量的提取。此外，关系抽取的质量取决于实体抽取的结果（反之亦然）。也可能是我们只关心关系的一个子集，例如在动作任务提取中。DRL 方法在解决这些问题上已经找到了适用性。

对于大规模领域，标记的训练数据通常是性能的最大限制，因为获得准确标记的数据的成本可能高得令人望而却步。远程监督是寻求通过利用外部知识图谱自动对齐文本以提取实体或关系来缓解这一需求的一种方法 [Min+09b]。但是，以这种方式生成的提取没有直接被标记，并且可能是不完整的。这时候强化学习就能派上用场了。

13.4.1.1　实体提取

对于实体提取任务，可以使用外部信息通过查询相似文档和比较提取的实体来解决歧义并提高准确率。这是一个连续的任务，可以用强化学习智能体来解决，在强化学习智能体中，我们将抽取任务，将其建模为马尔可夫决策过程。

图 13.8 是 K.Narasimhan 等人 [NYB16] 提出的基于 DQN 智能体的架构的一个示例。在该模型中，状态是实值向量，对从目标和查询文档中提取的实体的匹配、上下文和置信度进行编码。这些动作接受、拒绝或协调两个文档的实体，并查询下一个文档。选择奖励函数以最大化最终提取精度：

$$R(s,a)=\sum_{\text{entity } j}\text{Acc}\left(\text{entity}_{\text{target}}(j)\right)-\text{Acc}\left(\text{entity}_{\text{query}}(j)\right) \tag{13.60}$$

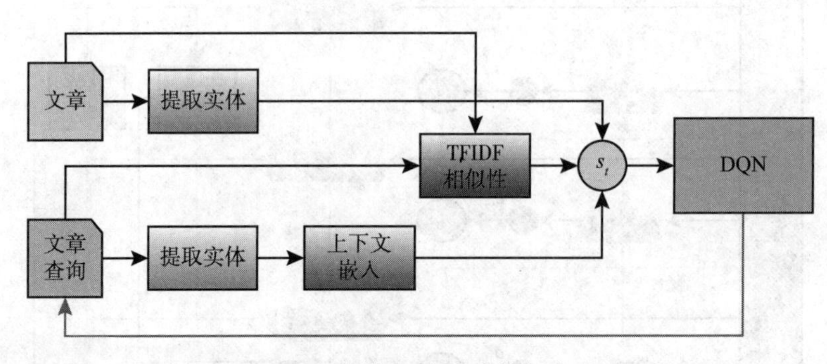

图 13.8　带 DQN 的实体提取

为了最大限度地减少查询次数，每个步骤都添加了一个负奖励。由于该模型是基于连续状态空间的，因此可以训练 DQN 算法来逼近 Q 函数，其中 DQN 的参数是通过经验回放的随机梯度下降和目标网络减少方差来学习的。

13.4.1.2　关系提取

考虑一个用于关系提取任务的深度学习网络。该网络被视为 DRL 智能体，它的作用是将句子中的单词序列作为输入，其输出是所提取的关系。如果把句子看作状态，把关系看作动作，我们就可以学到一种进行关系提取的最优策略。从一批句子中提取关系的过程变成了一个情景。

图 13.9 展示了用于该关系提取任务的一个深层策略梯度方法。奖励函数是由一批预测的关系与相应的一组正确的标签相比较所得到的准确率来给出的。应用 REINFORCE 算法 [Zen+18] 对该模型的策略进行优化，将状态 s_i 的奖励函数定义为：

$$R(s_i)=\gamma^{n-i}r_n \tag{13.61}$$

其中，n 是批次中的句子数，r_n 要么等于 +1 要么等于 −1。策略梯度法的目标函数为：

$$J(\theta)=\mathbb{E}_{s_1,s_2,\ldots,s_n}R(s_i) \tag{13.62}$$

这将导致梯度更新：

$$\theta\leftarrow\theta+\nabla J(\theta)=\sum_{i=1}^{n}\sum_{j=1}^{n_i}\nabla p\left(a_i \mid s_i;\theta\right)\left(R(s_i)-r_b\right) \tag{13.63}$$

其中基线 r_b 由以下公式给出：

$$r_b=\frac{\sum_{i=1}^{n}\sum_{j=1}^{n_i}R(s_j)}{\sum_{i=1}^{n}n_i} \tag{13.64}$$

13.4.1.3　动作提取

从文本中提取动作序列的任务具有一定的挑战性，因为它们通常受上下文的影响很大。传统的方法依赖于一组不能很好地概括自然语言的模板。序列标记方法不能很好地执行，因为只有序列的一个子集可以被认为是有意义的动作。动作提取器可以被建模为 DRL 智能体，其中状态被认为是单词序列，并且动作是与单词序列相关联的一组标签。该智能体可以通过训练 DQN 模型来学习最优的标签策略。图 13.10 展示了 Feng 等人 [FZK18] 提出的架构，被称为 EASDRL，它基于先提取动作名称，然后提取动作目标。为此，该架构定义了与单独

CNN 网络相关联的两个 Q 函数，用于对动作名称 $Q(s,a)$ 和动作目标 $Q(\hat{s},a)$ 进行建模，并使用经验回放的变体来进行训练，该变体对正向奖励转换的加权更高。

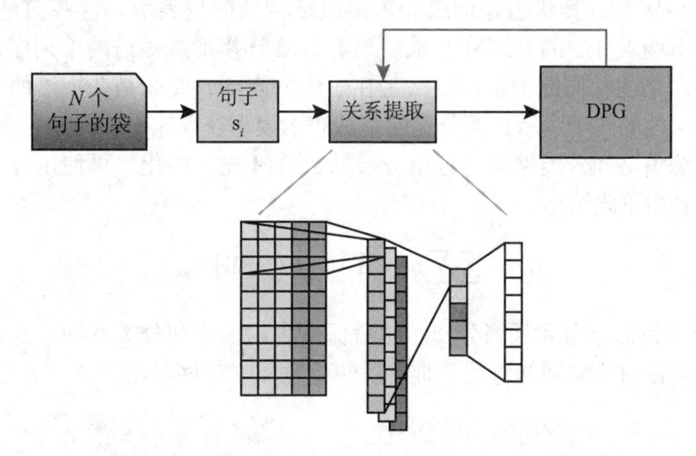

图 13.9 带 DPG 的关系提取

13.4.1.4 联合实体 / 关系提取

通常来说，实体提取是关系提取的前奏。它们可以被认为是相互依赖的任务，因为关系提取的质量通常取决于所提取实体的质量。考虑到这种顺序性，可以使用强化学习来同时为两个任务联合学习和优化。图 13.11 展示了基于深度 Q 学习智能体的 DRL 架构 [Fen+17]。在该模型中，当前状态 s 是具有注意力 $Att(X;\theta_1)$ 的 Bi-LSTM 的实体提取器的输出，而转换状态 s' 是 Tree-LSTM $Tree(X;\theta_2)$ 的关系提取的输出。动作被定义在集合（a_1，a_2，a_3，a_4）上，其中 a_1 和 a_2 对提及的关系进行分类，a_3 和 a_4 对提及的关系类型进行分类。换句话说，DRL 智能体结合了实体提取、关系提及分类和关系分类的任务。DQL 模型采用随机梯度下降法进行训练。

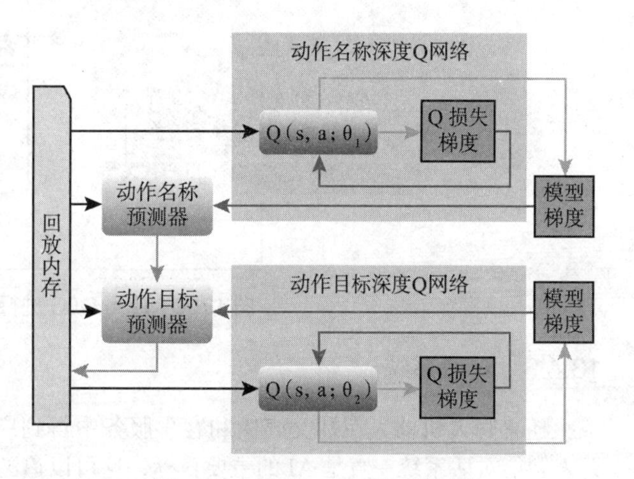

图 13.10 基于 DQN 的动作抽取

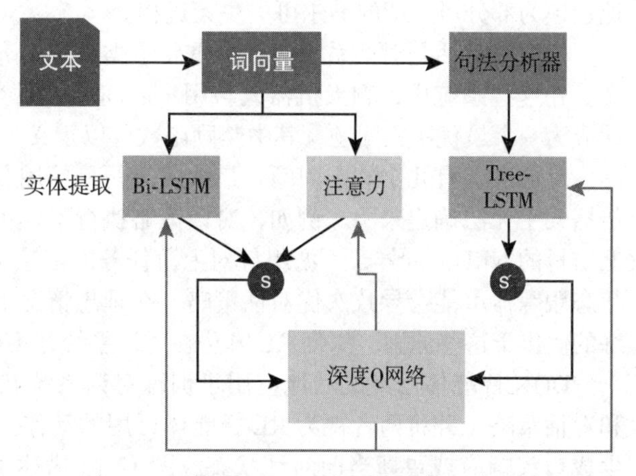

图 13.11 使用 DQL 进行联合实体 / 关系提取

13.4.2 文本分类

文本分类的深度学习主要目标是学习能够有效捕捉语义上下文和语义结构的词和句子的表示。然而，当前的方法不能自动学习和优化结构，因为它们是使用有监督输入或者树库标注来显式训练的。相反，DRL 可以用来构建有层次结构的句子表示，而不需要标注。

图 13.12 展示了一个由三个组件组成的架构：策略网络、表示模型和分类网络 [ZHZ18]。策略网络基于随机策略，其状态是词级和短语级结构的向量表示。这些向量是“表示模型”的输出，该模型由两级分层的 LSTM 组成，该 LSTM 连接形成短语的单词序列和形成句子的短语序列。策略网络的动作标记单词要么是在短语的内部，要么是在短语的末尾。策略网络侧重于构建捕获结构的句子表示，而分类网络从表示模型获取输出并使用它来执行分类任务。

为了联合训练策略和分类网络，这个分层的 LSTM 先初始化，再使用分类网络的交叉熵损失来预训练，其由下式给出：

$$L = -\sum_{X \in D}\sum_{y=1}^{K} p(y, X) \log P(y \mid X) \tag{13.65}$$

其中 p 和 P 分别是目标分布和预测分布。然后保持表示模型和分类器网络的参数不变，并使用 REINFORCE 算法对策略网络进行预训练。热启动后，三网联动训练，直至收敛。

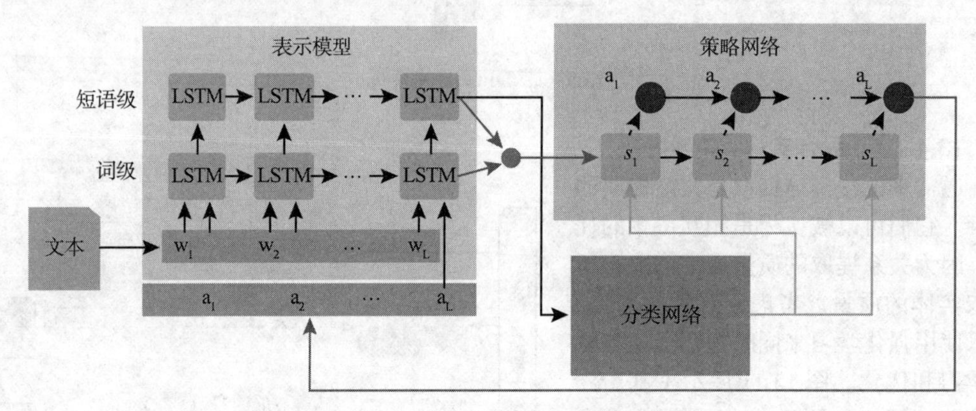

图 13.12　使用 DPG 进行文本分类

13.4.3　对话系统

随着聊天机器人在社交媒体和客户服务中得到广泛应用，对话系统变得越来越受欢迎。开发智能对话系统一直是 AI 的主要目标，这可以追溯到图灵测试。对话智能体必须执行一个多任务管道，包括自然语言理解、状态跟踪、对话策略和自然语言生成。对话系统已被成功地建模为部分可观测的马尔可夫决策过程。

槽填充对话是对话系统的一个重要子类，它填充一组预定义的槽来响应用户对话和上下文。在这些系统中，聊天机器人与用户之间的关系类似于 RL 智能体和它的环境。会话式对话成为一个最优决策问题，其中奖励函数可以定义为聊天机器人与用户之间的成功交互。

对话系统有几个基本问题。最大的问题是信用分配问题，在该问题中，通过管道的错误传播几乎无法确定来源。例如，对话策略执行不佳可能是由于不正确的状态跟踪，也可能是低质量的 NLU。同样，下游组件对上游任务的依赖也会使得优化变得特别困难。例如，调整状态跟踪器可能会导致次优对话策略。在理想情况下，整个管道都是以端到端的形式同时训练的。出于这些原因，深度 RL 方法在对话系统建模中有重要的用途。

DQN 智能体已经成功地应用于训练对话系统 [ZE16，GGL18]，该系统统一了状态跟踪和对话策略，并将两者视为 RL 智能体可用的动作。该架构学习一种最佳策略，该策略可以生成口头响应或更新当前对话状态。图 13.13 描述了 DQN 模型，该模型使用 LSTM 网络生成对话状态表示。LSTM 的输出作为一组策略网络的输入，该策略网络以多层感知机网络的形式表示每个可能的动作。这些网络的输出表示每个动作的动作状态值函数。

由于高维状态和动作空间，训练对话系统通常需要大量带标签的对话。为了克服这种对训练数据的需求，提出了一种两阶段深度 RL 方法 [Fat+16]，该方法使用演员评论家架构，其中策略网络首先使用少量高质量的对话进行监督训练，通过类别交叉熵进行引导学习。然后，使用深度优势演员评论家算法来训练价值网络。

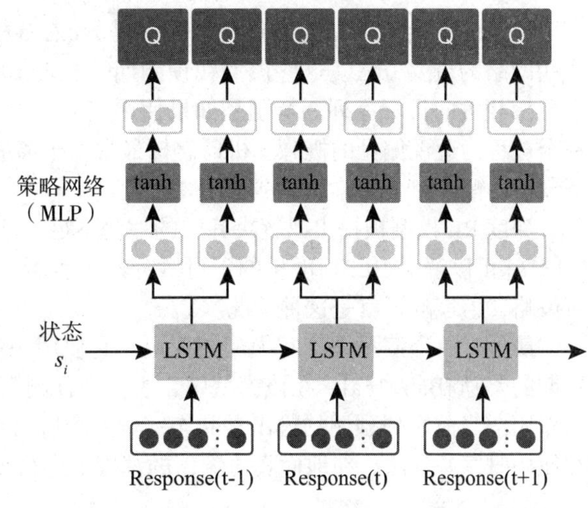

图 13.13　带 DQN 的对话系统

13.4.4　文本摘要

文本摘要是一项有趣的 NLP 任务，旨在以人类可读的形式自动生成输入文本的自然语言摘要。它在不同的行业中有广泛的使用，分为两类：抽取式摘要和抽象式摘要。在抽取的情况下，它试图删除多余的文本，在保持自然语言形式的同时只保留最相关的单词。在抽象的情况下，它试图提供文本中相关观点的释义摘要。

Recall-Oriented Understudy for Gisting Evaluation (ROUGE) 是最常用于文本摘要任务的质量衡量标准。根据定义，ROUGE-1 测量预测汇总和地面真值的参考文本之间共享的一元组。ROUGE-2 测量共享的二元组，ROUGE-L 测量预测和地面真值之间的最长公共子字符串 (LCS)。对于这些测量中的每一项，通常都会引用精度和召回率。ROUGE 的问题在于，它们提供关于预测的人类可读性的信息很少，这些信息通常通过语言模型的困惑度等度量来捕获。

DQN 已成功地应用于提取文本摘要 [LL17，PXS17b，Çe+18b]。图 13.14 展示了该架构，其中状态表示当前（部分）文本摘要，动作表示向该摘要添加一句话，ROUGE 用作奖励。在该体系架构中，语句被表示为文档向量（DocVec）、语句向量（SentVec）和位置向量（PosVec）的串联。

基于注意力的深度学习网络在抽象式文本摘要任务中发现了巨大的吸引力。尽管 ROUGE 分数很高，但是它们经常会产生不自然的摘要。这为深度 RL 方法打开了大门，这些方法可以结合混合训练目标：

$$L_{\text{mixed}} = \sigma L_{rl} + (1-\sigma) L_{\text{ml}} \tag{13.66}$$

它结合了强制教学的最大似然函数：

$$L_{\text{ml}} = -\sum_{t=1}^{n} \log p\left(y_t \mid y_1, y_2, \ldots, y_{t-1}, x\right) \tag{13.67}$$

和一个策略梯度目标：

$$L_{\text{rl}} = -\left[r - r_b\right] \sum_{t-1}^{n} \log P\left(y_t \mid y_1, y_2, \ldots, y_{t-1}, x\right) \tag{13.68}$$

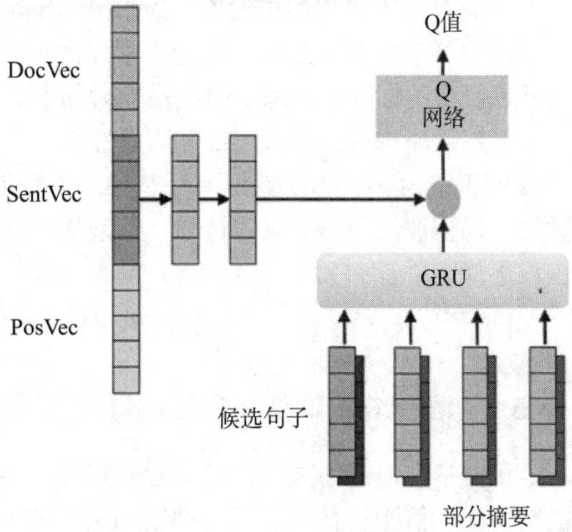

图 13.14　使用 DQN 进行文本摘要

其中奖励 r 是一个离散的目标，就像 ROUGE 一样。

13.4.5 机器翻译

神经网络机器翻译的最新突破之一是 seq2seq 模型的使用。如上所述，强制教学是训练这些网络的主要方法。这些模型在预测期间表现出曝光偏差。此外，解码器不能生成具有特定目标相关的目标序列。特别是如果使用集束搜索，它将更多地倾向于关注短期奖励，这是一个被称为近视偏见的概念。机器翻译最常基于离散的 BLEU 度量进行评估，这会造成训练-测试不匹配。

深度 RL 模型被提出以解决其中的一些不足。基于 REINFORCE 训练算法的深层 PG 模型 [LI+16] 可以解决 BLEU 度量的不可微分性。然而，REINFORCE 无法在较大的动作空间中学习策略，语言翻译就是这种情况。

最近，一个演员评论家模型被提出，它使用一种解码方案，通过价值函数估计来合并较长期的奖励 [Bah+16a]。在该模型中，主序列预测模型是演员 / 智能体，价值函数起着评论家的作用。当前序列预测的输出是状态，候选令牌是代理的动作。评论家由单独的 RNN 实现，并使用时序差分法，在地面真值输出的基础上进行训练，目标评论家用于减小方差。

13.5 基于语音的深度强化学习

目前，深度神经网络已经显著提高了语音识别系统的性能。当它们作为混合系统的一部分与 GMM 或 HMM 一起使用时，声学模型的对齐在训练期间是必要的。当在端到端系统中使用深度神经网络，通过直接最大化输入数据的似然来学习转录时，可以避免这种情况 [YL18]。这样的系统虽然目前是最先进的性能，但仍然受到各种限制。

借鉴文本的经验，研究人员和实践者已经开始将深度强化学习方法应用于语音和音频，包括自动语音识别、语音增强和噪声抑制等任务。在不久的将来，我们希望看到深度 RL 技术在语音的其他方面得到更广泛的采用，包括在讲话人分类、讲话人声调检测和重音分析中的应用。

13.5.1 自动语音识别

自动语音识别（ASR）的任务在许多方面类似于机器翻译。ASR 最常使用 CTC 最大似然学习，同时使用诸如词错误率（WER）这样的离散度量来测量性能。因此，训练-测试不匹配依然是一个问题。此外，作为一项序列预测任务，ASR 会受到曝光偏差的影响，因为它在有地面真值的标签上训练，但在预测时却没有。

使用策略梯度的深度 RL 方法已经被证明在文献 [ZXS17] 中克服这些限制方面是有效的（如图 13.15 所示）。该方法以 ASR 模型为智能体，以训练样本为环境。策略 $\pi_\theta\left(y|\,x\right)$ 由 θ 参数化，动作被认为是生成的转录，模型状态是隐藏的数据表示。奖励函数取 WER。策略梯度由以下规则更新：

$$\theta \leftarrow \theta + \alpha \nabla_\theta \log P_\theta\left(y|\,x\right)\left[r - r_b\right] \tag{13.69}$$

13.5.2 语音增强和噪声抑制

机器学习语音增强方法已经存在很长一段时间了。增强技术通常分为四个子任务：语音活动检测、信噪比估计、噪声抑制和信号放大。前两个提供关于目标语音信号的统计，而后两个使用这些统计来提取目标信号。这自然可以被认为是一项顺序任务。针对语音增强任务，提出了一种基于策略梯度的深度 RL 方法 [TSN17]，其架构基于使用 LSTM 网络来建模滤波器，滤波器参数 θ 由学习策略 π_θ 确定。在该模型中，滤波器是智能体，状态是一组滤波器参数，动作在滤波器参数中增加或减少。奖励函数测量滤波器输出和地面真值的干净信号序列之间的均方误差。该策略梯度模型使用 REINFORCE 算法训练，在不改变基线语音增强过程的算法的情况下，可以提高信噪比。此外，通过加入深度强化智能体，滤波器可以通过动态参数调整来适应不断变化的基础条件。

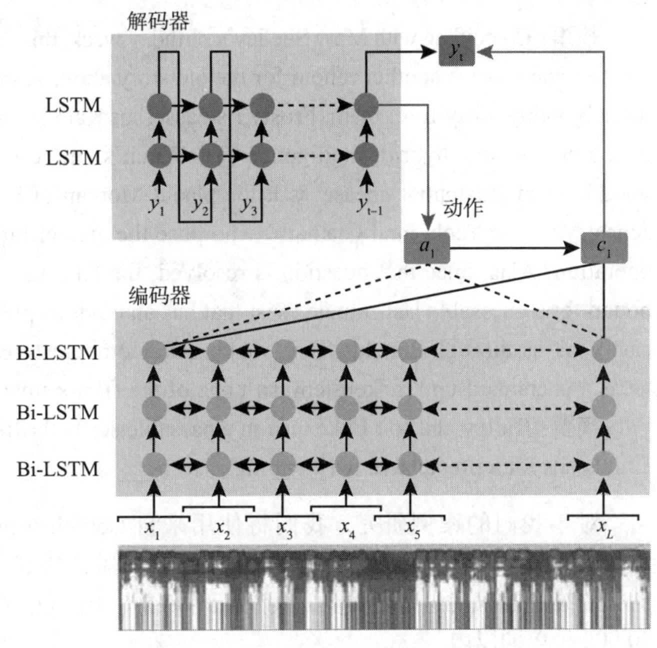

图 13.15　使用 DPG 的自动语音识别

13.6 案例研究

在这个案例研究中，我们将把本章的深度强化学习概念应用到文本摘要任务中。我们将使用 Cornell News Room Summarization 数据集。这里的目标是向读者展示，我们如何使用深度强化学习算法，来训练能够学习生成这些文章摘要的智能体。对于该案例研究，我们将重点研究深度策略梯度和双深度 Q 网络智能体。

13.6.1 软件工具和库

在此案例研究中，我们将使用以下包：

- TensorFlow 是一个开源的软件库，用于在一系列任务中进行数据流编程。它是一个符号数学库，也用于机器学习应用，如神经网络。在谷歌，它既用于研究，也用于生产。
- RLSeq2Seq 是一个开源的库，它实现了将序列到序列模型用于文本摘要的各种 RL 技术。
- pyrouge 是基于 Perl 的 ROUGE-1.5.5 软件包的 Python 接口，用于计算文本摘要的 ROUGE 分数。

13.6.2 文本摘要

为了衡量机器生成的摘要的性能，我们将使用 ROUGE。它是一套用于评估文本自动摘要和机器翻译的度量标准。它的工作方式是将自动生成的摘要或翻译与一组参考摘要（通常是人工生成的）进行比较。

在比较系统预测摘要和参考摘要时，ROUGE-N、ROUGE-S 和 ROUGE-L 是文本颗粒度的度量。例如，ROUGE-1 指的是系统摘要和参考摘要之间的一元重叠。ROUGE-2 指的是系统摘要和参考摘要之间的二元重叠。让我们以上面的例子为例。假设我们想要计算 ROUGE-2 的精度和召回率分数。对于 ROUGE 来说，召回率是衡量系统摘要捕获了多少引用摘要的度量。

13.6.3 探索性数据分析

Cornell News room 数据集包含了 1998~2017 年，38 家主流出版社的新闻作者和编辑撰写的 130 万篇文章和摘要。数据集分为训练集、验证集和测试集，大小分别为 110 万、10 万和

10万。下面是该数据集的一个示例：

故事：Coinciding with Mary Shelley's birthday week, this Scott family affair produced by Ridley for director son Luke is another runout for the old story about scientists who create new life only to see it lurch bloodily away from them. Frosty risk assessor Kate Mara's investigations into the mishandling of the eponymous hybrid intelligence (TheWitch's stilleerie Anya Taylor-Joy) permits Scott Jr a good hour of existential unease: is it the placid Morgan or her intemperate human overseers (Toby Jones, Michelle Yeoh, Paul Giamatti) who pose the greater threat to this shadowy corporation's safe operation? Alas, once that question is resolved, the film turns into a passably schlocky runaround, bound for a guessable last-minute twist that has an obvious precedent in the Scott canon. The capable cast yank us through the chicanery, making welcome gestures towards a number of sciencefiction ideas, but cranked-up Frankenstein isn't one of the film's smarter or more original ones.

摘要：Ridley and son Luke turn in a passable sci-fi thriller, but the horror turns to shlock as the film heads for a predictable twist ending.

对于我们的案例研究，我们将使用来自 Cornell News room 数据集中的 10 000、1000、1000 篇文章和摘要，分别作为我们的训练集、验证集和测试集。我们将使用 word2vec 生成的 100 维的嵌入对这些数据集进行标记和映射。出于内存方面的考虑，我们将词汇量限制在 50 000 个单词以内。

13.6.3.1　seq2seq 模型

我们的第一个任务是训练出一个能够产生文章摘要的深度策略梯度智能体。在此之前，我们使用极大似然损失，编码器和解码层大小为 256、批大小为 20 以及 10 个周期的梯度裁剪的 Adagrad 算法来预训练 seq2seq 模型（如图 13.16 所示）。在预训练之后，我们在测试集上评估该模型，得到了如表 13.1 所示的结果。

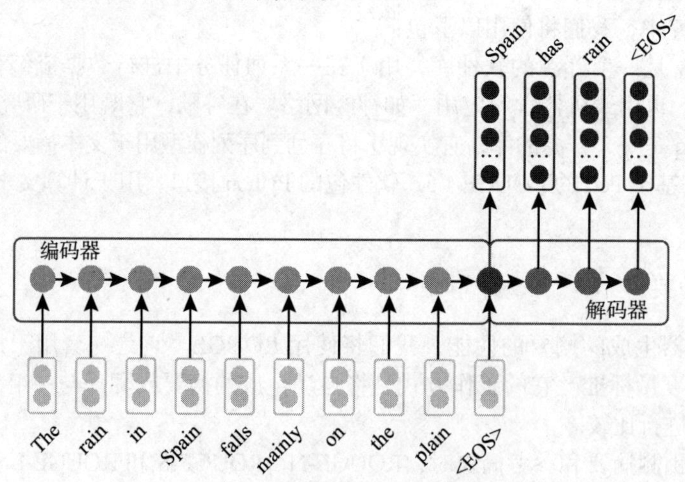

图 13.16　文本摘要的 seq2seq 模型

表 13.1　在 MLE 上对 seq2seq 进行训练的 ROUGE 度量

	F- 分数	精度	召回率
ROUGE-1	15.6	20.6	14.5
ROUGE-2	1.3	1.6	1.3
ROUGE-L	14.3	19.0	13.3

Seq2seq: at 90-years old this tortoise has never moved better despite a horrific rat attack that caused legs

参考： a 90-year old tortoise was given wheels after a rat attack caused her to lose her front legs

Seq2seq: a city employee in baquba the capital of diyala province vividly described his ambivalence

参考： iraqis want nothing more than to have u.s. soldiers leave iraq but there is nothing they can less afford

Seq2seq: google reported weaker than expected results thursday for its latest quarter

参考： the tech giant's shares rose after it reported a smaller than expected rise in sales for its latest quarter

与参考摘要相比，生成的摘要具有一定的公平性，但仍有一些需要改进的地方。

13.6.3.2　策略梯度

让我们应用一个深度策略梯度算法来改进我们的摘要（如图 13.17 所示）。

我们将奖励函数设置为 ROUGE-L F1 分数，并从 MLE 损失转换为 RL 损失。我们继续训练 8 个周期，之后我们在测试集上评估 RL 训练的模型，得到了如表 13.2 所示的结果。

表 13.2　DPG 的 ROUGE 指标

	F 分数	精度	召回率
ROUGE-1	22.4	19.6	35.3
ROUGE-2	6.0	5.8	8.5
ROUGE-L	17.6	15.5	28.0

随着我们增加训练，我们期望看到生成的摘要变得更接近人类生成的语言。

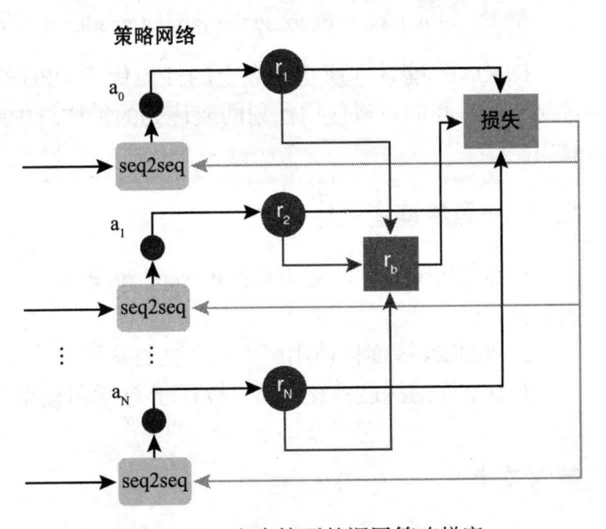

图 13.17　文本摘要的深层策略梯度

DPG: apple has disclosed the details of a streaming music service plan to recording companies sources say

参考： apple executives have spoken to the top four recording companies about plans to offer a streaming music service free of charge to consumers multiple music industry sources told cnet

DPG: conservative pundit glenn beck says the obama administration is using churches and other faith based groups to promote its climate change agenda

参考： glenn beck says obama uses churches on climate change green house

DPG: the zoo in georgia's capital has reopened three months after a devastating flood that killed more than half of its 600 animals including about 20 tigers lions and jaguars

参考： a georgia zoo that had half its animals killed during floods in june has reopened

13.6.3.3 DDQN

让我们看看我们是否可以使用双深度 Q 学习智能体来改进上面的结果。像之前一样，我们使用极大似然损失预训练 seq2seq 语言模型 10 个周期。然后我们训练双深度 Q 网络 8 个周期，使用批大小为 20，5000 个样本的回放缓冲区，每 500 次迭代更新目标网络。为了获得更好的结果，我们将首先用一个固定的演员预训练 DDQN 智能体一个周期。然后当我们在测试集上评估结果模型时，我们得到了如表 13.3 所示的结果。

表 13.3 DDQN 的 ROUGE 指标

	F 分数	精度	召回率
ROUGE-1	34.6	28.8	55.5
ROUGE-2	21.4	19.0	31.1
ROUGE-L	30.4	25.7	47.7

DDQN: the commander of us forces in the middle east said that the refusal to follow orders occurred during the battle for the recently liberated town of manbij syria

参考： a top us general said tuesday that isis fighters defied their leader's orders to fight to the death in a recent battle instead retreating to the north

DDQN: an online discussion of the washington area rental market featuring post columnist sara gebhardt

参考： welcome to apartment life an online discussion of the washington area rental market featuring post columnist sara gebhardt

DDQN: albania has become the largest producer of outdoor grown cannabis in europe

参考： albania has become the largest producer of outdoor grown cannabis in europe

DDQN 智能体在所选参数上的性能优于 DPG 智能体。还有无数的可能性可以进一步改进结果——我们可以使用计划的或优先的采样、中间奖励和编码器或解码器的某种形式的注意力。

13.6.4 留给读者的练习

1. 在使用带有软注意力机制的 seq2seq 模型时，你会如何结合 DQN 智能体完成文本分类任务？

2. 双 DQN 智能体使用两个单独的目标网络是否有意义？为什么有或者为什么没有？

3. 什么样的深度神经网络可以用于 Q 学习模型？为什么 CNN 是合适的（或不合适的）？

参考文献

[Bah+16a] Dzmitry Bahdanau et al. "An Actor-Critic Algorithm for Sequence Prediction." In: *CoRR* abs/1607.07086 (2016).

[Fat+16] Mehdi Fatemi et al. "Policy Networks with Two-Stage Training for Dialogue Systems." In: *CoRR* abs/1606.03152 (2016).

[FZK18] Wenfeng Feng, Hankz Hankui Zhuo, and Subbarao Kambhampati. "Extracting Action Sequences from Texts Based on Deep Reinforcement Learning." In: *IJCAI*.

ijcai.org, 2018, pp. 4064–4070.

[Fen+17] Yuntian Feng et al. “Joint Extraction of Entities and Relations Using Reinforcement Learning and Deep Learning.” In: *Comp. Int. and Neurosc.* 2017 (2017), 7643065:1–7643065:11.

[GGL18] Jianfeng Gao, Michel Galley, and Lihong Li. “Neural Approaches to Conversational AI.” In: *CoRR* abs/1809.08267 (2018).

[GHS16] Tomas Gogar, Ondrej Hubácek, and Jan Sedivý. “Deep Neural Networks for Web Page Information Extraction.” In: *AIAI*. Vol. 475. Springer, 2016, pp. 154–163.

[HGS15] Hado van Hasselt, Arthur Guez, and David Silver “Deep Reinforcement Learning with Double Q-learning.” In: *CoRR* abs/1509.06461 (2015).

[Ken+18] Yaser Keneshloo et al. “Deep Reinforcement Learning For Se quence to Sequence Models.” In: *CoRR* abs/1805.09461 (2018).

[LL17] Gyoung Ho Lee and Kong Joo Lee. “Automatic Text Summarization Using Reinforcement Learning with Embedding Features.” In: *IJCNLP(2)*. Asian Federation of Natural Language Processing, 2017, pp. 193–197.

[Li+16] Jiwei Li et al. “Deep Reinforcement Learning for Dialogue Gener ation”. In: *CoRR* abs/1606.01541 (2016).

[Min+09b] Mike Mintz et al. “Distant supervision for relation extraction without labeled data.” In: *ACL/IJCNLP*. The Association for Computer Linguistics, 2009, pp. 1003–1011.

[Mni+13] Volodymyr Mnih et al. “Playing Atari with Deep Reinforcement Learning.” In: *CoRR* abs/1312.5602 (2013).

[NYB16] Karthik Narasimhan, Adam Yala, and Regina Barzilay “Improving Information Extraction by Acquiring External Evidence with Reinforcement Learning.” In: *CoRR* abs/1603.07954 (2016).

[PXS17b] Romain Paulus, Caiming Xiong, and Richard Socher. “A Deep Reinforced Model for Abstractive Summarization.” In: *CoRR* abs/1705.04304 (2017).

[Qi+14] Yanjun Qi et al. “Deep Learning for Character-Based Information Extraction.” In: *ECIR*. Vol. 8416. Springer, 2014, pp. 668–674.

[Sch+15a] Tom Schaul et al. “Prioritized Experience Replay.” In: *CoRR* abs/1511.05952 (2015).

[SLM17] Abigail See, Peter J. Liu, and Christopher D. Manning. “Get To The Point: Summarization with Pointer-Generator Networks.” In: *CoRR* abs/1704.04368 (2017).

[TSN17] Andros Tjandra, Sakriani Sakti, and Satoshi Nakamura. “Sequence-to-Sequence ASR Optimization via Reinforcement Learning.” In: *CoRR* abs/1710.10774 (2017).

[YL18] Dong Yu and Jinyu Li. “Recent Progresses in Deep Learning based Acoustic Models (Updated).” In: *CoRR* (2018). http://arxiv.org/abs/1804.09298.

[Zen+18] Xiangrong Zeng et al. “Large Scaled Relation Extraction With Reinforcement Learning.” In: *AAAI* AAAI Press, 2018.

[ZHZ18] Tianyang Zhang, Minlie Huang, and Li Zhao. “Learning Structured Representation for Text Classification via Reinforcement Learning.” In: *AAAI*. AAAI Press, 2018.

[ZE16] Tiancheng Zhao and Maxine Eskénazi. “Towards End-to-End Learning for Dialog State Tracking and Management using Deep Reinforcement Learning.” In: *SIGDIAL Conference*. The Association for Computer Linguistics, 2016, pp. 1–10.

[ZXS17] Yingbo Zhou, Caiming Xiong, and Richard Socher. “Improving End-to-End Speech Recognition with Policy Learning.” In: *CoRR* abs/1712.07101 (2017).

[Çe+18b] Asli Çelikyilmaz et al. “Deep Communicating Agents for Abstractive Summarization.” In: *NAACL-HLT*. Association for Computational Linguistics, 2018, pp. 1662–1675.

未来展望

在今天预测人工智能的未来与过去几年一样，可能性依旧不大。此外，我们预测的未来越远，不确定性就越大。一般来说，有些事情可能会完全符合预期（计算速度的提高），有些预期则可能会有轻微的变化（占主导地位的深度学习架构），而另一些则是不太可能会预测到的特别的创新（大数据、计算速度和深度学习的同时出现）。在本书的结尾处，我们想根据当前轨迹、趋势和我们所讨论的研究的有用性来提供我们的预测。我们不会说我们的预测是一种预言，或者是权威可信的。我们仅试图在这些主题结束时为读者提供一些可考虑的因素，并建议读者在未来几年需要关注和了解的领域。

14.1 端到端架构的流行

鉴于许多端到端方法在 NLP 和语音方面的成功，我们预计将有更多的方法转向这些架构。这些方法缺乏健壮性的领域之一是对特定环境的调整，例如，词典模型在 ASR 混合架构中的有用性，或者在语言模型适应新领域方面的有用性。这是深度学习必须解决的一个问题，以便适应训练数据代价高昂或无法训练的情况。

14.2 以人工智能为中心的趋势

最简单的预测之一是，更多公司的战略将转向以人工智能为中心。许多领先的科技公司，例如 Google，Facebook 和 Twitter 已经朝这个方向发展，这一趋势很可能会蔓延到其他大中型公司。这一转变将把机器学习引入软件开发的各个层次，随之而来的是对工具和过程的需求，以保证可靠性和通用性。根据这一转变，一些人创造了术语“Software 2.0”。过渡到这种状态将需要提高数据的严谨性、模型的可解释性、对模型安全性的更多关注以及对对抗性场景的恢复能力。

14.3 专用硬件

专用硬件将变得更加普遍。这种开发模式在使用 ASIC（专用集成电路）硬件进行加密货币挖掘或嵌入智能手机的图像处理器时相当常见。TPU 的引入是专门为深度学习创建专用物理硬件的首批案例之一。苹果 A11 芯片的推出是在移动设备上支持神经网络的专用硬件的另一个例子。

14.4 从监督学习过渡到其他方式

我们预计机器学习的重点将会转移。深度学习在有监督的数据方面取得了长足的进步；然而，创建大型标签数据集相关的成本往往高得令人望而却步。在许多场景中，存在大量可供无监督算法使用的无标签源，我们预计这一领域的算法将更加集中，这从词向量和语言模型的发展中可以看出。

14.5 可解释的人工智能

虽然端到端深度学习技术功能强大，可以产生令人印象深刻的性能指标，比如准确率，但它们仍存在可解释性的问题。金融领域的许多应用（如贷款申请或监测）或医疗保健（如预测疾病）中的许多应用都需要模型和预测是可解释的。该行业已经出现了向可解释人工智能（XAI）的转变。许多技术，如局部可解释模型不可知性解释（LIME）、深度学习重要特征（DeepLIFT）。Shapley 附加解释（SHAP）在为个体预测和模型总结提供模型不可知性解释方面非常有前途。对模型的可解释性和人工智能的信任方面的创新是必要的。

14.6 模型开发和部署过程

深度学习在模型开发过程中的实验容易性与在具有高度优化代码的高性能、低延迟生产中部署这些模型之间存在权衡。这种权衡在 NLP 和语音识别模型中更为普遍，因为与用于优化运行时性能的首选静态图相比，它们是复杂的动态图。PyText 等框架有助于调整预建模型、快速执行实验、为模型设计师和工程师提供预建工作流程，并支持以最少干预轻松将模型部署到生产环境，这将很快成为必需品开发过程的一部分。模型测试和质量保证是开发和部署过程的另一个方面，需要进行调整以适应复杂的深度学习模型。谷歌最近的研究论文"The ML Test Score：A Rubric for ML Production Readiness and Technical Debt Reduction"提出了一个很好的框架来测试这些基于深度学习的复杂系统。

14.7 人工智能的民主化

人工智能和深度学习被一小群研究人员、教育工作者、专家和从业者所使用，但人数在迅速增长。为了通过应用程序、工具或教育让大众接触到它们，需要改变态度、政策、投资和研究，尤其是顶级公司和大学。这种现象被称为"人工智能的民主化"。Google、Microsoft 和 Facebook（Meta）等许多公司，以及麻省理工学院、斯坦福大学和牛津大学等许多大学都在网络上免费提供软件工具、图书馆、数据集、课程等。这个积极趋势将加速人工智能改变生活的方方面面。

14.8 NLP 发展趋势

语言模型可以在大量无标签数据的语料库上进行预训练，这具有相当大的优势。现在，语言模型为许多 NLP 任务增加了巨大的优势。语言模型嵌入为复杂任务提供了特征，并且已经证明可以在最先进的方法上提供对许多任务的改进。使用对抗性方法来理解模型、分析失败案例或提高模型的鲁棒性正在成为深度学习研究的趋势。转向资源不足的语言并使用深度学习技术（如迁移学习）是许多研究人员关注的另一个领域，尤其是在机器翻译等任务中。

最令人好奇的发展领域之一是强化学习。无须收集数据、训练模型或将其投入生产并测试结果，而是直接可以创建智能体与环境（真实或合成）交互并根据其经验进行学习。总的来说，我们看到了从有监督到无监督再到强化技术的发展。

14.9　语音处理发展趋势

许多端到端深度学习技术能够在调优和语言专业知识较少的情况下胜过传统的基于混合 HMM 的模型。通常在一般的语音识别任务中，这些模型在训练数据广泛可用的场景中表现得非常好。然而，当上下文对预测至关重要时，它们往往会很挣扎。此外，继续追求融合语音和 NLP 是一个可能会继续的方向，其中端到端学习处于领先地位。最近的进展侧重于通过语言模型融合将领域信息整合到解码过程中以进行上下文识别。

语音识别仍然存在困难的其他领域是声学环境和特定讲话者的差异，例如口音。利用从语音到文本系统生成的数据越来越受到关注，提供模拟环境和扬声器以提高鲁棒性。我们预计语音到文本系统的合并，类似于 GAN 工作流程，将会持续改进，并有可能被更充分地纳入强化工作流程。

14.10　结束语

我们希望本书中的信息对读者能有些许的参考价值和帮助。在过去的几年里，深度学习对 NLP 和语音产生了很大的影响，而且这一趋势似乎正在加速。我们希望能够让读者理解深度学习所提供的基础和高级技术，同时也向读者展示应如何实际应用这些技术。

推荐阅读

基于深度学习的自然语言处理

作者：Karthiek Reddy Bokka 等 ISBN：978-7-111-65357-8 定价：79.00元

面向自然语言处理的深度学习：用Python创建神经网络

作者：Palash Goyal 等 ISBN：978-7-111-61719-8 定价：69.00元

Java自然语言处理（原书第2版）

作者：Richard M Reese 等 ISBN：978-7-111-65787-3 定价：79.00元

TensorFlow自然语言处理

作者：Thushan Ganegedara ISBN：978-7-111-62914-6 定价：99.00元